Automatisieren mit SPS – Übersichten und Übungsaufgaben

Günter Wellenreuther · Dieter Zastrow

Automatisieren mit SPS – Übersichten und Übungsaufgaben

Von Grundverknüpfungen bis Ablaufsteuerungen, Wortverarbeitungen und Regelungen, Programmieren mit STEP 7 und CoDeSys, Beispiele, Lernaufgaben, Kontrollaufgaben, Lösungen

7. Auflage

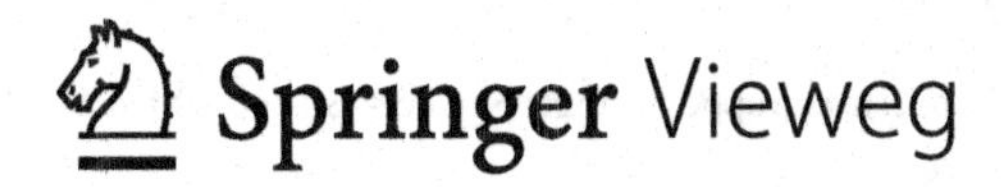

StD Günter Wellenreuther
Mannheim, Deutschland

StD Dieter Zastrow
Ellerstadt, Deutschland

ISBN 978-3-658-11199-1

Die Deutsche Nationalbibliothek verzeichnet diese Publikation in der Deutschen Nationalbibliografie; detaillierte bibliografische Daten sind im Internet über http://dnb.d-nb.de abrufbar.

Springer Vieweg

Gedruckt auf säurefreiem und chlorfrei gebleichtem Papier.

Springer Fachmedien Wiesbaden GmbH ist Teil der Fachverlagsgruppe Springer Science+Business Media
(www.springer.com)

Vorwort: Buchkonzeption und Lernmöglichkeiten

In einigen elektrotechnischen und maschinenbautechnischen Berufen und in entsprechenden Studiengängen ist das Fachgebiet Automatisierungstechnik eng verknüpft mit den Speicherprogrammierbaren Steuerungen in der Ausführung als Hardware- oder Software-SPS. Für Schüler/Studenten besteht über die Laborübungen in der Schule/Hochschule hinaus oftmals ein Bedarf an zusätzlichen *Übungsaufgaben* und einer darauf abgestimmten *informativen Arbeitshilfe*, die es ihnen erleichtert, in das selbstständige und systematische Bearbeiten von Automatisierungsaufgaben hineinzufinden. Das vorliegende Buch mit seiner speziellen Konzeption, bestehend aus Übersichten, Übungsaufgaben und Lösungsvorschlägen kann helfen, diese Lücke zu schließen.

Übersichten
Jedes der dreizehn Programmierkapitel beginnt mit einer *tabellenbuchartig gestalteten Übersicht* zu den jeweils erforderlichen SPS-Grundlagen. Die Übersichten bestehen aus Faktendarstellungen; für Erklärungen sei auf den Unterricht bzw. die Vorlesungen oder auf das weit verbreitete Lehrbuch *Automatisieren mit SPS, Theorie und Praxis* im Springer Vieweg Verlag verwiesen. Jede Übersicht schließt ab mit einem ausführlich gelösten Beispiel zur Vorbereitung auf die Übungsaufgaben.

Übungsaufgaben = Lernaufgaben + Kontrollaufgaben + Lösungsvorschläge
Die Übungsaufgaben umfassen einfache und komplexe Problemstellungen, die in *Lernaufgaben* und *Kontrollaufgaben* unterschieden werden und die durch eine angegebene Lösungsleitlinie zu selbstständigem Lernen anleiten soll. Die Übungsaufgaben und Lösungsvorschläge sind neutral ausgeführt, also *unabhängig von einem Programmiersystem.* Ablauffähige Programme für STEP 7 und für CoDeSys stehen kostenfrei unter www.automatisieren-mit-sps.de zur Verfügung, bei SIMATIC für S7-300/400, S7-1200 und S7-1500 und für CoDeSyS-Version 3.5. Die Lösungsvorschläge für die Kontrollaufgaben sind als PDF-Dateien ebenfalls unter obiger Internetadresse frei erhältlich.

Die Beschäftigung mit den Lernaufgaben hat die Durchdringung und Aneignung der in den Übersichten angebotenen Grundlagen zum Ziel und erfordert einen entsprechenden Zeitaufwand. Zur Eigenkontrolle selbst erarbeiteter Lösungen ist eine Hardware-SPS nicht erforderlich, wohl aber ein Programmiersystem wie STEP 7 oder CoDeSys, die Simulationsmöglichkeiten bieten. Das Bearbeiten der Kontrollaufgaben dient der Selbstkontrolle des zuvor Gelernten.

Programmierung und Simulation, Softwarevoraussetzungen

Aufgabenlösungen können nicht rein theoretisch bleiben, sondern verlangen nach einer Ausführungskontrolle. Im Laborbetrieb der Schule/Hochschule steht dafür eine entsprechende Ausrüstung zur Verfügung. Für den eigenen Computer zu Hause kann eine Schüler-Studenten-Version der STEP 7 Software (Vollversion mit PLCSIM) kostengünstig über die Schule/Hochschule bezogen werden.

Eine neue Qualität erhalten Simulationen durch dynamisierte Anlagenmodelle passend zu den Aufgabenstellungen. Um den Benutzern dieses Buches den Arbeitsaufwand zum Erstellen der Anlagenmodelle zu ersparen, stehen SIMIT-Anlagenprojekte für einige Beispiele und viele Lernaufgaben kostenfrei unter www.automatisieren-mit-sps.de zur Verfügung. Zur Ausführung der Anlagensimulationen braucht man zusätzlich zur STEP 7 Software das Simulationsprogramm SIMIT, das koppelbar ist mit einer echten S7-SPS oder mit S7-PLCSIM.

Die Autoren des Buches bedanken sich sehr herzlich für die Unterstützung im Verlag und bei den Lesern, deren Verbesserungsvorschläge uns immer willkommen sind.

Mannheim, Ellerstadt, im Juli 2015

Günter Wellenreuther
Dieter Zastrow

Inhaltsverzeichnis

SPS-System, Grundverknüpfungen, Bausteintypen, Variablendeklaration, Darstellung der Variablen

1

1.0 Übersicht

SPS-Aufbau und zyklische Programmbearbeitung

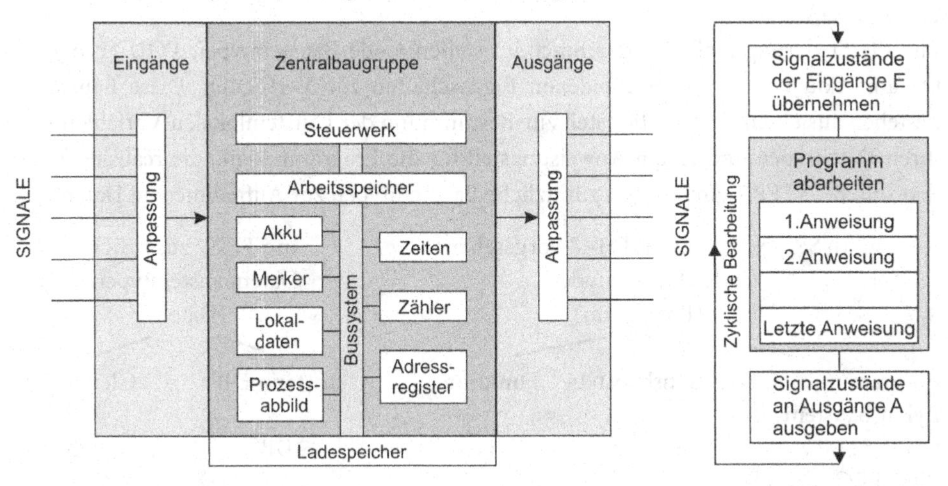

Programmierung

SPS-Programme werden mit Hilfe einer Programmiersoftware auf einem PC erstellt und danach in die SPS übertragen. Weit verbreitete Programmiersysteme sind STEP 7 (speziell für Siemens-SPS) und CoDeSys (allgemein für diverse Steuerungshersteller, Firma 3S-Smart Software Solutions).

SPS-Programme werden als Projekte angelegt, unter einem Dateinamen gespeichert und in Bausteine programmiert. Der Organisationsbaustein OB 1 in STEP 7 entspricht dem Baustein PLC_PRG in CoDeSys. Diese Bausteine stellen die Schnittstelle zwischen dem Betriebssystem und dem Anwenderprogramm dar und werden zyklisch bearbeitet.

Logische Grundverknüpfungen in verschiedenen Darstellungen

Funktion	Funktionsplan (FUP)	Kontaktplan (KOP)	AWL	Strukturierter Text (ST/SCL)
UND $A = E1 \wedge E2$ $A = E1 \& E2$ $A = E1\ E2$	E1, E2 – & – A	E1 E2 A	U E1 U E2 = A	`A:= E1 AND E2;`
ODER $A = E1 \vee E2$	E1, E2 – ≥1 – A	E1 E2 A	O E1 O E2 = A	`A:= E1 OR E2;`
NICHT $A = \overline{E1}$	E1 – 1 – A	E1 A	UNE = A	`A:= NOT E1;`
Ausgangs-NEGATION $A = \overline{E1 \wedge E2}$	E1, E2 – & – A	E1 E2 NOT A	U E1 U E2 NOT = A	`A:= NOT (E1 AND E2);`

Bausteintypen

Für die Steuerungslogik (Programmcode) stehen Code-Bausteintypen POU (Program Organization Unit) mit verschiedenen Eigenschaften zur Verfügung. Diese Bausteine bestehen aus einem Deklarationsteil zur Bestimmung der bausteinlokalen Variablen mit ihren Datentypen und einem Anweisungsteil für die Programmlogik, die realisiert werden soll. Bei STEP 7 gibt es noch zusätzliche Bausteintypen zur Aufnahme von Daten.

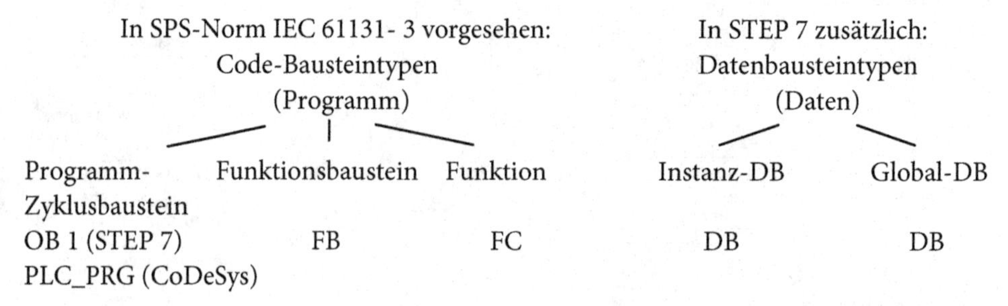

In strukturierten Steuerungsprogrammen wird die Befehlslogik in Funktionen FC oder Funktionsbausteinen FB geschrieben. Innerhalb von Funktionen oder Funktionsbausteinen werden nur lokalen Variablen verwendet, damit die Bausteine im Steuerungsprogramm beliebig oft verwendet werden können. Die SPS-Norm DIN EN 61131-3 verlangt aus diesem Grund auch die Deklaration von Variablen mit zugehörigen Datentypen. Natürlich müssen auch weiterhin die SPS-Eingänge (E), -Ausgänge (A) und Merker (M) konkret angegeben werden. Ihre Verwendung beschränkt sich jedoch auf den Einsatz im Organisationsbaustein OB 1 bei STEP 7 bzw. im Baustein PLC_PRG bei CoDeSys zum Zwecke der Prozessanbindung an die Hardware der SPS.

Aufgabenverteilung für Bausteine:

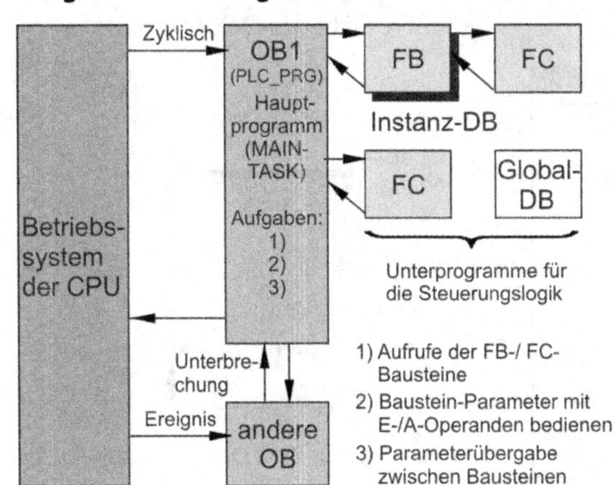

Kriterien der Bausteinauswahl:

Funktion FC

FCs sind parametrierbare Programmbausteine ohne eigenen Datenbereich. FCs genügen, wenn keine interne Speicherfunktion nötig ist oder die Speicherung einer Variablen nach außen verlagert werden kann.

Funktionsbaustein FB

FBs sind parametrierbare Programmbausteine, denen beim Aufruf ein eigener Speicherbereich (Instanz-DB) zugewiesen wird. FBs sind notwendig, wenn ein speicherndes Verhalten einer bausteininternen Variablen nötig ist.

Ausnahme: Bei Einfachst-Programmen, die beispielsweise nur die Wirkung von SPS-Befehlen zu Lehrzwecken zeigen sollen, kann auf FC- und FB-Bausteine verzichtet und direkt im Baustein OB 1 bei STEP 7 bzw. PLC_PRG bei CoDeSys mit SPS-Eingängen und SPS-Ausgängen programmiert werden.

Variablendeklaration in FC- und FB-Bausteinen

Die Variablendeklaration betrifft die sogenannten Bausteinparameter (Eingangs-, Ausgangs- und Durchgangsparameter) sowie die statischen und temporären Lokaldaten der Code-Bausteine.

Deklarationstypen für lokale (nur im betreffenden Baustein geltende) Variablen:

Deklaration **Input**: Der Eingangsparameter kann innerhalb des Code-Bausteins nur abgefragt werden.

Deklaration **Output**: Der Ausgangsparameter soll innerhalb des Code-Bausteins nur beschrieben werden.

Deklaration **In_Out**: Der Durchgangsparameter kann innerhalb des Code-Bausteins abgefragt und beschrieben werden.

Deklaration **Static**: Interne Zustandsvariable zum Abspeichern von Daten (Gedächtnisfunktion) über den Zyklus einer Bausteinbearbeitung hinaus. Nur bei Funktionsbausteinen FB mit Instanz-Datenbausteinen DB.

Deklaration **Temp:** Interne temporäre Variable zum Zwischenspeichern von Ergebnissen innerhalb eines Zyklus der Bausteinbearbeitung und speziell im OB 1 zur Datenübergabe zwischen aufgerufenen Bausteinen.

Deklarationsteil eines FB n:
(innere Sicht der Deklaration)

Name	Datentyp	Anfangswert
Input		
S1	BOOL	FALSE
Sollwert	REAL	10.0
Zeitwert	TIME	T#10S
InOut		
Q1	BOOL	FALSE
Out		
STG	REAL	0.0
Static		
VAR1	INT	0
Temp		
HO1	BOOL	

Aufruf des FB n im OB 1/PLC_PRG:
(äußere Sicht der Deklaration)

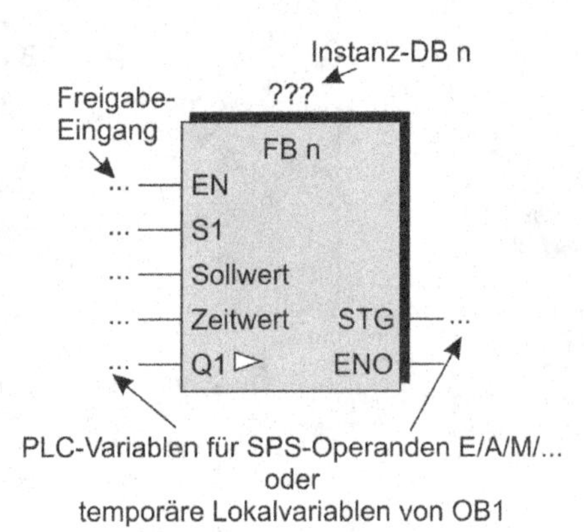

Parameterbeschaltung bei Bausteinaufruf
Der Baustein FB kann mehrmals mit verschiedenen Operandensätzen aufgerufen werden. Bei jedem Aufruf ist eine Instanz (bei STEP 7 ein Instanz-Datenbaustein DB) zu generieren.

EN/ENO
Bei EN = 1 oder unbeschaltet wird der Baustein bearbeitet. Tritt dabei kein Fehler auf, wird ENO = 1 gesetzt. Bei EN = 0 wird der Baustein nicht bearbeitet und ENO = 0.

Symbolzuweisung für Operanden und Bausteine in der STEP 7 Symboltabelle:

Symbol	Adresse	Datentyp
Motorschütz	A 4.0	BOOL
FIFO	FB 200	FB 200
Messdaten	DB 10	DB 10

Für SPS-Operanden wie Eingänge E, Ausgänge A können in einer Symboltabelle[1)] symbolische Namen mit Datentyp vergeben werden. Bausteine (FC, FB, DB) können ebenfalls symbolische Namen erhalten.

1) Im TIA-Portal und bei CoDeSys erhalten alle Variablen und Bausteine bei der Eingabe eine symbolische Benennung.

Darstellung der Variablen im Anwenderprogramm

Lokalvariablen
Auf lokale Variablen kann nur innerhalb des Bausteins zugegriffen werden. Alle lokalen Variablen müssen in der Deklarationstabelle des Bausteins mit Bezeichner und Datentyp festgelegt worden sein. Im Programmteil des Bausteins erscheinen die Lokalvariablen mit ihrem Namen und speziell bei STEP 7 mit einem vorangestellten Doppelkreuz „#“.

Bezeichnungsbeispiel STEP 7: #LoVAR1
Bezeichnungsbeispiel CoDeSys: LoVAR1

Globalvariablen, auch PLC-Variablen genannt

Globalvariablen sind programmweit gültig und damit in jedem Baustein einsetzbar. In STEP 7 werden Globalvariablen in der Symboltabelle gebildet, indem für zu verwendende Operanden aussagekräftige Namen als globale Symbole eingeführt werden, um Programme leichter lesbar zu machen. Die programmweite Erreichbarkeit der Globalen Variablen entsteht bei STEP 7 dadurch, dass alle Operanden einen festen physikalischen Speicherort haben, dem nur ein Name als Symbol zugeordnet wird. Im Programmteil eines S7-Programms erscheinen die Globalvariablen in Hochkommata "..." gesetzt. Bei CoDeSys werden Globalvariablen mit Hilfe der Schlüsselwörter VAR_GLOBAL und END_VAR deklariert.
Bezeichnungsbeispiel STEP 7: "OUIT" für E 1.7
Bezeichnungsbeispiel CoDeSys: "QUIT" für IX1.7 (Deklaration: QUIT AT IX 1.7:BOOL;)

SPS-Operanden

Im allgemeinen Sinn sind Operanden Datenwerte, die mit einer Anweisung verarbeitet werden.
Bei *STEP 7* werden Eingänge, Ausgänge, Merker, Datenoperanden in aufgeschlagenen Datenbausteinen sowie Zeitglieder und Zähler als Operanden bezeichnet. Operanden haben feste physikalische Speicherorte. Dadurch sind sie im gesamten Anwenderprogramm bekannt.
Bezeichnungsbeispiel: E 10.1 (im TIA-Portal %E 10.1)
Bei *CoDeSys* sind Operanden alle deklarierten lokalen und globalen Variablen, die ein Texteditor in der Menüleiste „Einfügen“ im Hauptfenster anzeigt.

Verwendung von Doppelkreuz # und Hochkommata "..." in STEP 7 Programmen

Bei STEP 7 fügt das Programmiersystem bei lokalen Variablen das vorangestellten Zeichen # ein und setzt globale Variablen in Hochkommata "...". Dies ist nötig, um Verwechselungen zu vermeiden.

▶ **Hinweis** Im weiteren Verlauf des Buches wird bei der Darstellung von Variablen auf das Hochkomma bei Symbolen oder dem Vorsatzzeichen # bei Lokalvariablen verzichtet.

Datentyp-Kennzeichnungen für Variablen

Die Bezeichner der in Code-Bausteinen verwendeten Variablen sind im Prinzip frei wählbar. Sie sollte nach Möglichkeit kurz und prägnant sein. Treten innerhalb eines Steuerungsprogramms jedoch einige Variablen mit unterschiedlichen Datenformaten auf, ist es hilfreich, jeder Variablen ein Präfix voranzustellen, das den Datentyp der Variablen angibt.

Tabelle der im Buch verwendeten Präfixe am Beispiel der Variablen VAR (Auswahl):

Datentyp	BOOL	BYTE	WORD	DWORD	INT	DINT	REAL
Präfix	xVAR	bVAR	wVAR	dwVAR	iVAR	diVAR	rVAR

▶ **Hinweis** Ab Kapitel 9 werden in diesem Buch die lokalen Bausteinsteinvariablen mit den Datentyp beschreibenden Präfixen bezeichnet, sofern unterschiedliche Datentypen auftreten.

1.1 Beispiel

SPS-Programm mit zweifachem FC-Aufruf

Pressensteuerung

Eine Excenterpresse führt den Arbeitshub nur aus, wenn das Schutzgitter geschlossen ist und der Start-Taster S1 betätigt wird. Die Überwachung des Schutzgitters erfolgt durch die Endschalter B1 mit Öffnerkontakt und B2 mit Schließerkontakt. Nur wenn die beiden entfernt liegenden Kontakte B1 und B2 betätigt sind, gilt das Schutzgitter als geschlossen. Es sind zwei baugleiche Pressen (Presse A und Presse B) anzusteuern.

Zuordnungstabelle der Eingänge und Ausgänge

PLC-Eingangsvariable	Symbol	Datentyp	Logische Zuordnung		Adresse
Start-Taster, Presse A	S1	BOOL	betätigt	S1 = 1	E 0.1
Endschalter rechts, Presse A	B1	BOOL	betätigt	B1 = 0	E 0.2
Endschalter links, Presse A	B2	BOOL	betätigt	B2 = 1	E 0.3
Start-Taster, Presse B	S2	BOOL	betätigt	S2 = 1	E 0.4
Endschalter rechts, Presse B	B3	BOOL	betätigt	B3 = 0	E 0.5
Endschalter links, Presse B	B4	BOOL	betätigt	B4 = 1	E 0.6
PLC-Ausgangsvariable					
Schütz, Presse A	Q1	BOOL	Arbeitshub	Q1 = 1	A 4.0
Schütz, Presse B	Q2	BOOL	Arbeitshub	Q2 = 1	A 4.1

Deklarationstabelle: FC 111

Name	Datentyp	Kommentar
IN		
START	BOOL	
ENDSCH_RE	BOOL	
ENDSCH_LI	BOOL	
OUT		
SCHUETZ	BOOL	

Programm: FC 111

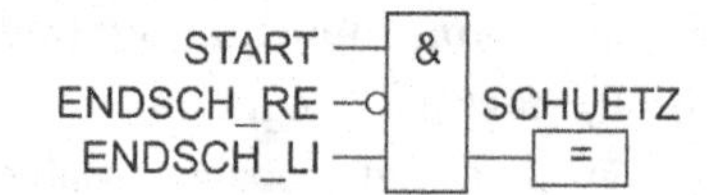

Hinweis Bei STEP 7 werden die deklarierten Variablen automatisch mit dem Vorsatzzeichen # zur Kennzeichnung ihres lokalen Geltungsbereichs im FC 111 versehen.

OB 1/PLC_PRG: Zweimaliger Aufruf der Funktion FC 111 mit verschiedenen Operandenadressen. Die Codebausteine OB 1/PLC_PRG übernehmen die zyklische Programmaufrufe mit Versorgung der Bausteinparameter des FC 111 und damit die Ansteuerung von zwei Pressen. Das Steuerungsprogramm selbst steht im FC 111.

Presse A

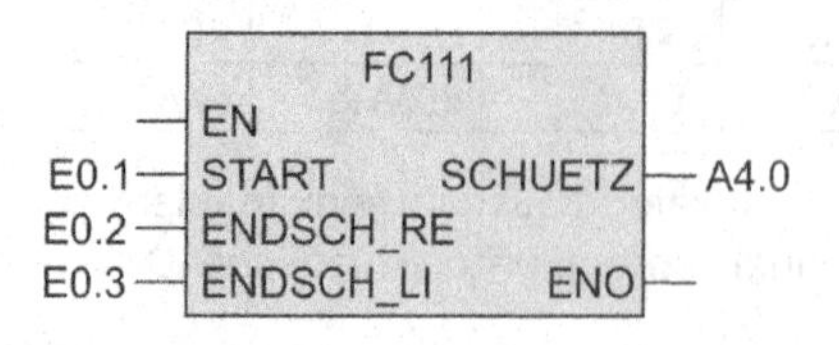

Presse B

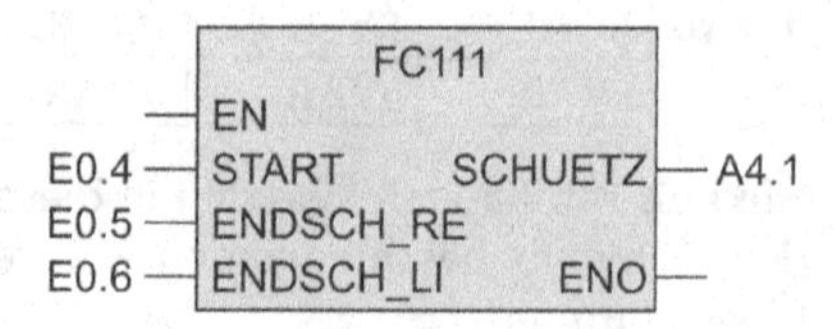

► **Hinweis** Die Nummerierung der Codebausteine in diesem Buch ist so gewählt, dass zu erkennen ist, in welchem Kapitel diese zu finden sind. Der Baustein FB 1223 ist beispielsweise in Kapitel 12.2 in der 3. Lernaufgaben programmiert. Bei Bausteinen, welche in der Bibliothek des Lehrbuches „Automatisieren mit SPS-Theorie und Praxis" vorhanden sind, wird die ursprüngliche Nummerierung beibehalten.

Programmtest durch Simulation

Bevor das Steuerungsprogramm auf der Hardware verwendet wird, sollte überprüft werden, ob es wie beabsichtigt läuft und die erwarteten Ergebnisse erzielt. Zu diesem Zweck bieten Programmiersysteme die Möglichkeit der Simulation. Dabei läuft das Steuerungsprogramm in einer simulierten CPU entsprechend der Hardwarekonfiguration auf dem Rechner ab.

STEP 7 Simulation für S7 300/400 CPU

STEP 7 Anwenderprogramme für S7 300/400 CPU können mit PLCSIM auf einer simulierten CPU getestet und die Variablen online beobachtet werden.

Simulierte CPU zum Ändern und Beobachten

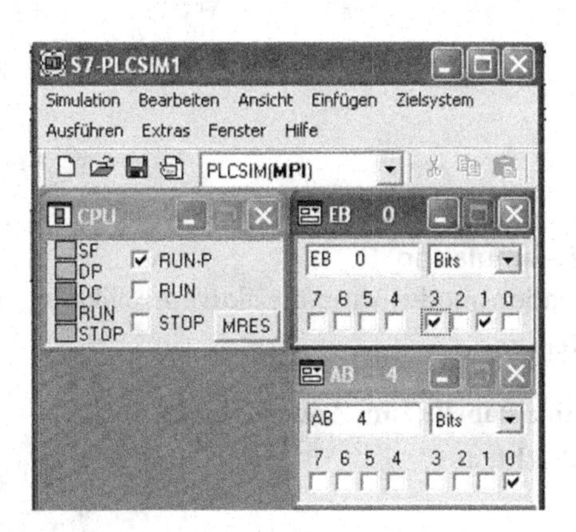

Variablen online beobachten

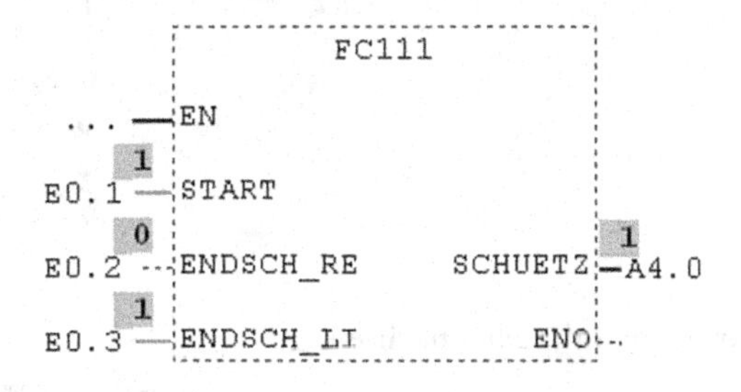

STEP 7 Simulation für S7 1200/1500 CPU

S7-PLCSIM V12 funktioniert in Verbindung mit STEP 7 und dem TIA Portal. Die Hardwarekonfiguration das Steuerungsprogramm wird in eine simulierten CPU geladen.

SIM-Tabelle zum Ändern und Beobachten

Name	Adres...	Anzeigefor...	Überwachu...	Direkte Änderung
"S1"	%E0.1	Boolesch	TRUE	FALSE
"B1"	%E0.2	Boolesch	FALSE	FALSE
"B2"	%E0.3	Boolesch	TRUE	FALSE
"Q1"	%A4.0	Boolesch	TRUE	FALSE
"S2"	%E0.4	Boolesch	TRUE	FALSE
"B3"	%E0.5	Boolesch	FALSE	FALSE

Variablen online beobachten

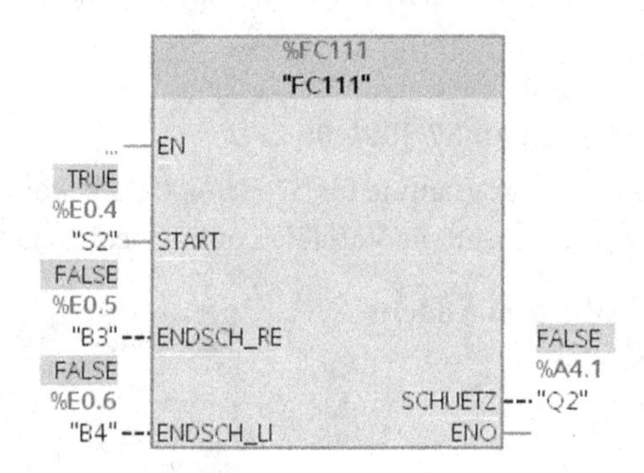

CoDeSys-Simulation

Im Simulationsmodus kann die aktive Applikation auf einem „simulierten Zielgerät" gestartet werden.

Deklarationstabelle zum Ändern und Beobachten

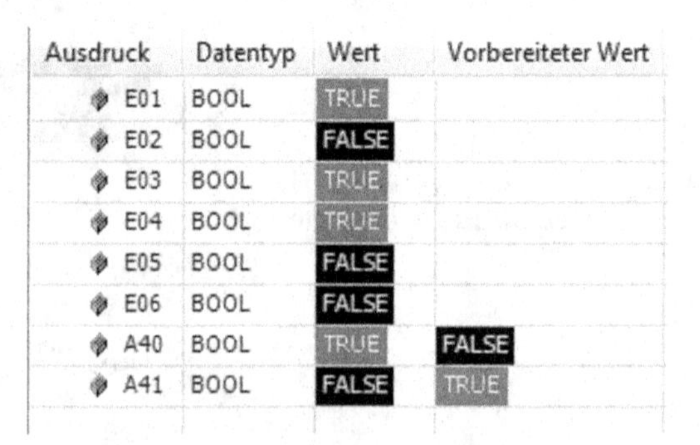

Ausdruck	Datentyp	Wert	Vorbereiteter Wert
E01	BOOL	TRUE	
E02	BOOL	FALSE	
E03	BOOL	TRUE	
E04	BOOL	TRUE	
E05	BOOL	FALSE	
E06	BOOL	FALSE	
A40	BOOL	TRUE	FALSE
A41	BOOL	FALSE	TRUE

Variablen online beobachten

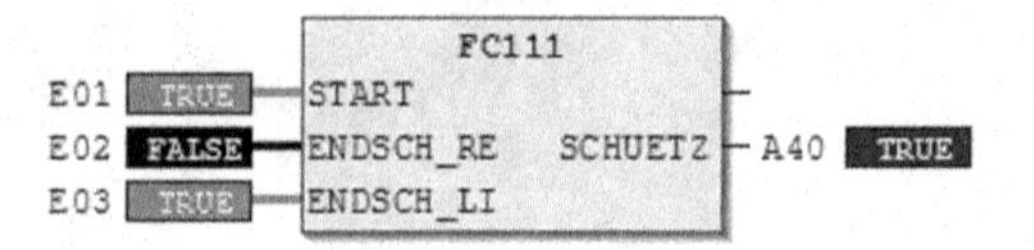

2 Zusammengesetzte Grundverknüpfungen, SPS-Programm aus Funktionstabellen

2.0 Übersicht

Zusammengesetzte logische Grundverknüpfungen

<table>
<tr><th colspan="4">UND-vor-ODER</th><th colspan="2">ODER-vor-UND</th></tr>
<tr><td colspan="2">Allgemeiner Fall
$A = E1\,E2\,\overline{E3} \vee E1\,\overline{E2} \vee E3$</td><td colspan="2">Spezieller Fall
$A = E1 \neq E2$ (Antivalenz)</td><td colspan="2">Allgemeiner Fall
$A = (E1 \vee E2) \wedge (\overline{E1} \vee \overline{E2}) \wedge E3$</td></tr>
<tr><td colspan="6">Funktionsplan FUP</td></tr>
<tr><td colspan="2">E1, E2, E3 (negiert) → &
E1, E2 (negiert) → &
&, &, E3 → ≥1 → A</td><td colspan="2">E1, E2 → XOR → A
Entspricht:
E1, E2 (negiert) → &
E1 (negiert), E2 → &
&, & → ≥1 → A</td><td colspan="2">E1, E2 → ≥1
E1 (negiert), E2 (negiert) → ≥1
≥1, ≥1, E3 → & → A</td></tr>
<tr><td colspan="6">Anweisungsliste AWL</td></tr>
<tr><td>STEP 7
<code>U E1</code>
<code>U E2</code>
<code>UN E3</code>
<code>O</code>
<code>U E1</code>
<code>UN E2</code>
<code>O E3</code>
<code>= A</code></td><td>CoDeSys
<code>LD   E1</code>
<code>AND E2</code>
<code>ANDN E3</code>
<code>OR   (E1</code>
<code>ANDN E2</code>
<code>)</code>
<code>OR   E3</code>
<code>ST   A</code></td><td>STEP 7
<code>X E1</code>
<code>X E2</code>
<code>= A</code></td><td>CoDeSys
<code>LD E1</code>
<code>XOR E2</code>
<code>ST A</code></td><td>STEP 7
<code>U(</code>
<code>O E1</code>
<code>O E2</code>
<code>)</code>
<code>U(</code>
<code>ON E1</code>
<code>ON E2</code>
<code>)</code>
<code>U E3</code>
<code>= A</code></td><td>CoDeSys
<code>LD   E1</code>
<code>OR   E2</code>
<code>AND(TRUE</code>
<code>ANDN E1</code>
<code>ORN E2</code>
<code>)</code>
<code>AND E3</code>
<code>ST   A</code></td></tr>
<tr><td colspan="6">Strukturierter Text ST (SCL)</td></tr>
<tr><td colspan="2"><code>A:=(E1 AND E2 AND E3)</code>
<code>OR (E1 AND NOT E2)</code>
<code>OR E3;</code></td><td colspan="2"><code>A:= E1 XOR E2;</code></td><td colspan="2"><code>A:= (E1 OR E2) AND</code>
<code>(NOT E1 OR NOT E2)</code>
<code>AND E3;</code></td></tr>
</table>

Darstellung von Variablen mit festen Speicherbereichen

Der Systemspeicher einer SPS ist in die Operandenbereiche Eingänge E, Ausgänge A und Merker M aufgeteilt. Bei Siemens gibt es noch zusätzlich die Operandenbereiche: Datenbaustein DB und bei S7 300/400-Steuerungen die Operandenbereiche für Zeiten T und Zähler Z. Variablen mit festen Speicherbereichen (in der Norm IEC 61131-3 Einzelelement-Variablen genannt) werden durch besondere Symbole ausgedrückt, welche durch die Aneinanderreihung von Prozentzeichen %; einem Präfix für den Speicherort, einem Präfix für die Größe und einer oder mehreren ganzen Zahlen, die durch Punkte (.) getrennt sind.

Präfixe für Speicherort: Eingang I (E); Ausgang Q (A); Merker M; (bei STEP 7 Datenbaustein DB; Zeiten T; Zähler Z.

Präfixe für Größe: Bit-Größe X; Byte-Größe B; Wort-Größe W; Doppelwort-Größe D und Langwort-Größe L.

▶ **Hinweis** Bei STEP 7 können die Bezeichnungen I (E), Q (A) optional verwendet werden und die Bit-Größenangabe X entfällt. Bei S7 300/400-Steuerungen entfällt auch noch der Präfix %.

Beispiele:

`%IX 136.1`	oder	`%E 136.1`	oder	`E 136.1:`	Eingangsbit 136.1
`%QW 800`	oder	`%AW 800`	oder	`AW 800:`	Ausgangswort 800
`%MD 10`			oder	`MD 10:`	Merker-Doppelwort 10

Funktionstabelle als Hilfsmittel für den Entwurf von Verknüpfungssteuerungen

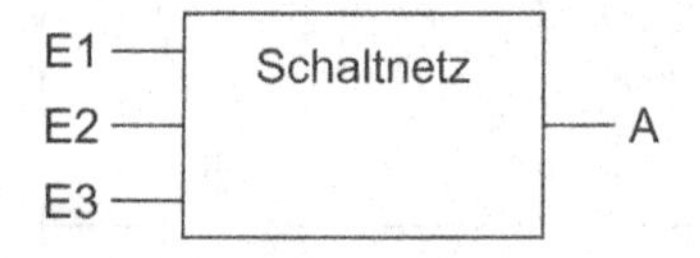

Mit n Eingangsvariablen ergeben sich 2^n verschiedene Eingangskombinationen, denen gemäß Aufgabenstellung logische Ausgangszustände zugeordnet werden müssen.

Zeile	E3	E2	E1	A
00	0	0	0	0
01	0	0	1	0
02	0	1	0	0
03	0	1	1	1
04	1	0	0	0
05	1	0	1	1
06	1	1	0	1
07	1	1	1	1

Disjunktive Normalform DNF

Aus der Funktionstabelle kann die DNF-Schaltfunktion für den Ausgang A gebildet werden. Für jede Zeile der Tabelle, bei der die Ausgangsvariable A den Signalzustand "1" führt, wird ein UND-Term mit allen Eingangsvariablen E3 E2 E1 gebildet. Bei Signalzustand "0" wird die Variable E negiert, bei Signalzustand "1" nicht negiert notiert. Die komplette Schaltfunktion erhält man durch ODER-Verknüpfung der UND-Terme: UND-vor-ODER-Verknüpfung (DNF).

DNF für Ausgang A aus Funktionstabelle: $A = \overline{E3}\,E2\,E1 \vee E3\,\overline{E2}\,E1 \vee E3\,E2\,\overline{E1} \vee E3\,E2\,E1$

Vereinfachung von Schaltfunktionen mittels KVS-Diagramm

Das Ziel ist die minimierte Schaltfunktion für Ausgang A (kürzere Lösung der Aufgabe).

Zeile	E4	E3	E2	E1	A
00_8	0	0	0	0	0
01_8	0	0	0	1	0
02_8	0	0	1	0	0
03_8	0	0	1	1	1
04_8	0	1	0	0	0
05_8	0	1	0	1	1
06_8	0	1	1	0	1
07_8	0	1	1	1	1

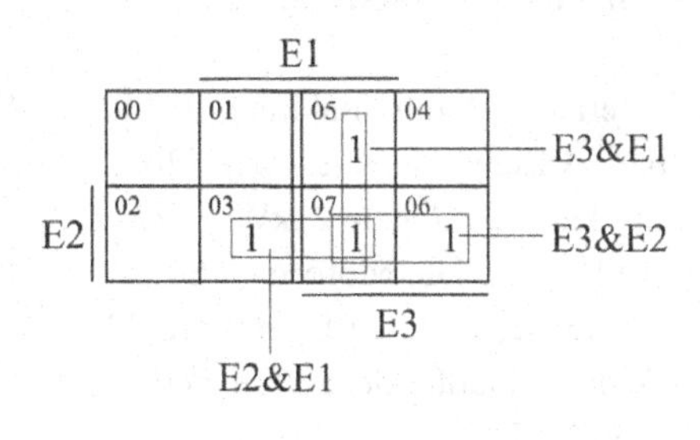

Minimierte DNF für den Ausgang A:

$A = E2\ E1 \vee E3\ E1 \vee E3\ E2$

Regeln des Vereinfachungsverfahrens

1. In die nummerierten Felder des KVS-Diagramms sind die Signalwerte von A einzutragen.
2. Einkreisungen symmetrisch liegender 1-Felder zu 2er-, 4er-, 8er-Blöcken einzeichnen.
3. Jedes 1-Feld ist mindestens einmal einzukreisen. Möglichst große Einkreisungen finden.
4. Bei 2er- oder 4er- oder 8er-Einkreisungen entfallen genau 1 oder 2 oder 3 Variablen.
5. Es entfallen die Variablen, die in Einkreisungen negiert und auch nicht negiert vorkommen.

2.1 Beispiel

■ Generatorüberwachung

Ein Generator ist mit maximal 10 kW belastbar. Anschaltbar sind vier Motoren mit den Leistungen 2 kW, 3 kW, 5 kW und 7 kW. Die Motoren sind mit Drehzahlwächtern ausgerüstet (B1, B2, B3, B4), die bei laufendem Motor ein 0-Signal an die SPS-Eingänge (E 0.1, E 0.2, E 0.3 und E 0.4) melden. Bei allen zulässigen Betriebskombinationen soll eine Meldeleuchte P1 durch den SPS-Ausgang A 4.0 eingeschaltet sein.

Technologieschema:

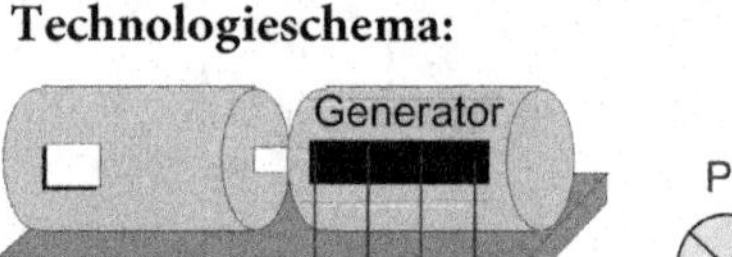

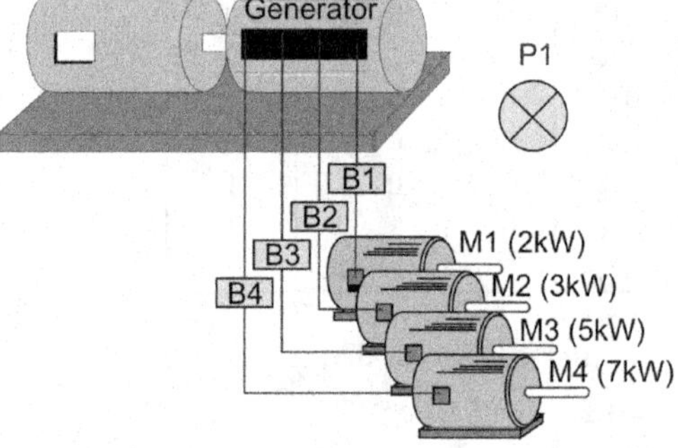

1. Es ist eine Funktionstabelle aufzustellen und aus dieser die Schaltfunktion für die Meldeleuchte P1 in disjunktiver Normalform anzugeben.
2. Mit Hilfe des KVS-Diagramms ist nach einer einfacheren Lösung für die Schaltfunktion zu suchen.
3. Das Meldeprogramm ist im Baustein FC 211 mit lokalen Variablen zu programmieren und beim Aufruf des FC 211 im OB 1 mit den in der Variablentabelle für die Drucksensoren deklarierten symbolischen PLC-Variablen zu beschalten.

Systematischer Programmentwurf

Funktionstabelle:

Oktal-Nr.	B4	B3	B2	B1	P1	Leistung
00	0	0	0	0	0	17 kW
01	0	0	0	1	0	15 kW
02	0	0	1	0	0	14 kW
03	0	0	1	1	0	12 kW
04	0	1	0	0	0	12 kW
05	0	1	0	1	1	10 kW
06	0	1	1	0	1	9 kW
07	0	1	1	1	1	7 kW
10	1	0	0	0	1	10 kW
11	1	0	0	1	1	8 kW
12	1	0	1	0	1	7 kW
13	1	0	1	1	1	5 kW
14	1	1	0	0	1	5 kW
15	1	1	0	1	1	3 kW
16	1	1	1	0	1	2 kW
17	1	1	1	1	1	0 kW

DNF-Schaltfunktion aus Tabelle:

$$P1 = \overline{B4}\,B3\,\overline{B2}\,B1 \vee \overline{B4}\,B3\,B2\,\overline{B1} \vee \overline{B4}\,B3\,B2\,B1 \vee B4\,\overline{B3}\,\overline{B2}\,\overline{B1} \vee B4\,\overline{B3}\,\overline{B2}\,B1 \vee B4\,\overline{B3}\,B2\,\overline{B1} \vee B4\,\overline{B3}\,B2\,B1 \vee B4\,B3\,\overline{B2}\,\overline{B1} \vee B4\,B3\,\overline{B2}\,B1 \vee B4\,B3\,B2\,\overline{B1} \vee B4\,B3\,B2\,B1$$

KVS-Diagramm:

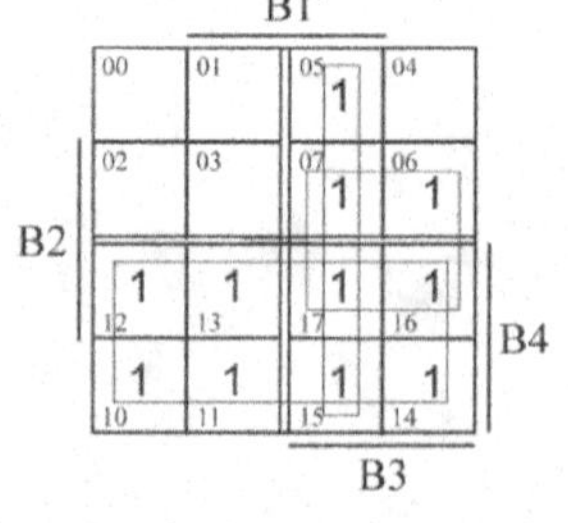

Vereinfachte DNF-Schaltfunktion:

$P1 = B4 \vee B3\,B2 \vee B3\,B1$

▶ **Hinweis** Vergleiche mit der Lösung zu Beispiel 4.9 „Generatorüberwachung" im Lehrbuch „Automatisieren mit SPS, Theorie und Praxis". Dem dortigen Programm ist die ODER-vor-UND-Verknüpfung zu Grunde gelegt.

Zuordnungstabelle der PLC-Eingänge und PLC-Ausgänge

PLC-Eingangsvariable	Symbol	Datentyp	Logische Zuordnung		Adresse
Drehsensor 1 (2 kW)	B1	BOOL	Motor 1 läuft	B1 = 0	E 0.1
Drehsensor 2 (3 kW)	B2	BOOL	Motor 2 läuft	B2 = 0	E 0.2
Drehsensor 3 (5 kW)	B3	BOOL	Motor 3 läuft	B3 = 0	E 0.3
Drehsensor 4 (7 kW)	B4	BOOL	Motor 4 läuft	B4 = 0	E 0.4
PLC-Ausgangsvariable					
Meldeleuchte	P1	BOOL	Meldeleuchte an	P1 = 1	A 4.1

Code-Baustein FC 211

Deklaration der Bausteinparameter:

Name	Datentyp	Kommentar
IN		
DS1	BOOL	Drehsensor 1 (B1)
DS2	BOOL	Drehsensor 2 (B2)
DS3	BOOL	Drehsensor 3 (B3)
DS4	BOOL	Drehsensor 4 (B4)
OUT		
ML	BOOL	Meldeleuchte (P1)

Programm in FUP-Darstellung:

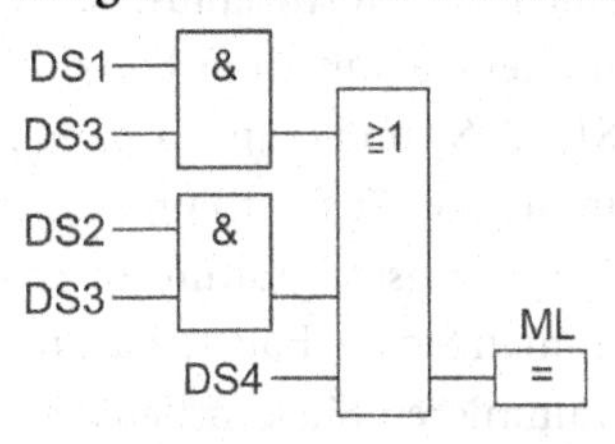

Programm in AWL-Darstellung:

STEP 7	CoDeSys
`U #DS1`	`LD DS1`
`U #DS3`	`AND DS3`
`O`	`OR( DS2`
`U #DS2`	`AND DS3`
`U #DS3`	`)`
`O #DS4`	`OR DS4`
`= #ML`	`ST FC211`

Pogramm in ST(SCL)-Darstellung:

```
ML:= (DS1 AND DS3)
     OR (DS2 AND DS3)
     OR DS4;
```

Aufruf der Funktion FC 211 im OB 1/PLC_PRG

Funktionsplan-Darstellung:

```
        FC211
      —EN
  B1—DS1
  B2—DS2
  B3—DS3        ML—P1
  B4—DS4       ENO—
```

AWL-Darstellung:

STEP 7	CoDeSys
`CALL FC 211`	`LD B1`
`DS1:= B1`	`FC211 B2, B3, B4`
`DS2:= B2`	`ST P1`
`DS3:= B3`	
`DS4:= B4`	
`ML: = P1`	

ST(SCL)-Darstellung: `FC211(DS1:= B1, DS2:= B2, DS3:= B3, DS4:= B4, ML=>P1);`

2.2 Lernaufgaben

Lernaufgabe 2.1: Wahlfreie Schaltstellen

Lösung S. 248

Das Ablassventil eines Silos soll von drei Schaltstellen aus (S1, S2 und S3) über ein 24-V-Elektromagnetventil M1 wahlweise geöffnet bzw. geschlossen werden können (Wechselschaltungsverhalten von drei Schaltstellen aus). An den Schaltstellen werden einpolige Schalter verwendet.

Technologieschema:

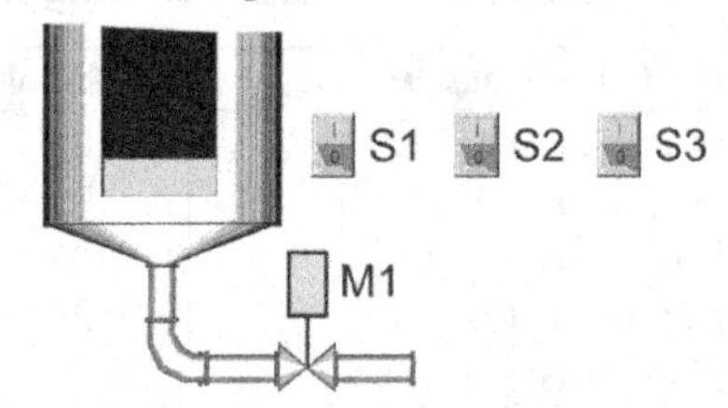

Lösungsleitlinie

1. Bestimmen Sie die Zuordnungstabelle der PLC-Eingänge und PLC-Ausgänge.
2. Zeichnen Sie den Anschlussplan mit den Sensoren und Aktoren der SPS.
3. Bestimmen Sie mit einer Funktionstabelle den Zusammenhang zwischen den Eingängen S1, S2, S3 und dem Ausgang M1.
4. Bestimmen Sie aus der Funktionstabelle die Schaltfunktion und den Funktionsplan.
5. Das Steuerungsprogramm soll in einem bibliotheksfähigen Baustein realisiert werden. Bestimmen Sie die Bausteinart und geben Sie die Deklarationstabelle an.
6. Programmieren Sie den Baustein, rufen Sie diesen vom OB 1/PLC_PRG aus auf und versehen Sie die Bausteinparameter mit SPS-Operanden aus der Zuordnungstabelle.

Lernaufgabe 2.2: Siloentleerung

Lösung S. 249

Der Inhalt eines Silos kann über die Pumpen M1 und M2 entleert werden. Welche der beiden Pumpen bei der Entleerung des Silos eingeschaltet sind, ist abhängig vom Silofüllstand. Befindet sich der Füllstand unterhalb von Sensor B2, ist Pumpe M1 einzuschalten. Liegt der Füllstand zwischen Sensor B2 und Sensor B3, wird die Pumpe M2 eingeschaltet. Bei Füllstand oberhalb von B3 laufen beide Pumpen. Die Entleerung des Silos wird mit dem Schalter S1 ein- und ausgeschaltet.

Technologieschema:

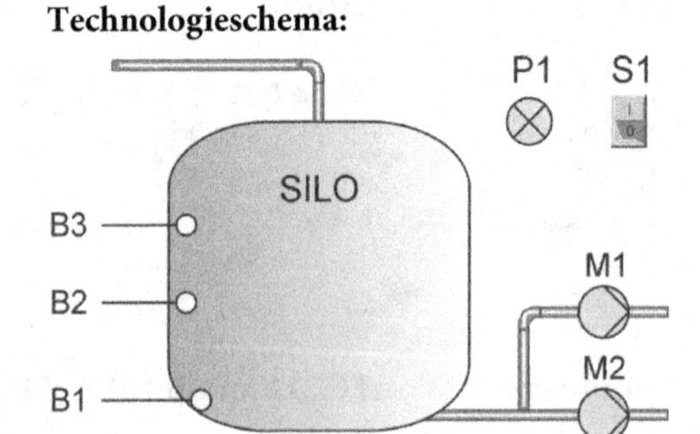

Beim Auftreten eines Sensorfehlers (z. B. B3 meldet und B2 meldet nicht) werden beide Pumpen und eine Störungsanzeige P1 eingeschaltet.

Lösungsleitlinie

1. Bestimmen Sie die Zuordnungstabelle der PLC-Eingänge und PLC-Ausgänge.
2. Bestimmen Sie mit einer Funktionstabelle den Zusammenhang zwischen den Eingängen B1, B2, B3 und den Ausgängen M1, M2 und P1.
3. Ermitteln Sie aus der Funktionstabelle die Schaltfunktionen für M1, M2 bzw. P1 und zeichnen Sie den dazugehörigen Funktionsplan unter Berücksichtigung des Schalters S1.
4. Das Steuerungsprogramm soll in einem bibliotheksfähigen Baustein realisiert werden. Bestimmen Sie die Bausteinart und geben Sie die Deklarationstabelle an.
5. Programmieren Sie den Baustein, rufen Sie diesen vom OB 1/PLC_PRG aus auf und versehen Sie die Bausteinparameter mit SPS-Operanden aus der Zuordnungstabelle.

Lernaufgabe 2.3: Lüfterüberwachung

Lösung S. 250

In einer Tiefgarage sind vier Lüfter installiert. Die Funktionsüberwachung der Lüfter erfolgt durch je einen Luftströmungswächter. An der Einfahrt der Tiefgarage ist eine Ampel angebracht. Sind alle vier Lüfter oder drei Lüfter in Betrieb, ist für eine ausreichende Belüftung gesorgt und die Ampel zeigt Grün. Bei Betrieb von nur zwei Lüftern schaltet die Ampel auf Gelb. Es dürfen dann nur Fahrzeuge ausfahren. Sind weniger als zwei Lüfter in Betrieb, muss die Ampel Rot anzeigen.

Technologieschema:

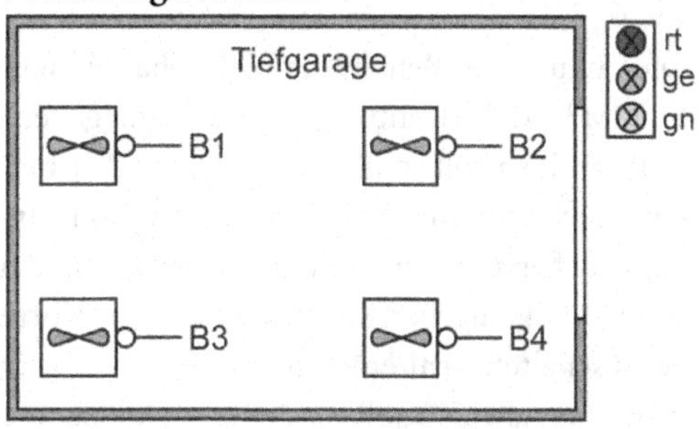

Lösungsleitlinie

1. Bestimmen Sie die Zuordnungstabelle der PLC-Eingänge und PLC-Ausgänge. Achten Sie dabei auf die richtige logische Zuordnung der Signalgeber.
2. Bestimmen Sie mit einer Funktionstabelle den Zusammenhang zwischen den Eingängen B1 bis B4 und den Ausgängen rt, ge und gn.
3. Ermitteln Sie aus der Funktionstabelle die Schaltfunktion für zwei der drei Ausgänge. Wählen Sie den Ausgang, der am günstigsten aus dem Signalzustand der beiden anderen Ausgänge gebildet werden kann.
4. Zeichnen Sie den Funktionsplan zur Ansteuerung der drei Ausgänge.
5. Das Steuerungsprogramm soll in einem bibliotheksfähigen Baustein realisiert werden. Bestimmen Sie die Bausteinart und geben Sie die Deklarationstabelle an.
6. Programmieren Sie den Baustein, rufen Sie diesen vom OB 1/PLC_PRG aus auf und versehen Sie die Bausteinparameter mit SPS-Operanden aus der Zuordnungstabelle.

Lernaufgabe 2.4: Füllung zweier Vorratsbehälter

Lösung S. 252

Zwei Vorratsbehälter mit den Signalgebern B3 und B4 für die Vollmeldung und B1 und B2 für die Meldung halbvoll werden in beliebiger Reihenfolge durch handbetätigte Ventile entleert.

Technologieschema:

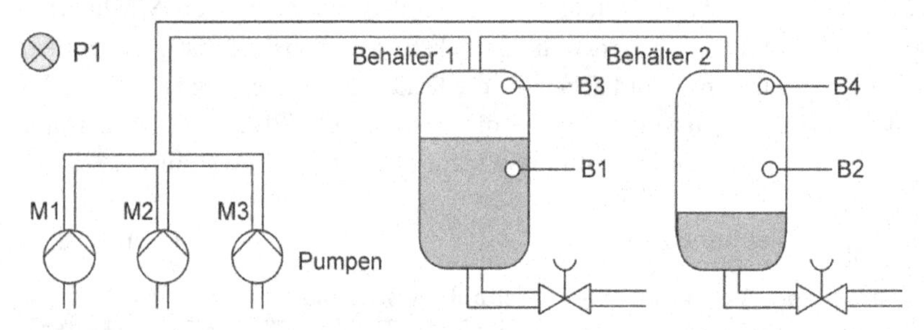

Die Füllung der Behälter erfolgt abhängig vom Füllstand durch die drei Pumpen M1, M2 und M3. Meldet entweder kein Signalgeber oder nur ein Signalgeber einen erreichten Füllstand, so sollen alle drei Pumpen M1 bis M3 laufen. Melden zwei Signalgeber einen entsprechenden Füllstand, so sollen zwei Pumpen die Füllung übernehmen. Wenn drei Signalgeber melden, genügt es, wenn nur eine Pumpe die Füllung übernimmt. Melden alle vier Signalgeber, so sind die beiden Vorratsbehälter gefüllt und alle Pumpen bleiben ausgeschaltet. Tritt ein Fehler auf, der von einer widersprüchlichen Meldung der Signalgeber herrührt, so soll dies eine Meldeleuchte P1 anzeigen und keine Pumpe laufen. Bei der Zuordnung der eingeschalteten Pumpen ist auf eine möglichst gleiche Einschalthäufigkeit zu achten.

Lösungsleitlinie

1. Bestimmen Sie die Zuordnungstabelle der PLC-Eingänge und PLC-Ausgänge.
2. Ermitteln Sie die Funktionstabelle für die Steuerungsaufgabe.
3. Minimieren Sie die Ansteuerfunktionen der Ausgänge mit einem KVS-Diagramm.
4. Zeichnen Sie den Funktionsplan der minimierten Ansteuerfunktionen.
5. Das Steuerungsprogramm soll in einem bibliotheksfähigen Baustein realisiert werden. Bestimmen Sie die Bausteinart und geben Sie die Deklarationstabelle an.
6. Programmieren Sie den Baustein, rufen Sie diesen vom OB 1/PLC_PRG aus auf und versehen Sie Bausteinparameter mit SPS-Operanden aus der Zuordnungstabelle.

Lernaufgabe 2.5: 7-Segment-Anzeige

Lösung S. 254

Mit einer 7-Segment-Anzeige sind die Ziffern 0...9 sowie die Zeichen a, b, c, d, e, und f darzustellen. Für jedes Zeichen müssen die entsprechenden Segmente a bis g angesteuert werden. Die Zeichen werden im 8-4-2-1-Code (BCD-Code) mit den Schaltern S3, S2, S1 und S0 eingestellt.

Lösungsleitlinie

1. Bestimmen Sie die Zuordnungstabelle der PLC-Eingänge und PLC-Ausgänge.
2. Bestimmen Sie mit einer Funktionstabelle den Zusammenhang zwischen den Eingängen S3 bis S0 und den Ausgängen a bis g.
3. Minimieren Sie die Ansteuerfunktionen der Ausgänge mit einem KVS-Diagramm.
4. Zeichnen Sie den Funktionsplan der minimierten Ansteuerfunktionen.
5. Das Steuerungsprogramm soll in einem bibliotheksfähigen Baustein realisiert werden. Bestimmen Sie die Bausteinart und geben Sie die Deklarationstabelle an.
6. Programmieren Sie den Baustein, rufen Sie diesen vom OB 1/PLC_PRG aus auf und versehen Sie die Bausteinparameter mit SPS-Operanden aus der Zuordnungstabelle.

Lernaufgabe 2.6: Durchlauferhitzer

Lösung S. 257

In einem größeren Einfamilienhaus mit dezentraler Warmwasserversorgung sind fünf Durchlauferhitzer installiert. Wegen des hohen Anschlusswertes der Durchlauferhitzer erlaubt das Energieversorgungsunternehmen nur den gleichzeitigen Betrieb von zwei Durchlauferhitzern. Mit Lastabwurfrelais wird der Betriebszustand der Durchlauferhitzer erkannt.

Im Ausgangszustand (keine Wasserentnahme) sind die Freigabe-Schütze Q1...Q5 angezogen und die Lastabwurfrelais noch stromlos sowie ihre zugehörigen Kontakte K1...K5 geschlossen (K = 1). Das Einschalten eines Durchlauferhitzers wird über die Wasserentnahme gesteuert, die vom eingebauten Druckdifferenz-Schaltsystem erkannt wird. Das Lastabwurfrelais zieht an und öffnet seinen Kontakt (K = 0), der die Schaltlogik der Freigabe-Schütze beeinflusst.

Schaltplan Hauptstromkreis:

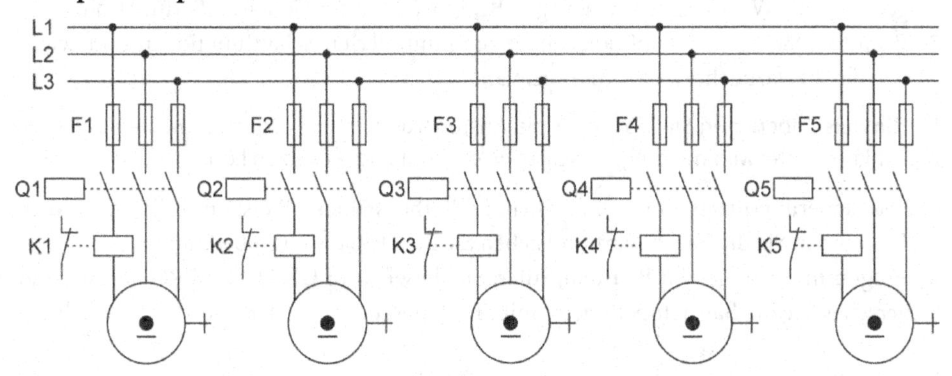

Lösungsleitlinie

1. Bestimmen Sie die Zuordnungstabelle der PLC-Eingänge und PLC-Ausgänge.
2. Bestimmen die Funktionstabelle für die Steuerungsaufgabe.
3. Minimieren Sie die Ansteuerfunktionen für einen Ausgang mit einem KVS-Diagramm. Schließen Sie aus dem Ergebnis auf die Ansteuerfunktionen der weiteren Ausgänge.
4. Zeichnen Sie den Funktionsplan der Ansteuerfunktion für einen Ausgang.
5. Das Steuerungsprogramm soll in einem bibliotheksfähigen Baustein realisiert werden. Bestimmen Sie die Bausteinart und geben Sie die Deklarationstabelle an.
6. Programmieren Sie den Baustein, rufen Sie diesen vom OB 1/PLC_PRG aus auf und versehen Sie die Bausteinparameter mit SPS-Operanden aus der Zuordnungstabelle.

Lernaufgabe 2.7: Code-Wandler

Lösung S. 259

Es ist ein Code-Wandler zu entwerfen, mit dessen Hilfe der Zahlenwert einer Dualzahl an zwei BCD-codierten Ziffernanzeigen dargestellt werden kann. Der Wert der Dualzahl ist durch die vier Bits W_0 bis W_3 bestimmt.

Technologieschema:

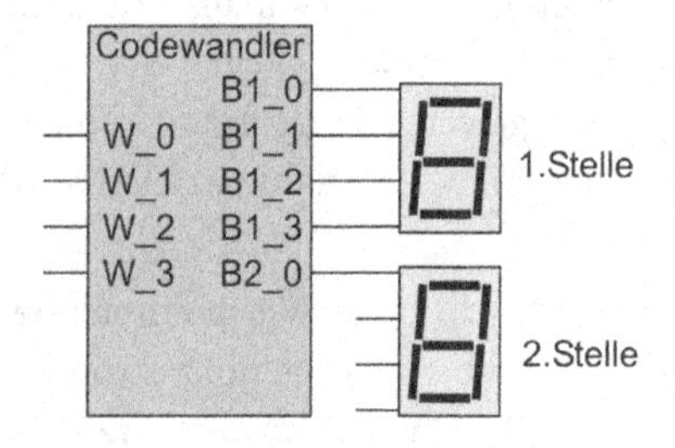

Lösungsleitlinie

1. Bestimmen Sie die Zuordnungstabelle der PLC-Eingänge und PLC-Ausgänge.
2. Bestimmen Sie mit einer Funktionstabelle den Zusammenhang zwischen den Eingängen W_0 bis W_3 und den Ausgängen B1_0 bis B2_0 der Codewandlerfunktion.
3. Ermitteln Sie aus der Funktionstabelle die minimierten Schaltfunktionen und zeichnen Sie die dazugehörigen Funktionspläne.

▶ **Hinweis** Überlegen Sie, ob Sie für die Ansteuerung einer Ausgangsvariablen die XOR-Funktion unter Minimierungsgesichtspunkten günstig einsetzen können.

4. Das Steuerungsprogramm soll in einem bibliotheksfähigen Baustein realisiert werden. Bestimmen Sie die Bausteinart und geben Sie die Deklarationstabelle an.
6. Programmieren Sie den Baustein, rufen Sie diesen vom OB 1/PLC_PRG aus auf und versehen Sie die Bausteinparameter mit SPS-Operanden aus der Zuordnungstabelle.

2.3 Kontrollaufgaben

Kontrollaufgabe 2.1

Gegeben ist eine Schaltfunktion P1 = *f* (S3, S2, S1) durch die nebenstehende Funktionstabelle:

Zeile	S3	S2	S1	P1
00	0	0	0	0
01	0	0	1	1
02	0	1	0	0
03	0	1	1	1
04	1	0	0	1
05	1	0	1	1
06	1	1	0	0
07	1	1	1	0

1. Bestimmen Sie aus der Funktionstabelle den schaltalgebraischen Ausdruck in der disjunktiven Normalform.
2. Zeichnen Sie den Funktionsplan zu dem schaltalgebraischen Ausdruck.
3. Bestimmen Sie für die Funktionstabelle das KVS-Diagramm und minimieren Sie damit die Schaltfunktion.
4. Geben Sie für die minimierte Schaltfunktion die Anweisungsliste AWL an.

Kontrollaufgabe 2.2

Die angegebene Anweisungsliste AWL ist zu analysieren.

```
U(
O  E1
O  E2
)
U(
ON E1
ON E2
)
U  E3
=  A4
```

1. Zeichnen Sie für die Anweisungsliste den zugehörigen Funktionsplan.
2. Bestimmen Sie mit einer Funktionstabelle den Zusammenhang zwischen den Eingangsvariablen und der Ausgangsvariable.
3. Ermitteln Sie aus der Funktionstabelle die disjunktive Normalform.
4. Geben Sie die Anweisungsliste der disjunktiven Normalform an.
5. Bestimmen Sie unter Verwendung der Exclusiv-ODER-Funktion einen einfacheren und gleichwertigen schaltalgebraischen Ausdruck.

Kontrollaufgabe 2.3

Der untenstehende Funktionsplan zeigt die Abhängigkeit der beiden Ausgangsvariablen A1 und A2 von den Eingangsvariablen E1 bis E4.

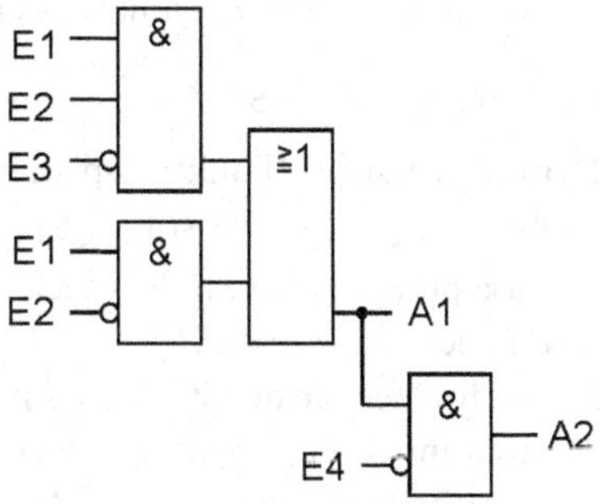

E1
E2
E3
&
E1
E2
&
≥1
A1
E4
&
A2

1. Geben Sie für den Funktionsplan die zugehörige Anweisungsliste an.
2. Bestimmen Sie den Zusammenhang zwischen den Eingangsvariablen und der Ausgangsvariablen mit einer Funktionstabelle.
3. Ermitteln Sie mit Hilfe eines KVS-Diagramms einen einfacheren schaltalgebraischen Ausdruck für den Ausgang A1.
4. Geben Sie den Funktionsplan des schaltalgebraischen Ausdrucks an.
5. Der minimierte Ausdruck soll in einem Bibliotheksbaustein realisiert werden. Geben Sie die Deklarationstabelle und die Anweisungsliste an.

Kontrollaufgabe 2.4

In einer verfahrenstechnischen Anlage wird ein Stellglied K1 durch vier Sensoren nach dem gegebenen Stromlaufplan angesteuert. Die Ansteuerung des Stellgliedes soll künftig mit einer SPS erfolgen, wobei die vier Sensoren an vier Eingänge des Automatisierungssystems angeschlossen werden.

Schaltplan:

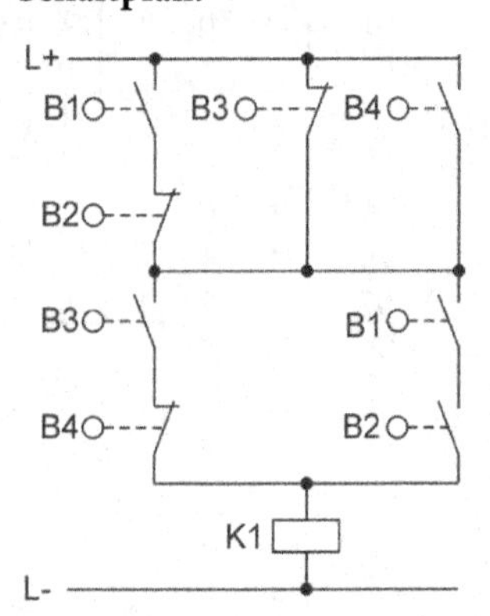

Verdrahtungsplan:

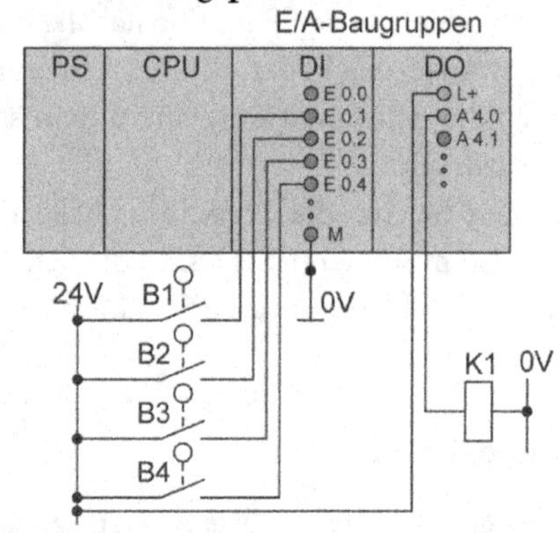

1. Bestimmen Sie die Zuordnungstabelle mit den PLC-Eingangs- und PLC-Ausgangsvariablen.
2. Bestimmen Sie aus dem Stromlaufplan einen Funktionsplan, der der logischen Struktur des Stromlaufplanes entspricht.
3. Ermitteln Sie aus dem Stromlaufplan oder Funktionsplan die Ansteuerfunktion für das Stellglied K1.
4. Bestimmen Sie die Funktionstabelle für den Ausgang K1.
5. Minimieren Sie die Ansteuerfunktion für den Ausgang K1 mit einem KVS-Diagramm.
6. Zeichnen Sie den Funktionsplan der minimierten Ansteuerfunktion.
7. Geben Sie die Deklarationstabelle für den Baustein an, mit dem Sie das Steuerungsprogramm realisieren, und schreiben Sie die Anweisungsliste.

Kontrollaufgabe 2.5

Der untenstehende Funktionsplan ist zu analysieren.

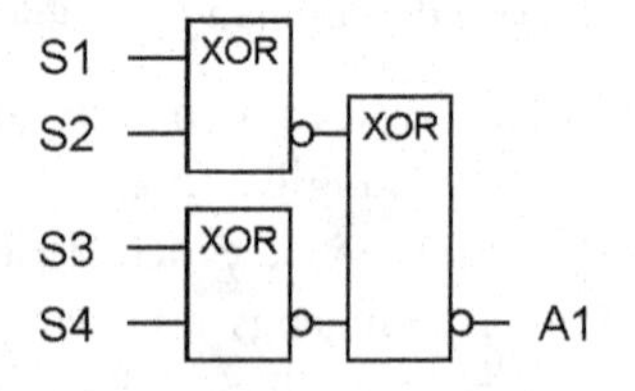

1. Bestimmen Sie mit Hilfe einer Funktionstabelle den Zusammenhang zwischen den Eingängen S1 bis S4 und dem Ausgang A1.
2. Beschreiben Sie den Zusammenhang verbal.
3. Bestimmen Sie einen einfacheren schaltalgebraischen Ausdruck für den Ausgang A1.
4. Zeichnen Sie den Funktionsplan des einfacheren schaltalgebraischen Ausdrucks.
5. Die gegebene Funktion soll in einem Bibliotheksbaustein realisiert werden. Geben Sie die Deklarationstabelle und die Anweisungsliste an.

3 Speicherfunktionen, Flankenauswertung, Umwandlung von Schütz- und elektropneumatischen Steuerungen

3.0 Übersicht

RS-Speicherfunktionen

Speichern mit vorrangigem Rücksetzen

Funktionsplan	Anweisungsliste		Zeitdiagramm

A
E1 – S
E0 – R Q –
	STEP 7
	`U E1`
	`S A`
	`U E0`
	`R A`
		CoDeSys
		`LD E1`
		`S A`
		`LD E0`
		`R A`
			E1
			E0
			A

	Strukturierter Text ST (SCL)		

	`IF E1 THEN A:= TRUE;`
	`END_IF;`
	`IF E0 THEN A:= FALSE;`
	`END_IF;`		

Speichern mit vorrangigem Setzen

Funktionsplan	Anweisungsliste		Zeitdiagramm

A
E0 – R
E1 – S Q –
	STEP 7
	`U E0`
	`R A`
	`U E1`
	`S A`
		CoDeSys
		`LD E0`
		`R A`
		`LD E1`
		`S A`
			E1
			E0
			A

	Strukturierter Text ST (SCL)		

	`IF E0 THEN A:= FALSE;`
	`END_IF;`
	`IF E1 THEN A:= TRUE;`
	`END_IF;`		

Verriegelungen von Speichern

Gegenseitiges Verriegeln

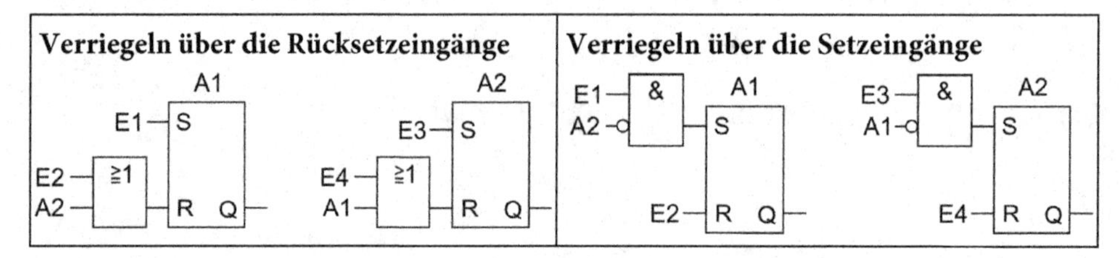

Reihenfolgeverriegelung

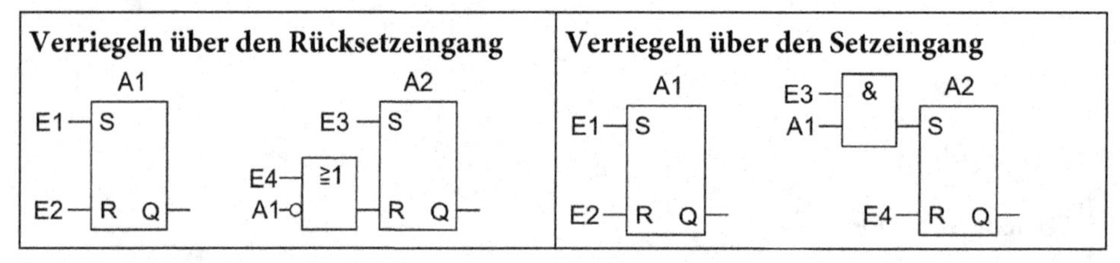

Legende: S = Setzeingang; R = Rücksetzeingang; Q = Ausgang (alle mit Datentyp BOOL)

Flankenauswertung

Zur Flankenauswertung eines Signals gehören ein Flankenoperand FO, der den veränderten Signalwert speichert und ein Impulsoperand IO, der bei Auftreten der Flanke für die Dauer eines Programmzyklus den Signalwert "1" führt. Der Flankenoperand FO muss als lokale statische Variable deklariert sein und erfordert die Verwendung eines Funktionsbausteins FB. Im OB 1 kann für FO eine temporäre Variable verwendet werden.

Deklarationstabelle für den Funktionsbaustein

Name	Datentyp	Anfangswert
IN		
S1	BOOL	FALSE
STAT		
FO1 (FO2)	BOOL	FALSE

Name	Datentyp	Anfangswert
TEMP		
IO1 (IO2)	BOOL	

Beispiele:

Positive (steigende) Flanke 0 →1

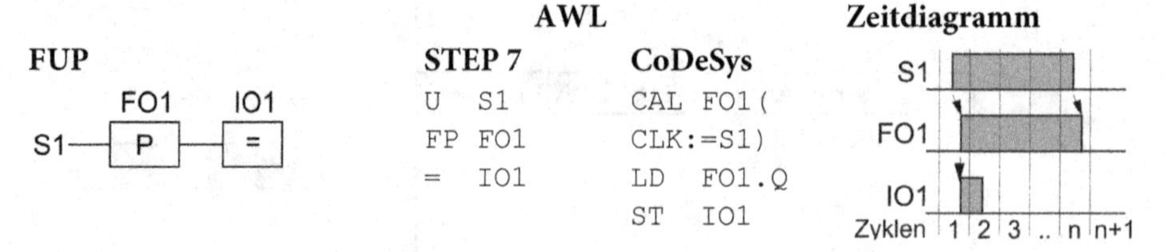

Strukturierter Text ST (SCL)

```
IF S1 AND NOT FO1 THEN IO1:= TRUE;
ELSE IO1:= FALSE; END_IF;
FO1:= S1;
```

Negative (fallende) Flanke 1 → 0

FUP

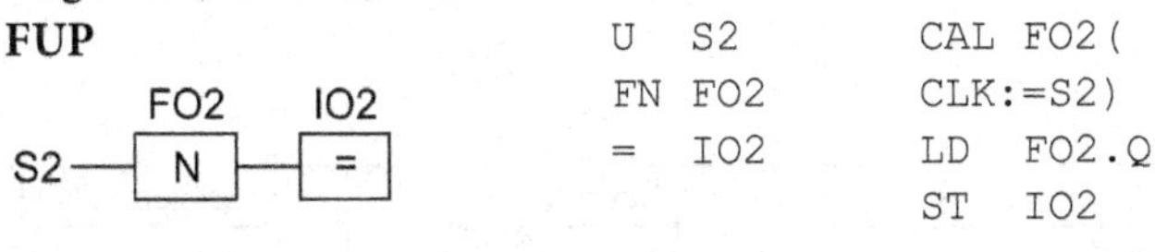


```
U   S2        CAL FO2(
FN  FO2       CLK:=S2)
=   IO2       LD  FO2.Q
              ST  IO2
```

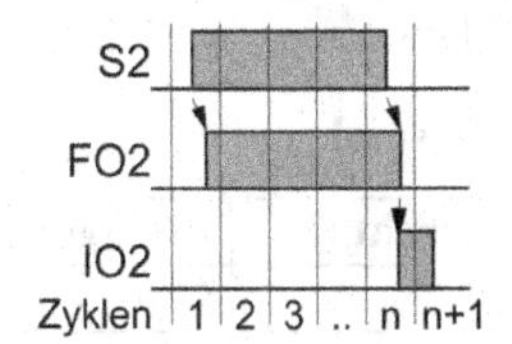

Strukturierter Text ST (SCL)

```
IF NOT S2 AND FO2 THEN IO2:= TRUE;
ELSE IO2:= FALSE; END_IF;
FO2:= S2;
```

Auf den Impulsoperanden IO kann verzichtet werden, wenn die Flankenauswertung nur an einer Stelle des Programms benötigt wird. In diesem Fall wird der Ausgang einer Flankenauswertungsoperation direkt z. B. zum Setzen eines SR-Speichers verwendet.

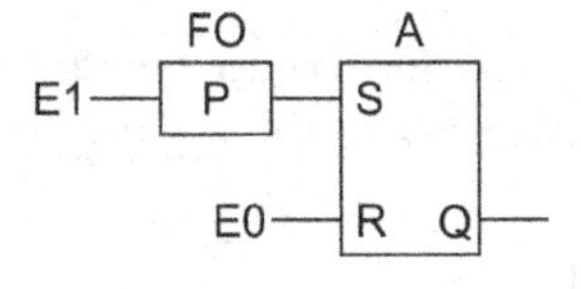

Hilfsmittel für den Programmentwurf

1. RS-Tabelle für den Entwurf von Programmen mit mehren RS-Speichern

Bei Steuerungsprogrammen mit komplexen Speicherbedingungen in Form von Verriegelungen kann eine tabellarische Übersicht der vorzusehenden Setz- und Rücksetzbedingungen zur Klärung der Aufgabenstellung hilfreich sein. Die Anwendung einer RS-Tabelle auf eine hier nicht näher beschriebene Steuerungsaufgabe erfolgt im Allgemeinen in zwei Schritten.

Beispiel:

Schritt 1: Ermittlung der Anzahl notwendiger RS-Speicherglieder auf Grund der unterscheidbaren Steuerungszustände, eventuell gegliedert in Speicher M und Hilfsspeicher HS

Ermittlung der Speicher M und Hilfsspeicher HS	Ermittlung der Variable für das Setzen	Ermittlung der Variablen für das Rücksetzen
M1 für Anlagenteil 1	HS1, ...	B1, M2, ...
HS1 für Anlagenteil 1	B2, ...	M1, HS2, ...

Schritt 2: Eintragen der Setzbedingungen und Rücksetzbedingungen für alle Speicher M und Hilfsspeicher HS

Zu betätigende Speicherglieder	Bedingungen für das Setzen	Bedingungen für das Rücksetzen
HS1	B2	$M1 \vee HS2$
M1	HS1	$B1 \vee M2$

2. Schaltfolgetabelle für den Programmentwurf mit Flankenauswertung

Für den Entwurf von Steuerungsprogrammen mit schrittweisem Ablauf oder flankengesteuerten Ereignissen ist eine tabellarische Übersicht der Schaltbedingungen für das Setzen und Rücksetzen von Ausgangsvariablen mit S-, R-Bitoperationen hilfreich. Die Änderung der Eingangsvariablen, die zu einem Schrittwechsel führt, wird mit einer Flanke ausgewertet.

Beispiel:

Schritt	Bedingung	Setzen	Rücksetzen
1	S1 (0 → 1) & 1B1 & 2B1	1M1	
2 weitere	1B2 (0 → 1) & 2B1 & 3B1 ↑ Flankenauswertung	2M1	1M1

3. Darstellung und Eigenschaften elektropneumatischer Stellglieder

Einfachwirkender Zylinder 3/2-Wegeventil-Ansteuerung	Doppeltwirkender Zylinder 5/2-Wegeventil-Ansteuerung	Doppeltwirkender Zylinder 5/3-Wegeventil-Ansteuerung

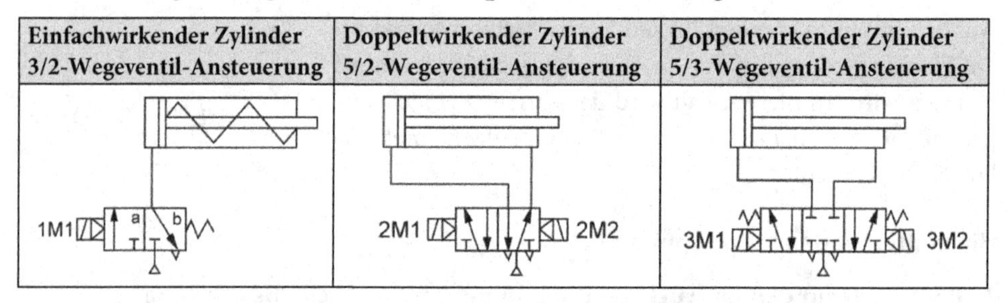

3/2-Wegeventil Elektromagnetisches Ventil mit Rückstellfeder hat nur einen elektrischen Steuereingang 1M1 und kann durch ein Stellsignal aus der Schaltstellung b in die Stellung a geschaltet werden. Nach Beendigung des Stellsignals erfolgt eine federmechanische Rückstellung des Ventils, dessen Vorteil die definierte Schaltstellung im unbetätigten Zustand ist.

5/2-Wegeventil Elektromagnetische Impulsventile haben zwei elektrische Steuereingänge 2M1 und 2M2, sie können durch kurze Ansteuerimpulse aus einer Schaltstellung in die andere umgeschaltet werden. Die Ventile übernehmen die RS-Speicherfunktion der Steuerung. Nachteil des Speicherverhaltens ist die nicht definierte Schaltstellung im unbetätigten Zustand, daher erfolgt meistens Ansteuerung von 2M1 und 2M2 mit inversen Signalen.

5/3-Wegeventil Bei elektromagnetischen Impulsventilen mit Federzentrierung geht das Ventil im unbetätigten Zustand in die Mittelstellung. Daher kann neben der Vorwärts- und Rückwärtsbewegung des Zylinderkolbens auch eine Halteposition veranlasst werden.

Funktionsdiagramme zeigen den Bewegungsverlauf von Zylindern. In der Ordinate wird der zurückgelegte Weg und in der Abszisse werden Schritte oder Zeiten aufgetragen. Zusätzlich können die Zustände von Magnetspulen der Ventile dargestellt werden.

4. Regeln für das Umsetzen von Schützschaltungen in SPS-Programme

Eine gegebene Schützsteuerung, die z. B. zur Ansteuerung von Elektromotoren oder Elektropneumatik eingesetzt wurde, kann durch eine SPS-Steuerung unter sinngemäßer Anwendung der nachfolgenden Umsetzungsregeln für Stromlaufpläne ersetzt werden.

1. Der Hauptstromkreis wird unverändert außerhalb der SPS beibehalten. Die Hauptschütze werden allerdings von SPS-Ausgängen angesteuert.
2. Hilfsschütze werden durch temporäre oder statische Variablen *innerhalb* des Bausteins ersetzt. Wenn Hilfsschütze interne Speicherfunktionen ausüben, muss für jedes Hilfsschütz eine statische Speichervariable (Static) deklariert werden.
3. Parallelschaltungen von Schützkontakten werden durch ODER-Verknüpfungen und Reihenschaltungen durch UND-Verknüpfungen der entsprechenden Variablen ersetzt.
4. Öffner von Schützkontakten werden negiert und Schließer bejaht im Programm abgefragt.
5. Öffner- und Schließerkontakte von Signalgebern wie Taster, Schalter, Kontakte von Überstromschutzeinrichtungen etc. werden im Programm stets bejaht abgefragt.
6. Die Umsetzungsregeln 1 bis 5 verändern nicht die vorgegebene Steuerungsstruktur, wenn die Schütze keine Zeitverzögerungen oder Wischerkontakte enthalten. Einschalt- und Ausschaltverzögerungen müssen mit Zeitgliedern und Wischerkontakten mit Flankenauswertung nachgebildet werden. Impulse von Wischerkontakten beim Einschalten (Ausschalten) entsprechen steigenden (fallenden) Flanken.

Beispiel:

Hauptstromkreis bleibt erhalten

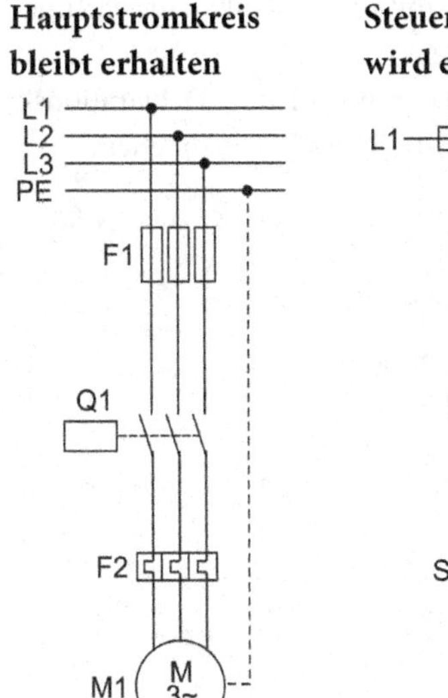

Steuerstromkreis wird ersetzt

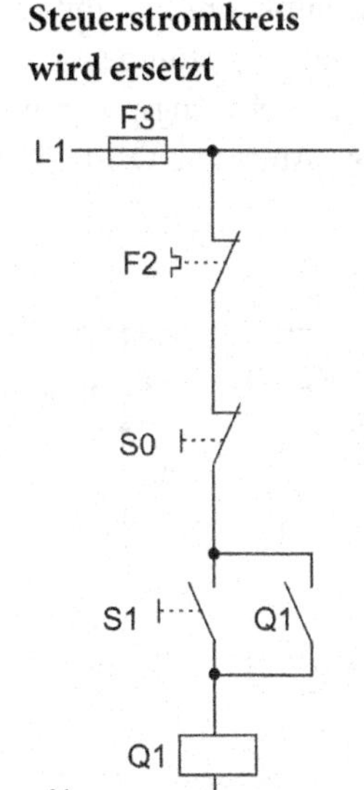

Ersatz-Funktionsplan:

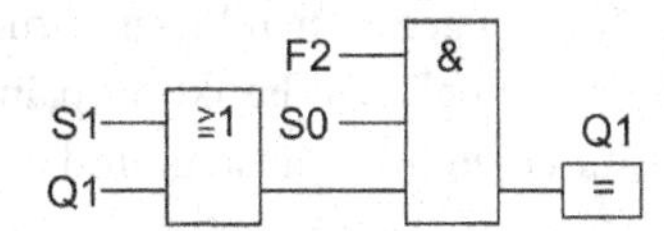

Baustein-Aufruf im OB 1:

Die Signalspeicherung für das Schütz erfolgt in der PLC-Variablen Q1, daher genügt der Bausteintyp FC.

Die Variable Schuetz ist als Durchgangsvariable (IN_OUT) deklariert.

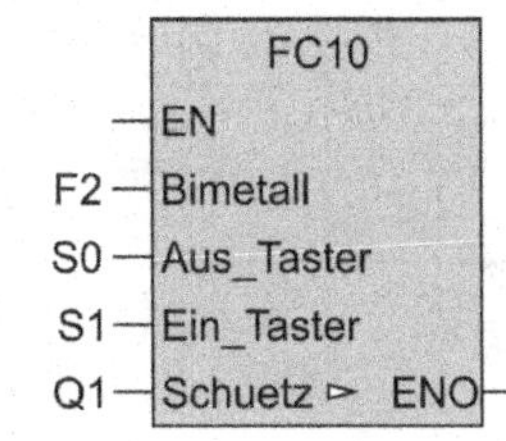

3.1 Beispiel

- **Stromlaufplan in SPS-Programm umsetzen**
- **Verriegeln von RS-Speichern, RS-Tabelle, Schaltfolgetabelle**

Drei Pumpen sollen nacheinander über die Leistungsschütze Q1, Q2 und Q3 durch jeweils eine Betätigung des EIN-Tasters S1 eingeschaltet werden. Mit dem AUS-Taster S0 werden die laufenden Pumpen gleichzeitig abgeschaltet.

Schaltfolge von Pumpen

Technologieschema:

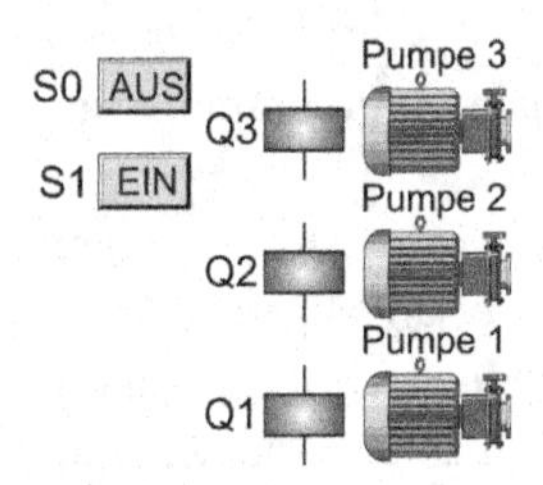

Anschlussschema:

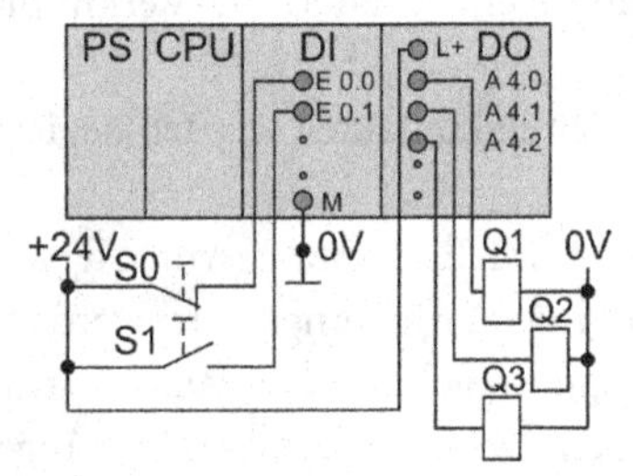

1. Der gegebene Stromlaufplan ist ohne Änderung der Steuerungsstruktur in einen Funktionsplan für ein SPS-Programm umzusetzen.
2. Es ist ein Funktionsplan mit SR-Speichern mit Hilfe einer RS-Tabelle für den gegebenen Programmablauf zu entwerfen.
3. Mit Hilfe einer Schaltfolgetabelle ist ein Funktionsplan mit einer Flankenauswertung von S1 für den gegebenen Programmablauf zu bestimmen.
4. Für die drei möglichen Funktionspläne des Steuerungsprogramms ist die Deklarationstabelle für einen SPS-Baustein und dessen Aufruf im OB 1/PLC_PRG anzugeben.

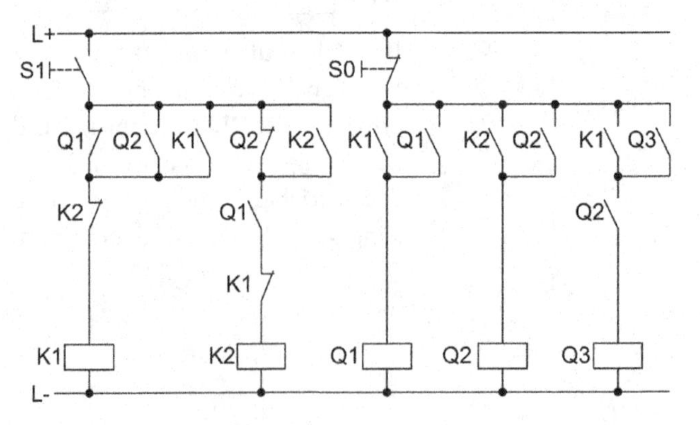

Zuordnungstabelle der PLC-Eingänge und PLC-Ausgänge

PLC-Eingangsvariable	Symbol	Datentyp	Logische Zuordnung		Adresse
AUS-Taster	S0	BOOL	Betätigt	S0 = 0	E 0.0
EIN-Taster	S1	BOOL	Betätigt	S1 = 1	E 0.1
PLC-Ausgangsvariable					
Leistungsschütz 1	Q1	BOOL	Schütz angezogen	Q1 = 1	A 4.0
Leistungsschütz 2	Q2	BOOL	Schütz angezogen	Q2 = 1	A 4.1
Leistungsschütz 3	Q3	BOOL	Schütz angezogen	Q3 = 1	A 4.2

1. Direktes Umsetzen des Stromlaufplans in eine Funktionsplandarstellung

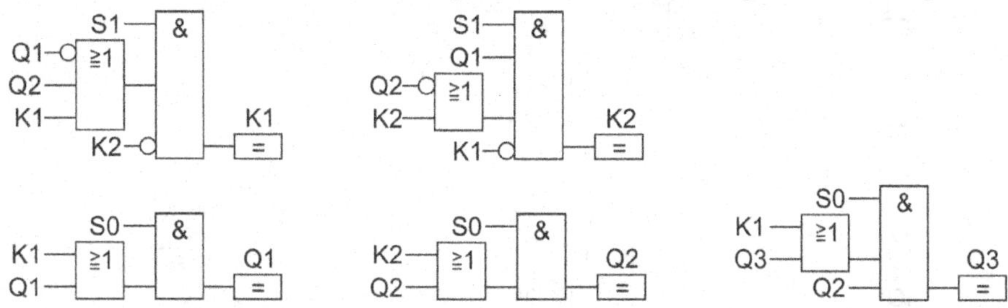

2. RS-Tabelle für Funktionsplan mit RS-Speichern und FUP-Darstellung

Für alle Schütze des Stromlaufplans wird ein RS-Speicher eingeführt.

Speicher	Bedingungen für das Setzen	Bedingungen für das Rücksetzen
K1	$S1\&(\overline{Q1}\vee Q2)\&\overline{K2}$	$\overline{S1}$
K2	$S1\&Q1\&\overline{Q2}\&\overline{K1}$	$\overline{S1}$
Q1	K1	$\overline{S0}$
Q2	K2	$\overline{S0}$
Q3	K1 & Q2	$\overline{S0}$

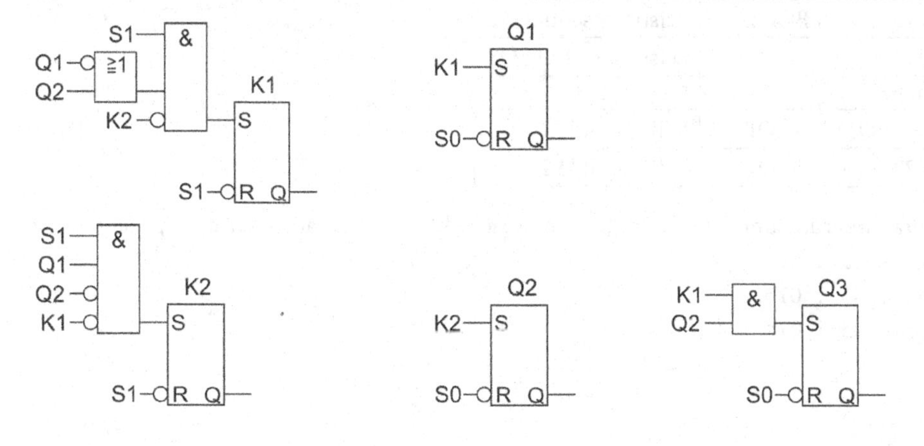

3. Schaltfolgetabelle mit Flankenauswertung des Ein-Tasters S1 und FUP-Darstellung

Die Flankenauswertung des Ein-Tasters S1 erzeugt einen Impulsoperand IO1.

Schritt	Bedingung	Setzen	Rücksetzen
1	S1 $(0 \rightarrow 1)$	IO1	
2	IO1&$\overline{Q1}$&$\overline{Q2}$	Q1	IO1
3	IO1&Q1&$\overline{Q2}$	Q2	IO1
4	IO1&Q1&Q2	Q3	IO1
	$\overline{S0}$		Q1, Q2; Q3

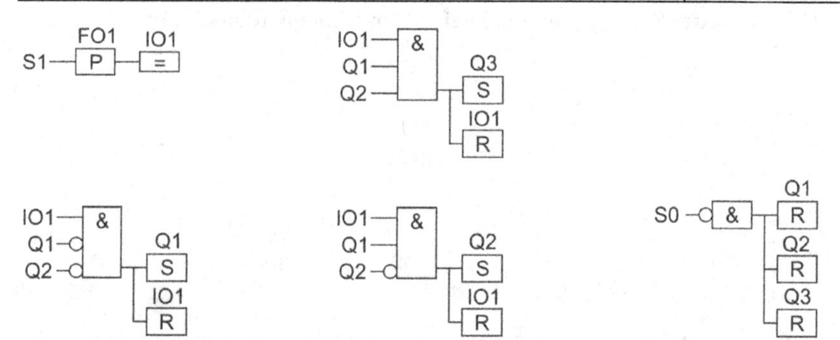

4. Deklarationstabelle FB 311:

Name	Datentyp	Kommentar
Input		
AUS	BOOL	Taster S0
EIN	BOOL	Taster S1
Output		
LS1	BOOL	Leistungsschütz Q1
LS2	BOOL	Leistungsschütz Q2
LS3	BOOL	Leistungsschütz Q3
Static		
K1 (FO1)	BOOL	Hilfsvariable 1
K2 (IO1)	BOOL	Hilfsvariable 2

Bausteinaufruf im OB 1/PLC_PRG:

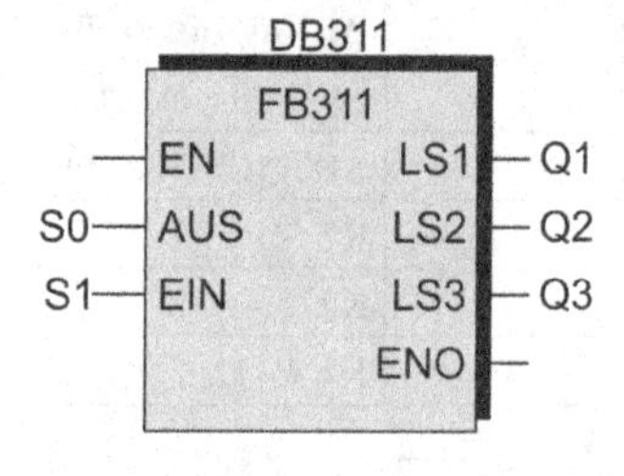

Programmierung und Aufruf des Bausteins siehe http://automatisieren-mit-sps.de
Aufgabe 03_1_01a,
Aufgabe 03_1_01b,
Aufgabe 03_1_01c

3.2 Lernaufgaben

Lernaufgabe 3.1: Torsteuerung

Lösung S. 261

Ein Werkstor wird mit einem Elektromotor auf und zu gesteuert. Die Ansteuerung des Elektromotors erfolgt mit den Leistungsschützen Q1 (Rechtslauf Tor auf) und Q2 (Linkslauf Tor zu). Die Endlagen des Schiebetors werden mit den Initiatoren B1 (Tor zu) und B2 (Tor auf) gemeldet.

Technologieschema:

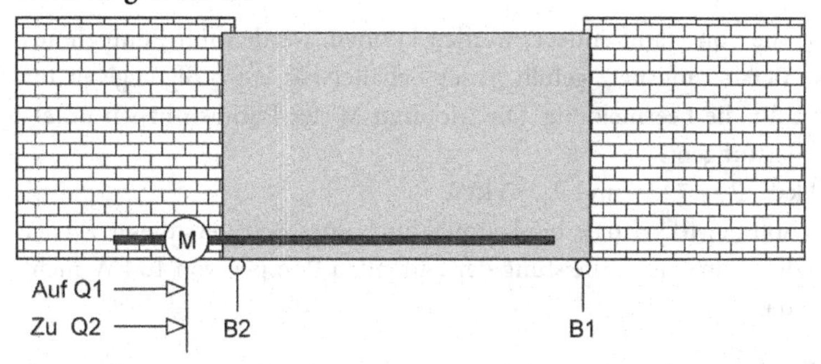

Zur Bedienung des Schiebetors ist an der Pforte ein Bedienpult angebracht. Steht der Wahlschalter S3 in Stellung Automatik, kann durch kurzzeitiges Drücken des S1- bzw. S2-Tasters das Tor auf- bzw. zugesteuert werden. Ein Umschalten der Drehrichtung des Motors ist nur über S0 (STOPP) möglich.

Bei Betätigung des Tasters S0 bleibt das Tor sofort stehen. Zum Öffnen oder Schließen ist dann eine erneute Betätigung der Taster S1 oder S2 erforderlich. Steht der Wahlschalter S3 in Stellung Tippen, so wird das Werkstor mit den Tastern S1 und S2 nur solange geöffnet bzw. geschlossen, wie die entsprechende Taste betätigt wird.

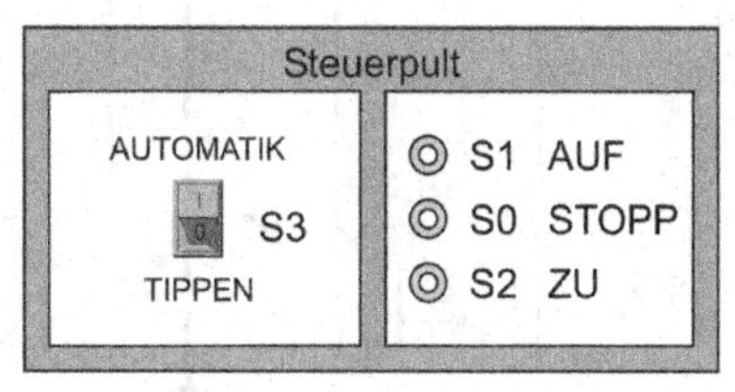

Die Initiatoren B1 und B2 beenden bei Betätigung jeweils sofort das Öffnen bzw. Schließen des Tores.

Lösungsleitlinie

1. Bestimmen Sie die Zuordnungstabelle der PLC-Eingänge und PLC-Ausgänge. Legen Sie dabei die richtige Zuordnung der Signalgeber (Öffner oder Schließer) fest.
2. Bestimmen Sie mit einer RS-Tabelle die Bedingungen für die Ansteuerung der Setz- und Rücksetz-Eingänge der beiden Speicherglieder für Q1 und Q2.
3. Ermitteln Sie aus der RS-Tabelle den Funktionsplan für die beiden Ausgänge Q1 und Q2.

4. Da das Steuerungsprogramm zur Ansteuerung weiterer Schiebetore auf dem Werksgelände genutzt werden soll, ist dafür ein bibliotheksfähiger Baustein zu verwenden. Überlegen Sie, ob Sie dafür eine Funktion verwenden können.
5. Geben Sie die Deklarationstabelle für den Baustein an, mit dem Sie das Steuerungsprogramm realisieren.
6. Programmieren Sie den Baustein, rufen Sie diesen vom OB 1/PLC_PRG aus auf und versehen Sie die Bausteinparameter mit SPS-Operanden aus der Zuordnungstabelle.

Lernaufgabe 3.2: Vier Vorratsbehälter Lösung S. 262

Vier Vorratsbehälter, die von Hand entleert werden können, werden mit Pumpen aus einem gemeinsamen Versorgungsnetz gefüllt. Jeder Behälter hat einen Signalgeber für die Vollmeldung und für die Leermeldung. Die Motoren M der Pumpen haben unterschiedliche Anschlussleistungen:

P_1 = 3 kW; P_2 = 4 kW, P_3 = 7 kW und P_4 = 5 kW.

Eine Steuerschaltung soll bewirken, dass bei Leermeldung eines Behälters dieser wieder gefüllt wird, wobei jedoch eine Gesamtleistung der laufenden Pumpen von 10 kW nicht überschritten werden darf.

Technologieschema:

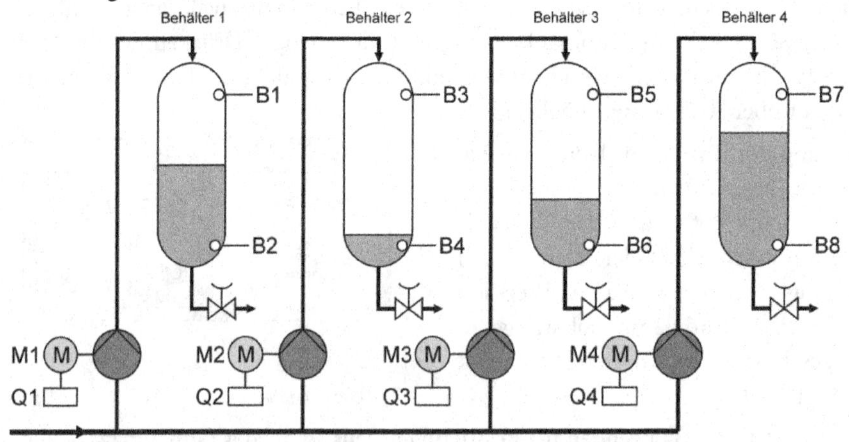

Lösungsleitlinie

1. Bestimmen Sie die Zuordnungstabelle der PLC-Eingänge und PLC-Ausgänge.
2. Stellen Sie eine Tabelle auf, aus der ersichtlich wird, welche Pumpen gleichzeitig laufen dürfen und welche Pumpe dann nicht zugeschaltet werden darf.
3. Bestimmen Sie mit einer RS-Tabelle unter zu Hilfenahme der in Punkt 2 aufgestellten Tabelle die Bedingungen für die Ansteuerung der Setz- und Rücksetz-Eingänge der vier Speicherglieder für die Pumpen.
4. Ermitteln Sie aus der RS-Tabelle den Funktionsplan für die Ansteuerung der Motorschütze Q1 bis Q4.

5. Bestimmen Sie die Ansteuerung von Q1 bis Q4 in der Programmiersprache SCL/ST.
6. Das Steuerungsprogramm soll in einem bibliotheksfähigen Baustein realisiert werden. Überlegen Sie, ob Sie dafür eine Funktion verwenden können.
7. Geben Sie die Deklarationstabelle für den Baustein an, mit dem Sie das Steuerungsprogramm realisieren.
8. Programmieren Sie den Baustein, rufen Sie diesen vom OB 1/PLC_PRG aus auf und versehen Sie Bausteinparameter mit SPS-Operanden aus der Zuordnungstabelle.

Lernaufgabe 3.3: Poliermaschine

Lösung S. 264

Eine Poliermaschine wird durch Betätigung des Tasters S1 eingeschaltet. Der Betriebszustand "EIN" wird mit der Meldeleuchte P1 angezeigt. In diesem Betriebszustand sind der Antriebsmotor M2 für die Poliereinrichtung und der Schlittenantrieb M1 in Betrieb. Der Schlittenantrieb M1 läuft aber nur, wenn der Drehgeber B3 meldet, dass der Motor M2 der Poliereinrichtung die erforderliche Drehzahl hat. Beim Erreichen der linken Endposition B1 bzw. der rechten Endposition B2 wird die Drehrichtung des Schlittenmotors umgeschaltet.

Mit Taster S0 wird die Poliermaschine abgeschaltet. Der Schlittenantrieb und der Antriebsmotor für die Poliereinrichtung laufen jedoch noch bis zum Erreichen einer der beiden Endpositionen weiter. In dieser Zeit wird die Meldeleuchte P0 eingeschaltet. Das Auftreten einer thermischen Auslösung B4 oder B5 bei einem der beiden Motoren führt sofort zum ausgeschalteten Betriebszustand.

Technologieschema:

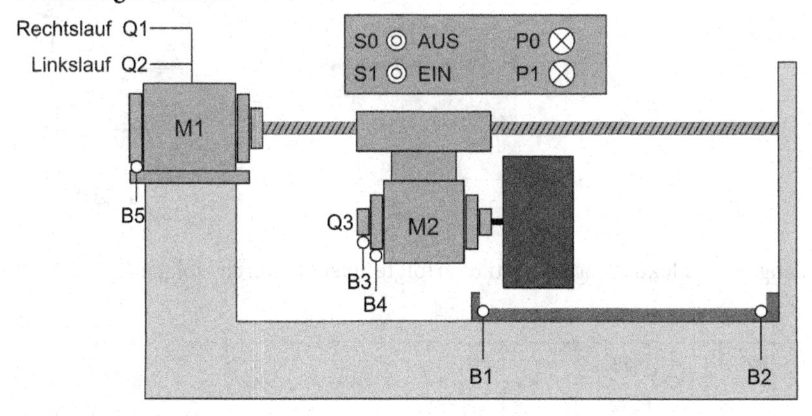

Lösungsleitlinie

1. Bestimmen Sie die Zuordnungstabelle der PLC-Eingänge und PLC-Ausgänge. Legen Sie dabei die richtige Zuordnung der Signalgeber (Öffner oder Schließer) fest.
2. Ermitteln Sie mit einer RS-Tabelle die Bedingungen für die Ansteuerung der Setz- und Rücksetz-Eingänge der Speicherglieder für Q1, Q2 und Q3 sowie P0 und P1.

3. Ermitteln Sie aus der RS-Tabelle den Funktionsplan für die Schütze Q1, Q2 und Q3 sowie die Anzeigeleuchten P0 und P1.
4. Der gefundene Funktionsplan ist in einen bibliotheksfähigen Baustein umzusetzen. Überlegen Sie, welche Bausteinart Sie für die Umsetzung verwenden können.
5. Geben Sie die Deklarationstabelle für den Baustein an, mit dem Sie das Steuerungsprogramm realisieren.
6. Programmieren Sie den Baustein, rufen Sie diesen vom OB 1/PLC_PRG aus auf und versehen Sie die Bausteinparameter mit SPS-Operanden aus der Zuordnungstabelle.

Lernaufgabe 3.4: Biegewerkzeug

Lösung S. 265

Mit einem Biegewerkzeug werden Bleche in eine bestimmte Form gebogen. Der Biegevorgang läuft wie folgt ab: Nach Betätigung von Taster S1 fährt Zylinder 1A aus. Dabei wird das Blech gespannt und vorgebogen. Ist die vordere Endlage des Zylinders 1A erreicht, fährt Zylinder 2A aus, biegt dabei das Blech fertig und fährt nach Erreichen der Endlage wieder ein. Ist Zylinder 2A in der hinteren Endlage angekommen, fährt auch Zylinder 1A wieder ein. Das folgende Technologieschema zeigt die Anordnung der Zylinder.

Technologieschema:

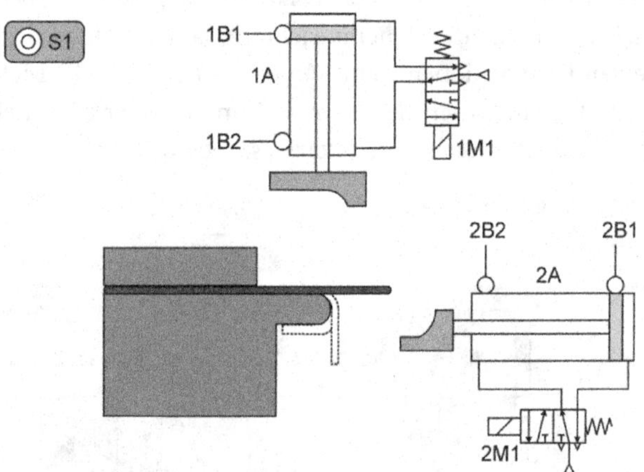

Die Ansteuerung der Elektromagnetventile erfolgte bisher durch folgende Schützsteuerung:

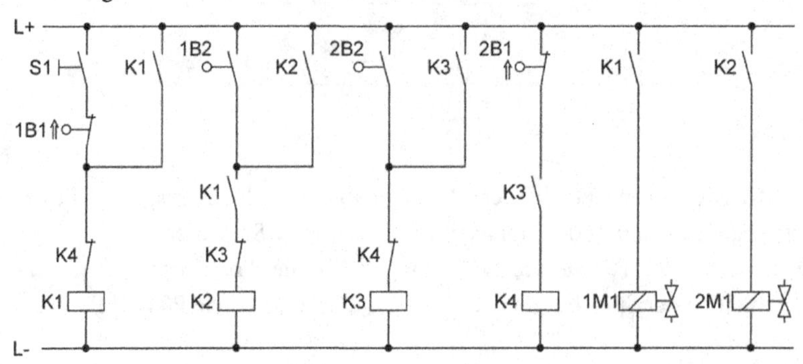

Das Biegewerkzeug soll in eine komplexe Automatisierungsanlage integriert werden und deshalb die Ansteuerung der Ventile über ein Automatisierungssystem erfolgen. Dazu ist die Schützsteuerung durch ein SPS-Programm zu ersetzen.

Lösungsleitlinie

1. Bestimmen Sie die Zuordnungstabelle der PLC-Eingänge und PLC-Ausgänge.
2. Zeichnen Sie das zur Aufgabenbeschreibung zugehörige Funktionsdiagramm, welches die beiden Zylinder 1A und 2A sowie die Schütze K1 bis K4 enthält.
3. Ermitteln Sie aus dem gegebenen Stromlaufplan nach den Umsetzungsregeln zum Ersetzen von Schützschaltungen den zugehörigen Funktionsplan.
4. Welche lokalen Variablen müssen Sie bei der Realisierung des Funktionsplanes in einem wieder verwendbaren Baustein für die Schütze K1 bis K4 deklarieren und welche Bausteinart folgt daraus? Geben Sie die Deklarationstabelle an.
5. Es soll ein neuer Funktionsplan unter Verwendung von drei RS-Speichergliedern entworfen werden. Zwei RS-Speicherglieder dienen zur Ansteuerung der Magnetspulen 1M1 und 2M1. Das dritte Speicherglied wird als Hilfsvariable HV1 benötigt. Bestimmen Sie mit einer RS-Tabelle die Bedingungen für die Ansteuerung der Setz- und Rücksetz-Eingänge der drei RS-Speicherglieder.
6. Ermitteln Sie aus der RS-Tabelle den Funktionsplan für die Magnetspulen 1M1 und 2M1 sowie für die Hilfsvariable HV1.
7. Geben Sie die Deklarationstabelle für den Baustein an, mit dem Sie das Steuerungsprogramm realisieren.
8. Es soll ein neuer Funktionsplan für das Biegewerkzeug mit Hilfe der Schaltfolgetabelle bestimmt werden. Erstellen Sie die Schaltfolgetabelle.
9. Ermitteln Sie den sich aus der Schaltfolgetabelle ergebenen Funktionsplan.
10. Bestimmen Sie aus der Schaltfolgetabelle das Steuerungsprogramm in der Programmiersprache SCL/ST.
11. Das Steuerungsprogramm soll in einem Baustein bibliotheksfähig realisiert werden. Bestimmen Sie die Bausteinart und geben Sie die Deklarationstabelle an.
12. Programmieren Sie den Baustein, rufen Sie diesen vom OB 1/PLC_PRG aus auf und versehen Sie Bausteinparameter mit SPS-Operanden aus der Zuordnungstabelle.

Lernaufgabe 3.5: Verpackungsrollenbahn

Lösung S. 268

Am Ende einer Verpackungsrollenbahn erhalten die Verpackungen einen Aufdruck. Die Pakete rollen über die Rollenrutsche vor die Druckeinrichtung. Nach Betätigung des Tasters S1 schiebt Zylinder 1A das Paket auf die entgegengesetzte Rollenbahn. Zylinder 2A schiebt dann das Paket auf eine Rollenrutsche zum Versand. Der Druckvorgang ist nicht Gegenstand der Aufgabe.

Technologieschema:

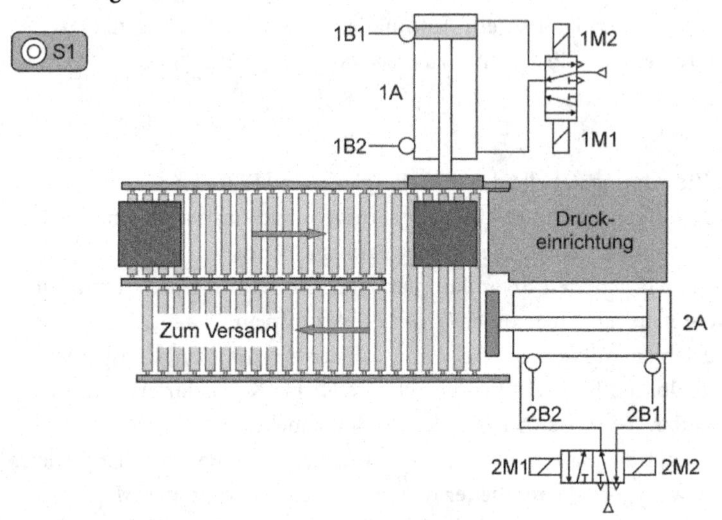

Die Ansteuerung der Magnetspulen der beiden 5/2-Wegeventile erfolgte bisher durch eine LOGO-Kleinsteuerung. Der nachfolgende Funktionsplan gibt das Steuerungsprogramm wieder.

Die bisherige steuerungstechnische Insellösung soll in ein komplexes Automatisierungssystem integriert werden. Dazu ist das LOGO-Steuerungsprogramm in ein SPS-Programm umzuwandeln.

Logo-Funktionsplan:

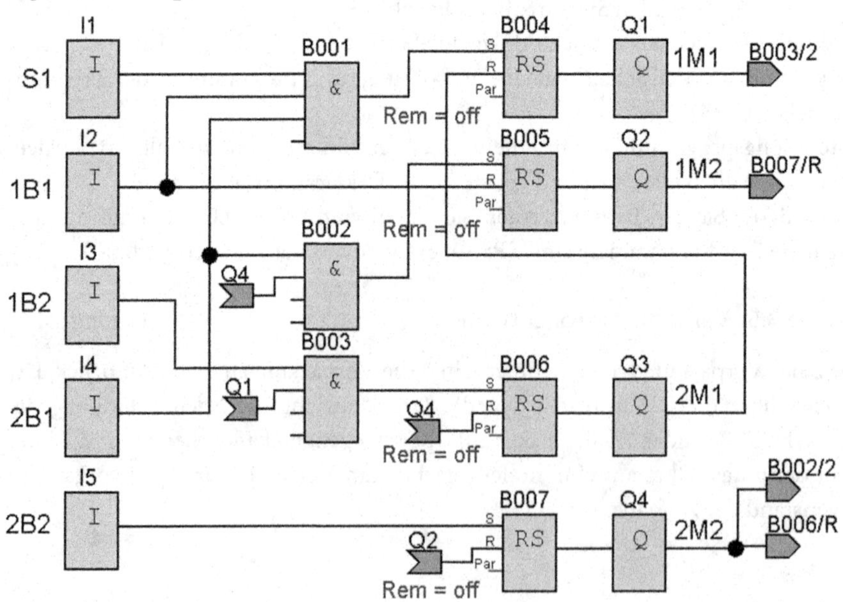

Lösungsleitlinie

1. Bestimmen Sie die Zuordnungstabelle der PLC-Eingänge und PLC-Ausgänge.
2. Entnehmen Sie dem LOGO-Programm die Bedingungen für die Ansteuerung von Setz- und Rücksetz-Eingang der vier RS-Speicherglieder für den Eintrag in eine RS-Tabelle.
3. Ermitteln Sie aus der RS-Tabelle den Funktionsplan für das SPS-Programm.
4. Bestimmen Sie aus dem Funktionsplan das Funktionsdiagramm, welches die beiden Zylinder 1A bzw. 2A und die vier Magnetspulen 1M1, 1M2, 2M1 und 2M2 enthält.
5. Das Steuerungsprogramm soll in einem Baustein bibliotheksfähig realisiert werden. Überlegen Sie, welche Art von Baustein Sie für das Steuerungsprogramm verwenden und geben Sie die Deklarationstabelle für den Baustein an.
6. Programmieren Sie den Baustein, rufen Sie diesen vom OB 1/PLC_PRG aus auf und versehen Sie die Bausteinparameter mit SPS-Operanden aus der Zuordnungstabelle.

Lernaufgabe 3.6: Belüftungsanlage

Lösung S. 270

Zwei Ventilatoren einer Belüftungsanlage werden über einen Taster S1 wie folgt gesteuert: Nach der ersten Betätigung des Tasters S1 wird Ventilator 1 über das Schütz Q1 eingeschaltet. Bei der nächsten Betätigung von S1 wird Ventilator 2 über das Schütz Q2 dazu geschaltet. Die dritte Betätigung führt zur Abschaltung der beiden Ventilatoren. Bisher wurde die Steuerungsaufgabe der Belüftungsanlage von einer Schützsteuerung übernommen.

Stromlaufplan der Steuerung:

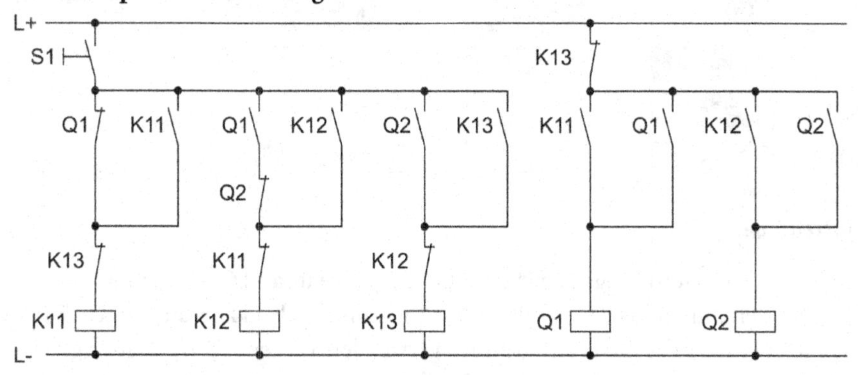

Die Ansteuerung der beiden Leistungsschütze Q1 und Q2 soll künftig über eine SPS erfolgen.

Lösungsleitlinie

1. Bestimmen Sie die Zuordnungstabelle der PLC-Eingänge und PLC-Ausgänge.
2. Ermitteln Sie aus dem gegebenen Stromlaufplan nach den Umsetzungsregeln zum Ersetzen von Schützschaltungen den zugehörigen Funktionsplan.

3. Welche lokalen Variablen müssen Sie bei der Realisierung des Funktionsplanes in einem wieder verwendbaren Baustein für die Schütze K11 bis K13 deklarieren und welche Bausteinart folgt daraus? Geben Sie die Deklarationstabelle an.
4. Entwerfen Sie einen neuen Funktionsplan unter Verwendung der Flankenauswertung sowie Setz- und Rücksetzfunktionen für das SPS-Programm. Dabei kann die im Lehrbuch vorgestellte Methode des Binäruntersetzers verwendet werden.
5. Bestimmen Sie das Steuerungsprogramm in der Programmiersprache SCL/ST nach der Binäruntersetzermethode.
6. Ermitteln Sie die Bausteinart zur Realisierung des neuen Funktionsplanes in einem wieder verwendbaren Baustein und geben Sie die Deklarationstabelle für den Baustein an.
7. Programmieren Sie den Baustein, rufen Sie diesen vom OB 1/PLC_PRG aus auf und versehen Sie die Bausteinparameter mit SPS-Operanden aus der Zuordnungstabelle.

Lernaufgabe 3.7: Reklamebeleuchtung

Lösung S. 272

Drei Beleuchtungskörper E1, E2 und E3 einer Reklametafel sollen jeweils bei Betätigung des Tasters S1 nach nebenstehendem Muster ein- bzw. ausgeschaltet werden:

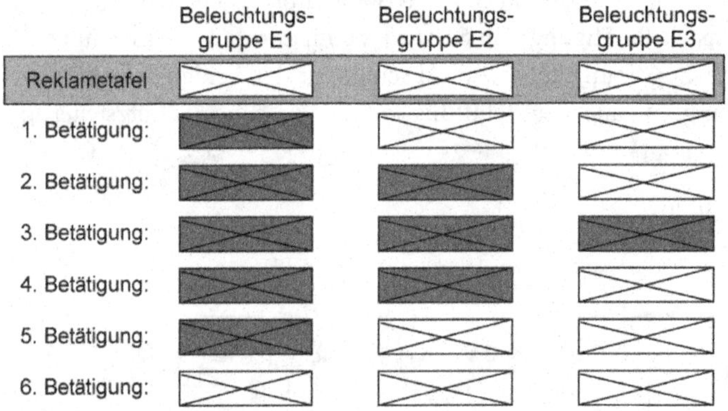

Beleuchtungsgruppe E1
Beleuchtungsgruppe E2
Beleuchtungsgruppe E3
Reklametafel
1. Betätigung:
2. Betätigung:
3. Betätigung:
4. Betätigung:
5. Betätigung:
6. Betätigung:

Lösungsleitlinie

1. Bestimmen Sie die Zuordnungstabelle der PLC-Eingänge und PLC-Ausgänge.
2. Zeichnen Sie den Funktionsplan für das SPS-Programm. Dabei kann die im Lehrbuch vorgestellte Methode des Binäruntersetzers verwendet werden. Es ist allerdings ein Hilfsspeicher HV1 einzuführen, der mit der letzten einzuschaltenden Beleuchtungsgruppe gesetzt und mit der letzten auszuschaltenden Beleuchtungsgruppe rückgesetzt wird.
3. Geben Sie das Steuerungsprogramm in der Programmiersprache SCL/ST an.
4. Das Steuerungsprogramm soll in einem Baustein bibliotheksfähig realisiert werden. Bestimmen Sie die Bausteinart und geben Sie die Deklarationstabelle für den Baustein an.
5. Programmieren Sie den Baustein, rufen Sie diesen vom OB 1/PLC_PRG aus auf und versehen Sie die Bausteinparameter mit SPS-Operanden aus der Zuordnungstabelle.

Lernaufgabe 3.8: Verstift-Einrichtung Lösung S. 273

In einer Verstift-Einrichtung sollen zwei Werkstücke durch Verstiften in ihrer Lage gesichert werden. Nach Betätigung des Tasters S1 spannt Zylinder 1A die Werkstücke. Danach fährt Zylinder 2A aus, presst den Zylinderstift ein und fährt sofort wieder zurück. Befindet sich der Zylinder 2A wieder in seiner oberen Endlage, erfolgt der gleiche Einpressvorgang mit Zylinder 3A. Der Spannzylinder 1A fährt ein, wenn Zylinder 3A wieder in der hinteren Endlage ist.

Technologieschema:

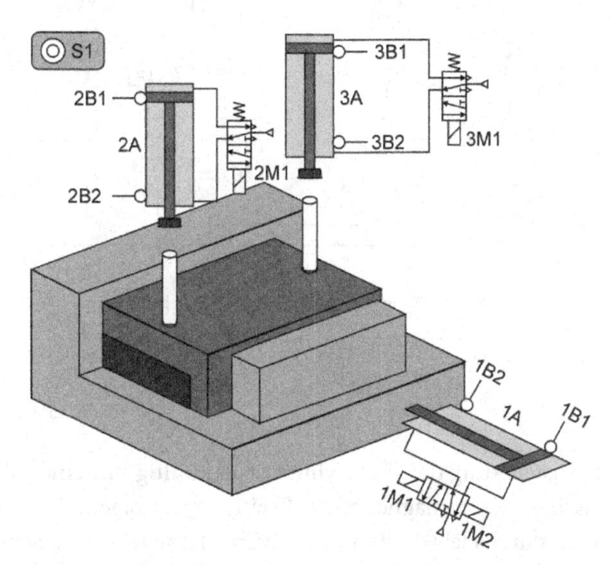

Die Ansteuerung der Elektromagnetventile soll durch eine SPS erfolgen. Dazu ist in einem bibliotheksfähigen Baustein ein Steuerungsprogramm zu entwerfen, welches auf der Auswertung der Schaltfolgetabelle basiert.

Lösungsleitlinie

1. Bestimmen Sie die Zuordnungstabelle der PLC-Eingänge und PLC-Ausgänge.
2. Zeichnen Sie das zur Aufgabenbeschreibung zugehörige Funktionsdiagramm, welches die Zylinder 1A, 2A und 3A enthält.
3. Stellen Sie die Schaltfolgetabelle auf.
4. Zeichnen Sie den sich aus der Schaltfolgetabelle ergebenden Funktionsplan.
5. Das Steuerungsprogramm soll in einem Baustein bibliotheksfähig realisiert werden. Bestimmen Sie für das Steuerungsprogramm den erforderlichen Bausteintyp und geben Sie die Deklarationstabelle für den Baustein an.
6. Programmieren Sie den Baustein, rufen Sie diesen vom OB 1/PLC_PRG aus auf und versehen Sie die Bausteinparameter mit SPS-Operanden aus der Zuordnungstabelle.

Lernaufgabe 3.9: Drei-Zylinder-Steuerung

Lösung S. 275

Der gegebene Pneumatikschaltplan zeigt die Ansteuerung von drei Zylindern mittels pneumatischer Ventile.

Pneumatikschaltplan:

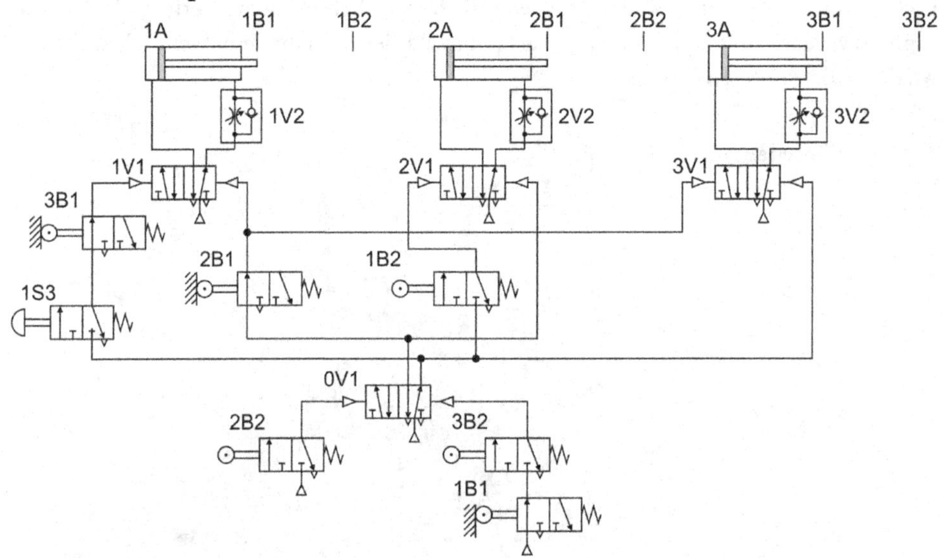

Die Ansteuerung der drei Zylinder soll künftig mit einer SPS über 5/2-Wegeventile mit beidseitig elektromagnetischer Betätigung erfolgen. Die pneumatischen Endlagegeber werden durch elektrische an den Zylindern angebrachte Sensoren ersetzt.

Lösungsleitlinie

1. Bestimmen Sie die Zuordnungstabelle der PLC-Eingänge und PLC-Ausgänge.
2. Zeichnen Sie das zum pneumatischen Schaltplan zugehörige Funktionsdiagramm, welches die drei Zylinder 1A, 2A und 3A enthält.
3. Zeichnen Sie den neuen pneumatischen Schaltplan.
4. Bestimmen Sie mit einer Schaltfolgetabelle die Bedingungen für das Setzen und das Rücksetzen der Magnetventile.
5. Zeichnen Sie den sich aus der Schaltfolgetabelle ergebenden Funktionsplan.
6. Ermitteln Sie aus der Schaltfolgetabelle das Steuerungsprogramm in SCL/ST.
7. Das Steuerungsprogramm soll in einem Baustein bibliotheksfähig realisiert werden. Bestimmen Sie den erforderlichen Bausteintyp für das Steuerungsprogramm und geben Sie die Deklarationstabelle für den Baustein an.
8. Programmieren Sie den Baustein, rufen Sie diesen vom OB 1/PLC_PRG aus auf und versehen Sie die Bausteinparameter mit SPS-Operanden aus der Zuordnungstabelle.

3.3 Kontrollaufgaben

Kontrollaufgabe 3.1

Ein elektrisch angetriebenes Tor wird durch die Taster S1 (AUF), S2 (ZU) und S0 (STOPP) gesteuert. Die Endschalter B1 und B2 melden, ob das Tor geöffnet oder geschlossen ist. Der Antriebsmotor ist mit einem Motorschutzrelais zu schützen. Die Umschaltung der Drehrichtung kann nur über S0 (STOPP) erfolgen.

1. Zeichnen Sie den Hauptstromkreis der Torsteuerung.
2. Die Ansteuerung der beiden Leistungsschütze Q1 und Q2 soll durch eine SPS erfolgen. Zeichnen Sie den Anschlussplan der SPS.
3. Bestimmen Sie mit einer RS-Tabelle die Bedingungen für die Ansteuerung von Setz- und Rücksetz-Eingang der beiden Ausgänge Q1 und Q2.
4. Ermitteln Sie aus der RS-Tabelle den Funktionsplan zur Ansteuerung der Ausgänge Q1 und Q2.
5. Der gefundene Funktionsplan soll mit einem bibliotheksfähigen Baustein realisiert werden. Geben Sie die Deklarationstabelle für den Baustein an.
6. Geben Sie das Steuerungsprogramm in der Programmiersprache SCL/ST an.

Kontrollaufgabe 3.2

Drei Vorratsbehälter mit den Signalgebern B1, B3 und B5 für die Vollmeldung und B2, B4 und B6 für die Leermeldung können von Hand in beliebiger Reihenfolge entleert werden. Eine Steuerung soll bewirken, dass stets nur zwei Behälter gleichzeitig nach erfolgter Leermeldung gefüllt werden können. Das Füllen eines Behälters dauert solange an, bis die entsprechende Vollmeldung erfüllt ist.

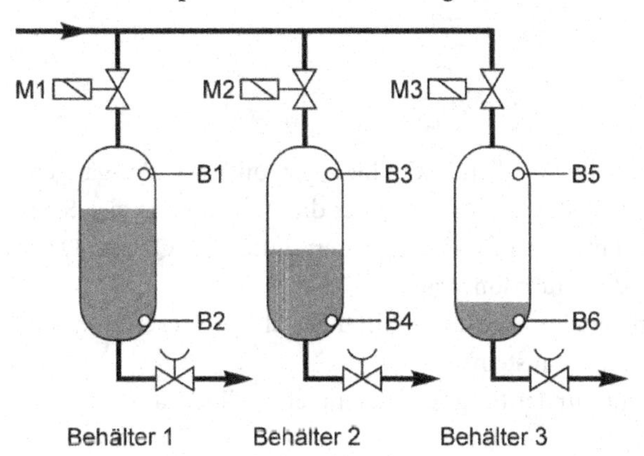

1. Geben Sie die Zuordnungstabelle mit allen PLC-Eingängen und PLC-Ausgängen an.
2. Bestimmen Sie mit einer RS-Tabelle die Bedingungen für die Ansteuerung der Setz- und Rücksetz-Eingänge der Speicherglieder für die Magnetventile M1, M2 und M3.

3. Ermitteln Sie aus der RS-Tabelle den Funktionsplan mit den Ausgängen für M1, M2, M3.
4. Die Steuerungsfunktion soll mit einem Baustein bibliotheksfähig realisiert werden. Geben Sie die Deklarationstabelle des Bausteins an.
5. Geben Sie das Steuerungsprogramm in der Programmiersprache SCL/ST an.

Kontrollaufgabe 3.3

Mit dem Förderband 1 und dem Förderband 2 werden unterschiedliche Rohmaterialien dem Förderband 3 zugeführt. Die Förderbänder 1 und 2 dürfen niemals gleichzeitig laufen. Außerdem dürfen die beiden Bänder nur fördern, wenn das Förderband 3 eingeschaltet ist.

Ein Abschalten von Band 3 ist nur möglich, wenn zuvor Band 1 oder Band 2 abgeschaltet worden ist.

Alle Bänder haben jeweils einen EIN- und einen AUS-Taster. Der Bandlauf wird an allen Bändern mit Bandwächtern überwacht.

Technologieschema:

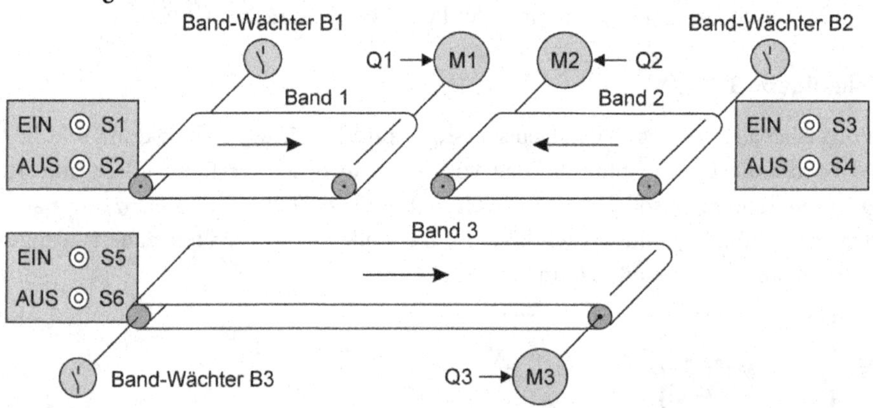

1. Bestimmen Sie die Zuordnungstabelle mit allen PLC-Eingängen und PLC-Ausgängen.
2. Bestimmen Sie mit einer RS-Tabelle die Bedingungen für die Ansteuerung der Setz- und Rücksetz-Eingänge der Speicherglieder für die Ansteuerschütze Q1, Q2 und Q3.
3. Ermitteln Sie aus der RS-Tabelle den Funktionsplan.
4. Die Steuerungsfunktion soll mit einem Baustein bibliotheksfähig realisiert werden. Geben Sie die Deklarationstabelle des Bausteins an.
5. Geben Sie das Steuerungsprogramm in der Programmiersprache SCL/ST an.

Kontrollaufgabe 3.4

Der nachfolgend angegebene Stromlaufplan dient der Ansteuerung von zwei doppelt wirkenden Zylindern 1A und 2A über 5/2-Wegeventile mit jeweils zwei Magnetspulen 1M1 und 1M2 bzw. 2M1 und 2M2.

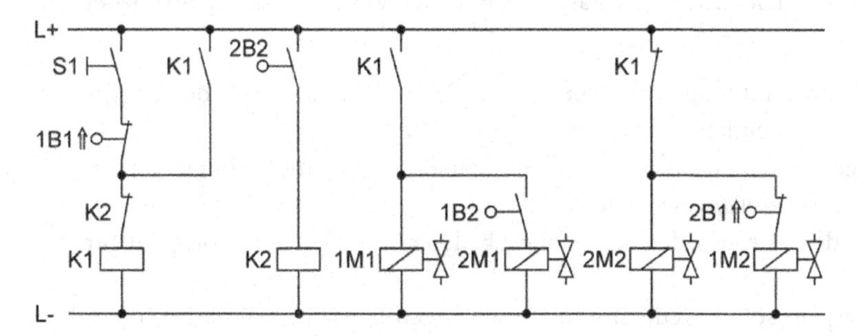

1. Zeichnen Sie den pneumatischen Schaltplan mit den beiden Zylindern und den Ventilen. Das Ausfahren der Zylinder soll über Drosselrückschlagventile verzögert werden.
2. Bestimmen Sie das Funktionsdiagramm, das beide Schütze K1 und K2, die Magnetventile 1M1, 1M2, 2M1und 2M2 sowie die beiden Zylinder 1A und 2A enthält.
3. Die Ansteuerung der vier Magnetspulen soll künftig von einer SPS aus erfolgen. Bestimmen Sie aus dem gegebenen Stromlaufplan einen Funktionsplan gleicher Struktur.
4. Der in 3. gefundene Funktionsplan soll durch Einführung eines Speichergliedes und den dadurch möglichen Verzicht auf Hilfsschütze vereinfacht werden. Zeichnen Sie den vereinfachten Funktionsplan.
5. Der vereinfachte Funktionsplan soll mit einem bibliotheksfähigen Baustein realisiert werden. Bestimmen Sie die Deklarationstabelle des Bausteins.

Kontrollaufgabe 3.5

Gegeben ist der nachfolgende Funktionsplan bestehend aus drei Netzwerken.

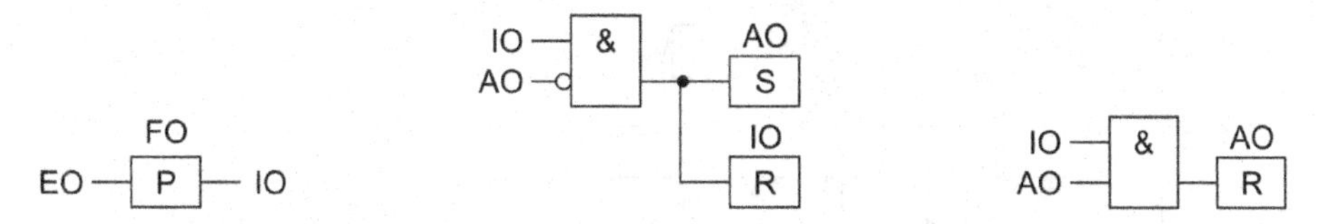

1. Erklären Sie die Funktion, die mit dem Netzwerk 1 ausgeführt wird.
2. Am Eingang EO findet ein Signalwechsel von "0" nach "1" statt. Erklären Sie, welche Auswirkungen dieser Signalwechsel auf die Variablen FO, IO und AO hat.
3. Das Steuerungsprogramm ist in einem Funktionsbaustein FB mit dem Eingang EO und dem Ausgang AO realisiert. Geben Sie die vollständige Deklarationstabelle für den Funktionsbaustein an.
4. Geben Sie das Steuerungsprogramm in der Programmiersprache SCL/ST an.

Kontrollaufgabe 3.6

Durch einmaliges Betätigen eines Tasters S1 wird die Meldeleuchte P1 eingeschaltet. Wird der Taster S1 nochmals betätigt, wird die Meldeleuchte P2 eingeschaltet. Bei der dritten Betätigung des Tasters S1 wird die Meldeleuchte P2 und bei der nachfolgenden Betätigung auch die Meldeleuchte P1 ausgeschaltet. Der Vorgang kann dann wiederholt werden.

1. Zeichnen Sie ein Funktionsdiagramm mit S1, P1 und P2, aus dem der Ablauf der Steuerungsaufgabe deutlich wird.
2. Bestimmen Sie in einer Schaltfolgetabelle für jede Betätigung die Bedingungen für das Setzen und das Rücksetzen der Meldeleuchten.
3. Zeichnen Sie den sich aus der Schaltfolgetabelle ergebenden Funktionsplan für die Steuerung.
4. Der Funktionsplan soll mit einem bibliotheksfähigen Baustein realisiert werden. Bestimmen Sie die Deklarationstabelle des Bausteins.
5. Geben Sie das Steuerungsprogramm in der Programmiersprache SCL/ST an.

Kontrollaufgabe 3.7

Der gegebene Pneumatikplan zeigt die Ansteuerung von zwei Zylindern. Die Ansteuerung der Zylinder soll künftig über 5/2-Wegeventile mit beidseitig elektromagnetischer Betätigung durch eine SPS erfolgen. Die Endlagengeber werden durch induktive Sensoren an den Zylindern und das handbetätigte 3/2-Wegeventil durch einen Taster S1 ersetzt.

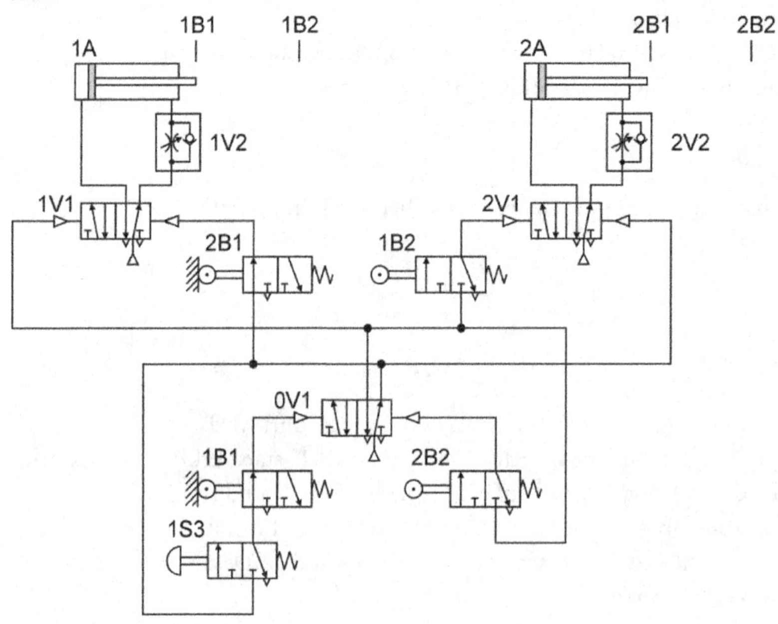

1. Ermitteln Sie mit einem Funktionsdiagramm, in welcher Reihenfolge nach Betätigung des Tastventils 1S3 die Zylinder aus- und einfahren.
2. Zeichnen Sie den Pneumatikplan für die Ansteuerung mit einer SPS.
3. Bestimmen Sie mit einer Schaltfolgetabelle die Bedingungen für das Setzen und Rücksetzen der Magnetventile 1M1, 1M2, 2M1 und 2M2.
4. Zeichnen Sie den sich aus der Schaltfolgetabelle ergebenden Funktionsplan.
5. Der Funktionsplan soll mit einem bibliotheksfähigen Baustein realisiert werden. Bestimmen Sie die Deklarationstabelle des Bausteins.
6. Geben Sie das Steuerungsprogramm in der Programmiersprache SCL/ST an.

Kontrollaufgabe 3.8

Das gegeben Funktionsdiagramm zeigt in welcher Reihenfolge die Zylinder 1A und 2A aus- und einfahren, nachdem das Tastventil 1S3 betätigt wurde.

Bauglieder			Zeit					
Benennung	Kennz.	Zustand	Schritt	1	2	3	4	5
Taster	1S3	EIN						
DW-Zylinder	1A	ausgefahren						
		eingefahren						
DW-Zylinder	2A	ausgefahren						
		eingefahren						

Die Ansteuerung der Zylinder erfolgte bisher über folgende pneumatische Ventile: zwei 5/2-Wegeventile durch Druckbeaufschlagung direkt betätigt, zwei Drosselrückschlagventile zum Einstellen der Ausfahrgeschwindigkeit, ein 3/2-Wegeventil durch Druckknopf betätigt, zwei 3/2-Wegeventile mit Rollenbetätigung durch die vordere Endlage der Zylinder und ein 3/2-Wegeventil mit Rollenbetätigung in nur einer Richtung bei Zylinder 1A.

1. Zeichnen Sie den Pneumatikschaltplan mit den angegebenen Ventilen.
2. Die beiden Zylinder sollen künftig von einer SPS angesteuert werden. Dazu werden im neuen Pneumatikplan zwei 5/2-Wegeventile beidseitig elektromagnetisch betätigt, zwei Drosselrückschlagventile und vier induktive Endlagengeber eingesetzt. Zeichnen Sie den neuen Pneumatikplan.
3. Bestimmen Sie mit einer Schaltfolgetabelle die Bedingungen für das Setzen und Rücksetzen der Magnetventile 1M1, 1M2, 2M1 und 2M2.
4. Zeichnen Sie den sich aus der Schaltfolgetabelle ergebenden Funktionsplan.
5. Der Funktionsplan soll mit einem bibliotheksfähigen Baustein realisiert werden. Bestimmen Sie die Deklarationstabelle des Bausteins.
6. Geben Sie das Steuerungsprogramm in der Programmiersprache SCL/ST an.

Kontrollaufgabe 3.9

Gegeben ist das nachfolgende Steuerungsprogramm eines Funktionsbausteins FB 339.

```
FUNCTION_BLOCK FB339
VAR_INPUT                VAR_OUTPUT                VAR
 B1,B2:BOOL;              VZI,RZI,P1,P2:BOOL;       FO1, FO2:BOOL;
END_VAR                  END_VAR                   END_VAR

IF B1 AND B2 AND NOT(FO1) THEN VZI:=TRUE; ELSE VZI:=FALSE; END_IF;
FO1:= B2;
IF B1 AND NOT(B2) AND FO2 THEN RZI:=TRUE; ELSE RZI:=FALSE; END_IF;
FO2:= B2;
IF VZI THEN P1:= TRUE; END_IF;
IF RZI THEN P1:=FALSE; END_IF;
IF RZI THEN P2:= TRUE; END_IF;
IF VZI THEN P2:=FALSE; END_IF;

END_FUNCTION_BLOCK
```

1. Welche Bedeutung hat die Angabe "BOOL" im Deklarationsteil des Funktionsbausteins?
2. Zeichnen Sie das Steuerungsprogramm des Bausteins im Funktionsplan.
3. Warum ist für diese Steuerungsprogramm ein Funktionsbaustein FB erforderlich?
4. Der Funktionsbaustein FB 339 wird im Organisationsbaustein OB 1 in Funktionsplandarstellung aufgerufen. Zeichnen Sie den Funktionsplan des Bausteinaufrufs.
5. Bei welcher Signalkombination von B1 und B2 erhält die Variable VZI "1"-Signal?

4 Zeitfunktionen, Taktsignale, Zählfunktionen, freigrafischer Funktionsplan

4.0 Übersicht

IEC-Standard-Funktionsbausteine für Zeiten

Übersicht:

Name	Funktion	Zeitdiagramm	FUP-Darstellung	Hinweis
TP	Puls	IN Q ←PT→ ←PT→	I_TP TP IN Q PT ET	Die Standard-Funktionsbausteine der Zeiten sind in Bibliotheken des Programmiersystems hinterlegt, bei STEP 7 als SFB 3, SFB 4 und SFB 5. I_TP, I_TON und I_TOF sind die zugehörigen Instanzen.
TON	Einschalt-Verzögerung	IN Q ←PT→	I_TON TON IN Q PT ET	
TOF	Ausschalt-Verzögerung	IN Q ←PT→ ←PT→	I_TOF TOF IN Q PT ET	

Programmieren von Zeitfunktionen

Operanden und Datentyp der Übergabeparameter

Übergabeparameter	Beschreibung	Datentyp
I_ T.. IN Q PT ET	I_: Instanz des Funktionsbausteins, bei STEP 7 als Datenbaustein oder Multiinstanz T..: Zeitfunktion (TP, TON,TOF) IN: Starteingang der Zeitfunktion PT: Vorgabewert der Zeitdauer Q: Status der Zeit ET: Abgelaufene Zeit	(DB) BOOL TIME BOOL TIME

Beispiel: Aufruf und Parametrierung der IEC-Zeitfunktion TP in STEP 7 und CoDeSys

FUP, STEP 7 V 5.x, CoDeSys	AWL STEP 7 V 5.x, TP (SFB 3)	AWL CoDeSys
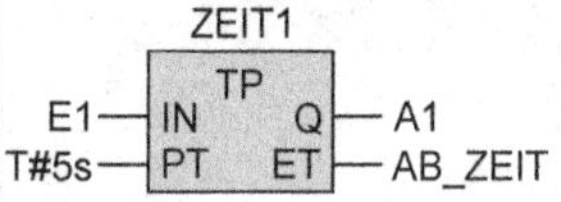 ZEIT1 TP E1 — IN Q — A1 T#5s — PT ET — AB_ZEIT Bei STEP 7 ".." od. #..	(Für alle S7 300/400 CPUs) CALL "TP","ZEIT1" IN:= #E1 PT:= T#5S Q:= #A1 ET:= #AB_ZEIT	CAL ZEIT1 (IN:= E1, PT:=T#5000ms) LD ZEIT1.ET ST AB_ZEIT LD ZEIT1.Q ST A1
FUP, STEP 7 ab V 11	**AWL STEP 7 ab V 11, IEC-Timer**	**SCL/ST**
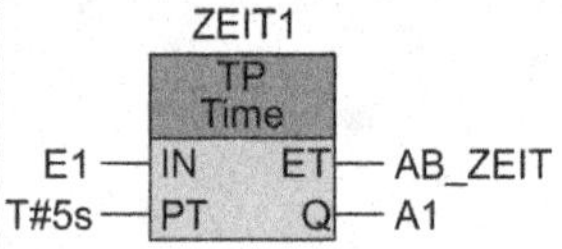 ZEIT1 TP Time E1 — IN ET — AB_ZEIT T#5s — PT Q — A1 Bei STEP 7 ".." od. #..	CALL TP,"ZEIT1" Time IN:= #E1 PT:= T#5s Q:= #A1 ET:= #AB_ZEIT	ZEIT1 (IN:=E1, PT:=T#5s); A1:=ZEIT1.Q; AB_ZEIT:=ZEIT1.ET;

STEP 7 Zeitfunktionen SI, SV, SE, SS, SA für S7 300/400 CPUs

Übersicht:

Name	Funktion	Zeitdiagramm	FUP	SCL
SI	Impuls	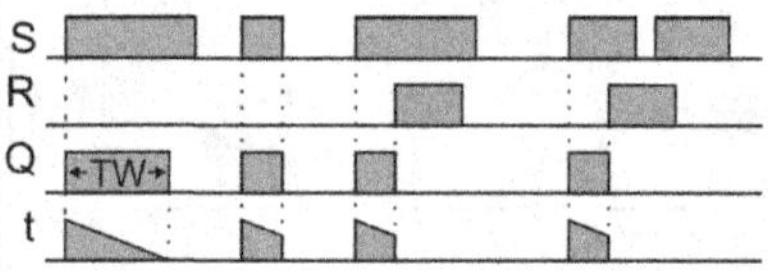 S R Q TW t	T1 S_IMPULS S DUAL TW DEZ R Q	S_PULSE
SV	Verlänger-ter Impuls	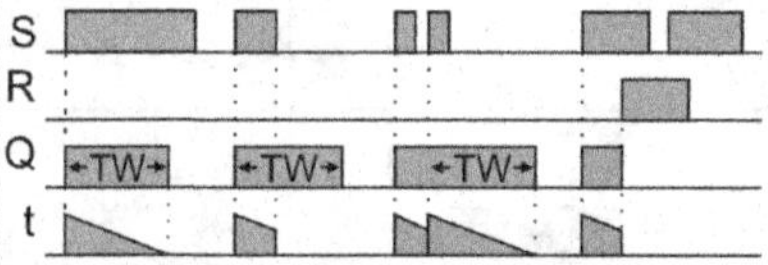 S R Q TW TW TW t	T2 S_VIMP S DUAL TW DEZ R Q	S_PEXT
SE	Einschalt-verzögerung	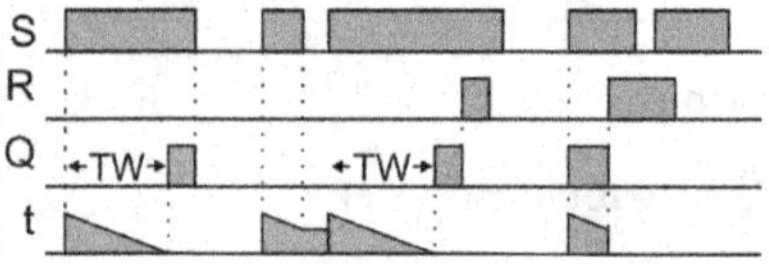 S R Q TW TW t	T3 S_EVERZ S DUAL TW DEZ R Q	S_ODT
SS	Speichernde Einschalt-verzögerung	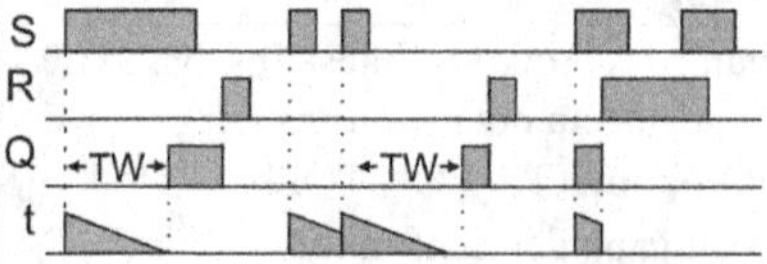 S R Q TW TW t	T4 S_SEVERZ S DUAL TW DEZ R Q	S_ODTS
SA	Ausschalt-verzögerung	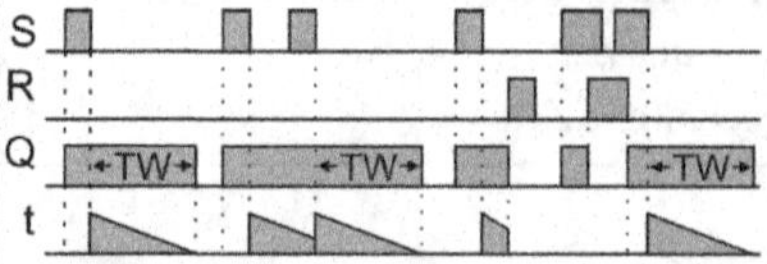 S R Q TW TW TW t	T5 S_AVERZ S DUAL TW DEZ R Q	S_OFFDT

Operanden und Datentyp der Übergabeparameter

Übergabeparameter	Beschreibung		Operand (Auswahl)	Datentyp
Tx T_Fkt. S DUAL TW DEZ R Q	Tx:	Zeitoperand T0...T15 (CPU abhängig)	T	TIMER
	T_Fkt.	Zeitfunktion (SI, SV, SE, SS, SA)	---	---
	S:	Starteingang	E, A, T, Z	BOOL
	TW:	Vorgabewert der Zeitdauer	Konst, EW	S5TIME
	R:	Rücksetzeingang	E, A, T, Z	BOOL
	DUAL:	Restwert der Zeit dual-codiert	AW, DBW	WORD
	DEZ:	Restwert der Zeit BCD-codiert	AW, DBW	WORD
	Q:	Status des Zeitoperanden	A, DBX	BOOL

Starten und Rücksetzen einer Zeitfunktion

Das Starten einer Zeit SI (Impuls), SV (verzögerter Impuls), SE (Einschaltverzögerung), SS (speichernde Einschaltverzögerung) mit steigender Flanke ($0 \rightarrow 1$) am Starteingang S. Starten einer Zeit SA (Ausschaltverzögerung) mit fallender Flanke ($1 \rightarrow 0$) am Starteingang (S), Rücksetzen einer Zeitfunktion mit einem 1-Signal am Rücksetzeingang (R) des Zeitgliedes, dabei wird der Restzeitwert gelöscht.

Beispiel: Aufruf und Parametrierung der SIMATIC-Zeitfunktion SE

Funktionsplan FUP	Anweisungsliste AWL	Strukturierter Text ST/SCL
T3 S_EVERZ E1 — S DUAL — duR_ZEIT S5T#1S — TW DEZ — deR_ZEIT E2 — R Q — A1	U E1 L S5T#1S SE T3 L T3 T duR_ZEIT LC T3 T deR_ZEIT U T3 = A1	deR_Zeit:= S_ODT (T_NO:= T3, S:= E1, TV:= t#1S, R:= E2, BI:= duR_Zeit Q:= A1);

Zeitfaktor und Zeitbasis im Datenformat S5TIME

Zeitfaktor	Zeitbasis	Bit-Belegung der Zeitdauer im Akkumulator 1
Zahl von 1 bis 999	Zeitraster 0 = 0,01s 1 = 0,1s 2 = 1s 3 = 10s	15 12 | 11 8 | 7 4 | 3 0 Zeitraster 10^2 10^1 10^0 0 = 0,01 s 1 = 0,1 s Zeitfaktor im BCD-Code 2 = 1 s 3 = 10 s

Erzeugen von Taktsignalen

Taktmerker eines in der S7-CPU-projektierten Merkerbytes (z. B. MB 0)

Bit	M 0.7	M 0.6	M 0.5	M 0.4	M 0.3	M 0.2	M 0.1	M 0.0
Frequenz (Hz)	0,5	0,625	1	1,25	2	2,5	5	10
Periodendauer (s)	2	1,6	1	0,8	0,5	0,4	0,2	0,1

Abfrage von M 0.5 liefert die Impulsfolge:

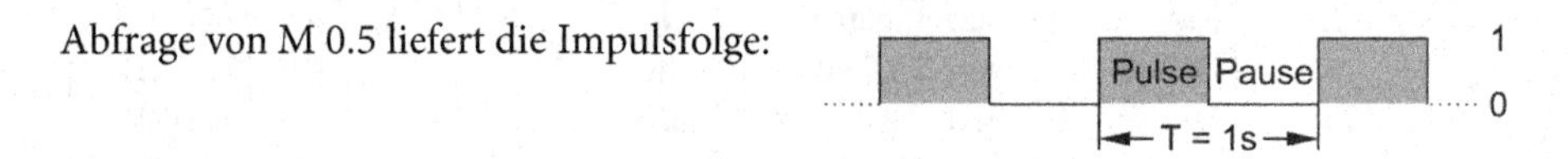

Taktgeberbausteine

Taktgeberbausteine FC 100[1)] und FB 100[1)] mit Puls-Pause-Verhältnis von 1:1

Funktionsplanaufruf	Beschreibung	Hinweis
FC100 EN Zeitwert — Puls_Zeit Takt — A1 ZEIT1 — Zeit ENO	Puls_Zeit: S5TIME oder TIME Zeit: Zeitfunktion oder die Instanz Takt: BOOL	Je nach Softwarestand wird eine IEC-Zeit oder STEP 7 Zeit in der Funktion verwendet.
I_FB100 FB100 EN Takt — A1 Zeitwert — Puls_Zeit ENO	I_FB100: Instanz des Bausteins Puls_Zeit: S5TIME oder TIME Takt: BOOL	In der Instanz des Funktionsbausteins FB 100 ist die Instanz der Zeitfunktion drin.

Taktgeberbausteine FC101[1)] und FB 101[1)] mit einstellbarem Puls-Pause-Verhältnis

Funktionsplanaufruf	Beschreibung	Hinweis
FC101 EN E1 — EIN_AUS Zeitw_Pu — Puls_Zeit Zeitw_Pa — Pause_Zeit ZEIT1 — Zeit1 Takt — A1 ZEIT2 — Zeit2 ENO	EIN_AUS: BOOL Puls_Zeit: S5TIME oder TIME Pause_Zeit: S5TIME o. TIME Zeit1: Zeitfunktion oder Instanz Zeit2: Zeitfunktion oder Instanz Takt: BOOL	Je nach Softwarestand wird eine STEP 7 Zeit oder IEC-Zeit innerhalb der Funktion verwendet.
I_FB101 FB101 EN E1 — EIN_AUS Zeitw_Pu — Puls_Zeit Takt — A1 Zeitw_Pa — Pause_Zeit ENO	I_FB101: Instanz des Bausteins EIN_AUS: BOOL Puls_Zeit: S5TIME oder TIME Pause_Zeit: S5TIME oder TIME Takt: BOOL	In der Instanz des Funktionsbausteins FB101 sind die Instanzen der Zeitfunktionen enthalten.

1) Die Bausteine stehen unter www.automatisieren-mit-sps.de zur Verfügung.

IEC-Standard-Funktionsbausteine für Zähler

Übersicht:

Name	Funktion	Funktionsplan	Beschreibung	Hinweis
CTU	Aufwärts-zähler Zählbereich: 0 bis 32 767	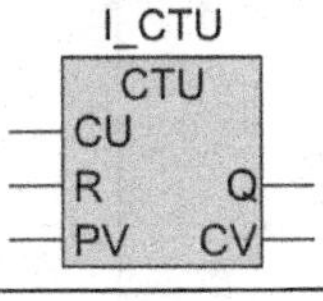 I_CTU CTU CU R Q PV CV	CU: Vorwärtszähl-eingang, BOOL CD: Rückwärtszähl-eingang, BOOL R: Rücksetzeingang, BOOL LOAD: Ladeeingang, BOOL PV: Vorbesetzwert INT, SINT, DINT; UINT, UDINT QU: TRUE falls CV >= PV, BOOL QD: TRUE falls CV <= 0 BOOL CV: Aktueller Zählwert INT, SINT, DINT; UINT, UDINT	Die Standard-Funktionsbau-steine der Zähler sind in Bibliotheken des Programmier-systems hinterlegt. Bei STEP 7: SFB 0, SFB1 und SFB 2. I_CTU, I_CTD und I_CTUD sind die zugehörigen In-stanzen. Die Be-zeichnungen sind frei wählbar.
CTD	Abwärts-zähler Zählbereich: - 32768 bis + 32 767	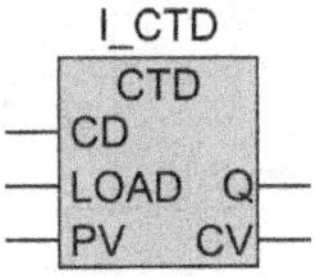 I_CTD CTD CD LOAD Q PV CV		
CTUD	Auf-Abwärts-zähler Zählbereich: - 32768 bis + 32 767	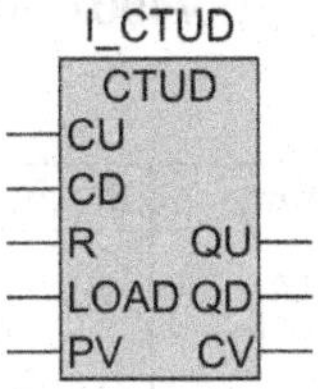 I_CTUD CTUD CU CD R QU LOAD QD PV CV		

Programmieren von Zählfunktionen

Bei steigender Flanke ($0 \rightarrow 1$) am Vorwärtszähleingang CU wird der Zählerstand um eins erhöht. Bei steigender Flanke ($0 \rightarrow 1$) am Rückwärtszähleingang CD wird der Zählerstand um eins verringert. Der Zählwert kann so lange erhöht werden, bis er den oberen Grenzwert des am Ausgang CV angegebenen Datentyps erreicht. Wenn der obere Grenzwert erreicht ist, wird der Zählwert bei einer positiven Signalflanke nicht mehr hoch gezählt. Wenn der untere Grenzwert des angegebenen Datentyps erreicht ist, wird der Zählwert nicht mehr verringert.

Beispiel: Aufruf und Parametrierung der IEC-Zählfunktion CTUD

FUP (STEP 7 V5.5, CoDeSys)	AWL STEP 7 V5.5 mit CTUD (SFB 2)	AWL CoDeSys

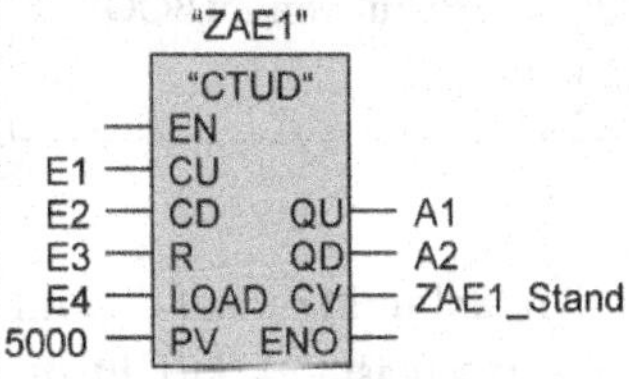 "ZAE1"
"CTUD"
EN
E1 — CU
E2 — CD QU — A1
E3 — R QD — A2
E4 — LOAD CV — ZAE1_Stand
5000 — PV ENO
Bei CoDeSys RESET statt R und kein EN, ENO, Ziffern-Bild in der Mitte.
	`CALL "CTUD","ZAE1"`
	`CU := E1`
	`CD := E2`
	`R := E3`
	`LOAD:= E4`
	`PV := 5000`
	`QU := A1`
	`QD := A2`
	`CV := ZAE1_Stand`
		`CAL ZAE1(CU:= E1,`
		`CD:=E2,RESET:=E3,`
		`LOAD:=E4,PV:=5000)`
		`LD ZAE1.QD`
		`ST A2`
		`LD ZAE1.CV`
		`ST ZAE1_Stand`
		`LD ZAE1.QU`
		`ST A1`

FUP STEP 7 V11	AWL STEP7 V11 mit CTUD (IEC)	SCL/ST Strukturierter Text
"ZAE1" CTUD Int E1 — CU E2 — CD E3 — R QU — A1 E4 — LD QD — A2 5000 — PV CV — ZAE1_Stand (keine AWL für S7-1200)	CALL CTUD,"ZAE1" Int CU := E1 CD := E2 R := E3 LD := E4 PV := 5000 QU := A1 QD := A2 CV := ZAE1_Stand	ZAE1(CU:= E1, CD:= E2, R:= E3, LD:= E4, PV:= 5000); A1:= ZAE1.QU; A2:= ZAE1.QD; ZAE1_Stand:= ZAE1.CV;

STEP 7 Zählfunktionen ZV, ZR und Zähler für S7 300/400 CPUs

Übersicht:

Name	Funktion	SCL	FUP-Darstellung	Beschreibung
Z-VORW	Vorwärts-zähler	S_CD	Z1 Z_VORW ZV S DUAL ZW DEZ R Q	Zx: Zähloperand Z0...63 COUNTER Z: Zählfunktion ZV: Vorwärtszähleingang BOOL ZR: Rückwärtszähleingang, BOOL S: Ladewert setzen BOOL ZW: Ladewert WORD R: Rücksetzeingang BOOL DUAL: Zählwert dual-codiert, WORD DEZ: Zählwert BCD-codiert, WORD Q: Status von Zx,BOOL
Z_RUECK	Rückwärts-zähler	S_CU	Z2 Z_RUECK ZR S DUAL ZW DEZ R Q	
ZAEHLER	Aufwärts-Abwärts-Zähler	S_CUD	Z3 ZAEHLER ZV ZR S DUAL ZW DEZ R Q	

Zähler setzen und auswerten

Mit einer steigenden Flanke ($0 \rightarrow 1$) am Setzeingang S wird die Zählfunktion auf den im Akkumulator stehenden Zahlenwert gesetzt. Solange der Zählwert > 0, ist Q = TRUE.

Vorwärtszählen, Rückwärtszählen

Bei steigender Flanke ($0 \rightarrow 1$) am Vorwärtszähleingang ZV wird der Zählerstand um eins erhöht. Bei Erreichen der oberen Zählgrenze von 999 haben weitere Zählimpulse keine Auswirkung mehr.

Bei steigender Flanke ($0 \rightarrow 1$) am Rückwärtszähleingang ZR wird der Zählerstand um eins verringert. Bei Erreichen der unteren Zählgrenze 0 wirken weitere Zählimpulse nicht mehr.

Aufruf und Parametrierung am Beispiel des Vor-Rückwärtszählers

Funktionsplan FUP	Anweisungsliste AWL	Strukturierter Text ST/SCL

Z3
ZAEHLER
E1—ZV
E2—ZR
E3—S DUAL—Z_DUAL
C#100—ZW DEZ—Z_BCD
E4—R Q—A1
	`U E1`
	`ZV Z3`
	`U E2`
	`ZR Z3`
	`U E3`
	`L C#100`
	`S Z3`
		`Z_BCD := S_CD`
		`(C_NO := Z3,`
		`CU := E1,CD := E2,`
		`S := E3,`
		`PV := 100,`
		`R := E4,`
		`CV := Z_DUAL,`
		`Q := A1);`

	`U E4`
	`R Z3`
	`L Z3`
	`T Z_DUAL`
	`LC Z3`
	`T Z_BCD`
	`U Z3`
	`= A1`	

Datenformat und Bit-Belegung des Zählereingabewertes

Datenformat	Bit-Belegung der Zeitdauer im Akku1	Beispiele der Zahlenwert-Eingabe

WORD	15 12 | 11 8 | 7 4 | 3 0
	irrelevante Bits, 10^2, 10^1, 10^0
	Zählwert im BCD-Code
		`L C#100`
		`L W#16#64`
		`L EW8`
		`L #Ladewert`

Freigrafische Funktionsplandarstellung

Nutzen: Erweiterte Darstellungsmöglichkeiten gegenüber Funktionsplan FUP

1. Übersichtliche Funktionsplandarstellung ohne Aufteilung in Netzwerke

Beispiel:

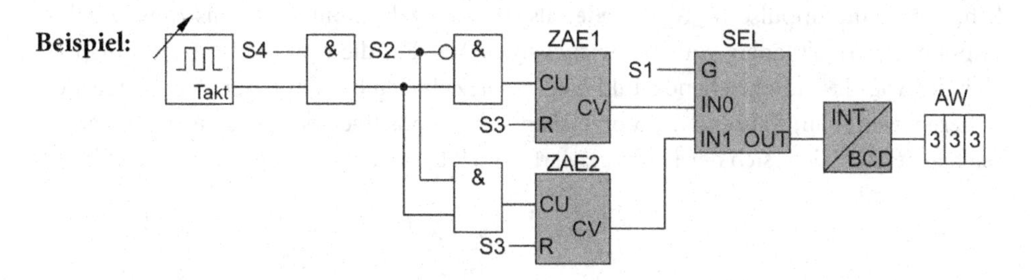

2. Darstellung von Bausteinaufrufen, die den Programmaufbau übersichtlich machen

Beispiel:

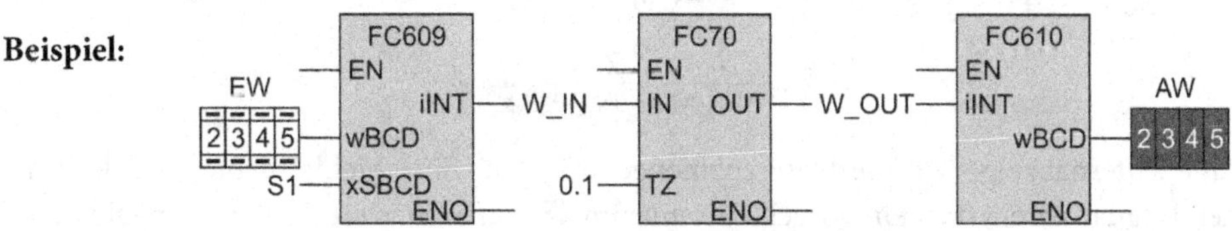

4.1 Beispiel

■ Zeitfunktionen, Taktgeber, Zähler, freigrafischer Funktionsplan

Überwachung eines Mengenverhältnisses im kontinuierlichen Verarbeitungsprozess

In einem kontinuierlichen Prozess müssen zwei Stoffmengen A und B in einem konstanten Mengenverhältnis von 1:1 verarbeitet werden. Die Zuführung der Stoffmengen wird durch Sensoren erfasst, welche die Impulse IP_A und IP_B liefern. Ein Überwachungsprogramm soll bei einer Abweichung vom Mengenverhältnis 1:1 den Differenzwert als Betrag I DIFF I = IP_A - IP_B zusammen mit einem Vorzeichensignal VZ melden, sodass auch eine Nachregelung auf DIFF = 0 möglich ist.

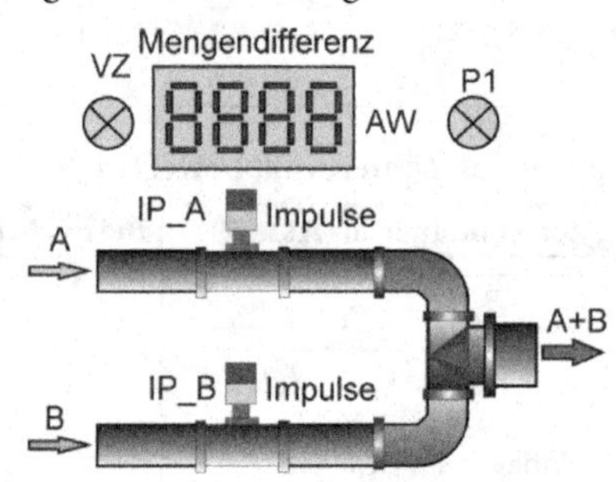

Zur Impulszählung geeignet sind der IEC-Aufwärts-Abwärts-Zähler (CTUD), der in den negativen Zahlenbereich hineinzählen kann aber den aktuellen Zählwert als vorzeichenbehaftete Integerzahl liefert, und der entsprechende SIMATIC-Aufwärts-Abwärts-Zähler, der nur im positiven Bereich zählen kann.

Bei beiden Zählertypen ist im Sinne der Aufgabenstellung eine Zusatzschaltung erforderlich, welche die Impulse IP_A entweder als Aufwärtszählimpulse oder als Abwärtszählimpulse steuert, abhängig vom Vorzeichensignal VZ. Für die Impulse IP_B gilt Entsprechendes wie das untenstehende Bild zeigt. Der Zähler gibt somit nur den Betrag des Differenzwertes an, während das Vorzeichen VZ den positiven oder negativen Zahlenbereich anzeigt, in dem sich der Differenzwert aktuell bewegt.

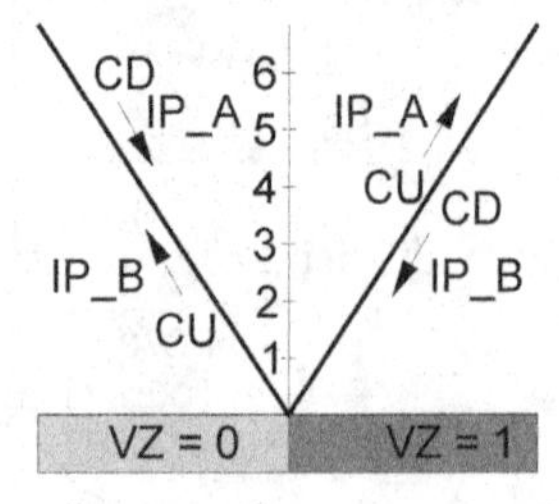

Eine Ziffernanzeige soll die Differenzmenge anzeigen. Eine Meldeleuchte P1 soll blinkend signalisieren, dass ein vorgebbarer maximaler Differenzwert D_MAX erreicht bzw. überschritten ist.

Zuordnungstabelle der PLC-Eingänge und PLC-Ausgänge:

PLC-Eingangsvariable	Symbol	Datentyp	Logische Zuordnung		Adresse
Sensor A	IP_A	BOOL	Impulse	IP_A = 1	E 0.0
Sensor B	IP_B	BOOL	Impulse	IP_B = 1	E 0.1
PLC-Ausgangsvariable					
BCD-Anzeige	DIFF	WORD	BCD-Code		AW12
Vorzeichenanzeige	VZ	BOOL	Leuchtet	VZ = 1	A 4.0
Meldeleuchte	P1	BOOL	Blinklicht		A 4.1

Freigrafischer Funktionsplan der Bausteinaufrufe im OB 1/PLC_PRG:

Bibliotheksbaustein FB 100 für das Blinken;

Bibliotheksbaustein FC 610 INT_BCD für die BCD-Ausgabe

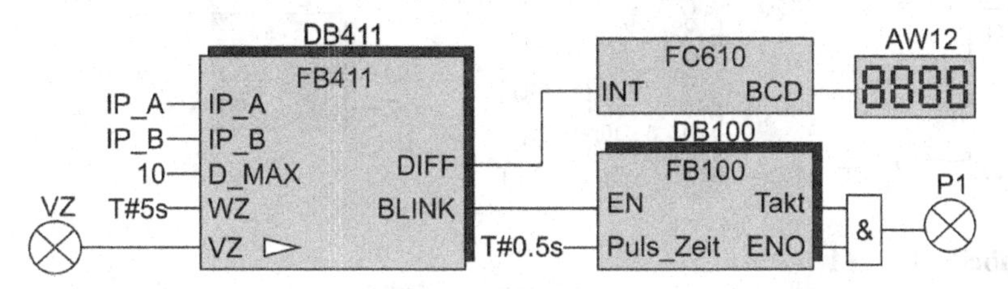

Freigrafischer Funktionsplan für den Funktionsbaustein FB 411:

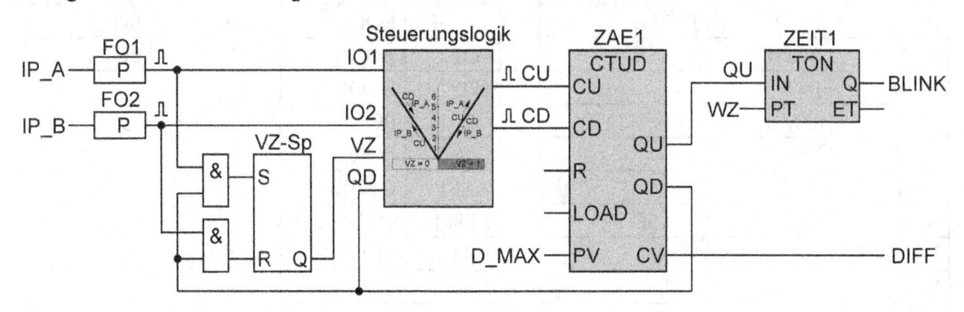

Steuerungslogik des Zweiquadrantenzählers ZAE1:

Vorwärtszähleingang:

$$CU = (VZ \,\&\, IP\_A \uparrow) \vee (\overline{VZ} \,\&\, IP\_B \uparrow) \vee \overline{QD}\,(IP\_A \uparrow \vee IP\_B \uparrow)$$

Rückwärtszähleingang:

$$CD = (VZ \,\&\, IP\_B \uparrow \,\&\, \overline{QD}) \vee (VZ \,\&\, IP\_A \uparrow \,\&\, \overline{QD})$$

Funktionsplan FB 411:

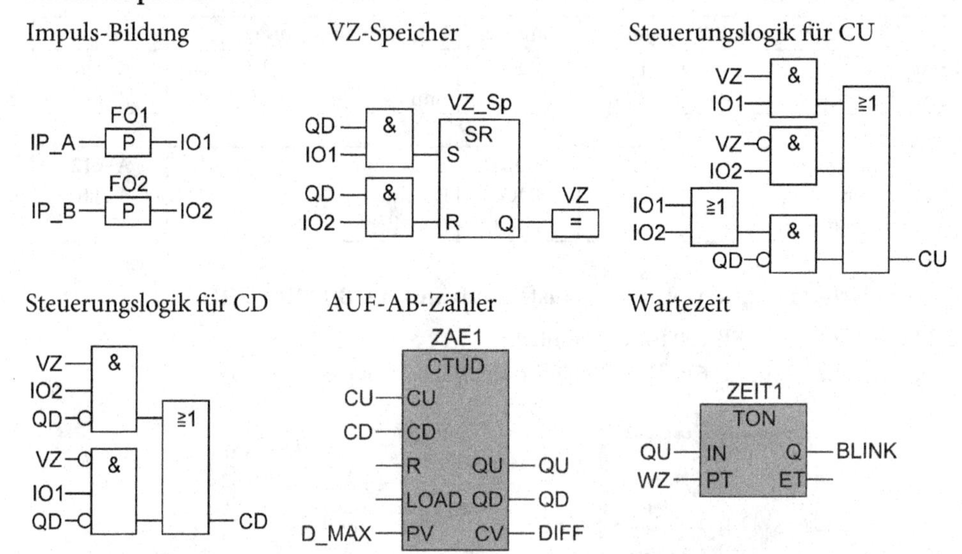

Deklarationstabelle: FB 411

Name	Datentyp	Anfangswert
IN		
IP_A	BOOL	FALSE
IP_B	BOOL	FALSE
D_MAX	INT	10
WZ	TIME	T#5s
OUT		
DIFF	INT	0
BLINK	BOOL	FALSE
IN_OUT		
VZ	BOOL	FALSE

Name	Datentyp
STAT	
VZ_SP	BOOL
FO1	BOOL
FO2	BOOL
CU	BOOL
CD	BOOL
ZAE1	CTUD
ZEIT1	TON
QU	BOOL
QD	BOOL

Name	Datentyp
TEMP	
IO1	BOOL
IO2	BOOL

4.2 Lernaufgaben

Lernaufgabe 4.1: Stern-Dreieck-Anlauf einer Kompressoranlage Lösung S. 278

Die Drehstrom-Asynchronmotoren der drei Kompressoren werden jeweils mit einer selbsttätigen Stern-Dreieck-Umschaltung angefahren. Die Umschaltung von Stern auf Dreieck erfolgt automatisch nach 5 Sekunden. Zur Vermeidung von Schäden, falls einer der Schütze defekt ist, geben die Schütze mit jeweils einem Kontakt eine Rückmeldung über den tatsächlichen Schaltzustand. Ein Überlastrelais schützt den Motor vor thermischer Überbeanspruchung.

Technologieschema:

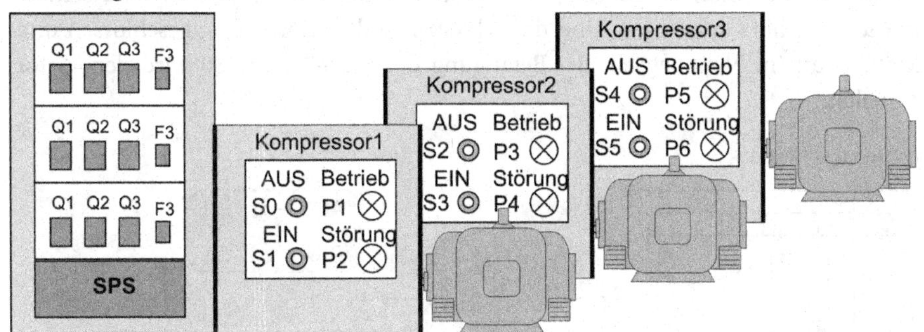

Zur Bedienung eines Kompressors sind ein EIN-Taster S1 und ein AUS-Taster S0 vorgesehen. Die Meldeleuchte P1 zeigt den Betrieb des Antriebsmotors an. Hat ein Schütz 1 Sekunde nach der Ansteuerung nicht angezogen bzw. ist 1 Sekunde nach Abschaltung des Schützes der Rückmeldekontakt noch nicht abgefallen oder löst das Überstromrelais aus, zeigt dies die Störungsleuchte P2 an. Der Antrieb wird dann sofort abgeschaltet. Die Störungsanzeige P2 wird durch Betätigung des AUS-Taster gelöscht.

Lösungsleitlinie

1. Bestimmen Sie die Zuordnungstabelle der PLC-Eingänge und PLC-Ausgänge für <u>einen</u> Kompressorantrieb. Legen Sie dabei die erforderliche Zuordnung der Signalgeber fest.
2. Bestimmen Sie mit einer RS-Tabelle die Bedingungen für die Ansteuerung der Setz- und Rücksetz-Eingänge der Speicherglieder für die Schütze Q1, Q2 und Q3. Erweitern Sie die Tabelle durch die erforderlichen Zeitglieder und tragen Sie die Bedingungen für den Start (Setzen) und das Rücksetzen der Zeitglieder dort ein.
3. Ermitteln Sie aus der RS-Tabelle den Funktionsplan für die Ansteuerung der RS-Speicherglieder und der Zeitglieder.
4. Da das Steuerungsprogramm zur Ansteuerung der noch vorhandenen Kompressoren auf der Anlage genutzt werden soll, ist ein bibliotheksfähiger Baustein zu erzeugen.

Überlegen Sie, ob Sie eine Funktion FC 421 für das Steuerungsprogramm verwenden können oder ob eine Funktionsbaustein FB 421 erforderlich ist

5. Programmieren Sie den Baustein, rufen Sie diesen vom OB 1/PLC_PRG aus auf und versehen Sie die Bausteinparameter mit SPS-Operanden aus der Zuordnungstabelle.

Lernaufgabe 4.2: Anlassersteuerung

Lösung S. 280

Bei Drehstrom-Schleifringläufermotoren werden zur Vermeidung eines hohen Einschaltstromes Widerstandsgruppen in den Läuferkreis geschaltet. Wird der EIN-Taster S1 betätigt, zieht das Netzschütz Q1 an. Die Schütze Q2, Q3 und Q4 ziehen dann jeweils nach Ablauf einer Verzögerungszeit von 5 Sekunden in der Reihenfolge Q2, Q3, Q4 an und schließen nacheinander die entsprechenden Widerstandsgruppen R1 bis R3 kurz. Hat das letzte Schütz angezogen, sind die Schleifringe des Läufers kurzgeschlossen und der Motor läuft im Nennbetrieb. Bei Betätigung des AUS-Tasters S0 wird der Motor ausgeschaltet.

Technologieschema:

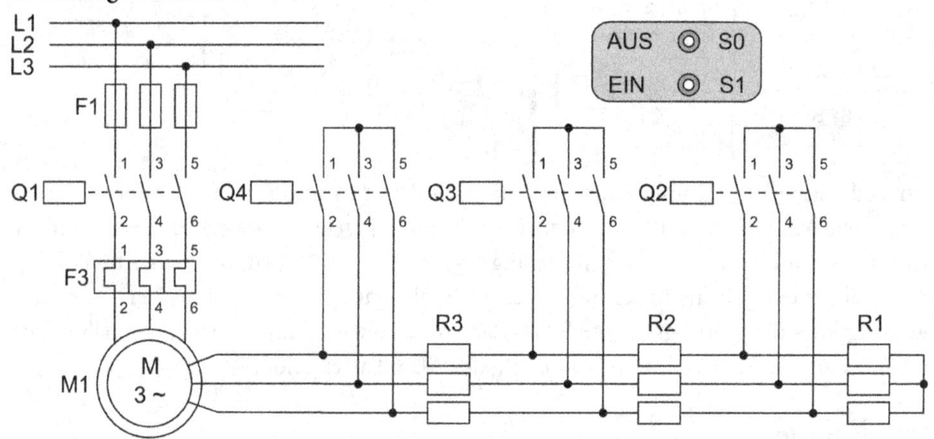

Lösungsleitlinie

1. Bestimmen Sie die Zuordnungstabelle der PLC-Eingänge und PLC-Ausgänge.
2. Bestimmen Sie mit einer RS-Tabelle die Bedingungen für die Ansteuerung der Setz- und Rücksetz-Eingänge der Speicherglieder für Q1, Q2, Q3 und Q4, wenn davon ausgegangen wird, dass die drei Verzögerungszeiten mit nur einer Zeitfunktion gebildet werden. Erweitern Sie die Tabelle durch das eine Zeitglied und tragen Sie die Bedingungen für den Start (Setzen) der Zeitfunktion dort ein.
3. Ermitteln Sie aus der RS-Tabelle den Funktionsplan für die Ansteuerung der Motorschütze Q1 bis Q4 und der Zeitfunktion.
4. Ermitteln Sie aus der RS-Tabelle das Steuerungsprogramm in der Programmiersprache SCL/ST.

5. Das Steuerungsprogramm soll in einem bibliotheksfähigen Baustein realisiert werden. Überlegen Sie, ob Sie eine Funktion für das Steuerungsprogramm verwenden können oder ob ein Funktionsbaustein erforderlich ist.
6. Programmieren Sie den Baustein, rufen Sie diesen vom OB 1/PLC_PRG aus auf und versehen Sie die Bausteinparameter mit SPS-Operanden aus der Zuordnungstabelle.

Lernaufgabe 4.3: Automatische Stern-Dreieck-Wendeschaltung

Lösung S. 281

Der nachfolgende Stromlaufplan zeigt die Ansteuerung der vier erforderlichen Leistungsschütze Q1, Q2, Q3 und Q4 für eine automatische Stern-Dreieck-Wendeschaltung.

Stromlaufplan:

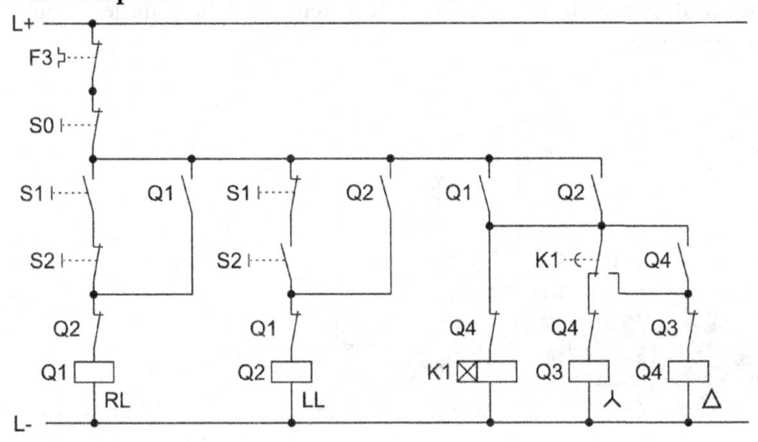

Die Leistungsschütze Q1 bis Q4 sollen künftig von einer SPS angesteuert werden.

Lösungsleitlinie

1. Bestimmen Sie die Zuordnungstabelle der PLC-Eingänge und PLC-Ausgänge.
2. Zeichnen Sie den Hauptstromkreis der Stern-Dreieck-Schaltung.
3. Wandeln Sie den gegebenen Stromlaufplan nach den entsprechenden Umsetzungsregeln in einen Funktionsplan um. Überlegen Sie, ob eine Tasterverriegelung von S1 und S2 erforderlich ist.
4. Das Steuerungsprogramm soll als Neuentwurf mit RS-Speicherfunktionen zur Ansteuerung der Leistungsschütze ausgeführt werden. Bestimmen Sie die RS-Tabelle.
5. Ermitteln Sie aus der RS-Tabelle den Funktionsplan.
6. Der gefundene Funktionsplan ist in einem bibliotheksfähigen Baustein umzusetzen. Überlegen Sie, welche Bausteinart Sie für die Umsetzung verwenden können.
7. Programmieren Sie den Baustein, rufen Sie diesen vom OB 1/PLC_PRG aus auf, und versehen Sie die Bausteinparameter mit SPS-Operanden aus der Zuordnungstabelle.

Lernaufgabe 4.4: Füllmengenkontrolle

Lösung S. 284

Am Ende einer Konservendosenabfüllanlage werden die Dosen auf vollständige Füllung kontrolliert. Dazu werden die Dosen auf einem Förderband nacheinander mit einem kleinen Zwischenraum durch eine Gamma-Strahlenquelle transportiert. Der Empfänger des Sensors meldet den Signalzustand "1", wenn eine ungenügende Füllung der Dose vorliegt. Die Messung wird jedoch nur ausgeführt, wenn eine Dose den Bodenkontakt B1 betätigt (Signalzustand "1" bei Betätigung). Zum Auswerfen einer nicht korrekt gefüllten Dose muss das elektropneumatische Ventil 1M1 zwei Sekunden nach der Messung kurz angesteuert werden.

Zu beachten ist, dass sich maximal vier Dosen zwischen der Erfassung und dem Auswerfer befinden können und dass auch mehrere Dosen hintereinander die geforderte Füllmengen unterschreiten können.

Technologieschema:

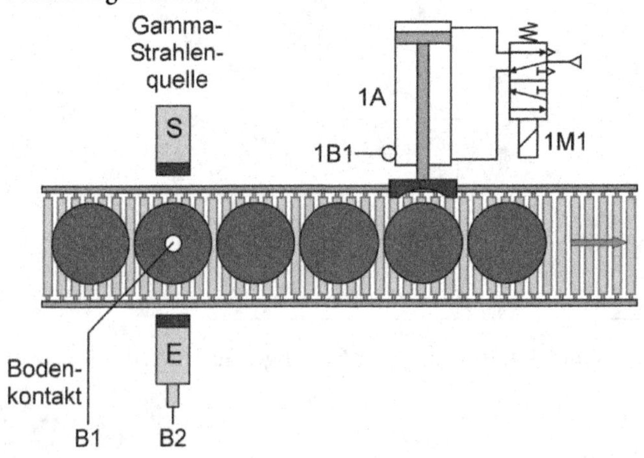

Lösungsleitlinie

1. Bestimmen Sie die Zuordnungstabelle der PLC-Eingänge und PLC-Ausgänge.
2. Für maximal vier Dosen müssen Zeitglieder gestartet werden. Ermitteln Sie mit einer RS-Tabelle die Bedingungen für die Ansteuerung der vier Zeitglieder sowie für den RS-Speicher zur Ansteuerung des Ventils 1M1.
3. Ermitteln Sie aus der RS-Tabelle den Funktionsplan.
4. Der gefundene Funktionsplan ist in einem bibliotheksfähigen Baustein umzusetzen. Überlegen Sie, welche Bausteinart Sie für die Umsetzung verwenden können, und geben Sie die Deklarationstabelle für den Baustein an.
5. Programmieren Sie den Baustein, rufen Sie diesen vom OB 1/PLC_PRG aus auf und versehen Sie die Bausteinparameter mit SPS-Operanden aus der Zuordnungstabelle.

Lernaufgabe 4.5: Zerkleinerungsanlage Lösung S. 286

In einer Zerkleinerungsanlage für Steingut wird das zerkleinerte Material aus einer Mühle über ein Transportband in einen Wagen verladen.

Der Abfüllvorgang für den Wagen kann durch Betätigen des Tasters S1 gestartet werden, wenn ein Wagen an der Rampe steht (B1 = "1"). Um Stauungen des Fördergutes auf dem Transportband zu vermeiden, muss das Band zwei Sekunden laufen, bevor die Mühle mit Q2 eingeschaltet wird. Meldet die Waage mit B2 = 0, dass der Wagen gefüllt ist, wird die Mühle ausgeschaltet. Das Förderband läuft noch drei Sekunden nach, um das Steingut vollständig vom Band zu entfernen.

Technologieschema:

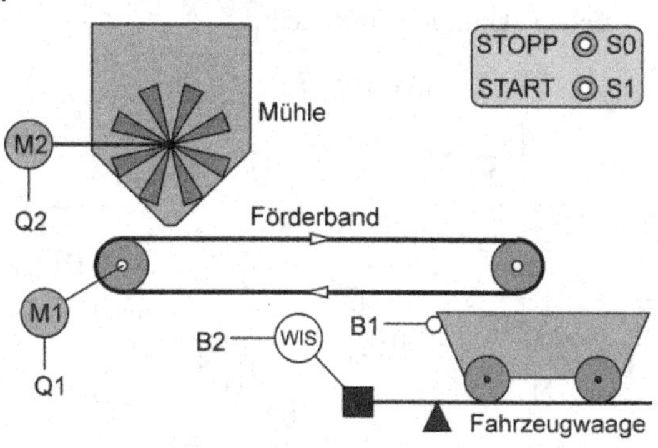

Durch Betätigung des Stopp-Tasters S0 wird der Abfüllvorgang sofort unterbrochen und das Förderband abgeschaltet. Die beiden Motoren sind jeweils mit einem Thermorelais F3, F4 gegen Überlastung geschützt.

Die Ansteuerung der Motoren M1 und M2 über die Hauptschütze Q1 und Q2 erfolgte bisher durch nebenstehende Schützsteuerung:

Eine Revision der Zerkleinerungsanlage wird zum Anlass genommen, die Ansteuerung der Leistungsschütze Q1 und Q2 künftig mit einem Automatisierungssystem auszuführen. Dazu ist die gegebene Schützsteuerung durch ein SPS-Programm zu ersetzen.

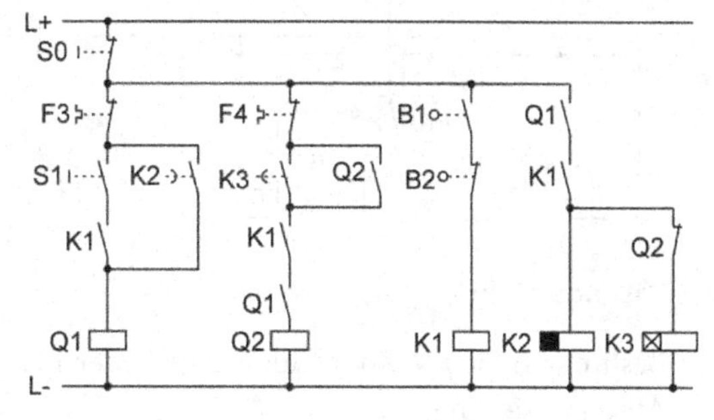

Lösungsleitlinie

1. Bestimmen Sie die Zuordnungstabelle der PLC-Eingänge und PLC-Ausgänge.
2. Geben Sie einen Befüllungsdurchlauf von der Betätigung der Start-Taste S1 bis zur Vollmeldung des Wagens in einem Funktionsdiagramm wieder, das die Leistungsschütze Q1 und Q2 sowie die Hilfsschütze K1, K2 und K3 enthält.
3. Ermitteln Sie aus dem gegebenen Stromlaufplan nach den Umsetzungsregeln zum Ersetzen von Schützschaltungen den zugehörigen Funktionsplan.
4. Das Steuerungsprogramm ist mit einem bibliotheksfähigen Baustein zu realisieren. Zeichnen Sie den Bausteinaufruf im Funktionsplan.

5. Programmieren Sie den Baustein, rufen Sie diesen vom OB 1/PLC_PRG aus auf und versehen Sie die Bausteinparameter mit SPS-Operanden aus der Zuordnungstabelle.

Lernaufgabe 4.6: Zwei-Zylinder-Ansteuerung mit Zeitfunktionen Lösung S. 288

Der Pneumatikplan zeigt die Ansteuerung zweier Zylinder mit pneumatischen Ventilen. Die Betätigung der beiden 5/2-Wegeventile 1V2 und 2V2 soll künftig beidseitig durch Elektromagnete erfolgen, damit ein Automatisierungsgerät die Steuerungsfunktion übernehmen kann. Das druckknopfbetätigte 3/2-Wegeventil 1S3 wird durch einen elektrischen Taster S1 ersetzt. Das Zeitventil 1V1 ist auf fünf Sekunden und das Zeitventil 2V1 auf sieben Sekunden eingestellt.

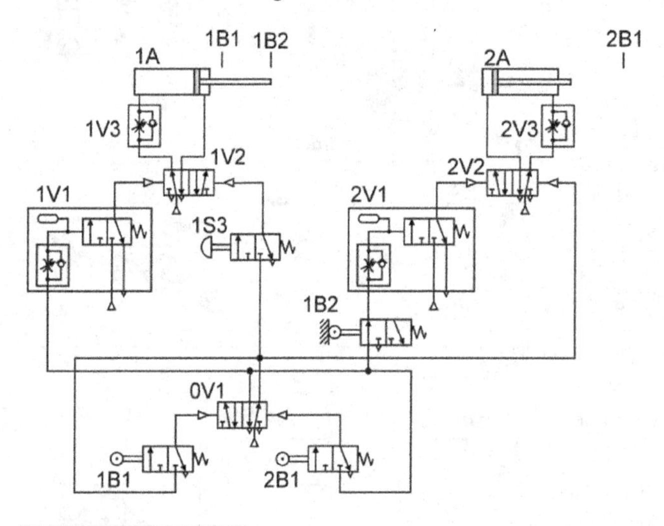

Lösungsleitlinie

1. Bestimmen Sie die Zuordnungstabelle der PLC-Eingänge und PLC-Ausgänge für das Automatisierungsgerät.
2. Ermitteln Sie aus dem Pneumatikplan das Funktionsdiagramm, welches die beiden Zylinder 1A bzw. 2A enthält.
3. Bestimmen Sie mit einer Schaltfolgetabelle die Bedingungen für das Setzen und Rücksetzen für die im Steuerungsprogramm erforderlichen zwei Zeitglieder und vier Speicherglieder.
4. Zeichnen Sie den sich aus der Schaltfolgetabelle ergebenden Funktionsplan.
5. Ermitteln Sie aus der RS-Tabelle das Steuerungsprogramm in der Programmiersprache SCL/ST.
6. Das Steuerungsprogramm soll in einem Baustein bibliotheksfähig realisiert werden. Überlegen Sie, welche Art von Baustein Sie für das Steuerungsprogramm verwenden und geben Sie die Deklarationstabelle für den Baustein an.
7. Programmieren Sie den Baustein, rufen Sie diesen vom OB 1/PLC_PRG aus auf und versehen Sie die Bausteinparameter mit SPS-Operanden aus der Zuordnungstabelle.

Lernaufgabe 4.7: Verkehrs-Lauflichtanlage

Lösung S. 290

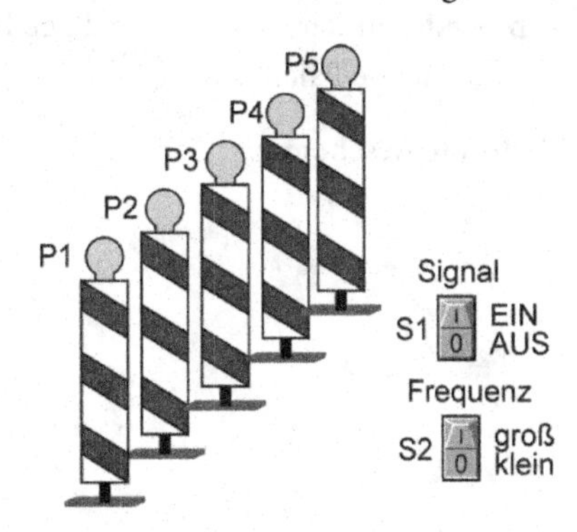

Verkehrs-Lauflichtanlagen dienen zur Absicherung von gefährlichen Engstellen oder Baustellen. Das führende Licht weist den Verkehrsteilnehmer rechtzeitig auf die zu erwartende Richtungsänderung hin und entschärft den gefährlichen Verschwenkungs- oder Überleitungsbereich. Dazu leuchten die Warnlampen P1 bis P5 in der angegebenen Reihenfolge jeweils eine Taktzeit lange auf. Danach wiederholt sich der Vorgang, solange die Anlage eingeschaltet ist.

Mit Schalter S1 wird das Lauflicht eingeschaltet. Die Stellung des Schalters S2 bestimmt die Frequenz des Lauflichts. Liefert S2 "0"-Signal, beträgt die Frequenz f = 0,5 Hz. Bei "1"-Signal beträgt die Frequenz f = 2 Hz. Die Ansteuerung der Lampen P1 bis P5 soll mit einer SPS erfolgen. Dazu ist das zugehörige Steuerungsprogramm zu entwerfen.

Lösungsleitlinie

1. Bestimmen Sie die Zuordnungstabelle der PLC-Eingänge und PLC-Ausgänge.
2. Zeichnen Sie den Funktionsplan für Bildung der beiden zeitlich unterschiedlichen Flanken-Impulse mit jeweils einer Zeitfunktion (TON).
3. Bestimmen Sie mit einer Schaltfolgetabelle die Bedingungen für das Setzen und Rücksetzen der fünf Speicherglieder zur Ansteuerung der Lampen P1 bis P5. Verwenden Sie dabei die Methode des Binäruntersetzers.
4. Zeichnen Sie den sich aus der Schaltfolgetabelle ergebenden Funktionsplan.
5. Bestimmen Sie das Steuerungsprogramm des Bausteins in der Programmiersprache SCL/ST.
6. Das Programm zur Ansteuerung der Lampen soll in einem Baustein bibliotheksfähig realisiert werden. Überlegen Sie, welche Art von Baustein Sie für das Steuerungsprogramm verwenden, und geben Sie die Deklarationstabelle für den Baustein an.
7. Programmieren Sie den Baustein, rufen Sie diesen vom OB 1/PLC_PRG aus auf und versehen Sie die Bausteinparameter mit SPS-Operanden aus der Zuordnungstabelle.

Lernaufgabe 4.8: Palettierungs-Anlage

Lösung S. 293

Am Ende einer Verpackungsstraße werden zur Palettierung jeweils vier Kartons zusammengefasst.

Nach Betätigung des Tasters S1 öffnet der Zylinder 1A die Sperre. Befindet sich der Zylinder in der hinteren Endlage, wird der Antriebsmotor M der Rollenbahn eingeschaltet. Die einzelnen vorbeirollenden Kartons werden von der Lichtschranke B1 erfasst. Haben vier Kartons die Lichtschranke passiert, wird die Sperre mit Zylinder 1A wieder geschlossen und der Antriebsmotor M ausgeschaltet. Fünf Sekunden nachdem Zylinder 1A sich wieder in der vorderen Endlage befindet, schiebt Zylinder 2A die Kartons auf eine bereitstehende Palette.

Technologieschema:

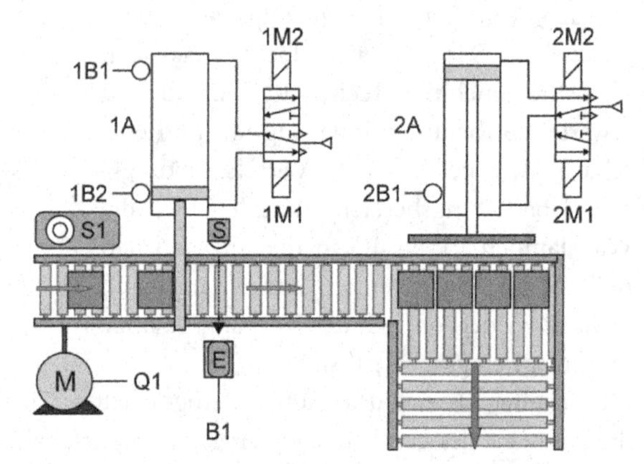

Befindet sich der Zylinder 2A wieder in seiner hinteren Endlage, kann der Vorgang durch Betätigung der Taste S1 wiederholt werden.

Die Ansteuerung der Elektromagnetventile und des Schützes Q1 für den Antriebsmotor M soll durch eine SPS erfolgen. Dazu ist in einem bibliotheksfähigen Baustein ein Steuerungsprogramm zu entwerfen.

Lösungsleitlinie

1. Bestimmen Sie die Zuordnungstabelle der PLC-Eingänge und PLC-Ausgänge.
2. Zeichnen Sie das zur Aufgabenbeschreibung zugehörige Funktionsdiagramm, welches die beiden Zylinder 1A, 2A und das Schütz Q1 enthält.
3. Bestimmen Sie mit einer Schaltfolgetabelle die Bedingungen für das Setzen und Rücksetzen für die im Steuerungsprogramm erforderlichen Speicherglieder und das Zeitglied.
4. Zeichnen Sie den sich aus der Schaltfolgetabelle ergebenden Funktionsplan.
5. Das Steuerungsprogramm soll in einem Baustein bibliotheksfähig realisiert werden. Überlegen Sie, welche Art von Baustein Sie für das Steuerungsprogramm verwenden, und geben Sie die Deklarationstabelle für den Baustein an.
6. Programmieren Sie den Baustein, rufen Sie diesen vom OB 1/PLC_PRG aus auf und versehen Sie die Bausteinparameter mit SPS-Operanden aus der Zuordnungstabelle.

Lernaufgabe 4.9: Parkhauseinfahrt

Lösung S. 295

Die Ein- und Ausfahrt in ein Parkhaus mit 12 Stellplätzen wird durch Schranken freigegeben. Eine Ampel zeigt an, ob noch Stellplätze im Parkhaus frei sind und eine Einfahrt möglich ist. Vor den Schranken sind jeweils Induktionsschleifen angebracht, welche melden, ob ein Ein- oder Ausfahrwunsch besteht. An der Einfahrt ist zusätzlich ein Schlüsselschalter angebracht.

Technologieschema:

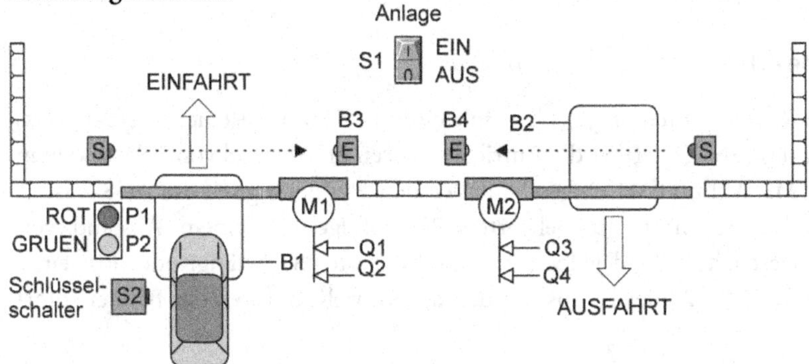

Funktionsbeschreibung:

Einfahrt: Steht ein PKW auf der Einfahrtsinduktionsschleife B1, sind Stellplätze noch frei und wird der Schlüsselschalter S2 betätigt, öffnet sich die Einfahrtschranke (Schranke 1). Zum Öffnen der Schranke wird ein Motor M1 über Q1 im Rechtslauf für 5 Sekunden angesteuert. Nach Freiwerden der Induktionsschleife B1 schließt die Schranke 1 wieder. Dazu wird der Motor M1 über das Schütz Q2 im Linkslauf für 5 Sekunden angesteuert. Die Mechanik der Schranke beinhaltet eingebaute Endschalter, welche die Abschaltung des Antriebsmotors jeweils beim Erreichen der Endlagen steuern. Unterbricht ein einfahrendes Fahrzeug die Lichtschranke B3, gibt diese einen Rückwärtszählimpuls an den Zähler für die Anzahl der freien Plätze.

Ausfahrt: Steht ein PKW in der Ausfahrtlichtschranke B2, öffnet sich die Schranke 2. Das Öffnen und Schließen der Schranke 2 erfolgt durch den Motor M2 mit der Ansteuerung über Q3 (auf) und Q4 (zu) entsprechend der Schranke 1. Die Lichtschranke B4 an der Ausfahrt gibt bei Unterbrechung einen Vorwärtszählimpuls an den Zähler.

Ampelsteuerung: Die Ampel wird vom Zähler für die freien Parkplätze angesteuert. Ist der Zählerstand 0, zeigt die Ampel "ROT", ansonsten zeigt die Ampel "GRÜN".

Anlagensteuerung: Mit dem Schalter S1 wird die Anlage eingeschaltet, der Zähler auf 12 (Anzahl der Parkplätze) gesetzt und die beiden Schranken geschlossen. Beim Ausschalten werden beide Schranken geöffnet und die Ampeln abgeschaltet.

Lösungsleitlinie

1. Bestimmen Sie die Zuordnungstabelle der PLC-Eingänge und PLC-Ausgänge.
2. Geben Sie eine verbale Beschreibung der Lösungsstrategie an.
3. Bestimmen Sie eine Tabelle mit den Bedingungen für das Starten der Zeiten und der Ansteuerung des Zählers.
4. Zeichnen Sie den sich aus der Tabelle ergebenden Funktionsplan.
5. Schreiben Sie das Steuerungsprogramm in der Programmiersprache SCL/ST.
6. Das Steuerungsprogramm soll in einem Baustein bibliotheksfähig realisiert werden. Welche Bausteinart wählen Sie? Geben Sie die Deklarationstabelle für den Baustein an.
7. Programmieren Sie den Baustein, rufen Sie diesen vom OB 1/PLC_PRG aus auf und versehen Sie die Bausteinparameter mit SPS-Operanden aus der Zuordnungstabelle.

4.3 Kontrollaufgaben

Kontrollaufgabe 4.1

Drei Förderbänder einer Kiesanlage sollen mit einer SPS so angesteuert werden, dass nach Betätigung des EIN-Tasters S1 die Antriebsmotoren im Abstand von 5 Sekunden in der Reihenfolge M3, M2 und M1 eingeschaltet werden. Bei Betätigung des AUS-Tasters S2 werden die Bänder in der umgekehrten Reihenfolge mit einem Abstand von 10 Sekunden ausgeschaltet. Wird jedoch der STOPP-Taster S0 betätigt oder löst eines der Überstromrelais F1, F2 oder F3 aus, werden die Antriebsmotoren der Bänder sofort ausgeschaltet.

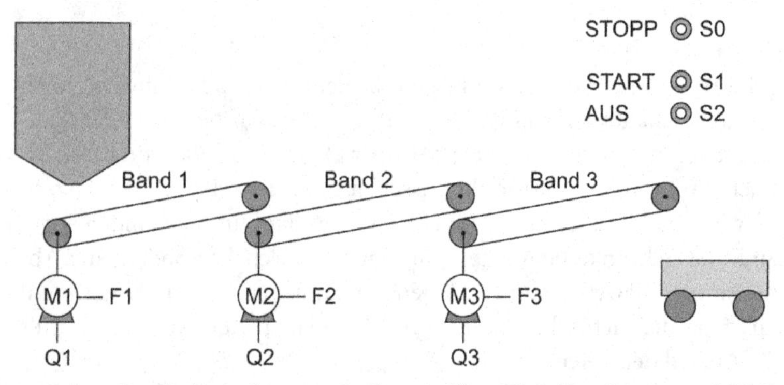

1. Geben Sie die Zuordnungstabelle mit allen PLC-Eingängen und PLC-Ausgängen an.
2. Bestimmen Sie mit einer um die Zeitfunktionen erweiterten RS-Tabelle die Bedingungen für die Ansteuerung der Setz- und Rücksetz-Eingänge der erforderlichen Speicher- und Zeitglieder.
3. Ermitteln Sie aus der erweiterten RS-Tabelle den Funktionsplan.
4. Die Steuerungsfunktion soll mit einem Baustein bibliotheksfähig realisiert werden. Geben Sie die Deklarationstabelle des Bausteins an.
5. Zeichnen Sie den Funktionsplan des Bausteinaufrufs im OB 1/PLC_PRG.

Kontrollaufgabe 4.2

Die Ansteuerung der nebenstehenden Reklametafel soll mit einer SPS ausgeführt werden. Nach dem Einschalten der Anlage mit dem Schalter S1 soll sofort die erste Reklameleuchte E1 leuchten. Im Takt von jeweils 3 Sekunden sollen dann die Leuchte E2 und danach die Leuchte E3 zusätzlich angesteuert werden.

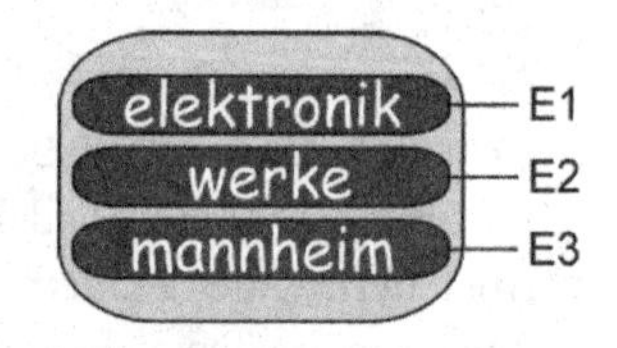

Nachdem alle drei Leuchten einen weiteren Takt leuchten, werden diese für wiederum eine Taktzeit ausgeschaltet. Danach wiederholt sich der Vorgang ständig. Wird der Anlagenbetrieb mit S1 beendet, werden alle Reklameleuchten sofort ausgeschaltet.

1. Geben Sie die Zuordnungstabelle mit allen PLC-Eingängen und PLC-Ausgängen an.
2. Bestimmen Sie mit einer Schaltfolgetabelle die Bedingungen für die Ansteuerung der Setz- und Rücksetz-Eingänge der benötigten Speicher- und Zeitglieder.
3. Ermitteln Sie aus der erweiterten Schaltfolgetabelle den Funktionsplan.
4. Bestimmen Sie aus der erweiterten Schaltfolgetabelle das Programm in SCL/ST.
5. Die Steuerungsfunktion soll mit einem Baustein bibliotheksfähig realisiert werden. Geben Sie die Deklarationstabelle des Bausteins an.
6. Geben Sie den Funktionsplan des Bausteinaufrufs im OB 1/PLC_PRG an.

Kontrollaufgabe 4.3

Der nebenstehende Stromlaufplan zeigt die Ansteuerung der drei Leistungsschütze Q1, Q2 und Q3 für einen automatischen Stern-Dreieck-Anlauf.

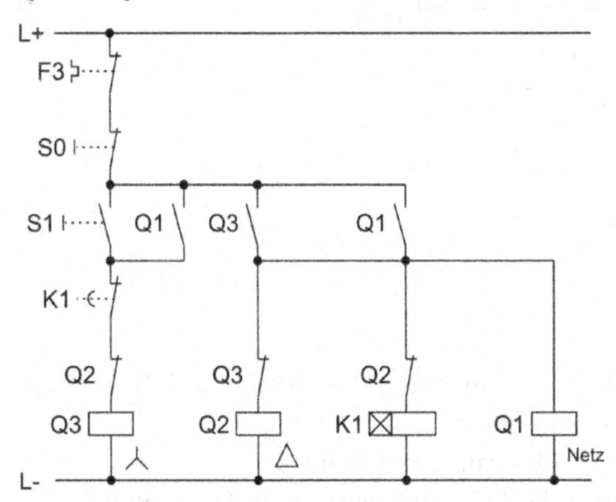

1. Zeichnen Sie den Hauptstromkreis der Stern-Dreieck-Schaltung.
2. Die Ansteuerung der Leistungsschütze Q1, Q2 und Q3 soll durch eine SPS erfolgen. Zeichnen Sie den Anschlussplan der SPS.
3. Wandeln Sie den gegebenen Stromlaufplan nach den entsprechenden Umsetzungsregeln in einen Funktionsplan um.
4. Der gefundene Funktionsplan soll mit einem bibliotheksfähigen Baustein realisiert werden. Geben Sie die Deklarationstabelle für den Baustein an.
5. Bestimmen Sie das Steuerungsprogramm in der Programmiersprache AWL oder SCL/ST.
6. Es ist ein Neuentwurf des Programms mit RS-Speicherfunktionen durchzuführen. Ermitteln Sie mit einer RS-Tabelle die Bedingungen für die Ansteuerung von Setz- und Rücksetz-Eingang der erforderlichen Speicher- und Zeitfunktionen.
7. Zeichnen Sie aus der RS-Tabelle den Funktionsplan.
8. Der gefundene Funktionsplan soll mit einem bibliotheksfähigen Baustein realisiert werden. Geben Sie die Deklarationstabelle für den Baustein an.
9. Bestimmen Sie das Steuerungsprogramm in der Programmiersprache AWL oder SCL/ST.

Kontrollaufgabe 4.4

Der gegebene Pneumatikplan zeigt die Ansteuerung von zwei Zylindern. Die Ansteuerung der Zylinder soll künftig über 5/2-Wegeventile mit beidseitig elektromagnetischer Betätigung durch eine SPS erfolgen. Die Endlagengeber werden durch induktive Sensoren an den Zylindern und das handbetätigte 3/2-Wegeventil 1S3 durch einen Taster S1 ersetzt.

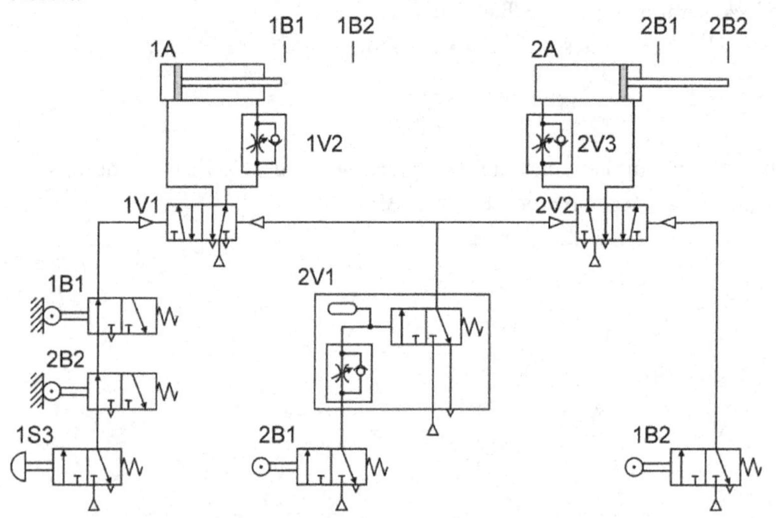

1. Ermitteln Sie mit einem Funktionsdiagramm, in welcher Reihenfolge nach Betätigung des Tastventils 1S3 die Zylinder aus- und einfahren.
2. Zeichnen Sie den Pneumatikplan für die Ansteuerung mit einer SPS.
3. Bestimmen Sie mit einer Schaltfolgetabelle die Bedingungen für das Setzen und Rücksetzen der Magnetventile und des erforderlichen Zeitglieds.
4. Zeichnen Sie den sich aus der Schaltfolgetabelle ergebenden Funktionsplan.
5. Der Funktionsplan soll mit einem bibliotheksfähigen Baustein realisiert werden. Bestimmen Sie die Deklarationstabelle des Bausteins.
6. Bestimmen Sie das Steuerungsprogramm in der Programmiersprache AWL oder SCL/ST.

Kontrollaufgabe 4.5

Die nachfolgende Schützsteuerung dient zur Ansteuerung zweier Zylinder 1A und 2A über die 5/2-Wegeventile 1V1 und 2V1. Beide Zylinder fahren gedrosselt aus. Die eingestellte Zeit beträgt für das abfallverzögerte Relais 8 Sekunden und für das anzugsverzögerte Relais 5 Sekunden.

Die Ansteuerung der drei Elektromagnete 1M1, 2M1 und 2M2 soll künftig über eine SPS erfolgen.

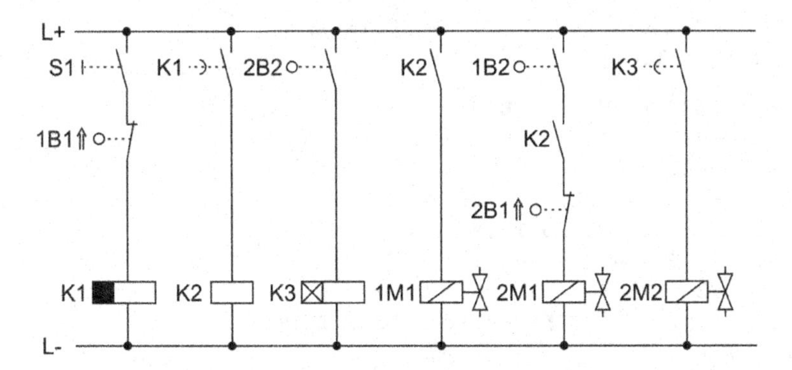

1. Zeichnen Sie den Pneumatikschaltplan für die Ansteuerung der Ventile mit einer SPS.
2. Bestimmen Sie aus dem Stromlaufplan das Funktionsdiagramm mit den beiden Zylindern.
3. Ermitteln Sie mit einer Schaltfolgetabelle die Bedingungen für die erforderlichen Zeitfunktionen und das Setzen und Rücksetzen der Magnetventile 1M1, 2M1 und 2M2.
4. Zeichnen Sie den sich aus der Schaltfolgetabelle ergebenden Funktionsplan.
5. Der Funktionsplan soll mit einem bibliotheksfähigen Baustein realisiert werden. Bestimmen Sie die Deklarationstabelle des Bausteins.
6. Bestimmen Sie das Steuerungsprogramm in der Programmiersprache AWL oder SCL/ST.

Kontrollaufgabe 4.6

Es ist das nachfolgende Steuerungsprogramm in der Programmiersprache SCL/ST eines Funktionsbausteins FB 436 zur Behandlung einer Störungsmeldung zu analysieren.

SCL/ST:

```
FUNCTION_BLOCK FB 436
VAR_INPUT              VAR_IN_OUT      VAR                     VAR_TEMP
 STOE,QUITT:BOOL;       PU,PA:BOOL;     FO1,STOE_SP:BOOL;       T_IMP:BOOL;
 ZEITW1:TIME;          END_VAR          TIO,:BOOL;             END_VAR
END_VAR                                 WERT0,WERT1:BOOL;
                                        WERT2:BOOL;
                                        ZEIT1:TON;
                                       END_VAR

IF STOE THEN STOE_SP:= TRUE; END_IF;
IF QUITT THEN STOE_SP:=FALSE;END_IF;

IF STOE_SP AND NOT(FO1) THEN PU:=TRUE; END_IF;
FO1:=STOE_SP;

IF PA OR QUITT THEN PU:=FALSE; END_IF;
```

```
ZEIT1(IN := STOE_SP AND NOT(TIO),PT := ZEITW1);
TIO:=ZEIT1.Q; T_IMP:=TIO;

IF T_IMP AND NOT(WERT1) AND PU THEN
   WERT1:=TRUE; WERT0:=FALSE; T_IMP:=FALSE; END_IF;
IF T_IMP AND NOT(WERT2) AND PU THEN
   WERT2:=TRUE; WERT0:=FALSE; WERT1:=FALSE; T_IMP:=FALSE; END_IF;
IF T_IMP AND NOT(WERT0) AND PU THEN
   WERT0:=TRUE; T_IMP:=FALSE; END_IF;
IF (T_IMP AND WERT2  AND PU) OR QUITT THEN
   WERT2:=FALSE; WERT0:=FALSE; WERT1:=FALSE; T_IMP:=FALSE;
PA:=TRUE; END_IF;
IF (T_IMP AND PA) OR QUITT THEN
    PA:=FALSE; T_IMP:=FALSE; END_IF;
IF T_IMP AND NOT(PA) THEN PA:=TRUE; END_IF;
```

Beschreibung des Funktionsbausteins:

Ein "1"-Signal am Eingang "STOE" des Funktionsbausteins meldet eine neu aufgetretene Störung, die in den Störungsspeicher STOE_SP übernommen wird. Der Ausgang PU für eine Alarmhupe führt sofort "1"-Signal. Nach einer bestimmten Anzahl von Takten mit der am Eingang ZEITW1 eingestellten Taktzeit wird der Ausgang PU ausgeschaltet und eine am Ausgang PA angeschlossenen Alarmleuchte beginnt mit der Taktzeit zu blinken. Eine aufgetretene Störung muss in jedem Fall durch ein "1"-Signal am Eingang "QUITT" quittiert werden. Alarmhupe und Alarmanzeige gehen bei der Quittierung sofort aus. Nach Betätigen der Quittierungstaste und noch nicht beseitigter Störung beginnt der Vorgang wieder mit der Ansteuerung der Alarmhupe.

1. Bestimmen Sie den Aufruf des Funktionsbausteins FB 436 im OB 1 in der Funktionsplandarstellung mit entsprechenden SPS-Operanden.
2. Übersetzen Sie das gegebene SCL/ST-Programm in die Funktionsplandarstellung.
3. Zeichnen Sie den zeitlichen Verlauf der Taktimpulse T_IMP.
4. Nach wie vielen Takten wird von der Alarmhupe auf die Alarmleuchte umgeschaltet? Begründen Sie Ihre Antwort.
5. Die Zeit des Umschaltens von der Hupe auf die Leuchte soll verdoppelt werden. Welche Änderungen sind im Funktionsplan durchzuführen, wenn die Taktfrequenz unverändert bleiben soll?

Kontrollaufgabe 4.7

Das gegeben Funktionsdiagramm zeigt, dass der Zylinder 1A nach Betätigung des Tasters S1 dreimal verzögert ausfährt und für 3 Sekunden jeweils in der vorderen Endlage bleibt.

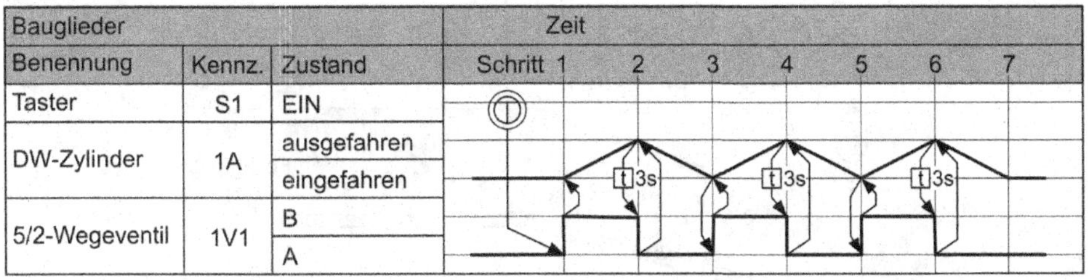

Bauglieder			Zeit
Benennung	Kennz.	Zustand	Schritt 1 2 3 4 5 6 7
Taster	S1	EIN	
DW-Zylinder	1A	ausgefahren	
		eingefahren	t 3s t 3s t 3s
5/2-Wegeventil	1V1	B	
		A	

Die Ansteuerung des 5/2-Wegeventiles für den Zylinder 1A erfolgt beidseitig mit Elektromagneten. Zwei induktive Sensoren bestimmen die jeweilige Endlage des Zylinders.

1. Zeichnen Sie den Pneumatikschaltplan.
2. Ermitteln Sie mit einer Schaltfolgetabelle die Bedingungen für das Setzen und Rücksetzen der Magnetventile 1M1 und 1M2 sowie für die Zeit- und Zählfunktionen.
3. Zeichnen Sie den sich aus der Schaltfolgetabelle ergebenden Funktionsplan.
4. Der Funktionsplan soll mit einem bibliotheksfähigen Baustein realisiert werden. Bestimmen Sie die Deklarationstabelle des Bausteins.
5. Geben Sie das Steuerungsprogramm in der Programmiersprache AWL oder SCL/ST an.

Kontrollaufgabe 4.8

In einer Produktionshalle werden Zurichtteile in Kisten zu zwei Fertigungsstationen auf einem Rollenband transportiert. Mit einer Bandweiche werden die Kisten auf die Stationen verteilt. Ist die Bandweiche nach Betätigung des Tasters S1 eingeschaltet, steuert die Weiche des Rollenbandes nach sieben Paketen die Kisten auf die jeweils andere Fertigungsinsel. Die Kisten werden durch die Lichtschranke B1 erkannt. Durchläuft eine Kiste während des Umsteuerns der Weiche die Lichtschranke, so ist ihre Zählung der angesteuerten Fertigungsinsel zuzuordnen.

Beim Ausschalten der Bandeweiche durch Taster S0 fährt Zylinder 1A ein und der Zähler wird auf den Wert 0 gesetzt. Die Ansteuerung des Zylinders erfolgt mit einem 5/2-Wegeventil, das beidseitig elektromagnetisch betätigt wird. Die Endlagen des Zylinders und somit die Stellung der Bandweiche werden mit den Endlagengebern 1B1 und 1B2 erfasst.

Technologieschema:

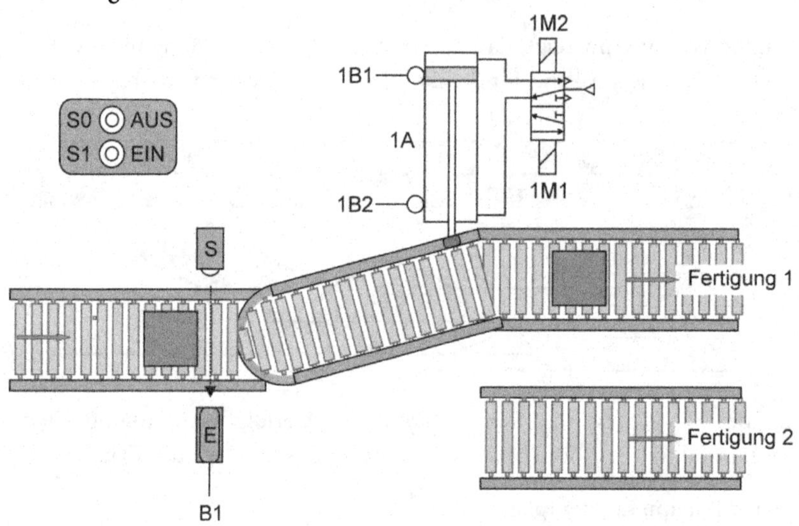

1. Bestimmen Sie die Zuordnungstabelle der PLC-Eingänge und PLC-Ausgänge.
2. Zeichnen Sie den Pneumatikschaltplan, wenn sowohl die Einfahr- wie auch die Ausfahrgeschwindigkeit des Zylinders 1A einstellbar sein soll.
3. Bestimmen Sie mit einer Schaltfolgetabelle die Bedingungen für das Setzen und Rücksetzen der erforderlichen Speicherglieder und des Zählers.
4. Zeichnen Sie den sich aus der Schaltfolgetabelle ergebenden Funktionsplan.
5. Das Steuerungsprogramm soll in einem Baustein bibliotheksfähig realisiert werden. Überlegen Sie, welche Art von Baustein Sie für das Steuerungsprogramm verwenden, und geben Sie die Deklarationstabelle für den Baustein an.
6. Geben Sie das Steuerungsprogramm in der Programmiersprache AWL oder SCL/ST an.

Übertragungsfunktionen, Vergleichsfunktionen, Sprünge

5

5.0 Übersicht

Übertragungsfunktionen in der Anweisungsliste AWL bei STEP 7

Übertragungsfunktionen ermöglichen das *Kopieren* von Digitalvariablen und Digitaloperanden. Nach der Richtung des Datenflusses bezüglich des beteiligten Akku 1 unterscheidet man *Laden* und *Transferieren*. Lade- und Transferbefehle sind unbedingte Befehle, die unabhängig vom Verknüpfungsergebnis (VKE) ausgeführt werden und dieses auch nicht beeinflussen.

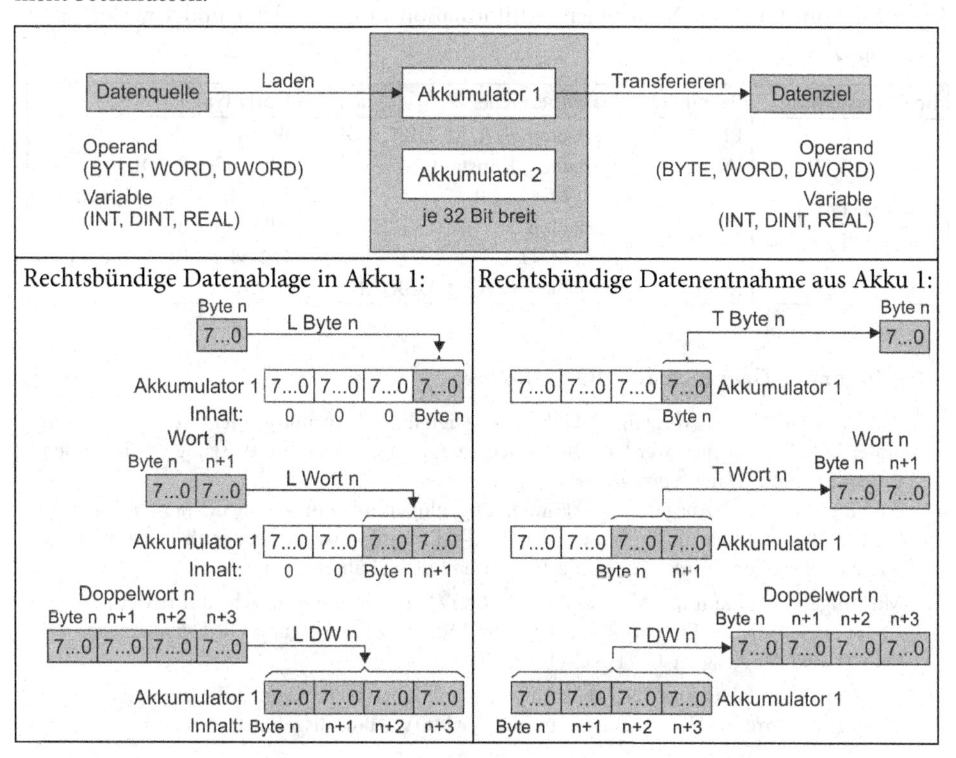

Laden von	Anweisung	Kommentar	Transfer zu	Anweisung	Kommentar
Variablen	L #Sollwert	Mit Datentyp	Variablen	T #Stellwert	Mit Datentyp
Konstanten	L B#16#FF L W#16#1234 L -500	Hex-Zahl Hex-Zahl Integerzahl	Globaldaten	T DB2.DBB0 T DB2.DBW4 T DB2.DBD8	Datenbyte Datenwort Doppelwort
Eingängen	L EW 8	Wort (Byte, ...)	Eingängen	T EB 8	Wirkt nur auf Prozessabbild
Ausgängen	L AW 12	Wort (Byte, ...)			
Globaldaten	L DB5.DBW0	Datenwort, ...	Ausgängen	T AW 12	Wort (Byte, ...)
Merkern	L MW 10	Byte, Wort, ...	Merkern	T MW 100	Wort (Byte, ...)
Peripherie	L PW 320	Wort	Peripherie	T PW 336	Wort

Weitere Operandenbereiche: Zeiten und Zähler

Übertragungsfunktionen in der Anweisungsliste AWL bei CoDeSys

Beim Programmiersystem CoDeSys wird nur von einem Akku ausgegangen. Mit der Anweisung „Laden" LD wird der Wert des Operanden in den Akkumulator geladen. Danach folgt direkt eine Verknüpfungs- oder Rechenoperation, bevor mit der Anweisung „Speichern" ST der Inhalt des Akkumulators in den Operanden gespeichert wird.

Übertragungsfunktionen in der Programmiersprache FUP

Die MOVE-Box enthält die beiden Übertragungswege *Laden* und *Transferieren*. Sie *kopiert* die am Eingang IN anstehende Information in den Akku 1 und von dort zum Ausgang OUT.

Box-Darstellung	Parameter	Datenbereiche	Datentypen
MOVE EN OUT IN ENO	EN	Variablen, E, A, M, DBX, T, Z	BOOL
	IN	Variablen, Konstanten E, A, M, D, L, P	Alle außer BOOL 1, 2 oder 4 Byte-Operand
	OUT	Variablen E, A, M, D, L	Alle außer BOOL 1, 2 oder 4 Byte-Operand
	ENO	Variablen, E, A, M, DBX, EN	BOOL

Regeln für den Gebrauch der MOVE-Box

- Am Eingang IN und Ausgang OUT können Digitalvariablen mit elementaren Datentypen außer BOOL angegeben werden. Die Variablen am Eingang IN und Ausgang OUT können unterschiedliche Datentypen aufweisen.
- An Eingang IN und Ausgang OUT können Digitaloperanden unterschiedlicher Operandenbreite 1, 2 oder 4 Byte angegeben werden. Ist der Eingangsoperand breiter als der Ausgangsoperand, wird nur der rechtsliegende Teil soweit möglich übertragen.
- Mit Eingang EN kann die Abarbeitung der MOVE-BOX bedingt durchgeführt werden. Bei EN = 1 wird die an Eingang IN anliegende Bitkette zum Ausgang OUT übertragen. Bei EN = 0 wird der Ausgang OUT nicht bearbeitet.
- Eingang EN und Ausgang ENO müssen jedoch nicht beschaltet werden. Bei unbeschaltetem Eingang EN wird die Übertragungsfunktion der MOVE-Box ausgeführt.

Datentypenumwandlung mittels Übertragungsfunktionen

Die Lade- und Transferfunktionen ermöglichen zusätzlich zum Übertragen von Daten in einigen Fällen eine Datentypumwandlung ohne Verwendung echter Umwandlungsfunktionen.

Elementare Datentypen, die mit der MOVE-Funktion umwandelbar sind

- für Digitaloperanden: BYTE (Byte), WORD (Wort), DWORD (Doppelwort)
- für Digitalvariablen: INT (Integer)

Jeder Digitaldatentyp ist gekennzeichnet durch seine

- Datenlänge (Länge der Bitkette).
- Interpretation (Deutung der Bitkette).

Ein Spezialfall ist das Kopieren von Daten mit Änderung des Datentyps.

- Beispiel für Digitaloperanden:

```
L EB 8              //Datentyp: BYTE
T AW 12             //Datentyp: WORD
```

- Beispiel für Digitalvariablen:

```
L #Zaehlwert_dual   //Datentyp: WORD
T #Zaehlwert_int    //Datentyp: INT
```

Übertragungsfunktionen in der Programmiersprache SCL/ST

Die Programmiersprache SCL/ST kennt keine Übertragungsfunktionen. Eine vergleichbare Operation wäre die Wertzuweisung im eigentlichen Sinne. Mit Wertzuweisungen (:=) wird einer Variablen ein Wert zugewiesen. Auf beiden Seiten muss der gleiche Datentyp stehen.

Vergleichsfunktionen

Mit Vergleichsfunktionen werden die Werte zweier Operanden des gleichen Datentyps verglichen. Das Ergebnis des Vergleichs steht als boolescher Wert zur Verfügung und beeinflusst das Verknüpfungsergebnis. Trifft die Vergleichsaussage zu, ist der boolesche Wert (VKE) = 1. Dieser kann dann mit Zuweisungen oder Sprungfunktionen ausgewertet werden.

Mögliche Vergleichsfunktionen sind:

Name	Symbol	Bedeutung	Mögliche Datentypen
GT	>	Größer	Für alle Programmiersysteme: INT; DINT; REAL; Für STEP 7 ab V 11 und CoDeSys noch zusätzlich: BYTE; WORD; DWORD; TIME;
GE	>=	Größer gleich	
EQ	==	Gleich	
NE	<>	Ungleich	
LE	<=	Kleiner gleich	
LT	<	Kleiner	

Operationsdarstellung am Beispiel von GT mit dem Datentyp INT:

AWL STEP 7	AWL-CoDeSys	FUP	SCL
L ZAHL1 L ZAHL2 >I = VAR1	L ZAHL1 GT ZAHL2 ST VAR1	ZAHL1—IN1 > ZAHL2—IN2 VAR1 =	IF ZAHL1 > ZAHL2 THEN VAR1:= TRUE; ELSE VAR1:= FALSE; END_IF;

Sprungfunktionen in AWL, FUP bzw. SCL/ST (Auswahl)

Funktion	AWL		FUP-Symbole	SCL/ST
	STEP 7	CoDeSys		
Springe unbedingt zu M001	SPA M001	JMP M001	M001 —JMP	GOTO M001(SCL) JMP M001 (ST)
Springe bedingt bei VKE = "1" zu M002	SPB M002	JMPC M002	M002 ....—JMP	
Springe bedingt bei VKE = "0" zu M003	SPBN M003	JMPCN M003	M003 ....—JMPN	

Bausteinfunktionen

Funktion	AWL		FUP-Symbole	SCL/ST
	STEP 7	CoDeSys		
Bausteinbearbeitung beenden	BEA	RET	—RET	RETURN
Bausteinbearbeitung bedingt beenden	BEB	RETC	....—RET	
FC/FB aufrufen	CALL	CAL		
Globaldatenbaustein aufschlagen	AUF DB			

5.1 Beispiel

■ Lade- und Transferfunktionen, Vergleichsfunktionen, Sprünge

Drehzahl- und Stillstandsüberwachung einer mit Schutzgitter gesicherten Maschine

Der Zugang zu einer Maschine ist durch eine Schutzgittertür zu sichern, die den Zutritt des Bedienpersonals vor Beendigung der gefährlichen Maschinenbewegung verhindern soll. Die Schutzgittertür ist mit einer elektromechanischen Zuhaltung mit Meldekontakt B2 und einem weiteren Türkontakt B1 ausgerüstet. Ein Drehzahlwächter erkennt den Stillstand des Motors. Während des Betriebs soll eine Drehzahlüberwachung melden, ob die Drehzahl im zulässigen Bereich ist.

Technologieschema:

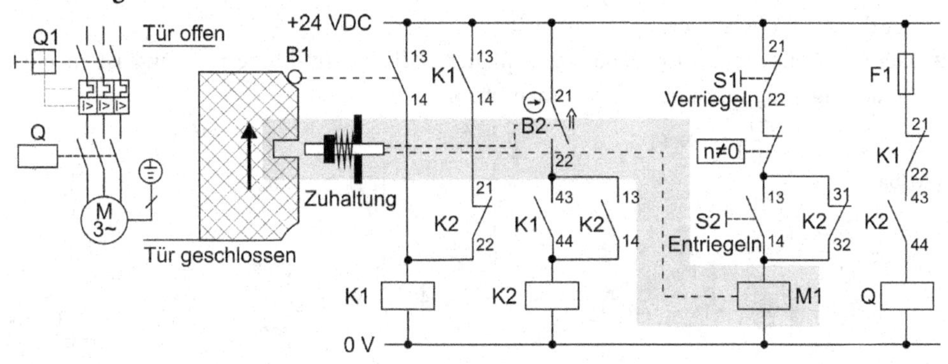

Funktionsweise der Schutztür-Zuhaltung

Die Verriegelung der Schutztüre ist mit einer Testung der Sicherheitsfunktion verbunden. Ausgehend von der Grundstellung (Motorschütz Q ist stromlos, Tür ist zu, Betätigungsmagnet M1 ist stromführend, Zuhaltung ist entriegelt, B2-Kontakt ist geöffnet) ist die Schutztür einmal zu öffnen (Überprüfung des Türkontaktes B1, indem K1 anzieht) und wieder zu schließen (K1 hält sich selbst und bereitet K2 vor). Motorschütz Q bleibt stromlos, da Kontakte K1 und K2 geöffnet sind. Durch Betätigen des Verriegelungstaster S1 wird Betätigungsmagnet M1 stromlos, Zuhaltung rastet federmechanisch ein, Zuhaltekontakt B2 schließt (Überprüfung des B2-Kontakts, indem K2 anzieht und K1 abwirft). Motorschütz Q zieht über K1- und K2-Kontakt an. Nur in dieser Reihenfolge der Betätigung und bei funktionierender Schutzschaltung zieht Q an! Zum Entriegeln des Schutzgitters muss der Motorstillstand erkannt sein (Stillstandskontakt n hat geschlossen) und der Entriegelungstaster S2 betätigt werden (Betätigungsmagnet M1 zieht an, die Zuhaltung wird entriegelt, B2-Kontakt öffnet, K2 fällt ab, Motorschütz Q wird stromlos) und die Schutztüre lässt sich öffnen.

Drehzahlüberwachung

Die Motordrehzahl wird über eine angeflanschte Nockenscheibe mit sechs Zähnen durch einen induktiven Näherungsschalter erfasst, der Impulse der Frequenz f = n/60 · 6 liefert, wobei n die Drehzahl in Umdrehungen pro Minute angibt (für die Simulation sind die Werte zu verringern).

Das Diagramm zeigt die Zuordnung der zu bildenden Drehzahlkontrollsignale Grün (P1) und Rot (P2) zum Drehzahlbereich n.

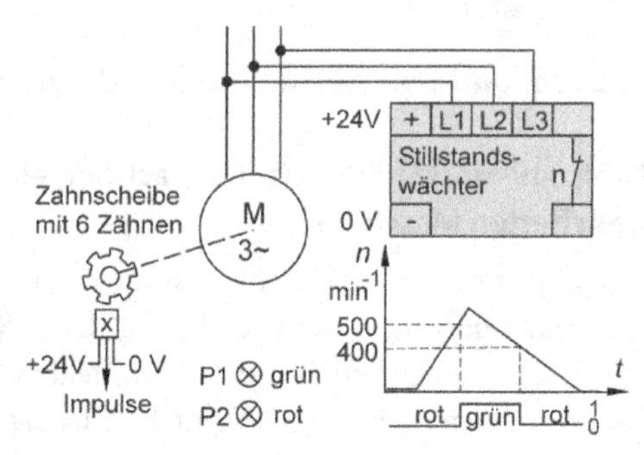

Aufgaben:

1. Für die Schutztüransteuerung ist ein Steuerungsprogramm in einem FB 511 aus der gegebenen Schützsteuerung zu entwickeln.
2. Der gegebene freigrafische Funktionsplan für die Drehzahlüberwachung ist in ein Steuerungsprogramm im FB 512 umzusetzen.

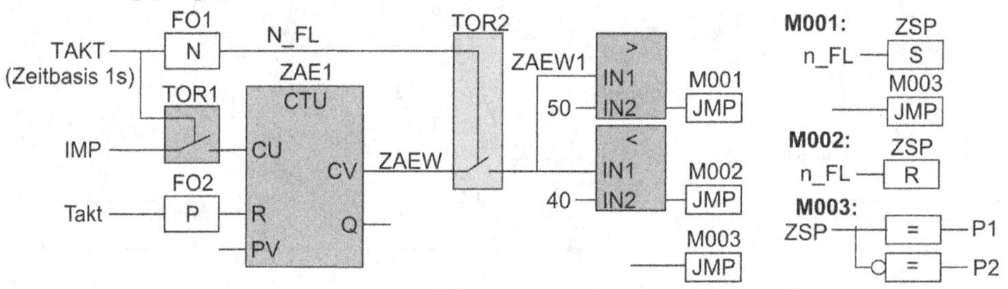

3. Die Bausteine sind zu programmieren und im OB 1/PLC_PRG aufzurufen. Die Eingänge und Ausgänge der Bausteine sind mit SPS-Operanden zu versehen.

Zuordnungstabelle der PLC-Eingänge und PLC-Ausgänge

PLC-Eingangsvariable	Symbol	Datentyp	Logische Zuordnung		Adresse
Verriegelungstaster	S1	BOOL	Betätigt	S1 = 0	E 0.1
Entriegelungstaster	S2	BOOL	Betätigt	S2 = 1	E 0.2
Türkontakt	B1	BOOL	Betätigt	B1 = 1	E 0.3
Zuhaltekontakt	B2	BOOL	Betätigt	B2 = 1	E 0.4
Stillstandswächter	n	BOOL	Motorstillstand	n = 1	E 0.5
Drehzahlimpulse	IMP	BOOL	6 Impulse pro Umdrehung		E 0.6
PLC-Ausgangsvariable					
Betätigungsmagnet	M1	BOOL	Angezogen	M1 = 1	A 4.0
Motorschütz	Q	BOOL	Angezogen	Q = 1	A 4.1
Meldeleuchte Grün	P1	BOOL	Meldeleuchte an	P1 = 1	A 4.2
Meldeleuchte Rot	P2	BOOL	Meldeleuchte an	P2 = 1	A 4.3

1.a Funktionsplan Schutztürsteuerung FB 511:

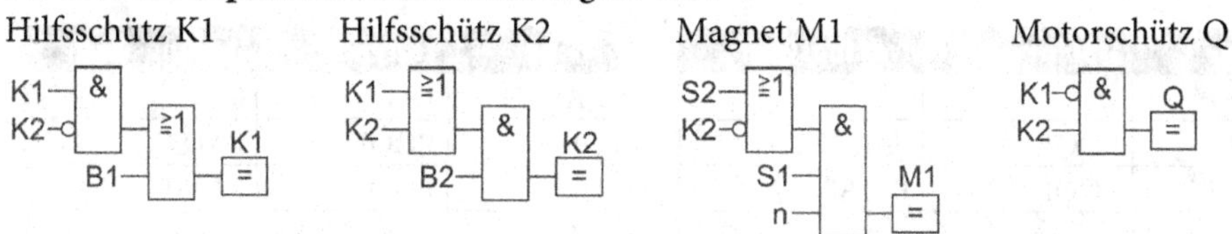

1.b Deklarationstabelle FB 511:

Name	Datentyp	Anfangswert
IN		
S1	BOOL	FALSE
S2	BOOL	FALSE
B1	BOOL	FALSE
B2	BOOL	FALSE
n	BOOL	FALSE

Name	Datentyp	Anfangswert
OUT		
M1	BOOL	FALSE
Q	BOOL	FALSE
STAT		
K1	BOOL	FALSE
K2	BOOL	FALSE

2.a Funktionsplan für den Drehzahlüberwachungs-Baustein FB 512:

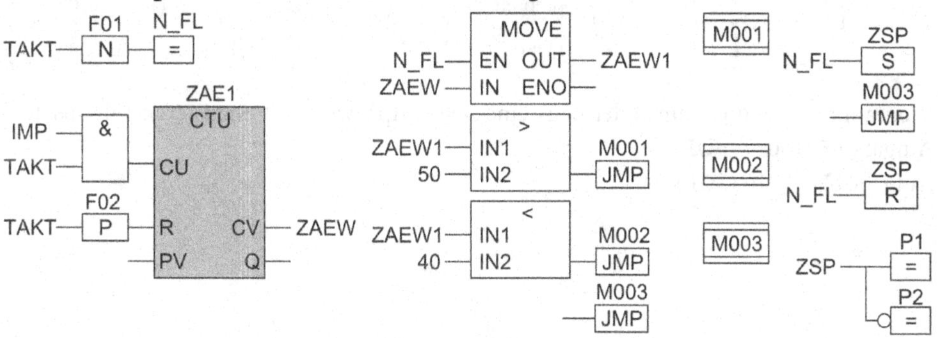

2.b SCL-Programm für den Drehzahlüberwachungs-Baustein FB 512:

```
IF NOT(TAKT) AND FO1 THEN N_FL:=TRUE; ELSE N_FL:=FALSE; END_IF;
FO1:=TAKT;
ZAE1(CU := IMP AND TAKT, R := TAKT AND NOT(FO2));
FO2:=TAKT; ZAEW:=ZAE1.CV;
IF N_FL THEN ZAEW1:=ZAEW; MW10:= INT_TO_WORD(ZAEW); END_IF;
IF ZAEW1 > 10 THEN GOTO M001; END_IF;
IF ZAEW1 < 5 THEN GOTO M002; END_IF; GOTO M003;
M001: IF N_FL THEN ZSP:= TRUE; END_IF; GOTO M003;
M002: IF N_FL THEN ZSP:= FALSE; END_IF;
M003: P1:= ZSP; P2:= NOT(ZSP);
```

▶ **Hinweis** Bei ST ist statt "GOTO" der Befehl "JMP" zu verwenden.

2.c Dekarationstabelle FB 512:

Name	Datentyp	Anfangswert
IN		
IMP	BOOL	FALSE
TAKT	BOOL	FALSE
OUT		
P1	BOOL	FALSE
P1	BOOL	FALSE
STAT		
ZSP	BOOL	FALSE
ZAEW1	INT	0
F01	BOOL	FALSE
F02	BOOL	FALSE
ZAE1	CTU	
TEMP		
ZAEW	INT	
N_FL	BOOL	

3. Aufruf der Bausteine im OB 1/PLC_PRG:

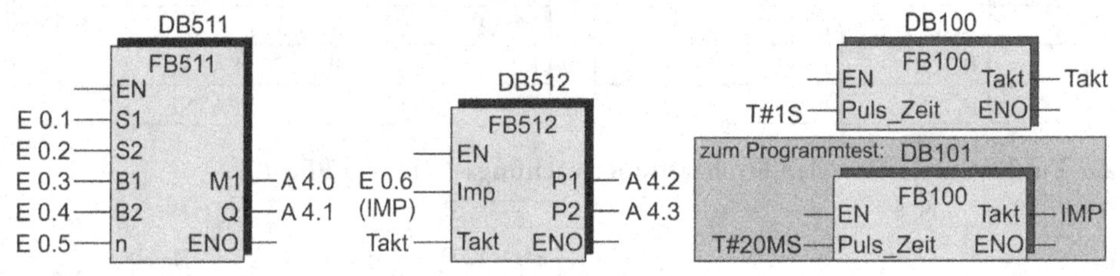

Programmierung und Aufruf der Bausteine siehe http://www.automatisieren-mit-sps.de
Aufgabe 05_1_01a (FUP);
Aufgabe 05_1_01b (SCL)

5.2 Lernaufgaben

Lernaufgabe 5.1: Auswahl-Standard-Funktion SELECT

Lösung S. 298

Es ist eine Funktion FC 521 für die eigene Programmbibliothek zu entwickeln, welche aus acht Eingangsvariablen IN0 bis IN7 mit dem Datenformat REAL, abhängig vom Eingangsparameters G, den Wert einer Variablen auswählt und der Ausgangsvariablen OUT zuweist.

Übergabevariablen:

G:(INTEGER) //Wert zwischen 0 und 7
IN0: (REAL) //Eingabewert 0 IN1: (REAL) //Eingabewert 1
IN2: (REAL) //Eingabewert 2 IN3: (REAL) //Eingabewert 3
IN4: (REAL) //Eingabewert 4 IN5: (REAL) //Eingabewert 5
IN6: (REAL) //Eingabewert 6 IN7: (REAL) //Eingabewert 7
OUT: (REAL) //Ausgewählter Wert

FC521
EN
G
IN0
IN1
IN2
IN3
IN4
IN5
IN6 OUT
IN7 ENO

Lösungsleitlinie

1. Zeichnen Sie einen freigrafischen Funktionsplan, der die Programmstruktur der Funktion FC 521 wiedergibt.
2. Geben Sie die Deklarationstabelle der Funktion an.
3. Bestimmen Sie aus dem freigrafischen Funktionsplan die Anweisungsliste AWL für eine der acht Ausgangs-Zuweisungen.
4. Geben Sie das Steuerungsprogramm in der Programmiersprache SCL/ST an.
5. Programmieren Sie den Baustein mit einer Programmiersprache Ihrer Wahl, rufen Sie diesen im OB 1/PLC_PRG auf und testen Sie die Funktion.

Lernaufgabe 5.2: Wählbare Öffnungszeit für eine Klebedüse

Lösung S. 299

Bei einer Abfüllanlage für Schmieröle werden je nach Inhalt unterschiedliche Etiketten auf die Ölbehälter geklebt. Es sind insgesamt vier verschiedene Größen von Etiketten möglich. Zum Aufbringen des Klebestoffes wird eine Klebedüse mit Ventil M1 für eine von der Größe des Etiketts abhängigen Zeit geöffnet. An einem Bedienpult wird mit einem einstelligen Zifferneinsteller EB1 durch Angabe einer Zahl von 1 bis 4 die Größe des Aufklebers voreingestellt. Gestartet wird der Klebevorgang, wenn ein Ölbehälter eine Lichtschranke B1 passiert.

Die Öffnungszeiten der Klebedüse sind vorgegeben. Wird versehentlich am Zifferneinsteller die Ziffer 0 eingestellt, ist die Klebedüse mit der kürzesten Zeit zu öffnen. Bei einer Einstellung größer 4, wird die Klebedüse mit der längsten Zeit geöffnet.

Für die Ansteuerung des Ventils M1 ist ein bibliotheksfähiger Baustein zu bestimmen.

Technologieschema:

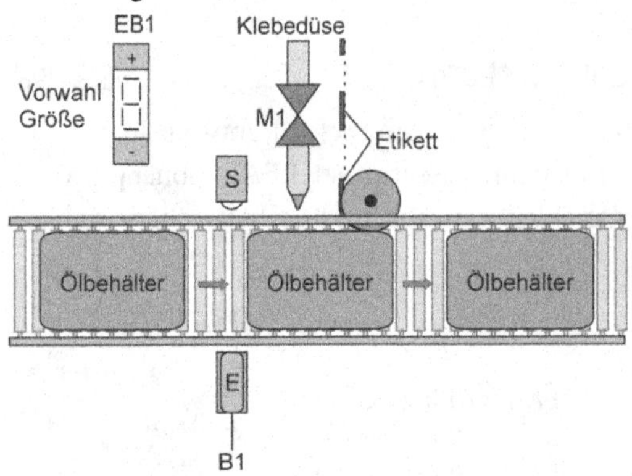

Öffnungszeiten der Klebedüsen:

Größe	Zeit
1	5 s
2	7 s
3	9 s
4	11 s

Lösungsleitlinie

1. Geben Sie die Zuordnungstabelle der PLC-Eingänge und PLC-Ausgänge an.
2. Bestimmen Sie mit einem freigrafischen Funktionsplan die Programmstruktur des Bausteins.
3. Ermitteln Sie aus dem freigrafischen Funktionsplan die Anweisungsliste AWL für eine Größeneinstellung.
4. Bestimmen Sie das Steuerungsprogramm in der Programmiersprache SCL/ST.
5. Geben Sie die Deklarationstabelle für den Baustein an.
6. Programmieren Sie den Baustein, rufen Sie diesen im OB 1/PLC_PRG auf und versehen Sie die Bausteinparameter mit SPS-Operanden der Zuordnungstabelle.

Lernaufgabe 5.3: Auswahl-Standard-Funktion MAXIMUM

Lösung S. 300

Es ist eine Funktion FC 523 für die eigene Programmbibliothek zu entwerfen, welche aus drei Realzahlen (Eingangsvariablen IN1 bis IN3) die größte auswählt und der Ausgangsvariablen OUT zuweist.

Übergabeparameter: IN1: //Realzahl 1
IN2: //Realzahl 2
IN3: //Realzahl 3
OUT: //Maximalwert

FC523
EN
IN1
IN2 OUT
IN3 ENO

Zum Test der Funktion ist diese im OB 1/PLC-PRG aufzurufen und mit Eingangswerten nach freier Wahl zu versehen.

Lösungsleitlinie

1. Bestimmen Sie mit einem freigrafischen Funktionsplan die Programmstruktur der Funktion FC 523.
2. Geben Sie die Deklarationstabelle der Funktion an.
3. Ermitteln Sie aus dem freigrafischen Funktionsplan die Anweisungsliste AWL.
4. Programmieren Sie den Baustein und rufen Sie diesen vom OB 1/PLC_PRG aus auf.

Lernaufgabe 5.4: AUF-AB-Zähler mit parametrierbaren Grenzen

Lösung S. 301

Zur Zählung und Kontrolle unterschiedlicher Mengen ist ein Funktionsbaustein FB 524 zu entwerfen, der einen AUF-AB-Zähler mit parametrierbarer Ober- und Untergrenze abbildet.

Mit den Zählimpulsen am Eingang ZAE-IMP des Funktionsbausteins wird der Zählerstand auf- oder abgezählt. Die Grenzen des Zählwertes werden als Integer-Werte an den Eingängen OGR und UGR des Funktionsbausteins angegeben. Mit Erreichen der Obergrenze bzw. Untergrenze wird die Zählrichtung automatisch umgeschaltet. Der Ausgang ZAER gibt die jeweils aktuelle Zählrichtung an. Am Ausgang ZAEW wird der Zählerstand ausgegeben. Die Ausgänge ZOGR bzw. ZUGR zeigen das Erreichen der Ober- bzw. Untergrenze an.

Übergabeparameter des Funktionsbausteins FB 524:

ZAE_IMP: (BOOL) // Eingang für die Zählimpulse
OGR: (INTEGER) // Obergrenze des Zählwertes
UGR: (INTEGER) // Untergrenze des Zählwertes
ZAEW: (INTEGER) // Zählerstand
ZAER: (BOOL) //Zählrichtung
ZOGR: (BOOL) // Zählerwert an der Obergrenze
ZUGR: (BOOL) // Zählwert an der Untergrenze

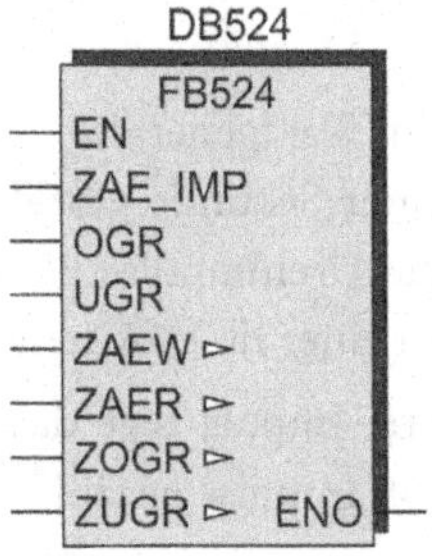

DB524
FB524
EN
ZAE_IMP
OGR
UGR
ZAEW
ZAER
ZOGR
ZUGR
ENO

Zum Test der Funktion FB 524 werden Zählimpulse von einem Taktgeber mit der Frequenz 5 Hz an den Eingang ZAE_IMP gelegt. An die Ausgänge ZOGR bzw. ZUGR für das Erreichen der Ober- bzw. Untergrenze sind die Anzeigeleuchten P1 bzw. P2 und an den Ausgang für die Zählrichtung die Anzeigeleuchte P0 anzuschließen.

Lösungsleitlinie

1. Geben Sie die Zuordnungstabelle der PLC-Eingänge und PLC-Ausgänge für den Test an.
2. Bestimmen Sie mit dem freigrafischen Funktionsplan die Programmstruktur der Funktion.
3. Zeichnen Sie das Steuerungsprogramm in der Programmiersprache Funktionsplan FUP.
4. Ermitteln Sie das Steuerungsprogramm in der Programmiersprache SCL/ST.
5. Geben Sie die Deklarationstabelle des Funktionsbausteins an.
6. Programmieren Sie den Baustein und rufen Sie diesen vom OB 1/PLC_PRG aus auf.

Lernaufgabe 5.5: Anzeige der Durchlaufgeschwindigkeit

Lösung S. 303

In einer Großbäckerei wird das Backgut auf einem Förderband durch den Ofen geführt. An einer dreistelligen Siebensegment-Anzeige soll die Durchlaufgeschwindigkeit in cm/s angezeigt werden. Zur Ermittlung des Wertes werden die Drehimpulse des Bandantriebs gezählt, welche der Sensor B1 abgibt.

Technologieschema:

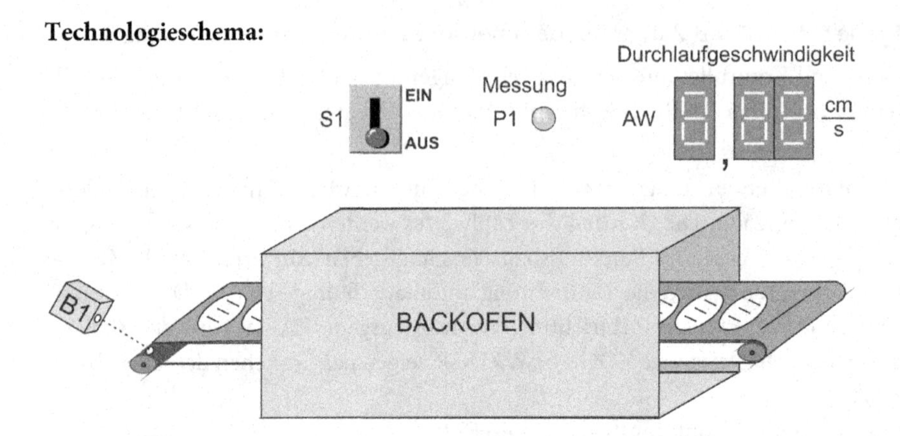

Ein Taktgenerator mit einer Puls-Zeit von zehn Sekunden und einer Pausen-Zeit von einer Sekunde gibt die Zeitbasis vor. Während der Pulszeit des Taktgenerators werden die Drehimpulse gezählt. Die gezählten Impulse werden nach Ende der Pulszeit jeweils an einer BCD-Anzeige ausgegeben. Die Pulszeit soll am Ausgang P1 angezeigt werden.

Pro Impuls legt das Backgut 0,1 cm auf dem Band zurück. Werden beispielsweise 150 Impulse gezählt, entspricht dies einer Durchlaufgeschwindigkeit von

$$v = \frac{150 \cdot 0{,}1\,\text{cm}}{10\,\text{s}} = 1{,}5\frac{\text{cm}}{\text{s}}.$$

Mit dem Schalter S1 wird der Zählvorgang gestartet und die Anzeige aktiviert.

Für das Programm zur Ermittlung der Durchlaufgeschwindigkeit soll ein bibliotheksfähiger Baustein entwickelt werden, der die Durchlaufgeschwindigkeit als Integerwert ausgibt. Als Taktgenerator kann die Bibliotheksfunktion FB 101 und für die Umwandlung INTEGER zu BCD die Bibliotheksfunktion FC 610 aus dem Lehrbuch verwendet werden.

Lösungsleitlinie

1. Bestimmen Sie die Zuordnungstabelle der PLC-Eingänge und PLC-Ausgänge.
2. Ermitteln Sie mit einem Funktionsplan das Programm des Bausteins zur Anzeige der Durchlaufgeschwindigkeit.
3. Bestimmen Sie das Steuerungsprogramm des Bausteins in der Programmiersprache SCL/ST.
4. Geben Sie die Deklarationstabelle für den Baustein an.
5. Programmieren Sie den Baustein und rufen Sie ihn sowie den Taktgeneratorbaustein FB 101 und den Umwandlungsbaustein FC 610 vom OB 1/PLC_PRG aus auf. Versehen Sie die Eingänge und Ausgänge der Bausteine mit SPS-Operanden aus der Zuordnungstabelle bzw. temporären Variablen.

Lernaufgabe 5.6: Begrenzer mit Indikator Lösung S. 304

Es ist ein bibliotheksfähiger Baustein LIMIT_IND (Begrenzer mit Indikator) zu entwerfen, der bei einer steigenden Flanke am Eingang CLK einen Integer-Eingangswert (IN) an den Ausgang (OUT) übergibt, wenn der Eingangswert den Minimalwert (MN) nicht unterschreitet und den Maximalwert (MX) nicht überschreitet. Unterschreitet der Eingangswert (IN) den Minimalwert (MN), wird der Minimalwert an den Ausgang OUT übergeben. Der Ausgang MN_IND zeigt dies mit einem "1"-Signal an. Überschreitet der Eingangswert den Maximalwert, wird der Maximalwert an den Ausgang übergeben. Der Ausgang MX_IND zeigt dies mit einem "1"-Signal an. Bei der erstmaligen Abarbeitung des Bausteins LIMIT_IND wird bis zur ersten auftretenden Flanke am Eingang CLK der Startwert PV an den Ausgang gegeben. Zum Test des Bausteins ist dieser im OB 1/ PLC_PRG aufzurufen und mit Eingangs- und Ausgangswerten zu versehen.

Lösungsleitlinie

1. Bestimmen Sie die Zuordnungstabelle der PLC-Eingänge und PLC-Ausgänge zum Test der Funktion.
2. Ermitteln Sie mit einem freigrafischen Funktionsplan die Programmstruktur des Bausteins.
3. Bestimmen Sie aus dem freigrafischen Funktionsplan die Anweisungsliste AWL.
4. Geben Sie die Deklarationstabelle für den Baustein an.
5. Programmieren Sie den Baustein, rufen Sie diesen vom OB 1/PLC_PRG aus auf und versehen Sie die Bausteinparameter mit SPS-Operanden aus der Zuordnungstabelle.

Lernaufgabe 5.7: Überwachung der Walzgutgeschwindigkeit Lösung S. 305

Um den Qualitätsanforderungen an das Produkt gerecht zu werden, wird in einer Walzerei die Walzprozessüberwachung unter anderem durch Messung der Geschwindigkeit des Walzgutes durchgeführt.

Dazu ist in einem komplexen Steuerungsprogramm für die Walzenanlage ein Baustein zu schreiben, der überprüft, ob die Geschwindigkeit des Walzgutes in einem bestimmten Bereich liegt. Ist dies der Fall, wird die grüne Meldeleuchte P1 angesteuert. Liegt die Geschwindigkeit außerhalb des Bereichs, wird die rote Meldeleuchte P2 angesteuert. Bleibt die Geschwindigkeit über drei aufeinanderfolgenden Messperioden außerhalb des Bereichs, wird zusätzlich eine Alarmsirene P3 aktiviert. Diese kann nur durch den Quittierungstaster QUITT gelöscht werden.

Zur Messung der Geschwindigkeit werden Impulse mit einem induktiven Näherungsschalter B1 erfasst. Pro Umdrehung entsteht ein Impuls. Die Messung wird mit einem Taktgenerator gesteuert. Der Taktgenerator liefert sechs Sekunden ein "1"-Signal und eine Sekunde ein "0"-Signal. Während des "1"-Signals wird gemessen. Die Geschwindigkeit des Bandes ist richtig, wenn die Anzahl der Impulse innerhalb der Messzeit von 6 Sekunden zwischen 50 und 60 liegt.

Technologieschema:

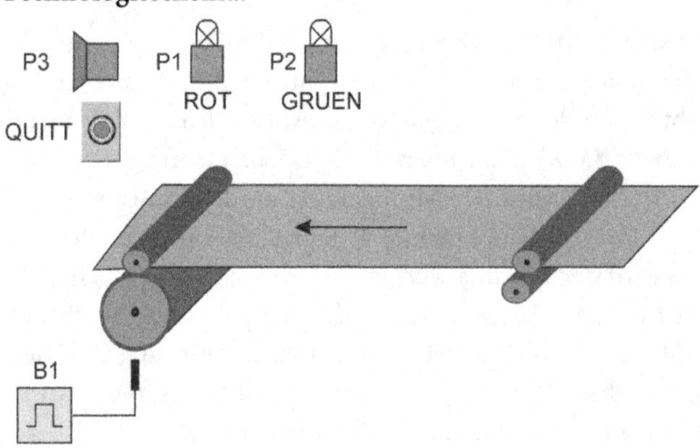

Lösungsleitlinie

1. Geben Sie die Zuordnungstabelle der PLC-Eingänge und PLC-Ausgänge für den Test des Bausteins an.
2. Bestimmen Sie mit einem freigrafischen Funktionsplan die Programmstruktur des Codebausteins.
3. Ermitteln Sie aus dem freigrafischen Funktionsplan das Steuerungsprogramm in der Programmiersprache SCL/ST.
4. Geben Sie die Deklarationstabelle des Bausteins an.
5. Programmieren Sie den Baustein, rufen Sie diesen vom OB 1/PLC_PRG aus auf und versehen Sie die Bausteinparameter mit SPS-Operanden aus der Zuordnungstabelle.

▶ **Hinweis** Zum Test des Bausteins können die Impulse mit Bibliotheksbaustein "Takt" (FB 100) erzeugt werden.

5.3 Kontrollaufgaben

Kontrollaufgabe 5.1

Der nebenstehende Baustein SAH (**S**elect **A**nd **H**old) übergibt bei einem 0→1-Übergang am Eingang CLK den Wert (Integer) von Eingang IN an den Ausgang OUT. Dieser Wert bleibt am Ausgang solange bestehen, bis mit dem nächsten 0→1-Übergang an CLK ein neuer Wert von IN nach OUT geladen wird. Beim Erststart des Bausteins, wenn noch kein 0→1-Übergang an CLK aufgetreten ist, wird der Startwert PV an den Ausgang OUT gelegt.

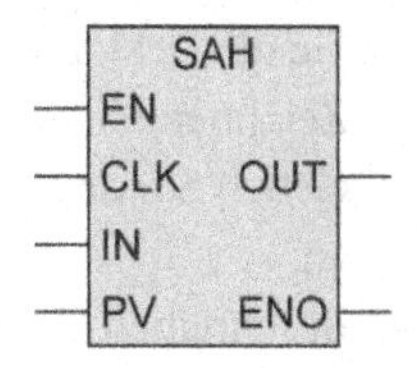

1. Überlegen Sie, welche Bausteinart Sie zur Realisierung verwenden können, und geben Sie die Deklarationstabelle des Bausteins an.
2. Bestimmen Sie mit einem freigrafischen Funktionsplan die Struktur des Steuerungsprogramms.
3. Geben Sie das Steuerungsprogramm in der Programmiersprache AWL oder SCL/ST an.

Kontrollaufgabe 5.2

Der gegebene freigrafische Funktionsplan zeigt, wie bei Betätigung des Tasters S1 jeweils ein bestimmter BCD-Wert an die Anzeige gelegt wird.

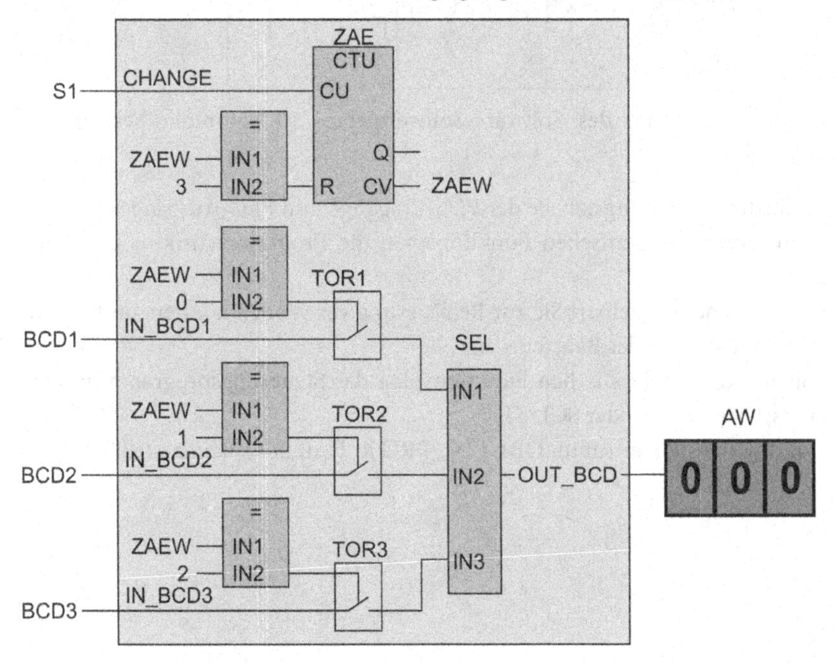

Das innerhalb des grau hinterlegten Rechtecks dargestellte Steuerungsprogramm soll mit einem bibliotheksfähigen Baustein realisiert werden.

1. Überlegen Sie, welche Bausteinart Sie zur Realisierung verwenden können, und geben Sie die Deklarationstabelle des Bausteins an.
2. Zeichnen Sie den Bausteinaufruf in Funktionsplandarstellung.
3. Geben Sie das Steuerungsprogramm in der Programmiersprache AWL oder SCL/ST an.
4. Beschreiben Sie die Aufgabe des Bausteins.

Kontrollaufgabe 5.3

Zu einer stoßfreien Sollwertvorgabe sind zwei Taster und eine BCD-Anzeige auf einem Bedienfeld angebracht. Bei Betätigung des Tasters S1 (↑) wird der Sollwert pro Sekunde um vier Werte erhöht. Bei Betätigung des Tasters S2 (↓) entsprechend um vier Werte pro Sekunde verkleinert. Der einstellbare Zahlenbereich des Sollwertes soll zwischen 0 und 999 liegen. Die Verstellung und der aktuelle Sollwert können an der dreistelligen Ziffernanzeige beobachtet werden. Mit dem Schlüsselschalter S0 wird die Freigabe der Verstellung des Sollwertes erteilt. Bei gleichzeitiger Betätigung von S1 und S2 bleibt der Sollwert stehen.

Bedienfeld:

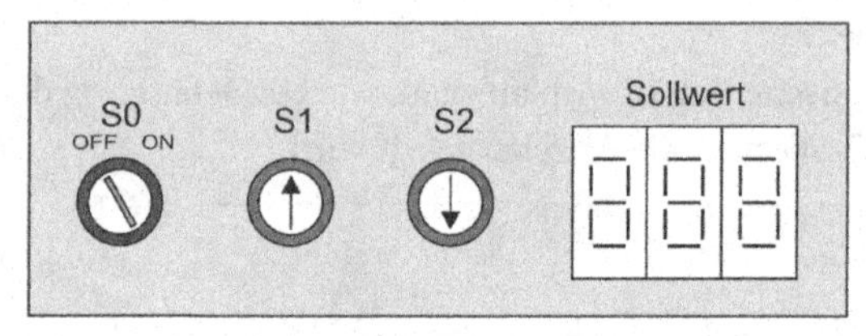

Für das Steuerungsprogramm des Software-Sollwertgebers ist ein bibliotheksfähiger Baustein zu entwerfen.

1. Bestimmen Sie die Zuordnungstabelle der PLC-Eingänge und PLC-Ausgänge.
2. Geben Sie mit einem freigrafischen Funktionsplan die Programmstruktur des Bausteins an.
3. Überlegen Sie, welche Bausteinart Sie zur Realisierung verwenden können, und geben Sie die Deklarationstabelle des Bausteins an.
4. Ermitteln Sie aus dem freigrafischen Funktionsplan das Steuerungsprogramm in der Programmiersprache AWL oder SCL/ST.
5. Zeichnen Sie den Bausteinaufruf im OB1/PLC_PRG in Funktionsplandarstellung.

Kontrollaufgabe 5.4

Es ist ein Programmbaustein zu entwerfen, der anzeigt, in welchem Bereich ein Integer-Wert IN liegt. Zur Anzeige werden fünf Meldeleuchten P1 bis P5 verwendet. Die vier Grenzen GR_1 bis GR_4 können am Baustein vorgegeben werden.

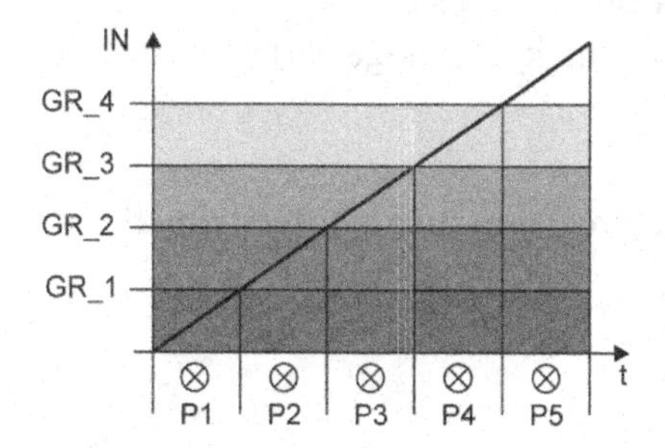

1. Bestimmen Sie mit einem freigrafischen Funktionsplan die Programmstruktur des Bausteins.
2. Überlegen Sie, welche Bausteinart Sie zur Realisierung verwenden können, und geben Sie die Deklarationstabelle des Bausteins an.
3. Zeichnen Sie den Bausteinaufruf in Funktionsplandarstellung.
4. Geben Sie das Steuerungsprogramm in der Programmiersprache AWL oder SCL/ST an.

Kontrollaufgabe 5.5

Das nachfolgend angegebene Steuerungsprogramm in der Programmiersprache SCL der Funktion FC 535 ist zu analysieren. Hinweis: den Sprungbefehl "GOTO" zu einer Marke (LABEL) in der Programmiersprache SCL entspricht bei ST der Sprung-Anweisung "JMP".

SCL-Programm:

```
FUNCTION FC535: VOID
VAR_INPUT                VAR_OUTPUT             LABEL
  IN1,IN2,IN3:REAL;        OUT:REAL;              M001,M002,M003;
END_VAR                  END_VAR                END_LABEL

  IF IN1 < IN2 THEN GOTO M001; END_IF;
  IF IN2 < IN3 THEN GOTO M002; END_IF;
  OUT:=IN3; RETURN;
M002: OUT:=IN2; RETURN;
M001: IF IN1 < IN3 THEN GOTO M003; END_IF;
  OUT:= IN3; RETURN;
M003: OUT:=IN1;
END_FUNCTION
```

1. Bestimmen Sie den Aufruf der Funktion FC 535 im OB 1 in der Funktionsplandarstellung. Geben Sie dabei sinnvolle SPS-Operanden nach Ihrer Wahl an.
2. Zeichnen Sie den zu dem SCL Programm gehörenden freigrafischen Funktionsplan.
3. Folgende Werte sind an die Eingänge gelegt: IN1: 2.4; IN2: 1.3; IN3: -5.1. Welcher Wert liegt nach Bearbeitung der Funktion am Ausgang OUT?
4. Beschreiben Sie die Funktion, die durch den Baustein FC 535 ausgeführt wird.

Kontrollaufgabe 5.6

Der folgende freigrafische Funktionsplan gibt die Programmstruktur eines Funktionsbausteins FB 536 wieder.

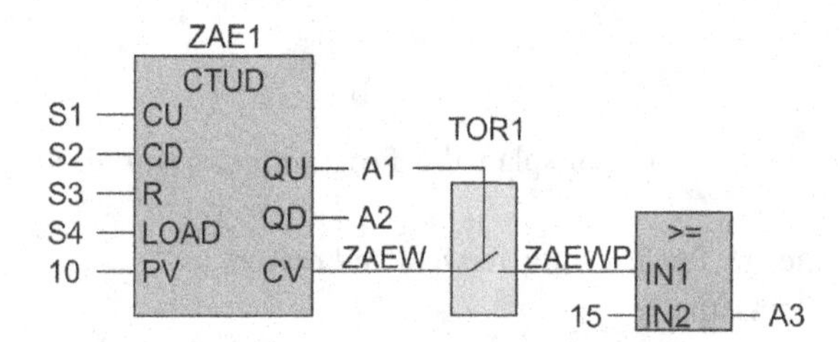

1. Bestimmen Sie den Aufruf der Funktion FB 536 im OB 1/PLC_PRG in der Funktionsplandarstellung.
2. Geben Sie die Deklarationstabelle des Bausteins an.
3. Ermitteln Sie die zum freigrafischen Funktionsplan gehörende Anweisungsliste AWL.
4. Bestimmen Sie die Anzahl der Rechteckimpulse an S1 bzw. S2, die nach einer positiven Flanke am Eingang S3 erforderlich sind, damit a) der Ausgang A1 bzw. b) der Ausgang A3 "1"-Signal erhält.
5. Der Funktionsbaustein FB 536 ist durch den Eingang OGR (INT) zu erweitern, der den maximal erreichbaren Zählerstand vorgibt. Ist dieser erreicht, kann nur noch abwärts gezählt werden. Zeichnen Sie den freigrafischen Funktionsplan für die Erweiterung des Bausteins.

Lineare Ablaufsteuerungen ohne Betriebsarten

6

6.0 Übersicht

Steuerungsprogramme, die einen schrittweisen Prozessablauf in Anlagen nach den Vorgaben von *Ablauf-Funktionsplänen* ausführen, werden *Ablaufsteuerungen* genannt.

Funktionsplandarstellung der linearen Ablaufsteuerung

Ablaufkette und Übungsgangsbedingung:

Ein Ablauf-Funktionsplan beschreibt unabhängig von der technischen Realisierung den Steuerungsablauf in prozessspezifischen Einzelschritten. Für jeden Einzelschritt des Prozessablaufs ist ein Ablaufschritt im Funktionsplan vorzusehen.

Schritte und Aktionen:

Schritte werden grafisch durch Blöcke dargestellt, die einen Schrittnamen enthalten. Der Anfangsschritt wird durch eine doppelte Umrahmung gekennzeichnet. Seitlich vom Schrittsymbol werden die Aktionsblöcke angebracht.

Wirkungslinien und Transitionen:

Die Schrittsymbole sind durch Wirkungslinien zu verbinden; Übergänge (Transitionen) werden durch kurze Querstriche in den Wirkungslinien gekennzeichnet und mit Übergangsbedingungen (Transitionsbedingungen) für die Schrittweiterschaltung versehen.

Die Transitionen einer Ablaufkette können mit ihren Transitionsbedingungen gemeinsam in einer Transitionstabelle angegeben werden. Es bedeuten z. B.:

T-1: alle Transitionen, die zum Schritt 1 führen

T1-2: Transition am Übergang von Schritt 1 nach Schritt 2

T1-2 = S1 & $\overline{\text{S2}}$: Beispiel einer Transitionsbedingung

Beispiel: Ablauffunktionsplandarstellung einer linearen Ablaufsteuerung

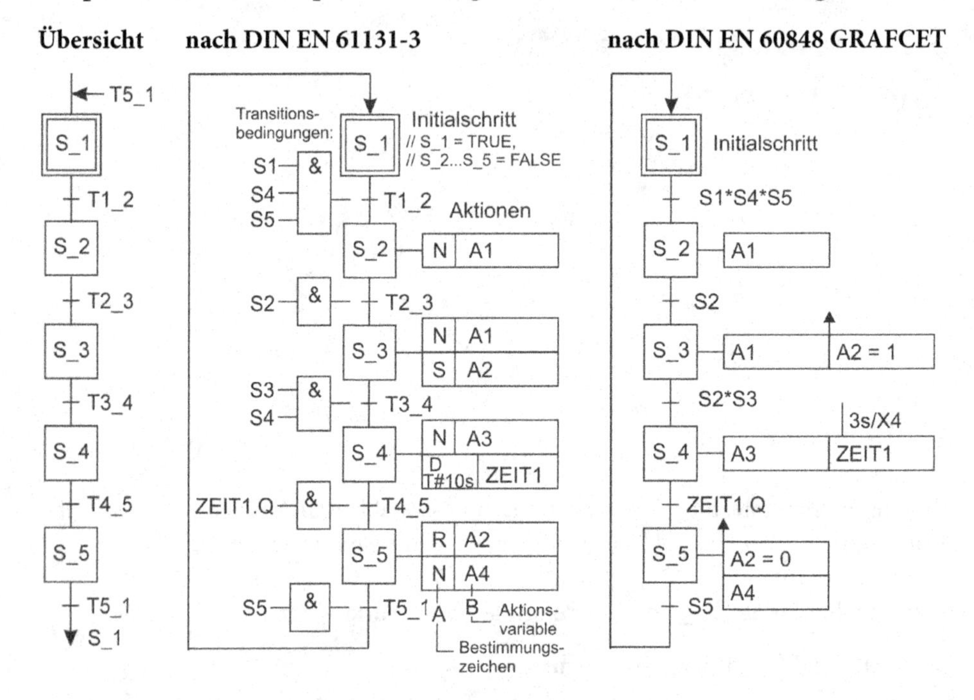

DIN EN 61131-3 und DIN EN 60848 (GRAFCET) haben jeweils ihren eigenen spezifischen Anwendungsbereich. Während die Entwurfssprache GRAFCET für die Beschreibung des Verhaltens unabhängig von einer speziellen Realisierung (elektronisch, elektromechanisch, pneumatisch oder gemischt) ist, legt DIN EN 61131-3 die Beschreibungsmittel der Ablaufsprache AS zwecks Programmrealisierung fest.

Beschreibung der Bestimmungszeichen und Gegenüberstellung der unterschiedlichen Darstellung der wichtigsten Aktionen der Normen DIN EN 61131-3 und DIN EN 60848 (GRAFCET):

DIN EN 61131-3	EN 60848 (GRAFCET)	Beschreibung
S_6 — N | Ventil 1 auf	S_6 — Ventil 1 auf	**Nicht gespeicherte Aktion** Nicht gespeicherte kontinuierlich wirkende Aktion.
S_6 — N | Motor M ein M:=S_6&S1&S2	S1*S2 S_6 — Motor M ein	**Bedingte nicht gespeicherte Aktion** Nicht gespeicherte kontinuierlich wirkende Aktion mit Zuweisungsbedingung.
S_6 — D t#3s | Q1 zieht an	3s/X6 S_6 — Q1 zieht an	**Zeitverzögerte Aktion** Die Zuweisungsbedingung wird erst nach der Zeit t = 3 s ausgehend von der Aktivierung des Schritts erfüllt.

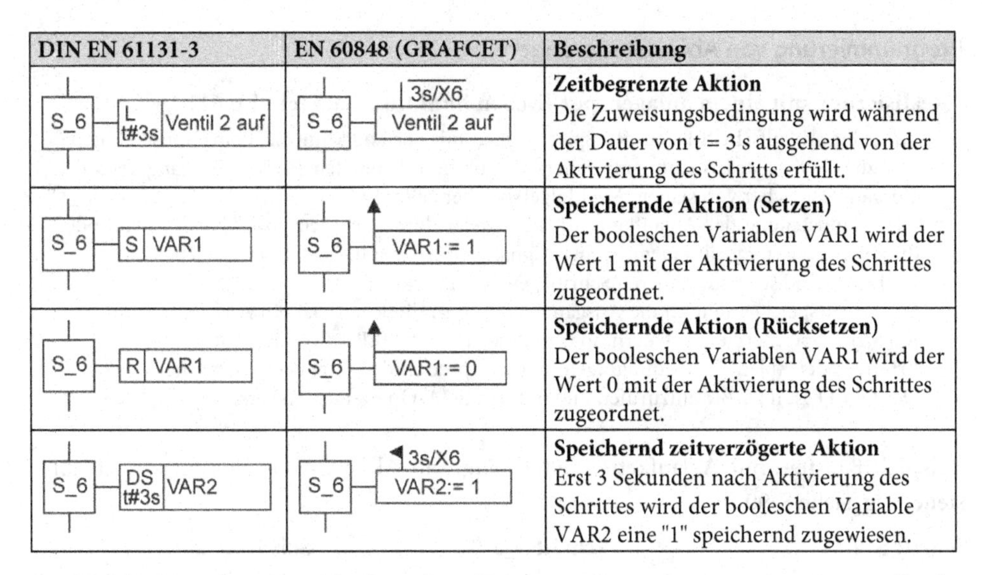

DIN EN 61131-3	EN 60848 (GRAFCET)	Beschreibung
S_6 L t#3s Ventil 2 auf	S_6 3s/X6 Ventil 2 auf	**Zeitbegrenzte Aktion** Die Zuweisungsbedingung wird während der Dauer von t = 3 s ausgehend von der Aktivierung des Schritts erfüllt.
S_6 S VAR1	S_6 VAR1:= 1	**Speichernde Aktion (Setzen)** Der booleschen Variablen VAR1 wird der Wert 1 mit der Aktivierung des Schrittes zugeordnet.
S_6 R VAR1	S_6 VAR1:= 0	**Speichernde Aktion (Rücksetzen)** Der booleschen Variablen VAR1 wird der Wert 0 mit der Aktivierung des Schrittes zugeordnet.
S_6 DS t#3s VAR2	S_6 3s/X6 VAR2:= 1	**Speichernd zeitverzögerte Aktion** Erst 3 Sekunden nach Aktivierung des Schrittes wird der booleschen Variable VAR2 eine "1" speichernd zugewiesen.

Nachfolgend werden die Ablauf-Funktionspläne nach DIN EN 61131-3 dargestellt, da die Pläne als Vorlage für ein SPS-Steuerungsprogramm dienen. Bei den meisten Lösungsvorschlägen für Kapitel 6 und Kapitel 7 ist noch zusätzlich die GRAFCET-Darstellung angegeben.

DIN EN 61131-3: Weitere Bestimmungszeichen für Aktionen speziell in STEP 7

Bestimmungszeichen C

Die Verriegelungen einer Aktion innerhalb eines Ablaufschrittes wird durch Anhängen des Bestimmungszeichens C für bedingte Freigabe (C = Conditional) an das führende Bestimmungszeichen gekennzeichnet. Die Aktion wird im betreffenden Schritt nur ausgeführt, wenn die vereinbarte Verriegelungsbedingung B erfüllt ist. Das Bestimmungszeichen C ist in der DIN EN 61131-3 nicht vorgesehen und wird bei S7-GRAPH ergänzend zu den Bestimmungszeichen N, S, R, D, L verwendet. Das Weiterschalten in den nächsten Schritt erfolgt unabhängig von der Verriegelungsbedingung.

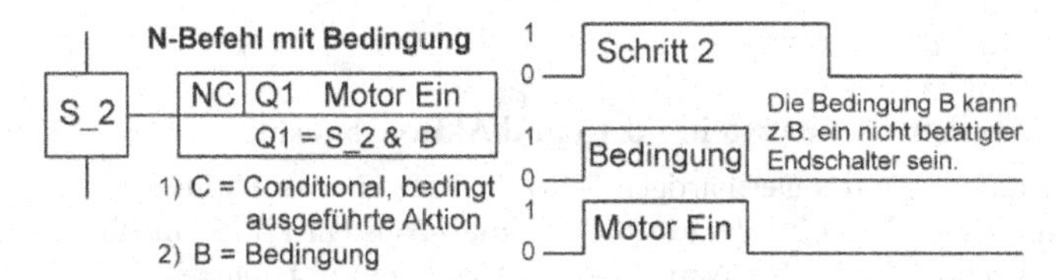

Bestimmungszeichen CALL

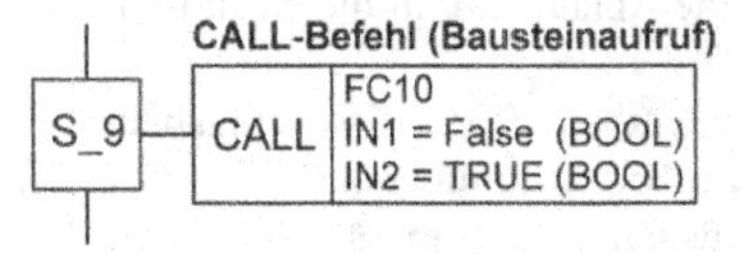

Ein Bausteinaufruf innerhalb eines Ablaufschrittes wird mit dem Bestimmungszeichen CALL gekennzeichnet. CALL ruft den angegebenen Baustein auf, dessen Programm wird ausgeführt und danach wird zum Baustein der Ablaufkette in den aktiven Schritt zurückgekehrt.

Programmierung von Ablaufsteuerungen

Realisierung mit einem anlagenspezifischen Funktionsbaustein FB 611

- Für jeden Ablaufschritt ist ein RS-Speicherglied mit der Logik für die Transitionsbedingungen zum Setzen des Nachfolgespeichers vorzusehen. Über den Rücksetzeingang wird der Vorgängerspeicher von seinem Nachfolgerspeicher gelöscht.
- Die Grundstellung der Ablaufkette wird entweder durch den betriebsmäßigen Ablauf oder durch Ansteuerung mit einem RESET-Signal erreicht. RESET setzt den Speicher des Initialschrittes und setzt alle anderen Schrittspeicher zurück.
- Die Schrittspeicher steuern die Ausgänge (Aktoren) direkt an. Ist ein Ausgang von mehreren Schrittspeichern anzusteuern, so sind diese durch ODER zu verknüpfen.
- Erfordert der Ablauf Zeitbedingungen, sind entsprechende Zeitglieder vorzusehen.
- Der FB 611 ist im OB 1 aufzurufen und mit den E-/A-Operanden zu versehen.

Beispiel: Baustein mit Ablaufkette, Zeitbildung und Aktionen für eine lineare Ablaufsteuerung, siehe S. 90

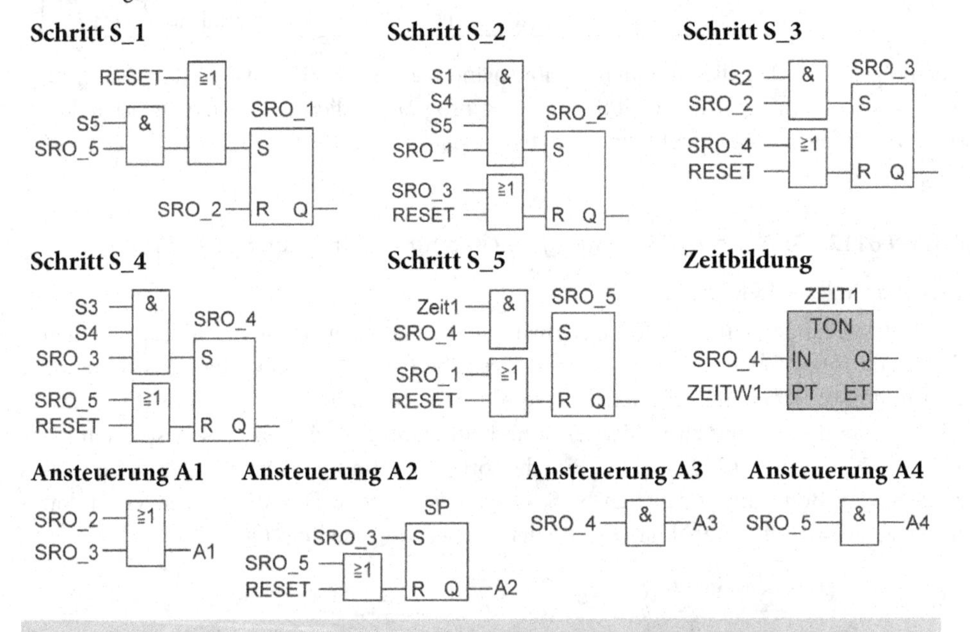

Realisierung mit Standard-Ablaufkettenbaustein FB 15 und Aktionsbaustein FC 16

- Für lineare Ablaufketten kann wegen des gleichartigen Schrittaufbaus eine standardisierte Lösung verwendet werden. Der nachfolgend dargestellte Funktionsbaustein FB 15 enthält eine lineare Ablaufkette für zehn Schritte. Bei Aufruf des Bausteins im OB 1 müssen nur noch die Transitionsbedingungen angegeben werden.
- Bei Ansteuerung des RESET-Eingangs mit 1-Signal wird die Ablaufkette in die Grundstellung gesetzt.
- Der standardisierte Baustein kann keine Befehlsausgabe enthalten, da diese aufgabenabhängig ist. Der Bausteinausgang SR gibt jedoch die aktuelle Schrittnummer aus.
- Ein aufgabenabhängig programmierter Befehlsausgabebaustein FC 16 muss die aktuelle Schrittnummer des FB 15 auswerten und die Befehlsausgabe ausführen können.

1. Standardisierter Baustein mit linearer Ablaufkette und Schrittnummern-Ausgabe:

Schnittstellen des Funktionsbausteins: **Beschreibung der Übergabeparameter**

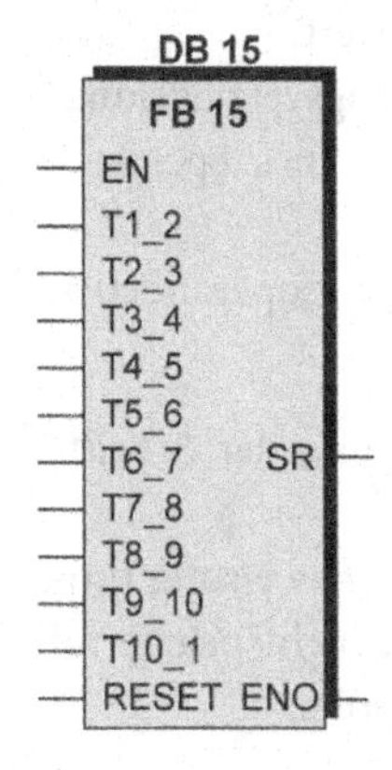

T1_2: Variable für die Annahme der Transitionsbedingung von Schritt 1 nach 2. In dieser Transitionsbedingung ist das Signal "Start" mit auszuwerten.

T10_1: Variable für die Annahme der Transitionsbedingung von Schritt 10 nach 1.

RESET: Variable für die Annahme eines Signals, um die Ablaufkette in die Grundstellung zu setzen.

SR: Variable für die Ausgabe der aktuellen Schrittnummer (Integer).

Programmausschnitt FB 15 im Funktionsplan: Schritt 1 und Schritt 2

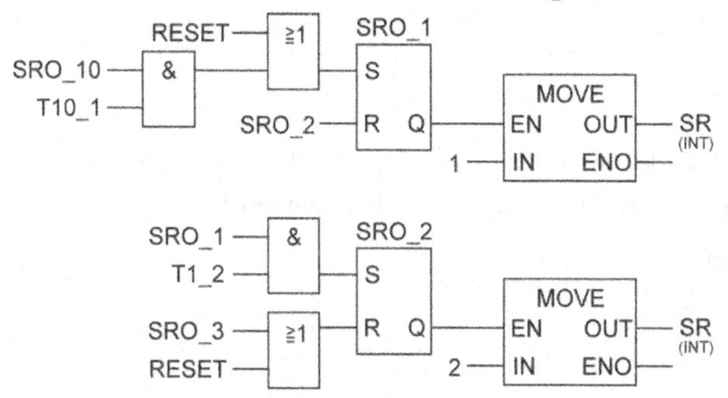

a) SRO_1 = Schrittoperand für Schritt 1 (Speicher, lokale statische Variable)
b) Die Programmteile für die Schritte 3 bis 10 sind entsprechend Schritt 2 aufgebaut.
c) Die Eingangsparameter T2_3 bis T10_1 sind mit Anfangswert TRUE deklariert, um bei unbeschalteten Transitionseingängen ein automatisches Weiterschalten der Kette zu erzielen.

Programmausschnitt FB 15 in SCL/ST: Schritt 1, Schritt 2 und Schritt 10:

```
IF RESET THEN SR:= 1; ELSE
  IF SR = 1 AND T1_2 THEN SR:=2; END_IF;
  IF SR = 2 AND T2_3 THEN SR:=3; END_IF;
...
  IF SR = 10 AND T10_1 THEN SR:=1; END_IF;
END_IF
```

2. Aktionsbaustein FC 16/FB 16 zur Ergänzung der standardisierten Ablaufkette:

Wird die Ablaufkette mit dem standardisierten Ablaufkettenbaustein FB 15 realisiert, müssen die Aktionen außerhalb des FB 15 gebildet werden. Es fördert die Übersichtlichkeit, wenn alle Ausgabeaktionen in einem Befehlsausgabebaustein FC 16/FB 16 zusammengefasst werden.

Schnittstellen des FB-Bausteins:

DB16
FB16
EN
SR A1
ZEITW A2
LOCK A3
RESET ENO

Beschreibung der Übergabeparameter:

SR:	Variable für die Schrittnummer
ZEITW:	Variable für einen Zeitwert
LOCK	Variable für eine Ausgangsverriegelung
RESET:	Variable zum Löschen eines Speichers oder Zählers
A1...A3:	Variablen für die Ausgangsoperanden

Grundregeln für das Erstellen des Befehlsausgabeprogramms (FC/FB 16):

1. Jeder Teil des Befehlsausgabeprogramms beginnt mit der Auswertung der Schrittnummer durch einen Vergleicher.
2. Ist das Bestimmungszeichen der Aktion ein "N", muss eine einfache Zuweisung programmiert werden. Wird ein Aktor von mehreren Ablaufschritten nichtspeichernd angesteuert, müssen die Einzelwertzuweisungen ODER-verknüpft werden.

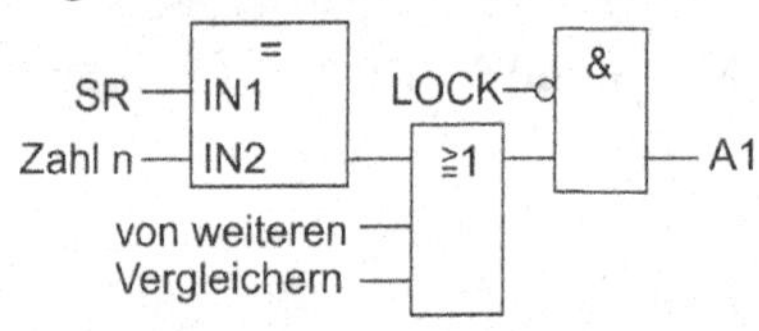

3. Ist das Bestimmungszeichen der Aktion ein "S", muss eine SR-Speicherfunktion verwendet werden, die durch eine nachfolgende Aktion „R“ beendet wird.

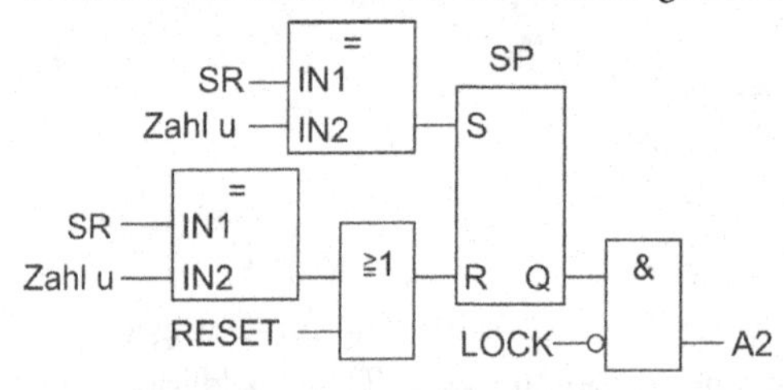

4. Ist das Bestimmungszeichen der Aktion ein "D", muss eine Einschaltverzögerung verwendet werden (IEC 61131-3: TON; STEP 7: S_EVERZ).

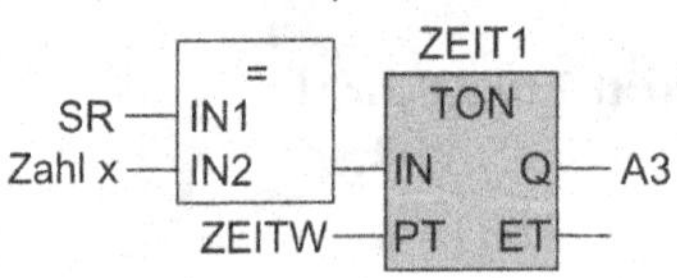

6.1 Beispiel

▪ RS-Speicherglieder und Ablaufketten-Funktionsbaustein

Bohrmaschine

Das Werkstück wird von Hand eingelegt und von Sensor B1 erkannt. Der Bearbeitungsvorgang lässt sich mit Taster S1 bei geschlossener Schutzgittertüre, die durch den Kontakt B2 überwacht wird, starten. Zuerst wird durch den pneumatischen Zylinder, der von einem Impulsventil angesteuert wird, das Werkstück gespannt und gleichzeitig der Bohrmotor M über Schütz Q1 eingeschaltet. Nach einer Wartezeit von 5 Sekunden für das Hochlaufen des Bohrmotors auf Nenndrehzahl wird über Schütz Q2v die Bohrspindel abgesenkt. Während des Bohrens wird ein Kühlmittel durch Ventil M1 zugeführt und die Lichtschranke B5 zur Bohrerbruchkontrolle ausgewertet. Der Vorschub des Bohrers wird beendet, wenn der untere Endpunkt durch Sensor B4 erkannt wird. Anschließend wird Schütz Q2r eingeschaltet und der Rückzug eingeleitet, bis Sensor B3 das Erreichen des oberen Endpunktes anzeigt. Danach wird der Bohrmotor ausgeschaltet. Bei Bruch des Bohrers oder Öffnen des Schutzgitters werden der Bohrmotor M und die Kühlmittelzufuhr M1 abgeschaltet sowie der Bohrervorschub beendet.

Technologieschema:

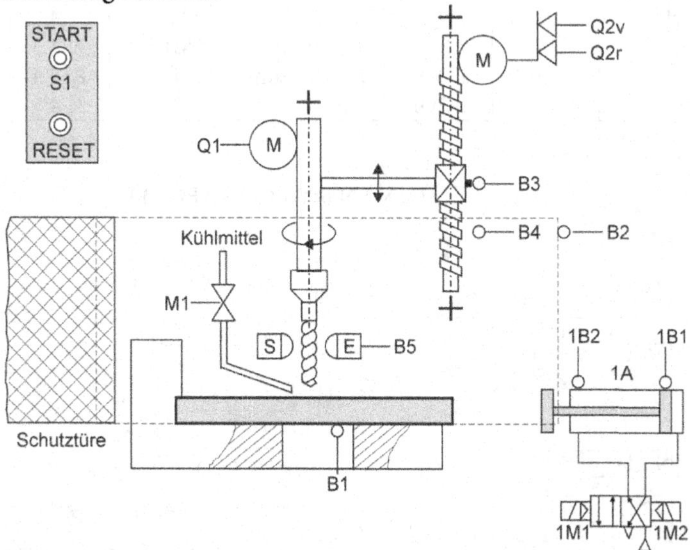

Aufgaben:

1. Entwerfen eines Ablauf-Funktionsplans mit zugehöriger Transitionstabelle.

Realisieren mit einem anlagenspezifischen Funktionsbaustein FB 611

2. Zeichnen des Funktionsplans zur Umsetzung der Ablaufkette, der Zeitbildung und der Aktionsausgabe in einem Steuerungsprogramm.
3. Erforderliche Deklarationen für den anlagenspezifischen Funktionsbaustein ausführen.
4. Programmieren des Funktionsbausteins und Aufruf im OB 1/PLC_PRG. Bausteinparameter mit den entsprechenden SPS-Operanden versehen.

Realisieren mit dem Standard-Funktionsbaustein FB 15 und dem Aktionsbaustein FB 16

5. Zeichnen des Funktionsplans für die Aktionsausgabe.
6. Angabe der erforderlichen Deklarationen für den Aktionsbaustein FB 16.
7. Programmieren der Bausteine FB 15 und FB 16 und Aufruf im OB 1/ PLC-PRG. Bausteinparameter mit den SPS-Operanden und Übergabevariablen versehen.

Zuordnungstabelle der PLC-Eingänge und PLC-Ausgänge:

PLC-Eingangsvariable	Symbol	Datentyp	Logische Zuordnung		Adresse
Starttaste	S1	BOOL	Betätigt	S1 = 1	E 0.1
Werkstück eingelegt	B1	BOOL	Werkstück da	B1 = 1	E 0.2
Endschalter Schutztüre	B2	BOOL	Türe geschlossen	B2 = 1	E 0.3
Endschalter Bohrer oben	B3	BOOL	Endlage erreicht	B3 = 1	E 0.4
Endschalter Bohrer unten	B4	BOOL	Endlage erreicht	B4 = 1	E 0.5
Hintere Endlage Zylinder	1B1	BOOL	Endlage erreicht	1B1 = 1	E 0.6
Vordere Endlage Zylinder	1B2	BOOL	Endlage erreicht	1B2 = 1	E 0.7
Lichtschranke	B5	BOOL	Bohrerbruch (frei)	B5 = 0	E 1.0
Taster Ablaufkette Grundstellung	RESET	BOOL	Betätigt	RESET = 1	E 0.0
PLC-Ausgangsvariable					
Schütz Bohrmotor	Q1	BOOL	Motor läuft	Q1 = 1	A 4.0
Schütz Vorschubmotor vor	Q2v	BOOL	Motor läuft	Q2v = 1	A 4.1
Schütz Vorschubmotor rück	Q2r	BOOL	Motor läuft	Q2r = 1	A 4.2
Magnetspule Zylinder 1A vor	1M1	BOOL	Zylinder vor	1M1 = 1	A 4.3
Magnetspule Zylinder 1A rück	1M2	BOOL	Zylinder zurück	1M2 = 1	A 4.4
Kühlmittelventil	M1	BOOL	Ventil auf	M1 = 1	A 4.5

1.a Ablauf-Funktionsplan

DIN EN 61131-3

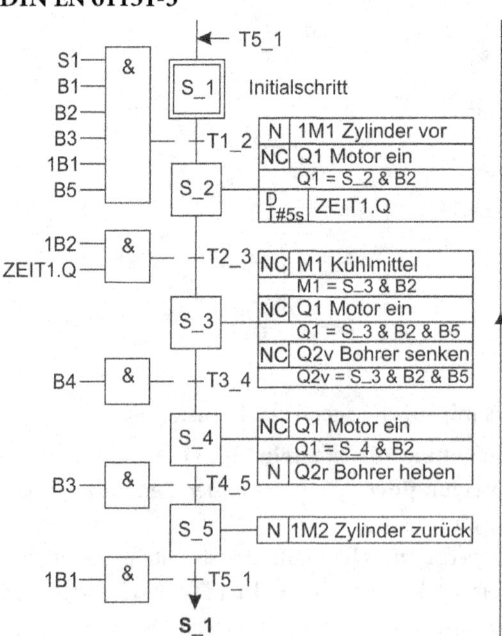

DIN EN 60848 (GRAFCET)

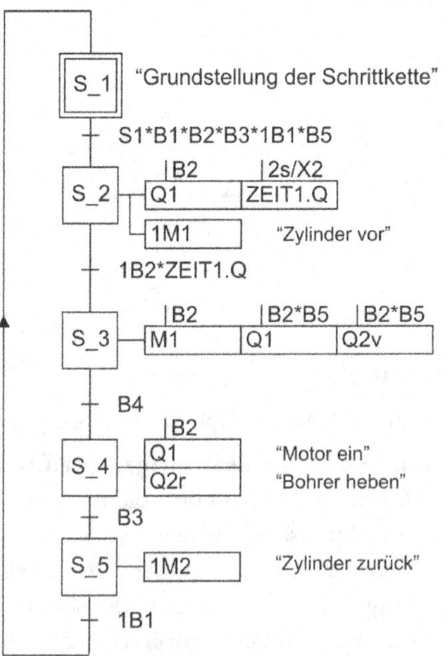

1.b Transitionstabelle

Transition	Transitionsbedingung
T-1	T5_1 = 1B1
T-2	T1-2 = S1 & B1 & B2 & B3 & 1B1 & B5
T-3	T2-3 = 1B2 & ZEIT1.Q
T-4	T3_4 = B4
T-5	T4_5 = B3

Realisieren mit einem anlagenspezifischen Funktionsbaustein FB 611

2. Funktionsplan des anlagenspezifischen Bausteins

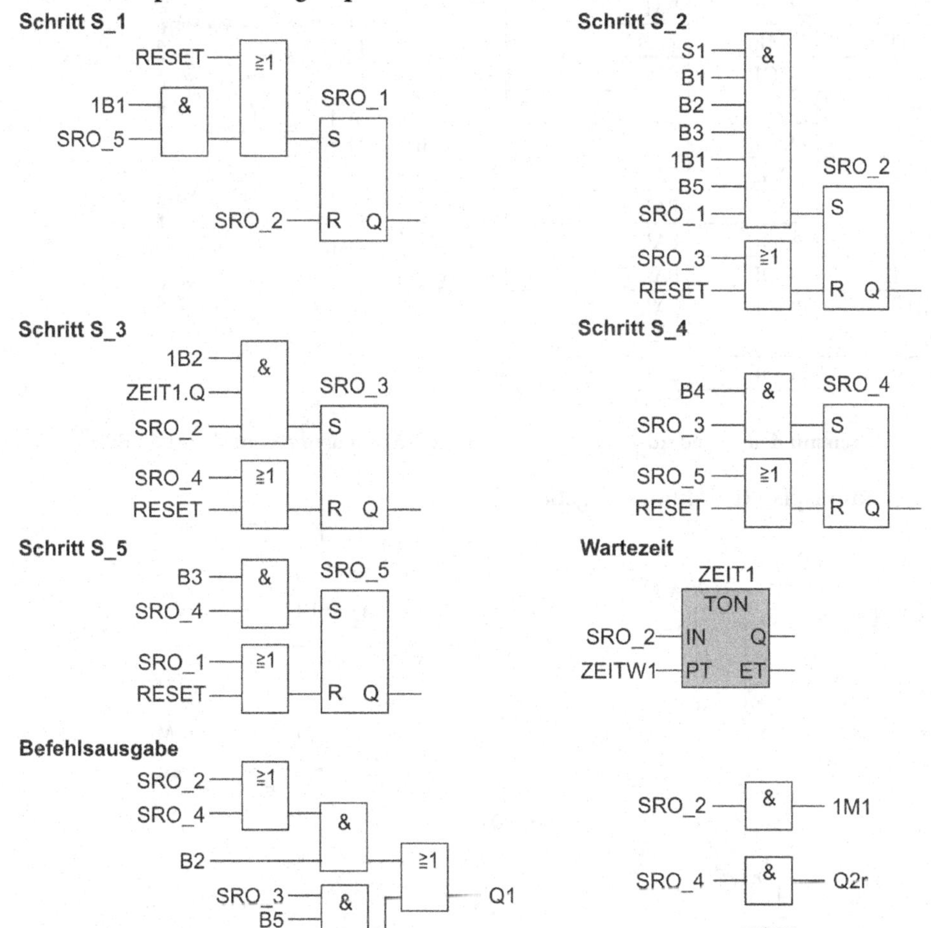

3. Deklarationstabelle für anlagenspezifischen Funktionsbaustein FB 611

Name	Datentyp	Anfangswert
IN		
S1	BOOL	FALSE
B1	BOOL	FALSE
B2	BOOL	FALSE
B3	BOOL	FALSE
B4	BOOL	FALSE
_1B1	BOOL	FALSE
_1B2	BOOL	FALSE
B5	BOOL	FALSE
ZEITW1	TIME	T#0MS
RESET	BOOL	FALSE
OUT		
Q1	BOOL	FALSE
Q2v	BOOL	FALSE
Q2r	BOOL	FALSE
_1M1	BOOL	FALSE
_1M2	BOOL	FALSE
M1	BOOL	FALSE
STAT		
SRO_1	BOOL	TRUE
SRO_2	BOOL	FALSE
SRO_3	BOOL	FALSE
SRO_4	BOOL	FALSE
SRO_5	BOOL	FALSE
ZEIT1	TON	

4. Aufruf des FB 611 im OB 1/PLC_PRG

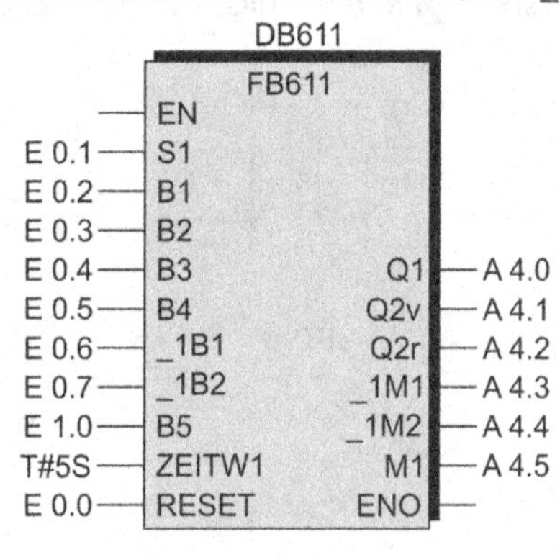

Realisieren mit dem Standard-Funktionsbaustein FB 15 und dem Aktionsbaustein FB 16

5. Funktionsplan für Aktionsausgabe

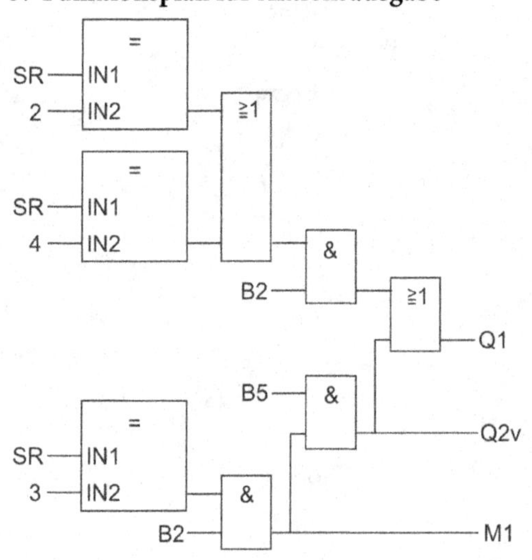

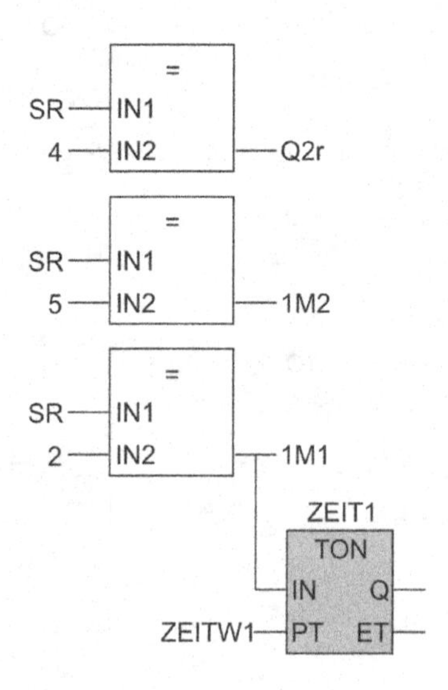

6. Deklarationstabelle für FB 16

Name	Datentyp	Anfangswert
IN		
SR	INT	0
ZEITW1	TIME	T#0s
B2	BOOL	FALSE
B5	BOOL	FALSE
OUT		
Q1	BOOL	FALSE
Q2v	BOOL	FALSE
Q2r	BOOL	FALSE
_1M1	BOOL	FALSE
_1M2	BOOL	FALSE
M1	BOOL	FALSE
STAT		
ZEIT1	TON	

7. Bausteinaufrufe im OB 1/PLC_PRG

Deklarationstabelle:

Name	Datentyp	Anfangswert	Kommentar
TEMP			
Standardeinträge			
Schritt	INT		Übergabevariable

Programm:

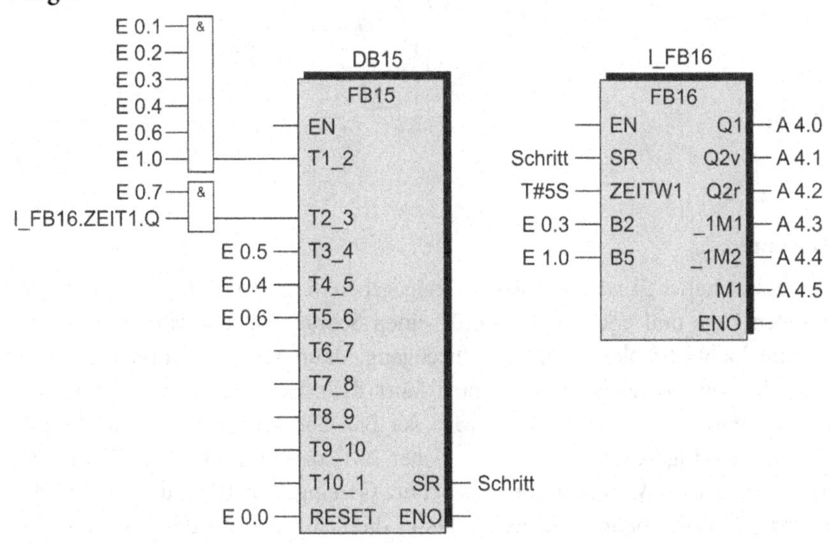

▶ **Hinweis** Die Instanz des Funktionsbausteins FB 16 ist mit dem symbolischen Namen „I_FB16" versehen. Damit kann der Status der Zeitfunktion ZEIT1, welche innerhalb des Funktionsbausteins aufgerufen wird, mit I_FB16.ZEIT1.Q als Globalvariable überall im Programm abgefragt werden.

Programmierung und Aufruf der Bausteine siehe http://www.automatisieren-mit-sps.de Aufgabe 06_1_01

6.2 Lernaufgaben

Lernaufgabe 6.1: Bar-Code-Stempeleinrichtung

Lösung S. 307

Am Anfang der Fertigungsstrasse einer Konservenproduktion werden Schraubdeckel aus einem Magazin geschoben, mit einem Bar-Code versehen und über eine Rollenbahn dem weiteren Prozessablauf zugeführt.

Technologieschema:

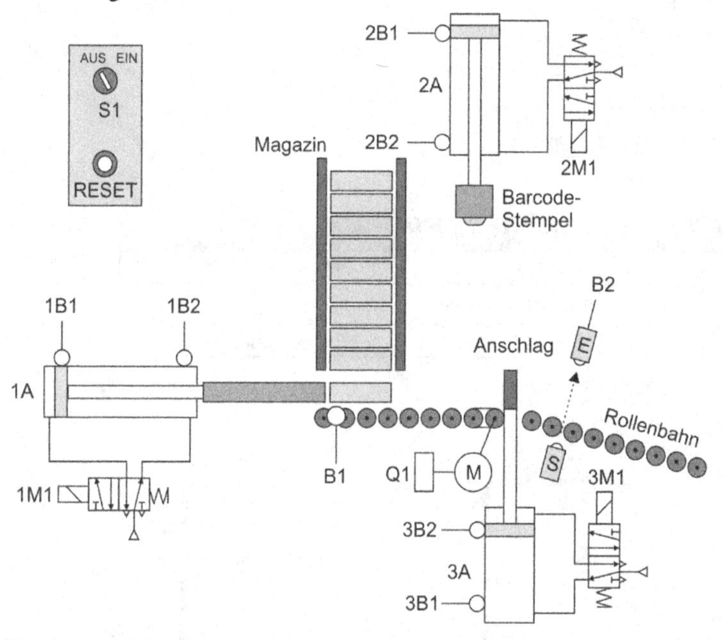

Fertigungsablauf:

Mit dem Schlüsselschalter S1 wird der Ablauf freigegeben. Befinden sich alle Zylinder in der gezeichneten Lage und erkennt Sensor B1 einen Schraubdeckel aus dem Magazin und meldet die Lichtschranke B2 freien Durchgang, dann schiebt Zylinder 1A den Schraubdeckel bis zum Anschlag vor. Danach fährt Zylinder 2A aus und bleibt zwei Sekunden in der vorderen Endlage. Dabei wird der Bar-Code aufgedruckt und danach Zylinder 2A wieder eingezogen. Meldet der Geber 2B1, dass Zylinder 2A die hintere Endlage erreicht hat, wird Motor M über das Schütz Q1 eingeschaltet und der Schraubdeckel zur schrägen Rollenbahn befördert. Erkennt die Lichtschranke das Passieren des Schraubdeckels, fährt der Anschlag mit Zylinder 3A wieder aus. Der Steuerungsablauf wiederholt sich dann ständig, bis mit dem Schlüsselschalter S1 wieder ausgeschaltet wird. Tritt während des Betriebs eine Störung auf, kann mit der RESET-Taste die Ablaufkette in die Grundstellung gebracht werden.

Da sich in der Produktionsanlage mehrere solcher Bar-Code-Stempeleinrichtungen befinden, soll das Steuerungsprogramm für eine Anlage in einen bibliotheksfähigen Baustein geschrieben werden, der alle Ein- und Ausgänge der Stempeleinrichtung besitzt.

Lösungsleitlinie

1. Bestimmen Sie die Zuordnungstabelle der PLC-Eingänge und PLC-Ausgänge.
2. Stellen Sie den Prozessablauf mit einem Ablauf-Funktionsplan dar.
3. Zeichnen Sie den Funktionsplan für die Umsetzung der Ablaufkette, der Zeitbildung und der Aktionsausgabe in einem Funktionsbaustein FB 621.
4. Geben Sie die zur Programmierung des anlagenspezifischen Funktionsbausteins erforderlichen Deklarationen an.
5. Programmieren Sie den Baustein, rufen Sie diesen vom OB 1/PLC_PRG aus auf und versehen Sie die Bausteinparameter mit den SPS-Operanden der Zuordnungstabelle.

Lernaufgabe 6.2: Reaktionsprozess

Lösung S. 309

In einem Reaktionsbehälter werden zwei unterschiedliche chemische Ausgangsstoffe zusammengeführt, bis zu einer vorgegebenen Temperatur erwärmt und danach noch eine bestimmte Zeit gerührt.

Technologieschema:

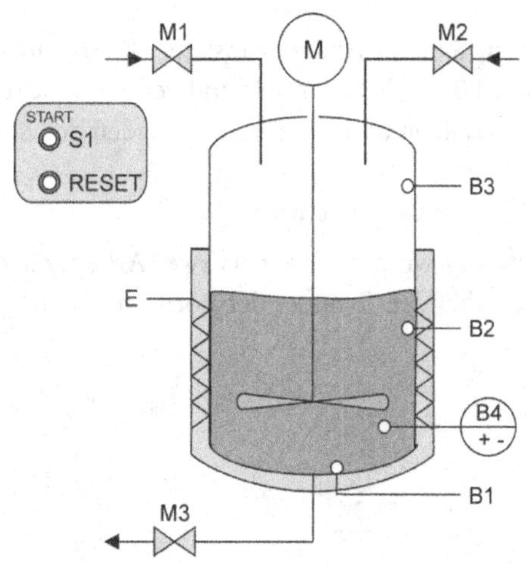

Prozessablaufbeschreibung:

Nach Betätigung des Tasters S1 wird, sofern der Behälter leer und das Ventil M3 geschlossen ist, das Vorlaufventil M1 geöffnet, bis der Niveauschalters B2 ("1") anspricht. Danach schaltet das Rührwerk ein und das Ventil M2 wird geöffnet. Spricht der Niveauschalter B3 ("1") an, schließt das Ventil M2 wieder und die Heizung E schaltet ein. Meldet der Temperatursensor B4 ("1") das Erreichen der vorgegebenen Temperatur, wird die Heizung E abgeschaltet und die Mischzeit von drei Sekunden gestartet. Nach Ablauf der Mischzeit schaltet das Rührwerk ab und das Ventil M3 öffnet. Meldet der Niveauschalter B1 ("1"), dass der Behälter leer ist, wird das Ventil M3 wieder geschlossen und der Prozessablauf kann wiederholt werden. Mit der RESET-Taste kann die Ablaufkette in die Grundstellung gebracht werden.

Das Steuerungsprogramm soll mit dem anlagenspezifischen Funktionsbaustein FB 622 und mit dem Bibliotheks-Funktionsbaustein FB 15 sowie dem Aktionsbaustein FB 16 realisiert werden.

Lösungsleitlinie

1. Bestimmen Sie die Zuordnungstabelle der PLC-Eingänge und PLC-Ausgänge.
2. Stellen Sie den Prozessablauf mit einem Ablauf-Funktionsplan dar.

Realisierung mit einem anlagenspezifischen Funktionsbaustein FB 622:

3. Zeichnen Sie den Funktionsplan für die Umsetzung der Ablaufkette, der Zeitbildung und der Aktionsausgabe.
4. Geben Sie die zur Programmierung des anlagenspezifischen Funktionsbausteins erforderlichen Deklarationen an.
5. Programmieren Sie den Baustein, rufen Sie diesen vom OB 1/PLC_PRG aus auf und versehen Sie die Bausteinparameter mit SPS-Operanden der Zuordnungstabelle.

Realisierung mit Standard-Funktionsbaustein FB 15 und Aktionsbaustein FB 16:

6. Zeichnen Sie den Funktionsplan für die Aktionsausgabe.
7. Geben Sie die zur Programmierung des Aktionsbausteins erforderlichen Deklarationen an.
8. Programmieren Sie den Aktionsbaustein FB 16, rufen Sie die Bausteine FB 15 und FB 16 vom OB 1/PLC_PRG aus auf und versehen Sie die Bausteinparameter mit lokalen Übergabevariablen und den SPS-Operanden der Zuordnungstabelle.

Lernaufgabe 6.3: Bördelvorrichtung

Lösung S. 312

In einer Vorrichtung wird ein Rohr in zwei Arbeitsgängen gebördelt. Die Anordnung der vier doppeltwirkenden Zylinder der Bördelvorrichtung zeigt das nachfolgende Technologieschema.

Technologieschema:

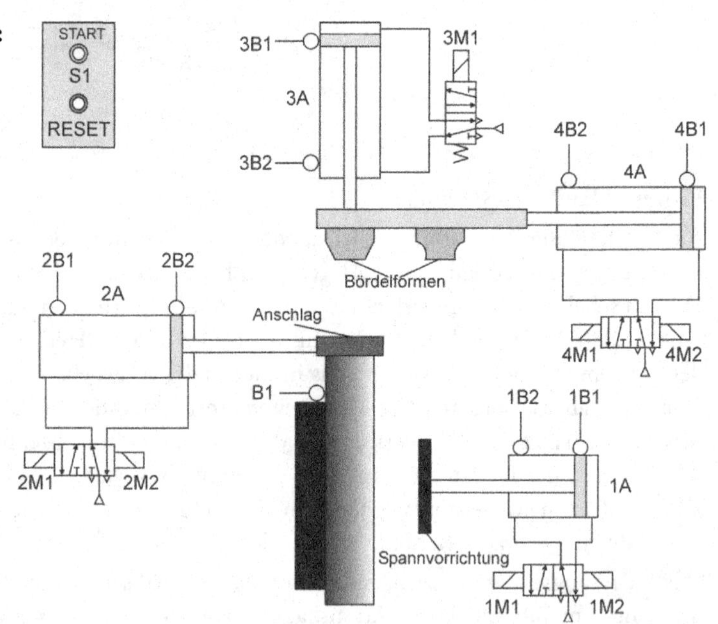

Fertigungsablauf:

Befinden sich alle Zylinder in der gezeichneten Lage und liegt ein Rohr in der Vorrichtung (B1 = "1"), kann der Bördelvorgang durch Betätigung der Taste S1 gestartet werden. Zylinder 1A fährt aus und spannt das Rohr in der Vorrichtung. Danach fährt Zylinder 2A mit dem Anschlag ein. Zylinder 3A fährt dann aus und bleibt drei Sekunden in der vorderen Endlage. Nachdem Zylinder 3A wieder eingefahren ist, wird durch das Ausfahren von Zylinder 4A die Bördelform gewechselt. Zylinder 3A fährt dann nochmals aus und bleibt nun fünf Sekunden in der vorderen Endlage. Ist Zylinder 3A wieder eingefahren, fahren Zylinder 4A und Zylinder 1A ebenfalls wieder ein. Nach Entnahme des gebördelten Rohrs, fährt der Zylinder 2A mit dem Anschlag aus und der Bearbeitungsvorgang kann mit dem nächsten Rohr wiederholt werden. Mit der RESET-Taste kann die Ablaufkette jederzeit in die Grundstellung gebracht werden.

Das Steuerungsprogramm soll mit dem anlagenspezifischen Funktionsbaustein FB 623 und mit dem Bibliotheks-Funktionsbaustein FB 15 für lineare Ablaufketten ohne Betriebsartenteil sowie dem anlagenspezifischen Ausgabebaustein FB 16 realisiert werden.

Lösungsleitlinie

1. Bestimmen Sie die Zuordnungstabelle der PLC-Eingänge und PLC-Ausgänge.
2. Stellen Sie den Prozessablauf mit einem Ablauf-Funktionsplan dar.

Realisierung mit einem anlagenspezifischen Funktionsbaustein FB 623:

3. Zeichnen Sie den Funktionsplan für die Umsetzung der Ablaufkette, der Zeitbildung und der Aktionsausgabe.
4. Geben Sie die zur Programmierung erforderlichen Deklarationen an.
5. Programmieren Sie den Baustein, rufen Sie diesen vom OB 1/PLC_PRG aus auf und versehen Sie die Bausteinparameter mit SPS-Operanden der Zuordnungstabelle.

Realisierung mit Standard-Funktionsbaustein FB 15 und Aktionsbaustein FB 16:

6. Zeichnen Sie den Funktionsplan für die Aktionsausgabe.
7. Geben Sie die zur Programmierung des Aktionsbausteins erforderlichen Deklarationen an.
8. Programmieren Sie den Aktionsbaustein FB 16, rufen Sie die Bausteine FB 15 und FB 16 vom OB 1/PLC_PRG aus auf und versehen Sie die Bausteinparameter mit lokalen Übergabevariablen und den SPS-Operanden der Zuordnungstabelle.

Lernaufgabe 6.4: Funktionsdiagramm für drei Zylinder Lösung S. 320

Das gegebene Funktionsdiagramm gibt den Funktionsablauf dreier doppeltwirkender Zylinder nach Betätigung des Tasters S1 wieder.

Funktionsdiagramm:

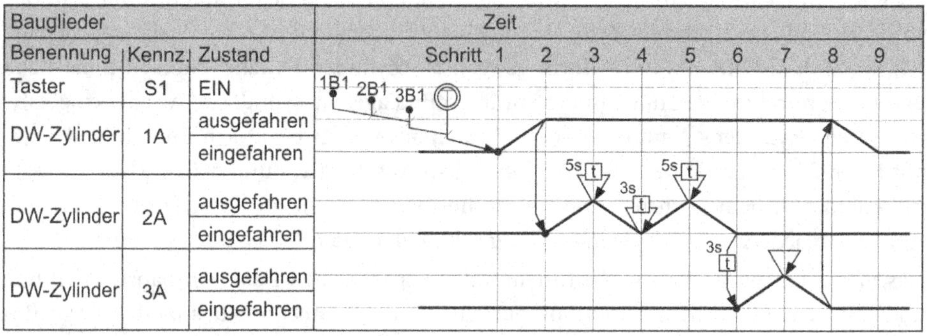

Bauglieder			Zeit
Benennung	Kennz.	Zustand	Schritt 1 2 3 4 5 6 7 8 9
Taster	S1	EIN	1B1 2B1 3B1
DW-Zylinder	1A	ausgefahren	
		eingefahren	
DW-Zylinder	2A	ausgefahren	5s 3s 5s
		eingefahren	
DW-Zylinder	3A	ausgefahren	3s
		eingefahren	

Alle drei Zylinder werden mit 5/2-Wegeventilen angesteuert und haben zur Endlagenmeldung jeweils zwei induktive Sensoren. Für Zylinder 1A wird ein beidseitig elektromagnetisch betätigtes 5/2-Wegeventil verwendet. Die 5/2-Wegeventile der Zylinder 2A und 3A sind einseitig elektromagnetisch betätigt. Alle Zylinder sind in der Ausfahrgeschwindigkeit einstellbar.

Das Steuerungsprogramm soll in einem ersten Lösungsansatz mit einem Ablauf-Funktionsplan realisiert werden, der mit dem Standard-Funktionsbaustein FB 15 und Aktionsbaustein FB 16 umgesetzt wird. In einem zweiten Lösungsansatz sollen zwei korrespondierende Ablaufketten den Funktionsablauf beschreiben (siehe Theoriebuch Kapitel 11.6.2). Die zweite Ablaufkette übernimmt dabei nur die Funktion des Aus- und Einfahrens von Zylinder 2A und wird deshalb zweimal durchlaufen.

Während beim ersten Lösungsansatz für jedes Aus- und Einfahren des Zylinders 2A ein Schritt benötigt wird, ist beim zweiten Lösungsansatz jeweils nur ein Schritt für das Aus- und das Einfahren des Zylinders erforderlich. Mit einem Zähler wird die Anzahl der Durchläufe der zweiten Ablaufkette gezählt. Ein wesentlicher Vorteil der zweiten Lösungsmethode ergibt sich, wenn Zylinder 2A mehr als zweimal oder wahlfrei ausfährt.

Mit einer RESET-Taste können die Ablaufketten in die Grundstellung gebracht werden.

Lösungsleitlinie

1. Zeichnen Sie den Pneumatikplan für die drei Zylinder.
2. Bestimmen Sie die Zuordnungstabelle der PLC-Eingänge und PLC-Ausgänge.

1. Lösungsansatz:

3. Stellen Sie den Funktionsablauf mit einem Ablauf-Funktionsplan dar.
4. Zeichnen Sie den Funktionsplan für die Aktionsausgabe.
5. Geben Sie die zur Programmierung des Aktionsbausteins erforderlichen Deklarationen an.

6. Programmieren Sie den Aktionsbaustein FB 16, rufen Sie die Bausteine FB 15 und FB 16 vom OB 1/PLC_PRG aus auf und versehen Sie die Bausteinparameter mit lokalen Übergabevariablen und den SPS-Operanden aus der Zuordnungstabelle.

2. Lösungsansatz:

7. Stellen Sie den Funktionsablauf mit zwei korrespondierenden Ablaufketten dar.
8. Ermitteln Sie die Transitionsbedingungen T-1 bis T-n der beiden Ablaufketten.
9. Zeichnen Sie den Funktionsplan für die Aktionsausgabe.
10. Geben Sie die zur Programmierung des Aktionsbausteins erforderlichen Deklarationen an.
11. Programmieren Sie den Aktionsbaustein FB 16, rufen Sie die Bausteine FB 15 (2x) und FB 16 vom OB 1/PLC_PRG aus auf und versehen Sie die Bausteinparameter mit lokalen Übergabevariablen und SPS-Operanden aus der Zuordnungstabelle.

Lernaufgabe 6.5: Reinigungsbad bei der Galvanisierung

Lösung S. 324

In einer rechnergesteuerten Galvanikanlage wird eine Mehrfachschicht auf Metallteile aufgebracht. Zuvor werden die Metallteile in einem Reinigungsbad von Öl und Schmutzstoffen befreit. Abhängig vom Verschmutzungsgrad wird der Korb mit den Metallteilen mehrmals in das Reinigungsbad eingetaucht. Der einstellige Zifferneinsteller gibt dabei die Anzahl der Tauchvorgänge an. Das nachfolgende Technologieschema zeigt die Anordnung der Sensoren und Aktoren des Reinigungsbades. Die beiden Zylinder werden durch 5/2-Wegeventile mit beidseitig elektromagnetischer Betätigung angesteuert.

Technologieschema:

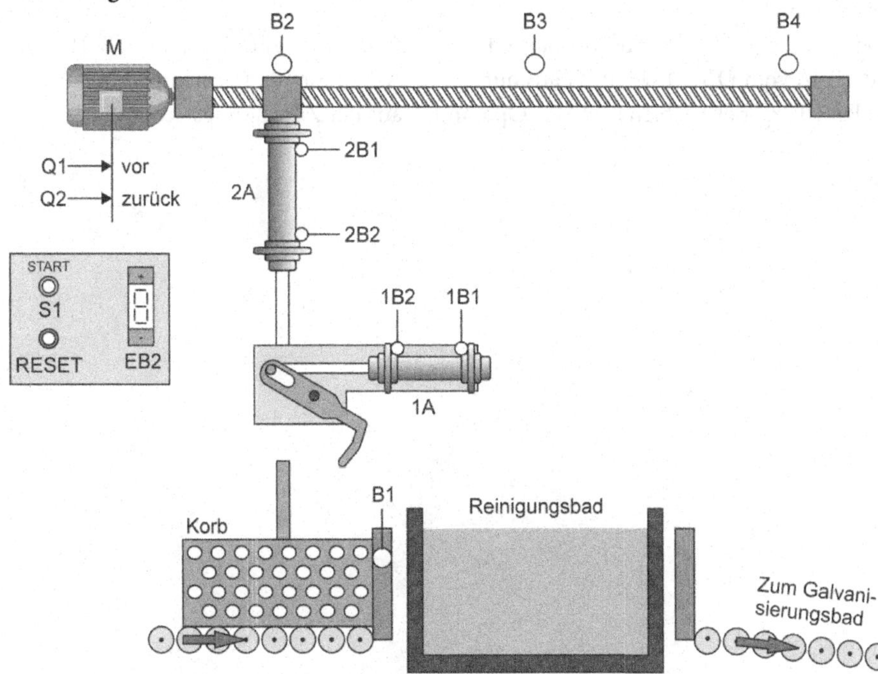

Fertigungsablauf:

Befinden sich alle Zylinder in der gezeichneten Endlage und ist ein Korb am Anschlag (Meldung mit B1), kann mit Taster S1 der Reinigungsvorgang gestartet werden. Zylinder 1A fährt ein und greift den Korb. Zylinder 2A fährt ein und hebt den Korb an. Ist der Zylinder 2A ganz eingefahren, wird der Spindelmotor M über das Schütz Q1 angesteuert, bis sich der Korb über dem Reinigungsbad befindet (Meldung mit B3). Der Korb wird nun sooft in das Reinigungsbad getaucht, wie der Zifferneinsteller vorgibt. Bei einem Tauchvorgang wird dabei der Korb durch Ausfahren des Zylinders 2A fünf Sekunden in das Reinigungsbad getaucht. Danach fährt Zylinder 2A wieder ein. Der Korb bleibt dann für neun Sekunden über dem Reinigungsbad stehen. Sind alle Tauchvorgänge beendet, wird der Korb mit dem Spindelmotor zum zweiten Rollenband bewegt (Meldung mit B4). Der Korb wird auf dem Rollenband abgestellt und der Greifer mit dem Spindelmotor in die Ausgangsposition zurückgebracht.

Mit der RESET-Taste können die Ablaufketten in die Grundstellung gebracht werden.

Lösungsleitlinie

1. Bestimmen Sie die Zuordnungstabelle der PLC-Eingänge und PLC-Ausgänge für das Reinigungsbad.
2. Stellen Sie den Funktionsablauf mit zwei korrespondierenden Ablaufketten dar.
3. Ermitteln Sie die Transitionsbedingungen T-1 bis T-n der beiden Ablaufketten.
4. Zeichnen Sie den Funktionsplan für die Aktionsausgabe.
5. Geben Sie die zur Programmierung des Aktionsbausteins erforderlichen Deklarationen an.
6. Programmieren Sie den Aktionsbaustein FB 16, rufen Sie die Bausteine FB 15 (2x) und FB 16 vom OB 1/PLC_PRG aus auf und versehen Sie die Bausteinparameter mit lokalen Übergabevariablen und SPS-Operanden aus der Zuordnungstabelle.

6.3 Kontrollaufgaben

Kontrollaufgabe 6.1

Die nebenstehende lineare Ablaufkette beschreibt die Funktionsweise einer Steuerungsaufgabe mit vier Eingängen S1 bis S4 und vier Ausgängen A1 bis A4. Mit einem weiteren Eingang S0 kann die Ablaufkette jederzeit in die Grundstellung gebracht werden.

1. Bestimmen Sie für jeden Ablaufschritt ein RS-Speicherglieder mit den erforderlichen Bedingungen für das Setzen und Rücksetzen.
2. Ermitteln Sie den Funktionsplan für die Ansteuerung der Ausgänge A1 bis A4 und der beiden Zeitfunktionen.

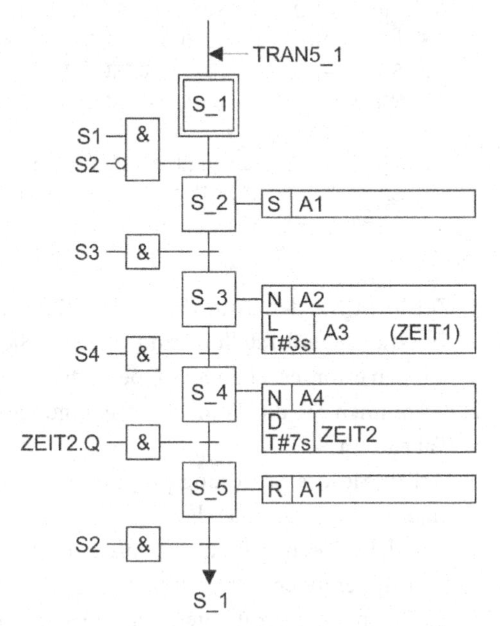

Die Ablaufkette soll mit dem Standardfunktionsbaustein FB 15 und dem Aktionsbaustein FB 16 realisiert werden.

3. Bestimmen Sie den Funktionsplan für den Aktionsausgabebaustein FB 16.
4. Geben Sie die zur Programmierung des anlagenspezifischen Funktionsbausteins FB 16 erforderlichen Deklarationen an.
5. Zeichnen Sie den Aufruf des Funktionsbausteins FB 15 und der Funktion FB 16 im OB 1/PLC_PRG. Versehen Sie die Ein-/Ausgänge der Bausteine mit angenommenen SPS-Operanden.

Kontrollaufgabe 6.2

Das nachfolgend angegebene Steuerungsprogramm in der Programmiersprache SCL/ST des Funktionsbausteins FB 10 stellt die Realisierung einer linearen Ablaufsteuerung dar. Es ist eine Analyse dieses Steuerungsprogramms durchzuführen.

SCL/ST-Programm:

```
FUNCTION_BLOCK FB 10
VAR_INPUT                  VAR_OUTPUT              VAR
 S1     : BOOL;             A1 : BOOL;              SR    : INT := 1;
 S2     : BOOL;             A2 : BOOL;              ZEIT1: TON;
 S3     : BOOL;            END_VAR                  T1Q   :  BOOL;
 ZEITW  : Time;                                    END_VAR
 RESET  : BOOL;
END_VAR
```

```
IF RESET THEN SR:=1; ELSE
  IF SR=1 AND S1 AND NOT(S2) THEN SR:=2; END_IF;
  IF SR=2 AND (S2 OR S3) THEN SR:=3; END_IF;
  IF SR=3 AND T1Q AND S3 THEN SR:=4; END_IF;
  IF SR=4 AND NOT (S3) THEN SR:=1; END_IF;
  ZEIT1(IN := SR=3,PT :=ZEITW1);
  T1Q:= ZEIT1.Q;
  IF SR=2 THEN A1:=TRUE; END_IF;
  IF SR=4 THEN A1:=FALSE; END_IF;
  IF SR=3 THEN A2:=TRUE; ELSE A2:= FALSE; END_IF;
END_IF;
```

1. Zeichnen Sie den Aufruf des Funktionsbausteins FB 10 im OB 1/PLC_PRG in der Funktionsplandarstellung und versehen Sie die Eingänge und Ausgänge des Bausteins mit den erforderlichen SPS-Operanden.
2. Bestimmen Sie die Transitionsbedingungen T-1 bis T-n und tragen Sie diese in eine Tabelle ein.
3. Stellen Sie das Steuerungsprogramm im Funktionsplan dar. Behalten Sie dabei die angegebenen Variablen bei.
4. Wandeln Sie den Funktionsplan in die bisherige Struktur für Schrittketten mit Schrittoperanden SRO_x um.
5. Zeichnen Sie den zum Steuerungsprogramm gehörenden Ablauf-Funktionsplan.

Kontrollaufgabe 6.3

Die nachfolgende Transitionstabelle beschreibt die Weiterschaltbedingungen einer linearen Ablaufkette. In jedem Ablaufschritt wird dabei als Aktion einem Ausgang A1 bis A5 nichtspeichernd ein "1"-Signal zugewiesen. Die Zeit wird als Anzugsverzögerung in Schritt 3 gestartet.

Transitionstabelle:

Transition	Weiterschaltbedingungen
T-1	T5_1 = 1B1 & 2B1
T-2	T1_2 = S1 & 1B1 & 2B1
T-3	T2_3 = 1B1 & 2B2
T-4	T3_4 = ZEIT1.Q & 2B1
T-5	T4_5 = 1B2 & 2B1

1. Zeichnen Sie den zu der Transitionstabelle und der Beschreibung der Aktionen gehörenden Ablauf-Funktionsplan.

Realisierung der Ablaufkette mit dem anlagenspezifischen Funktionsbaustein FB 10:

2. Bestimmen Sie für jeden Ablaufschritt ein RS-Speicherglieder mit den erforderlichen Bedingungen für das Setzen und Rücksetzen.
3. Ermitteln Sie den Funktionsplan für die Ansteuerung der Ausgänge A1 bis A5 und des Zeitgliedes.

Die Ablaufkette soll mit dem Standard-Funktionsbaustein FB 15 und dem Aktionsbaustein FB 16 realisiert werden:

4. Bestimmen Sie den Funktionsplan für die Aktionsausgabe FB 16.
5. Geben Sie die zur Programmierung des Aktionsbausteins FB 16 erforderlichen Deklarationen an.
6. Zeichnen Sie den Aufruf der Bausteine FB 15 und FB 16 vom OB 1/PLC_PRG aus auf und versehen Sie die Ein-/Ausgänge der Bausteine mit entsprechenden SPS-Operanden und Übergabevariablen.

Kontrollaufgabe 6.4

Bei einer Beschickungsanlage wird aus einem Silo durch eine Förderschnecke mit dem Antriebsmotor M2 ein rieselfähiges Gut auf ein Transportband mit dem Antriebsmotor M1 gebracht und in einen Wagen geladen. Der Wagen steht auf einer Waage, die über einen Sensor B2 meldet, wenn der Wagen gefüllt ist.

Der Bestückungsvorgang wird durch Betätigen des Start-Tasters S1 ausgelöst, sofern der Wagen an der Verladerampe steht (Meldung mit B1). Damit sich kein Fördergut auf dem Transportband staut, muss zunächst das Transportband 3 Sekunden laufen, bevor die Förderschnecke in Betrieb gesetzt wird. Meldet der Sensor B2 an der Waage, dass der Wagen gefüllt ist, oder meldet der Endschalter B1, dass sich der Wagen nicht mehr in der Endposition der Verladerampe befindet, oder wird der Stopp-Taster S0 betätigt, wird die Förderschnecke sofort abgeschaltet. Das Förderband läuft jedoch noch 5 Sekunden weiter, um das Band völlig zu entleeren. Ein weiterer Beschickungsvorgang kann dann wieder durch die Betätigung des Start-Tasters S1 eingeleitet werden.

Technologieschema:

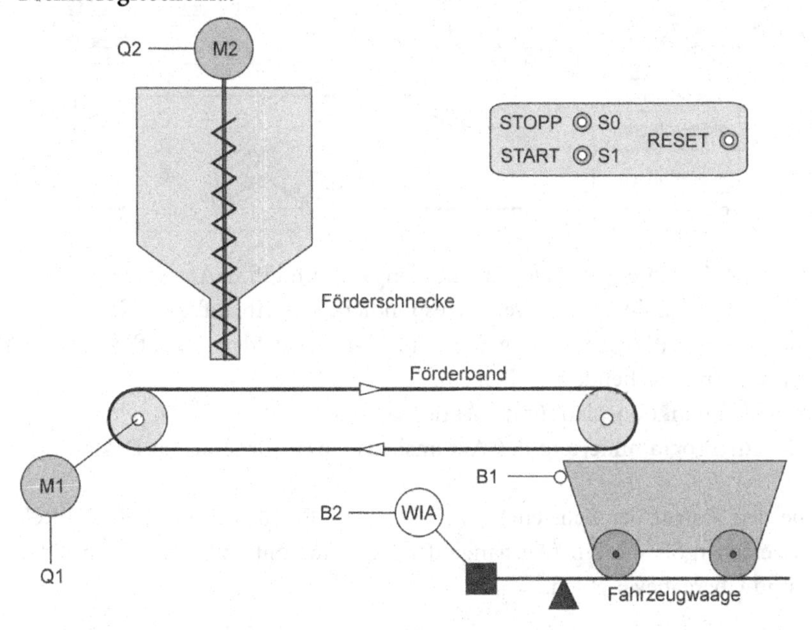

1. Bestimmen Sie die Zuordnungstabelle der PLC-Eingänge und PLC-Ausgänge.
2. Stellen Sie den Prozessablauf mit einem Ablauf-Funktionsplan dar.
3. Ermitteln Sie aus dem Ablauf-Funktionsplan die Transitionsbedingungen T-1 bis T-n und tragen Sie diese in eine Tabelle ein.

Realisierung mit dem anlagenspezifischen Funktionsbaustein FB 10:

4. Zeichnen Sie den Funktionsplan für die Umsetzung der Ablaufkette, der Zeitbildung und der Aktionsausgabe.
5. Geben Sie die zur Programmierung des anlagenspezifischen Funktionsbausteins erforderlichen Deklarationen an.

Realisierung mit dem Standard-Funktionsbaustein FB 15 und dem Ausgabebaustein FB 16:

6. Bestimmen Sie den Funktionsplan für die Aktionsausgabe FB 16.
7. Geben Sie die zur Programmierung des Aktionsbausteins FB 16 erforderlichen Deklarationen an.
8. Zeichnen Sie den Aufruf der Bausteine FB 15 und FB 16 vom OB 1/PLC_PRG aus auf und versehen Sie die Ein-/Ausgänge der Bausteine mit entsprechenden SPS-Operanden und Übergabevariablen.

Kontrollaufgabe 6.5

Das gegebene Funktionsdiagramm gibt den Funktionsablauf von zwei doppeltwirkenden Zylindern nach Betätigung des Tasters S1 wieder. Die beiden Zylinder werden von 5/2-Wegeventilen mit beidseitig elektromagnetischer Betätigung angesteuert und haben zur Endlagenmeldung jeweils zwei induktive Sensoren.

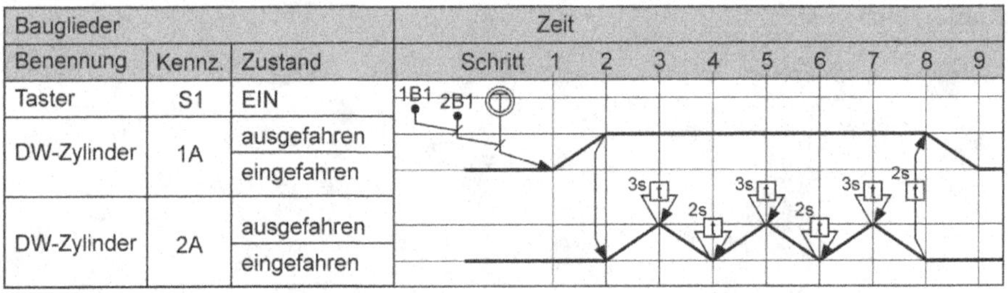

Bauglieder			Zeit
Benennung	Kennz.	Zustand	Schritt 1 2 3 4 5 6 7 8 9
Taster	S1	EIN	1B1 2B1
DW-Zylinder	1A	ausgefahren	
		eingefahren	3s 3s 3s 2s
DW-Zylinder	2A	ausgefahren	2s 2s
		eingefahren	

1. Bestimmen Sie die Zuordnungstabelle der PLC-Eingänge und PLC-Ausgänge.
2. Stellen Sie den Funktionsablauf mit zwei korrespondierenden Ablaufketten dar.
3. Ermitteln Sie die Transitionsbedingungen T-1 bis T-n der beiden Ablaufketten und tragen Sie diese in entsprechende Tabellen ein.
4. Bestimmen Sie den Funktionsplan für die Aktionsausgabe.
5. Geben Sie die zur Programmierung des Aktionsbausteins erforderlichen Deklarationen an.
6. Zeichnen Sie den Aufruf der Bausteine FB 15 (2x) und FB 16 vom OB 1/PLC_PRG aus auf und versehen Sie die Ein-/Ausgänge der Bausteine mit entsprechenden SPS-Operanden und Übergabevariablen.

7 Lineare Ablaufsteuerungen mit Betriebsartenteil

7.0 Übersicht

Funktionen eines Bedienfeldes

Eingriffe in Steuerungen sollen von einem Bedienfeld aus erfolgen, dessen Bedienoberfläche nicht auf eine spezielle Steuerungsaufgabe zugeschnitten, sondern allgemein gehalten ist.

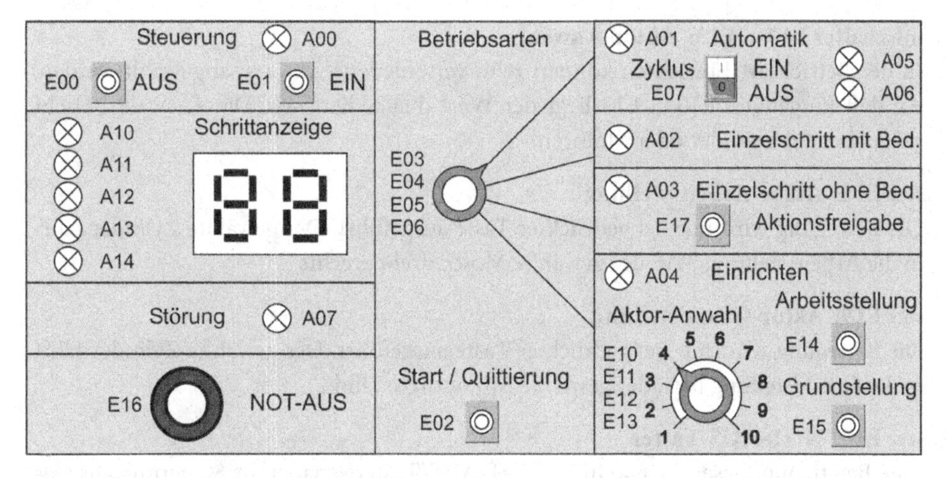

Beabsichtigte Funktionen der Befehlsgeber und Anzeigen des Bedienfeldes:

Taster E00: Steuerung: AUS

Taster E01: Steuerung: EIN

▶ **Hinweis** Statt der beiden Taster kann auch ein EIN-AUS-Schalter bzw. ein Schlüsselschalter verwendet werden.

Taster E02: Start/Quittierung

Automatikbetrieb: Ist die Betriebsart mit E03 vorgewählt, wird beim Betätigen der Taste der Automatikbetrieb gestartet. *Einzelschrittbetrieb:* Bei Betätigung erfolgt eine Einzelschritt-Weiterschaltung. Bei ausgeschalteter Steuerung wird in besonderen Betriebssituationen durch Betätigen der Start/Quitt-Taste das RESET Betriebsartensignal BS0 ausgelöst.

Wahlschalter E03, E04, E05 und E06: Start/Einzelschritt

Wahl der Betriebsart: E03 = 1 für Automatik, E04 = 1 für Einzelschrittbetrieb mit Bedingungen, E05 = 1 für Einzelschrittbetrieb ohne Bedingungen und E06 = 1 für Einrichten. Ein Betriebsartenwechsel ist über den Wahlschalter jederzeit ohne Bearbeitungsabbruch möglich. Die Umschaltung in die Betriebsart Weiterschalten ohne Bedingungen und Einrichten stoppt die Ansteuerung der Aktoren.

Taster E07: Zyklus EIN/AUS

Steht der Schalter auf "EIN", wird ein Bearbeitungszyklus ständig wiederholt. Steht der Wahlschalter auf "AUS", wird der Bearbeitungszyklus nur einmal durchlaufen und der Automatikbetrieb dann beendet. Wird während eines Bearbeitungszyklus von "EIN" auf "AUS" umgeschaltet, wird der Automatikbetrieb nach Ablauf des Zyklus beendet.

Wahlschalter E10 ... E13: Aktor-Anwahl

In der Betriebsart Einrichten können zehn verschiedene Aktoren angewählt werden. An den Eingängen E10 ... E13 liegt der Wert dualcodiert vor. Die Auswahl bezieht sich dabei auf Zylinder oder Motoren.

Taster E14: Aktor-Arbeitsstellung

Die Bewegung wird nur bei gedrückter Taste ausgeführt. Der gewählte Zylinder fährt in die Arbeitsstellung bzw. der gewählte Motor dreht „rechts“.

Taster E15: Aktor-Grundstellung

Die Bewegung wird nur bei gedrückter Taste ausgeführt. Der gewählte Zylinder fährt in die Grundstellung bzw. der gewählte Motor dreht „links“.

Taster E16: NOT-AUS-Taster

Eine Betätigung dieses oder weiterer NOT-AUS-Taster schaltet die Steuerung aus. Alle Bewegungen werden angehalten und die Antriebe stillgesetzt.

Taster E17: Aktionsfreigabe

In der Betriebsart Einzelschrittbetrieb ohne Bedingung wird bei gedrückter Taste die Aktion des aktiven Schrittes ausgeführt.

Anzeigen: Mit den Leuchtmeldern A00 bis A07 wird der jeweils zugehörige Betriebszustand angezeigt. A10...A14 sind für die dualcodierte Anzeige des jeweiligen Schrittes vorgesehen.

Struktur einer Ablaufsteuerung

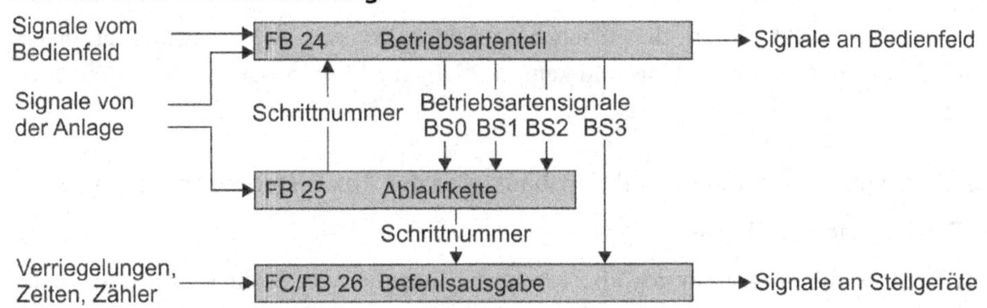

Ablaufsteuerungen in der Praxis bestehen aus Ablaufketten und verfügen über einen übergeordneten Betriebsartenteil für die Inbetriebnahme, Anlagenbetrieb und Störungsbeseitigung. Ablaufsteuerungen bestehen im Prinzip immer aus drei Bausteinen:

- FB 24: Standard-Betriebsartenbaustein
- FB 25: Standard-Ablaufkettenbaustein für lineare Ablaufsteuerungen
- FC/FB 26: Anlagenspezifischer Befehlsausgabebaustein

Betriebsartensignale (BS)

Betriebsartensignale sind die vom Betriebsartenprogramm erzeugten Steuersignale für das Weiterschalten und Rücksetzen der Ablaufkette sowie zur Freigabe von Aktionen. In Klammern angegeben sind deren zugehörige Übergabevariablen zwischen den Bausteinen. An dieser Stelle wird nicht die Erzeugung, sondern nur die Verwendung der Betriebsartensignale beschrieben.

Rücksetzen RESET (BS0)

RESET wirkt durch die Übergabevariable BS0 auf den Eingangsparameter RESET des Ablaufkettenbausteins FB 25 und versetzt die Schrittkette in die Grundstellung oder wirkt über den RESET-Eingang des Aktionsbausteins und setzt dort Speicher, Zeitglieder und Zähler zurück.

Freigabe der Kette mit Bedingungen FR_K_mB (BS1)

FR_K_mB wirkt durch die Übergabevariable BS1 auf den Eingangsparameter WEITER_mB im Ablaufkettenbaustein. Nur wenn BS1 = 1 ist, wird bei erfüllten Weiterschaltbedingungen der nächste Schritt gesetzt. Das BS1-Signal kann ein Impuls bei Hand-Einzelschrittbetrieb oder ein Dauersignal bei Automatikbetrieb sein.

Freigabe der Kette ohne Bedingungen FR_K_oB (BS2)

FREI_K_oB wirkt durch die Übergabevariable BS2 auf den Eingangsparameter WEITER_oB im Ablaufkettenbaustein. Nur wenn BS2 = 1 ist, wird im Hand-Einzelschrittbetrieb der nächste Schrittspeicher gesetzt, ohne dass die Weiterschaltbedingung erfüllt sein muss. Das BS2-Signal muss immer ein Impulssignal mit der Länge von einer Zykluszeit sein.

Freigabe Aktion FR_AKTION (BS3)

FR_AKTION wirkt durch die Übergabevariable BS3 auf den Eingangsparameter FREIGABE des Aktionsbausteins und kann dort einen Aktionsausgang freischalten bzw. sperren.

Beschreibung der Standard Funktionsbausteine des Ablaufsteuerungskonzepts

- **Betriebsartenteil-Baustein FB 24**

Das Betriebsartenprogramm des FB 24 setzt die Eingaben des Bedienfeldes und Rückmeldungen aus der Anlage in Steuersignale für die Bausteine FB 25 und FC/FB 26 um.

Schnittstellen des Betriebsarten-Funktionsbausteins FB 24

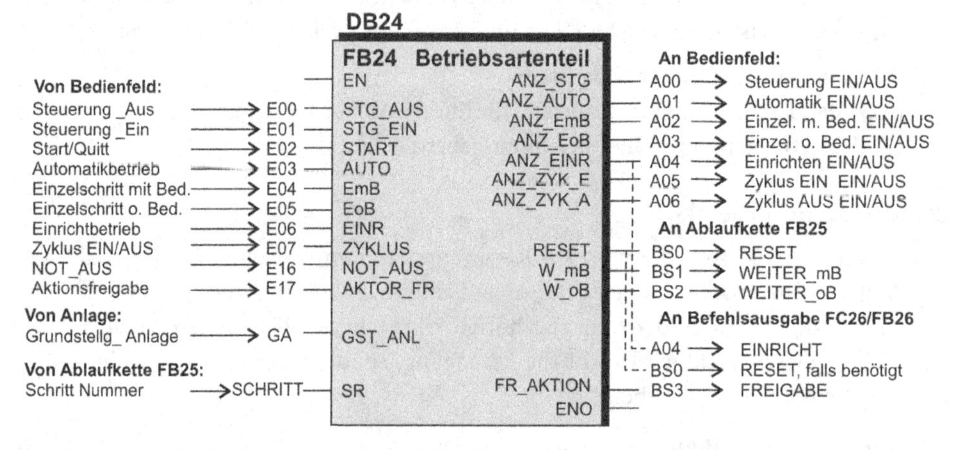

Deklarationstabelle des Betriebsarten-Funktionsbausteins FB 24:

Name	Datentyp
IN	
STG_AUS	BOOL
STG_EIN	BOOL
START	BOOL
AUTO	BOOL
EmB	BOOL
EoB	BOOL
EINR	BOOL
ZYKLUS	BOOL
NOT_AUS	BOOL
AKTOR_FR	BOOL
GST_ANL	BOOL
SR	INT

Name	Datentyp
OUT	
ANZ_STG	BOOL
ANZ_AUTO	BOOL
ANZ_EmB	BOOL
ANZ_EoB	BOOL
ANZ_EINR	BOOL
ANZ_ZYK_E	BOOL
ANZ_ZYK_A	BOOL
RESET	BOOL
W_mB	BOOL
W_oB	BOOL
FR_Aktion	BOOL

Name	Datentyp
STAT	
STEU_EIN	BOOL
AUTO_EIN	BOOL
AUTO_BE	BOOL
START_SP	BOOL
FO1	BOOL
FO2	BOOL
IO_WEITER	BOOL

Funktionsplan des Betriebsartenbausteins FB 24

Steuerung EIN-AUS

STEU_EIN
STG_EIN
STG_AUS
NOT_AUS
≥1
S
R Q
ANZ_STG

Vorwahl Automatikbetrieb beenden

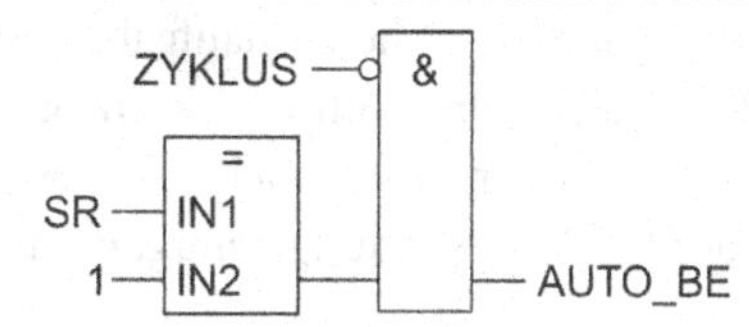

Automatikbetrieb

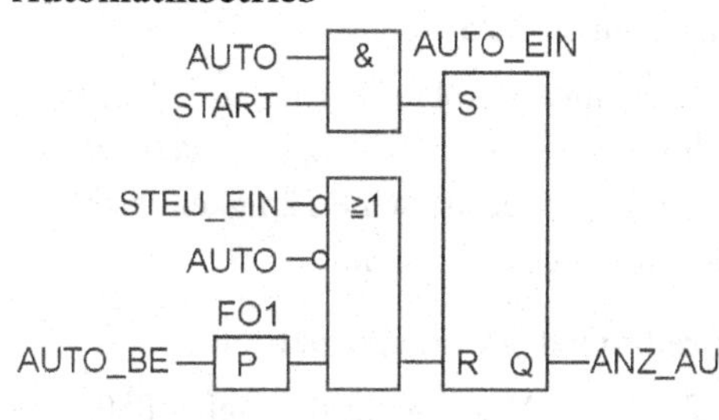

Anzeige Einzelschritt mit Bedingung

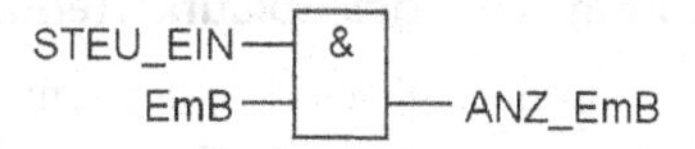

Anzeige Einzelschritt ohne Bedingung

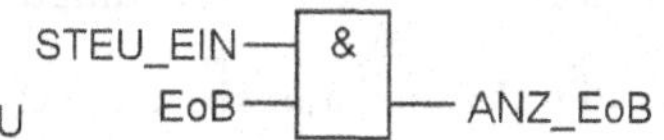

Anzeige Zyklus EIN

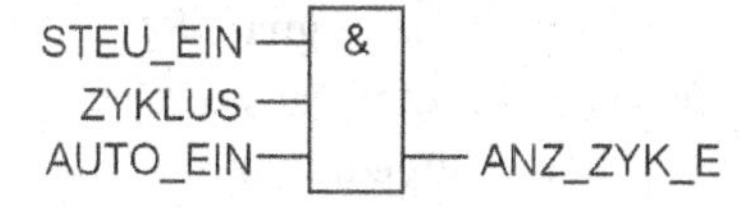

Anzeige Zyklus AUS

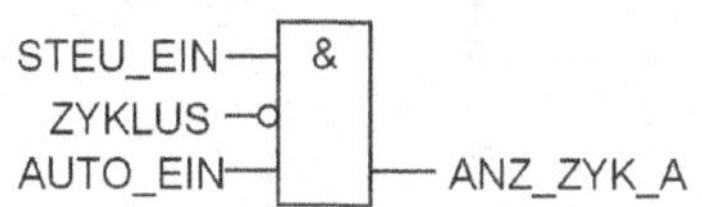

Anzeige Einrichtbetrieb

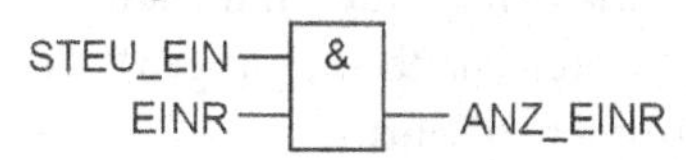

Einzelschritt Weiterschalt-Impuls

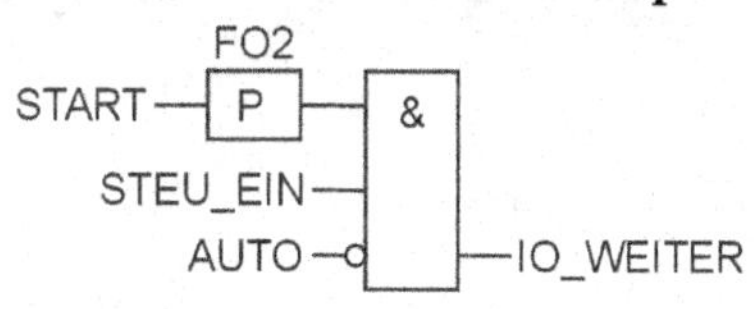

Freigabe Kette mit Bedingungen

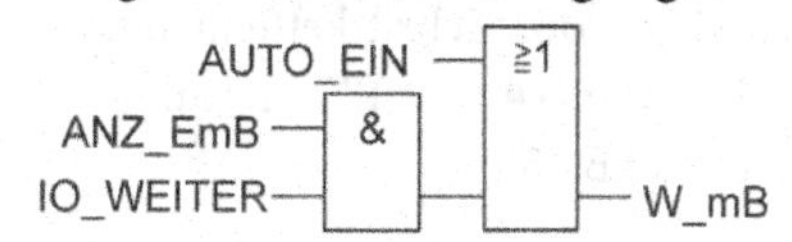

Freigabe Kette ohne Bedingungen

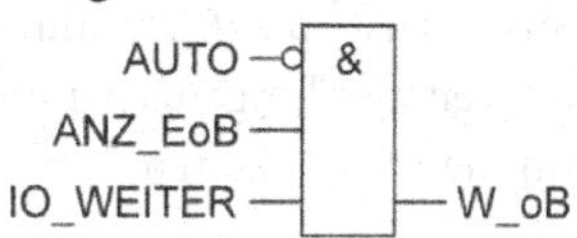

Aktionsfreigabe

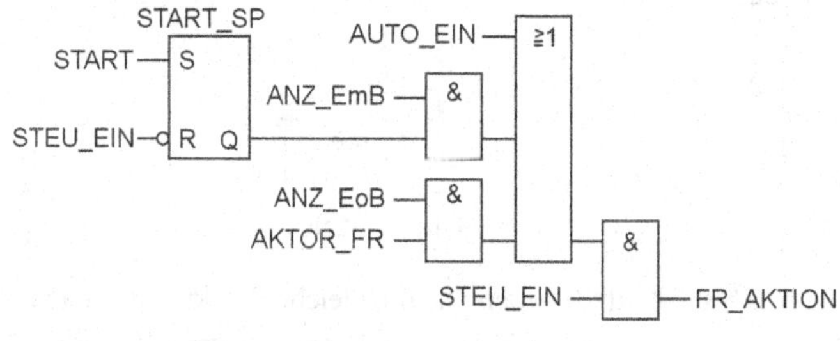

RESET

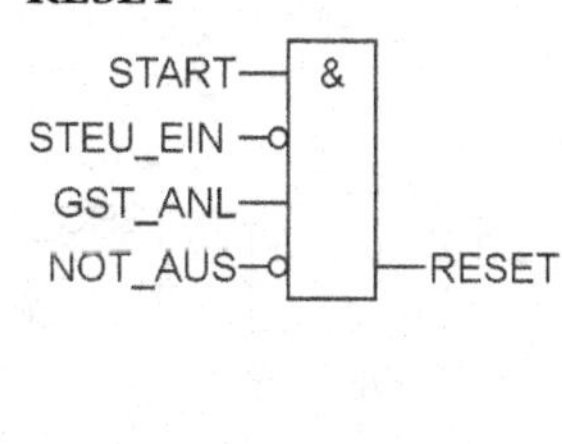

Der Betriebsarten-Funktionsbaustein FB 24 wird bei den nachfolgenden Lernaufgaben unverändert übernommen. Auch bei der Verwendung von Bedienfeldern mit nur drei wählbaren Betriebsarten (siehe Lernaufgabe 7.6) kann der Funktionsbaustein FB 24 eingesetzt werden. Da das Programm für den Baustein FB 24 empirisch entwickelt wurde, macht es wenig Sinn, sich ausführlich mit diesem zu beschäftigen. Sowohl in der Ausbildung wie in der Praxisanwendung genügt es, die funktionale Beschreibung des Bausteins zu kennen.

Funktion und Programm des Ablaufkettenbausteins FB 25

Der Standard-Funktionsbaustein FB 25 ist für zehn lineare Ablaufschritte ausgelegt und unterscheidet sich vom FB 15 aus Kapitel 6 durch seine Verwendungsmöglichkeit im Zusammenhang mit dem Betriebsartenbaustein FB 24. Neu ist seine Fähigkeit, sich im Einzelschrittmodus ohne Weiterschaltbedingungen steuern zu lassen.

Schnittstellen des Funktionsbausteins:

DB25
FB25 Ablaufkette
EN
RESET
WEITER_mB
WEITER_oB
T1_2
T2_3
T3_4
T4_5
T5_6
T6_7
T7_8
T8_9
T9_10
T10_1
SR
ENO

Beschreibung der Übergabeparameter:

RESET:	Variable für das Signal BS0
WEITER_mB:	Variable für das Signal BS1
WEITER_oB:	Variable für das Signal BS2
T1_2:	Variable für die Transition (Weiterschaltbedingung) von Schritt 1 nach Schritt 2
T2_3 bis T10_1	Variablen für die Transition (Weiterschaltbedingungen) der restlichen Schritte
SR:	Gibt die Nummer des aktuellen Schrittes im Datenformat INTEGER an

Der Standardfunktionsbaustein FB 25 unterscheidet sich vom Schrittkettenbaustein FB 15 durch die zwei weiteren Eingangsparameter: WEITER_mB und WEITER_oB.
Steuerungsprogramm des Ablaufketten-Funktionsbausteins FB 25:

Schritt 1: Initialschritt

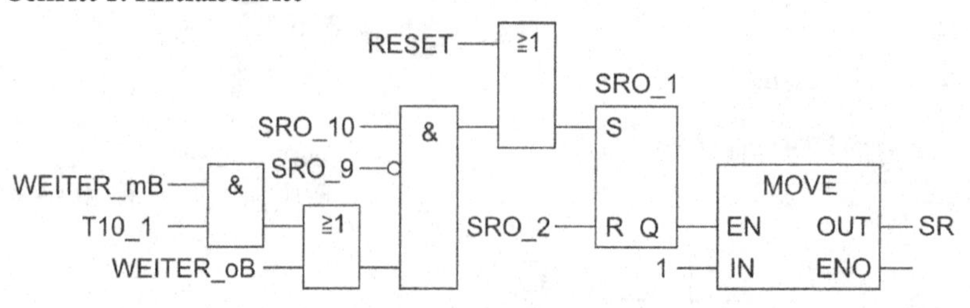

Die Funktionspläne der Schritte 2 bis Schritt 10 haben alle die gleiche Struktur. Im nachfolgend dargestellten Funktionsplan für Schritt 10 sind die Variablen grau hinterlegt, welche bei dem jeweiligen Schritt angepasst werden müssen.

Schritt 10:

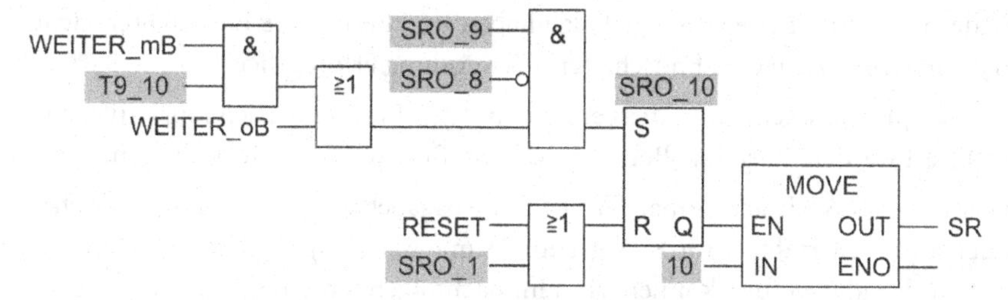

Die Eingangsparameter RESET, WEITER_mB und WEITER_oB. werden von der gewählten Betriebsart beeinflusst. Bei Automatikbetrieb und im Modus „Weiterschalten mit Bedingungen“ erhält der Eingang WEITER_mB ein "1"-Signal.

Funktion und Programm des Befehlsausgabebausteins FC/FB 26

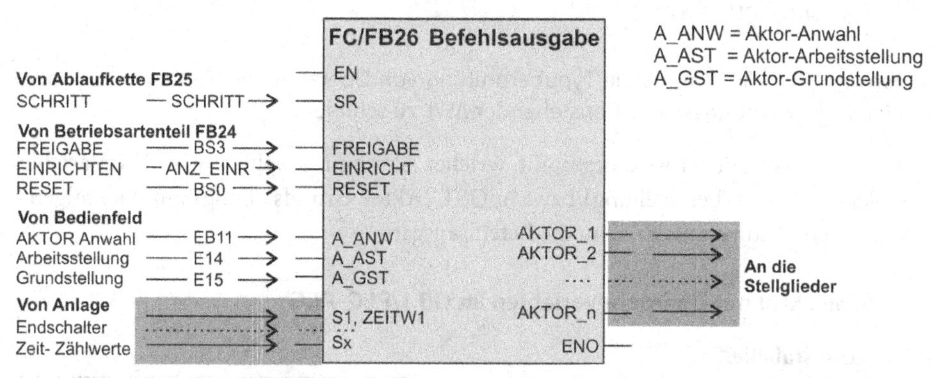

Für alle Ausgänge des Befehlsausgabe-Bausteins gilt die gleiche, im nachfolgenden Funktionsplan gezeigte Steuerungsstruktur. Die dort hellgrau hinterlegten Verknüpfungen ergeben sich aus der Ansteuerung des Stellgliedes in den Betriebsarten Automatik und Einzelschritt. Die in dunkelgrau hinterlegte Fläche zeigt die Verknüpfung für die Ansteuerung des Stellgliedes im Einrichtbetrieb.

Struktur der Ansteuerung eines Stellgliedes (Aktor_n) im Befehlsausgabebaustein

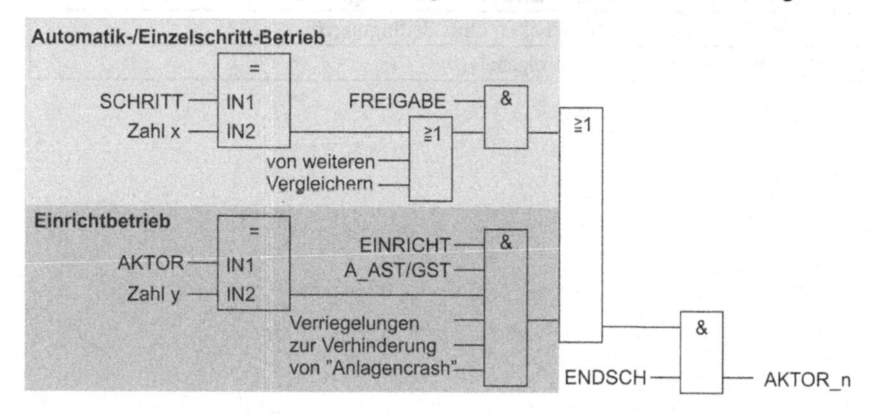

In den Betriebsarten Automatik, Einzelschritt und Einrichten ist bei der Ansteuerung von Stellgliedern, die eine Bewegung zur Folge haben und bestimmte Endschalter nicht überfahren dürfen, zusätzlich eine Endschalter-Verriegelung erforderlich.

Der im Funktionsplan dunkelgrau hinterlegte Teil für den Einrichtbetrieb muss anlagenabhängig realisiert werden. Folgende Regeln sind beim Entwurf zu berücksichtigen:

1. Am Eingang A_ANW (Datenformat BYTE) des Ausgabebausteins wird im Einrichtbetrieb der anzusteuernde Aktor angegeben. Damit die übrigen 4 Binärstellen des Bytes noch verwendet werden können, sind im nachfolgenden Funktionsplan die niederwertigen 4 Bits der Eingangsvariablen A_ANW mit 16#F maskiert und der lokalen Variablen AKT zugewiesen.

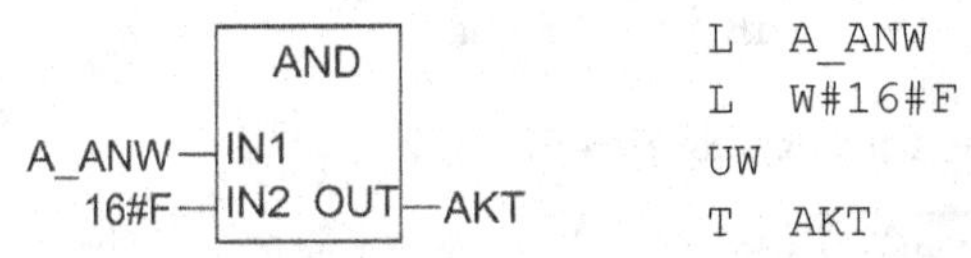

▶ **Hinweis** Bei STEP 7 muss die Typüberprüfung von Operanden ausgeschaltet werden oder die Maskierung ist in nebenstehender AWL zu schreiben.

2. Mit einem Vergleicher wird bestimmt, welcher Aktor ausgewählt wurde. Die Variable A_AST (Aktor Arbeitsstellung) bzw. A_GST (Aktor Grundstellung) am nachfolgenden UND-Glied veranlasst dann die Befehlsausgabe.

Bausteinstruktur mit Übergabevariablen im OB 1/PLC_PRG

Deklarationstabelle:

Name	Datentyp	Kommentar
TEMP		
		Standardeinträge
Schritt	Int	Übergabe Schrittnummer
GA	BOOL	Grundstellung Anlage
BS0	BOOL	RESET
BS1	BOOL	Weiterschalten mit Bedingungen
BS2	BOOL	Weiterschalten ohne Bedingungen
BS3	BOOL	Aktionsfreigabe

Programm:

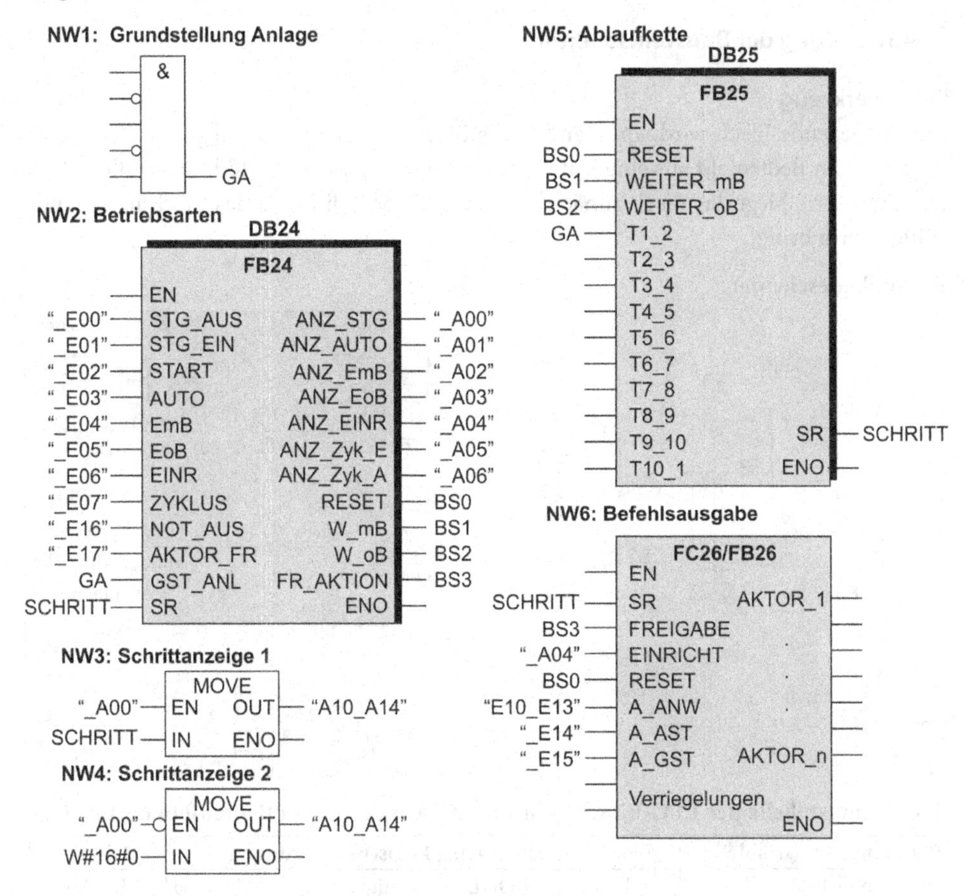

▶ **Hinweis** "_E00" u. a. sind in der Symboltabelle für einen SPS-Operanden deklariert.

7.1 Beispiel

■ Anwendung der Bausteinstruktur

Biegewerkzeug

Das zu biegende Blech wird von Hand in die Biegevorrichtung eingelegt und der Biegevorgang vom Bedienfeld aus eingeleitet. Der Zylinder 1 fährt aus und hält das Blech fest. Der Zylinder 2 biegt das Blech zunächst um 90°, bevor Zylinder 3 das Blech in die endgültige Form bringt.

Technologieschema:

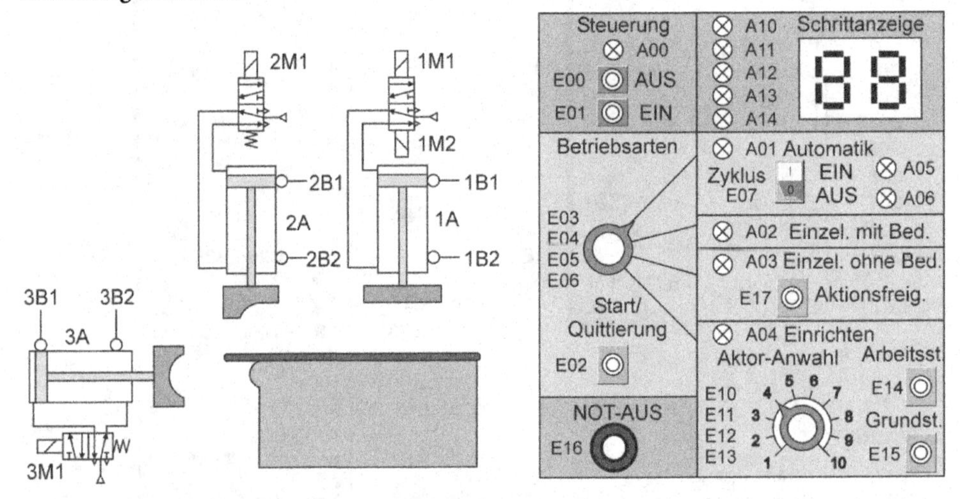

Zuordnungstabelle der PLC-Eingänge und PLC-Ausgänge von Bedienfeld und Anlage

PLC-Eingangsvariable	Symbol	Datentyp	Logische Zuordnung		Adresse
Steuerung AUS	_E00	BOOL	Betätigt	_E00 = 0	E 10.0
Steuerung EIN	_E01	BOOL	Betätigt	_E01 = 1	E 10.1
Taster Start/Quittierung	_E02	BOOL	Betätigt	_E02 = 1	E 10.2
Auswahl Automatik	_E03	BOOL	Ausgewählt	_E03 = 1	E 10.3
Auswahl Einzelschr. m. B.	_E04	BOOL	Ausgewählt	_E04 = 1	E 10.4
Auswahl Einzelschr. o. B.	_E05	BOOL	Ausgewählt	_E05 = 1	E 10.5
Auswahl Einrichten	_E06	BOOL	Ausgewählt	_E06 = 1	E 10.6
Wahlschalter Zyklus	_E07	BOOL	Zyklus ein	_E07 = 1	E 10.7
Aktor-Anwahl	E10_E13	½ BYTE	Dualzahl von 1 bis 10		E11.0–11.3
Taster Arbeitsstellung	_E14	BOOL	Betätigt	_E14 = 1	E 11.4
Taster Grundstellung	_E15	BOOL	Betätigt	_E15 = 1	E 11.5
NOT-AUS	_E16	BOOL	Betätigt	_E16 = 0	E 11.6
Taster Aktionsfreigabe	_E17	BOOL	Betätigt	_E14 = 1	E 11.7
Hintere Endl. Zylinder 1	1B1	BOOL	Endlage erreicht	1B1 = 1	E 0.1
Vordere Endl. Zylinder 1	1B2	BOOL	Endlage erreicht	1B2 = 1	E 0.2
Hintere Endl. Zylinder 2	2B1	BOOL	Endlage erreicht	2B1 = 1	E 0.3
Vordere Endl. Zylinder 2	2B2	BOOL	Endlage erreicht	2B2 = 1	E 0.4
Hintere Endl. Zylinder 3	3B1	BOOL	Endlage erreicht	3B1 = 1	E 0.5
Vordere Endl. Zylinder 3	3B2	BOOL	Endlage erreicht	3B2 = 1	E 0.6

PLC-Ausgangsvariable				
Anzeige Steuerung EIN	_A00	BOOL	Leuchtet _A00 = 1	A 10.0
Anzeige Automatik	_A01	BOOL	Leuchtet _A01 = 1	A 10.1
Anzeige Einzelschr. m. B.	_A02	BOOL	Leuchtet _A02 = 1	A 10.2
Anzeige Einzelschr. o. B.	_A03	BOOL	Leuchtet _A03 = 1	A 10.3
Anzeige Einrichten	_A04	BOOL	Leuchtet _A00 = 1	A 10.4
Anzeige Zyklus EIN	_A05	BOOL	Leuchtet _A01 = 1	A 10.5
Anzeige Zyklus AUS	_A06	BOOL	Leuchtet _A02 = 1	A 10.6
Schrittanzeige	A10_A14	5xBOOL	Dualzahl von 0 ... 32	A11.0–11.4
Magnetspule 1 Zyl. 1A	1M1	BOOL	Zyl.1A vor 1M1 = 1	A 4.0
Magnetspule 2 Zyl. 1A	1M2	BOOL	Zyl.1A zurück 1M2 = 1	A 4.1
Magnetspule 1 Zyl. 2A	2M1	BOOL	Zyl.2A vor 2M1 = 1	A 4.2
Magnetspule 1 Zyl. 3A	3M1	BOOL	Zyl.3A vor 3M1 = 1	A 4.4

Ablauf-Funktionsplan

DIN EN 61131-3 DIN EN 60848 (GRAFCET)

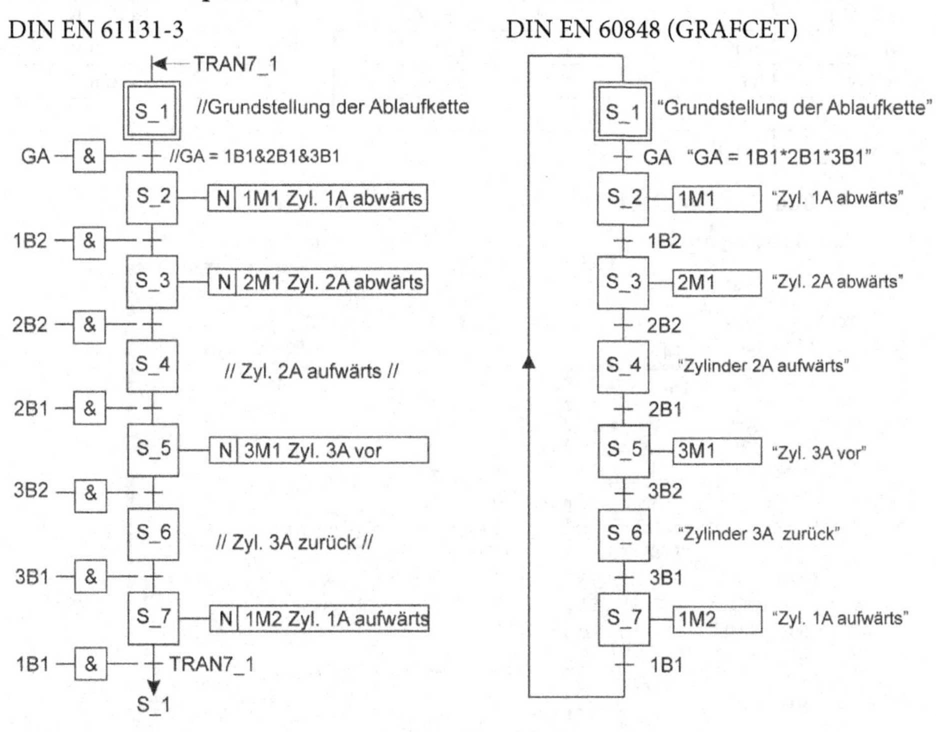

Funktionsplan für den Aktionsausgabebaustein FC 26

Maskierung 1M1 Zylinder 1A ausfahren 1M2 Zylinder 1A einfahren

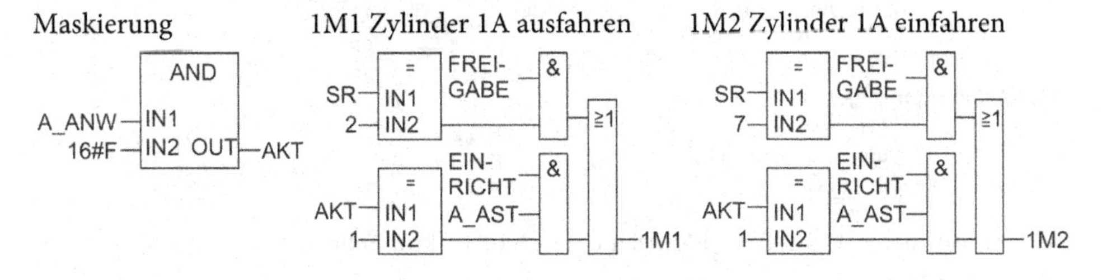

2M1 Zylinder 2A ausfahren

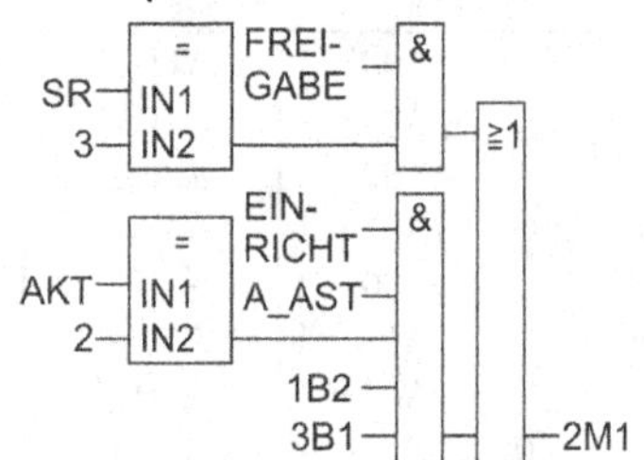

3M1 Zylinder 3A ausfahren

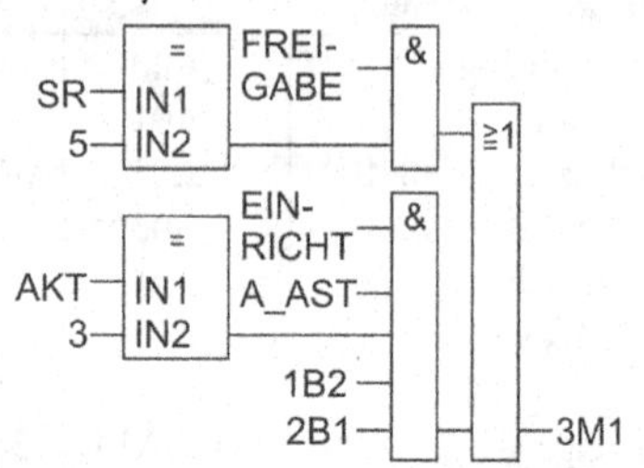

Deklarationstabelle für den Aktionsausgabebaustein FC 26

Name	Datentyp
IN	
SR	INT
FREIGABE	BOOL
EINRICHT	BOOL
A_ANW	BYTE
A_AST	BOOL
A_GST	BOOL

Name	Datentyp
IN	
_1B2	BOOL
_2B1	BOOL
_3B1	BOOL
TEMP	
AKT	INT

Name	Datentyp
OUT	
_1M1	BOOL
_1M2	BOOL
_2M1	BOOL
_3M1	BOOL

Aufruf der Bausteine im OB 1

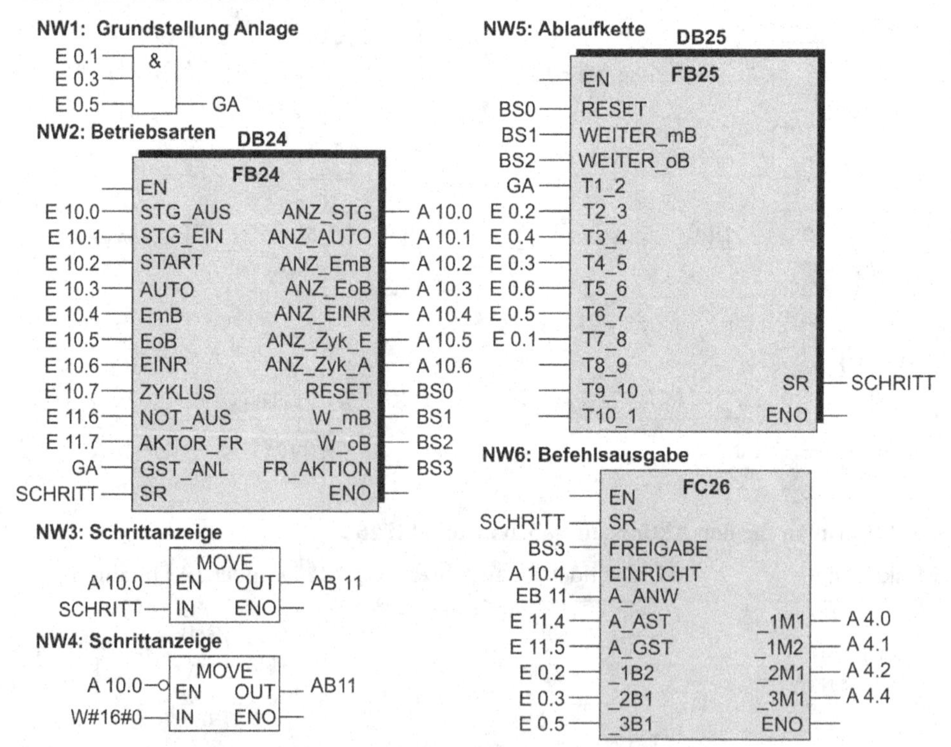

Deklarationstabelle OB 1/PLC_PRG siehe Bausteinstruktur Seite 118.

7.2 Lernaufgaben

Lernaufgabe 7.1: Abfüllanlage

Lösung S. 328

In einer Abfüllanlage wird Waschpulver in die zugehörigen Behältnisse gefüllt. Die Öffnungszeit des Abfüllbehälters bestimmt dabei die Abfüllmenge. Zur Inbetriebnahme und beim Auftreten von Störungen soll das Standard-Bedienfeld verwendet werden.

Technologieschema:

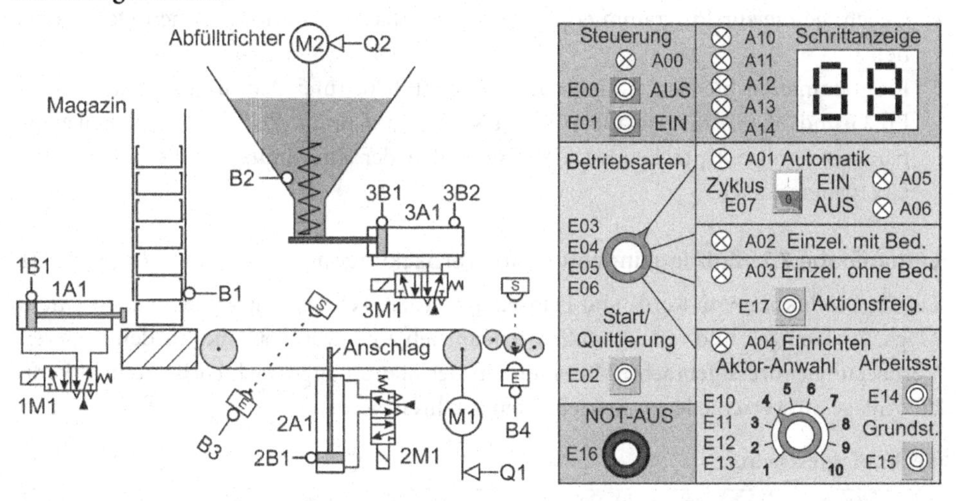

Prozessablauf:

Nach Betätigung des Start-Tasters E02 in der eingestellten Betriebsart „Automatik", schiebt bei Grundstellung der Anlage der Zylinder 1A1 ein Waschmittelbehälter auf das Förderband. Meldet die Lichtschranke B3, dass der Behälter den vorderen Rand des Abfülltrichters erreicht, fährt ein Anschlag durch Zylinder 2A1 aus. Zwei Sekunden nachdem Zylinder 2A1 ausgefahren ist, wird der Bandmotor M1 abgeschaltet und mit der Füllung begonnen. Dazu öffnet Zylinder 3A1 den Auslass des Abfülltrichters. Der Antrieb der Förderschnecke wird eingeschaltet. Nach der Abfüllzeit von acht Sekunden wird der Auslass geschlossen und der Förderschneckenantrieb ausgeschaltet. Der Anschlag wird eingefahren und das Förderband läuft wieder an. Die Waschmittelbehälter werden über eine Rollenbahn zur Verpackungsstation transportiert. Die Lichtschranke B4 meldet, dass ein Behälters auf der Rollenbahn angekommen ist und es kann mit dem nächsten Abfüllvorgang begonnen werden.

Lösungsleitlinie

1. Bestimmen Sie die Zuordnungstabelle der PLC-Eingänge und PLC-Ausgänge der Anlage.

▶ **Hinweis** Ein- und Ausgänge des Bedienfeldes aus Beispiel 7.1 siehe Seite 120/121.

2. Stellen Sie den Prozessablauf mit einem Ablauf-Funktionsplan dar.
3. Zeichnen Sie den Funktionsplan für die Aktionsausgabe (FC/FB 26).
4. Geben Sie die zur Programmierung des Aktionsbausteins erforderlichen Deklarationen an.
5. Programmieren Sie den Aktionsbaustein FC/FB 26, rufen Sie die Bausteine FB 24, FB 25 und FC/FB 26 vom OB 1/PLC_PRG aus auf und versehen Sie die Bausteinparameter mit entsprechenden SPS-Operanden der Zuordnungstabelle und lokalen Übergabevariablen.

Lernaufgabe 7.2: Zubringeinrichtung für Verpackungen

Lösung S. 331

Bei der Produktion von Kern- und Feinseifen werden Verpackungsschachteln aus einem Magazin vereinzelt und mit einem Schwenkantrieb auf ein Rollenband für den weiteren Verpackungsprozess gebracht. Mit einem an der Station angebrachten Bedienfeld kann die Anlage mit verschiedenen Betriebsarten gefahren werden.

Technologieschema:

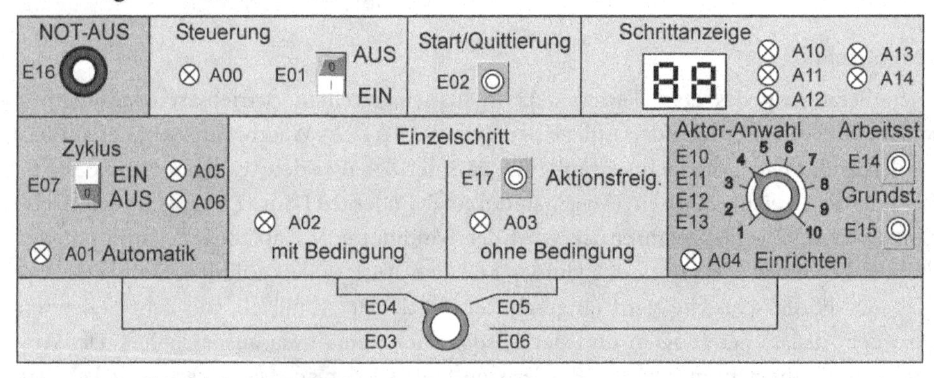

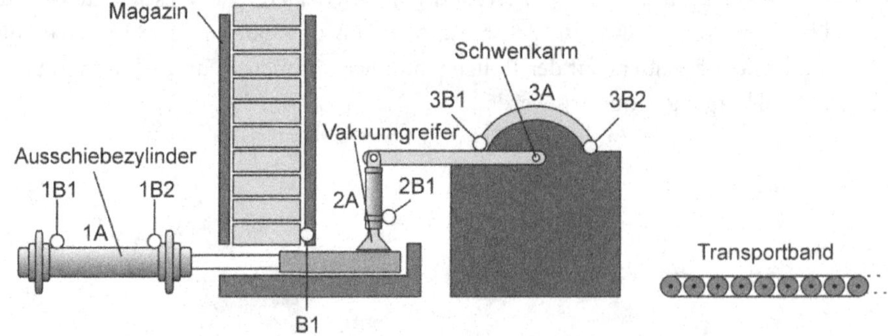

Pneumatikschaltplan:

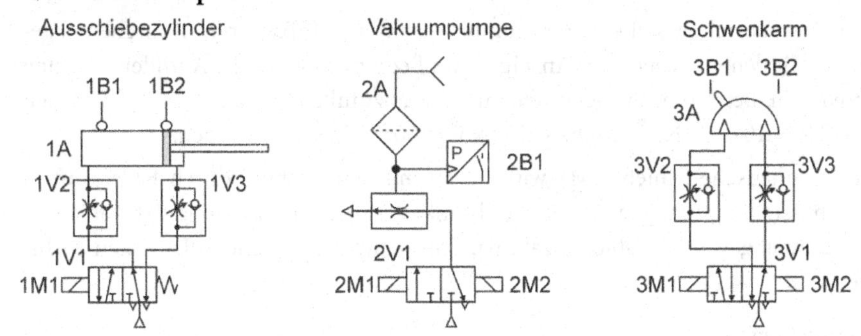

Prozessablauf:

Meldet in der eingestellten Betriebsart „Automatik" der Initiator B1, dass eine Seifenschachtel im Magazin vorhanden ist und befinden sich der Ausschiebezylinder 1A und der Schwenkarm 3A in den gezeichneten Positionen, beginnt der Ablaufzyklus damit, dass der Schwenkarm 3A in die Position Transportband und der Ausschiebezylinder 1A in die hintere Endlage fahren. Erreichen die beiden Zylinder jeweils die Endlagengeber 1B1 bzw. 3B2, fährt der Zylinder 1A wieder aus und platziert so eine Seifenschachtel auf den Übergabeplatz. Der Schwenkarm 3A fährt dann in die Position Magazin zurück. Durch Ansteuerung der Spule 2M1 wird im Vakuumgreifer 2A nach dem Venturi-Prinzip ein Unterdruck erzeugt. Meldet der Unterdruckschalter 2B1 einen ausreichenden Unterdruck, fährt der Schwenkarm mit der Schachtel zur Position Transportband. Durch die Spule 2M2 wird die Unterdruckerzeugung abgeschaltet und die Seifenschachtel auf dem Transportband abgelegt. Der Schwenkarm fährt wieder in seine Ausgangsposition zurück und der Ablauf kann wiederholt werden.

Lösungsleitlinie

1. Bestimmen Sie die Zuordnungstabelle der PLC-Eingänge und PLC-Ausgänge der Anlage.

▶ **Hinweis** Ein- und Ausgänge des Bedienfeldes aus Beispiel 7.1 siehe Seite 120/121.

2. Stellen Sie den Prozessablauf mit einem Ablauf-Funktionsplan dar.
3. Zeichnen Sie den Funktionsplan für die Aktionsausgabe (FC/FB 26).
4. Geben Sie die zur Programmierung des Aktionsbausteins erforderlichen Deklarationen an.
5. Programmieren Sie den Aktionsbaustein FC/FB 26, rufen Sie die Bausteine FB 24, FB 25 und FC/FB 26 vom OB 1/PLC_PRG aus auf und versehen Sie die Bausteinparameter mit SPS-Operanden der Zuordnungstabelle und lokalen Übergabevariablen.

Lernaufgabe 7.3: Tablettenabfülleinrichtung

Lösung S. 333

Aus einem Vorratstrichter soll eine bestimmte Anzahl von Tabletten in Röhrchen abgefüllt werden. Mit dem angegebenen Anzeige- und Bedienfeld kann die Abfülleinrichtung in verschiedenen Betriebsarten gefahren und die abzufüllende Tablettenzahl mit den Tastern S1 (N1 = 10), S2 (N2 = 20) bzw. S3 (N3 = 100) vorgewählt werden.

Der elektromagnetische Schieber M1 wird im stromlosen Zustand durch Federkraft in seine Ausgangsstellung gezogen. Die Lichtschranke B2 dient der Zählung der Tabletten. Die jeweils aktuell gewählte Tablettenzahl wird an den entsprechenden Leuchten P1 bis P3 angezeigt.

Technologieschema:

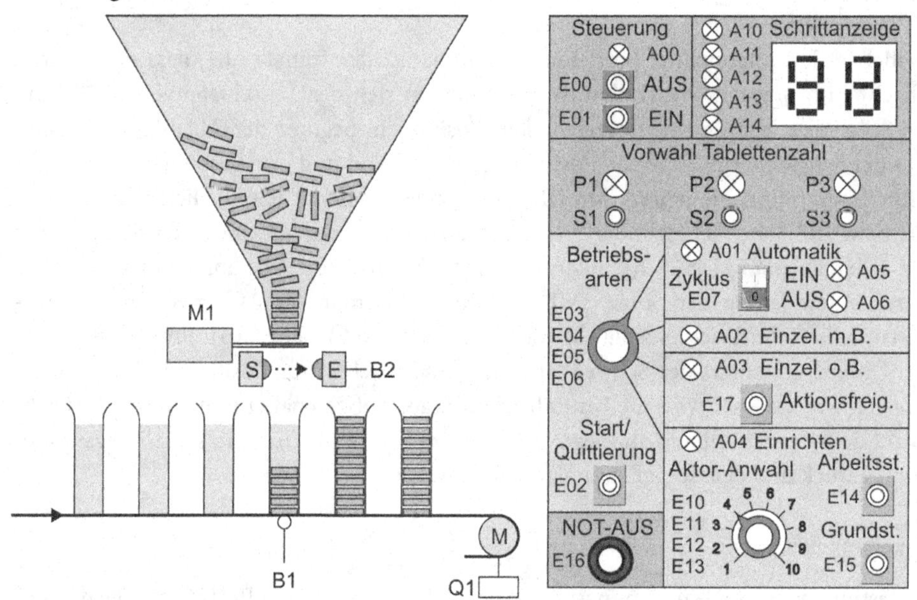

Funktionsablauf:

Nach Betätigung des Start-Tasters E02 in der eingestellten Betriebsart „Automatik" beginnt der Abfüllvorgang, wenn eine bestimmte Tablettenanzahl vorgewählt ist. Der Bandmotor M fördert das nächste leere Röhrchen unter die Abfüllstation (Meldung durch Sensor B1). Der elektromagnetische Schieber M1 öffnet dann den Vorratsbehälter. Ist die eingestellte Tablettenzahl erreicht, schließt der Schieber die Abfüllstation und der Bandmotor wird gestartet, um das nächste Röhrchen unter die Station zu fördern. Dieser Ablauf wiederholt sich, bis der Zyklus-Schalter E07 ausgeschaltet wird.

Wird eine andere Tablettenzahl durch Betätigen des entsprechenden Tasters S1, S2 bzw. S3 gewünscht, so ist ein gerade in Betrieb befindlicher Abfüllvorgang noch mit der alten Tablettenanzahl zu beenden. Beim Ausschalten wird die gespeicherte Vorwahl der Tablettenzahl gelöscht.

Lösungsleitlinie

1. Bestimmen Sie die Zuordnungstabelle der PLC-Eingänge und PLC-Ausgänge der Anlage.

▶ **Hinweis** Ein- und Ausgänge des Bedienfeldes aus Beispiel 7.1 siehe Seite 120/121.

2. Stellen Sie den Prozessablauf mit einem Ablauf-Funktionsplan dar.
3. Zeichnen Sie den Funktionsplan für die Aktionsausgabe (FC/FB 26). Dieser soll auch die Speicherung der gewünschten Tablettenzahl und den Zähler beinhalten.
4. Geben Sie die zur Programmierung des Aktionsbausteins erforderlichen Deklarationen an.
5. Programmieren Sie den Aktionsbaustein FC/FB 26, rufen Sie die Bausteine FB 24, FB 25 und FC/FB 26 vom OB 1/PLC_PRG aus auf und versehen Sie die Bausteinparameter mit SPS-Operanden der Zuordnungstabelle und lokalen Übergabevariablen.

Lernaufgabe 7.4: Schotterwerk

Lösung S. 337

In einer Schotterwerkanlage soll der Schotter nach verschiedenen Größen ausgesiebt werden. Für den im Technologieschema angegebenen Teil der Anlage soll die Steuerung entworfen werden.

Technologieschema:

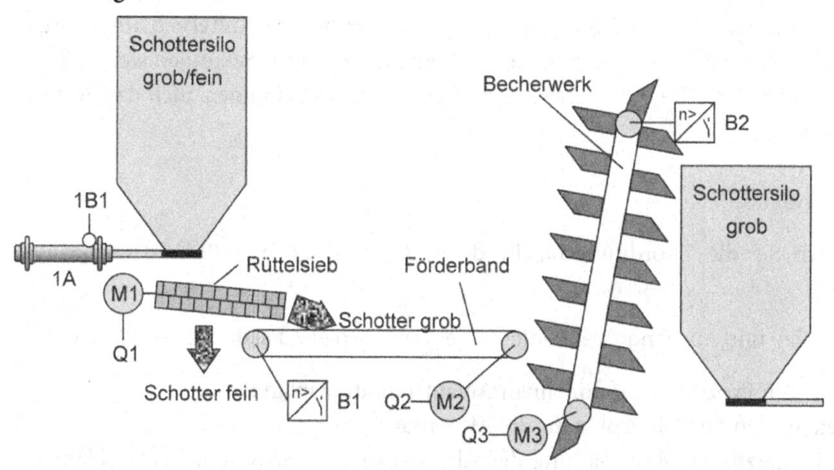

Mit dem angegebenen Anzeige- und Bedienfeld kann die Anlage in verschiedenen Betriebsarten gefahren werden.

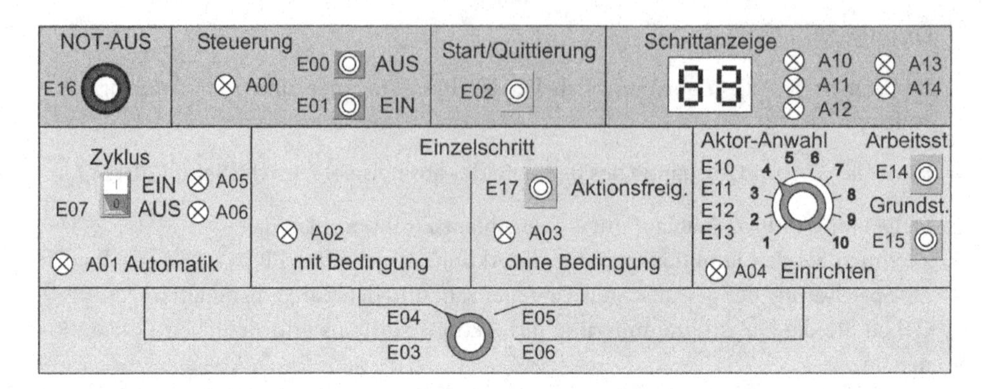

Funktionsablauf:

Nach Betätigung des Start-Tasters E02 in der eingestellten Betriebsart „Automatik" wird zunächst der Motor M3 des Becherwerks eingeschaltet. Meldet der Drehzahl-Sensor (B2 = 1), dass das Becherwerk läuft, schaltet der Förderbandmotor M2 ein. Läuft das Band mit der richtigen Geschwindigkeit (B1 = 1) schaltet der Motor M1 das Rüttelsieb ein und durch Ansteuerung des federrückgestellten Ventils 1M1 öffnet der hydraulische Schieber 1A das Silo.

Die Anlage verbleibt in diesem Zustand, bis entweder der Zyklus-Schalter E07 ausgeschaltet wird oder die Drehzahlwächter B1 bzw. B2 eine Störung melden. Der Schieber 1A schließt dann sofort das Schottersilo und der Motor für das Rüttelsieb wird ausgeschaltet. Nach Schließen des Silos läuft das Förderband noch fünf Sekunden weiter. Steht das Förderband still, wird nach einer Nachlaufzeit von neun Sekunden auch das Becherwerk abgeschaltet.

Lösungsleitlinie

1. Bestimmen Sie die Zuordnungstabelle der PLC-Eingänge und PLC-Ausgänge der Anlage.

▶ **Hinweis** Ein- und Ausgänge des Bedienfeldes aus Beispiel 7.1 siehe Seite 120/121.

2. Stellen Sie den Prozessablauf mit einem Ablauf-Funktionsplan dar.
3. Zeichnen Sie den Funktionsplan für die Aktionsausgabe (FC/FB 26).
4. Geben Sie die zur Programmierung des Aktionsbausteins erforderlichen Deklarationen an.
5. Programmieren Sie den Aktionsbaustein FC/FB 26, rufen Sie die Bausteine FB 24, FB 25 und FC/FB 26 vom OB 1/PLC_PRG aus auf und versehen Sie die Bausteinparameter mit SPS-Operanden der Zuordnungstabelle und lokalen Übergabevariablen.

Lernaufgabe 7.5: Los-Verpackungsanlage Lösung S. 339

In einer Los-Verpackungsanlage werden Tüten für Losbuden mit der entsprechenden Anzahl von Losen abgefüllt. Vier verschiedene Losarten werden dabei gemischt: Hauptgewinne, Normalgewinne, Trostpreise und Nieten. Die Anteile der Losarten stehen stets in einem festen Verhältnis. Bei einer Gesamtzahl von 100 Losen sind enthalten: 62 Nieten, 25 Trostpreise, 12 Normalgewinne und 1 Hauptgewinn. Die gewünschte Anzahl der Lose pro Tüte kann am Zifferneinsteller als Vielfaches von 100 eingestellt werden. Bei der Einstellung 0 am Zifferneinsteller werden 1000 Lose in eine Tüte abgefüllt.

Mit dem angegebenen Anzeige- und Bedienfeld kann die Anlage in verschiedenen Betriebsarten gefahren und die Loszahl pro Abfüllvorgang eingestellt werden.

Technologieschema:

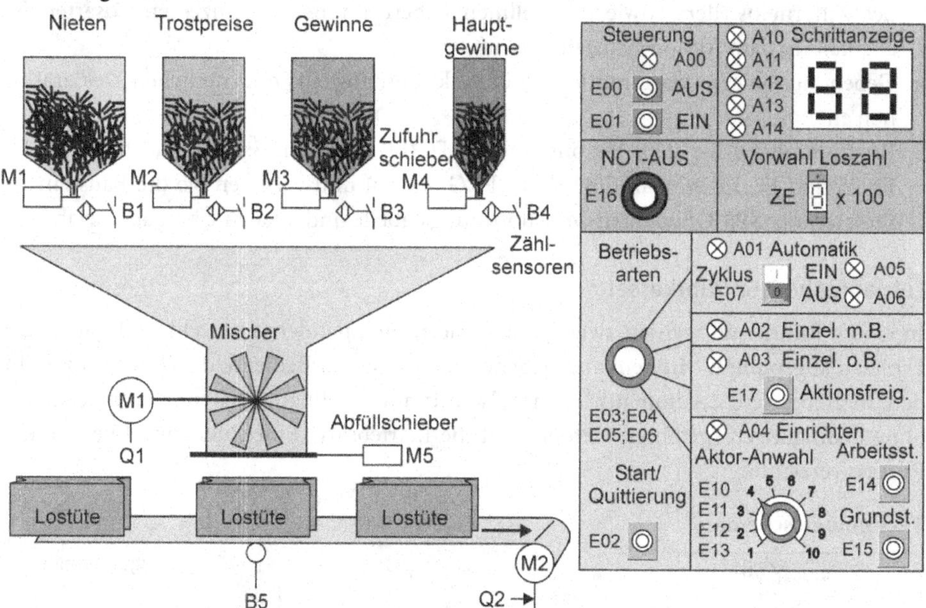

Alle elektromagnetischen Schieber M1 bis M5 werden im stromlosen Zustand durch Federkraft in ihre Ausgangslage gezogen.

Funktionsablauf:

Durch Betätigung des Start-Tasters E02 in der eingestellten Betriebsart „Automatik" beginnt der Abfüllvorgang. Die am Zifferneinsteller vorgegebene Zahl wird übernommen und die nächste leere Lostüte unter den Abfüllstutzen des Mischbehälters gebracht (Meldung B5). Die Zufuhrschieber öffnen die Vorratsbehälter mit den Losen. Melden die Zähler für die Impulse der Zählsensoren B1, B2, B3 bzw. B4 das Erreichen der entsprechenden Anzahl von Losen, wird der jeweilige Schieber geschlossen. Nach Schließen aller Schieber läuft der Mischermotor neun Sekunden. Danach öffnet der Abfüllschieber für fünf Sekunden und die Lose fallen in die Lostüten. Dieser Ablauf wiederholt sich, bis der Zyklus-Schalter E07 ausgeschaltet wird.

Wird die abzufüllende Loszahl am Zifferneinsteller während eines Abfüllvorgangs verändert, gilt diese erst für den nächsten Abfüllvorgang.

Lösungsleitlinie

1. Bestimmen Sie die Zuordnungstabelle der PLC-Eingänge und PLC-Ausgänge.

▶ **Hinweis** Ein- und Ausgänge des Bedienfeldes aus Beispiel 7.1 siehe Seite 120/121.

2. Stellen Sie den Prozessablauf mit einem Ablauf-Funktionsplan dar.
3. Zeichnen Sie den Funktionsplan für die Aktionsausgabe (FC/FB 26). Die Auswertung des Zifferneinstellers sowie die Füllmengenberechnung der einzelnen Losarten ist ebenfalls in dem Aktionsbaustein auszuführen.
4. Geben Sie die zur Programmierung des Aktionsbausteins erforderlichen Deklarationen an.
5. Programmieren Sie den Aktionsbaustein FC/FB 26, rufen Sie die Bausteine FB 24, FB 25 und FC/FB 26 vom OB 1/PLC_PRG aus auf und versehen Sie die Bausteinparameter mit SPS-Operanden der Zuordnungstabelle und lokalen Übergabevariablen.

Lernaufgabe 7.6: Rührkessel

Lösung S. 343

In einem Rührkessel werden zwei Stoffe dosiert, miteinander vermischt und nach dem Erhitzen abgepumpt. Mit dem angegebenen modifizierten Bedienfeld soll der Prozess in den Betriebsarten: „Automatik", „Einzelschritt mit Bedingungen" und „Einzelschritt ohne Bedingungen" gefahren werden. Auf die Betriebsart „Einrichten" wird bei diesem Prozess verzichtet.

Technologieschema:

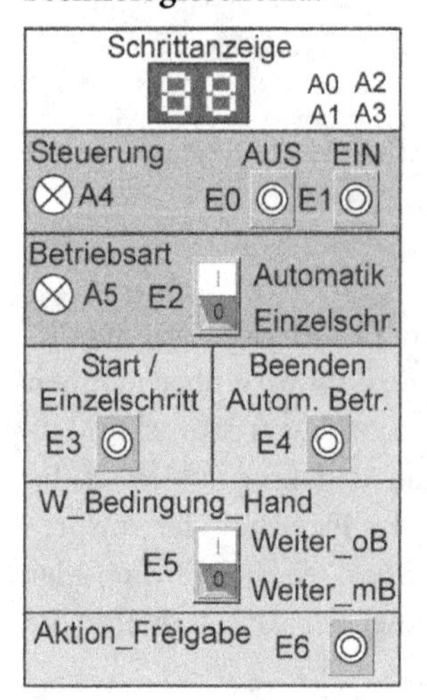

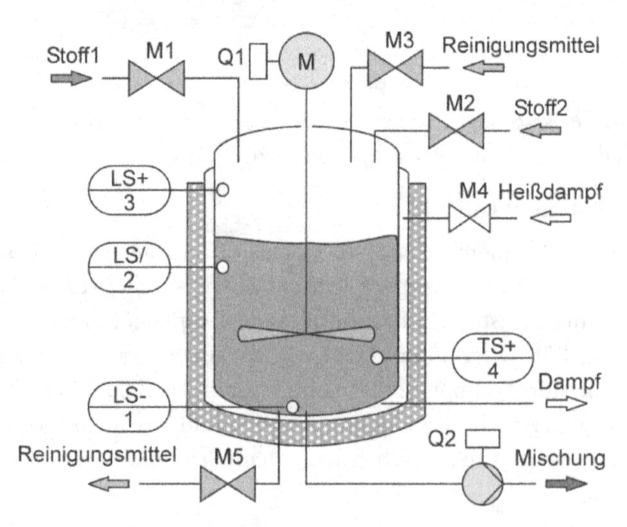

Prozessablauf:

Nach Betätigung des Start-Tasters E3 in der eingestellten Betriebsart „Automatik", wird bei Grundstellung der Anlage (Behälter leer) das Vorlaufventil M1 solange geöffnet, bis der Niveauschalter LS/ anspricht. Danach schaltet das Rührwerk ein und das Ventil M2 öffnet. Spricht Niveauschalter LS+ an, schließt das Ventil M2 wieder und das Ventil M4 für die Heißdampfzufuhr öffnet. Meldet der Temperatursensor TS+ das Erreichen der vorgegebenen Temperatur, schließt das Ventil M4 und das Rührwerk schaltet ab. Durch Ansteuerung des Schützes Q2 für der Pumpe wird das Fertigprodukt aus dem Rührkessel abgepumpt. Zeigt der Niveauschalter LS- an, dass der Kessel leer ist, schaltet die Pumpe ab und ein anschließender Reinigungsprozess wird gestartet. Dazu öffnet das Ventil M3 für den Zufluss des Reinigungsmittels solange, bis Niveauschalter LS+ anspricht. Bei eingeschaltetem Rührwerk wird der Kessel neun Sekunden gereinigt. Nach Ablauf des Reinigungsvorgangs öffnet das Ablassventil M5. Ist der Behälter vollständig entleert (Niveauschalter LS-), kann ein weiterer Prozessablauf gestartet werden.

Lösungsleitlinie

1. Bestimmen Sie die Zuordnungstabellen für das Bedienfeld und den Rührkessel.
2. Stellen Sie den Prozessablauf mit einem Ablauf-Funktionsplan dar.
3. Zeichnen Sie den Funktionsplan für die Aktionsausgabe (FC/FB 26).
4. Geben Sie die zur Programmierung des Aktionsbausteins erforderlichen Deklarationen an.
5. Programmieren Sie den Aktionsbaustein FC/FB 26, rufen Sie die Bausteine FB 24, FB 25 und FC/FB 26 vom OB 1/PLC_PRG aus auf und versehen Sie die Bausteinparameter mit SPS-Operanden der Zuordnungstabelle und lokalen Übergabevariablen.

▶ **Hinweis** Der in Beispiel 7.1 (Seite 120/121) vorgegebene Funktionsbaustein FB 24 ist zu verwenden. Durch entsprechende Beschaltung kann dieser auf das veränderte Bedien- und Anzeigefeld angepasst werden.

7.3 Kontrollaufgaben

Kontrollaufgabe 7.1

Der untenstehende Ablauf-Funktionsplan beschreibt den Prozessablauf einer Verpackungseinrichtung, welche mit dem Standard-Bedienfeld in verschiedenen Betriebsarten gefahren werden kann.

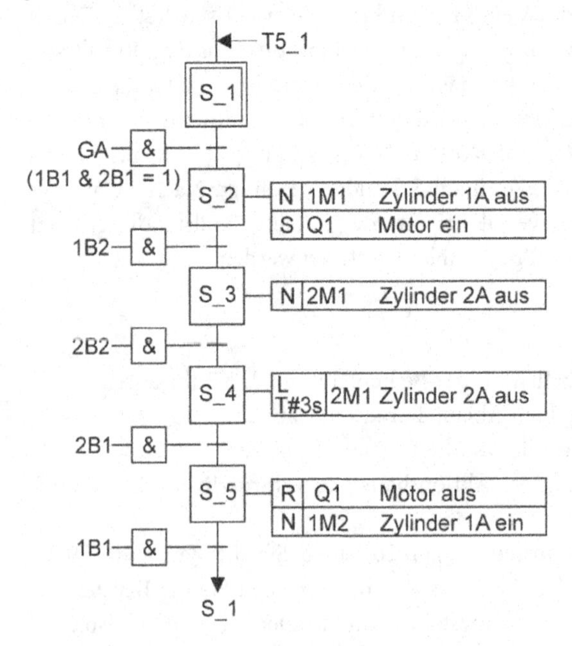

1. Ermitteln Sie aus der Schrittkette die Transitionsbedingungen.
2. Zeichnen Sie den Funktionsplan des Aktionsbausteins.
3. Bestimmen Sie die Bausteinart für die Aktionsausgabe und geben Sie die für die Programmierung erforderlichen Deklarationen an.
4. Zeichnen Sie den Aufruf der Bausteine FB 24, FB 25 und FC/FB 26 im OB 1/PLC_PRG. Versehen Sie die Ein-/Ausgänge der Bausteine mit angenommenen SPS-Operanden.

Kontrollaufgabe 7.2

Mit der im Technologieschema gegebenen Anlage werden Aluminiumteile gebogen. Die Rohteile müssen von Hand auf den Transportwagen gelegt werden.

Technologieschema:

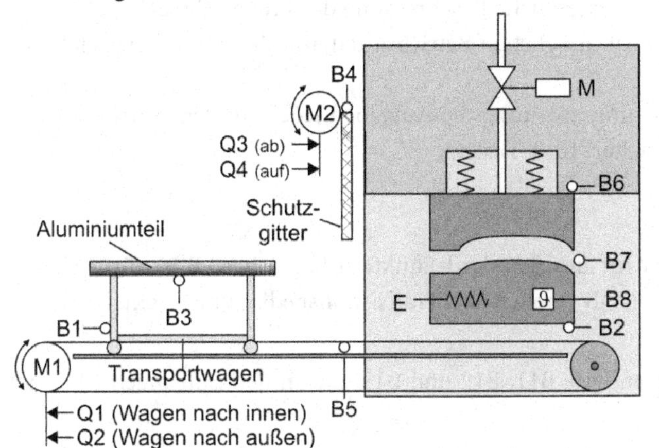

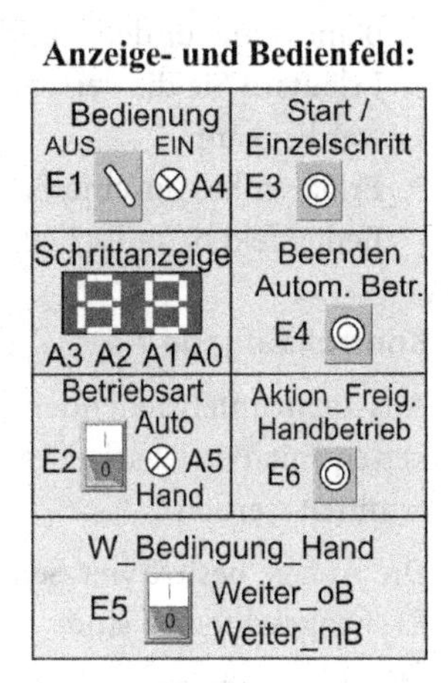

Funktionsablauf:

Ist der Transportwagen beladen (B3) und in seiner Endlage (B1) sowie das Biegewerkzeug geöffnet (B6) und das Schutzgitter oben (B4), kann der Bediener durch Betätigung der Starttaste E02 den Biegeprozess ablaufen lassen. Der Wagen wird durch Ansteuerung von Q1 mit Motor M1 in die Biegeeinrichtung bis zum Endschalter B2 gezogen. Das Schutzgitter fährt durch Ansteuerung von Q3 ab und die Heizung E schaltet ein. Erreicht die Temperatur der Biegeform den geforderten Wert (B8) und ist das Schutzgitter noch geschlossen (B5), beginnt das Biegen durch Ansteuerung des Ventils M. Befindet sich das Biegewerkzeug in der untere Endlage (B7), ist die Heizung auszuschalten. Nach Ablauf der Biegezeit T = 5 s wird der Biegevorgang beendet und das Schutzgitter geöffnet (Q4). Sind Biegewerkzeug und Schutzgitter wieder in den oberen Endlagen (B4 und B6), zieht der Motor M1 durch Ansteuerung von Q2 den Transportwagen mit dem fertigen Formteil aus der Biegeform. Erreicht der Wagen die Endposition (B1), kann nach der Entladung der Vorgang wiederholt werden.

1. Bestimmen Sie die Zuordnungstabelle der PLC-Eingänge und PLC-Ausgänge.
2. Stellen Sie den Prozessablauf mit einem Ablauf-Funktionsplan dar.
3. Ermitteln Sie aus dem Ablauf-Funktionsplan die Transitionsbedingungen T-1 bis T-n.
4. Zeichnen Sie den Funktionsplan für die Aktionsausgabe (FC/FB 26).
5. Geben Sie die zur Programmierung des Aktionsbausteins erforderlichen Deklarationen an.
6. Zeichnen Sie den Aufruf der Bausteine FB 25, FB 24 und FC/FB 26 im OB 1/PLC_PRG. Versehen Sie die Ein-/Ausgänge der Bausteine mit den angenommenen SPS-Operanden.

Kontrollaufgabe 7.3

Die in Kontrollaufgabe 7.2 gegebene Anlage zum Biegen von Aluminiumteilen soll einem Kunden übergeben werden.

1. Formulieren Sie für die Dokumentation mit der Darstellung eines Ablauf-Funktionsplanes eine für den Kunden verständliche Beschreibung des Prozessablaufs.
2. Erläutern Sie die verschiedenen möglichen Betriebsarten, mit der die Anlage gefahren werden kann.
3. Erklären Sie für eine Bedienungsanleitung die Aufgaben jedes auf dem Anzeige- und Bedienfeld befindlichen Schalters bzw. Tasters.

Kontrollaufgabe 7.4

Aus dem untenstehenden Aufruf des Standard-Funktionsbausteins FB 25 für Ablaufketten mit Betriebsartenteil im OB 1 sollen die Transistionsbedingungen einer Anlage ermittelt werden.

Die Anlage besitzt vier Sensoren B10, B11, B12 und B13, die an den Eingängen E1.0 bis E1.3 angeschlossen sind.

Mit dem Anzeige- und Bedienfeld kann die Anlage in verschiedenen Betriebsarten gefahren werden.

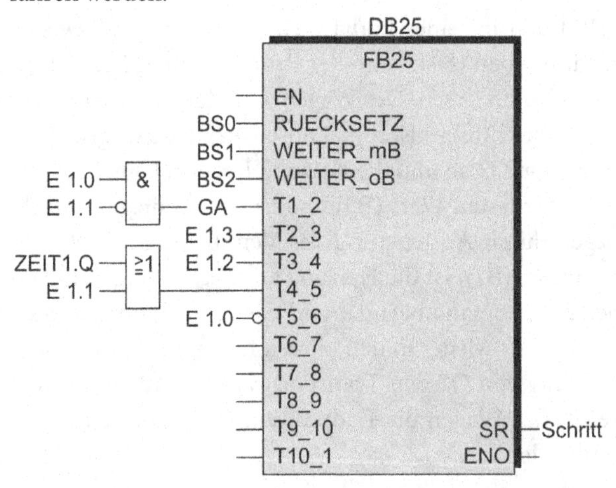

1. Zeichnen Sie für die Umsetzung der Schrittkette im Ablaufketten-Funktionsbaustein FB 25 den Funktionsplan für Schritt 1 und Schritt 3.
2. Ermitteln Sie aus dem Aufruf des FB 25 die Transitionsbedingungen T-1 bis T-n.
3. Zeichnen Sie den zugehörigen Ablauf-Funktionsplan ohne die Aktionen.

Kontrollaufgabe 7.5

Ein Werkstück soll auf einer Farbspritzmaschine auf vier Seiten mit einem Schutzlack überzogen werden.

Technologieschema:

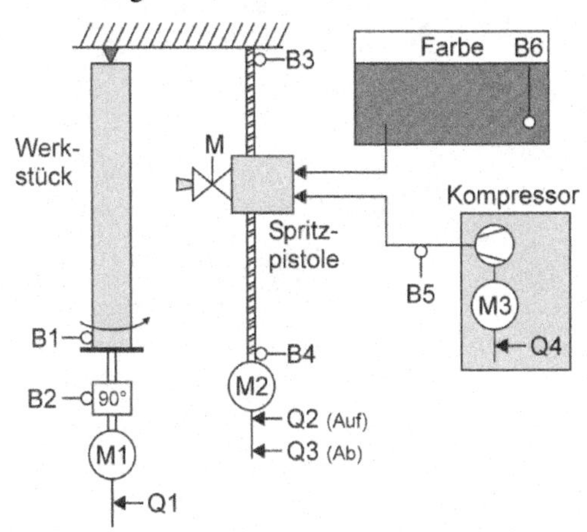

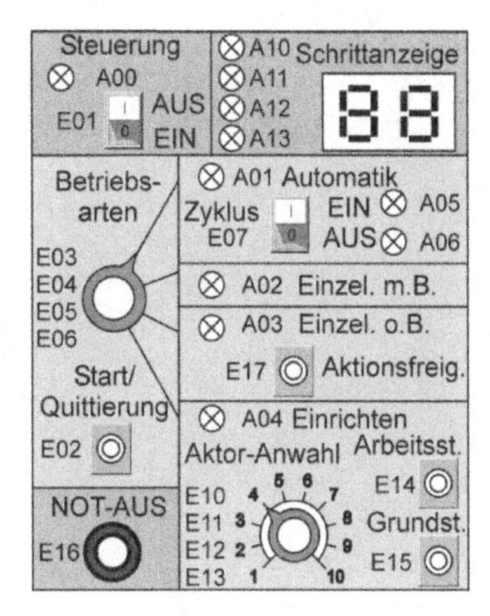

Funktionsablauf:

Ist ein Werkstück in der Vorrichtung eingespannt (B1), die Spritzpistole in der oberen Endlage (B3) und genügend Farbe vorrätig (B6), kann der Bediener durch Betätigung der Starttaste E02 im Automatikbetrieb den Prozessablauf starten.

Der Kompressor läuft durch Ansteuerung von Q4 an und meldet mit B5 das Erreichen des erforderlichen Spritzdruckes. Das Ventil M der Spritzpistole wird geöffnet. Der Motor M2 (Q3) fährt über eine Spindel die Pistole von oben nach unten über den gesamten Bereich des Werkstücks. Unten angekommen (B4), wird das Ventil M geschlossen und das Werkstück durch Ansteuerung von Q1 um 90° gedreht (Meldung mit B2). Danach öffnet das Ventil M wieder und die Spritzpistole wird mit Q2 in die obere Endlage gefahren.

Dieser Vorgang wiederholt sich dann für die restlichen beiden Seiten des Werkstücks. Ein Unterschreiten der erforderlichen Farbmenge verhindert ein erneutes Starten des Prozessablaufs.

1. Bestimmen Sie die Zuordnungstabelle der PLC-Eingänge und PLC-Ausgänge.
2. Stellen Sie den Prozessablauf mit einem Ablauf-Funktionsplan dar.
3. Ermitteln Sie aus dem Ablauf-Funktionsplan die Transitionsbedingungen T-1 bis T-n.
4. Zeichnen Sie den Funktionsplan für die Aktionsausgabe (FC/FB 26).
5. Geben Sie die zur Programmierung des Aktionsbausteins erforderlichen Deklarationen an.
6. Zeichnen Sie den Aufruf der Bausteine FB 24, FB 25 und FC/FB 26 im OB 1/ PLC_PRG. Versehen Sie die Ein-/Ausgänge der Bausteine mit angenommenen SPS-Operanden.

Ablaufsteuerungen mit Verzweigungen 8

8.0 Übersicht

Strukturen von Ablaufsteuerungen

Die lineare Ablaufkette ist die einfachste Ablaufstruktur (siehe Kapitel 6 und 7). In komplexen Steuerungsaufgaben kommen Ablaufstrukturen mit Schrittkettenverzweigungen, Kettensprüngen und Kettenschleifen vor.

Alternativverzweigung (1- aus n-Verzweigung)

An der Verzweigung erfolgt die Auswahl und Bearbeitung nur eines Schrittkettenstranges aus mehreren. Die Auswahl zwischen den Schrittkettensträngen wird durch die Transitionen nach der horizontalen Verzweigungslinie entschieden. Das nachfolgende Bild zeigt eine Alternativverzweigung, die auch als ODER-Verzweigung bezeichnet wird. Anfang und Ende von Alternativverzweigungen werden durch waagerechte Einfachlinien dargestellt.

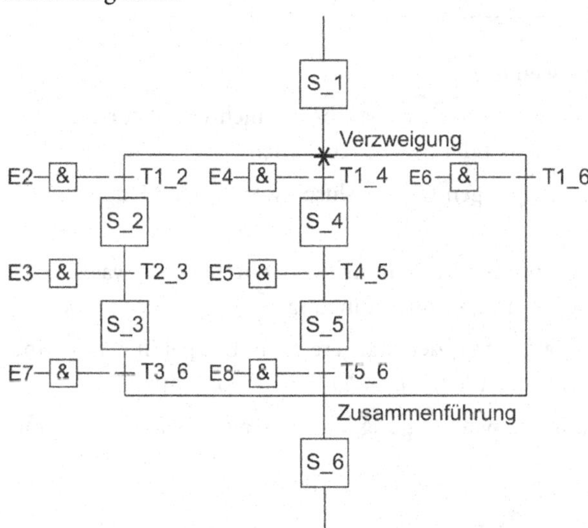

Der Stern (*) gibt an, dass die Bearbeitung der Transistionen von links nach rechts erfolgt. Damit hat bei gleichzeitiger Erfüllung mehrerer Transitionsbedingungen der weiter links liegende Schrittkettenstrang Vorrang.

Am Ende eines jeden Schrittkettenstranges muss eine Transitionsbedingung vorhanden sein. Wenn die Transitionsbedingung wahr und der letze Kettenschritt aktiv ist, erfolgt der Übergang auf den nach der Zusammenführung folgenden Schritt.

Der Übergang von Schritt 1 nach Schritt 2 erfolgt, wenn Schritt 1 aktiv und die Transitionsbedingung T1_2 wahr ist.

Der Übergang von Schritt 3 nach Schritt 6 erfolgt, wenn Schritt 3 aktiv und die Tansitionsbedingung T3_6 wahr ist.

Der Übergang von Schritt 1 nach Schritt 6 erfolgt, wenn Schritt 1 aktiv und die Transitionsbedingungen T1_2 und T1_4 nicht wahr sind und T1_6 wahr ist. Dieser Sonderfall eines Schrittkettenstranges ohne eigene Schritte wird als Kettensprung bezeichnet.
Für die Realisierung der Transistionsbedingungen bestehen mehrere Möglichkeiten.

Am Verzweigungsanfang einer Alternativverzweigung darf zur gleichen Zeit nur eine Transitionsbedingung wahr sein, so dass gegenseitige Schrittverriegelungen erforderlich sind, wenn keine anderweitige Priorität vorgegeben ist.

Beispiele:

Transition	Weiterschaltbedingung	
T-2	T1_2 = E2	
T-4	T1_4 = E4 & $\overline{S\_2}$	(Verriegelung mit S_2)
T-6	T1_6 = E6 & $\overline{S\_2}$ & $\overline{S\_4}$ T3_6 = E7 T5_6 = E8	(Verriegelung mit S_2 und S_4)

Simultanverzweigung (Parallelverzweigung)

Es erfolgt die gleichzeitige Aktivierung der Anfangsschritte mehrerer Schrittkettenstränge, die dann aber unabhängig voneinander bearbeitet werden.

Anfang und Ende von Simultanverzweigungen werden durch waagerechte Doppellinien dargestellt.

Alle Schrittkettenstränge unterliegen auf der Aufspaltungsseite oberhalb der waagerechten Doppellinie nur einer gemeinsamen Transitionsbedingung.

Auf der Zusammenführungsseite darf unter der waagerechten Doppellinie nur eine Transitionsbedingung für den Übergang auf den folgenden Schritt vorkommen.

Das nachfolgende Bild zeigt eine Simultanverzweigung, die auch als UND-Verzweigung bezeichnet wird.

Der gleichzeitige Übergang von Schritt S_1 zu den Schritten S_2, S_3 und S_5 erfolgt, wenn Schritt S_1 aktiv und die Transitionsbedingung T1_ wahr ist.

Der gleichzeitige Übergang zum Schritt S_7 erfolgt, wenn die Schritte S_2 und S_4 und S_6 aktiv sind und die Transitionsbedingung T_7 wahr ist.

Die Aktivierung der Schritte S_4 und S_6 erfolgt unabhängig voneinander durch ihre Transitionsbedingungen T3_4 bzw. T5_6.

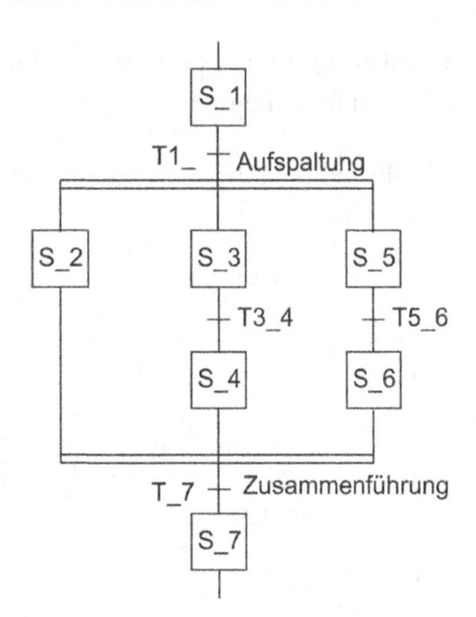

Kettenschleife

Eine Kettenschleife ermöglicht die mehrfache Wiederholung einer bestimmten Schrittfolge.

Der Übergang von Schritt S_3 nach Schritt S_2 findet statt, wenn Schritt S_3 aktiv und die Transitionsbedingung T3_2 wahr und die Transitionsbedingung T3_4 nicht wahr ist.

Ist T3_4 wahr und T3_2 nicht wahr, wird der Ablauf mit Schritt S_4 fortgesetzt.

Der Pfeil ist erforderlich, da Wirkverbindungen mit definitionsgemäßen Ablauf sonst von oben nach unten (und von links nach rechts) gerichtet sind.

Bei unmittelbaren Schleifen (z. B. S_3 → S_4 → S_3) müssen die beiden Schritte jeweils mit dem Folgezustand und der negierten Setzbedingung des Folgezustandes zurückgesetzt werden.

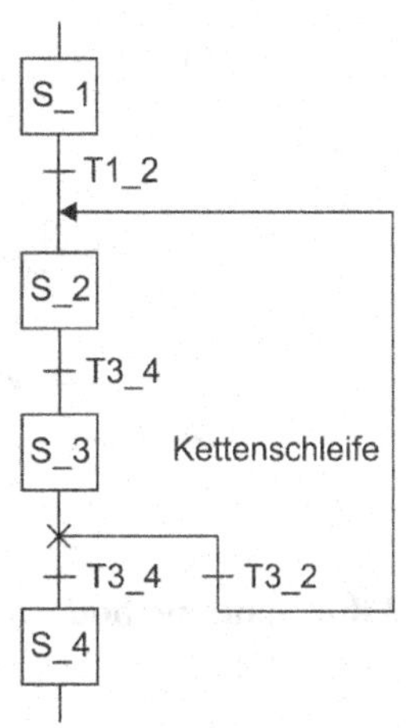

Programmieren von verzweigten Ablaufsteuerungen

Für verzweigte Ablaufsteuerungen kann es leider keinen standardisierten Ablaufkettenbaustein geben. Professionell wird man komplexe Ablaufsteuerungen mit einem entsprechenden Programmiertool erstellen (z. B. GRAPH 7 bei STEP 7 bzw. Ablaufsprache AS bei CoDeSYS).

Die Verfügbarkeit eines solchen Programmiertools wird hier nicht vorausgesetzt. Es wird vorgeschlagen, mit der elementaren RS-Speichermethode im Funktionsplan oder der Zählerstandmethode in SCL/ST die verzweigten Ablaufketten der Lern- und Kontrollaufgaben in einem Funktionsbaustein FB selbst zu erstellen und den erforderlichen Zeitaufwand hinzunehmen.

RS-Speichermethode: Programmausschnitt für die Alternativverzweigung
(Seite 137)

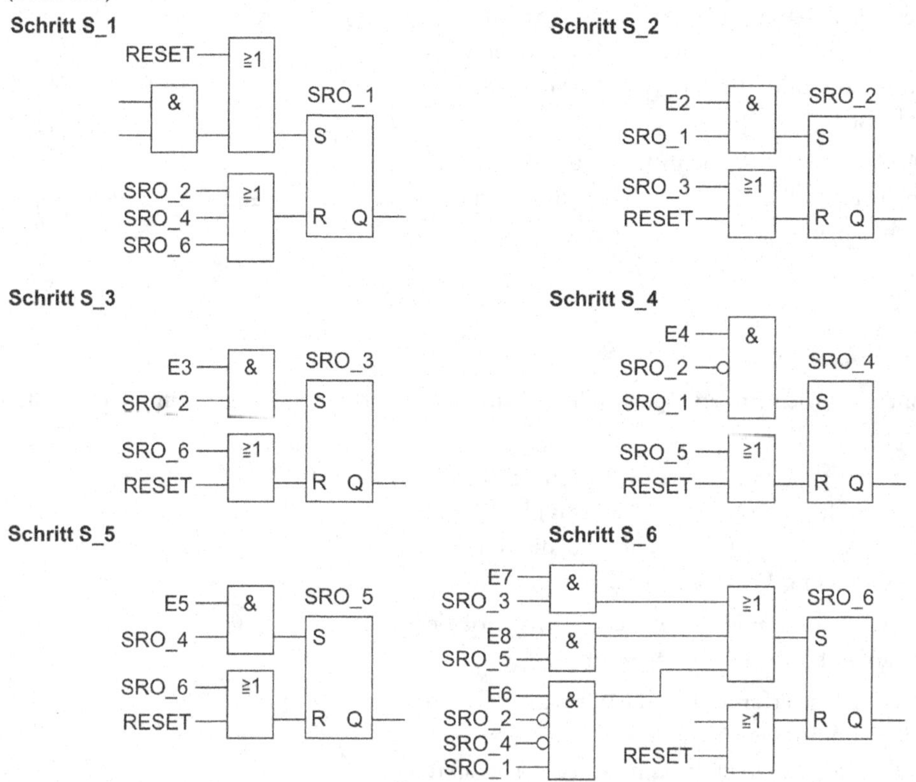

Zählerstandmethode: Struktogrammausschnitt für die Alternativverzweigung
(Seite 137)

Der aktuelle Schritt wird durch den Stand des Zählers ZAE repräsentiert. Zur Weiterschaltung werden die entsprechende Bedingung und der Zählerstand abgefragt.

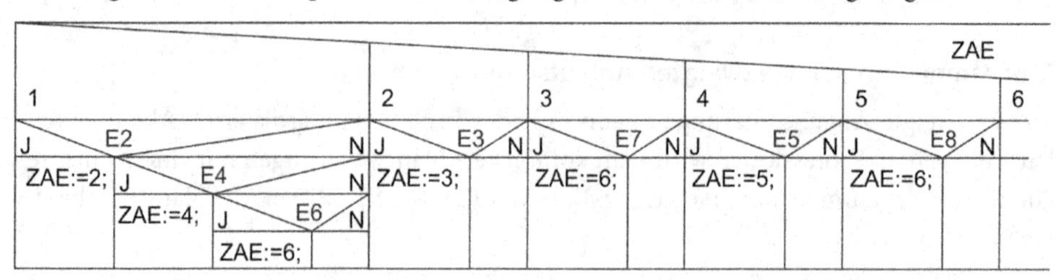

Umsetzung des Struktogramms in SCL/ST-Anweisungen siehe Kapitel 9.

8.1 Beispiel

■ Ablaufkette mit Alternativ- und Simultanverzeigung

Autowaschanlage

Die Anzeige P1 (Einfahren) zeigt die Betriebsbereitschaft der Waschanlage. Ein Auto kann bis zu der durch Lichtschranken kontrollierten Waschposition vorfahren, die beim Aufleuchten der Anzeige P2 (Stopp) erreicht ist. Wurde das Auto zu weit vorgefahren, leuchtet die Anzeige P3 (Zurück) auf. Durch Einstecken der Waschkarte wird das Programm gestartet. Nach Beendigung der Autowäsche erscheint die Anzeige P4 (Ausfahren).

Die Autowäsche besteht entsprechend der gesteckten Waschkarte aus einer Vorwäsche mit Aktivschaum oder ohne Vorwaschgang und einer Hauptwäsche mit parallel ablaufender Unterbodenwäsche, sowie dem Klarspülen und Trocknen. Bei der Vorwäsche und Hauptwäsche wird die Waschportal je einmal vor- und zurückgefahren. Eine weitere Vorwärtsfahrt wird zum Klarspülen und die anschließende Rückwärtsfahrt zum Trocknen genutzt. Die Vorwäsche besteht aus Einsprühen und Abspülen. Bei der Hauptwäsche mit Waschlauge werden die Waschbürsten entlang der Fahrzeugkontur geführt. Die Ansteuerung der beiden seitlichen Waschbürsten entspricht der Dachwaschbürstensteuerung und ist deshalb mit ihren Aktoren hier nicht ausgeführt. Bei Betätigung des AUS-Tasters wird die Ablaufkette in die Grundstellung gesetzt (RESET).

Aufgaben:

1. Entwurf eines Ablauf-Funktionsplans
2. Ablaufkette mit RS-Speichern und Aktionsausgabe im FB 10

Technologieschema:

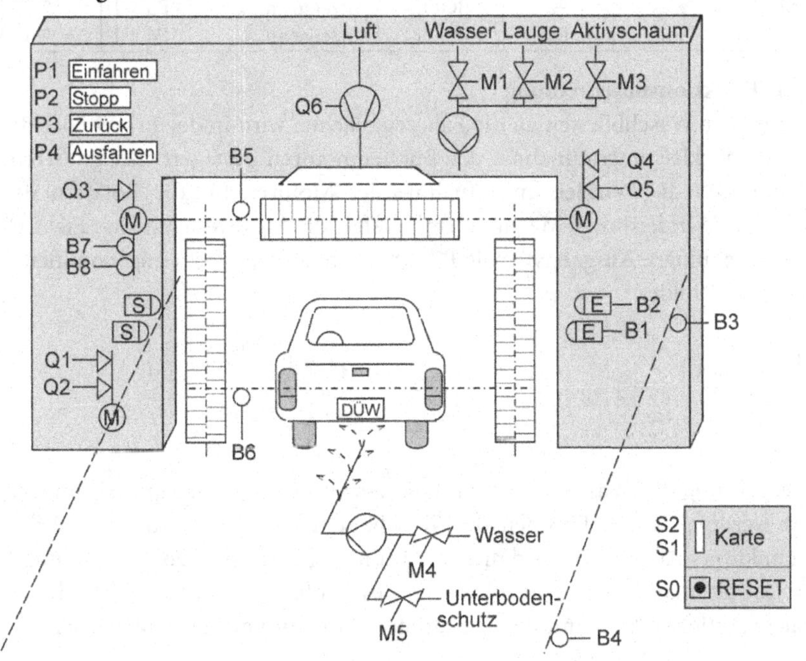

Zuordnungstabelle der PLC-Eingänge und PLC-Ausgänge

PLC-Eingangsvariable	Symbol	Datentyp	Logische Zuordnung		Adresse
RESET	S0	BOOL	Betätigt	S0 = 0	E 0.0
Waschkarte: Start	S1	BOOL	Betätigt	S1 = 1	E 0.1
Waschkarte: Vorwäschewahl	S2	BOOL	Mit Vorwäsche	S2 = 1	E 0.2
Endschalter Portal hinten	B3	BOOL	Betätigt	B3 = 0	E 0.3
Endschalter Portal vorne	B4	BOOL	Betätigt	B4 = 0	E 0.4
Endschalter Dachbürste oben	B5	BOOL	Betätigt	B5 = 0	E 0.5
Endschalter Dachbürste unten	B6	BOOL	Betätigt	B6 = 0	E 0.6
Lichtschranke 1	B1	BOOL	Unterbrochen	B1 = 1	E 1.0
Lichtschranke 2	B2	BOOL	Unterbrochen	B2 = 1	E 1.1
Andruck Dachrolle (min)	B7	BOOL	Druck zu klein	B7 = 1	E 1.2
Andruck Dachrolle (max)	B8	BOOL	Druck zu groß	B8 = 1	E 1.3
PLC-Ausgangsvariable					
Portalmotor vorwärts	Q1	BOOL	Motor ein	Q1 = 1	A 4.0
Portalmotor rückwärts	Q2	BOOL	Motor ein	Q2 = 1	A 4.1
Dachbürste rotieren	Q3	BOOL	Motor ein	Q3 = 1	A 4.2
Dachbürste abwärts	Q4	BOOL	Motor ein	Q4 = 1	A 4.3
Dachbürste aufwärts	Q5	BOOL	Motor ein	Q5 = 1	A 4.4
Gebläsemotor	Q6	BOOL	Motor ein	Q6 = 1	A 4.5
Klarwasserventil oben	M1	BOOL	Ventil auf	M1 = 1	A 4.6
Waschlaugenventil	M2	BOOL	Ventil auf	M2 = 1	A 4.7
Aktivschaumventil	M3	BOOL	Ventil auf	M3 = 1	A 5.0
Klarwasserventil unten	M4	BOOL	Ventil auf	M4 = 1	A 5.1
Unterbodenschutzventil	M5	BOOL	Ventil auf	M5 = 1	A 5.2
Anzeige „Einfahren"	P1	BOOL	Anzeige an	P1 = 1	A 5.3
Anzeige „Stopp"	P2	BOOL	Anzeige an	P2 = 1	A 5.4
Anzeige „Zurück"	P3	BOOL	Anzeige an	P3 = 1	A 5.5
Anzeige „Ausfahren"	P4	BOOL	Anzeige an	P4 = 1	A 5.6

Ergänzung zur Funktionsbeschreibung

Das Heranfahren der Waschbürsten an die Fahrzeugflächen wird in der Praxis über die Auswertung der Wirkleistungsaufnahme der Bürstenmotoren gesteuert. Bei größerem Andruck erhöht sich die Wirkleistungaufnahme der Motoren für die Rotation der Waschbürsten. Ein Wirkleistungs-Messumformer liefert die Messwerte an eine Elektronik, die daraus zwei binäre Ausgangssignale B7, B8 mit hier vereinfacht angenommener 3-stufiger Schaltlogik bildet.

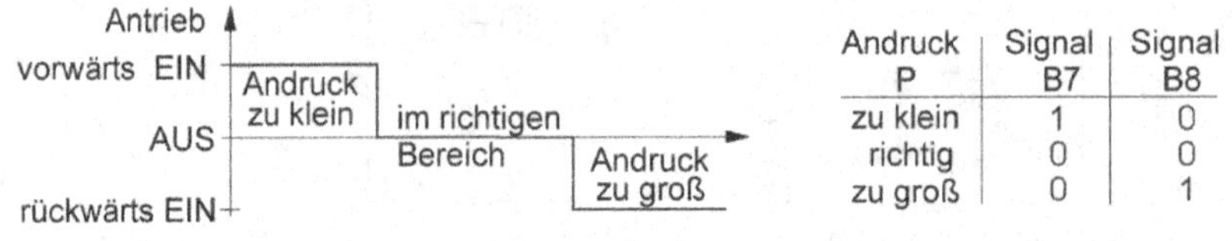

Die Positionssteuerung der Waschbürsten und die Bewegung des Waschportals müssen so ausgeführt werden, dass Kollisionen der Waschbürsten mit dem Auto vermieden werden. Im Funktions-Ablaufplan wird dies durch Eintrag eines zweiten Bestimmungszeichen (C = Conditional) hinter dem führenden Bestimmungszeichen ausgedrückt. So gekennzeichnete Aktionen, z. B. mit dem zusammengesetzten Bestimmungszeichen NC werden so ausgeführt, dass innerhalb des Ablaufschrittes auch bestimmte Verriegelungsbedingungen berücksichtigt werden.

1. Ablauf-Funktionsplan: DIN EN 61131-3

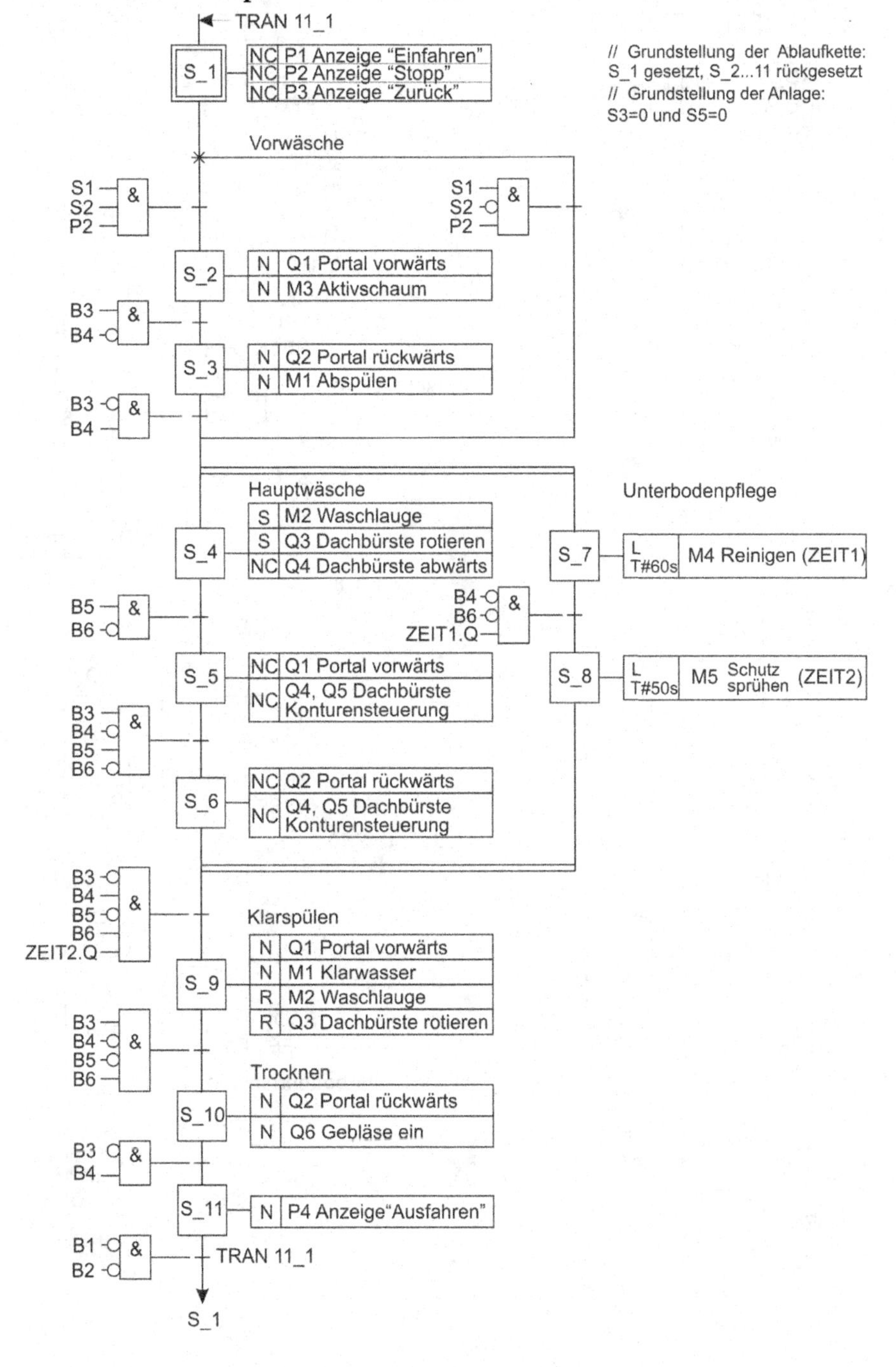

2. Funktionsplan: Ablaufkette im FB 811

Schritt S_1

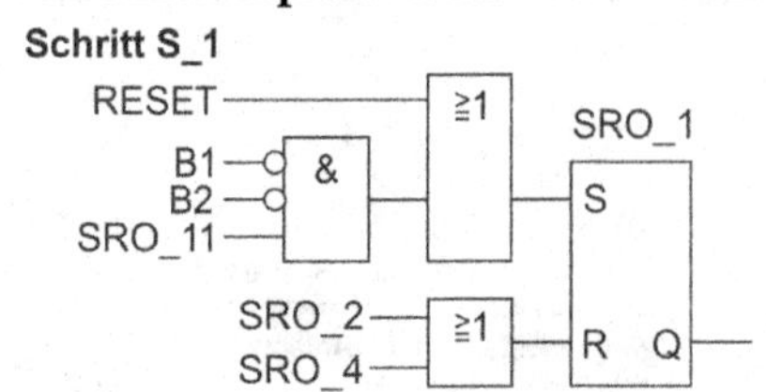

Schritt S_2

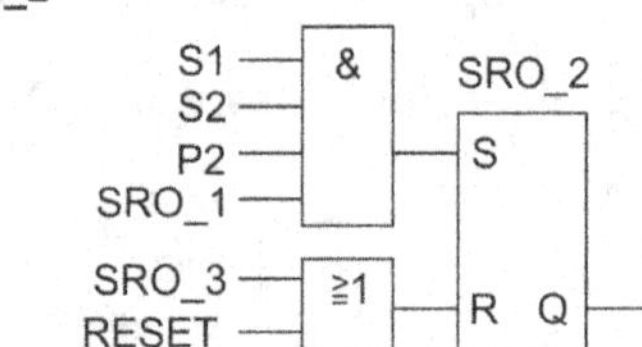

Schritt S_3

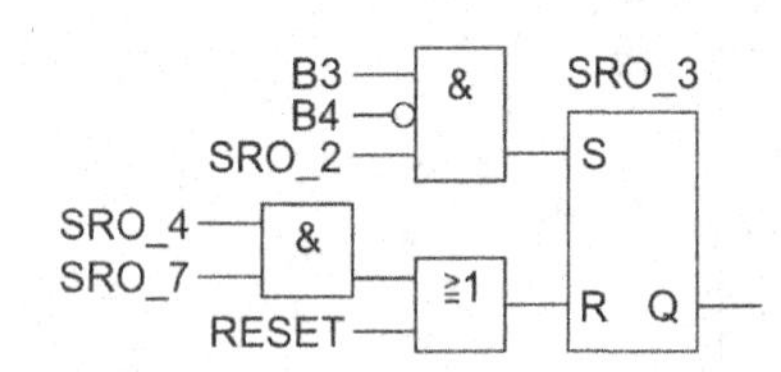

Schritt S_4

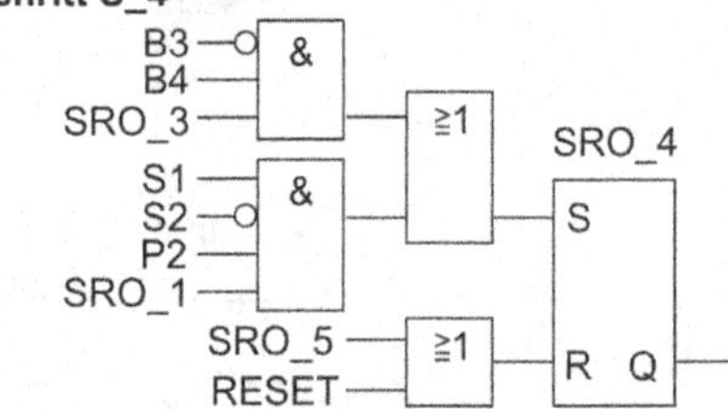

Schritt S_5

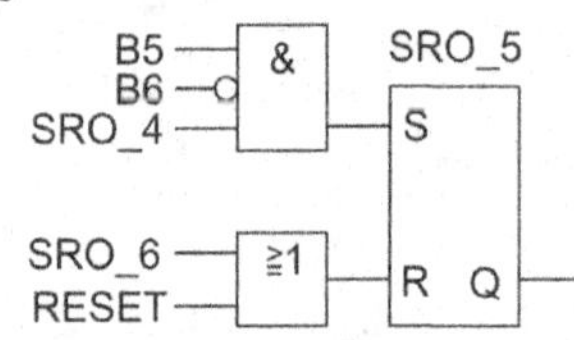

Schritt S_6

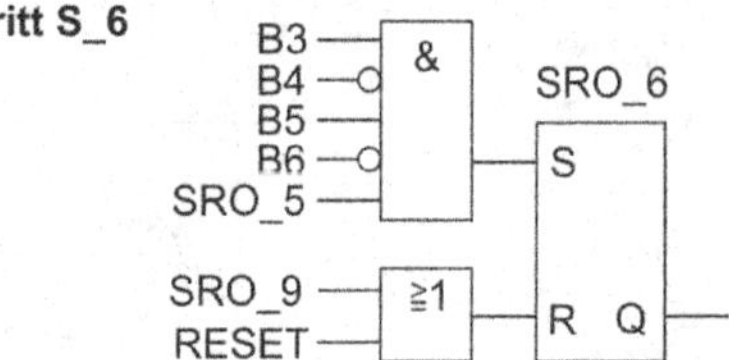

Schritt S_7

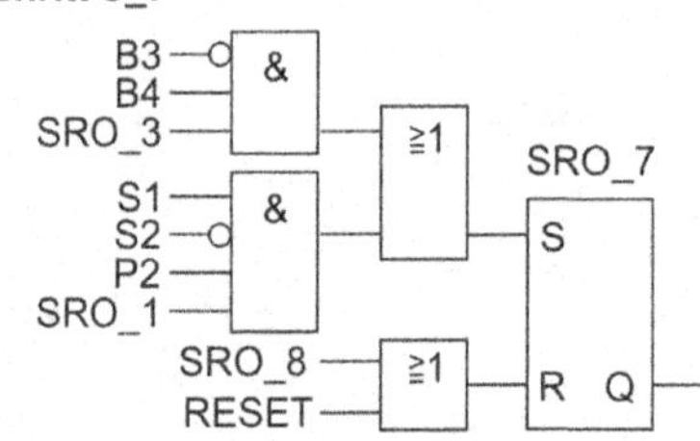

Schritt S_8

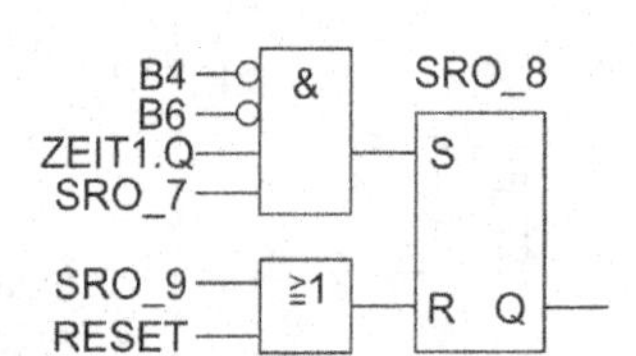

Schritt S_9

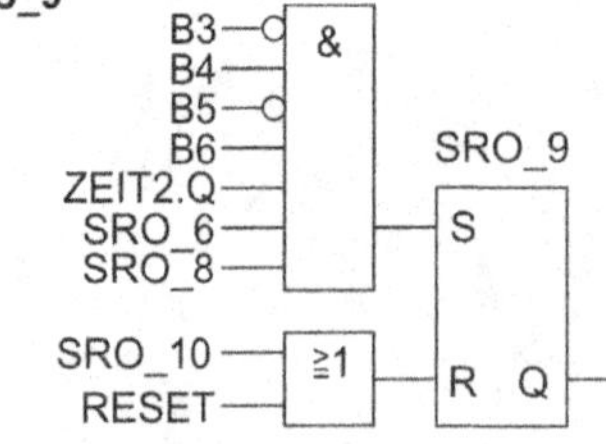

Schritt S_10

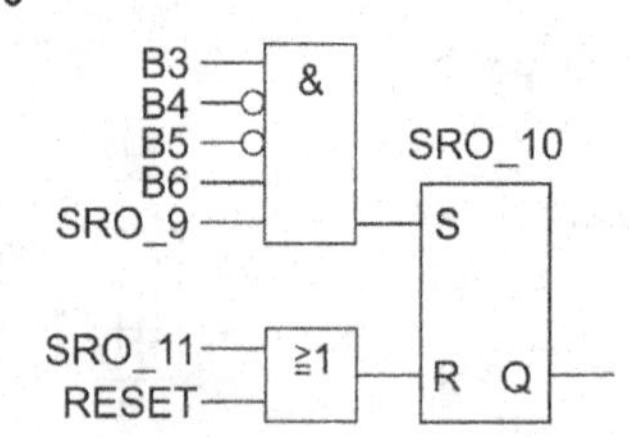

Schritt S_11

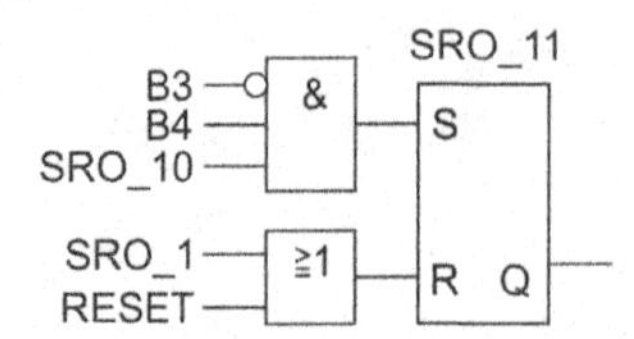

Zeit Unterbodenreinigung

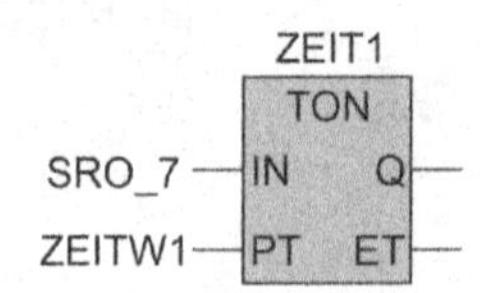

Funktionsplan: Aktionsausgabe im FB 811

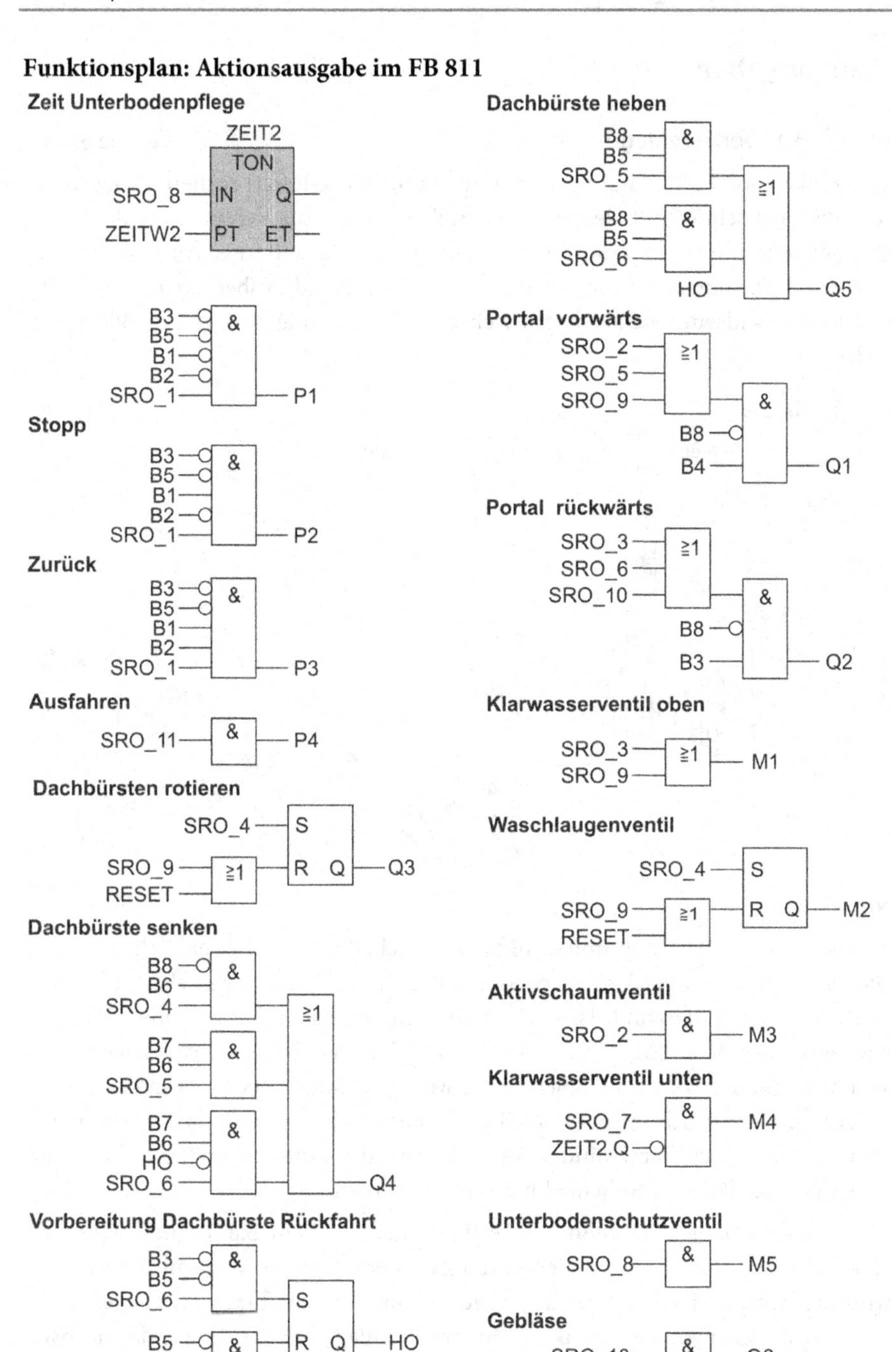

Auf die Abbildung der Deklarationstabelle für den Funktionsbaustein sowie auf seinen Aufruf im OB 1/PLC_PRG wird aus Umfangsgründen verzichtet und auf die Internetseite www.automatisieren-mit-sps.de verwiesen. Siehe dort: Aufgabe 08_1_01.

8.2 Lernaufgaben

Lernaufgabe 8.1: Sortieranlage

Lösung S. 347

Eine Sortieranlage soll Fertigungsteile nach Größe und Werkstoffart sortieren. Die Anlage besteht aus einer schrägen Rollenbahn mit zwei Schiebern zur Vereinzelung der Teile, einer Bandförderung für den Transport der Fertigungsteile und zwei Ausstoßvorrichtungen (Pusher). Die pneumatischen Zylinder der Schieber und Pusher werden über 5/2-Wegeventile mit beidseitig elektromagnetischer Betätigung angesteuert (im Bild nicht dargestellt).

Technologieschema:

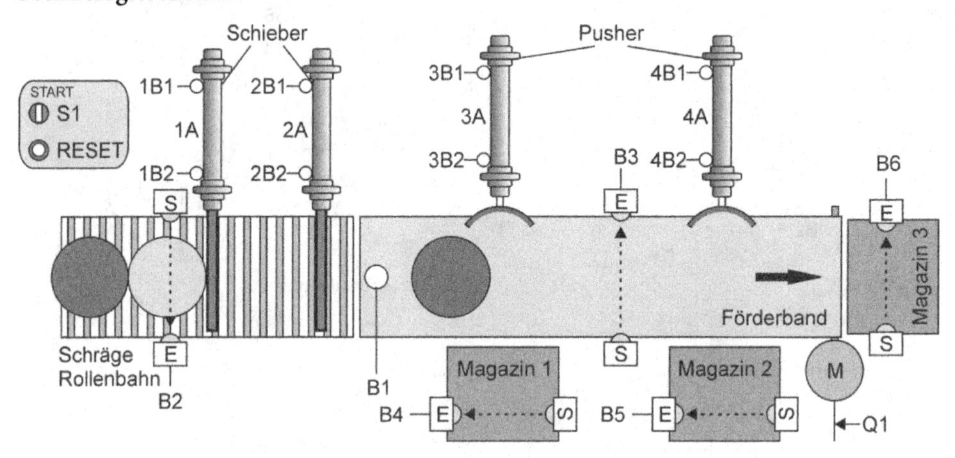

Funktionsablauf:

Die Freigabe des Ablaufs erfolgt mit dem Schlüsselschalter S1. Befinden sich Teile auf der Rollenbahn (B2 = 1), wird ein Fertigungsteil durch die beiden Schieber vereinzelt und rutscht auf das Förderband. Ist der Schieber 2A wieder in der vorderen Endlage, läuft der Bandmotor M an. Meldet der Sensor B1 "1"-Signal, besteht das Fertigungsteil aus einem metallischen Werkstoff. Solche Teile werden durch Zylinder 3A in das Magazin 1 befördert. Dazu wird das Band zwei Sekunden nach Meldung durch Sensor B1 angehalten. Befindet sich der Zylinder 3A wieder in der hinteren Endlage, kann das nächste Fertigungsteil auf der Rollenbahn vereinzelt werden.

Die Lichtschranke B3 meldet, wenn ein Fertigungsteil auf dem Band eine bestimmte Größe überschreitet. Diese Teile werden durch Zylinder 4A in das Magazin 2 befördert. Dazu wird das Band drei Sekunden nach Meldung durch Lichtschranke B3 angehalten. Nachdem sich Zylinder 4A wieder in der hinteren Endlage befindet, kann das nächste Fertigungsteil auf der Rollenbahn vereinzelt werden.

Ist ein Fertigungsteil weder metallisch noch hat es eine bestimmte Größe, so wird es vom Band in das Magazin 3 transportiert. Meldet die Lichtschranke B6, dass ein Teil in das Magazin 3 gefallen ist, hält das Band an und das nächste Fertigungsteil kann auf der Rollenbahn vereinzelt werden.

Mit der RESET-Taste kann die Ablaufkette jederzeit in die Grundstellung versetzt werden.

Lösungsleitlinie

1. Bestimmen Sie die Zuordnungstabelle der PLC-Eingänge und PLC-Ausgänge.
2. Geben Sie den Ablauf-Funktionsplan der Steuerungsaufgabe an.
3. Ermitteln Sie aus dem Ablauf-Funktionsplan alle Transitionsbedingungen T-1 bis T-n.
4. Zeichnen Sie den Funktionsplan für die Umsetzung der Ablaufkette in einem Baustein.
5. Geben Sie die für die Realisierung des Funktionsplans erforderlichen Deklarationen an.
6. Programmieren Sie den Baustein, rufen Sie diesen vom OB1/PLC_PRG aus auf und versehen Sie die Bausteinparameter mit SPS-Operanden der Zuordnungstabelle.

Lernaufgabe 8.2: Bedarfsampelanlage

Lösung S. 349

Die mobile Bedarfsampelanlage eines Straßenbaubetriebs ist SPS-gesteuert und wird an einer Baustelle bei erforderlicher einspuriger Verkehrsführung aufgestellt. Das nachfolgende Technologieschema zeigt die Anordnung der Geräte und das zugehörige Bedientableau.

Technologieschema:

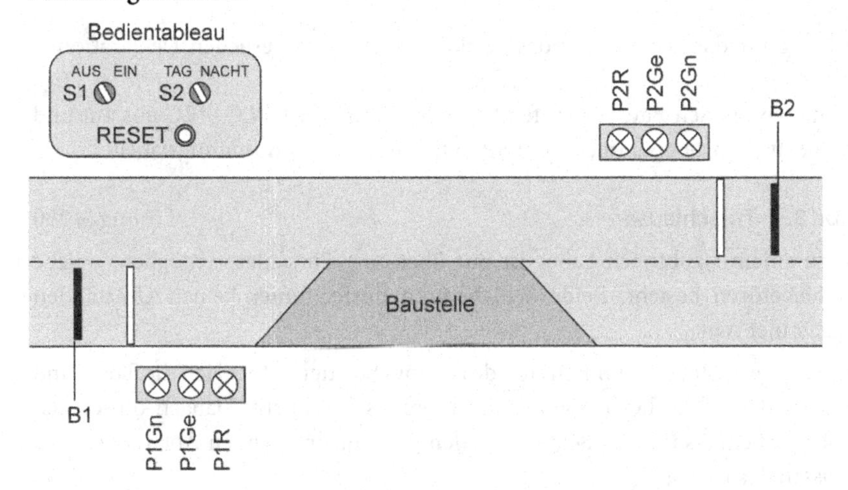

Mit dem Schalter S1 kann die Anlage eingeschaltet werden. Steht der zweite Schalter S2 auf „Nachtbetrieb", blinken die beiden gelben Signalleuchten der Ampeln mit einer Frequenz von 1 Hz. Steht der Schalter S2 auf „Tagbetrieb" oder wird auf „Tagbetrieb" umgeschaltet, zeigen beide Signalampeln Rot. Meldet einer der Initiatoren B1 bzw. B2 "1"-Signal, schaltet die entsprechende Ampel nach zehn Sekunden die gelbe Signalleuchte zusätzlich ein. Die Rot-Gelb-Phase dauert zwei Sekunden, bevor die Ampel auf Grün umschaltet.

Die Mindesteinschaltzeit der grünen Signalleuchte beträgt 20 Sekunden. Erst danach wird bei einer Betätigung des Initiators auf der anderen Seite eine Gelb-Phase von fünf Sekunden gestartet. Nach Ablauf der Gelbphase zeigen beide Ampeln zehn Sekunden wieder Rot, bevor die entsprechende Seite mit zunächst Rot-Gelb und dann Grün bedient wird.

Liegt keine Meldung eines entsprechenden Initiators vor, bleibt die Ampelanlage in ihrem jeweiligen Zustand. Das Ausschalten der Anlage sowie der Wechsel vom „Tagbetrieb" in den „Nachtbetrieb" erfolgt erst, wenn beiden Ampeln Rot zeigen, wobei ein Übergang von Grün über eine Gelb-Phase führt. Im „Nachtbetrieb" kann die Anlage direkt ausgeschaltet werden.

Mit der RESET-Taste kann die Ablaufkette in die Grundstellung versetzt werden.

Lösungsleitlinie

1. Bestimmen Sie die Zuordnungstabelle der PLC-Eingänge und PLC-Ausgänge.
2. Geben Sie den Ablauf-Funktionsplan der Steuerungsaufgabe an.
3. Ermitteln Sie aus dem Ablauf-Funktionsplan alle Transitionsbedingungen T-1 bis T-n.
4. Zeichnen Sie den Funktionsplan für die Umsetzung der Ablaufkette in einem Baustein.
5. Geben Sie die für die Realisierung des Funktionsplans erforderlichen Deklarationen an.
6. Programmieren Sie den Baustein, rufen Sie diesen vom OB 1/PLC_PRG aus auf und versehen Sie die Bausteinparameter mit SPS-Operanden der Zuordnungstabelle.

Lernaufgabe 8.3: Türschleuse

Lösung S. 350

Der Zutritt zu einem staubfreien Labor ist nur über eine Türschleuse möglich, welche aus zwei Schiebetüren besteht. Beide Schiebetüren dürfen unter keinen Umständen gleichzeitig geöffnet sein.

Wird beispielsweise Taster S1 zum Betreten des Labors betätigt, öffnet sich die Tür 1 und bleibt drei Sekunden offen, bevor sie wieder automatisch schließt. Danach öffnet sich Tür 2 und bleibt ebenfalls für drei Sekunden offen. Ein entsprechenden Ablauf gilt auch für das Verlassen des Labors.

Technologieschema:

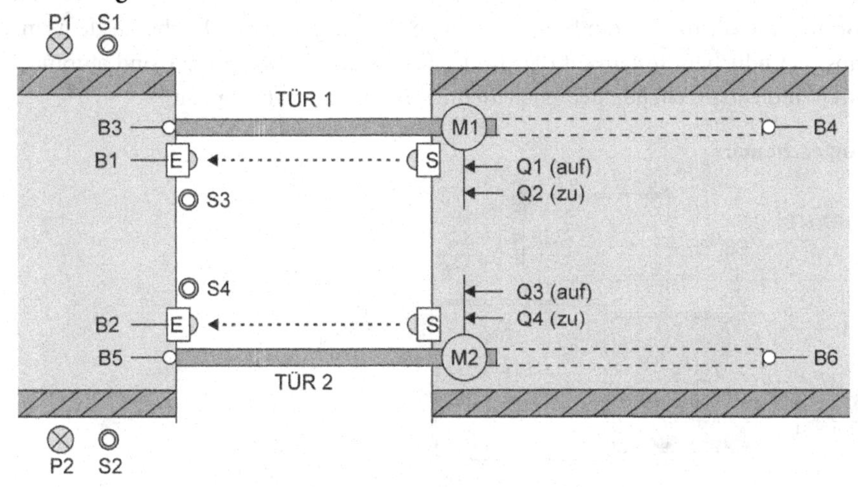

An jeder Tür sind zwei induktive Endschalter angebracht, die mit einem "1"-Signal melden, wenn die Tür geöffnet bzw. geschlossen ist. Außerdem wird jeder Eingang der Schleuse mit einer Lichtschranke überwacht. Solange die Lichtschranke unterbrochen ist, darf eine geöffnete Tür nicht zugehen bzw. muss eine gerade zugehende Tür wieder geöffnet werden. Ebenso wird das Zugehen der Schleusentüren unterbrochen, wenn die Taster S1 oder S3 bzw. S2 oder S4 betätigt werden.

In der Schleuse sind zur Sicherheit zwei Taster S3 und S4 angebracht, mit denen nur die jeweils zugehörige Tür geöffnet werden kann, wenn beispielsweise jemand die Schleuse betritt, ohne zuvor den entsprechenden Taster S1 oder S2 betätigt zu haben. Dies ist denkbar, wenn der Betreffende eine offene Schleusentür vorfindet, da ein anderer gerade die Schleuse in der Gegenrichtung verlassen hat.

Mit der im Schaltschrank angebrachten RESET-Taste kann die Ablaufkette in die Grundstellung versetzt werden.

Lösungsleitlinie

1. Bestimmen Sie die Zuordnungstabelle der PLC-Eingänge und PLC-Ausgänge.
2. Geben Sie den Ablauf-Funktionsplan der Steuerungsaufgabe an.
3. Ermitteln Sie aus dem Ablauf-Funktionsplan alle Transitionsbedingungen T-1 bis T-n.
4. Zeichnen Sie den Funktionsplan für die Umsetzung der Ablaufkette in einem Baustein.
5. Geben Sie die für die Realisierung des Funktionsplans erforderlichen Deklarationen an.
6. Programmieren Sie den Baustein, rufen Sie diesen vom OB 1/PLC_PRG aus auf und versehen Sie die Bausteinparameter mit SPS-Operanden der Zuordnungstabelle.

Lernaufgabe 8.4: Speiseaufzug Lösung S. 352

Ein Speiseaufzug stellt die Verbindung von der im Keller gelegenen Küche zu dem im Erdgeschoss befindlichen Restaurant dar. In der Küche und im Restaurant sind automatische Türen und entsprechende Bedienelemente mit Anzeigen angebracht.

Technologieschema:

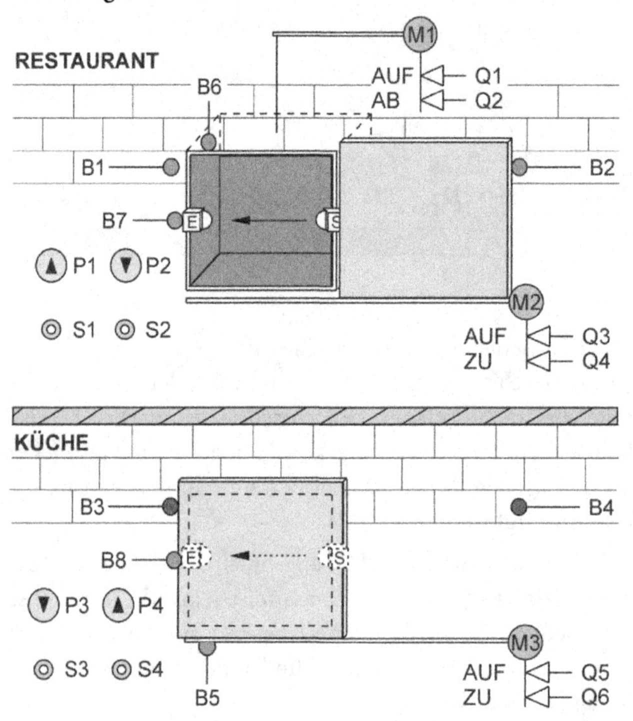

Das System Aufzugskorb mit Gegengewicht wird vom Motor M1 mit umschaltbarer Drehrichtung angetrieben. Hierfür sind die beiden Leistungsschütze Q1 bzw. Q2 anzusteuern. Sowohl in der Küche, wie auch im Restaurant, sind je zwei Ruftaster angebracht. Mit S1 oder S3 kann der Fahrkorb jeweils geholt werden und mit S2 oder S4 kann der Korb in das jeweils andere Stockwerk geschickt werden. Die zu den Ruftastern gehörenden Anzeigeleuchten melden, dass die Steuerung den Tastendruck bearbeitet und zeigen die gewünschte Fahrtrichtung an.

Die Türen zum Aufzugsschacht werden automatisch geöffnet, wenn der Fahrkorb in dem entsprechenden Stockwerk steht. Hierzu werden die beiden Türmotoren M2 bzw. M3 über die Leistungsschütze Q3, Q4 bzw. Q5, Q6 in zwei Drehrichtungen betrieben. Die Mindestöffnungszeit einer Tür beträgt drei Sekunden. Liegt keine Bedarfsanforderung vor, bleibt die Tür in dem Stockwerk, in dem sich der Fahrkorb befindet, geöffnet. Die Türöffnungen werden mit den Lichtschranken B7 und B8 überwacht. Wird während des Schließens der Tür die Lichtschranke unterbrochen oder einer der entsprechenden Taster S1 bzw. S3 betätigt, öffnet sich die Tür sofort wieder.

Da beim Einschalten der Steuerung der Anlagenzustand nicht bekannt ist, wird der Speiseaufzug durch eine Referenzfahrt in eine definierte Ausgangsstellung gebracht. Dabei werden beide Türen zunächst geschlossen, der Förderkorb in die Küche gefahren und die dortige Tür geöffnet.

Mit der im Schaltschrank angebrachten RESET-Taste kann die Ablaufkette in die Grundstellung versetzt werden.

Lösungsleitlinie

1. Bestimmen Sie die Zuordnungstabelle der PLC-Eingänge und PLC-Ausgänge.
2. Geben Sie den Ablauf-Funktionsplan der Steuerungsaufgabe an.
3. Ermitteln Sie aus dem Ablauf-Funktionsplan alle Transitionsbedingungen T-1 bis T-n.
4. Zeichnen Sie den Funktionsplan für die Umsetzung der Ablaufkette in einem Baustein.
5. Geben Sie die für die Realisierung des Funktionsplans erforderlichen Deklarationen an.
6. Programmieren Sie den Baustein, rufen Sie diesen vom OB 1/PLC_PRG aus auf und versehen Sie die Bausteinparameter mit SPS-Operanden der Zuordnungstabelle.

Lernaufgabe 8.5: Chargenprozess

Lösung S. 354

Zur Herstellung eines bestimmten Kunststoffes arbeiten zwei Vorlagebehälter für Einsatzstoffe mit einem Mischkessel zusammen. In den Vorlagebehältern erfolgt das Dosieren und Aufheizen der Rohprodukte. Je zwei Chargen von Vorlagebehälter 1 und Vorlagebehälter 2 werden im Mischkessel gesammelt, auf die Reaktionstemperatur gebracht und eine vorgegebene Zeit gemischt. Nach einer Abkühlung auf 20 °C ist das gewünschte Produkt fertig.

Prozessablauf Vorlagebehälter:

Die zwei Vorlagebehälter beginnen ihren Betrieb nach Betätigung der Start-Taste S1. Da die Behälter gleichartig betrieben werden, gilt die Beschreibung für beide.

Zunächst wird das Einlassventil FVK1 (FVK3) für die Zufuhr des Einsatzstoffes geöffnet. Meldet der Dosierzähler FQS1 (FQS2) das Erreichen der eingestellten Dosiermenge, wird das Einlassventil wieder geschlossen und die Heizung E1 (E2) eingeschaltet. Erreicht die Temperatur im Vorlagebehälter den eingestellten Wert, gibt der Temperatursensor TS1 (TS2) ein Signal und der Rührwerkmotor M1 (M2) ist einzuschalten. Die Füllungen sind nach Einschalten des Rührwerks und eingeschalteter Heizung bei Vorlagebehälter 1 nach 15 Sekunden und bei Vorlagebehälter 2 nach 20 Sekunden fertig. Bei dem zuerst fertigen Vorlagebehälter wird die Heizung abgeschaltet, während das Rührwerk jedoch weiterläuft. Erst wenn in beiden Vorlagebehältern die Chargen fertig sind, werden die Auslassventile FVK2 bzw. FVK4 geöffnet und das Rührwerk ausgeschaltet. Bei leerem Behälter (LS1 = 1 bzw. LS2 = 1) ist das Auslassventil wieder zu schließen. Sind beide Vorlagebehälter vollständig entleert, kann mit der Füllung der jeweils zweiten Charge begonnen werden.

Prozessablauf Mischkesselbetrieb:

Bei der Befüllung des Mischkessels mit der ersten Charge wird das Rührwerk (M3) eingeschaltet. Ist die Befüllung beendet, schaltet die Heizung E3 ein. Nach Erreichen der erforderlichen Temperatur im Mischkessel (TS3 = 1) soll das Rührwerk noch mindestens zehn Sekunden laufen, bevor die Befüllung mit der zweiten Charge gestartet wird. Ist die zweite Befüllung vollständig durchgeführt, muss die gesamte Mischung bei immer noch eingeschalteter Heizung 25 Sekunden gerührt werden. Danach ist die Heizung E3 auszuschalten und der Kühlkreislauf FVK6 einzuschalten. Erreicht die Mischung dann die Temperatur von 20 °C (TS4 = 1) ist das Produkt fertig. Das Rührwerk M3 und der Kühlkreislauf FVK6 sind abzuschalten und das Auslassventil FVK5 ist zu öffnen. Ist der Mischkessel leer, wird das Auslassventil wieder geschlossen und der gesamte Prozess kann mit der Start-Taste S1 erneut gestartet werden.

Technologieschema:

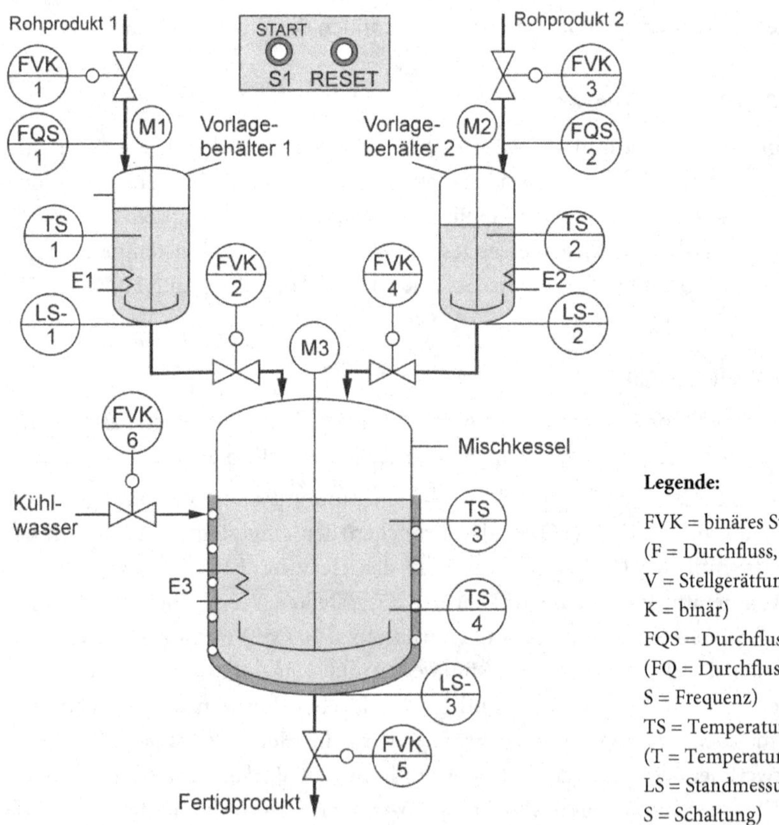

Legende:

FVK = binäres Stellventil
(F = Durchfluss,
V = Stellgerätfunktion,
K = binär)
FQS = Durchflussmengenzähler
(FQ = Durchflussmenge,
S = Frequenz)
TS = Temperatursensor
(T = Temperatur, S = Schaltung)
LS = Standmessung (L = Stand,
S = Schaltung)

Lösungshinweise:

Die Umsetzung des Prozessablaufs in einem verzweigten Ablauf-Funktionsplan führt wegen der Vielzahl der Ablaufschritte zu einer unübersichtlichen Darstellung. Ein anderer Lösungsansatz besteht darin, den gesamten Chargenprozess in die drei Funktionseinheiten Mischkessel, Vorlagebehälter 1 und Vorlagebehälter 2 zu untergliedern.

Für jede dieser Funktionseinheiten ist eine Schrittkette zu entwickeln. Die Schrittkette für den Vorlagebehälter 1 (SK3) und die Schrittkette für den Vorlagebehälter 2 (SK4) unterscheiden sich dabei aufgabenbedingt nur durch die zum jeweiligen Behälter gehörenden Sensoren bzw. Aktoren und den vorgegebenen Rührzeiten.

Die Abstimmung der drei Schrittketten und somit die Steuerung des Gesamtablaufs übernimmt eine Koordinations-Schrittkette (SK1). Diese enthält als Aktionen nur Transitionen für die anderen Schrittketten und die Transitionen werden durch das Erreichen bestimmter Ablaufschritte der Schrittketten SK2, SK3 und SK4 für die Funktionseinheiten gebildet.

Da sich jeweils nur lineare Schrittketten für die Funktionseinheiten und die Koordinations-Schrittkette (SK1) ergeben, kann bei der Realisierung des Steuerungsprogramms für den Chargenbetrieb der Standard-Funktionsbaustein FB 15 aus Kapitel 6 verwendet werden.

Mit der RESET-Taste können alle Schrittketten in die Grundstellung versetzt werden.

Lösungsleitlinie

1. Bestimmen Sie die Zuordnungstabelle der PLC-Eingänge und PLC-Ausgänge.
2. Stellen Sie den Prozessablauf mit einer Koordinations-Schrittkette und den Schrittketten für die Funktionseinheiten Mischkessel, Vorlagebehälter 1 und Vorlagebehälter 2 dar.
3. Zeichnen Sie den Funktionsplan für die Aktionsausgabe.
4. Geben Sie die zur Programmierung des Aktionsbausteins erforderlichen Deklarationen an.
5. Programmieren Sie den Aktionsbaustein FB 16, rufen Sie die Bausteine FB 15 (4x) und FB 16 vom OB 1/PLC_PRG aus auf und versehen Sie die Bausteinparameter mit entsprechenden lokalen Übergabevariablen und SPS-Operanden der Zuordnungstabelle.

▶ **Hinweis** Zum Test des Steuerungsprogramms bei der Erstinbetriebnahme ist es sehr hilfreich, den jeweils aktuellen Schritt jeder Schrittkette zu verfolgen. Dies ist möglich, wenn im OB 1 die Übergabevariablen SK1 bis SK4 an Ausgangsvariable AW6 bis AW12 mit der MOVE-Funktion übergeben werden. Nach Feststellung der Richtigkeit des Steuerungsprogramms, können dann die Zuweisungen wieder entfernt werden.

8.3 Kontrollaufgaben

Kontrollaufgabe 8.1

Der gegebene Ablauf-Funktionsplan beschreibt die Funktionsweise einer Steuerungsaufgabe mit drei Eingängen S1 bis S3 und sechs Ausgängen A1 bis A6. Mit einem weiteren Eingang S0 kann die Ablaufkette jederzeit in die Grundstellung gebracht werden.

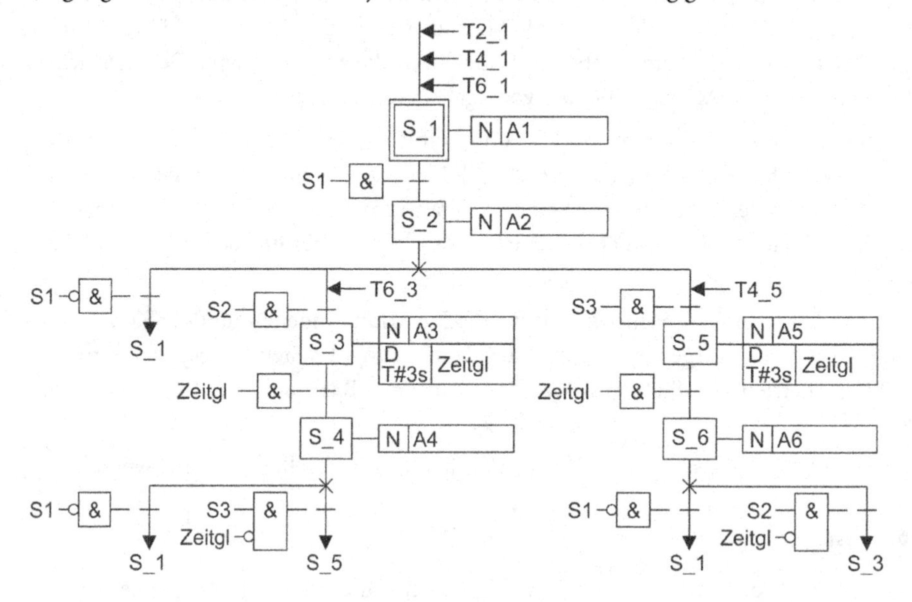

1. Ermitteln Sie aus dem Ablauf-Funktionsplan alle Transitionsbedingungen T-1 bis T-6.
2. Zeichnen Sie den Funktionsplan für die Umsetzung der Ablaufkette.
3. Geben Sie die für die Realisierung des Funktionsplans erforderlichen Deklarationen an.
4. Zeichnen Sie den Aufruf des Funktionsbausteins FB 831 im OB 1/PLC_PRG und versehen Sie die Bausteinparameter mit angenommenen SPS-Operanden.

Kontrollaufgabe 8.2

Der Ölbrenner aus einer Heizungsanlage besteht aus einem Motor, der das Gebläse und die Ölpumpe antreibt, einem Magnetventil, welches die Ölzufuhr von der Pumpe zur Düse freigibt und einer Zündeinrichtung, die mit Hilfe eines Hochspannungstransformators einen Lichtbogen unmittelbar vor der Düse erzeugt.

Die Ölbrennersteuerung soll den Motor mit Gebläse und Ölpumpe einschalten, wenn der Thermostat anspricht, weil die eingestellte Kesseltemperatur unterschritten wird.

Nach einer Vorbelüftungszeit von drei Sekunden wird durch das Magnetventil die Ölzufuhr freigegeben und gleichzeitig die Zündung eingeschaltet. Die Zündung wird sofort wieder ausgeschaltet, sobald der Flammenwächter das Entstehen der Flamme meldet. Ist die am Thermostat eingestellte Kesseltemperatur erreicht, müssen Motor und Magnetventil ausgeschaltet werden.

Wenn trotz eingeschalteter Zündung keine Flamme entsteht, liegt eine Störung vor. Nach einer Sicherheitszeit von neun Sekunden muss die Ölzufuhr gesperrt, der Motor abgeschaltet und ein Alarm (Störungsleuchte) ausgelöst werden. Nach einem Alarmzustand kann die Anlage von Hand durch Betätigen eines Entriegelungstasters wieder in Betrieb genommen werden. Erlischt die Flamme während des Brennerbetriebs, so muss die Zündung automatisch eingeschaltet werden. Mit der RESET-Taste kann die Ablaufkette jederzeit in die Grundstellung versetzt werden.

Technologieschema:

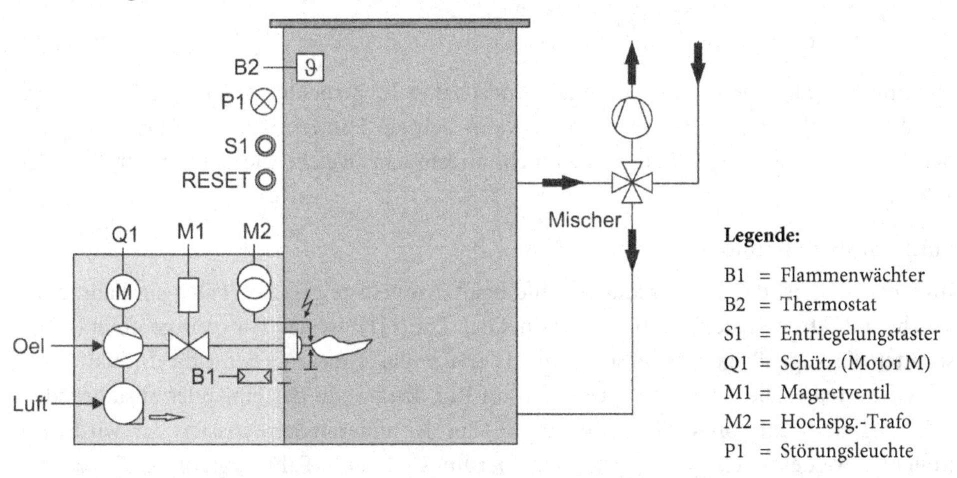

1. Bestimmen Sie die Zuordnungstabelle der PLC-Eingänge und PLC-Ausgänge.
2. Geben Sie den Ablauf-Funktionsplan der Steuerungsaufgabe an.
3. Ermitteln Sie aus dem Ablauf-Funktionsplan alle Transitionsbedingungen T-1 bis T-n.
4. Zeichnen Sie den Funktionsplan für die Umsetzung der Ablaufkette in einem Baustein.
5. Geben Sie die für die Realisierung des Funktionsplans erforderlichen Deklarationen an.
6. Zeichnen Sie den Aufruf des Funktionsbausteins FB 832 im OB 1/PLC_PRG und versehen Sie die Bausteinparameter mit angenommenen SPS-Operanden.

Kontrollaufgabe 8.3

Die Ein- und Ausfahrt einer Tiefgarage ist nur einspurig zu befahren und mit einem Rollentor verschlossen. Auf beiden Seiten des Tores befinden sich jeweils zwei Induktionsschleifen. Die Unterkante des Tores ist mit einem luftgefüllten Schlauch abgeschlossen. Wenn die Tür geschlossen ist, erhöht sich der Druck im Schlauch und der Antrieb wird über einen Druckwächter B1 abgeschaltet.

Technologieschema:

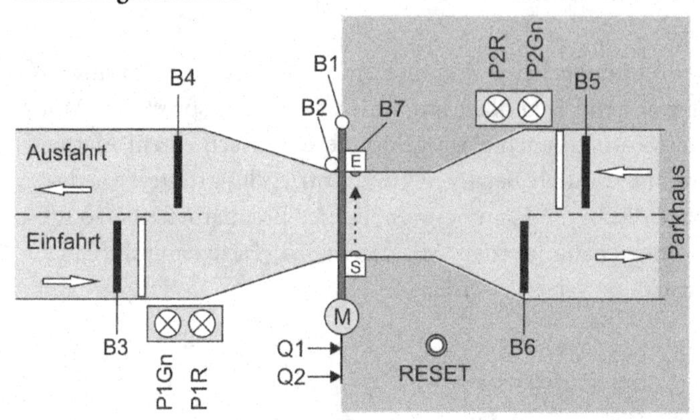

Die Endstellung „offen" wird durch den Endschalter B2 gemeldet. Die Lichtschranke B7 soll ein Schließen des Tores verhindern, wenn sich ein Hindernis im Torbereich befindet. Vor und hinter dem Tor sind Ampeln angebracht, welche die Durchfahrt steuern sollen.

Funktionsbeschreibung:

Im Normalfall ist das Tor geschlossen und beide Ampeln zeigen Rot. Fährt ein Fahrzeug auf die Induktionsschleife B3 bzw. B5 öffnet das Tor (Q1). Ist das Tor ganz geöffnet (B2), schaltet die zugehörige Ampel auf Grün. Verlässt das Fahrzeug dann die Induktionsschleife, schaltet die Ampel sofort wieder auf Rot. Erst wenn das ein- oder ausfahrende Fahrzeug die Induktionsschleife (B4 oder B6) auf der anderen Seite passiert hat, wird das Rollentor wieder geschlossen (Q2). Steht allerdings noch ein Fahrzeug auf der Einfahrt- oder Ausfahrtinduktionsschleife, bleibt das Tor oben und die zugehörige Ampel schaltet auf Grün.

Fahrzeuge, welche die Induktionsschleife B3 oder B5 betätigt haben, müssen zwangsweise über eine der Induktionsschleifen B4 oder B6 fahren. Damit in der Tiefgarage eine unnötige Autoabgasbelastung vermieden wird, soll die Ausfahrt Vorrang vor der Einfahrt haben.

Mit der RESET-Taste kann die Ablaufkette in die Grundstellung versetzt werden.

1. Bestimmen Sie die Zuordnungstabelle der PLC-Eingänge und PLC-Ausgänge.
2. Geben Sie den Ablauf-Funktionsplan der Steuerungsaufgabe an.
3. Ermitteln Sie aus dem Ablauf-Funktionsplan alle Transitionsbedingungen T-1 bis T-n.
4. Zeichnen Sie den Funktionsplan für die Umsetzung der Ablaufkette in einem Baustein.
5. Geben Sie die für die Realisierung des Funktionsplans erforderlichen Deklarationen an.

6. Zeichnen Sie den Aufruf des Funktionsbausteins FB 833 im OB 1/PLC_PRG und versehen Sie die Eingänge und Ausgänge des Bausteins mit angenommenen SPS-Operanden.

Kontrollaufgabe 8.4

Die nachfolgende Transitionstabelle beschreibt die Weiterschaltbedingungen eines Ablauf-Funktionsplanes. In jedem Ablaufschritt wird dabei als Aktion einem Ausgang A1 bis A6 nichtspeichernd ein "1"-Signal zugewiesen. Mit der RESET-Taste kann die Ablaufkette in die Grundstellung versetzt werden.

Transitionstabelle:

Transition	Weiterschaltbedingungen
T-1	T4_1 = $\overline{S1}$ T6_1 = $\overline{S1}$
T-2	T1_2 = S1
T-3	T2_3 = S2 & $\overline{S3}$ T5_3 = S2 T6_3 = S2

Transition	Weiterschaltbedingungen
T-4	T3_4 = S4
T-5	T2_5 = $\overline{S2}$ & S3 T3_5 = S3 T4_5 = S3
T-6	T5_6 = S4

1. Zeichnen Sie den zur Transitionstabelle gehörenden Ablauf-Funktionsplan.
2. Zeichnen Sie den Funktionsplan für die Umsetzung der Ablaufkette.
3. Geben Sie die für die Realisierung des Funktionsplans erforderlichen Deklarationen an.
4. Zeichnen Sie den Aufruf des Funktionsbausteins FB 834 im OB 1/PLC_PRG und versehen Sie die Eingänge und Ausgänge des Bausteins mit angenommenen SPS-Operanden.

9 Beschreibungsmittel – Struktogramm und Programmablaufplan

9.0 Übersicht

Bestimmte Algorithmen für Steuerungsaufgaben lassen sich vorteilhaft mit grafischen Ablaufstrukturen wie Struktogramm oder Programmablaufplan beschreiben. Die Analyse von Algorithmen zeigt, dass sich immer wieder drei Ablaufstrukturen (Strukturblöcke) ergeben:

Folge (Sequenz): die Verarbeitung von Blöcken, Anweisungen, Befehlen nacheinander;

Auswahl (Selektion): die Auswahl von bestimmten Blöcken, Anweisungen, Befehlen;

Wiederholung (Iteration): die Wiederholung von Blöcken, Anweisungen, Befehlen.

Zusammenstellung der Sinnbilder für Struktogramm und Programmablaufplan

Ablaufstruktur	Struktogramm	Programmablaufplan
Verarbeitung	V	V
Folge	V1 V2	V1 V2
Bedingte Verarbeitung	B JA NEIN V	B NEIN JA V

Ablaufstruktur	Struktogramm	Programmablaufplan
Einfache Alternative	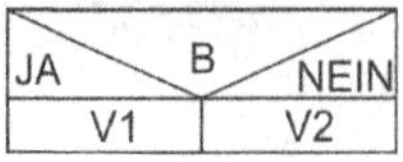 JA B NEIN / V1 V2	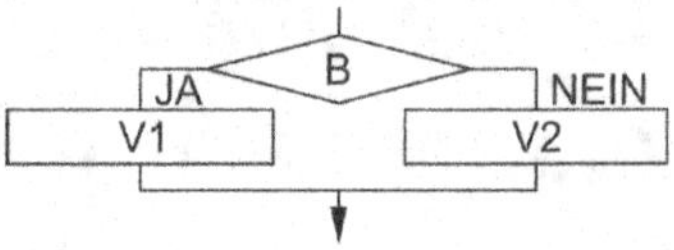 B, JA NEIN, V1 V2
Mehrfache Alternative	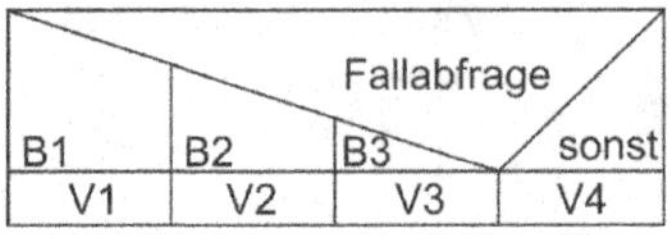 Fallabfrage, B1 B2 B3 sonst, V1 V2 V3 V4	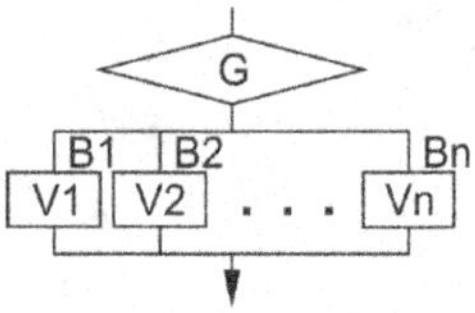 G, B1 B2 Bn, V1 V2 . . . Vn
Wiederholung ohne Bedingungsprüfung	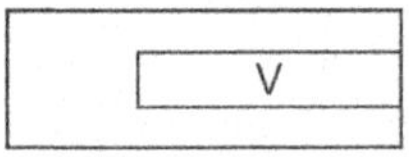 V	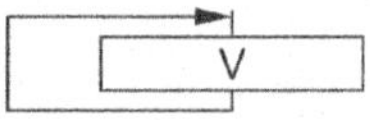 V
Wiederholung mit vorausgehender Bedingungsprüfung	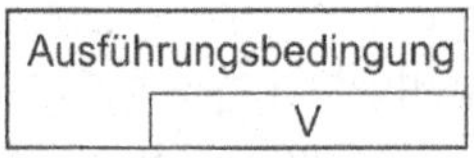 Ausführungsbedingung / V	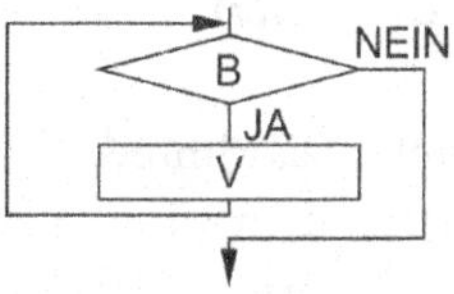 B, NEIN, JA, V
Wiederholung mit nachfolgender Bedingungsprüfung	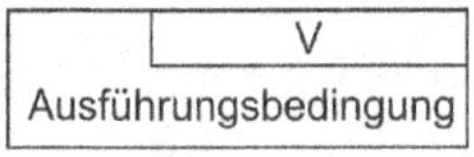 V / Ausführungsbedingung	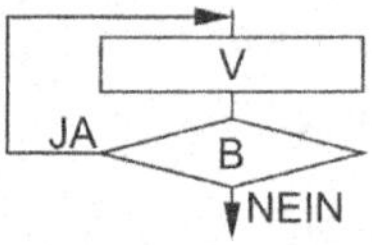 V, JA, B, NEIN

Die mit einem Struktogramm oder Programmablaufplan dargestellten Algorithmen, können mit jeder SPS-Programmiersprache in ein Steuerungsprogramm umgesetzt werden. Die Programmiersprache SCL/ST unterstützt durch entsprechender Konstrukte dabei jedoch die Umsetzung am besten. Die Anweisungsliste AWL und der Funktionsplan FUP führen bei den Strukturblöcken „Auswahl" und „Wiederholung" zu Sprüngen im Programmablauf.

Nachfolgende Beispiele zeigen, wie die einzelnen Strukturblöcke in die Programmiersprache SCL/ST und AWL umgesetzt werden können. Im weiteren Verlauf dieses Kapitels sind die Struktogramme jedoch nur in der Programmiersprache SCL/ST umgesetzt.

Strukturblock	SCL/ST	AWL STEP 7	AWL CoDeSys

Folge 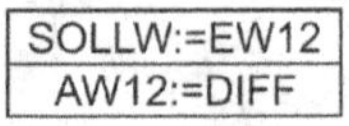
SOLLW:=EW12
AW12:=DIFF
	`SOLLW:= EW12;`
	`AW12 := DIFF;`
		`L EW 12`
		`T SOLLW`
		`L DIFF`
		`T AW12`
			`LD EW12`
			`ST SOLLW`
			`LD DIFF`
			`ST AW12`

Bedingte Verarbeitung 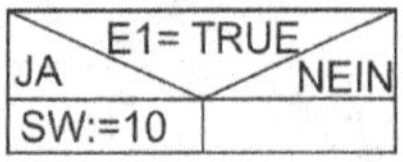
E1= TRUE
JA NEIN
SW:=10
	`IF E1 THEN`
	`SW:=10;`
	`END_IF;`
		`U E1`
		`SPBN M1`
		`L 10`
		`T SW`
		`M1: NOP 0`
			`LD E1`
			`JMPCN M1`
			`LD 10`
			`ST SW`
			`M1:`

Strukturblock	**SCL/ST**	**AWL**	
		STEP 7	**CoDeSys**

Einfache Alternative
ZA1 > ZA2
JA / NEIN
V1:=TRUE / V1:=FALSE
AW12:=XA / AW12:=XB
	IF ZA1>ZA2 THEN
	V1 :=TRUE;
	AW12:= XA;
	ELSE
	V1 :=FALSE;
	AW12:=XB;
	END_IF;
		L ZA1
		L ZA2
		>I
		= V1
		SPBN M1
		L XA
		T AW12
		SPA M2
		M1: L XB
		T AW12
		M2: NOP 0
			LD ZA1
			GT ZA2
			ST V1
			JMPCN M1
			LD XA
			ST AW12
			JMP M2
			M1:
			LD XB
			ST AW12
			M2:

Mehrfache Alternative
ZAE
=0 / =1 / =2 / sonst
SW:=10 / SW:=20 / SW:=40 / SW:=80
	CASE ZAE OF
	0: SW:=10;
	1: SW:=20;
	2: SW:=40;
	ELSE
	SW:= 80;
	END_CASE;
	ODER:
	IF ZAE=0 THEN
	SW:=10;
	ELSIF ZAE=1 THEN
	SW:=20;
	ELSIF ZAE=2 THEN
	SW:=40;
	ELSE SW:=80;
	END_IF
		L ZAE
		L 0
		==I
		SPBN M1
		L 10
		T SW
		SPA M4
		M1: L ZAE1
		L 1
		==I
		SPBN M2
		L 20
		T SW
		SPA M4
		M2: L ZAE1
		L 2
		==I
		SPBN M3
		L 40
		T SW
		SPA M4
		M3: L 80
		T SW
		M4:NOP 0
			LD ZAE
			EQ 0
			JMPCN M1
			LD 10
			ST SW
			JMP M4
			M1:
			LD ZAE
			EQ 1
			JMPCN M2
			LD 20
			ST SW
			JMP M4
			M2:
			LD ZAE
			EQ 2
			JMPCN M3
			LD 40
			ST SW
			JMP M4
			M3:
			LD 80
			ST SW
			M4:

Wiederholung mit vorausgehender Bedingungsprüfung Solange VAR1 < VAR2 VAR1:=VAR1 + 1 ZAE1:=ZAE1 + 1	WHILE VAR1 < VAR2 DO VAR1:= VAR1 +1; ZAE1:= ZAE1 +1; END_WHILE;	M1: L VAR1 L VAR2 >I SPBN M2 L VAR1 + 1 T VAR1 L ZAE1 + 1 T ZAE1 SPA M1 M2:NOP 0	M1: LD VAR1 LE VAR2 JMPCN M2 LD VAR1 ADD 1 ST VAR1 LD ZAE1 ADD 1 ST ZAE1 JMP M1 M4:

Strukturblock	SCL/ST	AWL STEP 7	 CoDeSys

Zählschleife
FOR I = N TO 1 BY -1
VAR1:=VAR1 + 1
	`FOR I:= N TO 1`
	`BY -1 DO`
	`VAR1:= VAR1+1;`
	`END_FOR;`
		`L N`
		`NEXT:T MW10`
		`L VAR1`
		`+ 1`
		`T VAR1`
		`L MW10`
		`LOOP`
		`NEXT`
			`LD N`
			`ST I`
			`M1:`
			`LD I`
			`EQ 1`
			`JMPCN M2`
			`...`
			`M2:`

Wiederholung mit nachfolgender Bedingungsprüfung
VAR1:=VAR1 + 1
ZAE1:=ZAE1 - 1
Wiederhole solange ZAE1 > 0
	`REPAET`
	`VAR1:= VAR1 +1;`
	`ZAE1:= ZAE1 -1;`
	`UNTIL ZAE1 > 0`
	`END_REPEAT;`
		`M1: L VAR1`
		`+ 1`
		`T VAR1`
		`L ZAE1`
		`+ -1`
		`T ZAE1`
		`L 0`
		`>I`
		`SPB M1`
			`M1:`
			`LD VAR1`
			`ADD 1`
			`ST VAR1`
			`LD ZAE1`
			`SUB 1`
			`ST ZAE1`
			`GT 0`
			`JUMPCN M1`

Die Operationen **RS-Speicher** und **Flankenauswertung** sind in der Programmiersprache SCL/ST nicht verfügbar, können aber durch folgende Programmkonstrukte gebildet werden:

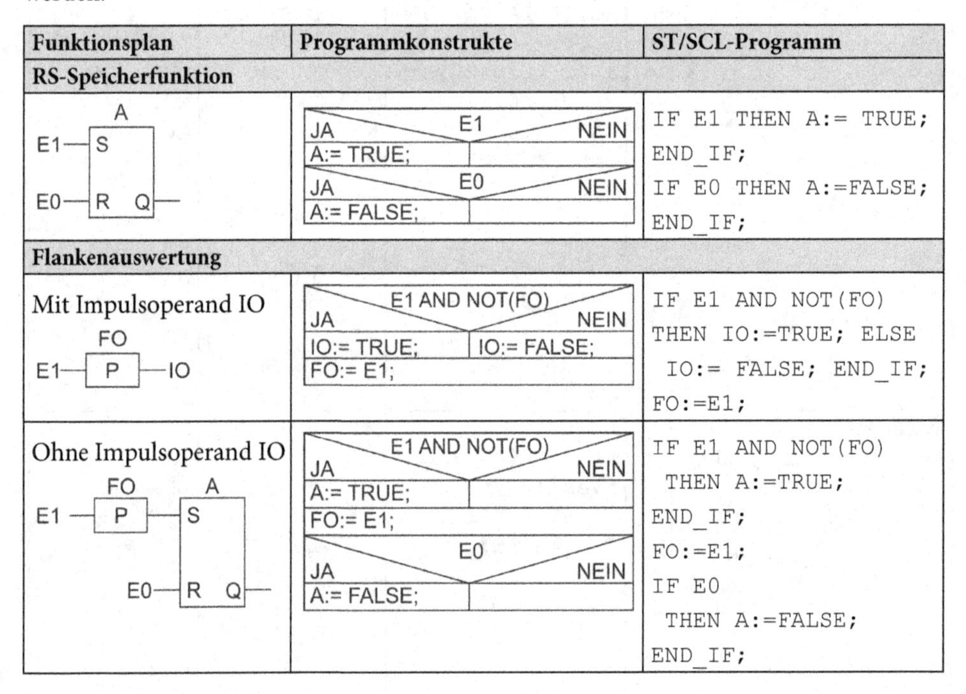

Funktionsplan	Programmkonstrukte	ST/SCL-Programm
RS-Speicherfunktion		

A
E1 — S
E0 — R Q —
	E1: JA → A:= TRUE; / NEIN
	E0: JA → A:= FALSE; / NEIN
		`IF E1 THEN A:= TRUE;`
		`END_IF;`
		`IF E0 THEN A:=FALSE;`
		`END_IF;`

Flankenauswertung		

Mit Impulsoperand IO
FO
E1 — P — IO
	E1 AND NOT(FO): JA → IO:= TRUE; / NEIN → IO:= FALSE;
	FO:= E1;
		`IF E1 AND NOT(FO)`
		`THEN IO:=TRUE; ELSE`
		`IO:= FALSE; END_IF;`
		`FO:=E1;`

Ohne Impulsoperand IO
FO A
E1 — P — S
E0 — R Q —
	E1 AND NOT(FO): JA → A:= TRUE; / NEIN
	FO:= E1;
	E0: JA → A:= FALSE; / NEIN
		`IF E1 AND NOT(FO)`
		`THEN A:=TRUE;`
		`END_IF;`
		`FO:=E1;`
		`IF E0`
		`THEN A:=FALSE;`
		`END_IF;`

9.1 Beispiel

- **Struktogrammbestimmung aus verbalem Text, Umsetzung Struktogramm in SCL/ST**

Messwertkontrolle zur Qualitätssicherung

Bei der Produktion von keramischen Scheiben soll zur Qualitätssicherung die Dicke jeder Scheibe einer Charge kontrolliert werden. Dazu werden die gemessenen Werte der Scheibendicke in mm in einem Datenfeld im Datenformat REAL gespeichert. Es können maximal 500 Werte gespeichert werden. Mit einer Funktion soll die Anzahl der Scheiben bestimmt werden, deren Dicke sich außerhalb eines vorgegebenen Bereichs befinden. Der Bereich ist durch die Angabe einer Dicken-Obergrenze D_ORG und eine Dicken-Untergrenze D_UGR vorgebbar. Die ermittelte Anzahl soll ausgegeben werden. Ferner sind der kleinste und der größte Messwert in dem Datenfeld zu bestimmen und auszugeben. Die Überprüfung der Messdaten erfolgt mit einem "1"-Signal am Eingang M_START.

Die zu entwerfende Funktion FC 911 besitzt folgende Übergabeparameter:

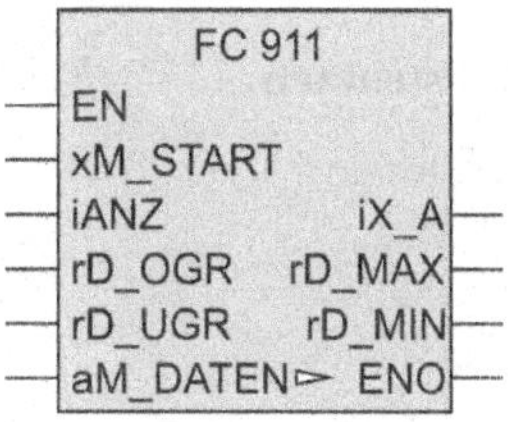

```
           FC 911
    --|EN                |
    --|xM_START          |
    --|iANZ          iX_A|--
    --|rD_OGR      rD_MAX|--
    --|rD_UGR      rD_MIN|--
    --|aM_DATEN>      ENO|--
```

IN		
xM_START	BOOL	Start der Messwertauswertung
iANZ	INT	Anzahl der Messwerte im Datenfeld
rD_OGR	REAL	Obergrenze der Scheibendicke
rD_UGR	REAL	Untergrenze der Scheibendicke
OUT		
iX_A	INT	Anzahl der Messwerte außerhalb
rD_MAX	REAL	Größte Scheibendicke
rD_MIN	REAL	Kleinste Scheibendicke
IN_OUT		
aM_DATEN	ARRAY of REAL	Datenfeld

1. Schritt: Verbale Beschreibung des Algorithmus und Übersichts-Struktogramm

Bestimmung der Anzahl der Messwerte außerhalb des Bereichs: Der Zähler iX_A wird zunächst auf 0 gesetzt. In einer Schleife wird dann jeder Messwert mit den Grenzen verglichen und der Zähler gegebenenfalls hoch gezählt.

Nachdem der erste Messwert sowohl als Maximum und als Minimum bestimmt wurde, werden in der Schleife alle weiteren Messwerte mit dem Maximum bzw. Minimum verglichen und ersetzen dieses gegebenenfalls.

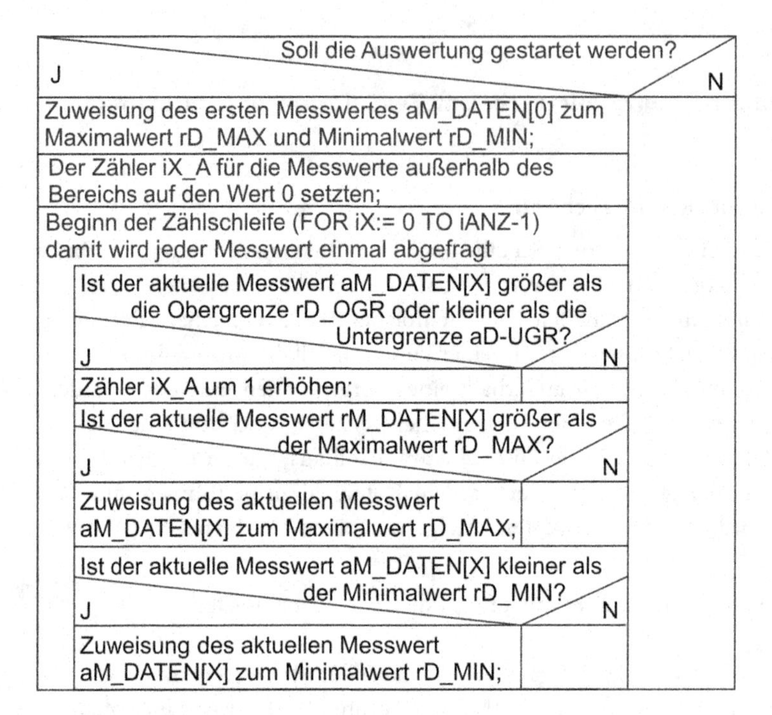

2. Schritt: Struktogramm mit Anweisungen in den Programmkonstrukten

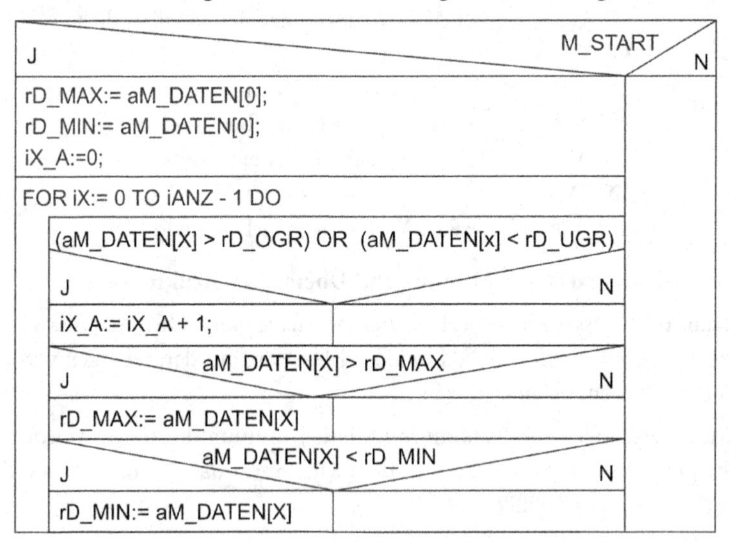

3. Schritt: SCL/ST-Programm der Funktion FC 911

```
Funktion FC900: VOID
VAR_INPUT           VAR_OUTPUT          VAR_IN_OUT
xM_START: BOOL;     iX_A: INT;          aM_DATEN: ARRAY [0..499] of REAL:
iANZ: INT;          rD_MAX: REAL;       END_VAR
rD_OGR: REAL;       rD_MIN: REAL;       VAR_TEMP
rD_UGR: REAL        END_VAR             iX : INT;
END_VAR                                 END_VAR
IF xM_START THEN
  rD_MIN:= aM_DATEN[0]; rD_MAX:= aM_DATEN[0];  iX_A:= 0;
  FOR iX:= 0 TO iANZ-1 DO
    IF aM_DATEN[iX] < rD_UGR OR aM_DATEN[iX] > rD_OGR
    THEN  iX_A:= iX_A + 1;
   END_IF;
   IF aM_DATEN[iX] < rD_MIN
    THEN rD_MIN:= aM_DATEN[iX];
   END_IF;
   IF aM_DATEN[iX] > rD_MAX
    THEN rD_MAX:= aM_DATEN[iX];
   END_IF;
  END_FOR;
END_IF;
```

4. Schritt: Aufruf des Bausteins im OB 1/PLC_PRG zu Testzwecken

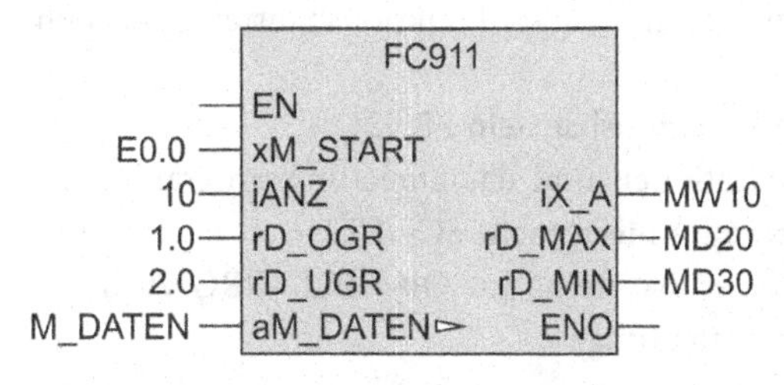

Hinweis Bei STEP 7 kann das Datenfeld M_Daten entweder im OB 1 oder in einem Datenbaustein (z. B. DB 10) deklariert werden. Bei der Deklaration in einem Datenbaustein mit dem Symbolnamen „DATEN" ist an den Parametereingang dann zu schreiben: DATEN. aM_DATEN (entspr. P#DB10.DBX0.0).

Programm siehe http://www.automatisieren-mit-sps.de: Aufgabe 09_1_01

9.2 Lernaufgaben

▶ **Hinweis** Für die folgenden Lernaufgaben müssen teilweise Operationen verwendet werden, welche erst in den Kapiteln 10 bzw. 11 erklärt sind.

Lernaufgabe 9.1 Betriebsstundenzähler

Lösung S. 358

Für die Instandhaltung soll die Betriebszeit einer Pumpe gemessen und mit einer vorgebbaren maximalen Standzeit in Stunden verglichen werden. Mit einem Schalter EIN werden die Pumpe und zugleich ein Betriebsstundenzähler mit Taktgenerator für den Sekundentakt eingeschaltet.

Dazu ist ein Funktionsbaustein FB 921 zu entwerfen, der die Einschaltzeit der Pumpe sekundengenau speichert und in Stunden ausgibt. An einem weiteren Ausgang des Bausteins soll die Einschaltzeit bezogen auf die vorgegebene Betriebszeit in Prozent ausgegeben werden. Die drei Ausgänge P1, P2, P3 des Bausteins zeigen an, ob die prozentuale Einschaltdauer über 70 %, über 90 % und über 100 % ist.

Mit einem RESET-Taster kann die gespeicherte Einschaltzeit zurückgesetzt werden.

Technologieschema:

Betriebsstunden BS
P1 BS > 70%
P2 BS > 90%
P3 BS > 100%
888888 in h
888888 in %

Lösungsleitlinie

1. Geben Sie die Bausteinparameter des zu bestimmenden Funktionsbausteins mit den dazugehörigen Datenformaten an.
2. Ermitteln Sie ein Struktogramm für den Funktionsbaustein FB 921.
3. Bestimmen Sie die erforderlichen Deklarationen und das Steuerungsprogramm für den Funktionsbaustein FB 921 in der Programmiersprache SCL/ST.
4. Zeichnen Sie den Funktionsplanaufruf des Bausteins im OB 1/PLC_PRG zu Testzwecken mit entsprechender Parameterbeschaltung.

Lernaufgabe 9.2 Ablaufkettenbaustein FB 25

Lösung S. 360

Der Ablaufkettenbaustein FB 25 aus Kapitel 7 ist in der Programmiersprache SCL/ST zu realisieren. Für diese Programmierung ist ein Zähler einzuführen, dessen Zählerstand die einzelnen Schritte repräsentiert. Die Schrittoperanden entfallen somit. Abhängig vom Zählerstand und entsprechenden Weiterschaltbedingungen wird der Zählerstand verändert. Als Vorlage für das SCL/ST Programm ist ein Struktogramm zu bestimmen.

Lösungsleitlinie

1. Ermitteln Sie für den Ablaufkettenbaustein FB 25 ein Struktogramm, wobei die einzelnen Schritte durch einen Zählerstand abgebildet werden sollen.
2. Bestimmen Sie die erforderlichen Deklarationen und das Steuerungsprogramm für den Funktionsbaustein FB 25 in der Programmiersprache SCL/ST.
3. Zeichnen Sie den Funktionsplanaufruf des Bausteins im OB 1/PLC_PRG zu Testzwecken mit entsprechender Beschaltung der Bausteinparameter.

Lernaufgabe 9.3 Torsteuerung

Lösung S. 364

Ein Fabriktor kann durch Betätigung von S_AUF bzw. S_ZU auf- oder zugefahren werden. Wird während der Bewegung des Tores der Taster S_HALT betätigt oder gibt der Drucksensor B_Druck des Tores beim Zufahren Signal, bleibt das Tor sofort stehen. Ansonsten fährt das Tor bis zu den jeweiligen Endschaltern B_AUF bzw. B_ZU. Die Anzeigeleuchten der Taster P_AUF, P_ZU und P_HALT zeigen jeweils an, ob eine Bedienung der Taster sinnvoll ist. Die Störungslampe P_STOE leuchtet, wenn 1 Sekunde nach Ansteuerung der Leistungsschütze Q1 bzw. Q2 keine Rückmeldung mittels eines Hilfskontaktes von Q1 bzw. Q2 erfolgt. Die Störungslampe P_STOE leuchtet ebenfalls, wenn beide Endschalter des Tores ein "0"-Signal melden. Leuchtet die Störungslampe, befindet sich die Anlage im Störungszustand. Dieser kann durch Betätigung des Quittierungs-Taster QUITT verlassen werden.

Technologieschema:

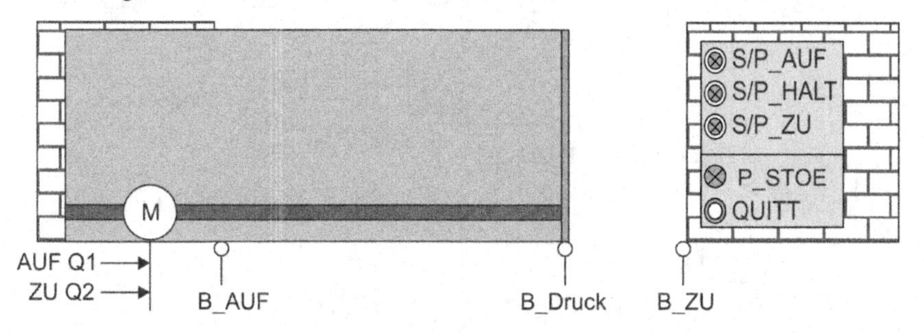

Zuordnungstabelle der PLC-Eingänge und PLC-Ausgänge

PLC-Eingangsvariable	Symbol	Datentyp	Logische Zuordnung		Adresse
Halt-Taste	S_HALT	BOOL	Betätigt	S_HALT = 0	E 0.0
Taster Tor auffahren	S_AUF	BOOL	Betätigt	S_AUF = 1	E 0.1
Taster Tor zufahren	S_ZU	BOOL	Betätigt	S_ZU = 1	E 0.2
Endschalter Tor auf	B_AUF	BOOL	Betätigt	B_AUF = 0	E 0.3
Endschalter Tor zu	B_ZU	BOOL	Betätigt	B_ZU = 0	E 0.4
Drucksensor	B_DRUCK	BOOL	P zu groß	B_DRUCK = 0	E 0.5
Rückmeldung Schütz Q1	QH1	BOOL	Angezogen	QH1 = 1	E 0.6
Rückmeldung Schütz Q2	QH2	BOOL	Angezogen	QH2 = 1	E 0.7
Quittier-Taste	QUITT	BOOL	Betätigt	QUITT = 1	E 1.0

PLC-Ausgangsvariable				
HALT-Tasterleuchte	P_HALT	BOOL	Leuchtet P_HALT = 1	A 4.0
AUF-Tasterleuchte	P_AUF	BOOL	Leuchtet P_AUF = 1	A 4.1
ZU-Tasterleuchte	P_ZU	BOOL	Leuchtet P_ZU = 1	A 4.2
Störungsleuchte	P_STOE	BOOL	Leuchtet P_STOE = 1	A 4.3
Schütz Tor AUF	Q1	BOOL	Angezogen Q1 = 1	A 4.4
Schütz Tor ZU	Q2	BOOL	Angezogen Q2 = 1	A 4.5

Da die Fabrik mehrere dieser Tore hat, soll das Programm für jeweils eine Torsteuerung in einen SPS-Baustein geschrieben werden, welcher beliebig oft für die weiteren Tore aufgerufen werden kann. Zur Funktionsbeschreibung des Tores wurde zwischen dem Auftraggeber und dem Kunden eine Beschreibung des Funktionsablaufs mit einem Ablaufplan vereinbart. Darin ist festgelegt, dass sich die Torsteuerung in insgesamt sechs verschiedenen Schritten bzw. Zuständen befinden kann.

Die möglichen Schritte sind:

Schritt 1: Das Tor steht zwischendrin.
Schritt 2: Das Tor wird geschlossen.
Schritt 3: Das Tor ist geschlossen.
Schritt 4: Das Tor wird geöffnet.
Schritt 5: Das Tor ist offen.
Schritt 6: Es liegt eine Störung vor.

Gegebene Ablaufkette:

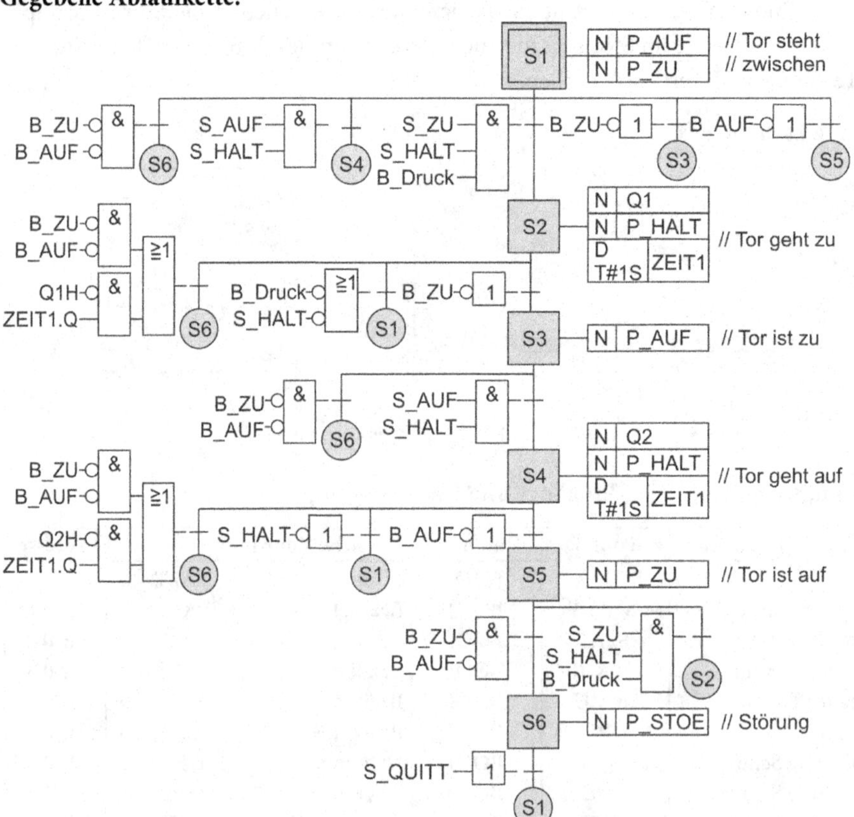

Lösungsleitlinie

1. Ermitteln Sie für die gegebene Ablaufkette ein Struktogramm, wobei die einzelnen Schritte durch den Zählerstand eines Zählers abgebildet werden sollen.
2. Bestimmen Sie die erforderlichen Deklarationen und das Steuerungsprogramm für den Funktionsbaustein FB 923 in der Programmiersprache SCL/ST.
3. Zeichnen Sie den Funktionsplanaufruf des Bausteins im OB 1/PLC_PRG mit SPS-Operanden der Zuordnungstabelle an den Bausteinparametern.

Lernaufgabe 9.4: Pufferspeicher FIFO

Lösung S. 364

Für die Programmbibliothek ist ein Funktionsbaustein FB 924 (FIFO) zu entwerfen, der die Funktion eines FIFO-Pufferspeichers erfüllt. In dem Pufferspeicher (repräsentiert durch ein Datenfeld) sollen Werte mit dem Datenformat WORD gespeichert werden. Die mögliche Anzahl der zu speichernden Werte wird an dem Funktionsbaustein-Eingang LAE (Länge) vorgegeben, soll aber maximal auf 100 Werte begrenzt sein. Bei einem 0 → 1 Zustandswechsel am Eingang WR (Schreiben) wird der am Eingang IN liegende Wert in den Pufferspeicher übernommen. Sind so viele Werte in den Pufferspeicher geschrieben, wie die Anzahl LAE vorgibt, zeigt der Funktionsbausteinausgang FU (Voll) "1"-Signal. Ein weiteres Einschreiben ist dann nicht mehr möglich.

Bei einem 0 → 1 Zustandswechsel am Eingang RD (Lesen) wird derjenige Wert an den Ausgang OUT ausgegeben, der als erster in den Pufferspeicher geschrieben wurde. Sind alle Werte aus dem Pufferspeicher ausgelesen, wird das durch ein "1"-Signal am Ausgang EM (Leer) des Funktionsbausteins angezeigt. Ein weiteres Auslesen ist dann nicht mehr möglich.

Das Ein- bzw. Auslesen des Pufferspeichers ist jeweils nur möglich, wenn der entsprechende andere Eingang WR bzw. RE des Funktionsbausteins "0"-Signal hat. Über den Eingang RES (Zurücksetzen) des Funktionsbausteins kann der Pufferspeicher gelöscht werden.

Ein-/Ausgabeparameter:

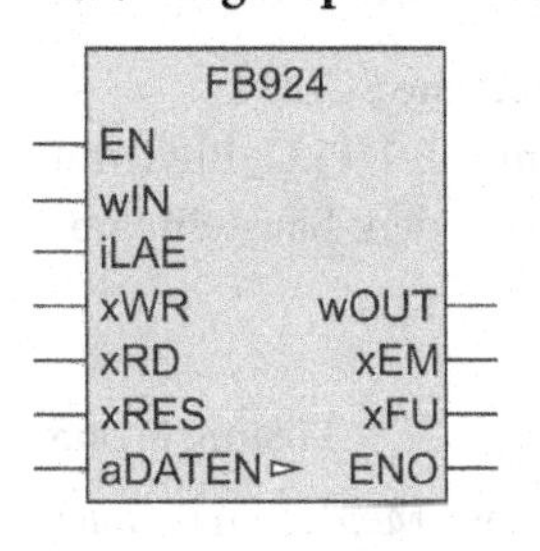

Beschreibung der Parameter:

IN

wIN	WORD	Einzulesender Wert
iLAE	INT	Anzahl der maximal gespeicherten Werte
xWR	BOOL	Bei 0 → 1 Signalwechsel: Wert schreiben
xRD	BOOL	Bei 0 → 1 Signalwechsel: Wert lesen
xRES	BOOL	Bei "1"-Signal: Löschen des Pufferspeichers

OUT

wOUT	WORD	Wert, der ausgelesen wird
xEM	BOOL	Pufferspeicher leer bei Signalzustand "1"
xFU	BOOL	Pufferspeicher voll bei Signalzustand "1"

IN_OUT

aDATEN	ARRAY	Datenfeld mit WORD-Werten > LAE

Zum Test des Funktionsbausteins FB 924 wird an den Eingang wIN ein Zifferneinsteller gelegt. Zur Beobachtung der ausgelesenen Werte wird an den Funktionsbaustein-Ausgang wOUT eine Ziffernanzeige angeschlossen. An die Eingänge xWR, xRD und xRES werden Taster und an die Ausgänge xEM und xFU Anzeigeleuchten angeschlossen. Der Eingang iLAE wird über ein Merkerwort MW10 mit entsprechenden Integer-Werten versorgt.

Zuordnungstabelle der PLC-Eingänge und PLC-Ausgänge

PLC-Eingangsvariable	Symbol	Datentyp	Logische Zuordnung		Adresse
Taste „Einlesen"	S1	BOOL	Betätigt	S1 = 1	E 0.1
Taste „Auslesen"	S2	BOOL	Betätigt	S2 = 1	E 0.2
Taste „Zurücksetzen"	S3	BOOL	Betätigt	S3 = 1	E 0.3
Zifferneinsteller	EW	WORD	BCD-Code		EW 8
PLC-Ausgangsvariable					
Anzeigeleuchte „leer"	P_EM	BOOL	leuchtet	P_EM = 1	A 4.1
Anzeigeleuchte „voll"	P_FU	BOOL	leuchtet	P_FU = 1	A 4.2
Ziffernanzeige	AW	WORD	BCD-Code		AW 12

Der Algorithmus des Steuerungsprogramms für den Funktionsbaustein FB 924 (FIFO) basiert auf die Verwendung von zwei Zeigern. Zeiger 1 bestimmt die Stelle für das nächste Einlesen. Zeiger 2 bestimmt die Stelle für das nächste Auslesen. Die beiden Zeiger werden durch die Zähler ZAE1 und ZAE2 repräsentiert. Aus der Stellung der beiden Zeiger könnte die Anzahl der eingelesenen Werte ermittelt werden. Es ist jedoch leichter, einen dritten Zähler ZAE3 einzuführen, der jeweils die Anzahl der eingelesenen und noch nicht ausgelesenen Werte angibt.

Lösungsleitlinie

1. Ermitteln Sie ein Struktogramm für den Algorithmus des FIFO-Bausteins FB 924 mit verbaler Beschreibung der Programmkonstrukte.
2. Ersetzen Sie im Struktogramm zu Punkt 1 die verbale Beschreibung durch Anweisungen.
3. Bestimmen Sie das Steuerungsprogramm in der Programmiersprache SCL/ST.
4. Zeichnen Sie den Funktionsplanaufruf des FIFO-Bausteins im OB 1/PLC_PRG mit entsprechenden SPS-Operanden aus der Zuordnungstabelle an den Bausteinparametern.

Lernaufgabe 9.5: Meldefunktionsbaustein

Lösung S. 365

Es ist ein Meldefunktionsbaustein FB 925 zu entwerfen, der 8 binäre Meldesignale auswertet, die in einem Byte (Meldebyte) zusammengefasst sind. Die einzelnen Meldesignale haben z. B. die Bedeutung einer speziellen Anlagenstörung oder eines bestimmten Betriebszustandes. Jede neu auftretende Meldung wird durch eine zugehörige Signalleuchte blinkend angezeigt. Die Variablen für die Signalleuchten sind in einem Byte zusammengefasst. Nach Betätigen der Quittiertaste S1 geht das Blinklicht in Dauerlicht über, sofern die Meldung noch ansteht. Ist die Meldung nicht mehr vorhanden, erlischt die Anzeigeleuchte. Mit einer Prüftaste S2 können alle acht Anzeigenleuchten gleichzeitig kontrolliert werden. Zum Programmtest werden die Meldungen mit einem Eingangsbyte EB simuliert.

Übergabeparameter des Melde-Funktionsbausteins

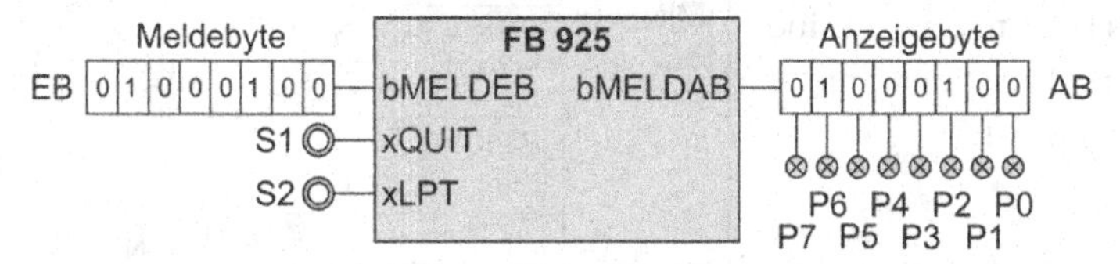

Zuordnungstabelle der PLC-Eingänge und PLC-Ausgänge

PLC-Eingangsvariable	Symbol	Datentyp	Logische Zuordnung		Adresse
Eingangsmeldebyte	EB	BYTE	Bitmuster		EB 0
Taster Quittieren	S1	BOOL	Betätigt	S1 = 1	E 1.1
Prüftaste	S2	BOOL	Betätigt	S2 = 1	E 1.2
PLC-Ausgangsvariable					
Meldeleuchte 0	P0	BOOL	Leuchtet	P0 = 1	A 4.0
---	---	---	---	---	---
Meldeleuchte 7	P7	BOOL	Leuchtet	P7 = 1	A 4.7

Bei der Auswahl des Algorithmus ist darauf zu achten, dass der Funktionsbaustein FB 925 ohne größere Änderungen auf ein Meldewort (16 Meldeeingänge) bzw. ein Meldedoppelwort (32 Meldeeingänge) erweitert werden kann. Der Taktgenerator für das Blinklicht ist innerhalb des Bausteins zu realisieren.

Lösungsleitlinie

1. Beschreiben Sie den Algorithmus für den Funktionsbaustein FB 925 verbal.
2. Bestimmen Sie ein Struktogramm für den Funktionsbaustein FB 925.
3. Ermitteln Sie aus dem Struktogramm das Steuerungsprogramm für den Baustein in der Programmiersprache SCL/ST.
4. Zeichnen Sie den Funktionsplanaufruf des Bausteins FB 925 im OB 1/PLC_PRG mit entsprechenden SPS-Operanden aus der Zuordnungstabelle an den Bausteinparametern.

9.3 Kontrollaufgaben

Kontrollaufgabe 9.1

Das nebenstehende Struktogramm gibt das Steuerungsprogramm des Funktionsbausteins FB 931 wieder.

Bis auf die Variablen tiTON und xTIO sind alle anderen Variablen Bausteinparameter des Funktionsbausteins FB 931.

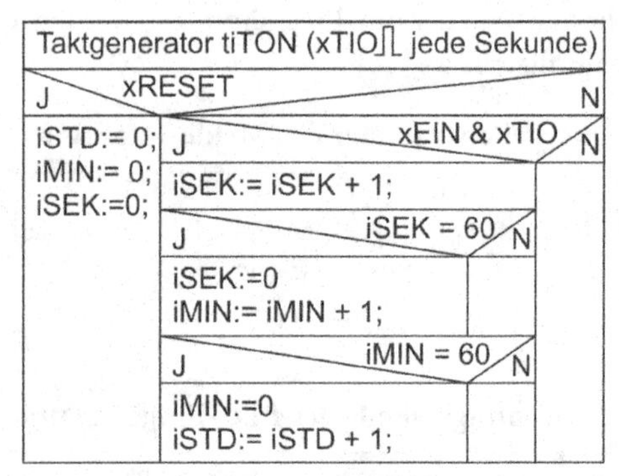

1. Zeichnen Sie den Funktionsplanaufruf des Funktionsbausteins FB 931 im OB 1/ PLC_PRG.
2. Welche Aufgabe führt der Funktionsbaustein aus?
3. Geben Sie die vollständige Deklarationstabelle für diesen Baustein an.
4. Bestimmen Sie das Steuerungsprogramm für den Funktionsbaustein in der Programmiersprache AWL oder SCL/ST.

Kontrollaufgabe 9.2

Das gegebene Steuerungsprogramm in SCL ist zu analysieren.

```
FUNCTION_BLOCK FB932
 VAR_INPUT              VAR_IN_OUT            VAR_OUTPUT    VAR
 E_A,SENSOR:BOOL;       P_HU,P_AL:BOOL;       P1:BOOL;       ZEIT01:TON;
 Zeitwert:TIME;         END_VAR               END_VAR       END_VAR
 END_VAR

IF NOT E_A THEN P1:=FALSE; P_HU:=FALSE; P_AL:=FALSE;
ELSE P1:=TRUE;
    IF P_AL THEN P_HU:=FALSE;
    ELSIF SENSOR THEN P_HU:=FALSE;
    ELSE  P_HU:=TRUE;
    END_IF;
    ZEIT01(IN := P_HU OR P_AL ,PT :=Zeitwert);
    P_AL:= ZEIT.Q;
END_IF;
END_FUNCTION_BLOCK
```

1. Zeichnen Sie den Aufruf des Funktionsbausteins FB 932 im OB 1/PLC_PRG in der Funktionsplandarstellung und beschalten Sie die Übergabeparameter mit SPS-Operanden Ihrer Wahl.
2. Bestimmen Sie das Struktogramm für das gegebene SCL-Programm.
3. Ermitteln Sie einen Funktionsplan für das gegebene SCL-Programm.

Kontrollaufgabe 9.3

Zur Qualitätskontrolle beim Brennen von Industriekeramik soll die Temperatur während des Brennvorganges kontrolliert und in jeweils gleichen Zeitabständen in ein Datenfeld im Datenformat REAL abgelegt werden. Je nach Brenndauer können dabei bis zu 500 Werte anfallen.

Das Einspeichern und Löschen der Real-Temperatur-Prozesswerte rP_WERTE in ein Datenfeld aDATEN soll der Funktionsbaustein FB 933 übernehmen, der die Werte in das Datenfeld fortlaufend einschreibt, wenn am Eingang xSAVE ein 0 → 1-Wechsel erfolgt.

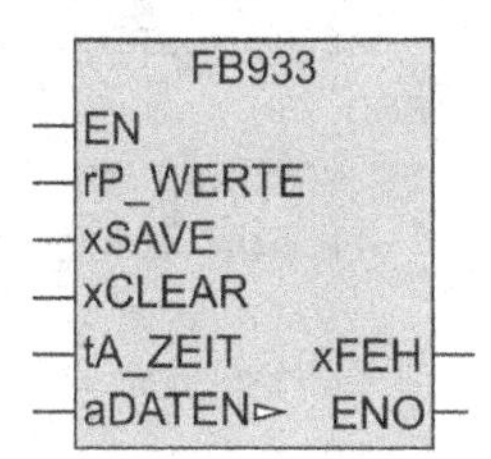

Liegt am Parametereingang xSAVE ein "1"-Signal, werden die Prozesswerte mit den am Parametereingang tA_ZEIT (Datenformat TIME) vorgegebenen Zeitabständen eingelesen.

Wird die maximale Anzahl von 500 Werten auf Grund einer zu langen Brenndauer oder zu kurzer Zeitabstände überschritten, wird das Einlesen beendet und dem Parameterausgang xFEH ein "1"-Signal zugewiesen.

Nach Beendigung des Brennvorgangs und Sicherung der Werte in einer Excel-Tabelle (nicht Gegenstand dieser Aufgabe) setzt der Funktionsbaustein FB 933 alle Datenfelder auf den Wert 0.0, wenn am Eingang xCLEAR ein 0 → 1-Wechsel auftritt. Mit dem 0 → 1-Signalwechsel an xCLEAR wird auch der Parameterausgang xFEH gelöscht.

1. Bestimmen Sie ein Struktogramm für den Funktionsbaustein FB 933 mit verbaler Beschreibung in den Programmkonstrukten.
2. Listen Sie alle erforderlichen lokalen Variablen des Funktionsbausteins FB 933 mit dem zugehörigen Datenformat auf und erläutern Sie kurz deren Verwendung.
3. Ersetzen Sie die verbale Beschreibung im Struktogramm durch SCL/ST-Anweisungen.
4. Bestimmen Sie das SCL/ST Programm für diesen Baustein.

Kontrollaufgabe 9.4

Gegeben ist das nachfolgende SCL/ST-Programm für einen SPS-Baustein.

```
IF xRES THEN
  iZW := 0; iZR:=0; xFU := FALSE; xEM := TRUE; rD_OUT := 0.0;
ELSE
  IF NOT xEM THEN
    IF xRD & NOT xFO1  THEN
      rD_OUT:= aSTACK[iZR]; xFU := FALSE;
      IF iZR >= iANZ - 1 THEN iZR:=0; ELSE iZR:=iZR + 1; END_IF;
      IF iZR = iZW THEN xEM:=TRUE; ELSE xEM:=FALSE; END_IF;
    END_IF;
    xFO1:= xRD;
  END_IF;
  IF NOT xFU THEN
    IF xWR & NOT xFO2  THEN aSTACK[iZW]:= rD_IN; xEM := FALSE;
       IF iZW >= iANZ -1 THEN iZW:=0; ELSE iZW:=iZW + 1; END_IF;
       IF iZW = iZR THEN xFU:=TRUE; ELSE xFU:=FALSE; END_IF;
    END_IF;
    xFO2:= xWR;
  END_IF;
END_IF;
```

Im SCL/ST-Programm sind die Variablen iZR, iZW, xFO1 und xFO2 keine Bausteinparameter.

1. Zeichnen Sie den Funktionsplan für den Aufruf des Bausteins im OB 1/PLC_PRG und beschalten Sie die Übergangsvariablen mit Operanden Ihrer Wahl.
2. Bestimmen Sie die vollständige Deklarationstabelle des Bausteins.
3. In welcher Bausteinart (Funktion oder Funktionsbaustein) würden Sie das Programm realisieren? Begründen Sie Ihre Antwort.
4. Setzen Sie die gegebenen SCL/ST-Anweisungen in ein Struktogramm um.
5. Wozu dient der Hilfsoperand xFO1 im gegebenen SCL/ST-Programm?
6. Welche Aufgabe führt der Baustein insgesamt aus?

Digitale Operationen 10

10.0 Übersicht

Wortverknüpfungen

Bei Wortverknüpfungen von zwei oder mehr Variablen werden nach der Verknüpfungsart UND-, ODER- und EXOR-Verknüpfungen unterschieden. Die Verknüpfung erfolgt dabei Bit für Bit ohne Übertrag. Die Variablen an den Eingängen und Ausgängen der Wortoperationen müssen gleiches Datenformat haben. Mögliche Datenformate sind: BYTE, WORD und DWORD.

Darstellungen von Wortverknüpfungen für das Datenformat WORD

Funktion	Funktionsplan (FUP)	AWL STEP 7	AWL CoDeSys	ST (SCL)
UND	AND VAR1—IN1 VAR2—IN2 OUT—VAR3	L VAR1 L VAR2 UW T VAR3	LD VAR1 AND VAR2 ST VAR3	VAR3:=VAR1 AND VAR2;
ODER	OR VAR1—IN1 VAR2—IN2 OUT—VAR3	L VAR1 L VAR2 OW T VAR3	LD VAR1 OR VAR2 ST VAR3	VAR3:=VAR1 OR VAR2;
EXOR	XOR VAR1—IN1 VAR2—IN2 OUT—VAR3	L VAR1 L VAR2 XOW T VAR3	LD VAR1 XOR VAR2 ST VAR3	VAR3:=VAR1 XOR VAR2;

Wort-Negation

Bei der Negation einer Wortvariablen wird jedes Bit der Variablen invertiert. Die Variablen am Eingang und am Ausgang haben gleiches Datenformat. Mögliche Datenformate sind: BYTE, WORD, DWORD, INT, DINT.

Darstellungen der Negation

NOT	VAR1—[NOT: IN OUT]—VAR2	L VAR1 INVI T VAR2	LD VAR1 NOT ST VAR2	VAR2:= NOT VAR1

▶ **Hinweis** Bei STEP 7 wird statt NOT bei AWL und FUP das Operandenkennzeichen INV mit dem entsprechenden Datentypzeichen I für Integer und DI für Doppelinteger verwendet.

Beispiele:

Funktion:	UND AND	ODER OR	Exclusiv-ODER XOR	NEGATION NOT
Beispiel:	IN1:.... 1010 IN2:.... 1100 OUT:.... 1000	IN1:.... 1010 IN2:.... 1100 OUT:.... 1110	IN1:.... 1010 IN2:.... 1100 OUT:.... 0110	IN :.... 1010 OUT:.... 0101

Anwendung: Maskieren von Binärstellen

Eine Anwendung der Wortverknüpfung "UND" ist das Maskieren von Binärstellen. Zum Ausblenden von nicht benötigten Binärstellen wird eine Maske gebildet, bei der für die benötigten Binärstellen eine "1" und für die auszublendenden Stellen eine "0" gesetzt wird. Die so erhaltene Konstante wird mit dem Operanden UND-verknüpft. Damit fallen die nicht gewünschten Binärstellen heraus (Signalzustand "0") während die anderen Binärstellen unverändert bleiben.

Anweisungsfolge:		Beispiel:	
STEP 7	CoDeSys		
L MW 10	LD MW10	Vorlage	0110 1111 1010 0110
L W#16#F	AND 16#F	Maske	0000 0000 0000 1111
UW			
T MW 20	ST MW20	Ergebnis	0000 0000 0000 0110

Anwendung: Ergänzen von Bitmustern

Eine Anwendung der Wortverknüpfung "ODER" ist die Bitmusterergänzung. Beim Ergänzen von Bitmustern werden einzelne oder mehrere Binärstellen mit dem Signalwert "1" in ein gegebenes Bitmuster eingefügt. Das einzufügende Bitmuster kann mit einer Konstanten oder dem Bitmusterinhalt einer Variablen vorgegeben werden. Bitmusterergänzungen kommen unter anderem bei der Aktualisierung von Störmeldezuständen vor.

Anweisungsfolge:		Beispiel:	
STEP 7	CoDeSys		
L MW 10	LD MW10	Vorlage	0110 1111 1010 0100
L W#16#7	OR 16#7	Ergänzung	0000 0000 0000 0111
OW			
T MW 20	ST MW20	Ergebnis	0110 1111 1010 0111

Anwendung: Signalwechsel von Binärstellen erkennen

Eine Anwendung der Wortverknüpfung Exclusive-ODER ist das Erkennen von Signalwechseln bei einzelnen oder mehreren Binärstellen. Dazu sind die alten und die neuen Signalzustände mit XOR zu verknüpfen. An jeder Stelle, bei der ein Signalwechsel 0 → 1 oder 1 → 0 auftrat, liefert die XOR Verknüpfung ein "1"-Signal.

Sollen allein die 0 → 1 Änderungen erfasst werden, ist eine UND-Wortverknüpfung des Änderungsmusters mit den **neuen** Signalzuständen durchzuführen.

Anweisungsfolge:		Beispiel:	Kommentar:
STEP 7	CoDeSys		
`L MW 10`	`LD MW10`	`.... 1010 0100`	Wort mit alten Signalzuständen
`L EW 0`	`XOR EW0`	`.... 0010 0110`	Wort mit neuen Signalzuständen
`XOW`		`.... 1000 0010`	Änderungsmuster im Akku
`L EW 0`	`AND EW0`	`.... 0010 0110`	Wort mit neuen Signalzuständen
`UW`		`.... 0000 0010`	Stellen mit 0 → 1 Wechsel sind im Akku mit "1" markiert.

Sollen allein die 1 → 0 Änderungen erfasst werden, ist eine UND-Verknüpfung des Änderungsmusters mit den **alten** Signalzuständen durchzuführen. Nach der UND-Verknüpfung steht im Akku an den Stellen eine "1", bei denen ein 1 → 0 Wechsel auftrat.

`L MW 10`	`AND MW10`	`.... 1010 0100`	Wort mit alten Signalzuständen
`UW`		`.... 1000 0000`	Stellen mit 1 → 0 Wechsel sind im Akku mit "1" markiert.

Schiebefunktionen und Rotieren

Mit Schiebefunktionen kann das Bitmuster von Variablen verschiedener Datentypen um eine bestimmte Anzahl von Stellen nach links oder rechts verschoben werden. Die beim Schieben freiwerdenden Stellen werden mit Nullen aufgefüllt. Ergebnis ist das verschobene Bitmuster.

Schieben Wort (WORD):

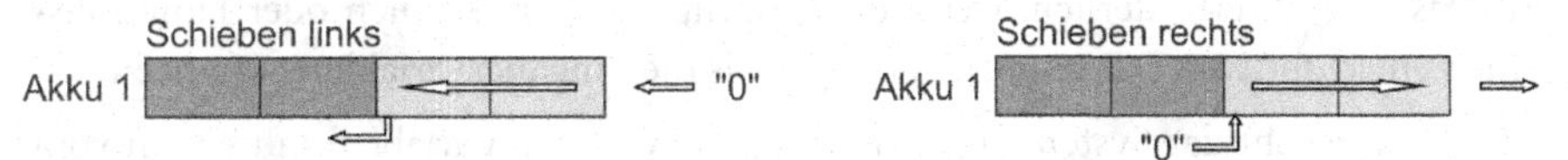

Schieben Doppelwort (DWORD):

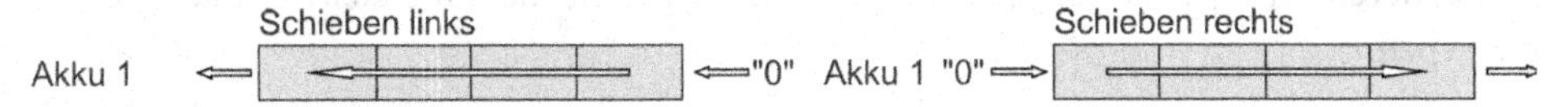

Beim Rotieren des Bitmusters im Akkumulator nach rechts oder nach links werden die freiwerdenden Binärstellen mit den hinausgeschobenen Bits aufgefüllt.

Rotieren Doppelwort (DWORD):

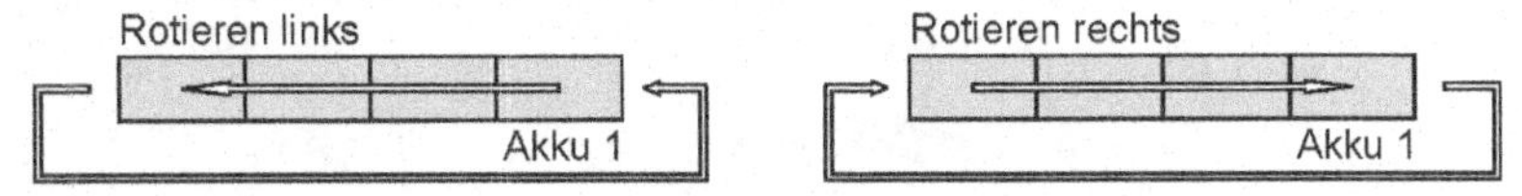

Die Variablen am Eingang IN und Ausgang OUT der Schiebe- bzw. Rotieroperationen haben gleiches Datenformat. Mögliche Datenformate sind BYTE, WORD und DWORD. Bei STEP 7 ab V11 und bei CoDeSys können zusätzlich noch die Datenformate BYTE, INT und DINT verwendet werden.

Darstellungen von Schiebe- und Rotierfunktionen für das Datenformat WORD

Funktion	Funktionsplan (FUP)	AWL		ST (SCL)
		STEP 7	CoDeSys	

Schieben links	SHL
	VAR1—IN
	W#16#3—N OUT—VAR2
		`L VAR1`
		`SLW 3`
		`T VAR2`
			`LD VAR1`
			`SHL 3`
			`ST VAR2`
				STEP 7:
				`VAR2:= SHL(IN:= VAR1, N:=3);`
				CoDeSys:
				`VAR2:= SHL(VAR1,3);`

Schieben rechts	SHR
	VAR1—IN
	W#16#3—N OUT—VAR2
		`L VAR1`
		`SRW 3`
		`T VAR2`
			`LD VAR1`
			`SHR 3`
			`ST VAR2`
				STEP 7:
				`VAR2:= SHR(IN:= VAR1, N:=3);`
				CoDeSys:
				`VAR2:= SHR(VAR1,3);`

Rotieren links	ROL
	VAR1—IN
	W#16#3—N OUT—VAR2
		`L VAR1`
		`RLD 3`
		`T VAR2`
			`LD VAR1`
			`ROL 3`
			`ST VAR2`
				STEP 7:
				`VAR2:= ROL(IN:= VAR1, N:=3);`
				CoDeSys:
				`VAR2:= ROL(VAR1,3);`

Rotieren rechts	ROR
	VAR1—IN
	W#16#3—N OUT—VAR2
		`L VAR1`
		`RRD 3`
		`T VAR2`
			`LD VAR1`
			`ROR 3`
			`ST VAR2`
				STEP 7:
				`VAR2:= ROR(IN:= VAR1, N:=3);`
				CoDeSys:
				`VAR2:= ROR(VAR1,3);`

Umwandlungsfunktionen

Mit Umwandlungsfunktionen werden Daten von einem Typ in einen anderen Typ konvertiert. Das ist z. B. erforderlich, wenn die Eingänge von Funktionen oder Funktionsbausteinen einen anderen Datentypen verlangen als die Eingangsvariablen aufweisen.

Bei CoDeSys versucht das System automatisch, den Wert der Variablen mit einem vom Bausteineingang abweichenden Datentyp richtig zu verarbeiten, d. h. intern passend zu konvertieren. Das gelingt bei ganzzahligen Datentypen in Richtung gleicher oder größerer Typen.

1. Datentypumwandlungen mittels Übertragungsfunktionen

In STEP 7 V 5.5 lassen sich die zu Variablen gehörenden ganzzahlige Datentypen wie BYTE, WORD, DWORD, INT, DINT umwandeln, und zwar bei AWL mittels Lade- und Transferfunktionen und bei FUP mit der MOVE-Box. Beispiele für STEP 7 sind in Kapitel 5 gezeigt.

2. Umwandlungsfunktionen (echte Typkonvertierungen)

Operationsdarstellung für FUP und AWL in STEP 7				
FUP	**AWL**	**Funktionsname**	**Bezeichner**	
			FUP-Bez.	**AWL-Bez.**
Bezeichner	L VAR1	BCD[1] TO INT	BCD_I	BTI
EN OUT VAR2	Bezeichner	INT TO BCD[1]	I_BCD	ITB
VAR1 IN ENO	T VAR2	BCD[1] TO DINT	BCD_DI	BTD
		INT TO DINT	I_DI	ITB
		DINT TO BCD[1]	DI_BCD	DTB
Beispiel:	Beispiel:	DINT TO REAL	DI_R	DTR
I_BCD	L VAR1	REAL nach DINT		
	ITB	ohne Rundung	TRUNC	TRUNC
EN OUT VAR2	T VAR2	mit Rundung zur		
VAR1 IN ENO		nächsten ganzen Zahl	ROUND	RND
		nächstgrößeren Zahl	CEIL	RND+
		nächstkleineren Zahl	FLOOR	RND-

[1] BCD ist kein Datentyp für die Deklaration von Variablen. BCD ist ein Zahlenformat, d. h. eine bestimmte Darstellungsart für Zahlenwerte innerhalb einer Variablen mit ganzzahligen Datentyp wie BYTE, WORD oder DWORD. Es stehen Umwandlungsfunktionen mit BCD zur Verfügung, z. B. ist BCD_TO_INT eine WORD_TO_INT-Funktion für BCD-codierte Dateninhalte.

Operationsdarstellung für FUP und AWL in CoDeSys		
FUP	**AWL**	**Typliste**
*_TO_**	LD VAR1	BOOL; BYTE; WORD; DWORD;
VAR1 — — VAR2	*_TO_**	SINT, USINT;INT; UINT; DINT;
	ST VAR2	UDINT;
		REAL; TRUNC;
Beispiel:	Beispiel:	STRING; CHAR;
REAL_TO_INT	LD VAR1	TIME; DATE;
VAR1 — — VAR2	REAL_TO_INT	
	ST VAR2	

▶ **Hinweis** BCD-Konvertierungen stehen als Operationen bei CoDeSys nicht zur Verfügung.

Operationsdarstellung für ST und SCL	
VAR2:= *_TO_** (VAR1); Beispiel: VAR2:= REAL_TO_INT (VAR1);	Eine Konvertierung ist für die in der Typliste angegebenen Datenformate möglich.

Umwandlungsoperationen für STEP 7

Das nebenstehende Bild zeigt wichtige Umwandlungsoperationen mit ihren Bezeichnern für STEP 7 im Zusammenhang.

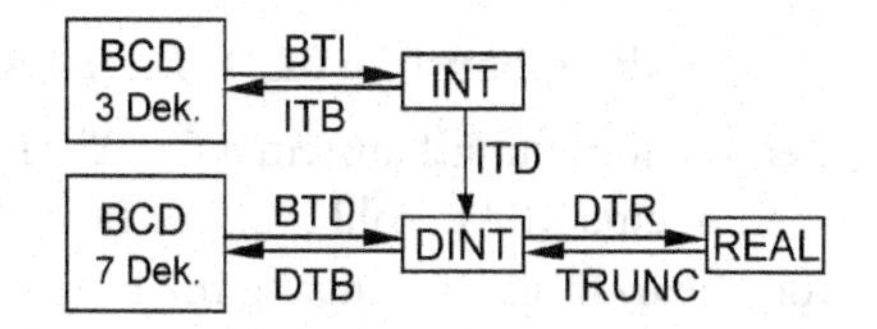

Wird die BCD-Zahl mit einem Zifferneinsteller vorgegeben, kann beim Umschalten zwischen Ziffern kurzzeitig eine Pseudotetrade (Hex-A bis Hex-F) entstehen, Die CPU erkennt das als Fehler und ruft den OB 121 (Synchronfehler) auf. Ist ein OB 121 nicht vorhanden, geht die CPU in Stopp. Abhilfe dafür ist ein BCD-Check, der vor der Operation BTI bzw. BTD durchgeführt wird.

Integerzahlen INT (16 Bit) und **DINT** (32 Bit) sind vorzeichenbehaftete Ganzzahlen. Negative Integerzahlen sind in 2er-Komplementform dargestellt und weisen im höchstwertigen Bit (Bit 15 bzw. Bit 31) bei positiven Werten eine "0" und bei negativen Werten eine "1" auf.

BCD-codierte Zahlen sind in der Regel vorzeichenlose Zahlen, wie sie z. B. von BCD-Zifferneinstellern für die Zahlenwerte 0 bis 9 je Dekade gebildet werden.

In Verbindung mit Umwandlungsfunktionen BTI und BTD zwischen BCD und INT/DINT haben aber auch BCD-Zahlen eine Vorzeichenkennung. Es wird die höchste Dekade zur Vorzeichendarstellung verwendet. Eine Besetzung mit "0000" bedeutet eine positive Zahl, die Besetzung mit "1111" gilt für negative Zahlen. Für den Zahlenbetrag stehen dann nur noch 3 bzw. 7 Dekaden zur Darstellung eines Zahlenumfangs von ±999 bzw. ±999 9999 zur Verfügung.

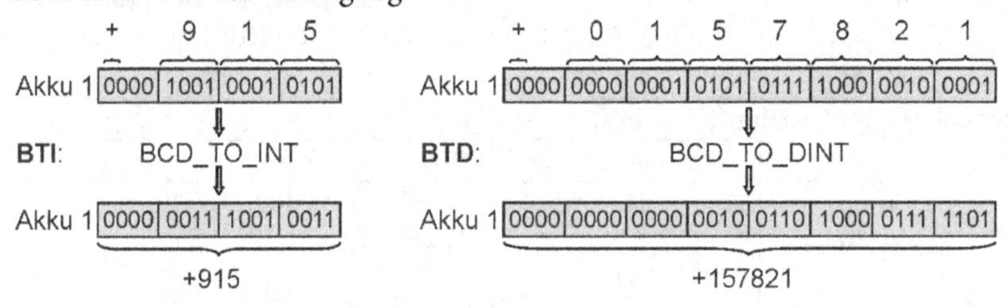

BCD-Umwandlungsbausteine für STEP 7 und CoDeSys:

Umwandlungsbaustein BCD_TO_INT für 4 Dekaden (FC 609: BCD4_INT)

Der Umwandlungsbaustein FC 609 (BCD4_INT) wandelt einen vierstelligen BCD-Wert in einen INTEGER-Wert um. Für den BCD-Wert steht ein separates Vorzeichen-Bit (xSBCD) zur Verfügung. Eventuell auftretende Pseudotetraden werden bei STEP 7 mit einem BCD-Check unterdrückt.

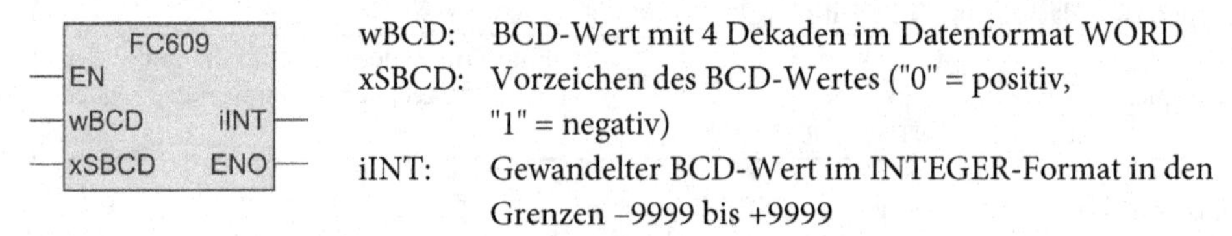

wBCD: BCD-Wert mit 4 Dekaden im Datenformat WORD
xSBCD: Vorzeichen des BCD-Wertes ("0" = positiv, "1" = negativ)
iINT: Gewandelter BCD-Wert im INTEGER-Format in den Grenzen –9999 bis +9999

Umwandlungsbaustein BCD_TO_REAL für 4 Dekaden (FC 705: BCD4_REAL)

Der Umwandlungsbaustein FC 705 (BCD4_REAL) wandelt einen vierstelligen BCD-Wert in eine REAL-Zahl um. Der Bereich der Realzahl ist dabei durch einen Faktor iEAF vorgebbar. Liegt am Eingang iEAF (Exponent des Anzeige-Faktors) z. B. der Wert –2, so wird der an wBCD liegende Wert mit 10^{-2} multipliziert. Für den BCD-Wert steht ein separates Vorzeichen-Bit (xSBCD) zur Verfügung. Eventuell auftretende Pseudotetraden werden bei STEP 7 mit einem BCD-Check unterdrückt.

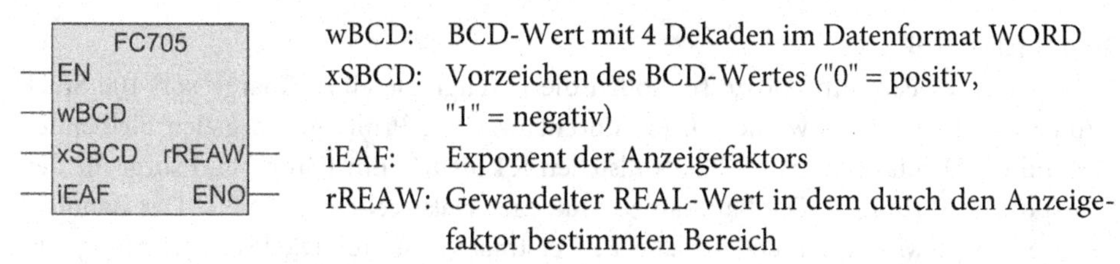

wBCD: BCD-Wert mit 4 Dekaden im Datenformat WORD
xSBCD: Vorzeichen des BCD-Wertes ("0" = positiv, "1" = negativ)
iEAF: Exponent der Anzeigefaktors
rREAW: Gewandelter REAL-Wert in dem durch den Anzeigefaktor bestimmten Bereich

Umwandlungsbaustein INT_TO_BCD für 4 Dekaden (FC 610: INT_BCD4)

Der Umwandlungsbaustein FC 610 (INT_BCD4) wandelt einen INTEGER-Wert von –9 999 bis + 9 999 in einen vierstelligen BCD-Wert um. Für die Vorzeichenanzeige der BCD-Zahl ist ein Binärausgang (xSBCD) vorhanden. Liegt der INTEGER-Wert außerhalb der Grenzen, wird dem BCD-Ausgang der Wert 16#FFFF zugewiesen, der eine BCD-Anzeige dunkel steuert.

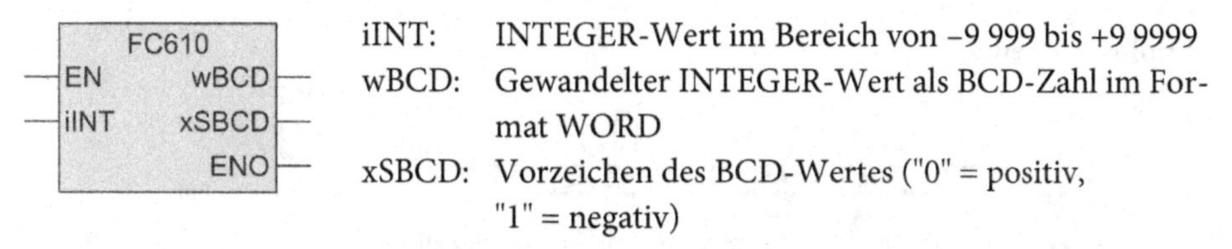

iINT: INTEGER-Wert im Bereich von –9 999 bis +9 9999
wBCD: Gewandelter INTEGER-Wert als BCD-Zahl im Format WORD
xSBCD: Vorzeichen des BCD-Wertes ("0" = positiv, "1" = negativ)

Umwandlungsbaustein REAL_TO_BCD für 4 Dekaden (FC 706: REAL_BCD4)

Der Umwandlungsbaustein FC 706 (REAL_BCD4) wandelt einen REAL-Wert in einen vierstelligen BCD-Wert um. Für die Vorzeichenanzeige der BCD-Zahl ist der Binärausgang xSBCD vorhanden. Mit Hilfe eines Faktors bestimmt durch iEAF (Exponent des Anzeige-Faktors) wird der REAL-Wert in den Anzeigebereich von 0000 bis 9999 verschoben. Liegt am Eingang iEAF z. B. der Wert 3 wird die Realzahl mit 10^3 multipliziert. Die Real-Zahl 3,2156 erscheint dann als BCD-Zahl 3215 am Ausgang wBCD.

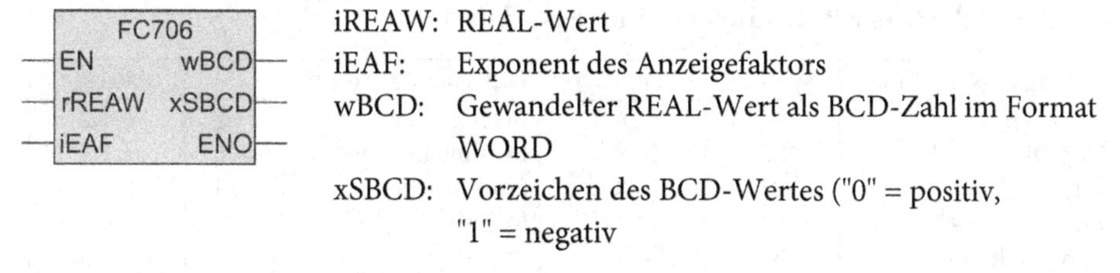

iREAW: REAL-Wert
iEAF: Exponent des Anzeigefaktors
wBCD: Gewandelter REAL-Wert als BCD-Zahl im Format WORD
xSBCD: Vorzeichen des BCD-Wertes ("0" = positiv, "1" = negativ

▶ **Hinweis** Alle aufgeführten BCD-Umwandlungsbausteine stehen unter www.automatisieren-mit-sps.de zum Download zur Verfügung. Im Lehrbuch (Automatisieren mit SPS – Theorie und Praxis) ist das Programm der Bausteine ausführlich erklärt.

10.1 Beispiel

■ Anwendung von Wortverknüpfungen und Schiebefunktionen

Qualitätskontrolle

Am Ende eines Fertigungsprozesses sollen die Erzeugnisse einer Charge von 100 Stück automatisch kontrolliert werden. Dazu durchlaufen die Prüflinge im gleich bleibenden Abstand eine Prüfstrecke mit 5 Kontrollstellen K4 bis K0. Ein Förderband sorgt für den Transport der Prüflinge. Die Bandlaufzeit für eine Teilstrecke beträgt 3 s. Der Bandlauf für eine Charge wird durch den Schalter EIN erstmalig gestartet. Die Prüfeinrichtung sendet ein Prüfsignal ENTER, wenn der Prüfvorgang an den 5 Kontrollstellen insgesamt abgeschlossen ist und die Prüflinge zur nächsten Station weitertransportiert werden können.

Wird an einer Kontrollstelle ein Fehler am Prüfling festgestellt, so wird ein 1-Signal in den Fehlerspeicher gegeben. Der Fehler soll mit dem Vorschub der Prüflinge mitwandern. Am Ende der Prüfstrecke befindet sich eine Weiche zur Aussortierung des Ausschusses. Die Prüflinge werden von einer Lichtschranke B1 erfasst. Die aktuell geprüfte Stückzahl soll an einer 2-stelligen BCD-Anzeige angezeigt werden.

Technologieschema:

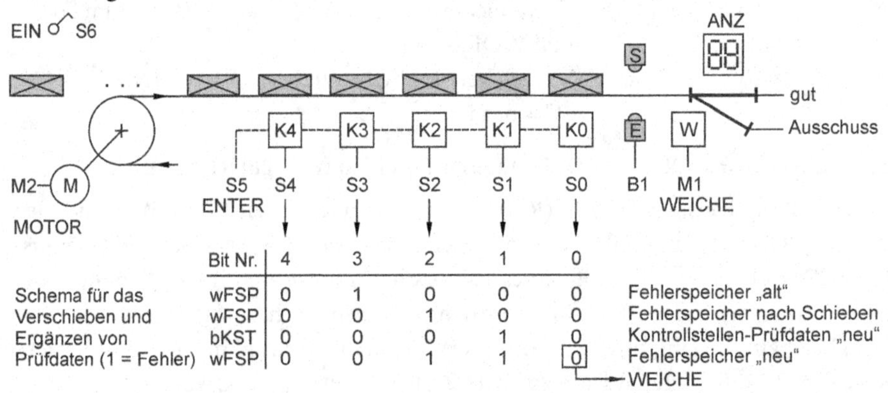

Zuordnungstabelle der PLC-Eingänge und PLC-Ausgänge

PLC-Eingangsvariable	Symbol	Datentyp	Logische Zuordnung		Adresse
Schalter Ein	S6	BOOL	Betätigt	S6 = 1	E 1.2
Prüfsignal (ENTER)	S5	BOOL	Prüfung beendet	S5 = 1	E 1.1
Lichtschranke	B1	BOOL	unterbrochen	B1 = 0	E 1.0
Kontrollstelle K4	S4	BOOL	fehlerfrei	S4 = 0	E 0.4
Kontrollstelle K3	S3	BOOL	fehlerfrei	S3 = 0	E 0.3
Kontrollstelle K2	S2	BOOL	fehlerfrei	S2 = 0	E 0.2
Kontrollstelle K1	S1	BOOL	fehlerfrei	S1 = 0	E 0.1
Kontrollstelle K0	S0	BOOL	fehlerfrei	S0 = 0	E 0.0
PLC-Ausgangsvariable					
Bandweiche	M1	BOOL	Ausschuss	M1 = 1	A 4.0
Bandmotor	M2	BOOL	Motor läuft	M2 = 1	A 4.1
Stückzahl-Anzeige	ANZ	WORD	BCD-Code		AW12

Funktionsplan FB 1011:

Flankenauswertung · Bandsteuerung · Prüflinge zählen CTU

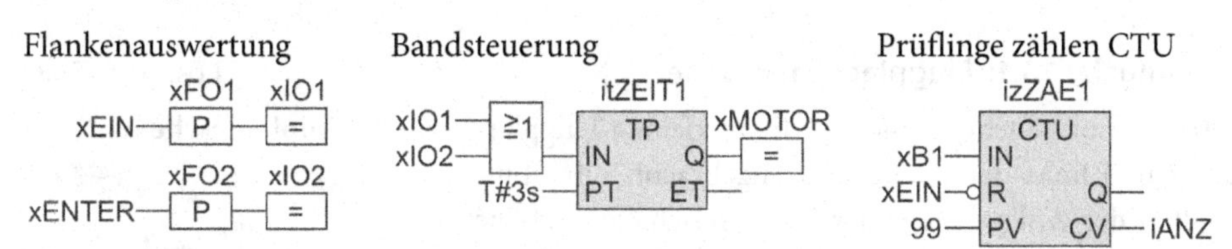

INT-TO-BCD Konvert. · Fehlerspeicher schieben und mit Prüfdaten ergänzen

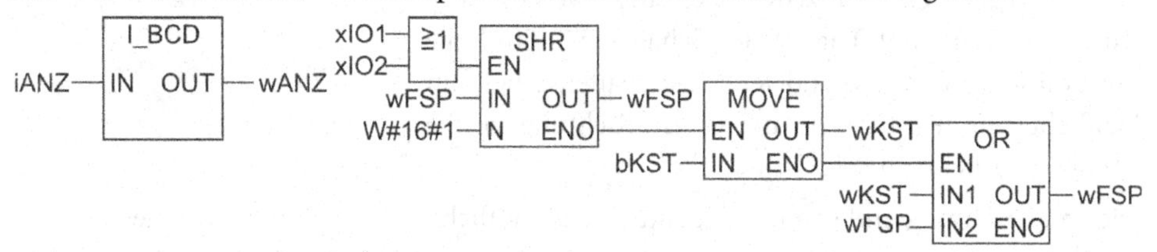

▶ **Hinweis** Bei CoDeSys muss für I_BCD eine entsprechende Funktion verwendet werden.

Fehlerspeicher auswerten · Bandweiche · Fehlerspeicher löschen

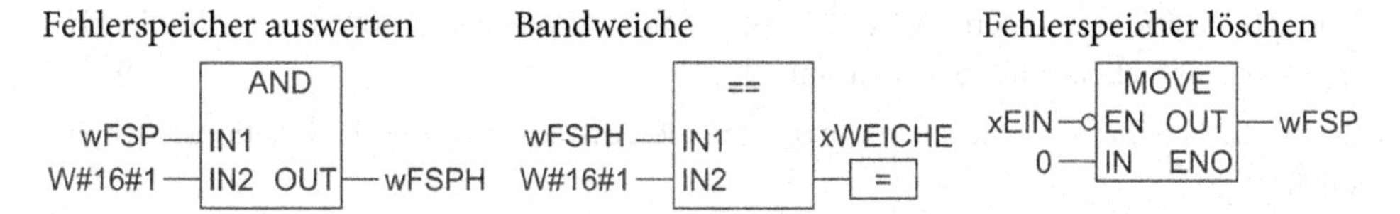

Deklarationstabelle: FB 1011

Name	Datentyp	Kommentar
IN		
xEIN	BOOL	Anlage Ein/Aus
xENTER	BOOL	Übern. Prüfsign.
xB1	BOOL	Lichtschranke
bKST	BYTE	Kontrollstellen
OUT		
xWEICHE	BOOL	Ausschuss
xMOTOR	BOOL	Band
wANZ	WORD	Stückzahlanzeige
STAT		
xFO1	BOOL	Flankenoperand

Name	Datentyp	Kommentar
xFO2	BOOL	Flankenoperand
wFSP	WORD	Fehlerspeicher
itZEIT1	TP	
izZAE1	CTU	
TEMP		
xI01	BOOL	Impulsoperand
xI02	BOOL	Impulsoperand
wKST	WORD	Hilfsvariable
wFSPH	WORD	Hilfsvariable
iANZ	INT	Hilfsvariable

Aufruf im OB 1/PLC_PRG:

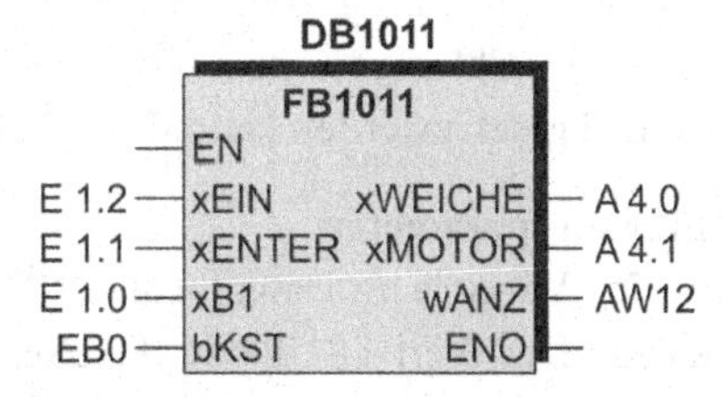

Programmierung und Aufruf des Bausteins siehe http://www.automatisieren-mit-sps.de Aufgabe 10_1_01

10.2 Lernaufgaben

Lernaufgabe 10.1: Flugplatz-Landefeuer

Lösung S. 368

Je 16 Positionsleuchten sind bei einem kleinen Flugplatz rechts und links der Landebahn angebracht. Zum Einschalten der Anlage dient der Schlüsselschalter S1. Die Positionsleuchten können vom Tower alle eingeschaltet oder als Landefeuer einzeln angesteuert werden. Die Auswahl erfolgt mit Landefeuer-Schalter S2. Sind die Positionsleuchten als Landefeuer geschaltet, zeigt ein Lauflicht dem Piloten an, in welcher Richtung er die Landung vornehmen soll.

Technologieschema:

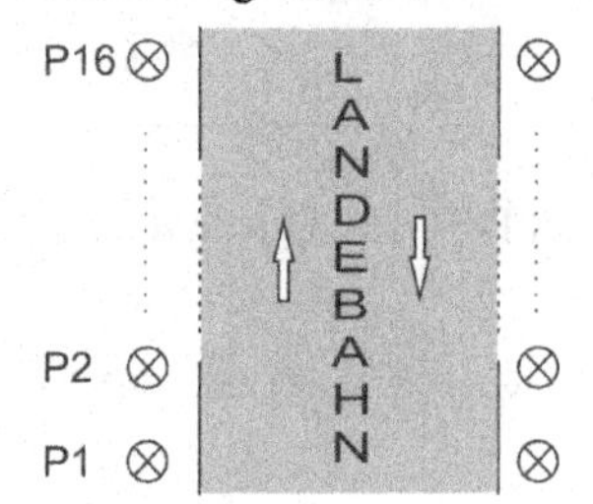

Die Landerichtung und somit die Richtung des Lauflichts kann abhängig von den aktuellen Windverhältnissen mit dem Richtungsschalter S3 geändert werden. Bei schlechter Sicht durch Nebel oder Starkregen leuchten beim Landfeuer jeweils zwei aufeinander folgende Positionsleuchten AW gleichzeitig. Ob zwei oder eine Positionsleuchte leuchten, wird mit Sichtschalter S4 bestimmt.

Es ist ein SPS-Baustein zu bestimmen, der die Ansteuerung der 16 Positionsleuchten ausführt.

Lösungsleitlinie

1. Geben Sie die Zuordnungstabelle der PLC-Eingänge und PLC-Ausgänge an.
2. Zeichnen Sie den Funktionsplanaufruf des SPS-Bausteins im OB 1/PLC_PRG.
3. Ermitteln Sie ein Struktogramm für den SPS-Baustein.
4. Zeichnen Sie einen freigrafischen Funktionsplan entsprechend dem Struktogramm.
5. Bestimmen Sie das Steuerungsprogramm in der Programmiersprache SCL/ST.
6. Geben Sie die Deklarationstabelle des Bausteins an.
7. Programmieren Sie den Baustein im Funktionsplan oder in der Programmiersprache SCL/ST. Rufen Sie den Baustein vom OB 1/PLC_PRG aus auf und versehen Sie die Bausteinparameter mit SPS-Operanden aus der Zuordnungstabelle.

Lernaufgabe 10.2: Bit setzen in Variable mit dem Datenformat WORD

Lösung S. 370

Für die eigene Programm-Bibliothek ist eine Funktion FC 1022 zu entwerfen, mit der in einer Variablen mit dem Datenformat WORD ein vorgebbares Bit auf TRUE oder FALSE gesetzt werden kann. Die Funktion soll folgende Bausteinparameter haben:

Eingangsparameter:

wIN: Variable im Datenformat WORD, bei der ein bestimmtes Bit gesetzt werden soll.
xVAL: Der Wert TRUE oder FALSE, auf den das BIT gesetzt werden soll.
iPOS: Gibt die Position des Bits mit Werten von 0 bis 15 an.

Ausgangsparameter:

wOUT: Variable mit dem veränderten BIT.

xFEH: Fehlermeldung, wenn die Variable POS außerhalb des Bereichs liegt. In diesem Fall wird kein Bit verändert, d. h. wOUT = wIN.

Lösungsleitlinie

1. Bestimmen Sie ein Struktogramm für die Funktion FC 1022.
2. Zeichnen Sie einen freigrafischen Funktionsplan, der dem Struktogramm entspricht.
3. Bestimmen Sie das Steuerungsprogramm in der Programmiersprache SCL/ST.
4. Geben Sie die vollständige Deklarationstabelle des Bausteins an.
5. Programmieren Sie den Baustein in der Programmiersprache FUP oder SCL/ST, rufen Sie diesen vom OB 1/PLC_PRG aus auf und versehen Sie die Bausteinparameter zu Testzwecken mit SPS-Operanden Ihrer Wahl.

Lernaufgabe 10.3: Revisionsmanagement von Pumpen Lösung S. 371

Die gesamte Kühlwasserversorgung aller Produktionsstätten eines Stahlwerks erfolgt mit acht Pumpen, von denen vier täglich 24 Stunden das Kühlwasser umwälzen. Bei Ausfall oder Revision einer Pumpe stehen somit vier Reservepumpen zur Verfügung. Alle Pumpen sind über ein Motormanagementsystem angeschlossen. Dieses überwacht für jede eingeschaltete Pumpe die Grenzwerte von Wirkleistung bzw. Wirkleistungsfaktor und meldet mit einem Management-Meldesignal MS (1 Byte = 8 binäre Meldesignale) den aktuellen Zustand der Pumpen. Bei einer neu auftretenden Grenzwertverletzung aktualisiert das Motormanagementsystem über Profibus DP für die entsprechende Pumpe das binäre Meldesignal an die SPS. Die Pumpe wird dann abgeschaltet und geht in Revision. Um die Kühlwasserversorgung aufrecht zu erhalten, wird eine Reservepumpe zugeschaltet. Die Meldesignale für die acht Pumpen sind im Management-Meldesignal MS als Eingangsbyte zusammengefasst.

Auf einem speziellen Bedien- und Anzeigefeld sind acht Taster und acht Meldeleuchten angebracht, die den einzelnen Pumpen zugeordnet sind. Die acht Revisions-Taster RT sind in einem Eingangsbyte und die acht Revisionsleuchten PRL in einem Ausgangsbyte zusammengefasst. Darüber hinaus befindet sich auf dem Bedien- und Anzeigefeld noch ein Schalter EIN und eine Quittiertaste QUITT.

Revisionsbedienfeld:

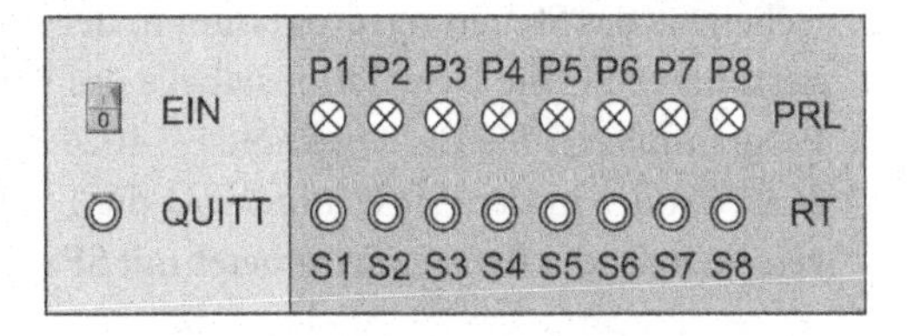

Tritt bei eingeschaltetem Revisionsmanagement (Schalter EIN = TRUE) für eine Pumpe ein Meldesignal auf, beginnt die zugehörige Meldeleuchte P zu blinken. Wird der Quittiertaster QUITT betätigt, geht das Blinken in Dauerlicht über. Nach Beendigung der Revision wird der für diese Pumpe zugeordnete Revisions-Taster S betätigt und die entsprechende Meldeleuchte P geht aus. Es ist ein SPS-Baustein für die Ansteuerung des Bedien- und Anzeigefeldes zu bestimmen. Die Zu- und Abschaltung der Pumpen ist nicht Gegenstand dieser Aufgabe.

Lösungsleitlinie

1. Geben Sie die Zuordnungstabelle für die PLC-Eingänge und PLC-Ausgänge an.
2. Zeichnen Sie den Funktionsplanaufruf des zu bestimmenden SPS-Bausteins im OB 1/PLC_PRG und geben Sie die Datenformate der Bausteinparameter an.
3. Ermitteln Sie ein Struktogramm für den SPS-Baustein.
4. Zeichnen Sie einen freigrafischen Funktionsplan, der dem Struktogramm entspricht.
5. Geben Sie das Steuerungsprogramm in der Programmiersprache SCL/ST mit der Deklaration der Variablen an.
6. Programmieren Sie den Baustein in der Programmiersprache FUP oder SCL/ST, rufen Sie diesen vom OB 1/PLC_PRG aus auf und legen Sie an die Bausteinparameter SPS-Operanden aus der Zuordnungstabelle an.

Lernaufgabe 10.4: Bibliotheksfunktion REVERSE

Lösung S. 375

Für die eigene Programmbibliothek ist eine Funktion FC 1024 zu bestimmen, welche die Reihenfolge der Bits in einer WORD-Variablen vertauscht (siehe nebenstehendes Bild).

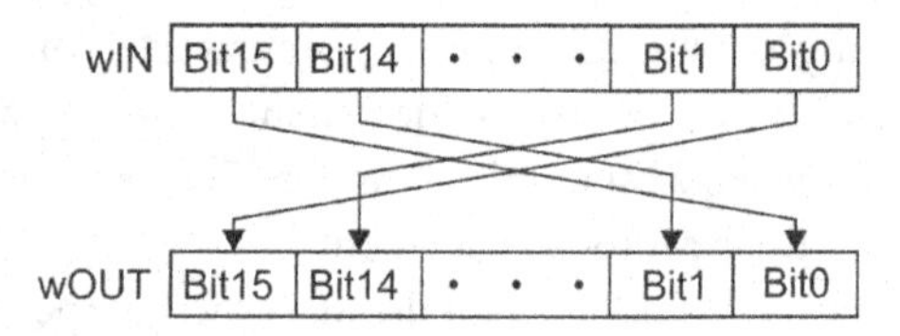

Die Funktion FC 1024 hat somit folgende Bausteinparameter:

Eingangsparameter:	wIN	WORD	Eingangsvariable
Ausgangsparameter:	wOUT	WORD	Ausgangsvariablen mit den vertauschten Bits

Lösungsleitlinie

1. Bestimmen Sie ein Struktogramm für die Funktion FC 1024.
2. Zeichnen Sie einen freigrafischen Funktionsplan, der dem Struktogramm entspricht.
3. Geben Sie das Steuerungsprogramm in der Programmiersprache SCL/ST an.
4. Bestimmen Sie die Deklarationstabelle des Bausteins.
5. Programmieren Sie die Funktion FC 1024 im FUP oder in der Programmiersprache SCL/ST oder in der AWL. Rufen Sie die Funktion vom OB 1/PLC_PRG aus auf und versehen Sie die Bausteinparameter mit SPS-Operanden Ihrer Wahl.

Lernaufgabe 10.5: Umwandlung von 32-Bit HEX in INTEGER-Zahlen Lösung S. 376

Ein Multicode-Reader liest den auf Verpackungen angebrachten zweidimensionalen Strichcode und überträgt diesen über einen Feldbus oder Ethernet an die Steuerung. Bei den übertragenen Daten befindet sich unter anderem die Artikelnummer des Produktes, das sich in der Verpackung befindet. Aus Sicherheitsgründen ist diese im HEX-Datenformat hinterlegt und kann bis zu acht Stellen haben.

Technologieschema:

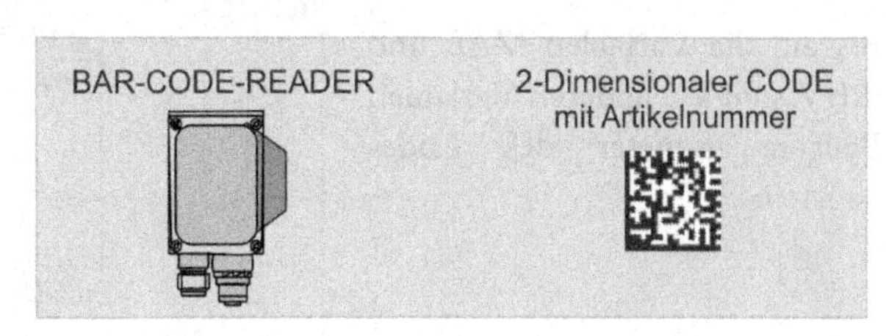

Es ist eine Funktion FC 1025 zu bestimmen, welche die Artikelnummer als HEX-Zahl (dwHEX) in eine Integerzahl (diINT) umwandelt.

Lösungsleitlinie

1. Geben Sie die Bausteinparameter der Funktion FC 1025 an.
2. Bestimmen Sie den Algorithmus HEX_TO_DINT für die Umwandlung.
3. Zeichnen Sie ein Struktogramm für den Algorithmus.
4. Geben Sie das Steuerungsprogramm in der Programmiersprache SCL/ST an.
5. Zeichnen Sie den freigrafischen Funktionsplan.
6. Bestimmen Sie die Deklarationstabelle der Funktion FC 1025.
7. Programmieren Sie die Funktion FC 1025 in der Programmiersprache SCL/ST oder in der Anweisungsliste AWL. Rufen Sie die Funktion vom OB 1/PLC_PRG aus auf und versehen Sie die Bausteinparameter mit SPS-Operanden Ihrer Wahl.

Hinweis Bei dieser Aufgabe sind die arithmetischen Operationen „Addieren" und „Multiplizieren" erforderlich, die erst im nächsten Kapitel erklärt werden.

10.3 Kontrollaufgaben

Kontrollaufgabe 10.1

Das gegebene Struktogramm beschreibt das Steuerungsprogramm eines SPS-Codebausteins.

Bis auf die Variablen iZAE und diHV sind alle anderen Variablen Bausteinparameter des Codebausteins.

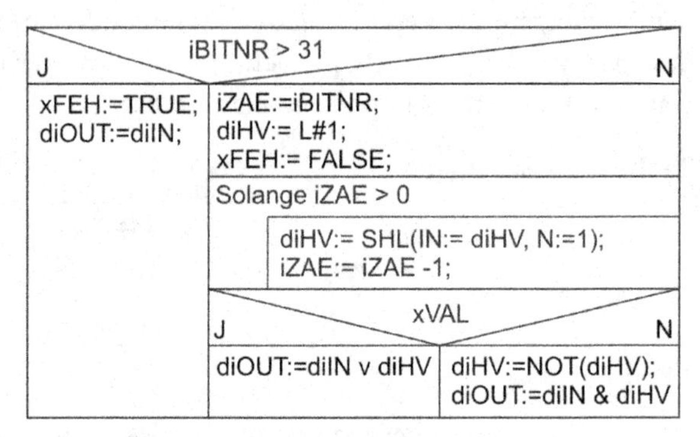

1. Bestimmen Sie den Aufruf des Codebausteins im OB 1/PLC_PRG.
2. Ermitteln Sie aus dem Struktogramm die Aufgabe des Codebausteins.
3. Geben Sie die vollständige Deklarationstabelle des Codebausteins an.
4. Bestimmen Sie das Steuerungsprogramm für den Codebaustein in AWL, FUP oder SCL/ST.
5. An den Parametereingängen des Codebausteins werden folgende Werte geschrieben: diIN: 16#34E67CA5; iBITNR: 10 und xVAL: FALSE.
   Welches Ergebnis als HEX-Zahl liefert der Baustein am Ausgang diOUT?
6. Die erste Abfrage des Bausteins ist nicht vollständig. Geben Sie die richtige Abfrage an.

Kontrollaufgabe 10.2

Gegeben ist das folgende Steuerungsprogramm eines Funktionsbausteins in der Programmiersprache SCL/ST:

```
FUNCTION_BLOCK FB1032
VAR_INPUT                  VAR_OUTPUT                VAR
 xEIN:BOOL;                 wOUT:WORD;                xTIO:BOOL;
 wIN:WORD;                 END_VAR                    itTON_TAKT:TON;
 xENTER:BOOL;                                         wOUTHV:DWORD;
 iN:INT;                                              iNHV:INT;
 tTZEIT:TIME;                                        END_VAR
END_VAR
itTON_TAKT(IN := NOT(xTIO) AND xEIN,PT := tTZEIT);
xTIO :=itTON_TAKT.Q;
IF xENTER THEN iNHV:=iN;
 wOUTHV:=WORD_TO_DWORD(wIN) OR SHL(IN:=WORD_TO_DWORD(wIN), N:=16);
END_IF;
IF iNHV < 1 OR iNHV > 15 THEN iNHV:=1; END_IF;
IF xTIO AND xEIN THEN wOUTHV:=ROL(IN:=wOUTHV,N:=iNHV); END_IF;
wOUT:=DWORD_TO_WORD(wOUTHV);
END_FUNCTION_BLOCK
```

1. Bestimmen Sie den Aufruf des Funktionsbausteins im OB 1 und beschalten Sie die Bausteinparameter mit SPS-Operanden Ihrer Wahl.
2. Erstellen Sie ein Struktogramm für das gegebene Steuerungsprogramm.
3. Beschreiben Sie kurz die Funktionsweise des Bausteins.
4. Ein Kunde wünscht, dass der Funktionsbaustein in der Programmiersprache AWL realisiert wird. Geben Sie die Anweisungsliste AWL an.

Kontrollaufgabe 10.3

Der folgende freigrafische Funktionsplan beschreibt das Steuerungsprogramm eines SPS-Codebausteins POU.

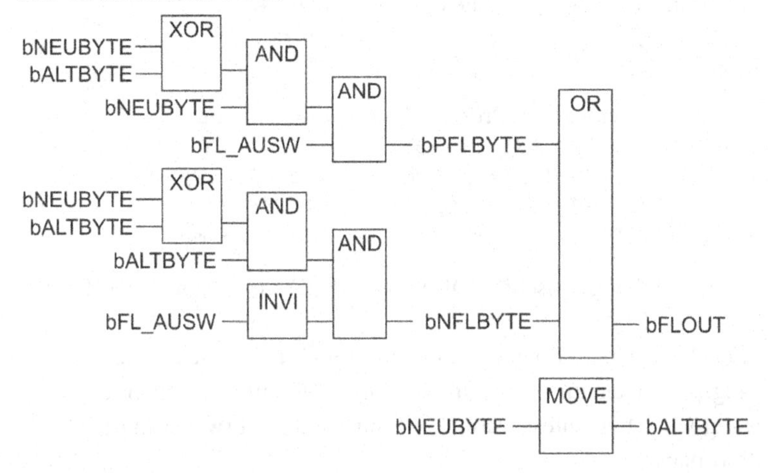

Bis auf die Variablen bPFLBYTE und bNFLBYTE sind alle anderen Variablen Bausteinparameter des Codebausteins.

1. Bestimmen Sie die vollständige Deklarationstabelle des Codebausteins.
2. Kann für den Codebaustein eine Funktion FC gewählt werden? Begründung!
3. An den Parametereingängen des Codebausteins sind folgende Werte angelegt:
   bNEUBYTE: 16 # 56; bALTBYTE: 16 # C9; bFL_AUSW: 16# F0
   Geben Sie das sich ergebende Bitmuster des Parameterausgangs bFLOUT an, wenn der Baustein einmalig bearbeitet wird.
4. Beschreiben Sie kurz die Funktionsweise, die der Baustein ausführt.
5. Bestimmen Sie die AWL oder SCL/ST für den gegebenen freigrafischen Funktionsplan.

Kontrollaufgabe 10.4

Mit der Funktion FC 1034 soll der binäre Signalwert eines wählbaren Bits aus einer Doppelwort-Variablen bestimmt werden.

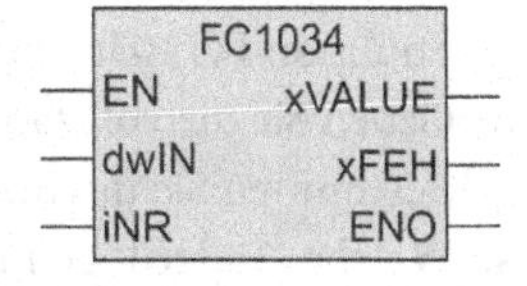

Beispiel: dwIN: 0011 1100 1010 1111 0000 1011 1000 1001
iNR: 12

Ergebnis: xVALUE: FALSE

Der Parametereingang iNR gibt die Bitnummer (0 .. 31) des Bits an, dessen Wert zu bestimmen ist. Liegt der Wert außerhalb des Bereichs, wird an den Parameterausgang xFEH der Wert TRUE gelegt.

▶ **Hinweis zur Lösung** Einer Hilfsvariablen dwINHV wird die Eingangsvariable dwIN zugewiesen und dann um so viele Stellen nach rechts geschoben, wie die Bitnummer angibt. Die letzte Stelle der geschobenen Variablen enthält dann den Wert der Bit-Variablen.

1. Bestimmen Sie ein Struktogramm für den Algorithmus der Funktion FC 1034.
2. Geben Sie die vollständige Deklarationstabelle der Funktion FC 1034 an.
3. Bestimmen Sie die AWL oder SCL/ST für die Funktion FC 1034.

Kontrollaufgabe 10.5

Die folgende Zuweisung ist Teil eines SCL-Programms für eine Funktion:

```
iOUT:=       WORD_TO_INT(wBCD AND W#16#F)
     +    10*WORD_TO_INT((SHR(IN:=wBCD,N:=4) AND W#16#F))
     +   100*WORD_TO_INT((SHR(IN:=wBCD,N:=8) AND W#16#F))
     +  1000*WORD_TO_INT((SHR(IN:=wBCD,N:=   AND W#16#F));
```

1. Geben Sie den Zusammenhang zwischen iOUT und wBCD im freigrafischen Funktionsplan an.
2. Die Funktion soll noch mit einem Eingangsparameter für eine Vorzeichenangabe und mit einem Ausgangsparameter für eine Fehlermeldung bei Auftreten einer Pseudotetrade am Eingang wBCD erweitert werden. Geben Sie diese Erweiterung im freigrafischen Funktionsplan an.
3. Bestimmen Sie die vollständige Deklarationstabelle für den erweiterten Baustein.
4. Bestimmen Sie die Anweisungsliste AWL für die Funktion.

Kontrollaufgabe 10.6

In einer Meldevariablen wMELD sind insgesamt 16 Meldesignale zusammengefasst. Die einzelnen Meldesignale sollen zur leichteren Auswertung einer Feldvariablen zugeordnet werden. Feldvariable: aMELD [0 ..15] OF BOOL.

Dazu ist eine Funktion FC 1036 zu bestimmen, welche die Zuordnung ausführt. Das Programm der Funktion ist so zu entwerfen, dass sich der Baustein leicht auf 32 Meldesignale in einem Doppelwort ändern lässt.

1. Bestimmen Sie ein Struktogramm, das den Algorithmus der Zuordnung innerhalb der Funktion FC 1036 wiedergibt.
2. Geben Sie die vollständige Deklarationstabelle des Bausteins an.
3. Bestimmen Sie das Steuerungsprogramm der Funktion FC 1036 in SCL/ST.
4. Welche Änderungen müssen im Programm gemacht werden, damit die Funktion für 32 Meldesignale verwendet werden kann?

11 Mathematische Operationen

11.0 Übersicht

Arithmetische Operationen

Mit arithmetischen Operationen werden die Grundrechenarten (ADD, SUB, MUL, DIV, MOD) mit Ganzzahlen (INT, DINT) oder mit Gleitpunktzahlen (REAL) ausgeführt.

Darstellungen von arithmetischen Operationen

Funktion	Funktionsplan (FUP)[1]	AWL STEP 7	AWL CoDeSys	ST (SCL)
ADD	ADD: VAR1—IN1, VAR2—IN2 OUT—VAR3	L VAR1 L VAR2 +I T VAR3	LD VAR1 ADD VAR2 ST VAR3	VAR3:= VAR1 + VAR2;
SUB	SUB: VAR1—IN1, VAR2—IN2 OUT—VAR3	L VAR1 L VAR2 -I T VAR3	LD VAR1 SUB VAR2 ST VAR3	VAR3:= VAR1 - VAR2;
MUL	MUL: VAR1—IN1, VAR2—IN2 OUT—VAR3	L VAR1 L VAR2 *I T VAR3	LD VAR1 MUL VAR2 ST VAR3	VAR3:= VAR1 * VAR2;
DIV	DIV: VAR1—IN1, VAR2—IN2 OUT—VAR3	L VAR1 L VAR2 /I T VAR3	LD VAR1 DIV VAR2 ST VAR3	VAR3:= VAR1 / VAR2;
MOD	MOD: VAR1—IN1, VAR2—IN2 OUT—VAR3	L VAR1 L VAR2 /MOD T VAR3	LD VAR1 MOD VAR2 ST VAR3	VAR3:= VAR1 MOD VAR2;

[1] Bei STEP 7 wird das Datenformat beim Operandenkennzeichen mit angegeben.

Nummerische Operationen

Nummerische Operationen haben mit einer Ausnahme (EXPT) nur einen Eingangsparameter IN und liefern als Ergebnis den Funktionswert der Operation am Ausgangsparameter OUT.

Bei STEP 7 können alle nummerischen Operationen nur mit Gleitpunktzahlen durchgeführt werden. Bei CoDeSys sind beim Eingangsparameter IN alle für Zahlen verfügbaren Datentypen zulässig, also BYTE, WORD, DWORD, INT, DINT, SINT, USINT, UINT sowie REAL, für den Ausgangsparameter OUT ist immer REAL vorzusehen. Eine Ausnahme macht bei CoDeSys die nummerische Operation ABS, bei der zwischen verschiedenen Typkombinationen gewählt werden kann.

In der Programmiersprache SCL bei STEP 7 und ST bei CoDeSys werden die nummerischen Operationen mit Ausdrücken gebildet. Ein Ausdruck besteht aus einem Operanden und der Funktion. Die Operanden können mit dem Datentyp INT, DINT und REAL deklariert sein. Sind die Eingangsoperanden IN vom Typ INT oder DINT, werden diese automatisch in das Datenformat REAL gewandelt. Das Ergebnis am Ausgangsparameter OUT liefert immer eine Zahl mit dem Datentyp REAL. Eine Ausnahme macht hier wieder die nummerische Operation ABS (Absolutbetrag), die als Ergebnis den Datentyp des Eingangsparameters liefert.

Nummerische Operationen – Übersicht

Operation	Mit der Zahl am Eingang IN bildet die Funktion am Ausgang OUT den ...
ABS	Absolutwert
SQR	Quadratwert; nicht bei CoDeSys vorhanden, dort berechenbar mit EXPT
SQRT	Quadratwurzelwert
LN	Logarithmus zur Basis e = 2,718...
LOG	Logarithmus zur Basis 10; nicht bei STEP 7 vorhanden, dort berechenbar mit der Umrechnungsformel lg a = 0,4343 * ln a
EXP	Exponentialwert zur Basis e = 2,718... Potenzen zu einer beliebigen Basis mit der Umrechnungsformel $a^b = e^{b*\ln a}$
EXPT	Exponentialwert aus der Formel $VAR3 = VAR1^{VAR2}$, d. h. eine Variable (VAR1) wird mit einer Variablen (VAR2) potenziert. Bei STEP 7 erst ab V11 für CPUs 1200 und 1500 vorhanden.
SIN	Sinuswert von einem Winkel im Bogenmaß
COS	Cosinuswert von einem Winkel im Bogenmaß
TAN	Tangenswert von einem Winkel im Bogenmaß
ASIN	Arcussinuswert von einem Eingangswert im Bereich –1 <= Eingangswert <= 1. Das Ergebnis ist der Winkel im Bogenmaß.
ACOS	Arcuscosinuswert von einem Eingangswert im Bereich –1 <= Eingangswert <= 1. Das Ergebnis ist der Winkel im Bogenmaß.
ATAN	Arcustangenswert von einem Eingangswert im gesamten Zahlenbereich. Das Ergebnis ist der Winkel im Bogenmaß.

Darstellungen von nummerischen Operationen

Funktion	Funktionsplan (FUP)	AWL STEP 7	AWL CoDeSys	ST (SCL)
Allgemein OPKZ	Hinweis: OPKZ = Operandenkennzeichen			
	VAR1—[OPKZ: IN OUT]—VAR2	L VAR1 OPKZ T VAR2	LD VAR1 OPKZ ST VAR2	VAR2:=OPKZ (VAR1);
Beispiel ABS	VAR1—[ABS: IN OUT]—VAR2	L VAR1 ABS T VAR2	LD VAR1 ABS ST VAR2	VAR2:=ABS (VAR1);
Beispiel SQRT	VAR1—[SQRT: IN OUT]—VAR2	L VAR1 SQRT T VAR2	LD VAR1 SQRT ST VAR2	VAR2:=SQRT (VAR1);
Beispiel LN	VAR1—[LN: IN OUT]—VAR2	L VAR1 LN T VAR2	LD VAR1 LN ST VAR2	VAR2:=LN (VAR1);
Beispiel EXPT	VAR1—IN1, VAR2—IN2 [EXPT] OUT—VAR3	L VAR1 L VAR2 EXPT T VAR3	LD VAR1 EXPT VAR2 ST VAR3	VAR3:=EXPT (VAR1, VAR2);
Beispiel SIN	VAR1—[SIN: IN OUT]—VAR2	L VAR1 SIN T VAR2	LD VAR1 SIN ST VAR2	VAR2:=SIN (VAR1);
Beispiel ASIN	VAR1—[ASIN: IN OUT]—VAR2	L VAR1 ASIN T VAR2	LD VAR1 ASIN ST VAR2	VAR2:=ASIN (VAR1);

11.1 Beispiel

Anwendung mathematischer Operationen

Energiemonotoring

Für eine Fertigungslinie soll der Energieverbrauch zur Verbesserung der Energieeffizienz überwacht und aufgezeichnet werden. Dazu werden in den Zuleitungen Strom, Spannung und Wirkleistung gemessen. Das entsprechende Messgerät hat eine Profibus DP-Schnittstelle, über die die Messdaten an eine SPS-CPU übertragen werden. Für einen vorgebaren Messzeitraum sollen der aktuelle Wert des Energieverbrauchs und der Blindleistung bestimmt werden. Am Ende des Messzeitraums soll der Energieverbrauch und ein gemittelter Wert der Blindleistung für den vergangenen Zeitraum zur Datensicherung zur Verfügung stehen.

Technologieschema:

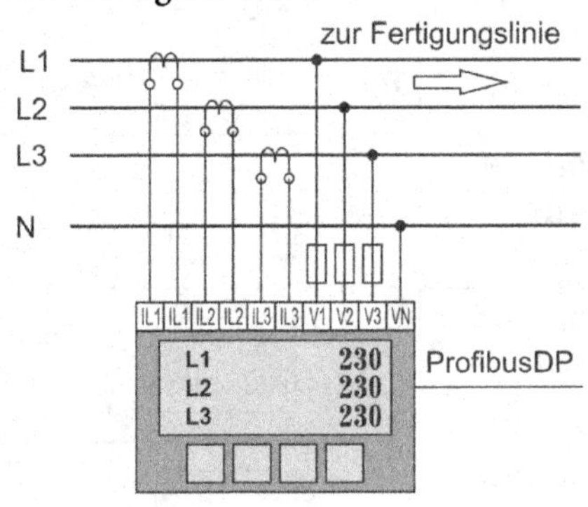

Dazu ist ein Funktionsbaustein FB 1111 zu entwerfen, der neben den aktuellen Werten (rEVA, rQA) und Werten des vorhergehenden Messzeitraums (rEVM, rQM) noch die Anzahl der vergangenen Messperioden (iANZ) ausgibt. Am Bausteineingang xM_EIN wird die Messaufzeichnung eingeschaltet. Weitere Bausteineingänge sind die über Profibus vom Messgerät übertragenen Werte für Spannung (rU), Strom (rI), und Wirkleistung (rP) sowie der in Stunden vorgebbare Messzeitraum i(rMZ). Nach jeder Sekunde wird der Energieverbrauch neu berechnet. Bei ausgeschalteter Messaufzeichnung werden alle Werte zurückgesetzt.

Bausteinparameter des Funktionsbausteins FB 1111

Eingänge:

xM_EIN	BOOL	Messung eingeschaltet;
rU	REAL	Aktuelle Spannung in V;
rI	REAL	Aktueller Strom in A;
rP	REAL	Aktuelle Wirkleistung in kW;
rMZ	REAL	Messzeitraum in h;

FB1111	
EN	rEVA
xM_EIN	rQA
rU	rEVM
rI	rQM
rP	iANZ
rMZ	ENO

Ausgänge:

rEVA	REAL	Energieverbrauch des aktuellen Messzeitraums in kWh;
rQA	REAL	Blindleistung im aktuellen Messzeitraum in kvar;
rEVM	REAL	Gesamter Energieverbrauch des vorhergehenden Messzeitraums in kWh;
rQM	REAL	Blindleistung gemittelt vom vorhergehenden Messzeitraums in kvar;
iANZ	INT	Anzahl der vergangenen Messzeiträume

Aufgaben

1. Bestimmung der Formeln, mit denen die aktuelle Blindleistung (rQA), der aktuelle Energieverbrauch (rEVA) und der Mittelwert über den vorhergehenden Messzeitraum für die Blindleistung (rQM) berechnet werden kann.
2. Darstellung des Algorithmus zur Bestimmung der Ausgabewerte in einem Struktogramm.
3. Es ist ein Vergleich der möglichen Programmiersprachen FUP, AWL oder SCL für die Realisierung des Funktionsbausteins FB 1111 durchzuführen.
4. Das Steuerungsprogramm für den Funktionsbaustein FB 1111 ist in zwei unterschiedlichen Programmiersprachen anzugeben.

1. Formeln

Der aktuelle Energieverbrauch W berechnet sich nach der Formel $W = P * t$. Jede Sekunde ist somit die aktuelle Leistung mit 1/3600 zu multiplizieren und das Ergebnis zum bisherigen Verbrauch zu addieren. Damit ergibt sich der Energieverbrauch in kWh.

Berechnungsformel für den Energieverbrauch im aktuellen Messzeitraum (rEVA) nach jeder Sekunde:

$$\mathrm{rEVA} = \mathrm{rEVA} + \frac{\mathrm{rP}}{3600}.$$

Am Ende eines Messzeitraums wird der Wert für rEVA der Variablen rEVM übergeben.

Die aktuelle Blindleistung (rQA) berechnet sich nach:

$$Q = \sqrt{S^2 - P^2} = \sqrt{(U * I)^2 - P^2}.$$

Im konkreten Fall unter Berücksichtigung der Einheiten wird die Blindleistung demnach berechnet mit:

$$\mathrm{rQA} = \sqrt{\left(\frac{\mathrm{rU} * \mathrm{rI}}{1000}\right)^2 - \mathrm{rP}^2}.$$

Um die gemittelte Blindleistung (rQM) zu berechnen, müssten alle Messwerte in der Sekunde aufgezeichnet und durch die Anzahl der Sekunden im Messzeitraum dividiert werden. Dies würde zu einem erheblichen Speicherplatzbedarf führen. Deshalb ist eine andere Berechnungsmethode zu verwenden, bei der jede Sekunde der aktuelle Wert der Blindleistung (rQA) und der bisherige Mittelwert (rQAM) einen neuen Mittelwert bilden. Dazu werden die Sekunden mit einer Zählvariablen (iN) beginnend von 0 gezählt.

Die Berechnungsformel lautet dann:

$$\mathrm{rQMA} = \frac{\mathrm{iN} * \mathrm{rQMA} + \mathrm{rQA}}{\mathrm{iN} + 1}.$$

2. Struktogramm für den Funktionsbaustein FB 1111

xM_EIN — J	N

itZEIT(IN:= NOT(xTIO), PT:= 1s, Q=>TIO)
rQA:=SQRT(SQR(rU*rI/1000) - SQR(rP));
TIO — J: rEVA:= rEVA + rP*/3600.0; rQMA:= (iN*rQMA + rQA)/(iN + 1); iN:= iN + 1; — N: (leer)
iN >= rMZ*3600.0 — J: rEVM:=rEVA; rQM:=rQMA; rEVA:=0.0; rQMA:=0.0; iN:=0 iANZ:=iANZ + 1; — N: (leer)
	rEVM:= 0.0;
	rQM:= 0.0;
	rQMA:= 0.0;
	rEVA:= 0.0;
	rQA:= 0.0;
	iANZ:= 0;
	iN:= 0;

▶ **Hinweise** Taktzeit itZEIT mit TON-Zeitfunktion als Multiinstanz. xTIO liefert jede Sekunde einen Zyklus lang ein "1"-Signal.

Zu beachten ist, dass iN eine Integer-Zahl ist und deshalb bei Berechnungen mit REAL-Zahlen stets eine Formatwandlung durchzuführen ist. Aus Platzgründen ist diese nicht im Struktogramm eingetragen.

Da der Mittelwert für die Blindleistung (rQM) erst am Schluss des Messzeitraumes ausgegeben werden soll, wird eine Hilfsvariable (rQMA) eingeführt.

3. Vergleich der Programmiersprache für die Realisierung von FB 1111

Ohne Zweifel bietet sich die Programmiersprache SCL/ST als die am besten geeignete für die Umsetzung in ein Steuerungsprogramm an. Die Kontrollstruktur (IF .. THEN .. ELSE) und die Berechnungsformeln können wie im Struktogramm angegeben direkt übernommen werden. Das sich in der Programmiersprache SCL/ST ergebende Steuerungsprogramm ist recht kurz und übersichtlich.

Netzwerk 1: Taktgenerators mit TON -Zeitfunktion und Impulsoperand TIO

FUP

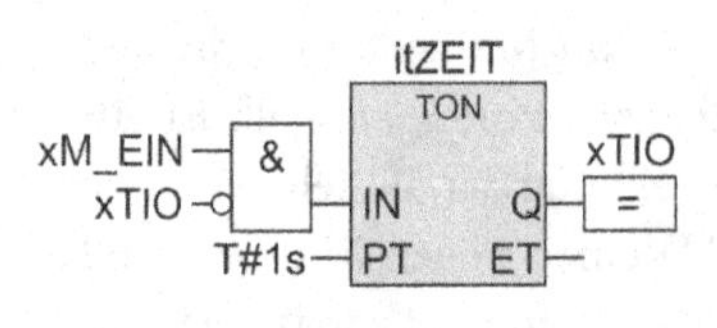

AWL

STEP 7	CoDeSys
`U #xM_EIN`	`LD xM_EIN`
`UN #xTIO`	`ANDN xTIO`
`= #xHV1`	`ST itZEIT.IN`
`CALL #itZEIT`	`CAL itZEIT(`
`IN:=#xHV1`	`PT:=T#1s`
`PT:=T#1S`	`LD itZEIT.Q`
`Q :=#xTIO`	`ST xTIO`
`ET:=`	

SCL

```
tZEIT (IN:=NOT(xT10) AND xM_EIN, PT:=T#1s);
xT10:=iZEIT.Q;
```

Netzwerk 2: Berechnung der aktuellen Blindleistung $rQA = \sqrt{\left(\frac{rU * rI}{1000}\right)^2 - rP^2}$

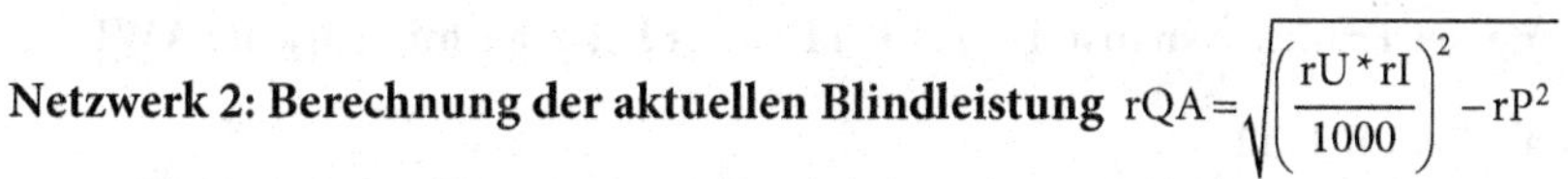

FUP

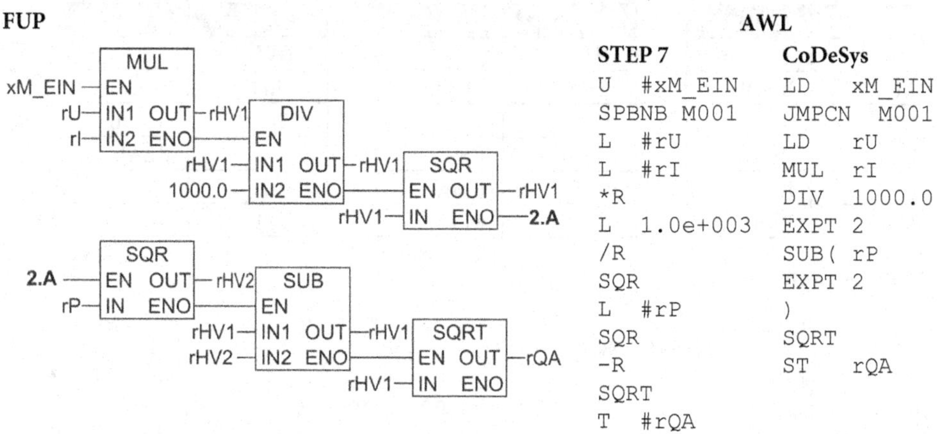

AWL

STEP 7	CoDeSys
`U #xM_EIN`	`LD xM_EIN`
`SPBNB M001`	`JMPCN M001`
`L #rU`	`LD rU`
`L #rI`	`MUL rI`
`*R`	`DIV 1000.0`
`L 1.0e+003`	`EXPT 2`
`/R`	`SUB( rP`
`SQR`	`EXPT 2`
`L #rP`	`)`
`SQR`	`SQRT`
`-R`	`ST rQA`
`SQRT`	
`T #rQA`	

SCL

```
rQA:SQRT(SQR(rU*rI/1000.0)-SQR(rP));
```

Im Netzwerk 1 ist die Funktionsplandarstellung die übersichtlichere. Im Netzwerk 2 sind jedoch SCL/ST und AWL bezüglich der besseren Lesbarkeit klar im Vorteil. Es müssen hier keine Hilfsvariablen zur Zwischenspeicherung der Ergebnisse eingeführt werden.

Fazit: Für die mathematischen Operationen haben die Programmiersprachen SCL/ST und AWL Vorteile gegenüber dem Funktionsplan FUP.

4.1 Realisierung des Funktionsbausteins FB 1111 in der Programmiersprache SCL/ST

```
FUNCTION_BLOCK FB1111
VAR_INPUT                 VAR_OUTPUT                VAR
 xM_EIN: BOOL;            rEVA, rQA: REAL;           xTIO: BOOL;
 rU:REAL;                 rEVM, rQM: REAL;           itZEIT: TON ;
 rI:REAL;                 iANZ:INT;                  rQMA:REAL;
 rP: REAL ;               END_VAR                    iN: INT;
 rMZ:REAL;                                          END_VAR
END VAR
itZEIT(IN :=NOT(xTIO) AND xM_EIN, PT:=T#1s);  //Taktgenerator
xTIO :=itZEIT1.Q;                             //Impuls (1 s) xTIO
IF xM_EIN THEN
   rQA:=SQRT(SQR(rU*rI/1000.0)- SQR(rP));
   IF xTIO THEN
      rEVA:=rEVA + rP/3600.0;
      rQMA:=(INT_TO_REAL(iN)*rQMA+rQA)/(INT_TO_REAL(iN)+1.0);
      iN:=iN+1; END_IF;
   IF INT_TO_REAL(iN) >= rMZ*3600.0 THEN
      rEVM:=rEVA; rQM:=rQMA; rEVA:=0.0; rQMA:=0.0; iN:=0;
      iANZ:=iANZ+1; END_IF;
ELSE rEVM:=0.0; rQM:=0.0; iN:=0;  rEVA:=0.0; rQA:=0.0; iANZ:=0;
END_IF;
END_FUNCTION_BLOCK
```

4.2 Realisierung des Funktionsbausteins FB 1111 in der Programmiersprache AWL

Deklarationstabelle: FB 1111

Name	Datentyp
IN	
xM_EIN	BOOL
rU	REAL
rI	REAL
rP	REAL
rMZ	REAL

Name	Datentyp
OUT	
rEVA	REAL
rQA	REAL
rEVM	REAL
rQM	REAL
iANZ	REAL

Name	Datentyp
STAT	
itZEIT	TON
xTIO	BOOL
rQMA	REAL
iN	INT
xHV1	BOOL

STEP 7 Anweisungsliste

```
      U   #xM_EIN
      UN  #xTIO
      =   #xHV1
CALL  #itZEIT
      IN:=#xHV1
      PT:=T#1S
      Q :=#xTIO
      ET:=
      U   #xM_EIN
SPBN  M001
      L   #rU
      L   #rI
      *R
      L   1.0e+3
      /R
      SQR
      L   #rP
      SQR
      -R
      SQRT
      T   #rQA
      U   #xTIO
SPBN  M002
      L   #rP
      L   3.6e+3
      /R
      L   #rEVA
      +R
      T   #rEVA
      L   #iN
      ITD
      DTR
      L   #rQMA
      *R
      L   #rQA
      +R
      L   #iN
      + 1
      ITD
      DTR
      /R
      T   #rQMA
      L   #iN
      +   1
      T   #iN
M002: NOP  0
      L   #rMZ
      L   3.6e+3
      *R
      L   #iN
      ITD
      DTR
      TAK
      <R
      BEB
      L   #rEVA
      T   #rEVM
      L   #rQMA
      T   #rQM
      L   0.0e+0
      T   #rEVA
      T   #rQMA
      L   0
      T   #iN
      L   #iANZ
      +   1
      T   #iANZ
      BEA
M001: NOP 0
      L   0.0e+0
      T   #rEVM
      T   #rQM
      T   #rEVA
      T   #rQA
      T   #rQMA
      L   0
      T   #iN
      T   #iANZ
```

▶ **Hinweis** Die Anweisungsliste für den Funktionsbaustein FB 1111 für das Programmiersystem CoDeSys finden Sie im Downloadbereich unter http://www.automatisieren-mit-sps.de.

11.2 Lernaufgaben

Lernaufgabe 11.1: Füllmengenbestimmung in einem Kugelsilo

Lösung S. 378

Zur Bestimmung der Füllmenge eines mit Flüssiggas befüllten Kugelsilos mit einem Innendurchmesser von D = 7 m ist ein Distanzsensor angebracht. Der Distanzsensor arbeitet mit der Pulse Ranging Technologie (PRT) und hat einen Arbeitsbereich von 0,2 .. 8 m. Der Distanzsensor ist so parametriert, dass der Wert H in mm in ein Prozessdatenwort als Integerwert geschrieben wird. Das Prozessdatenwort wird über IO-Link an die CPU gesendet.

Technologieschema:

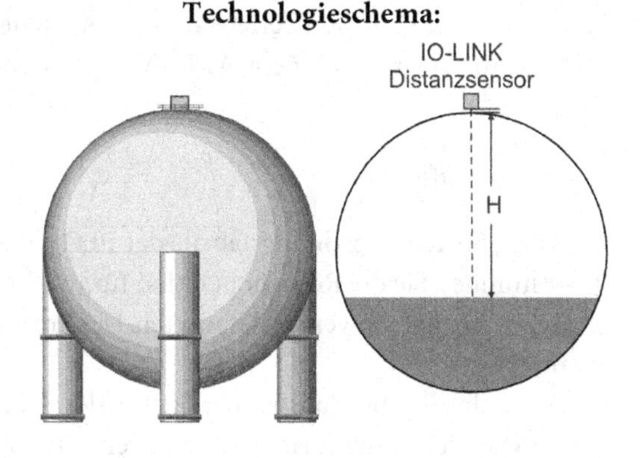

Zur Bestimmung der Füllmenge in m^3 ist eine Funktion FC 1121 zu entwerfen.

Lösungsleitlinie

1. Bestimmen Sie die Bausteinparameter der Funktion FC 1121.
2. Ermitteln Sie die Rechenoperation, mit der die Füllmenge bestimmt werden kann.
3. Bestimmen Sie das Steuerungsprogramm in der Programmiersprache AWL und SCL/ST.
4. Geben Sie die Deklarationstabelle an.
5. Programmieren Sie den Baustein, rufen Sie diesen vom OB 1/PLC_PRG aus auf und versehen Sie die Bausteinparameter mit SPS-Operanden Ihrer Wahl.

Lernaufgabe 11.2: Abfüllanlage für Fruchtsäfte

Lösung S. 379

Mit einer Abfüllanlage für Fruchtsäfte können 10 verschiedene Fruchtsaftarten aus 4 verschiedenen Fruchtsirups und Wasser hergestellt werden. Das jeweilige Verhältnis der Sirupanteile ist in 20 Rezepturen hinterlegt. Jede Rezeptur besteht aus den vier Prozentanteilen der Sirups. Die Differenz zu 100 % wird mit Wasser aufgefüllt. Vor dem Abfüllvorgang wird die Rezeptnummer und die gewünschte Dosierungsmenge von 10 l bis maximal 500 l eingestellt. Bei einer Eingaben außerhalb der Bereiche wird die jeweils nächste Bereichsgrenze verwendet.

Technologieschema:

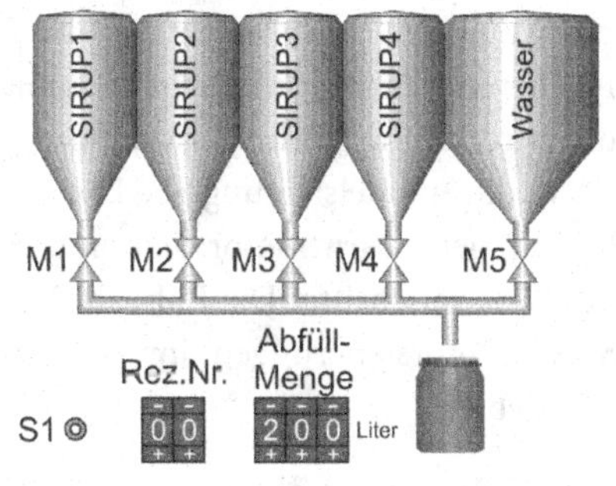

Durch Betätigung der Starttaste S1 werden die 5 Auslassventile M1 bis M5 so lange geöffnet, wie es der Rezeptwert und die Dosiermenge vorgeben. Die Rezeptnummer REZNR und Abfüllmenge AM werden mit BCD-Schalter eingegeben. Jedes geöffnete Auslassventil lässt dabei in der Sekunde ein Liter Flüssigkeit durch. Es ist ein Funktionsbaustein FB 1122 zu entwerfen, der die Ansteuerung der Auslassventile ausführt. Die 20 Rezepturen sind in einem ARRAY als anwenderdefinierter Datentyp zusammengefasst.

Lösungsleitlinie

1. Geben Sie die Zuordnungstabelle der PLC-Eingänge und PLC-Ausgänge an.
2. Bestimmen Sie die Rechenoperation für die Öffnungszeiten der Auslassventile.
3. Geben Sie den anwenderdefinierten Datentyp und das Datenfeld für die Rezeptwerte an.
4. Ermitteln Sie die Bausteinparameter des Funktionsbausteins FB 1122 mit den entsprechenden Datenformaten. (Hinweis: Die BCD-Werte der Zifferneinsteller werden mit der Bibliotheksfunktion FC 609 in INT-Werte außerhalb des Funktionsbausteins gewandelt.)
5. Erstellen Sie das Struktogramm für den Funktionsbaustein FB 1122.
6. Bestimmen Sie das Steuerungsprogramm des Funktionsbausteins FB 1122 mit Deklarationstabelle in der Programmiersprache SCL/ST.
7. Programmieren Sie den Baustein, rufen Sie diesen und die Bibliotheksfunktion FC 610 (2x) vom OB 1/PLC_PRG aus auf und versehen Sie die Bausteinparameter mit SPS-Operanden aus der Zuordnungstabelle und lokalen Übergabevariablen.

Lernaufgabe 11.3: Pulszahl und Umdrehungen für Schrittmotoren Lösung S. 382

Für eine Spindel-Positioniersteuerung mit einem Schrittmotor ist eine Funktionen FC 1123 zu bestimmen, welche die Pulszahl PZ für eine vorgebbare Position POS in cm und die Umdrehungen pro Minute UPM bei einer bestimmten Frequenz FR berechnet. Erforderliche Parameterwerte für die Berechnung sind: Schrittauflösung des Motors SAM, die Spindelsteigung SPST und die Schrittauflösung der Schrittmotorsteuerung SAS in Halb- oder Viertelschritte. Die Pulszahl PZ wird bei den Schrittmotorsteuerungen im Datenformat DINT angegeben.

Technologieschema:

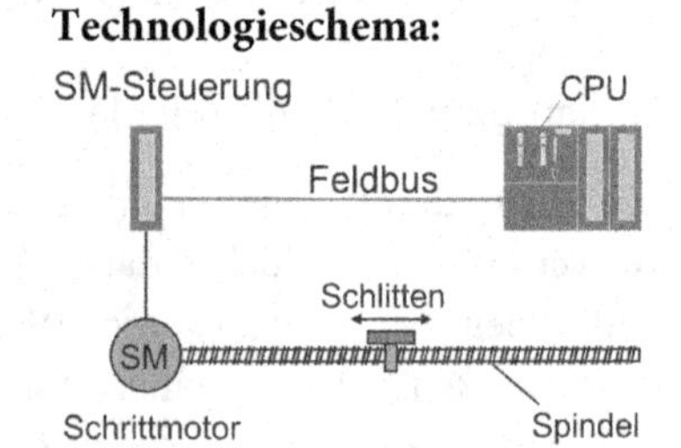

Lösungsleitlinie

1. Bestimmen Sie die Rechenoperationen, die zur Ermittlung der Pulszahl PZ und der Umdrehungen pro Minute UPM durchgeführt werden müssen.

2. Zeichnen Sie den Funktionsplanaufruf der Funktion FC 1123 im OB 1/PLC_PRG und geben Sie die Bausteinparameter mit dem zugehörigen Datenformat an.
3. Ermitteln Sie das Steuerungsprogramm in der Programmiersprache SCL/ST.
4. Geben Sie den freigrafischen Funktionsplan für die auszuführenden Rechenoperationen an.
5. Bestimmen Sie die vollständige Deklarationstabelle der Funktion FC 1123.
6. Programmieren Sie den Baustein im FUP oder SCL/ST, rufen Sie diesen vom OB 1/ PLC_PRG mit SPS-Operanden nach Ihrer Wahl auf und testen Sie die Funktion.

Lernaufgabe 11.4: Energie- und Laufzeitberechnung

Lösung S. 383

Mit mehreren elektrischen Kompressoren unterschiedlicher Leistung wird der Druck eines Versorgungsnetzes konstant gehalten. Jeder Kompressormotor ist über ein Motormanagementrelais angeschlossen. Dieses liefert, neben anderen wichtigen Überwachungswerten für die Instandhaltung, die Wirkleistung P über den Profibus DP an die CPU. Mit einem SPS-Baustein werden die einzelnen Kompressoren je nach Bedarf zu- und abgeschaltet und dabei auf etwa gleiche Abnutzung der Motoren geachtet. Dieser Baustein für die Ansteuerung der Pumpen ist nicht Gegenstand der Aufgabe.

Technologieschema:

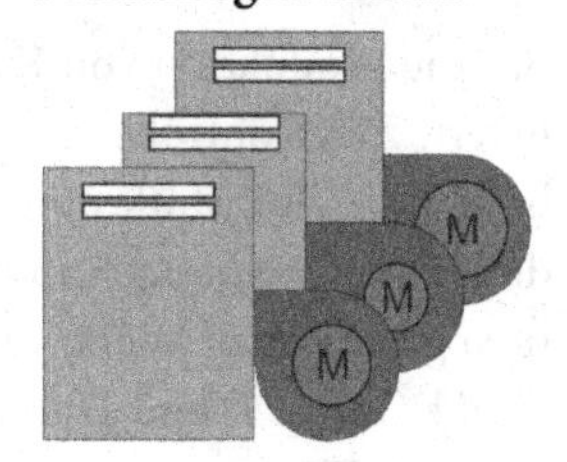

In diesem Beispiel soll über einen längeren Beobachtungszeitraum für jeden Kompressormotor die Laufzeit gemessen und der Energieverbrauch berechnet werden. Für die beiden Werte sind jeweils der aktuelle Wert in der Einschaltperiode sowie der Gesamtwert und ein gemittelter Wert über alle Einschaltperioden zu bestimmen.

Für die Berechnung der Werte ist ein Funktionsbaustein FB 1124 zu entwerfen, der für jeden Kompressionsmotor aufgerufen werden kann. Die Berechnung innerhalb des Bausteins erfolgt mit den Variablen xP_EIN (Motor ist eingeschaltet) und der Wirkleistung rP. Durch die weitere Eingangsvariable xRESET kann ein neuer Beobachtungszeitraum gestartet werden. Die bisherigen Werte werden dabei gelöscht.

Bausteinparameter des Funktionsbausteins FB 1124

FB1124	
EN	rEV_G
xP_EIN	rEV_A
rP	rEV_M
xRESET	rLZ_G
	rLZ_A
	rLZ_M
	ENO

xP_EIN	BOOL	Kompressormotor eingeschaltet;
rP	REAL	Aktuelle Leistung in kW;
xRESET	BOOL	Rücksetzen (Neuer Beobachtungszeitraum);
rEV_G	REAL	Energieverbrauch gesamt in kWh;
rEV_A	REAL	Energieverbrauch der aktuellen Periode in kWh;
rEV_M	REAL	Energieverbrauch gemittelt über Perioden in kWh;
rLZ_G	REAL	Laufzeit gesamt in h;
rLZ_A	REAL	Laufzeit der aktuellen Periode in h;
rLZ_M	REAL	Laufzeit gemittelt über Perioden in h.

Lösungsleitlinie

1. Ermitteln Sie den Algorithmus zur Berechnung des Energieverbrauchs und der Laufzeit.
2. Bestimmen Sie ein Struktogramm auf der Grundlage des Berechnungsalgorithmus von Punkt 1 für den Funktionsbaustein FB 1124.
3. Setzen Sie das Struktogramm in die Programmiersprachen SCL/ST und FUP um.
4. Geben Sie die Deklarationstabelle des Funktionsbausteins FB 1124 an.
5. Programmieren Sie den Baustein, rufen Sie diesen vom OB 1/PLC_PRG aus auf und belegen Sie die Bausteinparameter mit SPS-Operanden nach Ihrer Wahl.

Lernaufgabe 11.5: Liefermengenkontrolle Lösung S. 386

Für die Produktion von Kunststoffen wird ein Granulat in Eisenbahntankwaggons angeliefert. Zur Kontrolle der gelieferten Menge wird mit einem Ultraschallsensor die Füllhöhe h des Rohstoffes im Waggon gemessen. Der Ultraschallsensor ist über IO-Link an die SPS angeschlossen und liefert Integer-Werte im Bereich von 0 bis 5 000, welche einem gemessenen Wert von 0 bis 5 m entsprechen. Die geometrischen Abmessungen des Tanks (Länge L und Durchmesser D) sowie die Dichte ROH des Rohstoffes werden mit einem RFID-Sensor von einem Chip gelesen, der auf dem Waggon angebracht ist. Mit dem Taster S1 wird die Messung gestartet.

Technologieschema:

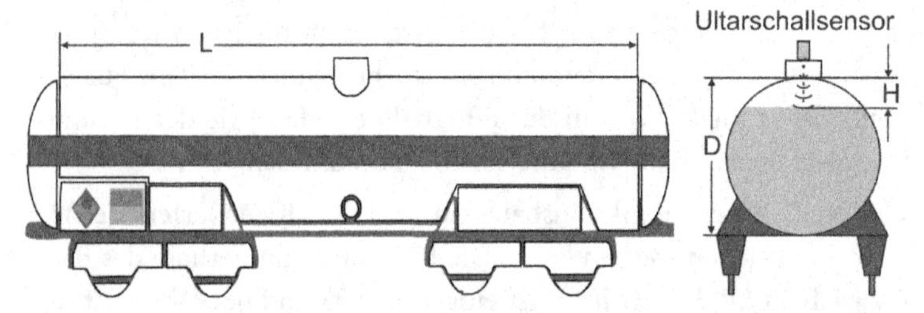

Es ist eine Funktion FC 1125 zu bestimmen, welche aus den gegebenen Werten das Gewicht G des angelieferten Granulats ermittelt. Die drei vom RFID-System gelesenen Kenngrößen des Tanks und des Granulats sind als REAL-Zahlen in einem anwenderdefinierten Datentyp zusammengefasst.

Lösungsleitlinie

1. Geben Sie die Zuordnungstabelle der PLC-Ein- und PLC-Ausgänge an.
2. Ermitteln Sie die mathematische Gleichung zur Bestimmung des Gewichts.
3. Bestimmen Sie ein Struktogramm für die Funktion FC 1125.
4. Geben Sie das SCL/ST-Programm mit Deklaration für die Funktion FC 1125 an.
5. Programmieren Sie den Baustein, rufen Sie diesen vom OB 1/PLC_PRG aus auf und testen Sie die Funktion FC 1125.

Lernaufgabe 11.6: Verzögerungsglied 1. Ordnung

Lösung S. 339

Für die eigene Programm-Bibliothek ist ein SPS-Baustein FC 1126 zu bestimmen, der für einen Eingangswert x(t) einen Ausgangswert y(t) mit einem proportionalen Übertragungsverhalten und Verzögerung 1. Ordnung bildet. Diese Übertragungsverhalten (siehe Kapitel Regelungen) kommt in der Technik sehr häufig vor. Es entsteht z. B. bei der Ladung eines Kondensators oder bei einem elektrisch beheizten Wassertank.

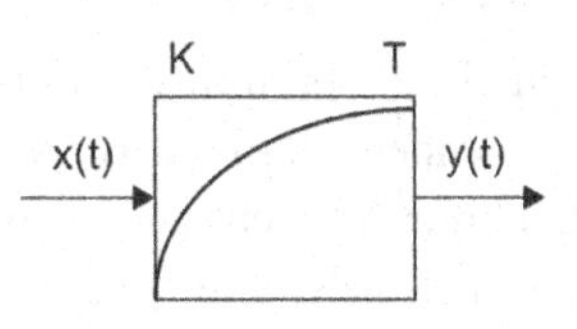

Die Differentialgleichung $T \cdot \frac{dy(t)}{dt} + y(t) = K \cdot x(t)$.

beschreibt den Zusammenhang zwischen Eingangsgröße x und Ausgangsgröße y. Für die zeitdiskrete Realisierung der Übertragungsfunktion mit einer SPS muss die Formel in eine Differenzengleichung mit $\Delta t = dt$ als Schrittweite der Abtastung umgewandelt werden. Damit ergibt sich der folgender Zusammenhang zwischen Ein- und Ausgangsgröße zum Abtastzeitpunkt n:

$$T \cdot \frac{y_n - y_{n-1}}{\Delta t} + y_n = K \cdot x_n \ .$$

Aus diesem Zusammenhang können für die Funktion FC 1126 folgende Bausteinparameter bestimmt werden: x(t), K, T, Δt und y(t), wobei K und T konstante Größen sind.

Die Funktion FC 1126 ist mit gleich bleibenden Zeitabständen Δt aufzurufen. Ist der Betrag der Differenz zwischen Ausgangsgröße und Eingangsgröße multipliziert mit dem Proportionalbeiwert K kleiner als 0.01, wird die Berechnung abgebrochen. Der Ausgangswert rY wird dann nach der Formel: rY = rK * rX berechnet.

Lösungsleitlinie

1. Ermitteln Sie den mathematischen Zusammenhang für $y_n = f(x_n, y_{n-1}, K, T, \Delta t)$ zum Abtastzeitpunkt n.
2. Geben Sie für Funktion FC 1126 die Bausteinparameter mit dem zugehörigen Datenformat an.
3. Bestimmen Sie ein Struktogramm für die Funktion FC 1126.
4. Geben Sie das SCL/ST-Programm für die Funktion FC 1126 an.
5. Stellen Sie das Steuerungsprogramm in der Anweisungsliste AWL dar.
6. Bestimmen Sie die Deklarationstabelle der Funktion FC 1126.
7. Programmieren Sie den Baustein, rufen Sie diesen und den Taktgeberbaustein für die Abtastzeit vom OB 1/PLC_PRG aus auf.

11.3 Kontrollaufgaben

Kontrollaufgabe 11.1

Für die Programm-Bibliothek ist eine Funktion FC 1131 zu entwerfen, die einen Real-Zahlenbereich in einen zweiten Real-Zahlenbereich transformiert. Beide Zahlenbereiche sind durch jeweils zwei Zahlenpaare gegeben. Die beiden Zahlenpaare (P1 und P2) können beispielsweise jeweils der Minimalwert und der Maximalwert der Zahlenbereiche sein.

Eingänge:

rIN: Variable, die in den 2. Zahlenbereich zu transformieren ist.
rP1B1: Punkt 1 des 1. Zahlenbereichs.
rP2B1: Punkt 2 des 1. Zahlenbereichs.
rP1B2: Punkt 1 des 2. Zahlenbereichs.
rP2B2: Punkt 2 des 2. Zahlenbereichs.

Ausgänge:

rOUT: Transformierte Real - Variable.
xFEH: Fehlermeldung bei Falscheingabe (z. B. rP1B1 = rP2B1). In diesem Fall ist rOUT:= 0.0.

1. Zeichnen Sie den Aufruf der Funktion FC 1131 im OB 1/PLC_PRG.
2. Bestimmen Sie die Berechnungsformel für den Ausgangsparameter rOUT des Bausteins.
3. Geben Sie die Deklarationstabelle der Funktion FC 1131 an.
4. Bestimmen Sie das Steuerungsprogramm für die Funktion FC 1131 in der Programmiersprache AWL, FUP oder SCL/ST.

Kontrollaufgabe 11.2

Das gegebene Struktogramm beschreibt das Programm der Funktion FC 1132, das folgende Berechnung durchführt:

$rOUT = rBAS^{iEXP}$.

Bis auf die Variablen iZAE und rHV sind alle anderen Variablen Bausteinparameter der Funktion.

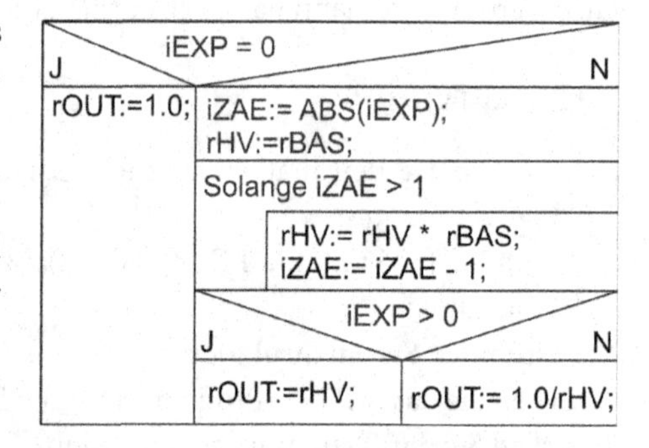

1. Zeichnen Sie den Aufruf der Funktion im OB 1.
2. Der Variablen iZAE wird der Betrag der Variablen iEXP zugewiesen. Beschreiben Sie mit einem Struktogramm die Operation ABS.
3. Geben Sie das Steuerungsprogramm für die Funktion FC 1132 in der Programmiersprache AWL, FUP oder SCL/ST an.

Kontrollaufgabe 11.3

Ein Messwert mit der Datenformat REAL soll überwacht werden, ob er in einem vorgebbaren Bereich liegt. Der Bereich wird durch die Untergrenze (UGR) und Obergrenze (OGR) vorgegeben.

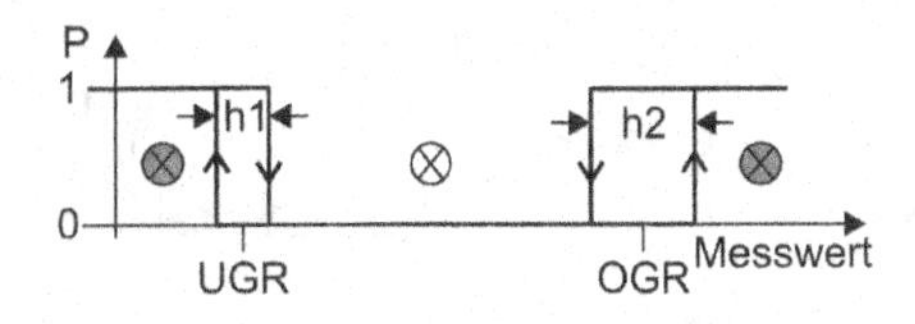

Liegt der Messwert außerhalb des Bereichs wird dies durch eine Meldeleuchte P angezeigt. Um ein Flattern der Meldeleuchte P an den Grenzen zu verhindern, wird eine Hysterese H in Prozent vom Grenzwert eingeführt. Somit berechnet sich die Hysteresebreite nach den Formeln: h1 = (UGR * H) / 100 und h2 = (OGR * H) / 100. Für diese Messwertüberwachung ist eine Funktion FC 1133 zu bestimmen. Die Eingabe der Unter-/Obergrenze erfolgt im Datenformat REAL.

1. Zeichnen Sie den Aufruf der Funktion im OB 1/PLC_PRG.
2. Bestimmen Sie ein Struktogramm für die Messwertüberwachungsfunktion FC 1133.
3. Geben Sie das Steuerungsprogramm für die Funktion in der Programmiersprache AWL, FUP oder SCL/ST an.

Kontrollaufgabe 11.4

In einer Möbelfabrik werden dreieckige Anschlagwinkel auf einer automatischen Abkant- und Biegemaschine gefertigt. Der Winkel γ (in Grad) sowie die Längen a und b sind variabel vorgebbar. Es ist eine Funktion FC 1134 zu bestimmen, welche die Gesamtlänge l = a + b + c zum Abschneiden des Profils auf der Abkantmaschine berechnet.

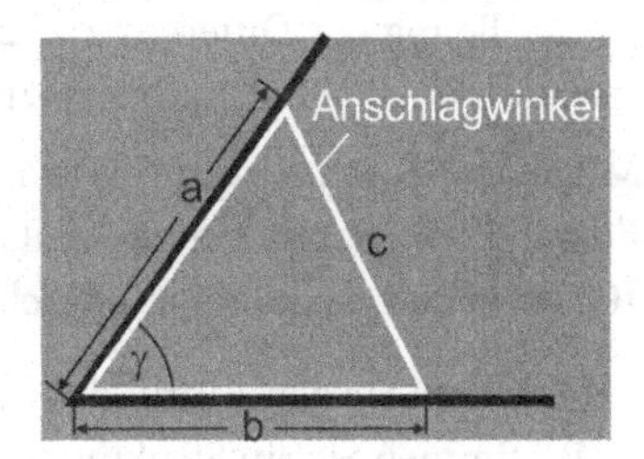

1. Zeichnen Sie den Aufruf der Funktion FC 1134 im OB 1/PLC_PRG.
2. Bestimmen Sie die Berechnungsformel für die Gesamtlänge l mit Hilfe des Kosinussatzes.
3. Geben Sie das Steuerungsprogramm der Funktion FC 1134 in AWL, FUP oder SCL an.

Kontrollaufgabe 11.5

Die Übernahme von neuen Sollwerten soll mit einer Verzögerung 1. Ordnung (PT1) erfolgen. Dazu ist ein Funktionsbaustein FB 1135 zu entwickeln, mit folgenden Bausteinparametern:

Eingänge: rIN (REAL) Sollwert W;
iT (INT) Zeitkonstante T;

Ausgang: rOUT (REAL) nachgeführter Sollwert.

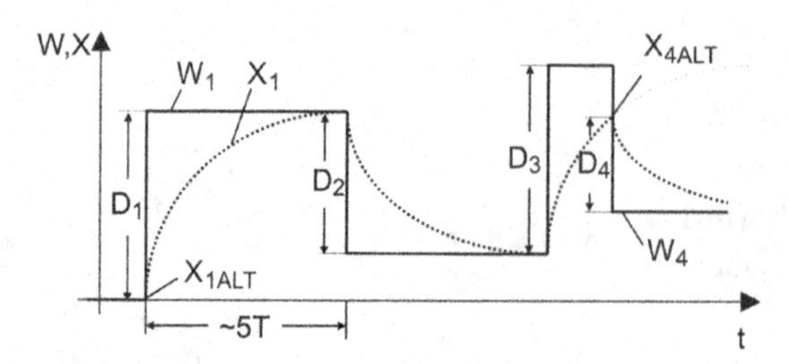

Hinweis Der mathematische Zusammenhang der PT1-Funktion für eine Sprungantwort lautet:

$$x(t) = K * (1 - e^{-\frac{t}{T}}).$$

Für die zeitdiskrete Berechnung der Sprungantwort wird innerhalb des Funktionsbausteins FB 1135 nach jeweils 100 ms ein Wert nach der Formel:

$$\Delta OUT = D_n * (1 - e^{-\frac{t_k}{T}}) = (W_n - X_{nALT}) * (1 - e^{-\frac{t_k}{T}})$$

berechnet, wobei nach jeder Berechnung der Wert t_k um +1 erhöht wird. Der berechnete Wert ΔOUT wird jeweils zu dem Startwert der Nachführgröße X_{nALT} addiert:

$$X = X_{nALT} + \Delta OUT.$$

Ist der Betrag der Differenz zwischen neuem Sollwert W_n und Nachführgröße X kleiner als 0,001, ist die Berechnung abzubrechen und OUT = X zu setzen.

Mit dem Bausteineingang iT wird die Zeitkonstante der PT1-Funktion festgelegt. Die Eingabe erfolgt mit einem Vielfachen von 100 ms. Steht dort beispielsweise der Wert 100, so dauert die komplette Nachführung ~ 50 s ($t \sim 5 \cdot T = 5 \cdot 100 \cdot 100$ ms).

1. Zeichnen Sie den Aufruf des Funktionsbausteins im OB 1/PLC_PRG.
2. Bestimmen Sie ein Struktogramm für den Funktionsbaustein FB 1135.
3. Geben Sie das Steuerungsprogramm des Funktionsbausteins in AWL, FUP oder SCL/ST an.

12 Analogwertverarbeitung

12.0 Übersicht

Speicherprogrammierbare Steuerungen können auch für den Anschluss analoger Sensoren und Aktoren mit entsprechenden analogen Eingängen und Ausgängen ausgerüstet werden. Analoge Sensoren (Messfühler) sind Spannungs- oder Stromgeber, Thermoelemente und Widerstandsthermometer (z. B. Pt 100). Bei den analogen Aktoren (Stellglieder) unterscheidet man Zylinder für lineare Bewegungen und Motoren sowie Schwenkantriebe für Drehbewegungen.

Struktur einer Analogwertverarbeitung

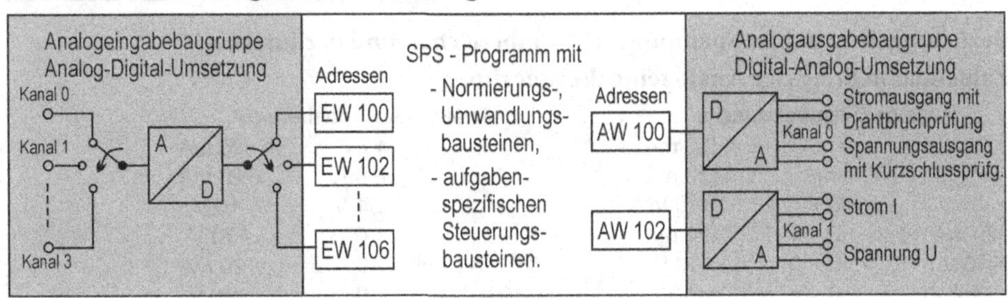

Analoge Eingänge für Spannung U, Strom I, Widerstand R und Temperatur T sowie analoge Ausgänge für Spannung U oder Strom I werden auch als Kanäle bezeichnet. Kanäle von Analogeingabebaugruppen sind parametrierbar u. a. nach Messart, Messbereich und Stellung des Messmoduls. Kanäle von Analogausgabebaugruppen sind parametrierbar nach Ausgabeart U oder I und Ausgabebereich. Es gibt auch kompakte Zentralbaugruppen (CPU) mit parametrierbaren integrierten Analogeingänge und Analogausgängen.

Die analogen Eingangssignale werden digitalisiert und im wählbaren Eingabeadressbereich z. B. ab EW 100 zur weiteren Programmbearbeitung abgelegt. Ermittelte Ausgabedaten werden im wählbaren Ausgabeadressbereich z. B. ab AW 100 abgelegt und stehen dort zur Umsetzung in analoge Spannungswerte oder Ströme zur Verfügung.

Jeder Kanal belegt 2 Byte Speicherplatz unabhängig von der Auflösung, d. h. der Anzahl der zur digitalen Zahlendarstellung verwendeten Datenbits. Die Ablage der Zahlenwerte erfolgt immer linksbündig, sodass rechts freibleibende Stellen mit Nullen aufgefüllt werden. Der Vorteil einer größeren Auflösung liegt in der feineren Abstufung (Schrittweite) der Digitalwerte.

Tabelle 12.1 Bitmuster der Analogwertdarstellung in Eingangs- und Ausgangsbaugruppen bei unterschiedlichen Auflösungen, VZ = Vorzeichenbit (0 = pos., 1 = neg. und 2er-Komplement)

Bit Nr:	15	14	13	12	11	10	9	8	7	6	5	4	3	2	1	0	**Kleinste Schrittweite des Digitalwertes**
Wertigkeit	VZ	2^{14}	2^{13}	2^{12}	2^{11}	2^{10}	2^{9}	2^{8}	2^{7}	2^{6}	2^{5}	2^{4}	2^{3}	2^{2}	2^{1}	2^{0}	
Auflösung																	
8-Bit + VZ	1/0	1/0	1/0	1/0	1/0	1/0	1/0	1/0	1/0	0	0	0	0	0	0	0	128
9-Bit + VZ	1/0	1/0	1/0	1/0	1/0	1/0	1/0	1/0	1/0	1/0	0	0	0	0	0	0	64
10-Bit + VZ	1/0	1/0	1/0	1/0	1/0	1/0	1/0	1/0	1/0	1/0	1/0	0	0	0	0	0	32
11-Bit + VZ	1/0	1/0	1/0	1/0	1/0	1/0	1/0	1/0	1/0	1/0	1/0	1/0	0	0	0	0	16
12-Bit + VZ	1/0	1/0	1/0	1/0	1/0	1/0	1/0	1/0	1/0	1/0	1/0	1/0	1/0	0	0	0	8
13-Bit + VZ	1/0	1/0	1/0	1/0	1/0	1/0	1/0	1/0	1/0	1/0	1/0	1/0	1/0	1/0	0	0	4
14-Bit + VZ	1/0	1/0	1/0	1/0	1/0	1/0	1/0	1/0	1/0	1/0	1/0	1/0	1/0	1/0	1/0	0	2
15-Bit + VZ	1/0	1/0	1/0	1/0	1/0	1/0	1/0	1/0	1/0	1/0	1/0	1/0	1/0	1/0	1/0	1/0	1

Beziehungen zwischen Spannungs-/Strombereichen und der internen Zahlendarstellung der Analogeingabebaugruppe

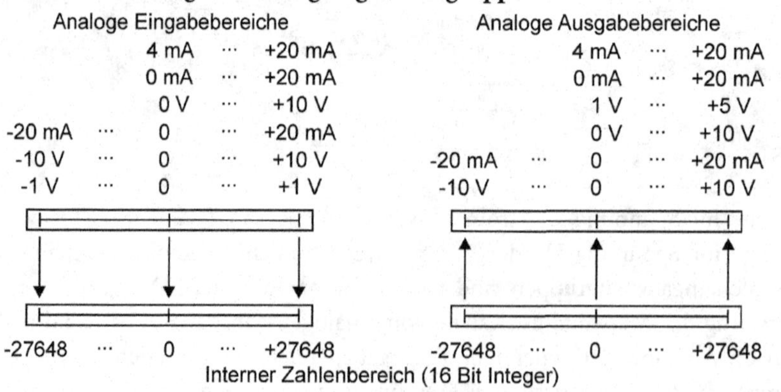

Beziehungen zwischen Widerstands-/Temperaturbereichen und der internen Zahlendarstellung der Analogeingabebaugruppe

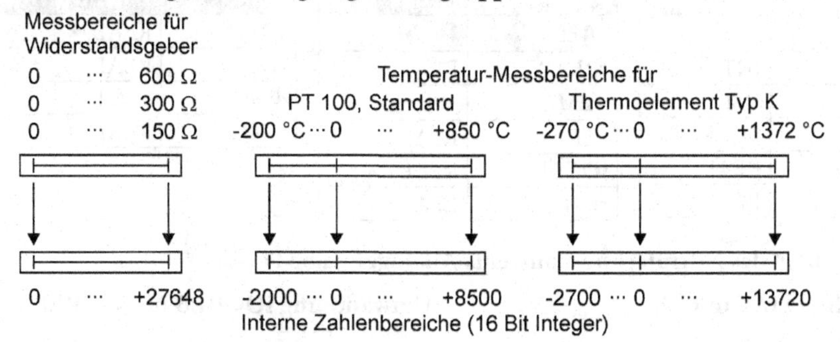

Eingangsnormierung mit Normierungsbaustein FC 48

Normieren bedeutet Umrechnen eines Zahlenwertes aus einem gegebenen Zahlenbereich in den entsprechenden Zahlenwert eines anderen Zahlenbereichs.

Bei der Normierung von digitalisierten Analogeingabewerten wird der interne Zahlenbereich der Analogeingabebaugruppe (16-Bit-Integerzahl) in einen gewünschten Normierungsbereich mir dem Datenformat REAL umgerechnet. So kann z. B. der zum Eingangsspannungsbereich von –10 V bis +10 V gehörende interne 16-Bit-Integerzahlenbereich von –27648 bis +27648 in den gewünschten Real-Zahlenbereich von –10,0 bis +10,0 umgerechnet werden. Der eine bestimmte Eingangsspannung repräsentierende Zahlenwert kann dann im SPS-Programm mit allen arithmetischen Funktionen weiter verarbeitet werden.

Normierungsformel der Analogeingabe:

$$\mathrm{REAW} = \frac{\mathrm{OGRNB} - \mathrm{UGRNB}}{\mathrm{OGREB} - \mathrm{UGREB}} \cdot (\mathrm{AE} - \mathrm{UGREB}) + \mathrm{UGRNB}$$

AE: Digitalisierter Analogeingabewert als INT-Zahl von einer Analogeingabebaugruppe
OGR: Obergrenze
UGR: Untergrenze
EB: Eingangsbereich
NB: Normierungsbereich
REAW: Normierter Analogeingabewert als REAL-Zahl zur Weiterverarbeitung

Normierungsbaustein FC 48

Beispiel: Aufruf im OB 1/PLC_PRG

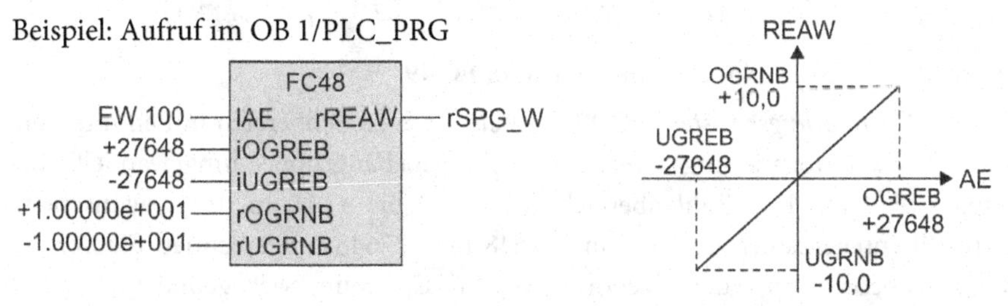

Deklarationstabelle des Normierungsbausteins Analogeingabe FC 48

Name	Datentyp
IN	
iAE	INT
iOGREB	INT
iUGREB	INT
rOGRNB	REAL
rUGRNB	REAL

Name	Datentyp
OUT	
rREAW	REAL
TEMP	
rAE	REAL
rOGREB	REAL
rUGREB	REAL

Name	Datentyp
rD1	REAL
rD2	REAL
diHO1	DINT
rHO2	REAL

Funktionsplan des Normierungsbausteins Analogeingabe FC 48

Umwandlung iAE in rAE

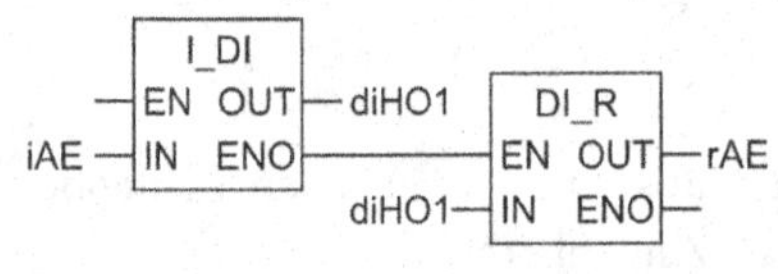

Umwandlung iOGREB in rOGREB

Umwandlung iUGREB in rUGREB

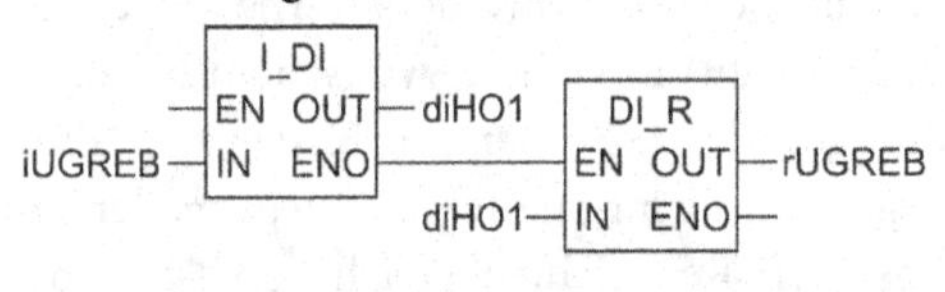

Differenzbildung

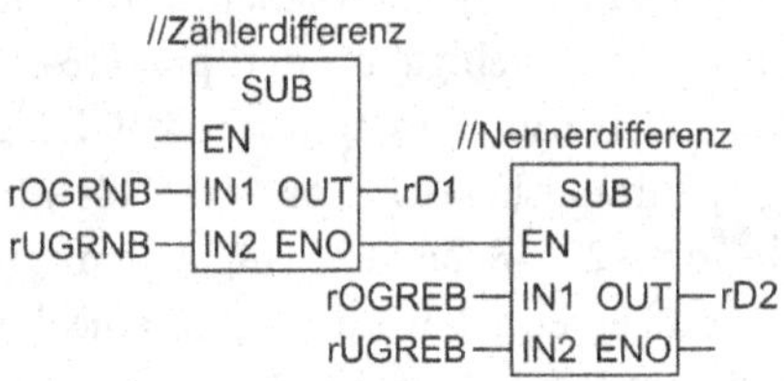

Berechnung des normierten Ausgabewertes rREAW

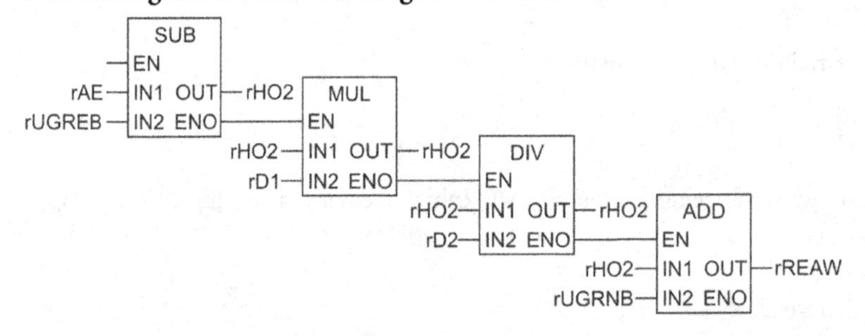

SCL/ST-Programm des Normierungsbausteins Analogeingabe FC 48

```
rREAW:= ((rOGRNB - rUGRNB)/(INT_TO_REAL(iOGREB) -
        INT_TO_REAL(iUGREB)))
         *(INT_TO_REAL(iAE)-INT_TO_REAL(iUGREB))+ rUGRNB;
```

Ausgangsnormierung mit Normierungsbaustein FC 49

Beim *Ausgabe-Normierungsbaustein* FC 49 wird ein Real-Zahlenbereich in den internen 16-Bit-Integerzahlen-Normierungsbereich der Ausgabebaugruppe umgewandelt. So wird beispielsweise ein Real-Zahlenbereich von –10,0 bis +10,0 in den gewünschten internen 16-Bit-Integerzahlenbereich von –27648 bis +27648 umgerechnet, für den in der Analogausgabebaugruppe der zugehörige Ausgangsspannungswert gebildet wird.

Normierungsformel der Analogausgabe:

$$AA = \frac{OGRAB - UGRAB}{OGRNB - UGRNB} \cdot (REAW - UGRNB) + UGRAB$$

REAW: Normierter Analogausgabewert
OGR: Obergrenze
UGR: Untergrenze
AB: Ausgangsbereich
NB: Normierungsbereich
AA: Digitaler Ausgabewert für die Analogausgabebaugruppe

Normierungsbaustein FC 49

Beispiel: Aufruf im OB 1/PLC_PRG

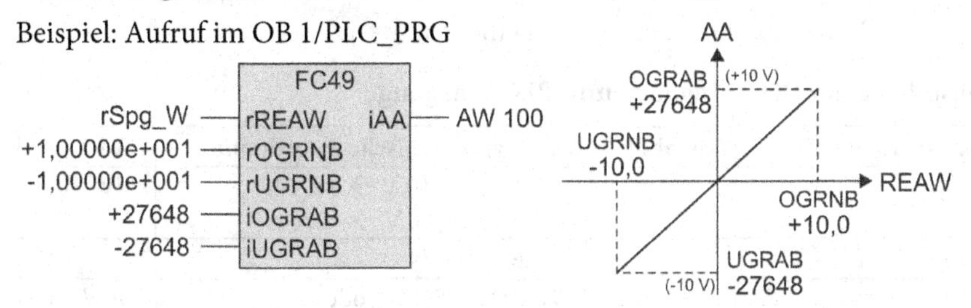

Deklarationstabelle des Normierungsbausteins Analogausgabe FC 49

Name	Datentyp
IN	
rREAW	REAL
rOGRNB	REAL
rUGRNB	REAL

Name	Datentyp
iOGRAB	INT
iUGRAB	INT
OUT	
iAA	INT

Name	Datentyp
TEMP	
rD1	REAL
rD2	REAL

AWL des Normierungsbausteins Analogausgabe FC 49

STEP 7		CoDeSys	
`L #iOGRAB;`	`T #rD2;`	`LD iOGRAB`	`MUL( rREAW`
`ITD;`	`L #rREAW;`	`INT_TO_REAL`	`SUB rUGRNB`
`DTR;`	`L #rUGRNB;`	`SUB( iUGRAB`	`)`
`L #iUGRAB;`	`-R ;`	`INT_TO_REAL`	`ADD( iUGRAB`
`ITD;`	`L #rD1;`	`)`	`INT_TO_REAL`
`DTR;`	`*R ;`	`DIV( rOGRNB`	`)`
`-R ;`	`L #rD2;`	`SUB rUGRNB`	`REAL_TO_INT`
`T #rD1;`	`/R ;`	`)`	`ST iAA`
`L #rOGRNB;`	`RND;`		
`L #rUGRNB;`	`L #iUGRAB;`		
`-R ;`	`+I ;`		
	`T #iAA;`		

SCL/ST-Programm des Normierungsbausteins Analogausgabe FC 49

```
iAA:= REAL_TO_INT(((INT_TO_REAL(iOGRAB) -INT_TO_REAL(iUGRAB))/
     (rOGRNB - rUGRNB))*(rREAW -rUGRNB) + INT_TO_REAL(iUGRAB));
```

12.1 Beispiel

■ Verarbeitung von analogen Eingangs- und Ausgangssignalen

Analogwert einlesen und digital ausgeben

Ein einstellbarer Spannungsgeber U für den Bereich –10 V bis +10 V ist an eine Analogeingabebaugruppe angeschlossen. Der eingestellte analoge Spannungswert, z. B. 4,5 V, soll mit Hilfe des universellen Normierungsbausteins FC 48 in einen äquivalenten Realzahlenwert im Bereich von –10,0 bis +10,0 umgewandelt und anschließend mit dem BCD-Ausgabebaustein FC 706 in einen BCD-Wert umgeformt und von einer 4-stelligen BCD-Anzeige AW als 4500 in Millivolt angezeigt werden. Bei einer negativen Eingangsspannung soll der Binärausgang VZ ein 1-Signal melden.

Zuordnungstabelle der PLC-Eingänge und PLC-Ausgänge

PLC-Eingangsvariable	Symbol	Datentyp	Logische Zuordnung	Adresse
Spannungsgeber	U	INT	+10 V → +27648 –10 V → -27648	EW 100
PLC-Ausgangsvariable				
BCD-Anzeige	AW	WORD	BCD-Code	AW 10
Vorzeichenanzeige	VZ	BOOL	Leuchtet VZ = 1	A 0.0

Freigrafischer Funktionsplan (vereinfacht)

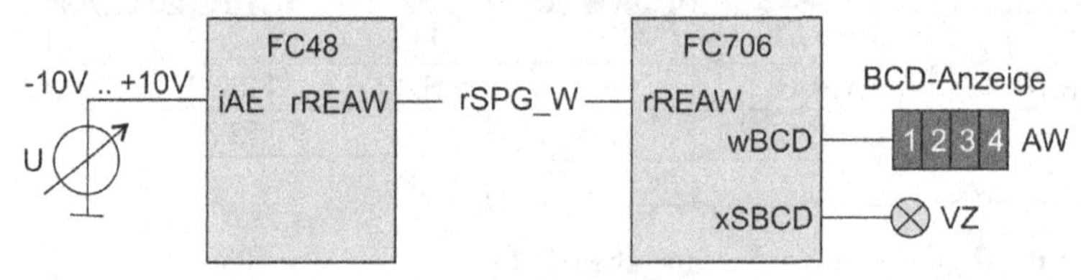

Bausteinaufrufe im OB 1/PLC_PRG

Deklarationstabelle:

Name	Datentyp	Kommentar
TEMP		
	Standardeinträge	
rSPG_W	REAL	Übergabevariable
xHO	BOOL	Hilfsoperand

Programm:

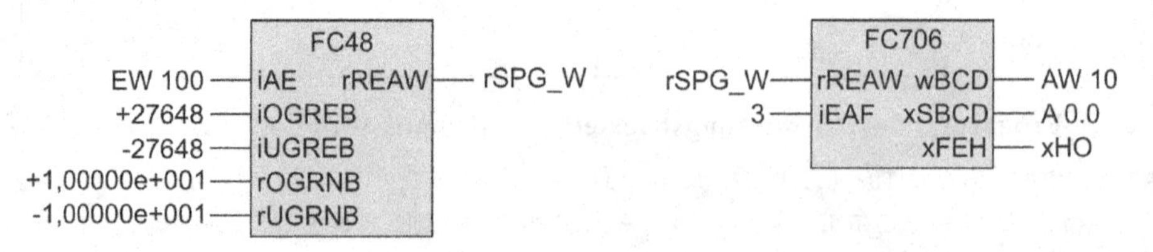

Digitalwert einlesen und analog ausgeben

Der an einem 4-stelligen BCD-Zahleneinsteller EW für den Wertebereich 0000 bis 9999 vorgegebene Zahlenwert soll mit dem BCD-Eingabebaustein FC 705 in einen äquivalenten Realzahlenwert im Bereich von -9.999 bis +9,999 umgewandelt und dann mit dem Normierungsbaustein FC 49 in den Integerzahlenbereich von –27648 bis +27648 umgeformt und von einer Analogausgabebaugruppe als Spannungswert U ausgegeben werden. Zur Vorzeicheneingabe für die BCD-Zahl ist ein Binäreingang VZ vorzusehen mit 1-Signal für negative Werte. Der Wert am BCD-Zahleneinsteller soll eine Spannung in mV bedeuten: z. B. 4500 entspricht 4500 mV = 4,5 V.

Zuordnungstabelle der PLC-Eingänge und PLC-Ausgänge

PLC-Eingangsvariable	Symbol	Datentyp	Logische Zuordnung	Adresse
BCD-Zahleneinsteller	EW	WORD	BCD-Code	EW 10
Vorzeichengeber	VZ	BOOL	Negativ VZ = 1	E 0.0
PLC-Ausgangsvariable				
Spannungsausgang	U	INT	+27648 → +10 V -27648 → -10 V	AW 100

Freigrafischer Funktionsplan (vereinfacht)

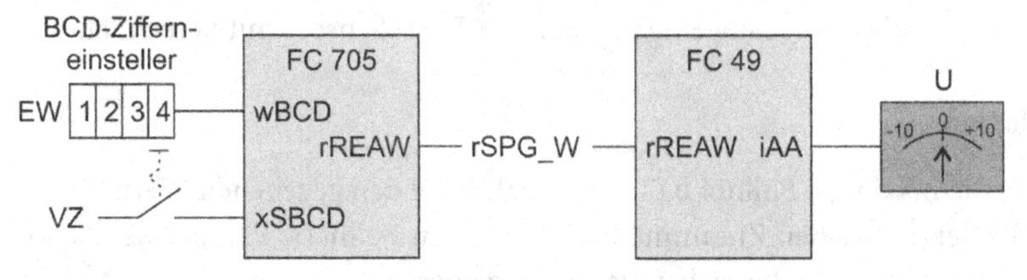

Bausteinaufrufe im OB 1/PLC_PRG

Deklarationstabelle:

Name	Datentyp	Kommentar
TEMP		
	Standardeinträge	
rSPG_W	REAL	Übergabevariable

Programm:

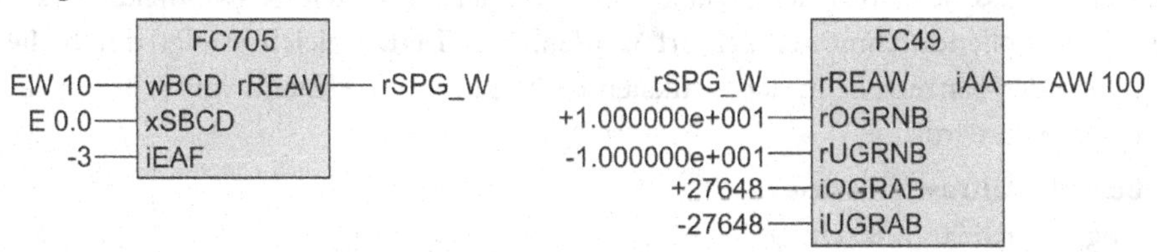

„-3" am Eingang iEAF bewirkt, dass der am BCD-Eingang anliegende Wert mit 10^{-3} multipliziert wird, z. B.: wBCD = 9999 → rREAW = 9,999.

Programmierung und Aufruf des Bausteins siehe http://www.automatisieren-mit-sps.de, Aufgabe 12_1_01a und Aufgabe 12_1_01b

12.2 Lernaufgaben

Lernaufgabe 12.1: Füllstandsmessung mit Ultraschallsensor

Lösung S. 389

Das nebenstehende Bild zeigt die geometrische Anordnung eines Einkopf-Ultraschall-Sensors bei einem Behälter, dessen Füllstand gemessen werden soll. Der Sensor liegt an einer Analogeingabebaugruppe 0 … 10 V.

Der Ultraschallsensor liefert bei 200 cm Abstand der Objektfläche, gemessen nach der Blindzone, eine Spannung von 10 V. An der Blindzonengrenze beginnt der Messbereich mit 0 V entsprechend dem Abstand 0 cm.

Technologieschema:

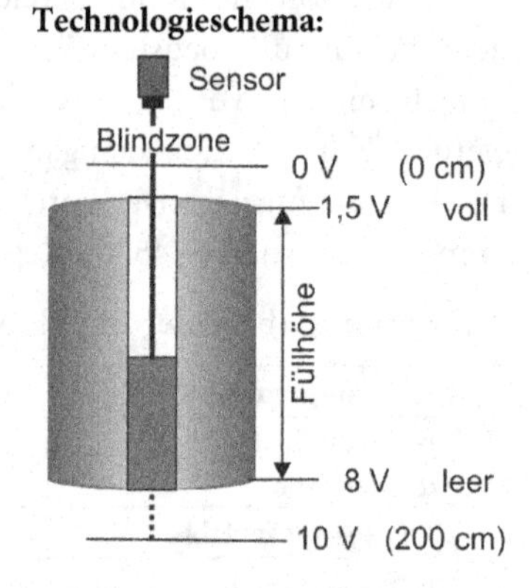

Die Blindzone ist der Bereich, in welcher der Sensor das Echosignal nicht detektieren kann. Für eine weitere Verarbeitung im Steuerungsprogramms soll ein spezieller Normierungsbaustein FC 1221 entwickelt werden, der den Füllstand als Gleitpunktzahl REAW aus der Integerzahl des Analogeingangswertes AE des Sensors mit berechnet.

Lösungsleitlinie

1. Berechnen Sie die maximale Füllhöhe FH im Behälter bei den gegebenen Werten?
2. Bestimmen Sie den grafischen Zusammenhang zwischen Füllhöhe FH und den Spannungswerten bzw. den Zahlenbereichen der Analogeingabebaugruppe.
3. Ermitteln Sie aus der Grafik die spezielle Normierungsformel für diese Anordnung.
4. Geben Sie das Steuerungsprogramm in der AWL und in SCL/ST an.
5. Mit welchen Werten wäre der Normierungsbaustein FC 48 zu beschalten?
6. Programmieren Sie die Funktion FC 1221 und rufen Sie diese im OB 1/PLC_PRG auf.

Lernaufgabe 12.2: Bandsteuerung

Lösung S. 390

Eine Materialbahn wird zur Bearbeitung taktweise in eine Arbeitsmaschine eingezogen. Gleichzeitig muss der Abwickelvorgang mit passender Abwickelgeschwindigkeit v abhängig vom Rollendurchmesser geführt werden. Der Taktausgleich erfolgt durch die Auslenkung der Tänzerrolle in der vertikalen Richtung, deren Abstand vom Ultraschallsensor gemessen wird.

Angaben zum Ultraschallsensor:
Erfassungsbereich 20 … 80 cm
Analoges Ausgangssignal 4 … 20 mA
Abmaße zwischen Tänzerrolle und Sensor: MAX = 90 cm, MIN = 30 cm für L = 60 cm

Für eine übergeordnete Regelung soll ein Istwert x die Position der Tänzerrolle innerhalb der Ausgleichsstrecke mit 0 bis 100 % angeben. Dabei bedeutet x = 0 %, dass die Tänzerrolle in der Ausgleichsstrecke ganz oben ist und keine Ausgleichsreserve mehr zur Verfügung steht.

Eine übergeordnete Regelung (nicht Gegenstand dieser Aufgabe) erhöht dann die Abwickelgeschwindigkeit passend.

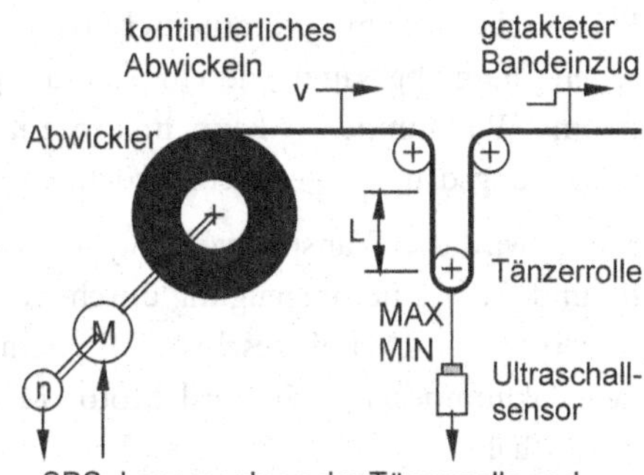

Lösungsleitlinie

1. Geben Sie die Zuordnungstabelle der PLC-Eingänge und PLC-Ausgänge an.
2. Führen Sie den Istwert x in das Anlagenschema ein.
3. Stellen Sie die Normierungskennlinie des Istwertes x dar und bestimmen Sie daraus die Grenzwerte des Eingangsbereichs (UGREB und OGREB).
4. Rufen Sie den Standard-Normierungsbausteins FC 48 im OB 1/PLC_PRG mit der erforderlichen Beschaltung auf.

Lernaufgabe 12.3: Vakuumerzeugung

Lösung S. 391

Das nachstehende Bild zeigt das Steuerungsschema einer Vakuumerzeugung. Technisch lässt sich die Saugkraft eines Vakuums nutzen, um mit dem Sauggreifer geeignete Objekte festzuhalten. Ein Vakuumerzeuger ohne mechanisch bewegte Teile besteht aus einer Strahldüse und einer Auffangdüse. Durch eine Verengung in der Strahldüse wird durchströmende Druckluft stark beschleunigt und im kleinen Zwischenraum zwischen den beiden Düsen expandiert, sodass eine Sogwirkung entsteht.

Technologieschema:

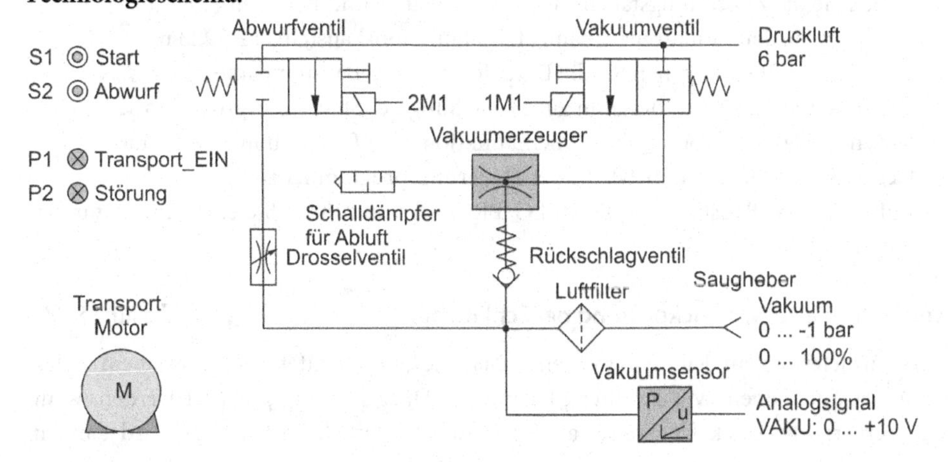

Bei verschlossenem Vakuumanschluss (Saugheber) wird die Luft aus diesem abgeschlossenen Raum abgesaugt und ein Vakuum gebildet (Venturi-Prinzip). Die Stärke des Vakuums (Vakuumpegel) kann in Prozent (%) oder als Differenzdruck gegenüber dem Umgebungsdruck angegeben werden: 0 ... 100 % oder 0 ... –1 bar.

Mit S1 wird der Transportvorgang gestartet und die Vakuumerzeugung durch Ansteuerung von 1M1 eingeschaltet. Erreicht der Vakuumpegel 80 % wird Motor M1 eingeschaltet.

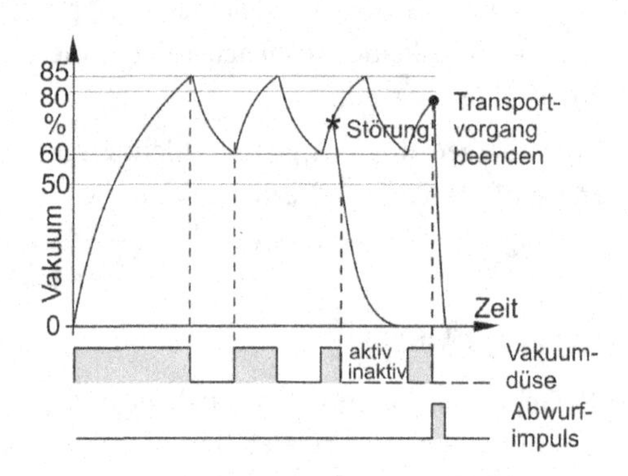

Um Druckluft zu sparen wird bei einem Vakuumpegel von 85 % die Vakuumerzeugung abgeschaltet.

Sinkt während des Transports der Vakuumpegel auf 60 % ab, ist die Vakuumerzeugung wieder einzuschalten.

Kann der Vakuumerzeuger einen Pegelabfall unter 50 % infolge einer größeren Leckage nicht kompensieren, sind Transportvorgang und Vakuumerzeugung sofort zu beenden und eine Störungsleuchte P2 einzuschalten. Durch Betätigung der Taste S2, wird der Transportvorgang beendet, bzw. eine aufgetretene Störung quittiert. Zum Absetzen des Werkstücks wird das Abwurfventil über 2M1 eine vorgebbare Zeit angesteuert. Der Vakuumausgang wird dadurch schnell mit Druckluft gefüllt. Für die Ansteuerung der Aktoren ist ein Funktionsbaustein FB 1223 zu entwerfen, der zusätzlich noch den Vakuumpegel in Prozent als REAL-Zahl ausgibt. Die Obergrenze des Analogeingangsbereichs soll variabel vorgegeben werden können.

Lösungsleitlinie

1. Geben Sie die Zuordnungstabelle der PLC-Eingänge und PLC-Ausgänge an.
2. Zeichnen Sie den Funktionsplanaufruf des Funktionsbausteins FB 1223 im OB 1/PLC_PRG und geben Sie die Datenformate der Bausteinparameter an.
3. Entwerfen Sie ein Struktogramm zur Darstellung der Steuerungsprogramms.
4. Setzen Sie das Struktogramm in einen Funktionsplan FUP und in SCL/ST um.
5. Geben Sie die Deklarationstabelle des Steuerungsprogramms an.
6. Rufen Sie den Baustein im OB 1/PLC_PRG auf und führen Sie einen Programmtest durch.

Lernaufgabe 12.4: Druckprüfung bei Schläuchen

Lösung S. 393

Vor Auslieferung an Kunden werden Schläuche zur Qualitätskontrolle einem Belastungstest unterzogen. Mit Schalter S1 kann die Druckprüfung gestartet werden, wenn der Versorgungsdruck PV größer als 8 bar ist. Der Druck im Schlauch wird dann in

1-bar-Stufen bis zum Grenzwert von 7 bar in Zeitschritten von 5 Sekunden erhöht. Dieser Vorgang wird bis zum Ausschalten von S1 wiederholt. Entsteht während des Prüfvorgangs ein Druckabfall oder wird der vorgegebene Druck nach 5 Sekunden nicht erreicht, zeigt dies eine Fehler-Meldeleuchte P2 an und der Prüfvorgang wird sofort beendet. Mit Taster S2 wird die Fehleranzeige quittiert.

Technologieschema:

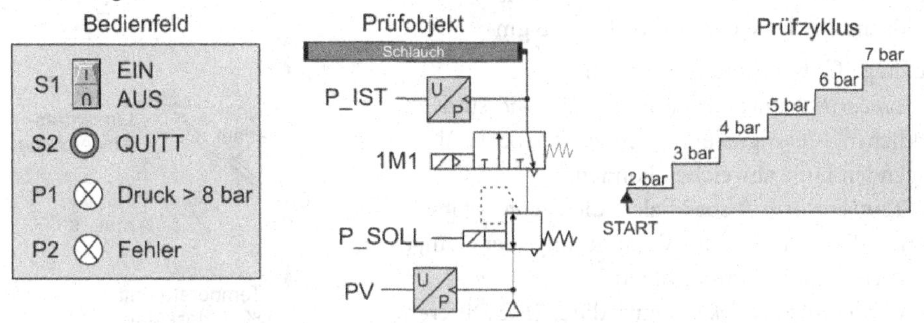

Die Drucksensoren liefern ein Analogsignal 0 … 10 V für den Druckbereich 0 … 10 bar. Das Druckregelventil benötigt für einen Ausgangsdruck von 0,1 bis 10 bar eine Spannung von 0 .. 10 V. Für die Druckprüfung ist ein Funktionsbaustein FB 1224 zu entwerfen.

Lösungsleitlinie

1. Geben Sie die Zuordnungstabelle der PLC-Eingänge und PLC-Ausgänge an.
2. Bestimmen Sie die Bausteinparameter des Funktionsbausteins FB 1224
3. Entwerfen Sie ein Ablauf-Funktionsplan für den Prüfzyklus.
4. Geben Sie die erforderlichen Berechnungen für die Normierungen an.
5. Ermitteln Sie ein Struktogramm zur Darstellung des FB 1224 Steuerungsprogramms.
6. Bestimmen Sie aus dem Struktogramm das Steuerungsprogramm in der Programmiersprache SCL/ST.
7. Rufen Sie den Baustein im OB 1/PLC_PRG auf und führen Sie den Programmtest durch.

Lernaufgabe 12.5: Überwachung der Dicke durchlaufender Metallbänder

Lösung S. 396

Bei der Herstellung von Feinblechen soll die Dicke durchlaufender Metallbänder durch Messung des Rollenabstandes zweier freilaufender Walzen überwacht werden. Es sind zwei induktiver Analogsensoren montiert. Die Blechdicke ergibt sich aus der Differenz der Messsignale.

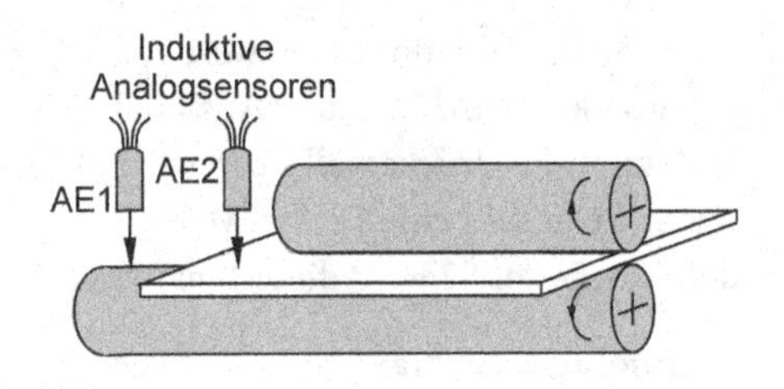

Daten eines induktiven Analogsensors:

Messbereich:	0 … 6 mm
Analoger Spannungsausgang:	0 … 10 V
Wiederholgenauigkeit:	<10 μm
Linearitätsabweichung:	±20 μm
Temperaturdrift:	±5 % FS
Ansprechzeit:	<2,5 ms
Auflösung des D/A-Umsetzers:	5 μm

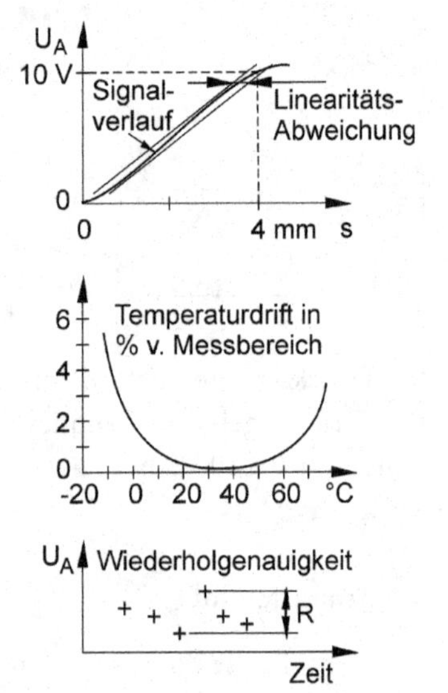

Fachbegriffe bei Analogsensoren:

Die *Linearitätsabweichung* beschreibt wie stark die wirklichen Messsignale von einer proportional ansteigenden Linie abweichen können.

Die *Temperaturdrift* spezifiziert die Messwertabweichung, die durch eine Veränderung der Umgebungstemperatur verursacht wird.

Die *Wiederholgenauigkeit* nennt die größte Differenz R aller Messwerte, die während einer Zeitspanne von 8 Stunden bei 23 °C (±5 K) an einem ruhenden Objekt gemessen wurden.

Die *Ansprechzeit* nennt die Zeit, die der Sensor bei fortlaufender Messung zur Aktualisierung der Messwerte benötigt.

Die *Auflösung* nennt die kleinste Abstandsänderung, die zu einer Änderung des Ausgangssignals führt.

Es ist eine Funktion FC 1225 zu bestimmen, welche aus den beiden Sensorsignalen die Dicke der Metallbänder bestimmt. Der Eingangsbereich der Analogeingabebaugruppe soll dabei von 0 bis zu einer vorgebbaren Obergrenze OGREB bis maximal 6 mm zu Grunde gelegt werden.

Lösungsleitlinie

1. Geben Sie die Zuordnungstabelle der PLC-Eingänge und PLC-Ausgänge an.
2. Bestimmen Sie Bausteinparameter der Funktion FC 1225.
3. Ermitteln Sie die Berechnungen für die Normierungen und die Bestimmung der Dicke.
4. Geben Sie die Deklarationstabelle der Funktion FC 1225 an.
5. Bestimmen Sie das Steuerungsprogramm der Funktion FC 1225 in der Anweisungsliste.
6. Rufen Sie den Baustein im OB 1/PLC_PRG auf und führen Sie den Programmtest durch.
7. Warum werden zur Ermittlung der Blechdicke zwei Sensoren eingesetzt?
8. Sind die Sensoren gemäß obiger Datenblattangaben geeignet, um den Messwert der Blechdicke genau genug zu messen, wenn Feinbleche der Dicke 2,0 mm mit einer zulässigen Toleranz von 0,02 mm bezogen auf eine Temperatur von 25 °C produziert werden sollen?

12.3 Kontrollaufgaben

Kontrollaufgabe 12.1

Ein nicht programmierbarer Neigungssensor liefert für seinen Analogbereich von –40°… +40° ein Stromsignal 4–20 mA und ist an eine Analogeingabebaugruppe 4–20 mA angeschlossen, die den digitalisierten Analogwert im EW 100 ablegt. In der Ausgangsvariablen „Winkel" soll die gemessene Neigung als Zahlenwert vorliegen.

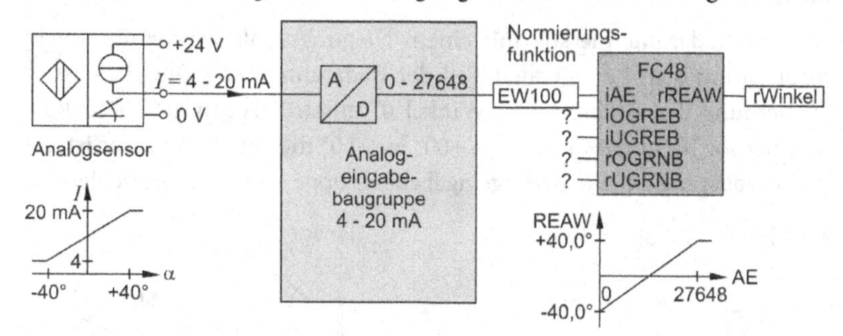

1. Bestimmen Sie die Parameterwerte für den Analogeingabe-Normierungsbaustein FC 48 im Messbereich $\alpha = \pm 40°$.
2. Bestimmen Sie die Parameterwerte für die Funktion FC 48, wenn die Analogeingabebaugruppe den Strombereich 4–20 mA in den Eingangsnennbereich 0–32767 umwandelt.

Kontrollaufgabe 12.2

Als Beispiel für einen Analog-Aktor ist im Bild ein pneumatisches Proportional-Druckregelventil dargestellt, dessen Aufgabe es ist, einen Arbeitsdruck entsprechend dem elektrischen Analogsignal 0–10 V einzustellen. Das Bild zeigt den Signalweg, ausgehend von einem Messwert im SPS-Programm, der einen Arbeitsdruck vorgibt, bis hin zum Druckregelventil.

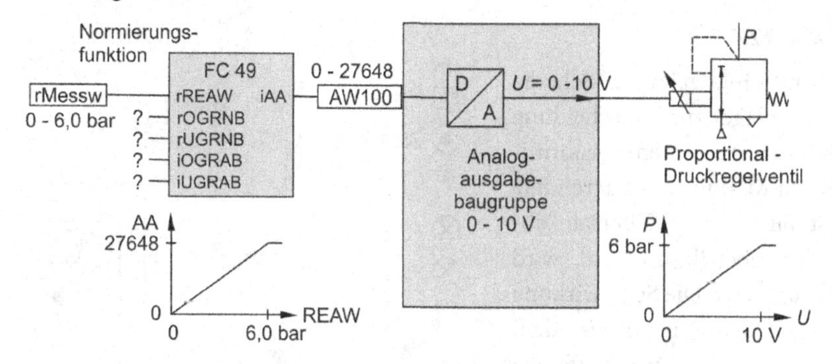

1. Bestimmen Sie die Parameterwerte für den Analogausgabe-Normierungsbaustein FC 49 für den Druckbereich 0–6 bar.

2. Schreiben Sie ein AWL- oder SCL/ST-Programm für einen speziellen Normierungsbaustein FC 1232 mit festen Parameterwerten für den Normierungsbereich 0–6,0 bar und dem digitalen Ausgangsbereich 0–27648 entsprechend 0–10 V unter Verwendung der Normierungsformel

$$AA = \frac{OGRAB - UGRAB}{OGRNB - UGRNB} \cdot (REAW - UGRNB) + UGRAB\,.$$

Kontrollaufgabe 12.3

Die Ausrichtung einer Radarantenne soll mit einem Neigungswinkelsensor überwacht werden. Der Sensor ist auf dem beweglichen Teil der Radaranlage so montiert, dass er bei vertikaler Ausrichtung der Antenne den Winkel 0° misst. Bezogen auf diese Ausgangslage kann der Sensor Neigungswinkel von +60° bis –60° messen. Der Sensor ist mit seinem analogen Stromausgang an eine Analogeingabebaugruppe 4–20 mA angeschlossen.

Daten eines 1-achsigen Neigungssensors:

Messbereich:	–60°...+60°
Analoger Stromausgang:	4 ... 20 mA
Wiederholgenauigkeit:	< ±0,1°
Absolute Genauigkeit:	< ±0,5°
Temperatureinfluss:	< 0,03°/K
Ansprechverzug:	< 0,15 s
Auflösung:	< 0,12°

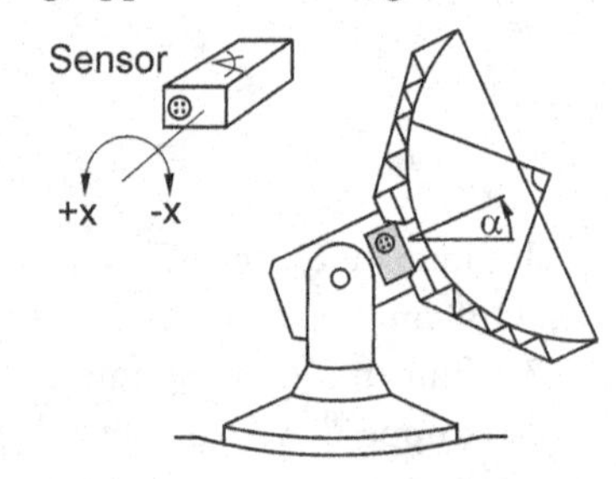

1. In einer Funktion FC 1233 sollen die digitalisierten Analogwerte AE des Sensors in den normierten Messwertebereich REAW von α = + 30° bis +150° umgerechnet werden. Der Winkel α wird, wie im Bild angegeben, gegen die Horizontale gemessen. Stellen Sie die Normierungskennlinie dar und leiten Sie daraus die Umrechnungsbeziehung her.
2. Geben Sie die Anweisungsliste AWL für die Funktion FC 1233 an.
3. Was bedeutet die Angabe einer Auflösung < 0,12° im Datenblatt?

Kontrollaufgabe 12.4

Das nebenstehende Bild zeigt das Schema einer Filtrationsanlage zur Abscheidung von Schwebestoffen aus einem gasförmigen oder flüssigen Medium. Das gereinigte Medium heißt Filtrat. Der Filtersatz absorbiert die Schwebeteilchen und wird dabei langsam zugesetzt. Die Sperrwirkung des Filters mindert den Druck hinter dem Filter, sodass eine kleine Druckdifferenz entsteht, die vom Differenzdruckmesser gemessen und angezeigt wird.

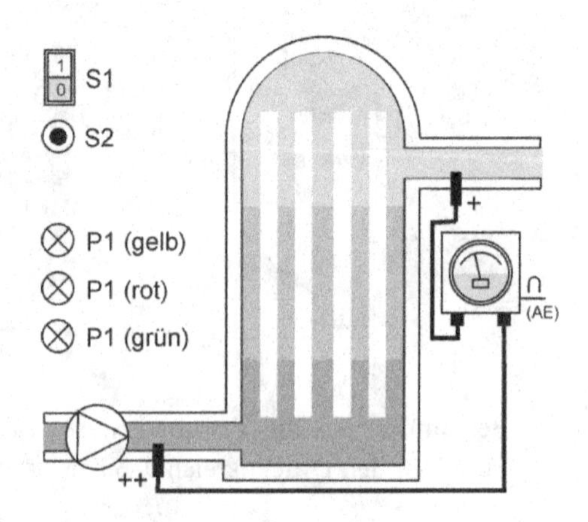

Die Pluszeichen im Schema symbolisieren die unterschiedlichen Druckwerte vor und hinter dem Filter. Mit zunehmender Verschmutzung erhöht sich die Druckdifferenz und erfordert mehr Pumpenleistung.

1. Zur Filterüberwachung liefert der Differenzdruckmesser ein Analogsignal 0–10 V, das dem Differenzdruckmessbereich 0–500 Pa für Luft zugeordnet ist (100 Pa = 1 mbar). Geben Sie eine spezielle Normierungsfunktion an, mit der sich die digitalisierten Analogwerte AE in den ursprünglichen Messwertbereich umrechnen lassen.
2. Bilden Sie eine Zuordnungstabelle mit den PLC-Eingängen und PLC-Ausgängen.
3. Ein Überwachungsprogramm soll den Anlagenzustand anzeigen. Bei $\Delta p > 400$ Pa leuchtet die Kontrollleuchte P1 (gelb) = Filter bald tauschen, P2 (rot) bei $\Delta p < 50$ Pa = Filterriss, P3 (grün) = Filter in Ordnung. Mit dem Reset-Taster S2 werden die Anzeigen gelöscht. Geben Sie die Deklarationen und das Steuerungsprogramm der Funktion FC 1234 in AWL oder SCL/ST an.
4. Zeichnen Sie den Aufruf der Funktion FC 1234 im OB 1/PLC_PRG.

Kontrollaufgabe 12.5

Das unten stehende Bild zeigt die geometrische Anordnung der Abstandsmessung mit einem Distanzsensor. Die Parameterwerte des Distanzsensors sind so eingestellt, dass bei 500 cm Abstand eines Objektes nach der Blindzone der Sensor eine Spannung von 10 V liefert.

Technologieschema:

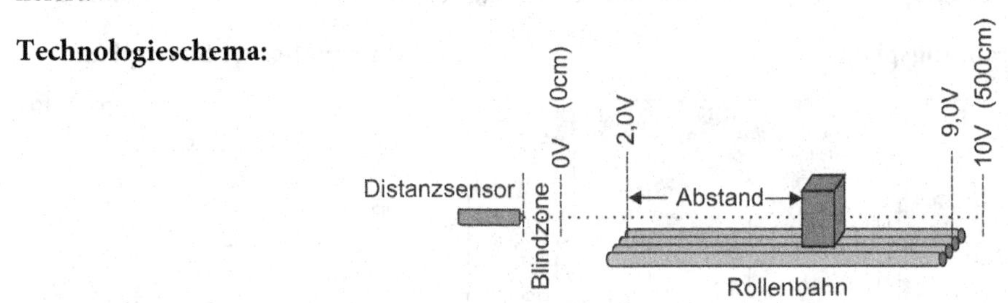

In der Steuerung werden die Analogwerte von 0 V ... 10 V auf die Zahlenwerten von 0 .. 27648 abgebildet. Mit einer speziellen Normierungsfunktion FC 1235 soll der Abstand des Körpers von der vorderen Kante der Rollenbahn bestimmt werden. Die Normierungsberechnung beruht dabei auf der Formel:

$$\text{REAW} = \frac{\text{OGRNB} - \text{UGRNB}}{\text{OGREB} - \text{UGREB}} \cdot (\text{AE} - \text{UGREB}) + \text{UGRNB}$$

1. Wie breit ist die Rollenbahn?
2. Bestimmen Sie den zahlenmäßigen Zusammenhang des Abstands in Abhängigkeit vom Analogeingangswert (AE).
3. Zeichnen Sie den Aufruf des speziellen Normierungsbausteins (FC 1235) mit den erforderlichen Bausteinparametern.
4. Geben Sie das Steuerungsprogramm in AWL oder SCL/ST für die Funktion FC 1235 an.

Der Abstand des Messobjekts soll auf eine Obergrenze OGR und eine Untergrenze UGR überwacht werden. Das Überschreiten der OGR oder Unterschreiten der UGR des Abstandes zeigt eine Meldeleuchte QP an. Um ein ständiges Ein- und Ausschalten der Meldeleuchte QP zu verhindern, wenn sich das Messobjekt gerade an einer Grenze befindet, wird eine Schalthysterese von 10 % der Grenzen eingeführt.

5. Stellen Sie den funktionalen Zusammenhang zwischen Meldeleuchte QP und dem Abstand grafisch dar. (QP = f(Abstand)). Nehmen Sie dabei als UGR = 5 cm und als OGR = 40 cm an.
6. Bestimmen Sie ein Struktogramm für die Ansteuerung der Meldeleuchte QP.

Die spezielle Normierungsfunktion FC 1235 soll durch die Ansteuerung der Meldeleuchte erweitert werden.

7. Geben Sie die Bausteinparameter der erweiterten Funktion FC 1235 an.
8. Das Steuerungsprogramm der Erweiterung ist in der Programmiersprache AWL oder SCL/ST anzugeben.

Kontrollaufgabe 12.6

Mit einer pneumatischen Prägemaschine sollen Werkstücke gekennzeichnet werden. Für den Prägedruck wird ein pneumatisches Druckregelventil verwendet. Zur Messung des Drucks werden Drucksensoren eingesetzt. Die Maschine soll mit dem Standardbedienfeld (siehe Kapitel 7) in vier unterschiedlichen Betriebsarten gefahren werden können.

Verdrahtungsplan: **Pneumatischer Schaltplan:**

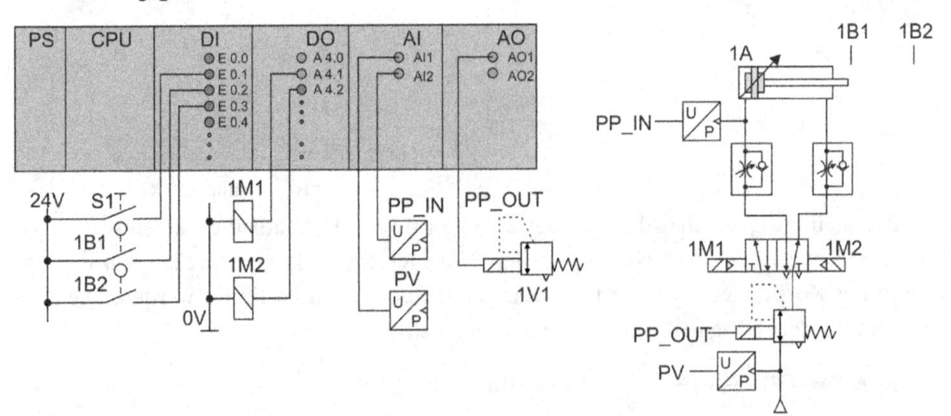

Der Prägevorgang soll in zwei Stufen mit jeweils unterschiedlich konstantem Druck erfolgen.

Funktionsablauf:

Nach Start des Prägevorgangs soll der Kolben des Prägestempels mit einem Solldruck von 2 bar ausfahren. Hat der Zylinder seine Prägeposition erreicht, wird der Druck auf einen vorgebbaren Wert (z. B. 4 bar) linear erhöht. Die Druckänderungsgeschwindigkeit ist vorgebbar (z. B. 1 bar/s). Ist der Druck erreicht, soll dieser für eine Zeit 1 auf das Prägestück wirken. Danach wird der Prägedruck auf einen zweiten vorgebbaren Wert (z. B. 5 bar) mit der vorgegebenen Druckänderungsgeschwindigkeit erhöht. Dieser Druck soll dann eine Zeit 2 wirken.

Nach Ablauf der Zeit 2 wird der Druck auf 2 bar mit der vorgegebenen doppelten Druckänderungsgeschwindigkeit verringert und der Zylinder fährt ein.

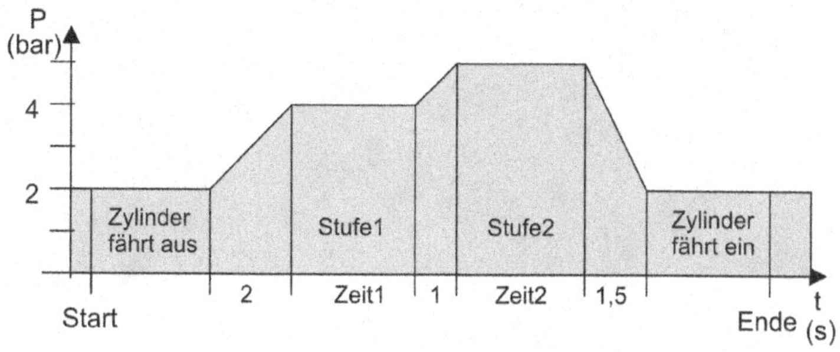

1. Bestimmen Sie den zugehörigen Ablauf-Funktionsplan.
2. Bestimmen Sie die Parameterwerte, welche den Normierungsbausteinen für das Einlesen und Ausgeben des Drucks zugeordnet werden müssen.
3. Entwerfen Sie einen Funktionsbaustein FB 1236, der den Druck auf einen vorgebbaren Wert mit einer bestimmten Änderungsgeschwindigkeit führt.

   ▶ **Hinweis** Erstellen Sie zunächst ein Struktogramm.
4. Legen Sie ein Datenfeld für die Werte der beiden Prägestufen, den Aktualwerten des Versorgungs- und Prägedrucks und den Druck-Änderungsdaten an.
5. Ermitteln Sie das Steuerungsprogramm des Funktionsbausteins FB 26 für die Aktoransteuerung.
6. Rufen Sie alle erforderlichen Bausteine (FC 48, FC 49, FB 24, FB 25, FB 26 und FB 1236) im OB 1/PLC_PRG mit entsprechender Verschaltung auf.

Regelungen 13

13.0 Übersicht

Regelung und regelungstechnische Größen

Eine Regelung hat die Aufgabe, die Regelgröße x auf den von einer Führungsgröße w vorgegebenen Wert zu bringen und sie gegen den Einfluss einer *Störgröße z* auf diesem Wert zu halten. Dazu muss die *Regelgröße x (Istwert)* fortlaufend erfasst und mit der *Führungsgröße w (Sollwert)* verglichen werden. Der Regler ermittelt daraus die *Regeldifferenz* $e = w - x$ und bildet nach einem bestimmten Regelalgorithmus die *Stellgröße y*, die auf die Regelstrecke einwirken soll. In den meisten Fällen kann der Regler das dazu erforderliche Leistungsniveau nicht direkt erbringen, so dass ein Stellglied erforderlich wird. Das Stellglied hat die Aufgabe, den von der Regelstrecke benötigten Energie- oder Massenzufluss einzustellen. Man unterscheidet daher zwischen dem *Stellwert* y_R des Reglers und dem *Stellgrad y* des Stellglieds. Die *Regelstrecke* ist der Anlagenteil, in dem die Regelgröße x erfasst werden soll. Insgesamt muss gewährleistet sein, das die Wirkung der Regelung so ist, dass bei einer positiven Regeldifferenz $e = w - x > 0$ die Regelgröße x vergrößert und umgekehrt bei ein negativen Regeldifferenz $e = w - x < 0$ verringert wird. Bei einer Regelung bilden die Regelstrecke und der Regler einen geschlossenen Wirkungskreislauf, den so genannten *Regelkreis.*

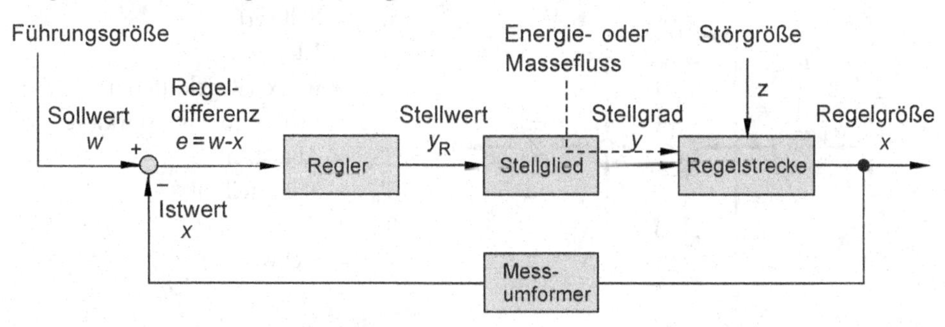

Reglerarten und passende Stellglieder

Zweipunktregler ohne und mit Schalthysterese mit schaltenden Stellsignalen für zwei Schaltstellungen z. B. Ein – Aus zur Ansteuerung von Stellgliedschaltern wie Leistungsschütze, Transistor-Leistungsschalter und Magnetventile.

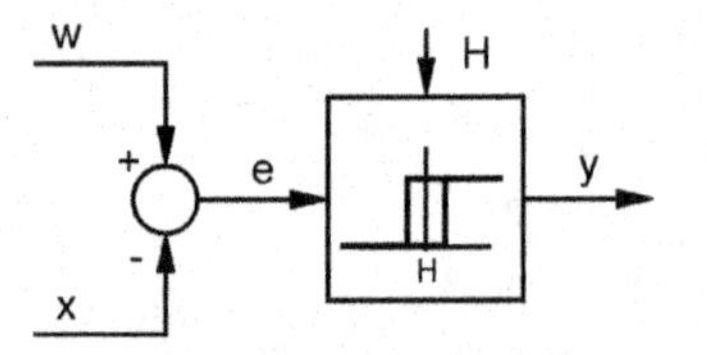

w = Sollwert
x = Istwert (Regelgröße)
e = Regeldifferenz
y = Stellgröße
H = Schalthysterese

Dreipunktregler ohne und mit Schalthysterese mit schaltenden Stellsignalen für drei Schaltstellungen z. B. Heizen – Aus – Kühlen zur Ansteuerung von Stellgliedschaltern.

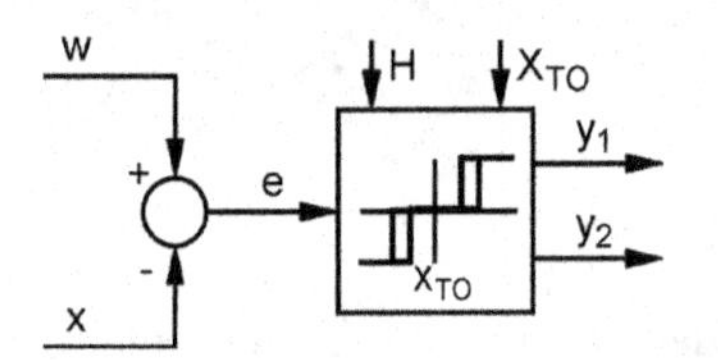

w = Sollwert
x = Istwert (Regelgröße)
e = Regeldifferenz
X_{TO} = Totzone
H = Schalthysterese
y_1 = Stellgröße 1
y_2 = Stellgröße 2

Zweipunktregler und Dreipunktregler werden wegen ihrer groben Stufung der Stellgröße y auch als unstetige Regler bezeichnet.

K-Regler sind stetige Regler mit kontinuierlich wirkenden Eingangs- und Ausgangssignalen, die jeden Wert innerhalb von 0/4 … 20 mA oder 0 … 10 V bei Analoggrößen und 0,0 bis 100,0 als Gleitpunktzahlen bei Digitalgrößen annehmen können. K-Regler werden zur Ansteuerung von proportionalen Stellgliedern wie Ventile für stetige Stellsignale oder motorischen Antrieben mit Stellungsrückmeldung verwendet, mit denen ein Stellungsregelkreis gebildet werden kann. K-Regler beruhen auf den PID-Regelalgorithmus, deren Proportional (P)-, Integral (I)- oder Differenzial (D)-Anteile einzeln zu oder abschaltbar sind. K-Regler verwenden den PID-Stellungsalgorithmus, der für jede Abtastzeit einen vollständigen Stellwert y_R bildet.

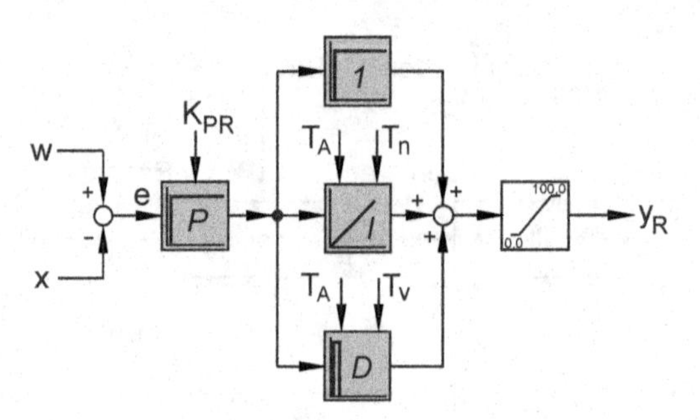

w = Sollwert
x = Istwert
e = w – x (Regeldifferenz)
K_{PR} = Proportionalverstärkung
T_A = Abtastzeit
T_n = Nachstellzeit
T_v = Vorhaltzeit
y_R = Stellwert

S-Regler sind so genannte quasi-stetige Schrittregler mit PI-Regelverhalten und binären Stellwertausgängen zur Ansteuerung von integrierend wirkenden Motor-Stellgliedern mit Dreipunkt-Stellsignalen für Rechtslauf – Halt – Linkslauf, bei denen der zurückgelegte Stellweg (Stellgrad y) von Schiebern, Klappen oder Ventilen proportional zur Einschaltdauer der Stellimpulse ist. Der S-Regler an einem motorischen Stellantrieb zeigt ein quasi-stetiges Stellverhalten, da jeder Wert innerhalb des Stellbereichs erreichbar ist. Die Arbeitsweise eines S-Reglers beruht auf dem Geschwindigkeitsalgorithmus des PID-Reglers, der für jede Abtastperiode nur den Zuwachs oder die Abnahme des Stellwertes Δy_R berechnet und als proportionale Rechtslauf-Impulse y_{1R} am Impulsausgang 1 oder Linkslauf-Impulse y_{2R} am Impulsausgang 2 abgibt. Dazu ist es erforderlich, dass dem S-Regler die Stellglied-Laufzeit von Anschlag zu Anschlag vorgegeben wird. Während einer Impulsdauer bewegt sich der Stellmotor mit konstanter Geschwindigkeit und bleibt in den Impulspausen stehen. Erreicht die Regelgröße den Sollwert, werden keine Impulse mehr ausgegeben und der Antrieb bleibt aufgrund der vorhandenen Getriebehemmung stehen. Soll- und Istwerte sind Gleitpunktzahlen von 0,0 bis 100,0.

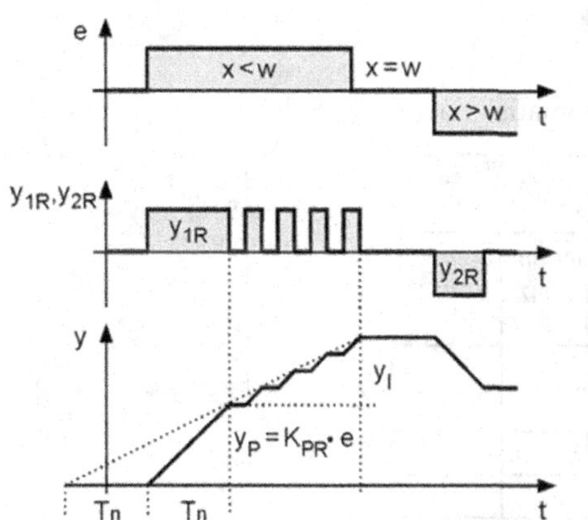

Impulsverhalten des PI-Schrittreglers:

- e = Regeldifferenz (w – x)
- y_{1R} = Stellsignal für Eingang 1 Stellantrieb (Rechtslauf)
- y_{2R} = Stellsignal für Eingang 2 (Linkslauf)
- y = Stellgrad der Positionierung
- y_P = Stellweg ausgelöst durch P-Verhalten
- y_I = Stellweg ausgelöst durch I-Verhalten
- T_n = Nachstellzeit

Auf eine sprungförmige Änderung der Regeldifferenz e reagiert der S-Regler sofort mit einem langen Impuls auf Grund seines P-Anteil in der Regelfunktion. Die darauf folgenden kürzeren Impulse werden durch den I-Anteil gebildet. Der Stellmotor wird für Rechts-/Linkslauf impulsweise mit Nennspannung angesteuert.

Impulsregler sind quasi-stetige PID-Regler mit einem Impulsausgang zur Ansteuerung von proportionalen Stellgliedern mit Schalteingang, wie z. B. ein Triac zur Steuerung der Leistungsaufnahme eines Heizgerätes durch Periodengruppensteuerung. Für diese Stellglieder werden Impulse konstanter Periodendauer ausgegeben, deren Länge proportional zum Stellwert y_R sind, der in einem PID-Regelteil ermittelt wird. Die Periodendauer entspricht der Zykluszeit mit der die Eingangsgrößen aktualisiert werden.

Impulsansteuerung eines Proportional-Stellglieds für eine Periodengruppensteuerung der Netzwechselspannung zur Regelung der Leistungsaufnahme eines elektrischen Heizofens:

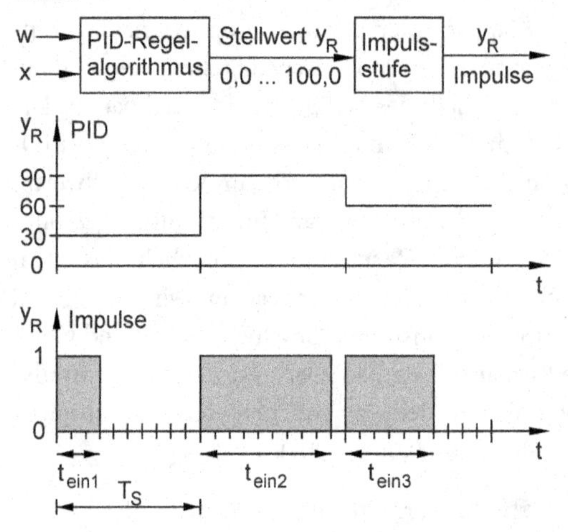

Beispiel:

t_{ein1} = Zeit für 30 von 100 Perioden

t_{ein2} = Zeit für 90 von 100 Perioden

t_{ein3} = Zeit für 60 von 100 Perioden

T_S = Schaltperiodendauer

Leistung einer Schaltperiode

$$P = \frac{U^2}{R} \cdot \frac{t_{ein}}{T_S}$$

Verfügbare Regelungsbausteine (www.automatisieren-mit-SPS.de)

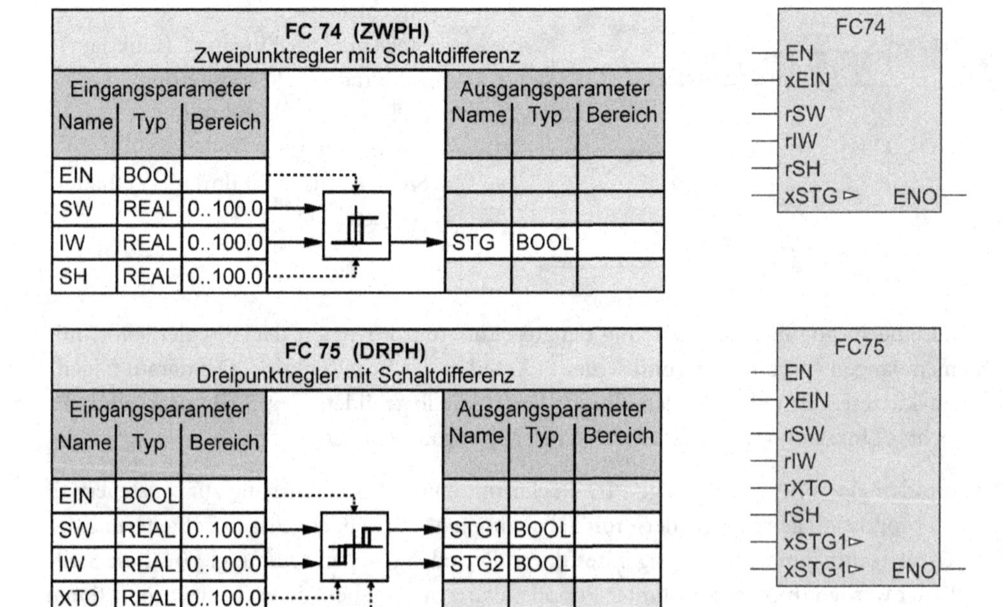

FC 74 (ZWPH) Zweipunktregler mit Schaltdifferenz

Eingangsparameter			Ausgangsparameter		
Name	Typ	Bereich	Name	Typ	Bereich
EIN	BOOL				
SW	REAL	0..100.0			
IW	REAL	0..100.0	STG	BOOL	
SH	REAL	0..100.0			

FC 75 (DRPH) Dreipunktregler mit Schaltdifferenz

Eingangsparameter			Ausgangsparameter		
Name	Typ	Bereich	Name	Typ	Bereich
EIN	BOOL				
SW	REAL	0..100.0	STG1	BOOL	
IW	REAL	0..100.0	STG2	BOOL	
XTO	REAL	0..100.0			
SH	REAL	0..100.0			

Legende: EIN = Einschalten der Funktion, SW = Sollwert, IW= Istwert, SH = Schalthysterese, STG = Stellgröße, STG1 = Stellgröße y_1, STG2 = Stellgröße y_2, XTO = Totzone

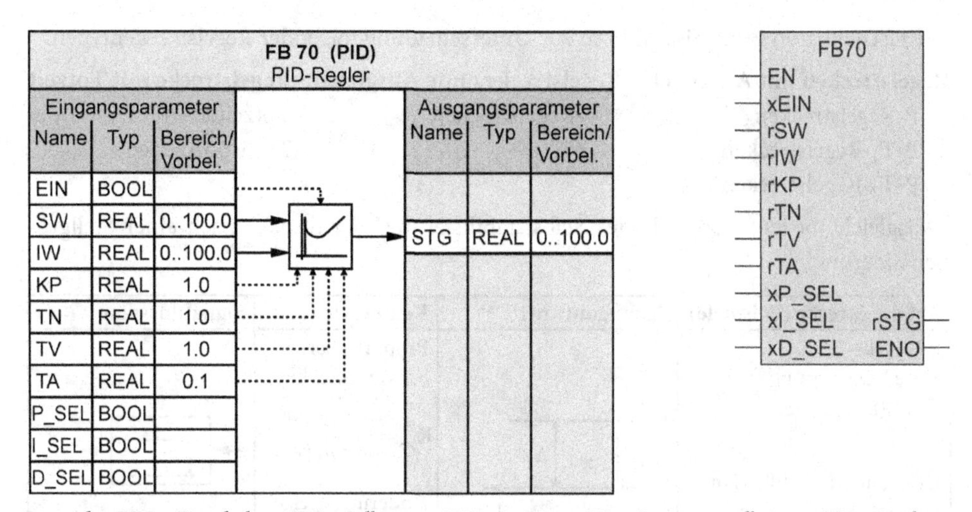

Legende: EIN = Einschalten; SW = Sollwert w; IW = Istwert x; KP = Proportionalbeiwert; TN = Nachstellzeit; TV = Vorhaltzeit; TA = Abtastzeit; P_SEL = Auswahl P-Anteil; I_SEL = Auswahl I-Anteil; D_SEL = Auswahl D-Anteil; STG = Stellwert y_R

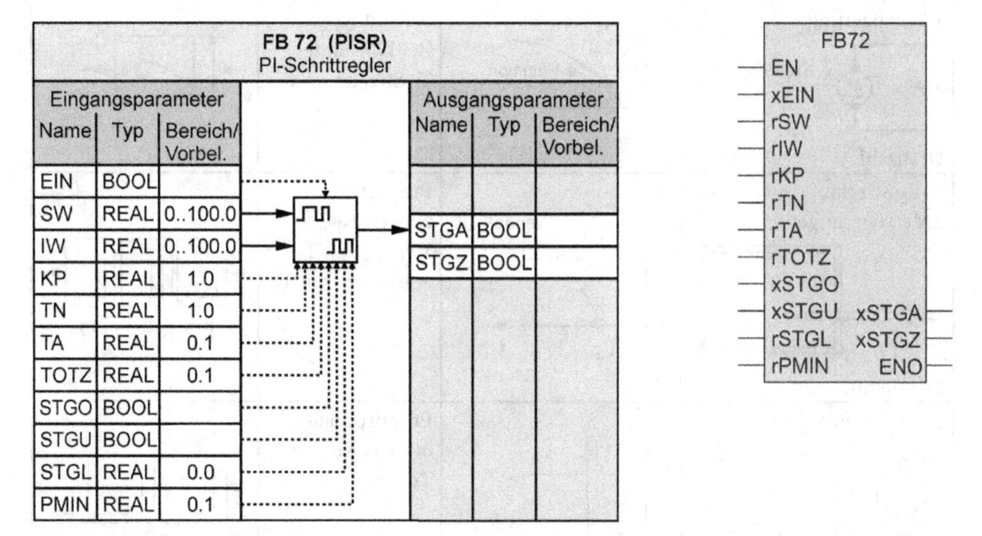

Legende: EIN = Einschalten; SW = Sollwert w; IW = Istwert x; KP = Proportionalbeiwert; TN = Nachstellzeit; TA = Abtastzeit; TOTZ = Totzone; STGO = Anschlag oben; STGU = Anschlag unten; STGL = Stellgliedlaufzeit; PMIN = Mindestpulsdauer; STGA = Stellgröße y_{AUF}; STGZ = Stellgröße y_{ZU}

Regelstrecken

Eine möglichst genaue Kenntnis über das dynamische und statische Verhalten einer Regelstrecke ist Voraussetzung für die Auswahl eines geeigneten Reglers. Benötigt werden Aussagen über die Regelgröße x hinsichtlich

- ihres Zeitverhaltens x = f (t) dargestellt als (dynamische) Sprungantwort und
- ihres Beharrungsverhaltens x = f (y) in Form einer (statischen) Kennlinie.

Die feststellbaren Ergebnisse führen zur Unterscheidung folgender Regelstreckentypen:

Regelstrecken mit Ausgleich
- P-Regelstrecken
- P-T_1-Regelstrecken
- P-T_2-Regelstrecken

Regelstrecke ohne Ausgleich
- I-Regelstrecken

Regelstrecke mit Totzeit
Totzeiten sind Lauf- oder Transportzeiten

„Ausgleich“ bedeutet so viel wie „Selbststabilisierung“ der Strecke nach einer Stellgrößenänderung.

Art der Strecke (Beispiele)	Sprungantwort	Kennwerte	Signalflussplan
P-Strecke ohne Verzögerung 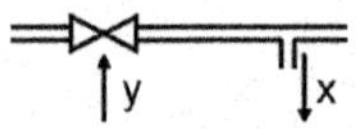 y x Druck und Durchfluss in Flüssigkeitsrohrnetzen	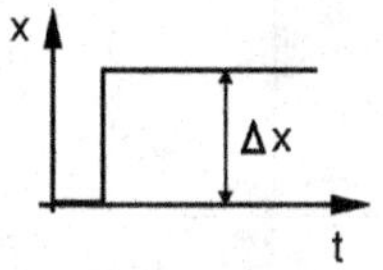 x Δx t	Proportionalbeiwert Strecke $K_{PS} = \frac{\Delta x \text{ in } \%}{\Delta y \text{ in } \%}$ Änderungswerte in % von Bezugswerten	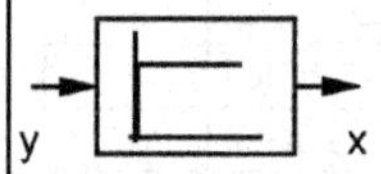 y x
P-T_1-Strecke, 1 Verzögerung 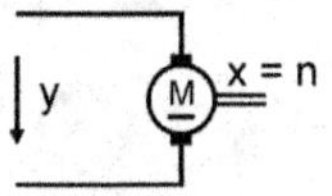 y M x = n Drehzahl	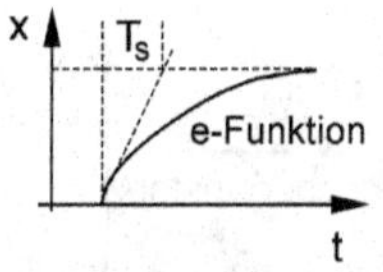 x T_s e-Funktion t	Proportionalbeiwert K_{PS} Zeitkonstante T_S Strecke	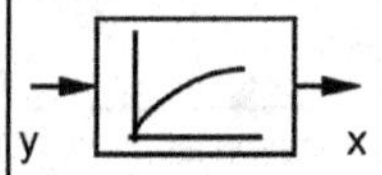 y x
P-T_2-Strecke, 2 Verzögerungen 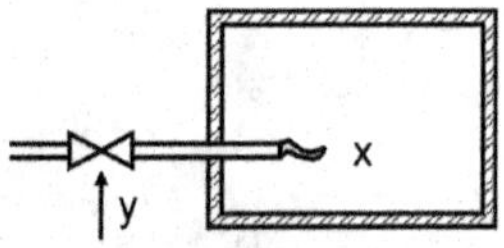 y x Ofentemperatur	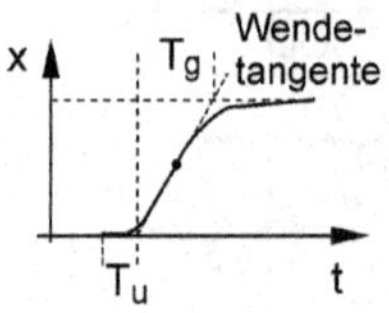 x T_g Wende-tangente T_u t	Proportionalbeiwert K_{PS} Verzugszeit T_U Ausgleichszeit T_g	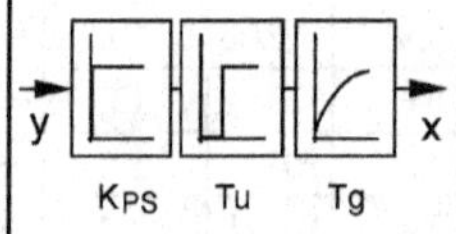 y x K_{PS} T_u T_g
P-Strecke mit Totzeit 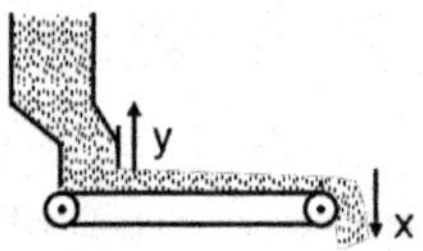 y x Fördermenge	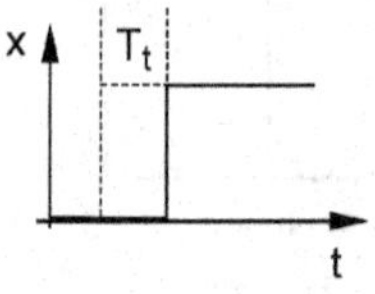 x T_t t	Proportionalbeiwert K_{PS} Totzeit T_t	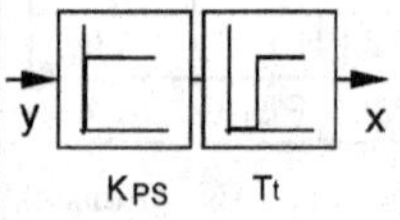 y x K_{PS} T_t
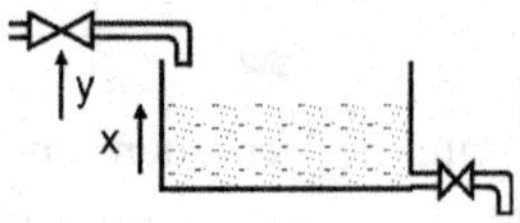 I-Strecke y x Füllstand	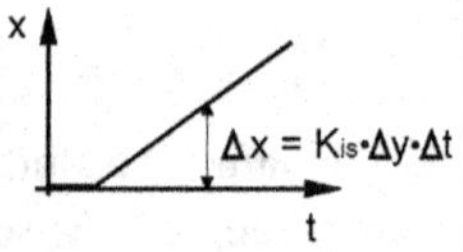 x $\Delta x = K_{is} \cdot \Delta y \cdot \Delta t$ t	Integrierbeiwert K_{IS}-Strecke	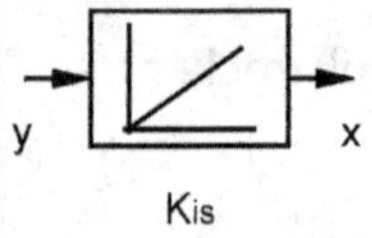 y x K_{is}

Erfahrungen zeigen, dass das Verhältnis von Ausgleichszeit T_g und Verzugszeit T_U Auskunft gibt über die Regelbarkeit von P-Strecken mit Verzögerung höherer Ordnung.

Gut regelbar	Noch regelbar	Schwer regelbar
$\frac{T_g}{T_U} > 10$	$\frac{T_g}{T_U} \approx 5$	$\frac{T_g}{T_U} < 3$

Regelverhalten und Sprungantworten der wichtigsten stetigen Reglertypen

Je genauer der Regler an das Zeitverhalten der Regelstrecke angepasst ist, desto genauer stellt er die Regelgröße x auf den vorgegebenen Sollwert w ein. Die Übersicht zeigt, wie Reglertypen auf eine sprunghafte Änderung der Regeldifferenz e = w – x reagieren.

Symbol	Signalflussplan	Sprungantwort	Bemerkung
P-Regler 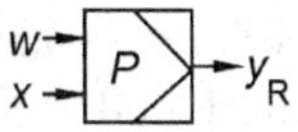 w, x → P → y_R	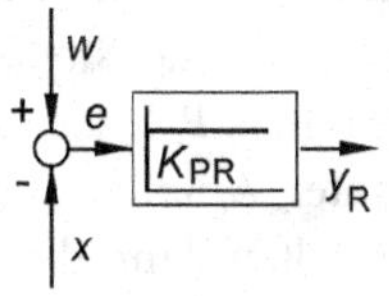 w, x, e, +, -, K_{PR}, y_R	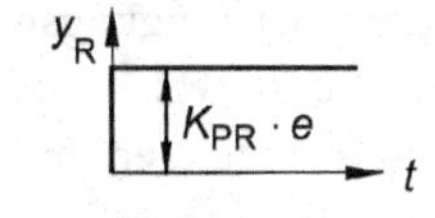 y_R, $K_{PR} \cdot e$, t $X_P = \frac{Y_h}{K_{PR}}$ P-Bereich	Vorteil: Schnelle zeitliche Reaktion Nachteil: Lastabhängige bleibende Regeldifferenz
I-Regler 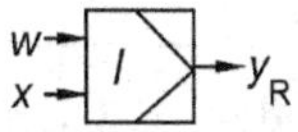 w, x → I → y_R	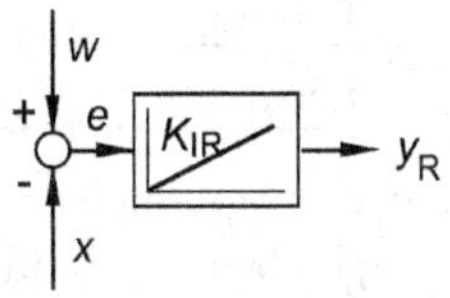 w, x, e, +, -, K_{IR}, y_R	T_I = Integrierzeit 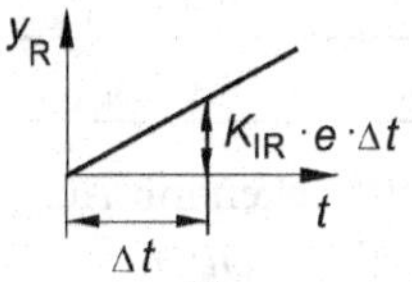 y_R, $K_{IR} \cdot e \cdot \Delta t$, t, Δt $K_{IR} = \frac{Y_h}{T_I \cdot X_h}$	Vorteil: Keine bleibende Regeldifferenz Nachteil: Träge zeitliche Reaktion
PI-Regler 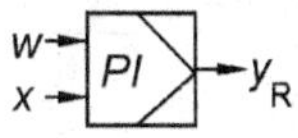 w, x → PI → y_R	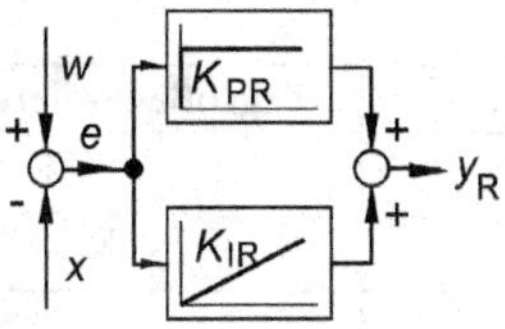 w, x, e, +, -, K_{PR}, K_{IR}, +, +, y_R	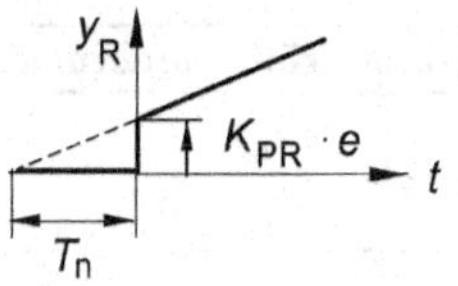 K_{PR} = Propotionalverstärkung y_R, $K_{PR} \cdot e$, t, T_n T_n = Nachstellzeit	Vorteile: Günstigeres Zeitverhalten als der reine I-Regler Keine bleibende Regeldifferenz
PID-Regler 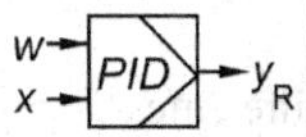 w, x → PID → y_R	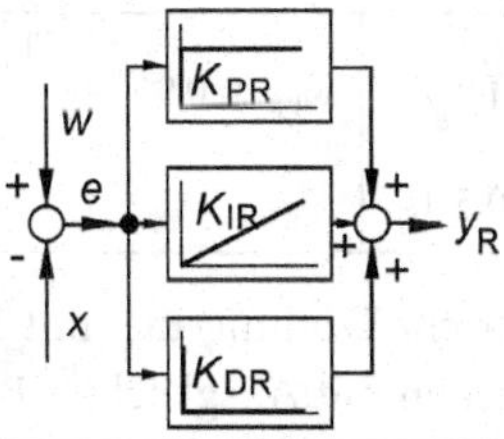 w, x, e, +, -, K_{PR}, K_{IR}, K_{DR}, +, +, +, y_R	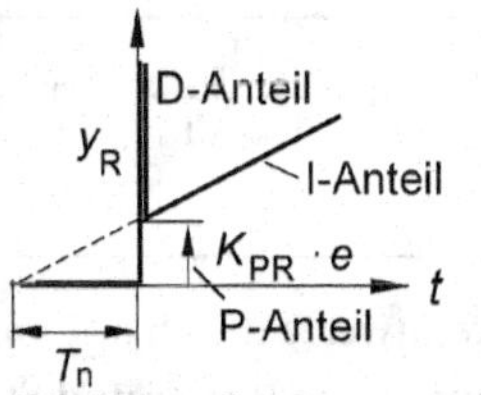 D-Anteil, y_R, I-Anteil, $K_{PR} \cdot e$, t, P-Anteil, T_n (Idealisierte Sprungantwort)	Vorteile: Schnelleres Ausregeln einer Regeldifferenz als beim PI-Regler Keine bleibende Regeldifferenz Für schwierigere Regelstrecken

Geschlossener Regelkreis

Einstellregeln für P-, PI- und PID-Regler bei Regelstrecken mit Ausgleich und Verzögerung 1. Ordnung und Totzeit nach *Ziegler/Nichols.*

- Bei bekannten Streckendaten (T_S = Zeitkonstante, K_{PS} = Proportionalbeiwert und T_t = Totzeit):

Reglerstruktur	K_{PR}	T_n	T_v
P	$\frac{T_S}{K_{PS} \cdot T_t}$		
PI	$0,9 \cdot \frac{T_S}{K_{PS} \cdot T_t}$	$3,3\ T_t$	
PID	$1,2 \cdot \frac{T_S}{K_{PS} \cdot T_t}$	$2\ T_t$	$0,5\ T_t$

- Mit der experimentellen Schwingungsmethode, wenn die Streckendaten nicht bekannt sind. Man betreibt den Regler zunächst als reinen P-Regler und erhöht K_{PR}, bis der Regelkreis Dauerschwingungen mit konstanter Amplitude ausführt und stellt K_{PRkrit} sowie die Schwingungsdauer T_{krit} fest. Es gelten dann die Einstellregeln nach folgender Tabelle:

Reglerstruktur	K_{PR}	T_n	T_v
P	$0,5\ K_{PR\ krit}$		
PI	$0,45\ K_{PR\ krit}$	$0,83\ T_{krit}$	
PID	$0,6\ K_{PR\ krit}$	$0,5\ T_{krit}$	$0,125\ T_{krit}$

Einstellregeln für Regelstrecken mit Ausgleich und Verzögerung von mindestens 2. Ordnung (P-T2) können nach *Chien/Hrones/Reswick* folgende günstige Reglereinstellungen für aperiodischen Verlauf und kürzester Dauer bei Führungs- und Störgrößenänderungen verwendet werden.

- Bei bekannten Streckendaten (K_{PS} = Proportionalbeiwert, T_g = Ausgleichszeit und T_U = Verzugszeit):

Reglerstruktur	Führungsgrößenänderung	Störgrößenänderung
P	$K_{PR} = 0,3 \cdot \frac{T_g}{K_{PS} \cdot T_U}$	$K_{PR} = 0,3 \cdot \frac{T_g}{K_{PS} \cdot T_U}$
PI	$K_{PR} = 0,35 \cdot \frac{T_g}{K_{PS} \cdot T_U}$ $T_n = 1,2\ T_g$	$K_{PR} = 0,6 \cdot \frac{T_g}{K_{PS} \cdot T_U}$ $T_n = 1,2\ T_g$
PID	$K_{PR} = 0,6 \cdot \frac{T_g}{K_{PS} \cdot T_U}$ $T_n = 1\ T_g$ $T_v = 0,5\ T_u$	$K_{PR} = 0,95 \cdot \frac{T_g}{K_{PS} \cdot T_U}$ $T_n = 2,4\ T_g$ $T_v = 0,42\ T_u$

Ermittlung der Reglerkennwerte durch automatische Optimierung mit Hilfe eines Technologietools für kontinuierliche Regler und Strecken mit Ausgleich, z. B. beim TIA-Portal.

Unterschiedliches Ausregeln einer Störgröße bei verschiedenen Reglertypen an einer Regelstrecke mit Ausgleich

Das folgende Bild zeigt die Auswirkung einer im Zeitpunkt t_0 auftretenden Störgröße.

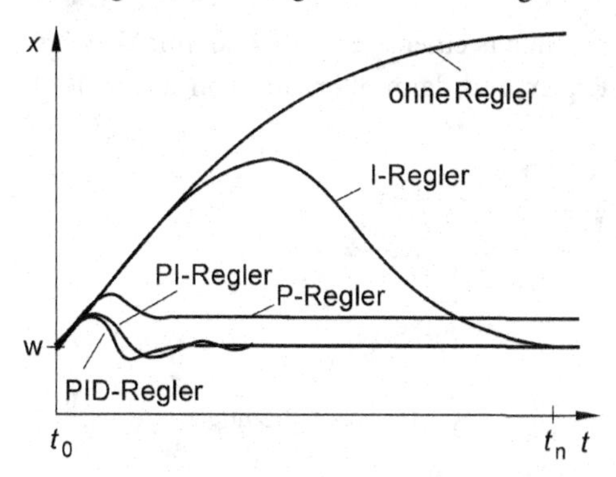

Ohne Zutun eines Reglers erreicht die Regelstrecke im Zeitpunkt t_n für die Regelgröße einen neuen stabilen Zustand (Beharrungswert), diese Selbststabilisierung ist typisch für Regelstrecken mit Ausgleich.

Beim P-Regler erkennt man die bleibende Regelabweichung, die bei den anderen unterschiedlich schnell wirkenden Reglern vermieden wird.

Hardwareausstattung und Bausteinumfang einer SPS als digitaler Abtastregler

Zur Lösung von Regelungsaufgaben mit einer SPS als Regeleinrichtung sollte diese neben den digitalen Eingängen und Ausgängen auch über Analogeingänge zur Aufnahme entsprechender Analogsignale aus der Anlage und Analogausgängen zur Ansteuerung von Stellgliedern für stetige Stellsignale verfügen.

Eine SPS-Reglerstruktur besteht aus mehreren Programmbausteinen, die zweckmäßigerweise zur Lösung von Regelungsaufgaben in einer eigenen Bibliothek verfügbar sein sollten.

Beispiel: Aufruf und Verschaltung der Bausteine in OB 1/PLC_PRG

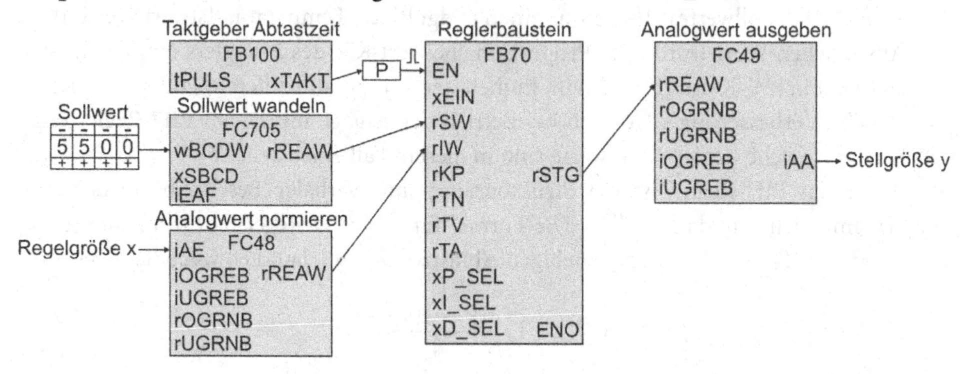

13.1 Beispiel

▪ Regelkreisberechnung

Es liegt ein Temperatur-Regelkreis vor, bestehend aus einer P-Regelstrecke mit Verzögerung 2. Ordnung, die zuerst von einem P-Regler und dann alternativ von einem PID-Regler geregelt wird.

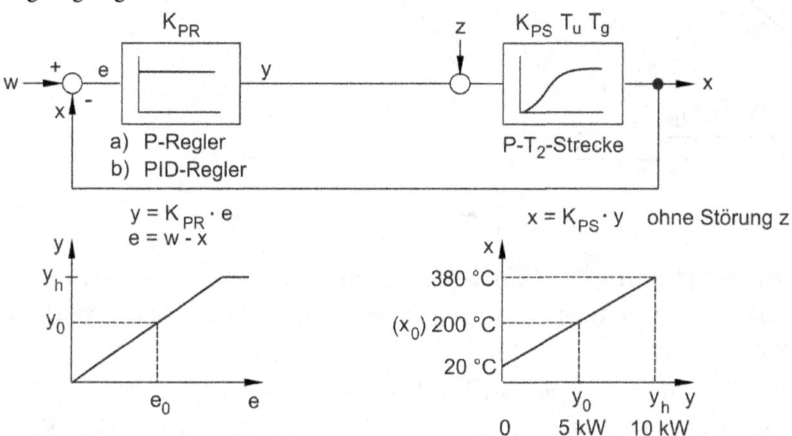

Die statische Regelstrecken-Kennlinie weist den Zusammenhang zwischen Ofentemperatur in °C und der Heizleistung in kW aus. Ohne Heizung ist die Temperatur 20 °C (Raumtemperatur) und regelt sich selbst bei voller Heizleistung von 10 kW mit einer zeitlichen Verzögerung auf den stabilen Temperaturwert 380 °C ein. Demnach handelt es sich um einen Strecke mit Ausgleich. Der Betriebspunkt der Heizung soll bei 200 °C entsprechend 5 kW Heizleistung liegen. Mit dem Sprungantwortverfahren wurde die dynamische Regelstrecken-Kennlinie für den Arbeitspunkt im Handbetrieb ohne Regler aufgenommen. Die Auswertung ergab eine Verzugszeit von T_u = 60 s und eine Ausgleichszeit von T_g = 300 s.

1. Bei Betrieb der Anlage mit einem reinen P-Regler ergab die Temperaturmessung bei Vorgabe des Sollwertes 200 °C nur einen endgültigen Temperatur-Istwert von 190 °C. Auf welchen Wert wurde der Proportionalbeiwert K_{PR} des P-Reglers eingestellt, ausgedrückt in kW/K mit (K = Kelvin, Einheit der Temperaturdifferenz) oder in %/K?
2. Welche Verbesserung sollte sich bei Betrieb der Anlage mit einem PID-Regler ergeben und welche Regler-Kennwerte sind in diesem Fall einzustellen?
3. Für einen PID-Regler ist ein Struktogramm mit verbaler Beschreibung der Programmkonstrukte darzustellen. Die Formel für den PID-Regelalgorithmus lautet für die Stellgröße y(k) zu einem beliebigen Abtastzeitpunkt k laut Lehrbuch Seite 681:

$$y(k) = K_{PR} \cdot \left[e(k) + \frac{T_A}{T_N} \cdot e_{SUM} + T_v \frac{e(k) - e(k-i)}{T_A} \right].$$

1. Proportionalbeiwert P-Regler

Der Proportionalbeiwert K_{PS} der Strecke berechnet sich aus der statischen Kennlinie:

$$K_{PS} = \frac{\Delta x}{\Delta y} = \frac{380\,°C - 20\,°C}{10\,kW - 0} = 36\,\frac{K}{kW}\,.$$

Die für 200 °C erforderliche Heizleistung beträgt laut Kennlinie 5 kW. Mit dem für eine P-Strecke konstanten Strecken-Kennwert K_{PS} lässt auf die zur Temperatur 190 °C gehörende Heizleistung umrechnen:

$$\Delta y = \frac{\Delta x}{K_{PS}} = \frac{200\,°C - 190\,°C}{36\,\frac{K}{kW}} = \frac{10\,K}{36\,\frac{K}{kW}} = 0{,}277\,kW\,.$$

Die der Anlage zugeführte Heizleistung beträgt:

$$y = y_0 - \Delta y = 5\,kW - 0{,}277\,kW = 4{,}73\,kW\,.$$

Damit kann jetzt für den reinen P-Regler dessen Proportionalbeiwert berechnet werden:

$$y = K_{PR} \cdot (w - x) \quad \text{mit} \quad e_0 = w - x = 200\,°C - 190\,°C = 10\,K\,.$$

$$K_{PR} = \frac{y}{e} = \frac{4{,}73\,kW}{10\,K} = 0{,}473\,\frac{kW}{K}\,.$$

Zur Kontrolle, ob der P-Regler den Stellwert 4,73 kW erzeugt, wird der gemessene Temperatur-Istwert für die Vergleichsstelle berechnet. Ohne Heizleistung wird bereits die Raumtemperatur 20 °C gemessen. Mit Heizleistung kommt es zu einer Temperaturerhöhung von:

$$\Delta x = K_{PS} \cdot \Delta y = 36\,\frac{K}{kW} \cdot (5\,kW - 0{,}277\,kW) = 36\,\frac{k}{kW} \cdot 4{,}73\,kW = 170\,K\,.$$

Damit ergibt sich ein gemessener Temperatur-Istwert von 190 °C. Der Stellwert des P-Reglers berechnet sich jetzt zur Kontrolle aus:

$$y = K_{PR} \cdot (w - x) = 0{,}473\,\frac{kW}{K} \cdot (200\,°C - 190\,°C) = 4{,}73\,kW\,.$$

Das Ergebnis stimmt mit der oben berechneten Heizleistung der Anlage überein. Erkennbar ist, dass bei einer Vergrößerung des Regler-Proportionalbeiwertes K_{PR} die bleibende Regeldifferenz kleiner wird. K_{PR} kann jedoch nicht beliebig groß gewählt werden, da es zu Schwingungen der Regler-Stellgröße y kommt, ähnlich wie bei einem Zweipunktregler.

Gelegentlich wird der Proportionalbeiwert des Reglers auch als Prozentwert angegeben:

Für $K_{PR} = 0{,}437\,\frac{kW}{K}$ wird $K_{PR} = 4{,}37\,\frac{\%}{K}$ genannt, errechnet aus $\frac{0{,}437\,kW\,/\,10\,kW}{1\,K} \cdot 100\,\%$.

Das hat den Vorteil, dass der Regler unabhängig vom Leistungsbereich, für den er eingesetzt wird, bleibt. Als Temperaturregler bleibt er erkennbar an der Nenner-Einheit in

Kelvin. Allgemein gilt dann für K_{PR} die Einheit % geteilt durch die Einheit der Größe, die geregelt wird, z. B. Druck in bar, Temperatur in Kelvin etc.

2. Verbesserung durch PID-Regler

Der PID-Regler sollte die beim P-Regler aufgetretene bleibende Regeldifferenz von $e_0 = 10$ K beseitigen.

Regler-Kennwerte nach den Einstellregeln von *Chien/Hrones/Reswick* für Führungsverhalten:

- Proportionalbeiwert $K_{PR} = 0{,}6 \cdot \frac{T_g}{K_{PS} \cdot T_U} = 0{,}6 \cdot \frac{300\ \text{s}}{36 \cdot \frac{\text{K}}{\text{kW}} \cdot 60\ \text{s}} = 0{,}139\ \frac{\text{kW}}{\text{K}}$

  Der Proportionalbeiwert ist der Verstärkungsfaktor des Reglers mit einer aufgabengemäßen Einheit.

- Nachstellzeit $T_n = 1 \cdot T_g = 300$ s

  Die Nachstellzeit T_n ist die Zeit, die der I-Anteil eines PI- oder PID-Reglers benötigt, um zusätzlich den gleichen Stellgrößenanteil zu erzeugen, den der P-Anteil sofort bildet.

- Vorhaltzeit $T_v = 0{,}5 \cdot T_u = 30$ s

  Die Vorhaltzeit T_v ist die Zeit, die ein P-Regler bei konstanter Änderungsgeschwindigkeit der Regelgröße benötigt, um zusätzlich die gleiche Änderung der Stellgröße zu erzeugen, die durch den D-Anteil eines PD- oder PID-Reglers sofort erreicht wird.

3. Struktogramm für PID-Algorithmus in verbaler Beschreibung

PID-Regler EIN: J	N
Sollwert w einlesen Istwert x einlesen	Stellgröße y:= 0; e_{SUM} := 0 e(k-1):= 0
e(k):= w - x ; Regeldifferenz Neu y_P:= K_{PR} * e(k); P-Anteil Stellgröße	
e_{SUM} := e_{SUM} + e(k); Summe aller Regeldifferenzen y_I:= K_{PR} * $\frac{TA}{TN}$ * e_{SUM}; I-Anteil Stellgröße	
e_{DIFF} := e(k) - e(k-1); aktuelle Regeldifferenzänderung y_D:= K_{PR} * $\frac{TV}{TA}$ * e_{DIFF}; D-Anteil Stellgröße	
y_k:= y_P + y_I + y_D; Stellgröße ausgeben e(k -1):= e(k); Regeldifferenz als Altwert speichern	

13.2 Lernaufgaben

Lernaufgabe 13.1: Füllstandsregelung

Lösung S. 398

Bei der Herstellung eines chemischen Produkts muss der Füllstand eines Vorlagebehälters auf einen vorgebbaren Sollwert konstant gehalten werden.

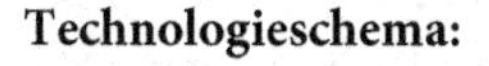

Technologieschema:

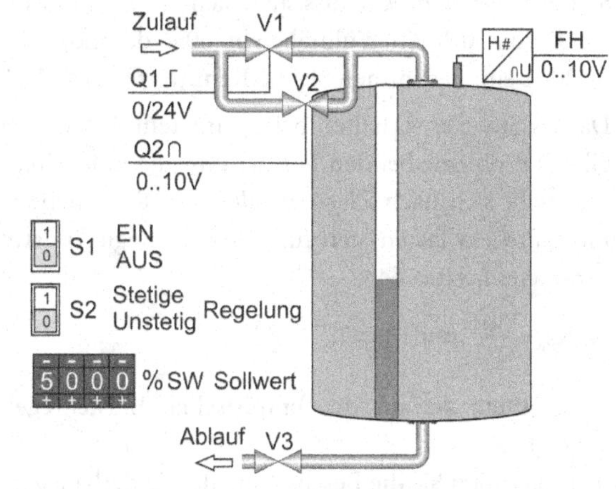

Das Zulaufventil V1 kann mit Q1 AUF- oder ZU-gesteuert werden. Mit einer Spannung am Eingang Q2 von 0 .. 10 V lässt sich das proportionale Zulaufventil V2 von 0 bis 100 % aufsteuern.

Bei geöffnetem Ablassventil V3 hängt die Auslaufgeschwindigkeit des Vorlageprodukts von der Füllhöhe ab.

Ein Ultraschallsensor misst die Füllhöhe FH des Vorlageprodukts und liefert eine Spannung von 0 ... 10 V, welche der Füllhöhe von 0 .. 100 % entspricht.
Mit Schalter S1 wird die Regelung eingeschaltet.
Je nach Fertigprodukt, wird der Füllstand des Behälters während der Produktion einer Charge entweder unstetig oder stetig geregelt. Auswahl mit Schalter S2. Mit einem Ziffereinsteller kann der Sollwert SW in % mit zwei Kommastellen vorgegeben werden.

Lösungsleitlinie

1. Geben Sie die Zuordnungstabelle der PLC-Eingänge und PLC-Ausgänge an.

Unstetige Regelung:

2. Der Sollwert sei bei 50 % der möglichen Füllhöhe vorgegeben und die Hysterese beträgt stets 20 % des Sollwertes. Stellen Sie die Abhängigkeit der Stellgröße Q1 von der Füllhöhe FH grafisch dar.
3. Zeichnen Sie den Zusammenhang zwischen Stellgröße Q1 und der Regeldifferenz e bei den gegebenen Werten aus Punkt 2.
4. Entwerfen Sie ein Struktogramm, welches die in Punkt 3 gezeichnete Abhängigkeit wiedergibt.

5. Skizzieren Sie den erwarteten zeitlichen Verlauf der Regelgröße FH wenn das Auslauf V3 geöffnet ist und tragen Sie in das Diagramm noch die Stellgröße Q1 ein.
6. Bestimmen Sie die Beschaltung des Zweipunktreglerbausteins FC 74.

Stetige Regelung:

7. Welches Streckenverhalten liegt vor, wenn das Ausflussventil V3 geschlossen ist.
8. Bei geöffnetem Ausfluss stellt sich bei einer Öffnung des proportionalen Zulaufventils Q2 von 50 % eine Füllhöhe von 60 % der möglichen Füllhöhe als Ausgleichswert nach 200 s ein. Bestimmen Sie die Kennwerte der P-T_1-Strecke.

Da das Streckenverhalten bei geöffnetem Ausfluss einem reinen P-T_1-Glied entspricht, gibt es Probleme bei den Formeln für die Einstellregeln. Wenn die Totzeit T_t gleich null ist, ergibt sich nach *Ziegler/Nichols* für K_{PR} unendlich. Mit den folgenden empirischen Einstellregeln lassen sich für einen PI-Regler relativ gute Anfangswerte für die Regelparameter bestimmen.

$$K_{PR} = \frac{10}{K_{PS}} \text{ und } T_n = T_S$$

9. Ermitteln Sie aus den empirischen Einstellregeln die Regelparameter für den PI-Regler.
10. Bestimmen Sie die Beschaltung des Reglerbausteins FB 70, die Abtastzeit sei 0,1 s.
11. Rufen Sie alle erforderlichen SPS-Bausteine für die Anlage im OB 1/PLC_PRG auf und testen Sie die Funktionsweise der Füllstandsregelung.

Lernaufgabe 13.2: Temperaturregelung eines Reaktionsbehälters Lösung S. 400

In einem Reaktionsbehälter wird eine Flüssigkeit mittels Heizstab auf eine Sollwerttemperatur von 70 °C geregelt. Die Regelung kann in den Betriebsarten „Normal (NB)" und „Volllast (VB)" gefahren werden. Die Auswahl der Betriebsart erfolgt mit dem Schalter S2.

Technologieschema:

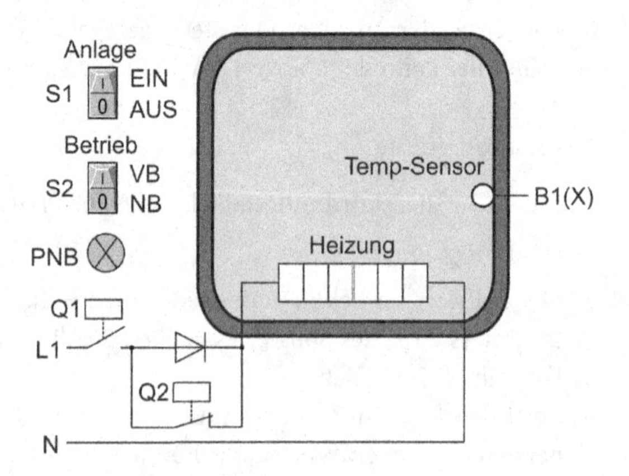

Im Normalbetrieb wird nach dem Einschalten der Anlage bis zum Erreichen des unteren Temperaturgrenzwertes XUGR mit voller Leistung (Q1) aufgeheizt.

Die Regelung zwischen dem oberen Temperaturgrenzwert (z. B. XOGR = 72 °C) und dem unteren Temperaturgrenzwert (z. Bsp. XUGR = 68 °C) erfolgt dagegen mit 50 % der Volllast (Ansteuerung von Q1 und Q2). Diese Betriebsart wird mit der Meldeleuchte PNB angezeigt.

In der Volllast-Betriebsart wird zwischen XOGR und XUGR mit 100 % Leistungszufuhr geregelt. Die Temperaturgrenzwerte XOGR und XUGR werden durch die Hysterese H bestimmt.

Für diese Regelungsaufgabe ist ein SPS-Zwei-Stufen-Reglerbaustein FC 1323 zu entwerfen, bei dem der Sollwert w und die Hysterese H in % vom Sollwert noch vorgebbar sind.

Lösungsleitlinie

1. Geben Sie die Zuordnungstabelle der PLC-Eingänge und PLC-Ausgänge an .
2. Skizzieren Sie die Sprungantwort für den Normalbetrieb und den Volllastbetrieb. Tragen Sie die Stellgrößensignale Q1 und Q2 unterhalb des zeitlichen Verlaufs der Sprungantwort in das Diagramm ein.
3. Zeichnen Sie den Verlauf der Stellgrößen Q1 und Q2 für den Normalbetrieb in Abhängigkeit von der Regeldifferenz e.
4. Bestimmen Sie die erforderlichen Bausteinparameter der Funktion FC 1322.
5. Entwerfen Sie ein Struktogramm für die Funktion FC 1322.
6. Ermitteln Sie aus dem Struktogramm das Steuerungsprogramm der Funktion FC 1322 in der Programmiersprache SCL/ST.
7. Rufen Sie die Funktion FC 1322 für die Zweistufen-Temperaturregelung im OB 1/PLC_PRG auf und testen Sie die Funktionsweise der Regelung.

Lernaufgabe 13.3: Temperaturregelung eines Kühllagers

Lösung S. 402

Die Temperatur eines Kühlraumes soll durch eine SPS geregelt werden. Dazu werden die beiden binären Signaleingänge YH (Heizen) und YK (Kühlen) eines Klimagerätes angesteuert. Der Sollwert wird von einem analogen Sollwertgeber mit dem Spannungsbereich 0 V bis 10 V vorgegeben, dem der gewünschte Temperaturbereich von –10 °C bis 5 °C zugeordnet ist.

Der Temperaturfühler erfasst den Istwert in einem Bereich von –20 °C bis 30 °C und ist so parametriert, dass er für die Temperaturwerte –20 °C bis 30 °C die Spannungswerte 0 V bis 10 V ausgibt. Die aktuelle Temperatur des Kühllagers soll an einer Ziffernanzeige mit zwei Kommastellen angezeigt werden.

Die Totzone XTO = 1 K und die Schalthysterese SH = 50 % (in Prozent von der Totzone) seien für diese Anlage fest vorgegeben.

Technologieschema:

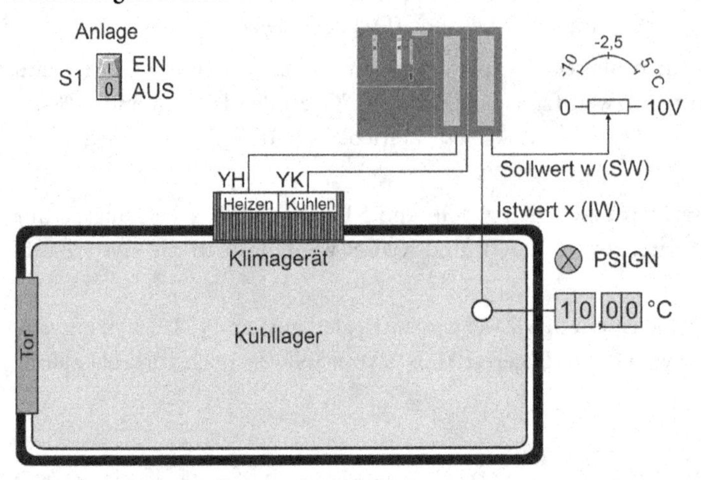

Lösungsleitlinie

1. Geben Sie die Zuordnungstabelle der PLC-Eingänge und PLC-Ausgänge an.
2. Zeichnen Sie die Abhängigkeit der Stellgrößen YH und YK von der Temperatur im Kühllager bei einer Solltemperatur von SW = –2,5 °C und den vorgegebenen Werten für die Schalthysterese SH und der Totzone SH.
3. Berechnen Sie die Schaltpunkte SP1 .. SP4 aus dem Diagramm von Punkt 2.
4. Entwerfen Sie ein Struktogramm für die Abhängigkeit der Stellgrößen YH und YK von der Temperatur im Kühllager IW und dem Sollwert SW.

Für die Realisierung der Regelungsaufgabe ist der Dreipunktregler Bibliotheksbaustein FC 75 zu verwenden.

5. Bestimmen Sie die Beschaltung des Dreipunkt-Reglerbausteins FC 75.
6. Zeichnen Sie die Programmstruktur im freigrafischen Funktionsplan mit allen erforderlichen Bausteinen für das Regelungsprogramm. Belegen Sie die Bausteinparameter der Funktionen mit SPS-Operanden und Übergabevariablen Ihrer Wahl.
   Rufen Sie die SPS-Bausteine im OB 1/PLC_PRG auf und testen Sie die Funktionsweise der Regelung.

Lernaufgabe 13.4: Durchflussregelung mit einem PI-Schrittregler Lösung S. 403

Bei der Papierherstellung muss der Füllstand eines Mischbehälters mit dem Fasernbrei auf einen vorgebbaren Wert konstant gehalten werden. Der Füllstand wird über den Durchfluss im Zulauf durch ein Motorstellglied V1 geregelt, das von einem PI-Schrittregler angesteuert wird.

Technologieschema:

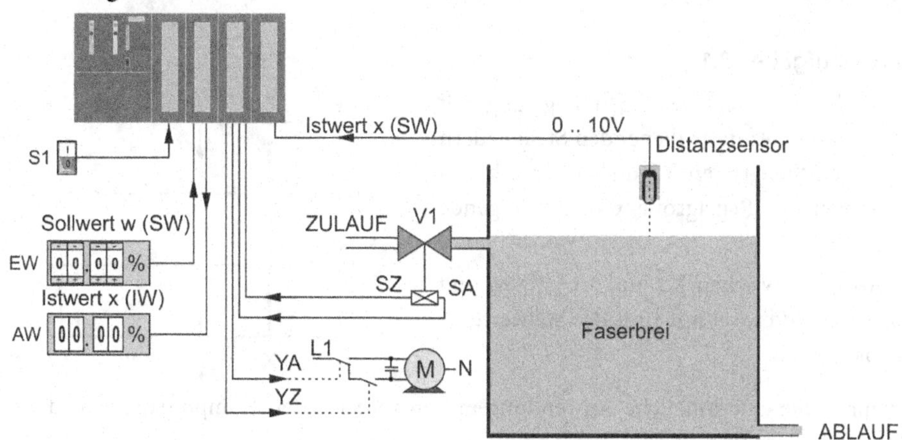

Die Stellgliedlaufzeit beträgt T_{STGL} = 25 s. Das Stellgerät hat die beiden Endschalter „ZU" (SZ) und „AUF" (SA). Als Mindestpulsdauer für das Einschalten des Stellmotors M ist T_{PMIN} = 0,5 s vorgegeben. Da die Ablaufmenge pro Zeit von der Füllhöhe abhängig ist, kann der Behälter als eine P-T_1-Strecke angesehen werden. Der Übertragungsbeiwert ist konstant und beträgt K_{PS} = 1,8. Die Streckenzeitkonstante wurde mit T_S = 35 s ermittelt.

Die Regelung wird mit S1 ein- bzw. ausgeschaltet. Der Sollwert wird mit einem 4-stelligen Zifferneinsteller in Prozent mit zwei Kommastellen vorgegeben. An einer 4-stelligen Siebensegmentanzeige soll der Istwert in Prozent ebenfalls mit zwei Kommastellen angezeigt werden.

Lösungsleitlinie

1. Geben Sie die Zuordnungstabelle der PLC-Eingänge und PLC-Ausgänge an.
2. Zeichnen Sie den erwarteten zeitlichen Verlauf der Stellgrößen YA, YZ und der Regelgröße x in ein Diagramm, wenn die Füllhöhe auf einen vorgegebenen Sollwert w gebracht werden soll.
3. Welchen zeitlichen Verlauf für die Stellgrößen YA, YZ und der Regelgröße x ergibt sich, wenn ein Dreipunktregler statt des PI-Schrittreglers verwendet wird?
4. Erläutern Sie aus dem Vergleich der beiden Diagramme die Vorteile des Dreipunkt-Schrittreglers.

Für die Realisierung ist der gegebene PI-Schrittreglerbaustein FB 72 zu verwenden.

5. Wählen Sie einen günstigen Wert für die Abtastzeit.
6. Bestimmen Sie die Beschaltung des PI-Schrittreglerbausteins FB 72.
7. Zeichnen Sie die Programmstruktur im freigrafischen Funktionsplan mit allen erforderlichen Bausteinen für das Regelungsprogramm. Belegen Sie die Bausteinparameter der Funktionen mit SPS-Operanden und Übergabevariablen Ihrer Wahl.
   Rufen Sie alle erforderlichen SPS-Bausteine im OB 1/PLC_PRG auf und testen Sie die Funktionsweise der Regelung.

13.3 Kontrollaufgaben

Kontrollaufgabe 13.1

Das Verhalten einer unstetigen Regelung mit zwei der Energiezufuhr dienenden Stellgliedern zeigt deren Stellgrößen Y1 und Y2 in Abhängigkeit von der Regelgröße x durch folgende Regelfunktionen:

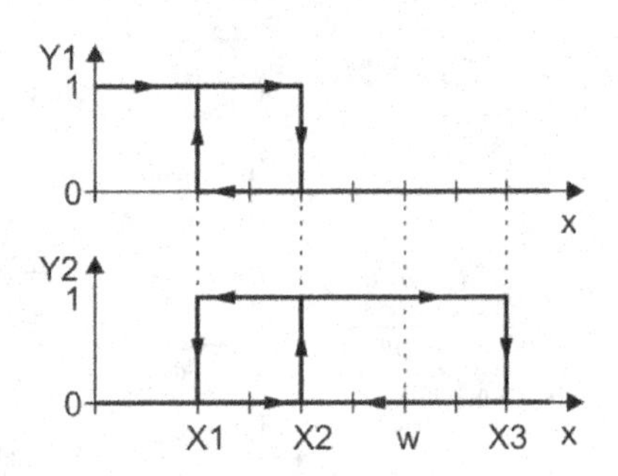

Der Abstand zwischen X2 und X1 bzw. w und X2 bzw. X3 und w sei mit 10 % des Sollwertes w fest vorgegeben.

1. Nennen Sie eine mögliche Anwendung mit entsprechenden Komponenten für diese unstetige Regelung.
2. Bestimmen Sie die Schaltpunkte X1, X2, und X3 in Prozent, wenn der Sollwert w = 60 % beträgt.
3. Skizzieren Sie den zeitlichen Verlauf der Regelgröße x für eine Sprungantwort des Sollwertes w bei einer P-T_1-Regelstrecke.
4. Stellen Sie die oben gegebenen Regelfunktionen der Stellgrößen Y1 und Y2 jetzt alternativ in Abhängigkeit von der Regeldifferenz e = w – x dar.
5. Eine spezielle Reglerfunktion FC 1331 soll die Aufgabe dieser Regelung übernehmen. Bestimmen Sie die Bausteinparameter der Funktion.
6. Ermitteln Sie ein Struktogramm für die Funktion FC 1331.
7. Schreiben Sie das Steuerungsprogramm für die Regelungsfunktion FC 1331 in der Programmiersprache AWL oder SCL/ST.

Kontrollaufgabe 13.2

Die Raumtemperatur soll durch einen Elektrolufterhitzer mit einer SPS geregelt werden. Der dreistufige Elektrolufterhitzer habe zwei binäre Signaleingänge. Mit diesen beiden Signaleingängen ergeben sich folgende vier Heizstufen:

Stufe	Eingang 1	Eingang 2
0 (AUS)	0	0
1	1	0
2	0	1
3	1	1

Der Zusammenhang zwischen den Heizungsstufen und der Regeldifferenz e ist im nebenstehenden Diagramm dargestellt:

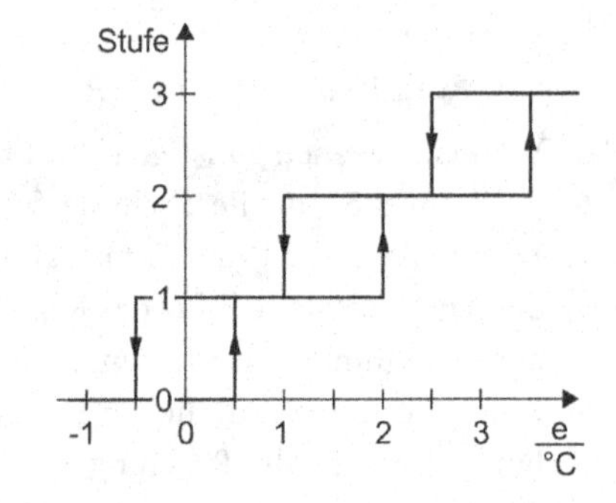

Der Temperaturwert des Raumes wird mit einem analogen Sensor gemessen. Mit einem analogen Sollwertgeber kann die gewünschte Temperatur eingestellt werden. Analogsensor und Sollwertgeber liefern jeweils eine Spannung von 0 ... 10 V. Die Normierungsbausteine für das Einlesen der beiden Analogwerte sind wie folgt beschaltet:

Istwert IW: Sollwert SW:

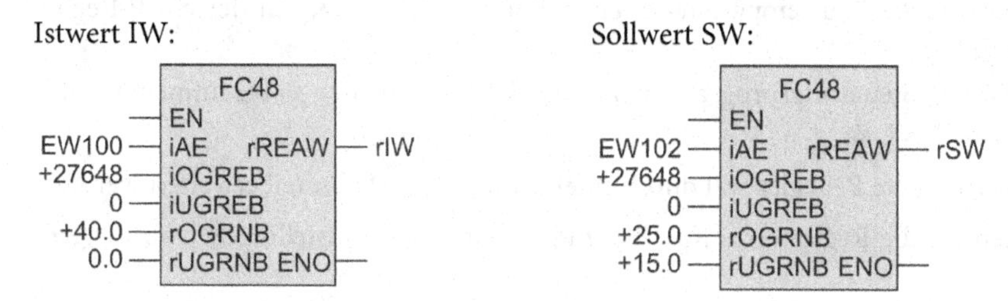

Für die Ansteuerung der beiden Eingänge des Elektrolufterhitzers ist ein spezieller Regelungsbaustein FC 1332 zu entwerfen.

1. In welchem Temperaturbereich kann der Sollwert eingestellt werden?
2. Welcher Spannungswert liegt jeweils an der Analogeingabebaugruppe, wenn der Sollwert auf 21 °C eingestellt ist bzw. die Temperatur im Raum 21 °C beträgt?
3. Geben Sie die Bausteinparameter der speziellen Regelungsfunktion FC 1332 an.
4. Bestimmen Sie ein Struktogramm für die Regelungsfunktion FC 1332.
5. Schreiben Sie das Steuerungsprogramm für die Regelungsfunktion FC 1332 in der Programmiersprache AWL oder SCL/ST.

Kontrollaufgabe 13.3

Die Temperaturregelung einer Sporthalle erfolgt über ein Heißluftgebläse. Da der Lüfter mit einer konstanten Drehzahl läuft, kann ein gleichmäßiger Luftstrom angenommen werden. Die Regelung der Temperatur erfolgt über eine kontinuierliche Ansteuerung der Heizleistung.

Technologieschema:

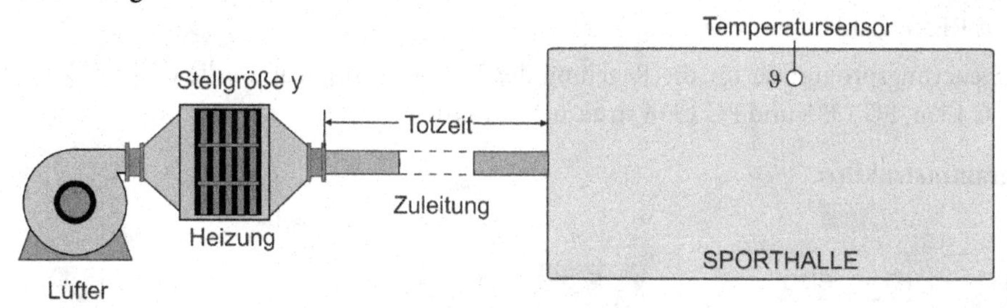

Durch die lange Zuleitung entsteht eine Totzeit $T_t = 5$ s. Messungen ergaben für den Proportionalbeiwert der P-T_1-Strecke K_{PS} den Wert 0,8 und für die Zeitkonstante T_S etwa 200 s.

Die Regelung soll mit einem P-Regler betrieben werden.

1. Bestimmen Sie den Proportionalbeiwert des P-Reglers nach den Einstellregeln von *Ziegler/Nichols.*
2. Welche bleibende Regeldifferenz in Prozent tritt mit dem ermittelten Proportionalbeiwert bei einer Sollwertvorgabe von 40 % auf?
3. Bestimmen Sie die Bausteinparameter einer Funktion FC 1333, mit der ein P-Regler realisiert ist.
4. Geben Sie das Steuerungsprogramm für die Funktion in der Programmiersprache SCL/ST oder AWL an.

Der bisher verwendete P-Regler soll durch einen I- und einen D-Anteil erweitert werden.

6. Bestimmen Sie die Reglerwerte K_{PR}, T_N und T_V nach den Einstellregeln von *Ziegler/Nichols.*
7. Welcher Parameterwert muss verändert werden, um schneller den vorgegebenen Sollwert zu erreichen?
8. Zur Realisierung des PID-Reglers mit einem SPS-Programm wird der PID-Reglerbaustein FB 70 verwendet. Warum muss der Baustein mit einer konstanten Abtastzeit T_A aufgerufen werden?
9. Zeichnen Sie den Aufruf des Reglerbausteins FB 70 mit entsprechender Beschaltung.

Kontrollaufgabe 13.4

Die Temperatur einer Vorlagelösung soll durch eine SPS geregelt werden. Dazu befinden sich ein Kühler K und eine Heizung H in dem Vorlagebehälter. Mit S1 wird die Regelung eingeschaltet. Der analoge Temperatursensor ist so parametriert, dass er eine Spannung von 0 bis 10 V für einen Temperaturbereich von –20 °C bis 50 °C liefert. Die Temperatur soll in der Steuerung als REAL-Zahl abgebildet werden.

Der Sollwert wird mit einem 4-stelligen Zifferneinsteller vorgegeben. Dabei entspricht der Zahlenbereich von 0000 bis 9999 der Temperatur 0,0 °C bis 99,99 °C. Das Vorzeichen wird mit S2 am Bausteinparameter SBCD vorgegeben. Die Sollwertvorgabe soll jedoch von –20 °C bis +20 °C begrenzt werden. Größere oder kleinere eingestellte Werte werden durch die jeweiligen Grenzwerte ersetzt. Der Sollwert ist in der Steuerung ebenfalls als REAL-Zahl darzustellen.

Das Steuerungsprogramm für die Regelung der Vorlagelösung soll in die drei Funktionen FC 1334, FC 1335 und FC 1336 strukturiert werden.

Programmstruktur:

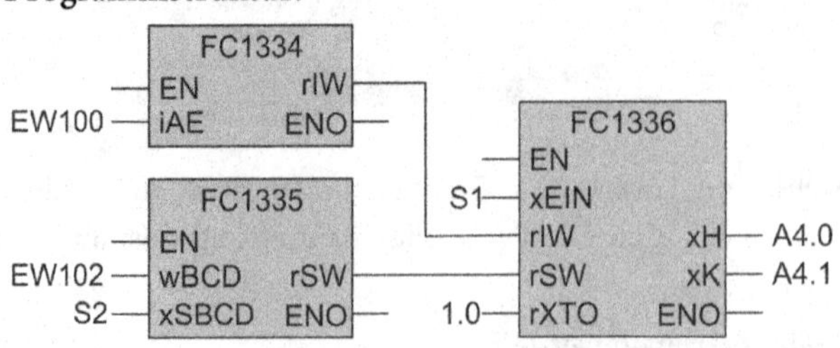

Aufgaben der Funktionen:

FC 1334: Istwert einlesen und auf Temperaturwerte (REAL) normieren.

FC 1335: BCD-Wert einlesen und auf Temperaturwerte (REAL) normieren.

FC 1336: Ansteuerung der Kühlung K und Heizung H in Abhängigkeit vom Sollwert SW, Istwert IW und der Totzone XTO.

1. Bestimmen Sie die Deklarationstabelle der Funktion FC 1334.
2. Welche Rechenoperationen müssen in diesem Baustein ausgeführt werden? Bestimmen Sie die Berechnungsformel auf der Grundlage der gegebenen Normierungsformel:

$$REAW = \frac{OGRNB - UGRNB}{OGREB - UGREB}(AE - UGREB) + UGRNB$$

3. Geben Sie das Steuerungsprogramm der Funktion FC 1334 in der Programmiersprache AWL oder SCL/ST an.

Zur Funktion FC 1335: Der Baustein besteht aus den Teilen BCD_Check, BCD_TO_REAL-Wandlung und Überprüfung des Eingabewertes auf Überschreitung der vorgegebenen Grenzen für die Temperatur.

4. Bestimmen Sie die Deklarationstabelle der Funktion FC 1335.
5. Welche Aufgabe führt der BCD_Check aus und warum ist dieser erforderlich?
6. Zeichnen Sie den freigrafischen Funktionsplan für den BCD_Check.
7. Die verwendete CPU verfüge nicht über die Konvertierungsfunktion BCD_TO_REAL. Geben Sie einen Algorithmus für die BCD_TO_REAL-Wandlung an.
8. Stellen Sie die Überprüfung der Grenzen für den Eingabewert in einem Struktogramm dar.
9. Bestimmen Sie das Steuerungsprogramm der Funktion FC 1335 in der Programmiersprache AWL oder SCL/ST.

Zur Funktion FC 1336: Die Funktion des Bausteins ist in dem folgenden Struktogramm dargestellt.

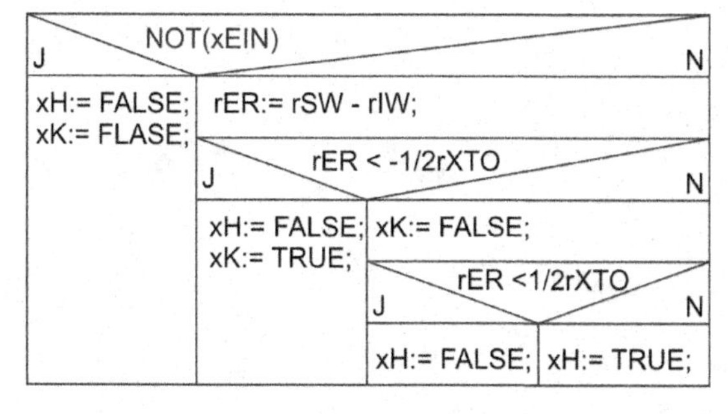

Variablen:

xEIN:	Regler Ein-Aus
rER:	Regeldifferenz
rSW:	Sollwert
rIW:	Istwert
rXTO:	Totzone
xH:	Stellgröße 1 Heizen
xK:	Stellgröße 2 Kühlen

10. Zeichnen Sie ein Diagramm, welches den Zusammenhang zwischen den beiden Stellgrößen xH bzw. xK und der Regeldifferenz rER darstellt.
11. Geben Sie die vollständige Deklarationstabelle der Funktion FC 1336 an.
12. Bestimmen Sie das Steuerungsprogramm der Funktion FC 1336 in der Programmiersprache AWL oder SCL/ST.

Lösungsvorschläge Lernaufgaben 14

14.1 Hinweise zu Lösungen

Lernaufgaben

1. Nachfolgend finden Sie die Zusammenstellung der Lösungen aller Lernaufgaben unter deren fortlaufender Kapitelnummer.
2. Die Lösungen umfassen je nach Aufgabenstellung eine Zuordnungstabelle für die verwendeten PLC-Eingänge und PLC-Ausgänge, eine Deklarationstabelle für den Codebaustein mit den lokalen Variablen und Datentypen, eine allgemeingültige Funktionsplandarstellung, einen Ablauf-Funktionsplan mit Transitionstabelle, ein Struktogramm, eine Begründung für die Auswahl des verwendeten Bausteintyps (FC oder FB) und den Bausteinaufruf im OB 1/PLC_PRG sowie ggf. Funktionsdiagramme (Weg-Schritt-Diagramme) für Magnetventile und pneumatische Zylinder.
3. Alle Lernaufgaben der Kapitel 2 bis 13 können auch mit den Programmiersystemen STEP 7 (V 5.x oder TIA-Portal) und CoDeSys entsprechend der nachfolgend angegebenen Lösungsvorschläge programmiert werden.
4. Auf eine originale Darstellung des Steuerungsprogramms in den Programmiersprachen AWL, FUP und SCL/ST der Programmiersysteme STEP 7 oder CoDeSys wurde aus Gründen der Umfangsbeschränkung der Buches weitgehend verzichtet, zumal sich diese nur geringfügig von den allgemeinen Darstellungen unterscheiden. Außerdem wird bei STEP 7 vom Programmiersystem automatisch die genaue STEP 7 Notation bei der Programmeingabe eingefügt.
5. Alle Steuerungsprogramme der Beispiele, Lern- und Kontrollaufgaben können via Internet kostenfrei für die unterschiedlichen Programmiersysteme von STEP 7 und CoDeSys herunter geladen werden.
   Die Adresse lautet: **http://www.automatisieren-mit-sps.de**.

Kontrollaufgaben

Die Lösungen der Kontrollaufgaben sind im vorliegenden Buch nicht abgedruckt, stehen jedoch als PDF-Datei unter obiger Internetadresse kostenfrei zur Verfügung. In der Zusammenstellung der Lösungen aller Kontrollaufgaben finden Sie dort die Lösungsvorschläge unter den entsprechenden Kapitelnummern, z. B. die Lösungsvorschläge zu den Kontrollaufgaben von Kapitel n sind somit in Abschnitt 16.n zu finden.

14.2 Lösungen der Lernaufgaben Kapitel 2

Lösung Lernaufgabe 2.1

Aufgabe S. 14

1. Zuordnungstabelle der PLC-Eingänge und PLC-Ausgänge:

PLC-Eingangsvariable	Symbol	Datentyp	Logische Zuordnung		Adresse
Schalter 1	S1	BOOL	Betätigt	S1 = 1	E 0.1
Schalter 2	S2	BOOL	Betätigt	S2 = 1	E 0.2
Schalter 3	S3	BOOL	Betätigt	S3 = 1	E 0.3
PLC-Ausgangsvariable					
Elektromagnetventil	M1	BOOL	Ventil geöffnet	M1 = 1	A 4.0

2. Anschlussplan des SPS:

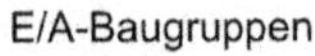

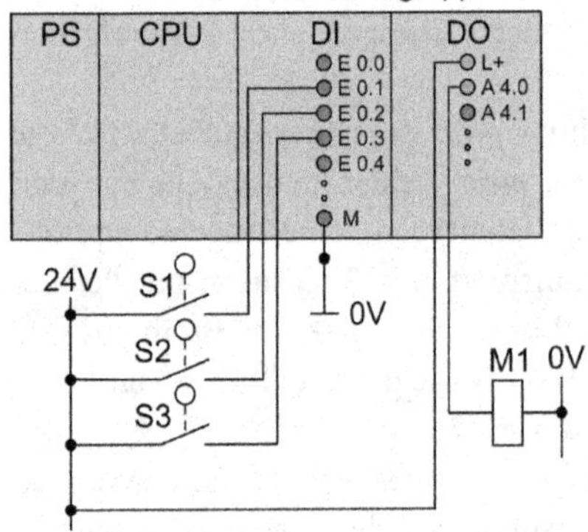

3. Funktionstabelle:

S3	S2	S1	M1
0	0	0	0
0	0	1	1
0	1	0	1
0	1	1	0
1	0	0	1
1	0	1	0
1	1	0	0
1	1	1	1

4. DNF – Schaltfunktion und Funktionsplan:

$$M1 = \overline{S3}\,\overline{S2}\,S1 \vee \overline{S3}\,S2\,\overline{S1} \vee S3\,\overline{S2}\,\overline{S1} \vee S3\,S2\,S1$$

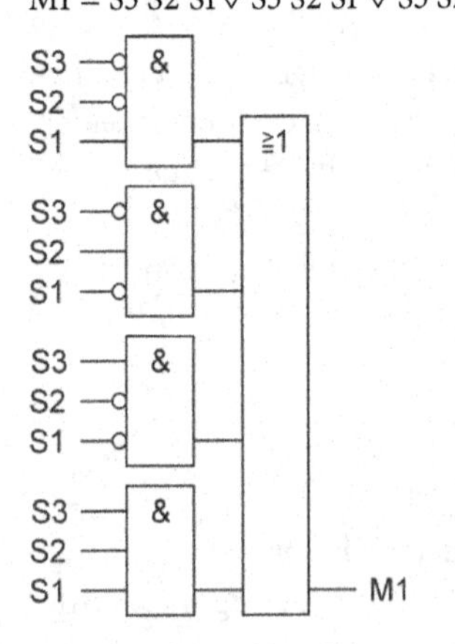

5. Deklarationstabelle FC 221:

Name	Datentyp
IN	
S1	BOOL
S2	BOOL
S3	BOOL
OUT	
M1	BOOL

6. Realisierung:

Aufruf im OB 1/PLC_PRG:

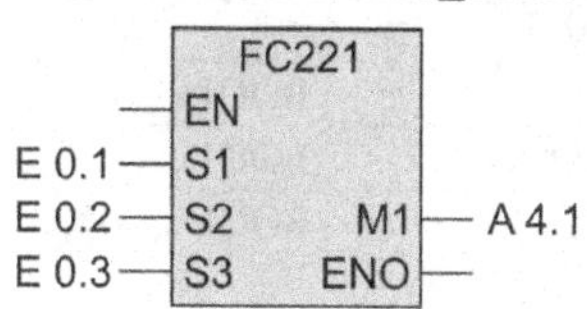

Programmierung und Aufruf des Bausteins siehe http://automatisieren-mit-sps.de Aufgabe 02_2_01

Lösung Lernaufgabe 2.2

Aufgabe S. 14

1. Zuordnungstabelle der PLC-Eingänge und PLC-Ausgänge:

PLC-Eingangsvariable	Symbol	Datentyp	Logische Zuordnung		Adresse
Sensor unten	B1	BOOL	Betätigt	B1 = 1	E 0.1
Sensor halbvoll	B2	BOOL	Betätigt	B2 = 1	E 0.2
Sensor oben	B3	BOOL	Betätigt	B3 = 1	E 0.3
Schalter	S1	BOOL	Betätigt	S1 = 1	E 0.4
PLC-Ausgangsvariable					
Pumpe 1	M1	BOOL	Pumpe an	M1 = 1	A 4.1
Pumpe 2	M2	BOOL	Pumpe an	M2 = 1	A 4.2
Störungsanzeige	P1	BOOL	Störung liegt vor	P1 = 1	A 4.3

2. Funktionstabelle:

B3	B2	B1	M1	M2	P1	Bemerkungen
0	0	0	1	0	0	
0	0	1	1	0	0	
0	1	0	1	1	1	Sensorfehler
0	1	1	0	1	0	
1	0	0	1	1	1	Sensorfehler
1	0	1	1	1	1	Sensorfehler
1	1	0	1	1	1	Sensorfehler
1	1	1	1	1	0	

3. DNF – Schaltfunktion und Funktionsplan:

Disjunktive Normalform DNF

$\overline{M1} = \overline{B3}\,B2\,B1$

$\overline{M2} = \overline{B3}\,\overline{B2}\,\overline{B1} \vee \overline{B3}\,\overline{B2}\,B1 = B3\,B2\,(\overline{B1} \vee B1) = \overline{B3}\,\overline{B2}$

$P1 = \overline{B3}\,B2\,\overline{B1} \vee B3\,\overline{B2}\,\overline{B1} \vee B3\,\overline{B2}\,B1 \vee B3\,B2\,\overline{B1}$

Nach einer Minimierung

$\Rightarrow M1 = B3 \vee \overline{B2} \vee \overline{B1}$

$\Rightarrow M2 = B3 \vee B2$

$\Rightarrow P1 = B3\,\overline{B2} \vee B3\,\overline{B1} \vee B2\,\overline{B1}$

Unter Berücksichtigung von Schalter S1:

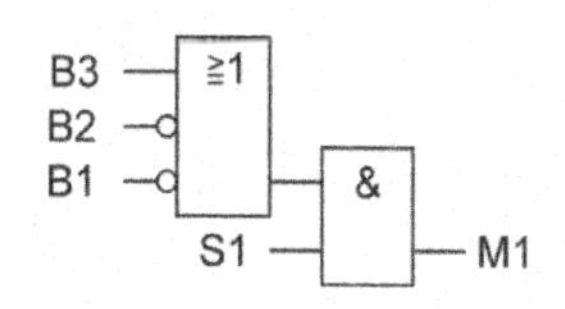

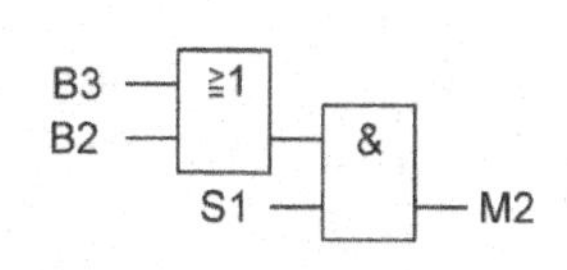

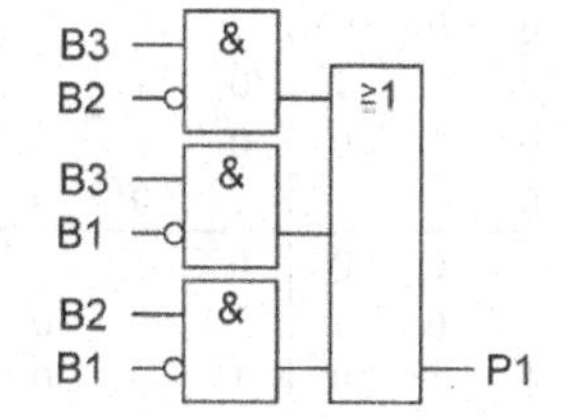

4. Deklarationstabelle FC 222:

Name	Datentyp
IN	
B1	BOOL
B2	BOOL

Name	Datentyp
IN	
B3	BOOL
S1	BOOL

Name	Datentyp
OUT	
M1	BOOL
M2	BOOL
P1	BOOL

5. Realisierung:

Aufruf im OB 1/PLC_PRG:

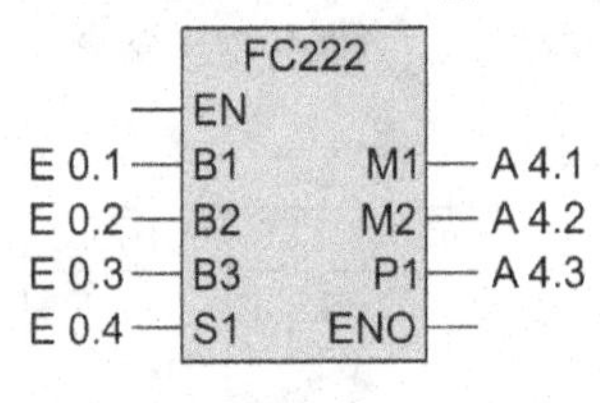

Programmierung und Aufruf des Bausteins siehe http://automatisieren-mit-sps.de Aufgabe 02_2_02

Lösung Lernaufgabe 2.3

Aufgabe S. 15

1. Zuordnungstabelle der PLC-Eingänge und PLC-Ausgänge:

PLC-Eingangsvariable	Symbol	Datentyp	Logische Zuordnung		Adresse
Luftströmungswächter 1	B1	BOOL	Lüfter 1 an	B1 = 1	E 0.1
Luftströmungswächter 2	B2	BOOL	Lüfter 2 an	B2 = 1	E 0.2
Luftströmungswächter 3	B3	BOOL	Lüfter 3 an	B3 = 1	E 0.3
Luftströmungswächter 4	B4	BOOL	Lüfter 4 an	B4 = 1	E 0.4
PLC-Ausgangsvariable					
Lampe Rot	rt	BOOL	Leuchtet	rt = 1	A 4.1
Lampe Gelb	ge	BOOL	Leuchtet	ge = 1	A 4.2
Lampe Grün	gn	BOOL	Leuchtet	gn = 1	A 4.3

2. Funktionstabelle:

B4	B3	B2	B1	gn	ge	rt
0	0	0	0	0	0	1
0	0	0	1	0	0	1
0	0	1	0	0	0	1
0	0	1	1	0	1	0
0	1	0	0	0	0	1
0	1	0	1	0	1	0
0	1	1	0	0	1	0
0	1	1	1	1	0	0
1	0	0	0	0	0	1
1	0	0	1	0	1	0
1	0	1	0	0	1	0
1	0	1	1	1	0	0
1	1	0	0	0	1	0
1	1	0	1	1	0	0
1	1	1	0	1	0	0
1	1	1	1	1	0	0

3. DNF-Schaltfunktion:

Zur Bildung der DNF werden zwei der drei Ausgänge mit einer geringeren Anzahl von "1"-Signalwerten (also gn und rt) gewählt.

$rt = \overline{B4}\,\overline{B3}\,\overline{B2}\,\overline{B1} \vee \overline{B4}\,\overline{B3}\,\overline{B2}\,B1 \vee \overline{B4}\,\overline{B3}\,B2\,\overline{B1} \vee \overline{B4}\,B3\,\overline{B2}\,\overline{B1} \vee B4\,\overline{B3}\,\overline{B2}\,\overline{B1}$

$gn = \overline{B4}\,B3\,B2\,B1 \vee B4\,\overline{B3}\,B2\,B1 \vee B4\,B3\,\overline{B2}\,B1 \vee B4\,B3\,B2\,\overline{B1} \vee B4\,B3\,B2\,B1$

Die dritte Ausgangsvariable (ge) wird aus den bereits ermittelten Variablen (rt und gn) wie folgt gebildet:

$ge = \overline{gn}\ \&\ \overline{rt} = \overline{gn \vee rt}$, wobei rt und gn als IN_OUT-Variablen zu deklarieren sind.

4. Funktionsplan:

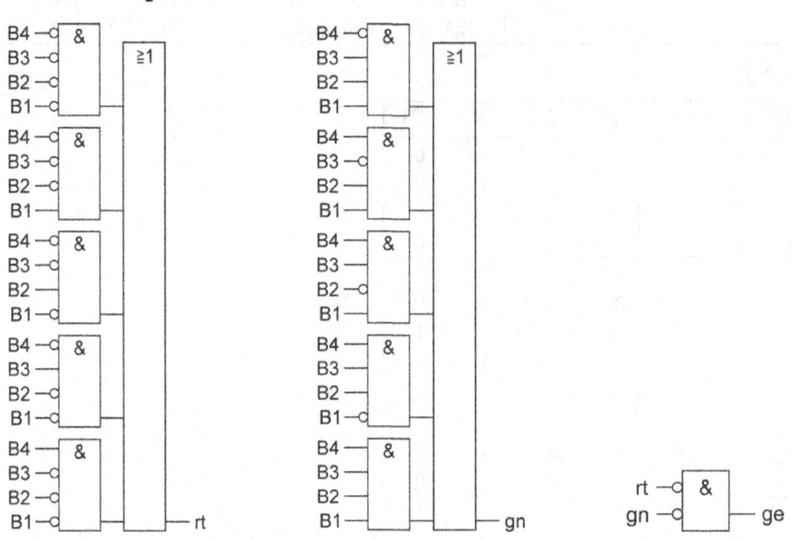

5. Deklarationstabelle FC 223:

Name	Datentyp
IN	
B1	BOOL
B2	BOOL

Name	Datentyp
IN	
B3	BOOL
B4	BOOL

Name	Datentyp
OUT	
ge	BOOL

Name	Datentyp
IN_OUT	
rt	BOOL
gn	BOOL

6. Realisierung:

Aufruf im OB 1/PLC_PRG:

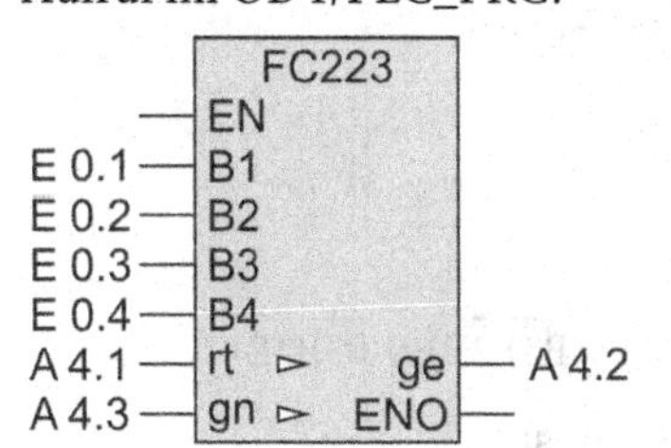

Programmierung und Aufruf des Bausteins siehe http://automatisieren-mit-sps.de Aufgabe 02_2_03

Lösung Lernaufgabe 2.4 Aufgabe S. 16

1. Zuordnungstabelle der PLC-Eingänge und PLC-Ausgänge:

PLC-Eingangsvariable	Symbol	Datentyp	Logische Zuordnung	Adresse
Geber unten, Beh. 1	B1	BOOL	Füllstand erreicht B1 = 1	E 0.1
Geber unten, Beh. 2	B2	BOOL	Füllstand erreicht B2 = 1	E 0.2
Geber oben, Beh. 1	B3	BOOL	Füllstand erreicht B3 = 1	E 0.3
Geber oben, Beh. 2	B4	BOOL	Füllstand erreicht B4 = 1	E 0.4
PLC-Ausgangsvariable				
Pumpe 1	M1	BOOL	Pumpe ein M1 = 1	A 4.1
Pumpe 2	M2	BOOL	Pumpe ein M2 = 1	A 4.2
Pumpe 3	M3	BOOL	Pumpe ein M3 = 1	A 4.3
Meldeleuchte	P1	BOOL	Leuchtet P1 = 1	A 4.4

2. Funktionstabelle:

	B4	B3	B2	B1	M1	M2	M3	P1
00	0	0	0	0	1	1	1	0
01	0	0	0	1	1	1	1	0
02	0	0	1	0	1	1	1	0
03	0	0	1	1	1	1	0	0
04	0	1	0	0	0	0	0	1
05	0	1	0	1	1	1	0	0
06	0	1	1	0	0	0	0	1
07	0	1	1	1	0	0	1	0
10	1	0	0	0	0	0	0	1
11	1	0	0	1	0	0	0	1
12	1	0	1	0	0	1	1	0
13	1	0	1	1	0	0	1	0
14	1	1	0	0	0	0	0	1
15	1	1	0	1	0	0	0	1
16	1	1	1	0	0	0	0	1
17	1	1	1	1	0	0	0	0

3. KVS-Diagramme:

M1:

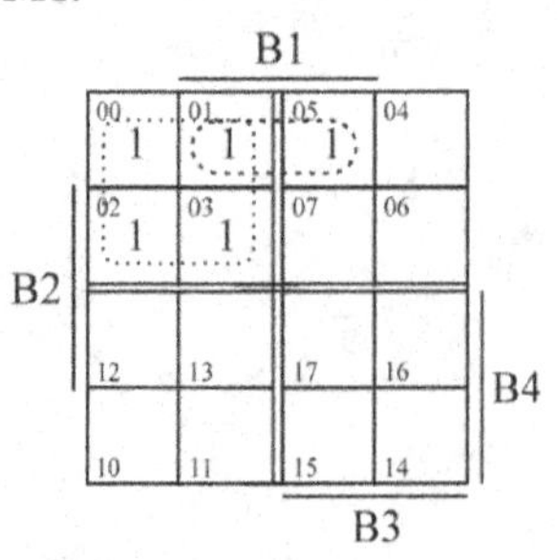

$M1 = \overline{B4}\,\overline{B3} \vee \overline{B4}\,\overline{B2}\,B1$

M2:

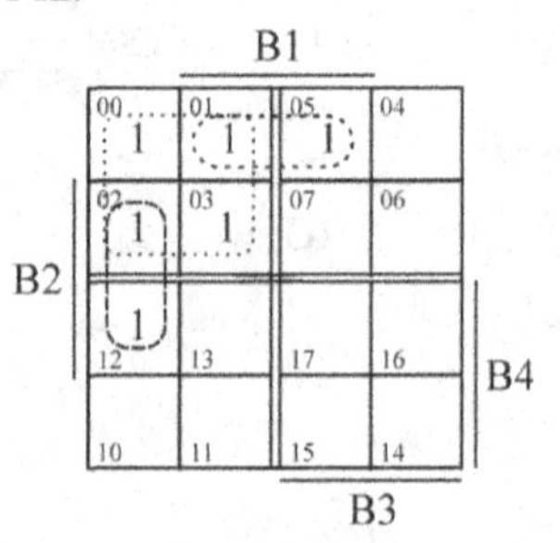

$M2 = \overline{B4}\,\overline{B3} \vee \overline{B4}\,\overline{B2}\,B1 \vee \overline{B3}\,B2\,\overline{B1}$

$M2 = M1 \vee \overline{B3}\,B2\,\overline{B1}$

M3:

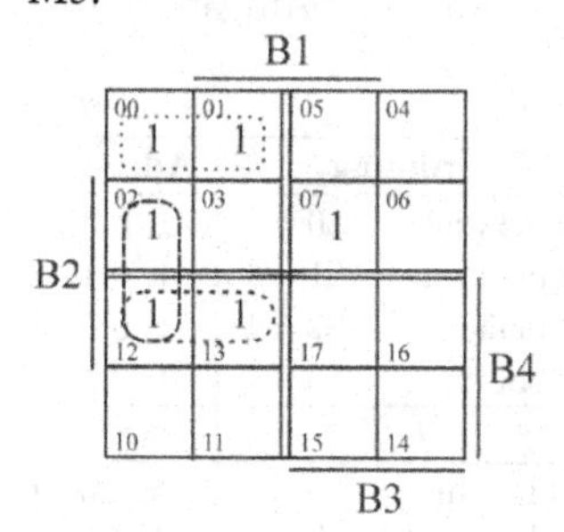

P1:

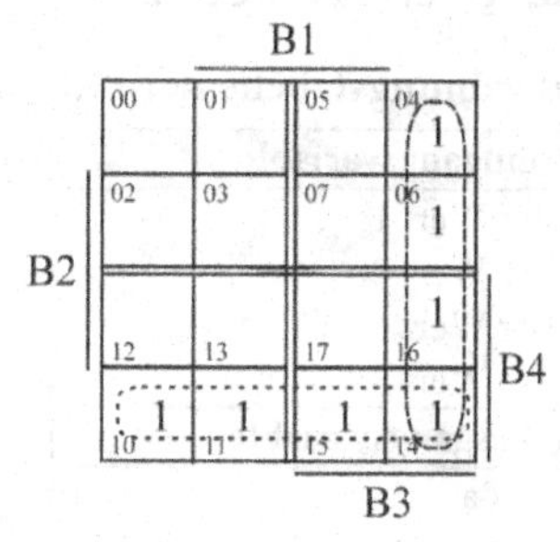

$$M3 = \overline{B4}\,\overline{B3}\,\overline{B2} \vee B4\overline{B3}B2 \vee \overline{B3}B2\overline{B1} \vee \overline{B4}B3B2B1$$

$$P1 = B3\overline{B1} \vee B4\overline{B2}$$

4. Funktionsplan:

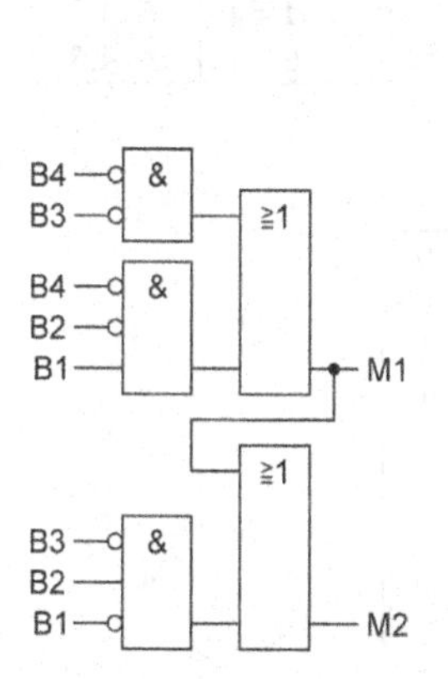

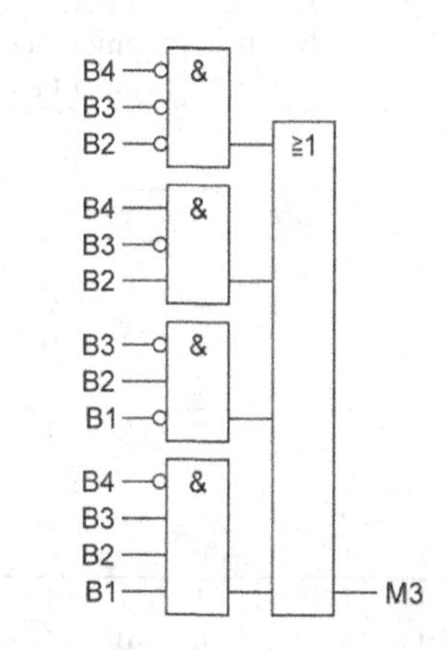

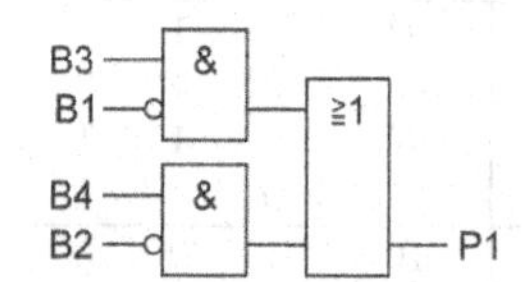

5. Deklarationstabelle FC 224:

Name	Datentyp
IN	
B1	BOOL
B2	BOOL
B3	BOOL
B4	BOOL

Name	Datentyp
OUT	
M2	BOOL
M3	BOOL
P1	BOOL

Name	Datentyp
IN_OUT	
M1	BOOL

6. Realisierung:

Aufruf im OB 1/PLC_PRG:

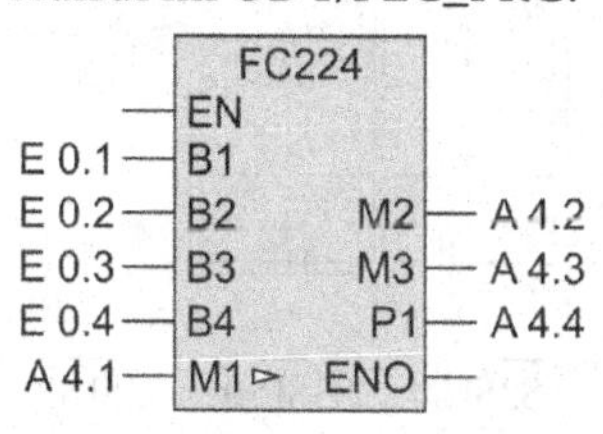

Programmierung und Aufruf des Bausteins siehe http://automatisieren-mit-sps.de Aufgabe 02_2_04

Lösung Lernaufgabe 2.5

Aufgabe S. 16

1. Zuordnungstabelle der PLC-Eingänge und PLC-Ausgänge:

PLC-Eingangsvariable	Symbol	Datentyp	Logische Zuordnung		Adresse
Schalter Wert 1	S0	BOOL	Schalter betätigt	S0 = 1	E 0.0
Schalter Wert 2	S1	BOOL	Schalter betätigt	S1 = 1	E 0.1
Schalter Wert 4	S2	BOOL	Schalter betätigt	S2 = 1	E 0.2
Schalter Wert 8	S3	BOOL	Schalter betätigt	S3 = 1	E 0.3
PLC-Ausgangsvariable					
Segment a	a	BOOL	Segment leuchtet	a = 1	A 4.0
Segment b	b	BOOL	Segment leuchtet	b = 1	A 4.1
Segment c	c	BOOL	Segment leuchtet	c = 1	A 4.2
Segment d	d	BOOL	Segment leuchtet	d = 1	A 4.3
Segment e	e	BOOL	Segment leuchtet	e = 1	A 4.4
Segment f	f	BOOL	Segment leuchtet	f = 1	A 4.5
Segment g	g	BOOL	Segment leuchtet	g = 1	A 4.6

2. Funktionstabelle:

Ziffer	Okt.	S3	S2	S1	S0	a	b	c	d	e	f	g
0	00	0	0	0	0	1	1	1	1	1	1	0
1	01	0	0	0	1	0	1	1	0	0	0	0
2	02	0	0	1	0	1	1	0	1	1	0	1
3	03	0	0	1	1	1	1	1	1	0	0	1
4	04	0	1	0	0	0	1	1	0	0	1	1
5	05	0	1	0	1	1	0	1	1	0	1	1
6	06	0	1	1	0	1	0	1	1	1	1	1
7	07	0	1	1	1	1	1	1	0	0	0	0
8	10	1	0	0	0	1	1	1	1	1	1	1
9	11	1	0	0	1	1	1	1	0	0	1	1
a	12	1	0	1	0	0	0	1	1	1	0	1
b	13	1	0	1	1	0	0	1	1	1	1	1
c	14	1	1	0	0	0	0	0	1	1	0	1
d	15	1	1	0	1	0	1	1	1	1	0	1
E	16	1	1	1	0	1	0	0	1	1	1	1
F	17	1	1	1	1	1	0	0	0	1	1	1

3. KVS-Diagramme:

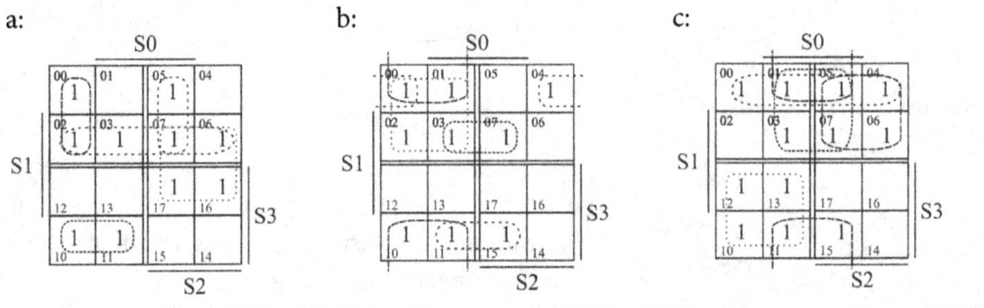

$a = \overline{S3}S1 \vee S2S1 \vee S3\overline{S2}\,\overline{S1} \vee \overline{S3}\,\overline{S2}\,\overline{S0} \vee \overline{S3}S2S0$ $b = \overline{S3}\,\overline{S2} \vee \overline{S2}\,\overline{S1} \vee \overline{S3}S1S0 \vee S3\overline{S1}S0 \vee \overline{S3}\,\overline{S1}\,\overline{S0}$

$c = \overline{S3}\,\overline{S1} \vee \overline{S3}S0 \vee S3\overline{S2} \vee \overline{S3}S2 \vee \overline{S1}S0$

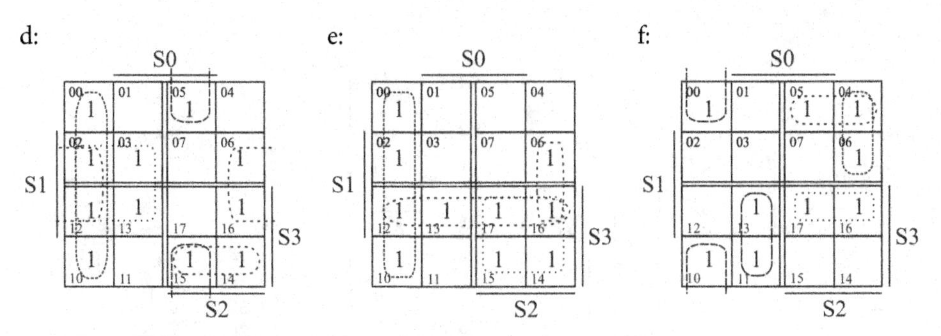

$d = \overline{S2}S1 \vee \overline{S2}\,\overline{S0} \vee S1\overline{S0} \vee S3S2\overline{S1} \vee S2\overline{S1}S0$

$e = \overline{S2}\,\overline{S0} \vee S3S1 \vee S3S2 \vee S2S1\overline{S0}$

$f = S3S2S1 \vee \overline{S3}S2\overline{S1} \vee \overline{S3}S2\overline{S0} \vee S3\overline{S2}S0 \vee \overline{S2}\,\overline{S1}\,\overline{S0}$

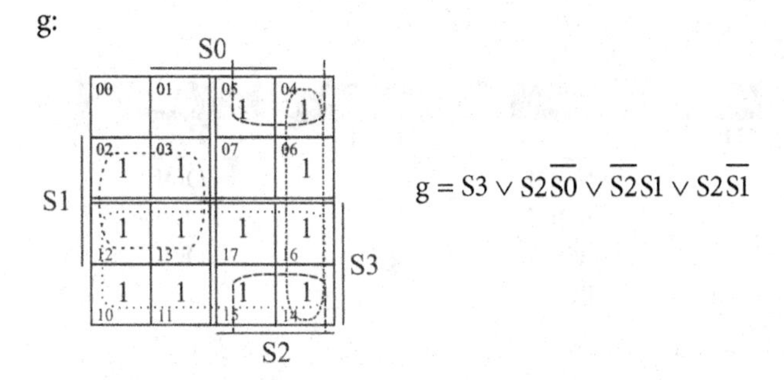

$g = S3 \vee S2\overline{S0} \vee \overline{S2}S1 \vee S2\overline{S1}$

4. Funktionsplan:

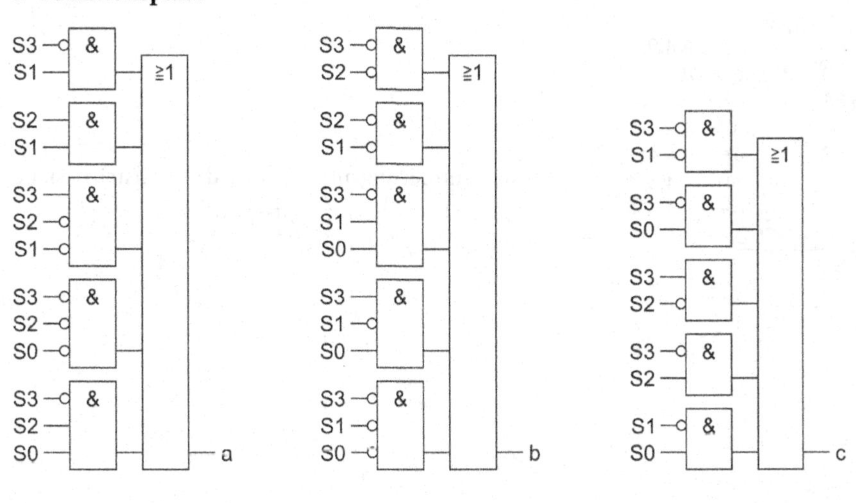

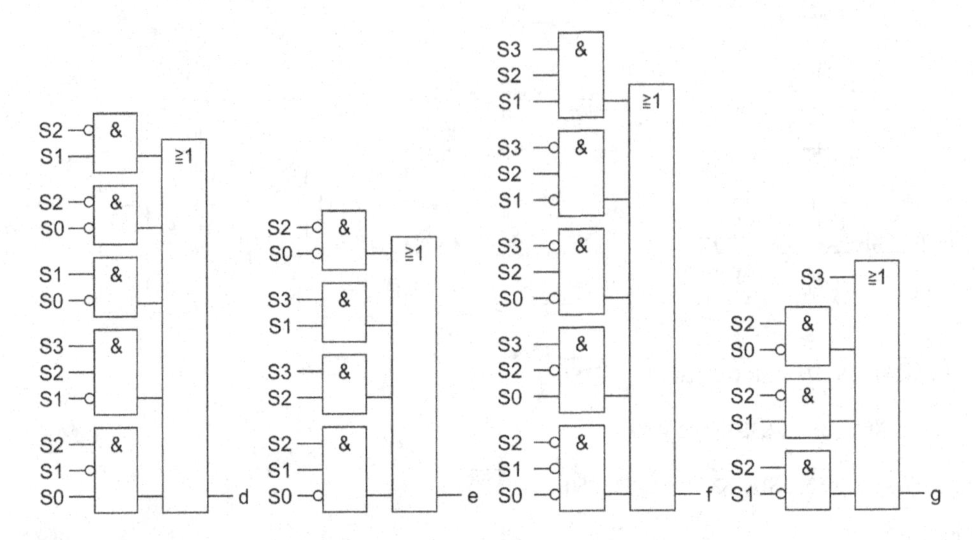

5. Deklarationstabelle FC 225:

Name	Datentyp
IN	
S0	BOOL
S1	BOOL
S2	BOOL
S3	BOOL

Name	Datentyp
OUT	
a	BOOL
b	BOOL
c	BOOL
d	BOOL

Name	Datentyp
OUT	
e	BOOL
f	BOOL
g	BOOL

6. Realisierung:

Aufruf im OB 1/PLC_PRG:

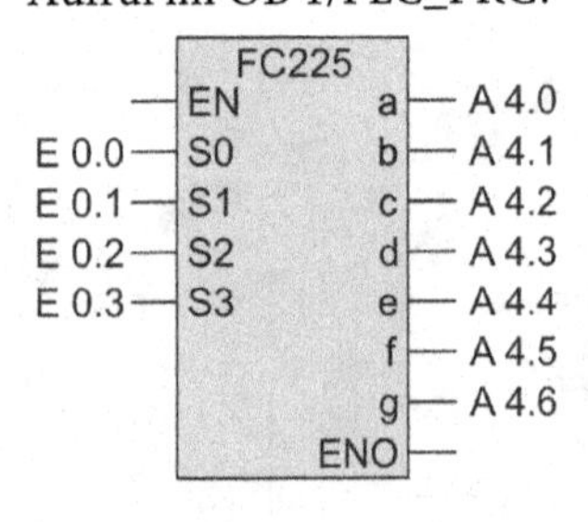

Programmierung und Aufruf des Bausteins siehe http://automatisieren-mit-sps.de
Aufgabe 02_2_05

Lösung Lernaufgabe 2.6 Aufgabe S. 17

1. Zuordnungstabelle der PLC-Eingänge und PLC-Ausgänge:

PLC-Eingangsvariable	Symbol	Datentyp	Logische Zuordnung	Adresse
Lastabwurfrelais 1	K1	BOOL	Wasserentnahme K1 = 0	E 0.1
Lastabwurfrelais 2	K2	BOOL	Wasserentnahme K2 = 0	E 0.2
Lastabwurfrelais 3	K3	BOOL	Wasserentnahme K3 = 0	E 0.3
Lastabwurfrelais 4	K4	BOOL	Wasserentnahme K4 = 0	E 0.4
Lastabwurfrelais 5	K5	BOOL	Wasserentnahme K5 = 0	E 0.5
PLC-Ausgangsvariable				
Freigabe-Schütz 1	Q1	BOOL	Angezogen Q1 = 1	A 4.1
Freigabe-Schütz 2	Q2	BOOL	Angezogen Q2 = 1	A 4.2
Freigabe-Schütz 3	Q3	BOOL	Angezogen Q3 = 1	A 4.3
Freigabe-Schütz 4	Q4	BOOL	Angezogen Q4 = 1	A 4.4
Freigabe-Schütz 5	Q5	BOOL	Angezogen Q5 = 1	A 4.5

2. Funktionstabelle:

Die Darstellung der vollständigen Funktionstabelle für 5 Variablen, d. h. $2^5 = 32$ Kombinationen ist nicht erforderlich. Auf alle Kombinationen mit drei oder mehr angezogenen Lastabwurfrelais kann verzichtet werden, da diese Kombinationen nicht auftreten können. Ausgewertet werden müssen nur die in der reduzierten Funktionstabelle eingetragenen erlaubten Eingangskombinationen mit maximal zwei Nullen.

Oktal-Nr	K5	K4	K3	K2	K1	Q5	Q4	Q3	Q2	Q1
07	0	0	1	1	1	1	1	0	0	0
13	0	1	0	1	1	1	0	1	0	0
15	0	1	1	0	1	1	0	0	1	0
16	0	1	1	1	0	1	0	0	0	1
17	0	1	1	1	1	1	1	1	1	1
23	1	0	0	1	1	0	1	1	0	0
25	1	0	1	0	1	0	1	0	1	0
26	1	0	1	1	0	0	1	0	0	1
27	1	0	1	1	1	1	1	1	1	1
31	1	1	0	0	1	0	0	1	1	0
32	1	1	0	1	0	0	0	1	0	1
33	1	1	0	1	1	1	1	1	1	1
34	1	1	1	0	0	0	0	0	1	1
35	1	1	1	0	1	1	1	1	1	1
36	1	1	1	1	0	1	1	1	1	1
37	1	1	1	1	1	1	1	1	1	1

3. KVS-Diagramm:

Allgemein handelt es sich bei der Ansteuerung der Freigabeschütze um eine 2 aus 5 Auswahl der Lastabwurfrelais K_n. Ist für ein Freigabeschütz die Ansteuerfunktion gefunden, kann diese entsprechend auf die anderen Freigabeschütze übertragen werden.

Die Ansteuerfunktion wird für das Schütz Q1 aus einem KVS-Diagramm bestimmt, das auf 5 Variablen erweitert wird.

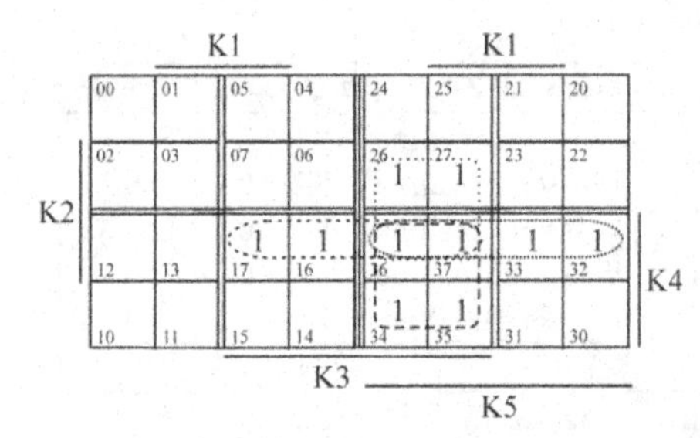

$Q1 = K4K3K2 \vee K5K3K2 \vee K5K4K2 \vee K5K4K3$

Aus der gefundenen Ansteuerfunktion ist zu entnehmen, dass sich diese aus der Kombination der jeweiligen Lastabwurfrelais K_n, die nicht zum eigenen Schütz gehören, zusammensetzt.

Die anderen Ansteuerfunktionen lauten somit:

$Q2 = K4K3K1 \vee K5K3K1 \vee K5K4K1 \vee K5K4K3;$

$Q3 = K4K2K1 \vee K5K2K1 \vee K5K4K1 \vee K5K4K2;$

$Q4 = K3K2K1 \vee K5K2K1 \vee K5K3K1 \vee K5K3K2;$

$Q5 = K3K2K1 \vee K4K2K1 \vee K4K3K1 \vee K4K3K2;$

4. Funktionsplan:

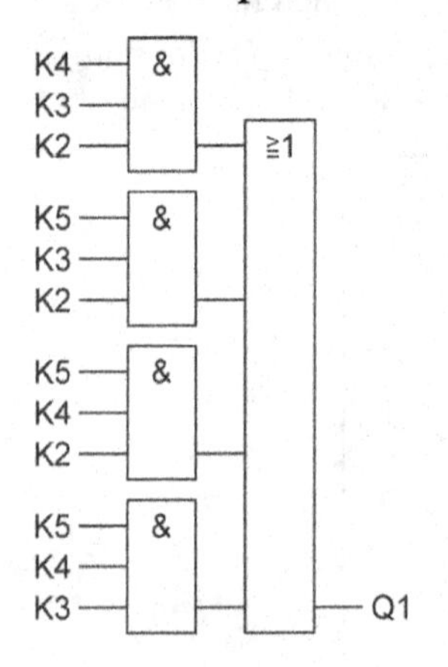

5. Deklarationstabelle FC 226:

Name	Datentyp
IN	
K1	BOOL
K2	BOOL
K3	BOOL
K4	BOOL
K5	BOOL
OUT	
Q1	BOOL
Q2	BOOL
Q3	BOOL
Q4	BOOL
Q5	BOOL

6. Realisierung:

Aufruf im OB 1/PLC_PRG:

FC226
EN Q1 — A 4.1
E 0.1 — K1 Q2 — A 4.2
E 0.2 — K2 Q3 — A 4.3
E 0.3 — K3 Q4 — A 4.4
E 0.4 — K4 Q5 — A 4.5
E 0.5 — K5 ENO

Programmierung und Aufruf des Bausteins siehe http://automatisieren-mit-sps.de Aufgabe 02_2_06

Lösung Lernaufgabe 2.7 Aufgabe S. 18

1. Zuordnungstabelle der PLC-Eingänge und PLC-Ausgänge:

PLC-Eingangsvariable	Symbol	Datentyp	Logische Zuordnung		Adresse
Dualwert 0	W_0	BOOL	Eingeschaltet	W_0 = 1	E 0.0
Dualwert 1	W_1	BOOL	Eingeschaltet	W_1 = 1	E 0.1
Dualwert 2	W_2	BOOL	Eingeschaltet	W_2 = 1	E 0.2
Dualwert 3	W_3	BOOL	Eingeschaltet	W_3 = 1	E 0.3
PLC-Ausgangsvariable					
BCD-Wert 1_0	B1_0	BOOL	Erforderlich	BCD1_0 = 1	A 4.0
BCD-Wert 1_1	B1_1	BOOL	Erforderlich	BCD1_1 = 1	A 4.1
BCD-Wert 1_2	B1_2	BOOL	Erforderlich	BCD1_2 = 1	A 4.2
BCD-Wert 1_3	B1_3	BOOL	Erforderlich	BCD1_3 = 1	A 4.3
BCD-Wert 2_0	B2_0	BOOL	Erforderlich	BCD2_0 = 1	A 4.4

2. Funktionstabelle:

Dez.	Okt.	W_3	W_2	W_1	W_0	B2_0	B1_3	B1_2	B1_1	B1_0
00	00	0	0	0	0	0	0	0	0	0
01	01	0	0	0	1	0	0	0	0	1
02	02	0	0	1	0	0	0	0	1	0
03	03	0	0	1	1	0	0	0	1	1
04	04	0	1	0	0	0	0	1	0	0
05	05	0	1	0	1	0	0	1	0	1
06	06	0	1	1	0	0	0	1	1	0
07	07	0	1	1	1	0	0	1	1	1
08	10	1	0	0	0	0	1	0	0	0
09	11	1	0	0	1	0	1	0	0	1
10	12	1	0	1	0	1	0	0	0	0
11	13	1	0	1	1	1	0	0	0	1
12	14	1	1	0	0	1	0	0	1	0
13	15	1	1	0	1	1	0	0	1	1
14	16	1	1	1	0	1	0	1	0	0
15	17	1	1	1	1	1	0	1	0	1

3. KVS-Diagramme:

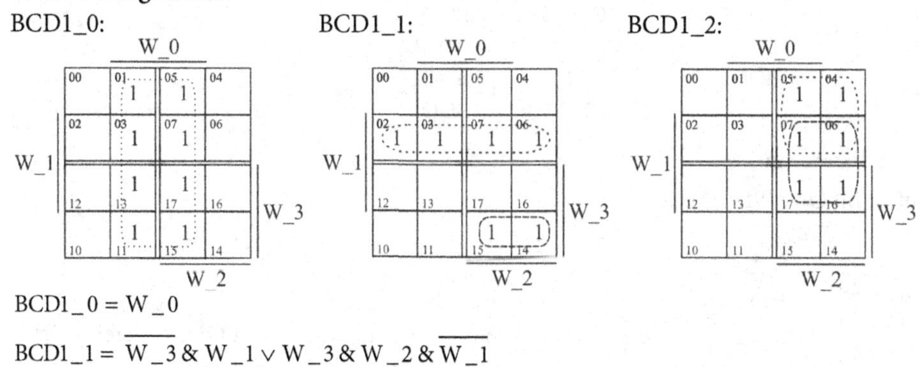

BCD1_0 = W_0

$BCD1\_1 = \overline{W\_3} \& W\_1 \vee W\_3 \& W\_2 \& \overline{W\_1}$

$BCD1\_2 = \overline{W\_3} \& W\_2 \vee W\_2 \& W\_1$

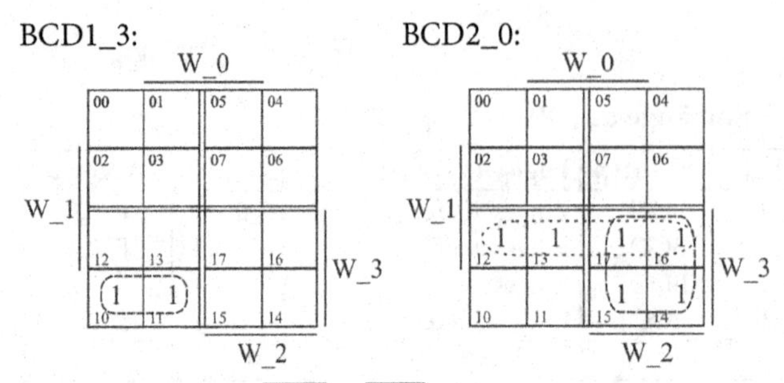

$BCD1\_3 = W\_3 \,\&\, \overline{W\_2} \,\&\, \overline{W\_1}$; $BCD2\_0 = W\_3 \,\&\, W\_1 \vee W\_3 \,\&\, W\_2$

Aus der Funktionstabelle ergibt sich auch: $BCD2\_0 = W\_3 \neq BCD1\_3$

4. Funktionsplan:

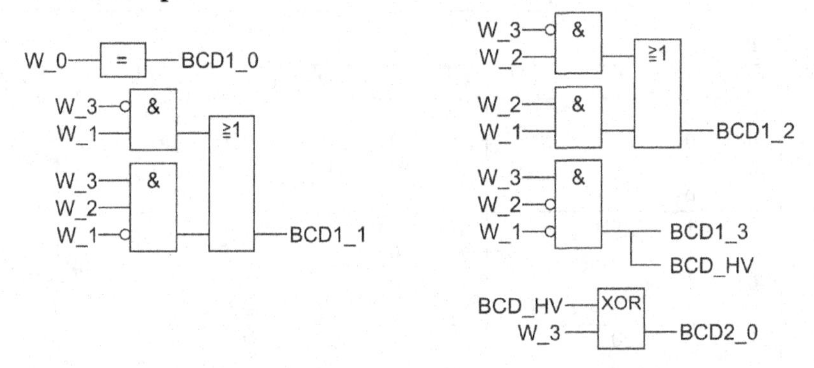

▶ **Hinweis** Damit bei der Funktion keine IN_OUT-Variablen auftreten, wurde die lokale Hilfsvariable BCD_HV eingeführt.

5. Deklarationstabelle FC 227:

Name	Datentyp
IN	
W_0	BOOL
W_1	BOOL
W_2	BOOL
W_3	BOOL

Name	Datentyp
OUT	
BCD1_0	BOOL
BCD1_1	BOOL
BCD1_2	BOOL
BCD1_3	BOOL
BCD2_0	BOOL

Name	Datentyp
TEMP	
BCD_HV	BOOL

6. Realisierung:

Aufruf im OB 1/PLC_PRG:

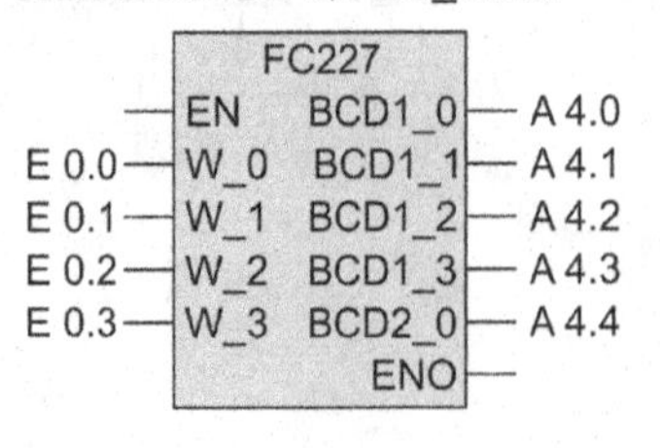

Programmierung und Aufruf des Bausteins siehe http://automatisieren-mit-sps.de Aufgabe 02_2_07

14.3 Lösungen der Lernaufgaben Kapitel 3

Lösung Lernaufgabe 3.1 — Aufgabe S. 29

1. Zuordnungstabelle der PLC-Eingänge und PLC-Ausgänge:

PLC-Eingangsvariable	Symbol	Datentyp	Logische Zuordnung		Adresse
Taster STOPP	S0	BOOL	Betätigt	S0 = 0	E 0.0
Taster AUF	S1	BOOL	Betätigt	S1 = 1	E 0.1
Taster ZU	S2	BOOL	Betätigt	S2 = 1	E 0.2
Wahlschalter Autom./Tippen	S3	BOOL	Automatik	S3 = 1	E 0.3
Initiator Tor zu	B1	BOOL	Betätigt	B1 = 0	E 0.4
Initiator Tor auf	B2	BOOL	Betätigt	B2 = 0	E 0.5
PLC-Ausgangsvariable					
Schütz Tor auf	Q1	BOOL	Angezogen	Q1 = 1	A 4.1
Schütz Tor zu	Q2	BOOL	Angezogen	Q2 = 1	A 4.2

2. RS-Tabelle:

Zu betätigende Speicherglieder	Bedingungen für das Setzen	Bedingungen für das Rücksetzen (Verriegelungen)
Schütz Tor auf Q1	S1	$\overline{S0} \vee \overline{B2} \vee Q2 \vee \overline{S3} \& \overline{S1}$
Schütz Tor zu Q2	S2	$\overline{S0} \vee \overline{B1} \vee Q1 \vee \overline{S3} \& \overline{S2}$

3. Funktionsplan:

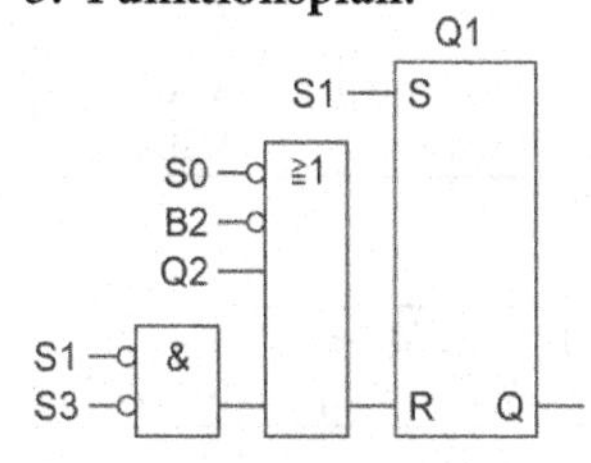

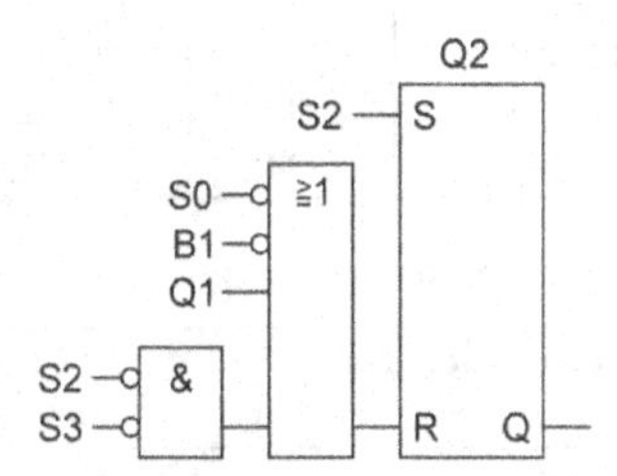

4. Bausteintyp:

Der Funktionsplan zeigt, dass der zu verwendende Baustein nur Eingabe- und Ausgabevariablen besitzt. Da keine lokalen statischen Variablen benötigt werden, genügt der Bausteintyp Funktion FC. Die Signalzustände der beiden RS-Speicherglieder werden in den zugehörigen SPS-Ausgängen gespeichert. Auch bei mehrmaligem Aufruf des Bibliothekbausteins innerhalb eines Programms zur Steuerung mehrerer Werkstore, werden die Signalzustände für die weiteren Motorschütze jeweils in den zugeordneten Ausgängen gespeichert.

5. Deklarationstabelle FC 321:

Name	Datentyp
IN	
S0	BOOL
S1	BOOL
S2	BOOL

Name	Datentyp
IN	
S3	BOOL
B1	BOOL
B2	BOOL

Name	Datentyp
IN_OUT	
Q1	BOOL
Q2	BOOL

6. Realisierung:

Aufruf im OB 1/PLC_PRG:

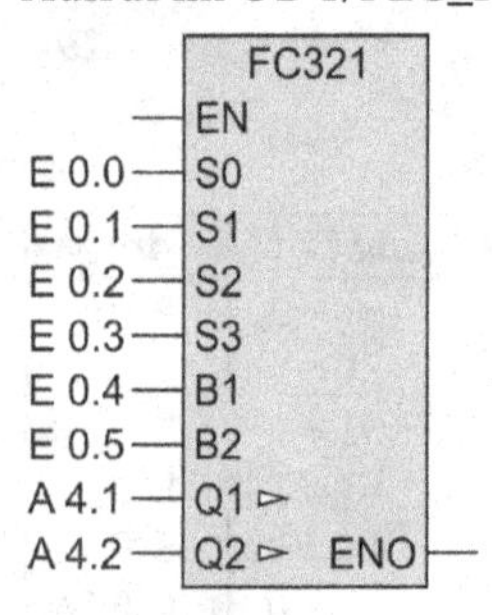

Programmierung und Aufruf des Bausteins siehe http://automatisieren-mit-sps.de Aufgabe 03_2_01

Lösung Lernaufgabe 3.2

Aufgabe S. 30

1. Zuordnungstabelle der PLC-Eingänge und PLC-Ausgänge:

PLC-Eingangsvariable	Symbol	Datentyp	Logische Zuordnung		Adresse
Vollmelder Behälter 1/2	B1 / B3	BOOL	Behälter voll	B1/B3 = 0	E 0.0 / E 0.2
Vollmelder Behälter 3/4	B5 / B7	BOOL	Behälter voll	B5/B7 = 0	E 0.4 / E 0.6
Leermeldung Behälter 1/2	B2 / B4	BOOL	Behälter leer	B2/B4 = 1	E 0.1 / E 0.3
Leermeldung Behälter 3/4	B6 / B8	BOOL	Behälter leer	B6/B8 = 1	E 0.5 / E 0.7
PLC-Ausgangsvariable					
Motorschütz Pumpe 1	Q1	BOOL	Pumpe läuft	Q1 = 1	A 4.1
Motorschütz Pumpe 2	Q2	BOOL	Pumpe läuft	Q2 = 1	A 4.2
Motorschütz Pumpe 3	Q3	BOOL	Pumpe läuft	Q3 = 1	A 4.3
Motorschütz Pumpe 4	Q4	BOOL	Pumpe läuft	Q4 = 1	A 4.4

2. Tabelle der Zuschaltbedingungen:

Nicht zugeschaltet werden darf	Pumpe M1 3 kW	Pumpe M2 4 kW	Pumpe M3 7 kW	Pumpe M4 5 kW
Bei Betrieb der Pumpen-/ Kombinationen (Nicht aufgeführt sind Pumpen oder Pumpenkombinationen, die nicht in Betrieb sein können.)	M2 & M4	M3 M1 & M3 M1 & M4	M2 M4 M1 & M2 M1 & M4 M2 & M4	M3 M1 & M2 M1 & M3
Vereinfachte Bedingungen	M2 & M4	M3 M1 & M4	M2 M4	M3 M1 & M2

3. RS-Tabelle:

Zu betätigende Speicherglieder	Bedingungen für das Setzen	Bedingungen für das Rücksetzen (Verriegelungen)
Q1 (Pumpe1)	B2	$\overline{B1} \vee (Q2 \,\&\, Q4)$
Q2 (Pumpe2)	B4	$\overline{B3} \vee Q3 \vee (Q1 \,\&\, Q4)$
Q3 (Pumpe3)	B6	$\overline{B5} \vee Q2 \vee Q4$
Q4 (Pumpe4)	B8	$\overline{B7} \vee Q3 \vee (Q1 \,\&\, Q2)$

4. Funktionsplan:

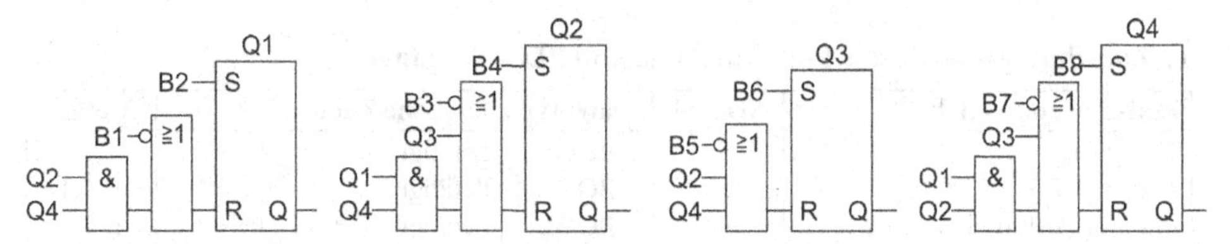

5. Ansteuerung der Motorschütze in der Programmiersprache SCL/ST:

```
IF B2 THEN Q1:=TRUE; END_IF;
IF NOT(B1) OR (Q2 AND Q4) THEN Q1:= FALSE; END_IF;
IF B4 THEN Q2:=TRUE; END_IF;
IF NOT(B3) OR Q3 OR(Q1 AND Q4) THEN Q2:= FALSE; END_IF;
IF B6 THEN Q3:=TRUE; END_IF;
IF NOT(B5) OR Q2 OR Q4 THEN Q3:= FALSE; END_IF;
IF B8 THEN Q4:=TRUE; END_IF;
IF NOT(B7) OR Q3 OR (Q1 AND Q2) THEN Q4:= FALSE; END_IF;
```

6. Bausteintyp:

Der Funktionsplan zeigt, dass der zu verwendende Baustein nur Eingabe- und Ausgabevariablen besitzt. Da keine lokalen statischen Variablen benötigt werden, genügt der Bausteintyp Funktion FC. Die Signalzustände der beiden RS-Speicherglieder werden in den zugehörigen SPS-Ausgängen gespeichert.

7. Deklarationstabelle FC 322:

Name	Datentyp
IN	
B1	BOOL
B2	BOOL
B3	BOOL
B4	BOOL

Name	Datentyp
IN	
B5	BOOL
B6	BOOL
B7	BOOL
B8	BOOL

Name	Datentyp
IN_OUT	
Q1	BOOL
Q2	BOOL
Q3	BOOL
Q4	BOOL

8. Realisierung:

Aufruf im OB 1/PLC_PRG:

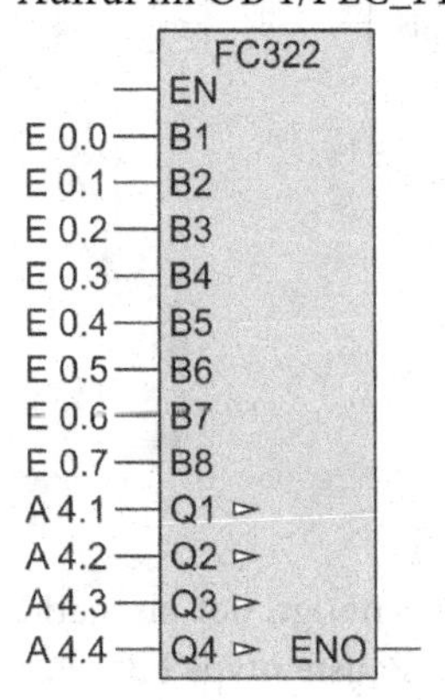

Programmierung und Aufruf des Bausteins siehe http://automatisieren-mit-sps.de
Aufgabe 03_2_02_a (FUP)
Aufgabe 03_2_02_b (SCL)

Lösung Lernaufgabe 3.3 Aufgabe S. 31

1. Zuordnungstabelle der PLC-Eingänge und PLC-Ausgänge:

PLC-Eingangsvariable	Symbol	Datentyp	Logische Zuordnung		Adresse
Taster AUS	S0	BOOL	Betätigt	S0 = 0	E 0.0
Taster EIN	S1	BOOL	Betätigt	S1 = 1	E 0.1
Initiator Position links	B1	BOOL	Betätigt	B1 = 0	E 0.2
Initiator Position rechts	B2	BOOL	Betätigt	B2 = 0	E 0.3
Drehgeber	B3	BOOL	M2 läuft	B3 = 1	E 0.4
Thermischer Auslöser Motor 2	B4	BOOL	Ausgelöst	B4 = 0	E 0.5
Thermischer Auslöser Motor 1	B5	BOOL	Ausgelöst	B5 = 0	E 0.6
PLC-Ausgangsvariable					
Rechtslauf Schlittenantrieb M1	Q1	BOOL	Angezogen	Q1 = 1	A 4.1
Linkslauf Schlittenantrieb M1	Q2	BOOL	Angezogen	Q2 = 1	A 4.2
Antriebsmotor M2	Q3	BOOL	Angezogen	Q3 = 1	A 4.3
Meldeleuchte AUS	P0	BOOL	Leuchtet	P0 = 1	A 4.4
Meldeleuchte EIN	P1	BOOL	Leuchtet	P1 = 1	A 4.5

2. RS-Tabelle:

	Zu betätigende Speicherglieder	Bedingungen für das Setzen	Bedingungen für das Rücksetzen (Verriegelungen)
Reihenfolge der Speicherglieder, nach der die Logik durchdacht werden kann	P1	S1	$\overline{S0} \vee \overline{B4} \vee \overline{B5}$
	P0	$\overline{S0}$	$\overline{P1} \& (\overline{B1} \vee \overline{B2})$
	Q3	P1	$\overline{B4} \vee \overline{B5} \vee P0(1 \rightarrow 0)$
	Q2	$\overline{Q1}$ & P1	$\overline{B1} \vee \overline{B3} \vee \overline{B4} \vee \overline{B5}$
	Q1	$\overline{Q2}$ & P1	$\overline{B2} \vee \overline{B3} \vee \overline{B4} \vee \overline{B5}$

3. Funktionsplan:

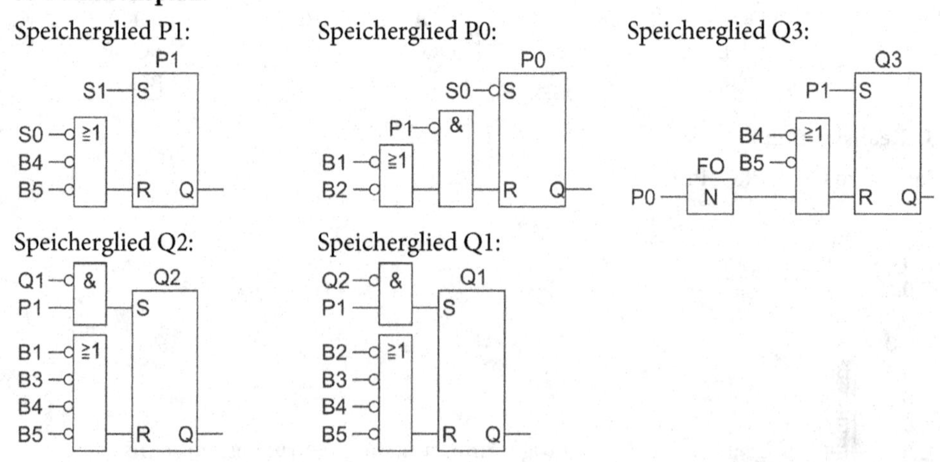

4. Bausteintyp:

Für die Flankenauswertung bei P0 wird ein Flankenoperand FO benötigt, der als statische Variable zu deklarieren ist. Das erfordert die Verwendung des Bausteintyps FB.

5. Deklarationstabelle FB 323:

Name	Datentyp	Anfangswert
IN		
S0	BOOL	FALSE
S1	BOOL	FALSE
B1	BOOL	FALSE
B2	BOOL	FALSE
B3	BOOL	FALSE
B4	BOOL	FALSE
B5	BOOL	FALSE

Name	Datentyp	Anfangswert
OUT		
Q3	BOOL	FALSE
IN_OUT		
P0	BOOL	FALSE
P1	BOOL	FALSE
Q1	BOOL	FALSE
Q2	BOOL	FALSE
STAT		
FO	BOOL	FALSE

6. Realisierung:

Aufruf im OB 1/PLC_PRG:

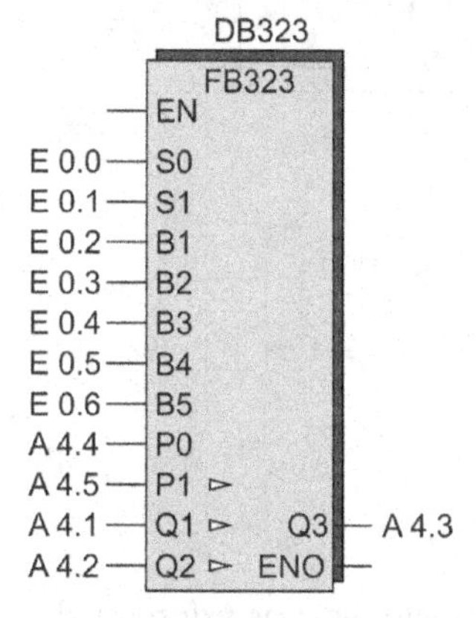

Programmierung und Aufruf des Bausteins siehe http://automatisieren-mit-sps.de Aufgabe 03_2_03

Lösung Lernaufgabe 3.4 Aufgabe S. 32

1. Zuordnungstabelle der PLC-Eingänge und PLC-Ausgänge:

PLC-Eingangsvariable	Symbol	Datentyp	Logische Zuordnung		Adresse
Taster EIN	S1	BOOL	Betätigt	S1 = 1	E 0.1
Initiator hintere Endl. Zyl. 1A	1B1	BOOL	Betätigt	1B1 = 1	E 0.2
Initiator vordere Endl. Zyl. 1A	1B2	BOOL	Betätigt	1B2 = 1	E 0.3
Initiator hintere Endl. Zyl. 2A	2B1	BOOL	Betätigt	2B1 = 1	E 0.4
Initiator vordere Endl. Zyl. 2A	2B2	BOOL	Betätigt	2B2 = 1	E 0.5
PLC-Ausgangsvariable					
Magnetspule Zylinder 1A vor	1M1	BOOL	Zyl. 1A fährt aus	1M1 = 1	A 4.1
Magnetspule Zylinder 2A vor	2M1	BOOL	Zyl. 2A fährt aus	2M1 = 1	A 4.2

2. Funktionsdiagramm:

Bauglieder			Zeit
Benennung	Kennz.	Zustand	Schritt 1 2 3 4 5
Taster	S1	EIN	
DW-Zylinder	1A	ausgefahren	
		eingefahren	
DW-Zylinder	2A	ausgefahren	
		eingefahren	
Schütz	K1	angezogen	
		abgefallen	
Schütz	K2	angezogen	
		abgefallen	
Schütz	K3	angezogen	
		abgefallen	
Schütz	K4	angezogen	
		abgefallen	

3. Funktionsplan:

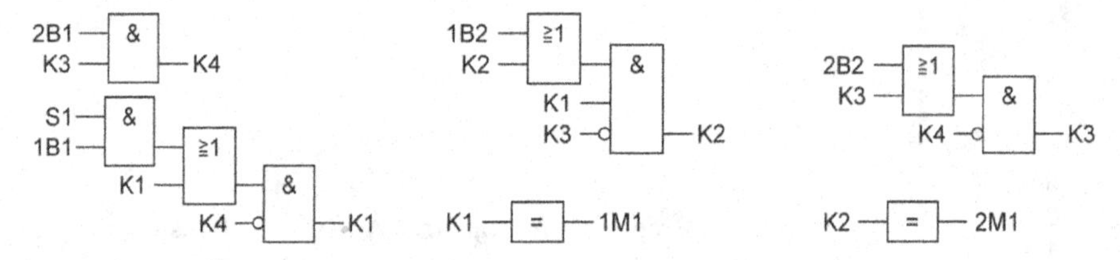

4. Bausteintyp und Deklarationstabelle:

Die lokalen Variablen K1, K2 und K3 besitzen eine Selbsthaltung. Das erfordert die Verwendung des Bausteintyps FB. Die Zuweisung der temporären Variablen K4 muss im ersten Netzwerk erfolgen, da der Signalwert bei der Zuweisung von K1, K2 und K3 abgefragt wird.

Deklarationstabelle FB 324:

Name	Datentyp	Anfangswert
IN		
S1	BOOL	FALSE
_1B1	BOOL	FALSE
_1B2	BOOL	FALSE
_2B1	BOOL	FALSE
_2B2	BOOL	FALSE

Name	Datentyp	Anfangswert
OUT		
_1M1	BOOL	FALSE
_2M1	BOOL	FALSE
STAT		
K1	BOOL	FALSE
K2	BOOL	FALSE
K3	BOOL	FALSE
TEMP		
K4	BOOL	FALSE

5. RS-Tabelle:

Zu betätigende Speicherglieder	Bedingungen für das Setzen	Bedingungen für das Rücksetzen (Verriegelungen)
1M1 (Magnetspule Zyl. 1A)	S1 & 1B1 & 2B1	2B1 & HV1
2M1 (Magnetspule Zyl. 2A)	1M1&1B2&HV1	2B2
HV1 (Hilfsvariable)	1M1 & 2B2	1B1

6. Funktionsplan:

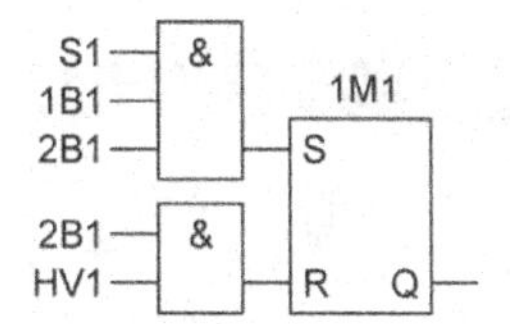

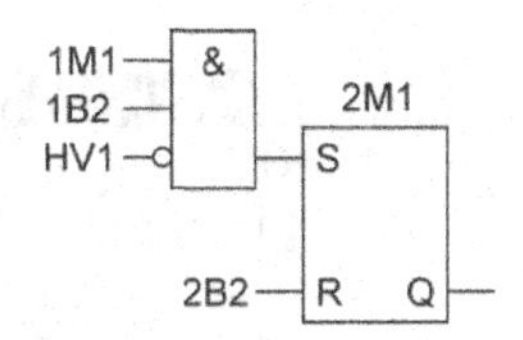

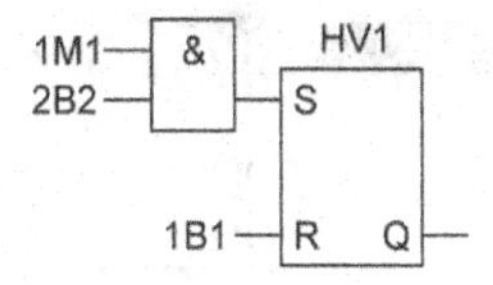

7. Deklarationstabelle FB 324:

Name	Datentyp	Anfangswert
IN		
S1	BOOL	FALSE
_1B1	BOOL	FALSE
_1B2	BOOL	FALSE
_2B1	BOOL	FALSE
_2B2	BOOL	FALSE

Name	Datentyp	Anfangswert
OUT		
_2M1	BOOL	FALSE
IN_OUT		
_1M1	BOOL	FALSE
STAT		
HV1	BOOL	FALSE

8. Schaltfolgetabelle:

Schritt	Bedingung	Setzen	Rücksetzen
1	S1 (0 →1) & 1B1 & 2B1	1M1	
2	1B2 (0 →1) & 2B1	2M1	
3	2B2 (0 →1) & 1B2		2M1
4	2B1 (0 →1) & 1B2		1M1

9. Funktionsplan:

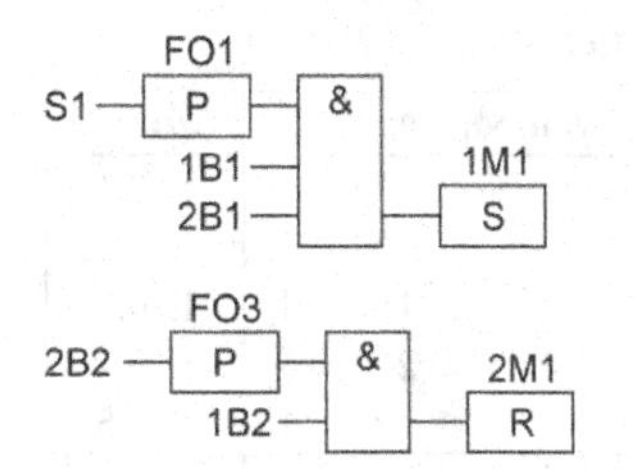

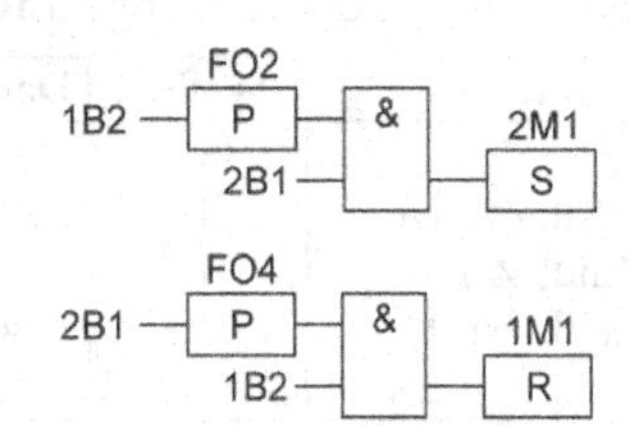

10. Steuerungsprogramm in der Programmiersprache SCL/ST:

```
IF S1 AND NOT(FO1) AND _1B1 AND _2B1 THEN _1M1:=TRUE; END_IF;
FO1:=S1;
IF _1B2 AND NOT(FO2) AND _2B1 THEN _2M1:=TRUE; END_IF;
FO2:=_1B2;
```

```
IF _2B2 AND NOT(FO3) AND _1B2 THEN _2M1:=FALSE; END_IF;
FO3:=_2B2;
IF _2B1 AND NOT(FO4) AND _1B2 THEN _1M1:=FALSE; END_IF;
FO4:=_2B1;
```

11. Bausteintyp und Deklarationstabelle:

Die Flankenoperanden FO1 bis FO4 sind als lokale statische Variablen zu deklarieren. Deshalb ist der Bausteintyp Funktionsbaustein FB erforderlich.

Deklarationstabelle FB 324:

Name	Datentyp	Anfangswert
IN		
S1	BOOL	FALSE
_1B1	BOOL	FALSE
_1B2	BOOL	FALSE
_2B1	BOOL	FALSE
_2B2	BOOL	FALSE

Name	Datentyp	Anfangswert
OUT		
_1M1	BOOL	FALSE
_2M1	BOOL	FALSE
STAT		
FO1	BOOL	FALSE
FO2	BOOL	FALSE
FO3	BOOL	FALSE
FO4	BOOL	FALSE

12. Realisierung:

Aufruf im OB 1/PLC_PRG

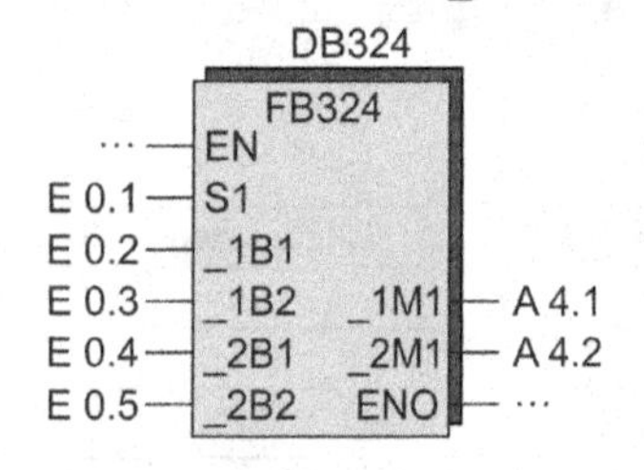

Programmierung und Aufruf des Bausteins siehe http://automatisieren-mit-sps.de
Aufgabe 03_2_04_a (FUP 3.)
Aufgabe 03_2_04_b (FUP 6.)
Aufgabe 03_2_04_c (FUP 9.)
Aufgabe 03_2_04_d (SCL 9.)

Lösung Lernaufgabe 3.5

Aufgabe S. 33

1. Zuordnungstabelle der PLC-Eingänge und PLC-Ausgänge:

PLC-Eingangsvariable	Symbol	Datentyp	Logische Zuordnung		Adresse
Taster EIN	S1	BOOL	Betätigt	S1 = 1	E 0.1
Initiator hintere Endl. Zyl. 1A	1B1	BOOL	Betätigt	1B1 = 1	E 0.2
Initiator vordere Endl. Zyl. 1A	1B2	BOOL	Betätigt	1B2 = 1	E 0.3
Initiator hintere Endl. Zyl. 2A	2B1	BOOL	Betätigt	2B1 = 1	E 0.4
Initiator vordere Endl. Zyl. 2A	2B2	BOOL	Betätigt	2B2 = 1	E 0.5
PLC-Ausgangsvariable					
Magnetspule Zylinder 1A vor	1M1	BOOL	Zyl. 1A fährt aus	1M1 = 1	A 4.1
Magnetspule Zylinder 1A zurück	1M2	BOOL	Zyl. 1A fährt ein	1M2 = 1	A 4.2
Magnetspule Zylinder 2A vor	2M1	BOOL	Zyl. 2A fährt aus	2M1 = 1	A 4.3
Magnetspule Zylinder 2A zurück	2M2	BOOL	Zyl. 2A fährt ein	2M2 = 1	A 4.4

2. RS-Tabelle:

Zu betätigende Speicherglieder	Bedingungen für das Setzen	Bedingungen für das Rücksetzen (Verriegelungen)
1M1 (Magnetspule Zyl. 1A vor)	S1 & 1B1 & 2B1	2Y1
1M2 (Magnetspule Zyl. 1A zurück)	2B1 & 2M2	1B1
2M1 (Magnetspule Zyl. 2A vor)	1B2 & 1M1	2M2
2M2 (Magnetspule Zyl. 2A zurück)	2B2	1M2

3. Funktionsplan:

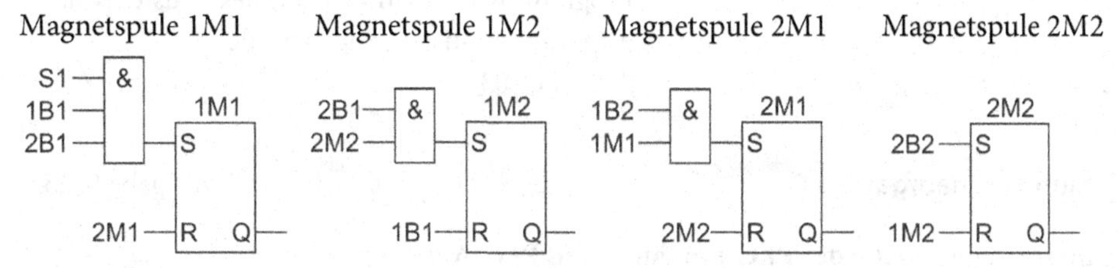

4. Funktionsdiagramm:

Bauglieder			Zeit
Benennung	Kennz.	Zustand	Schritt 1 2 3 4 5
Taster	S1	EIN	
DW-Zylinder	1A	ausgefahren	
		eingefahren	
DW-Zylinder	2A	ausgefahren	
		eingefahren	
Magnetspule	1M1	angezogen	
		abgefallen	
Magnetspule	1M2	angezogen	
		abgefallen	
Magnetspule	2M1	angezogen	
		abgefallen	
Magnetspule	2M2	angezogen	
		abgefallen	

5. Bausteintyp und Deklarationstabelle:

Es genügt der Bausteintyp Funktion FC, da keine lokalen statischen Variablen erforderlich sind. Die Signalwerte der Elektromagnete 1M1 bis 2M2 werden in den SPS-Ausgängen gespeichert.

Deklarationstabelle FC 325:

Name	Datentyp
IN	
S1	BOOL
_1B1	BOOL
_1B2	BOOL
_2B1	BOOL
_2B2	BOOL

Name	Datentyp
IN_OUT	
_1M1	BOOL
_1M2	BOOL
_2M1	BOOL
_2M2	BOOL

6. Realisierung:

Aufruf im OB 1/PLC_PRG:

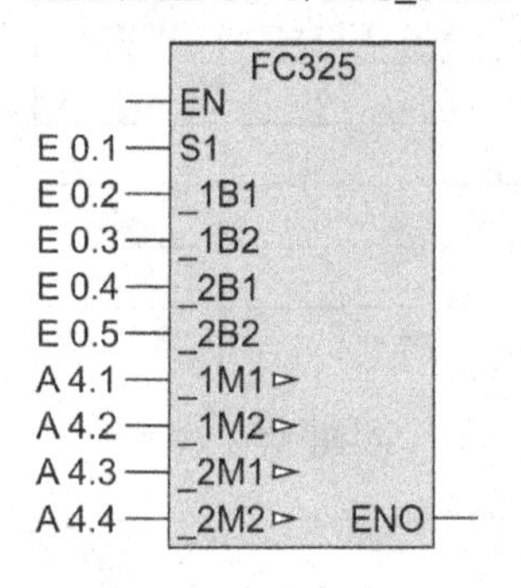

Programmierung und Aufruf des Bausteins siehe
http://automatisieren-mit-sps.de
Aufgabe 03_2_05

Lösung Lernaufgabe 3.6 Aufgabe S. 35

1. Zuordnungstabelle der PLC-Eingänge und PLC-Ausgänge:

PLC-Eingangsvariable	Symbol	Datentyp	Logische Zuordnung	Adresse
Taster	S1	BOOL	Betätigt S1 = 1	E 0.1
PLC-Ausgangsvariable				
Schütz Ventilator 1	Q1	BOOL	Ventilator läuft Q1 = 1	A 4.1
Schütz Ventilator 2	Q2	BOOL	Ventilator läuft Q2 = 1	A 4.2

2. Funktionsplan:

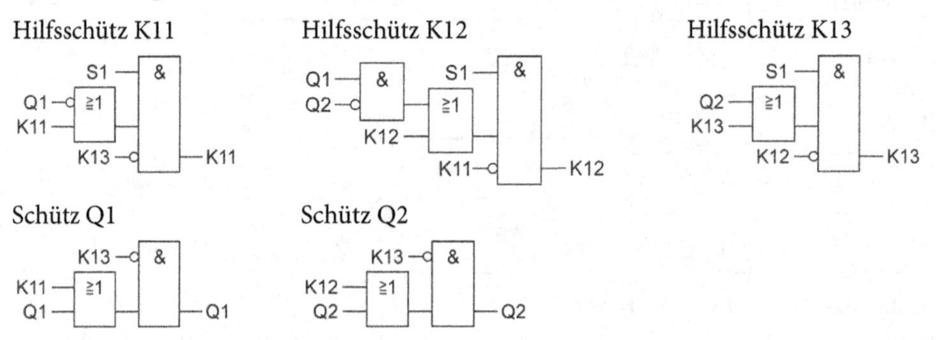

3. Bausteintyp und Deklarationstabelle:

Da die Hilfsschütze K11, K12 und K13 eine Selbsthaltung besitzen, sind sie als lokale statische Variablen zu deklarieren. Deshalb ist der Bausteintyp Funktionsbaustein FB erforderlich.

Deklarationstabelle FB 326:

Name	Datentyp	Anfangswert
IN		
S1	BOOL	FALSE
IN_OUT		
Q1	BOOL	FALSE
Q2	BOOL	FALSE

Name	Datentyp	Anfangswert
STAT		
K11	BOOL	FALSE
K12	BOOL	FALSE
K13	BOOL	FALSE

4. Funktionsplan nach der Binäruntersetzermethode:

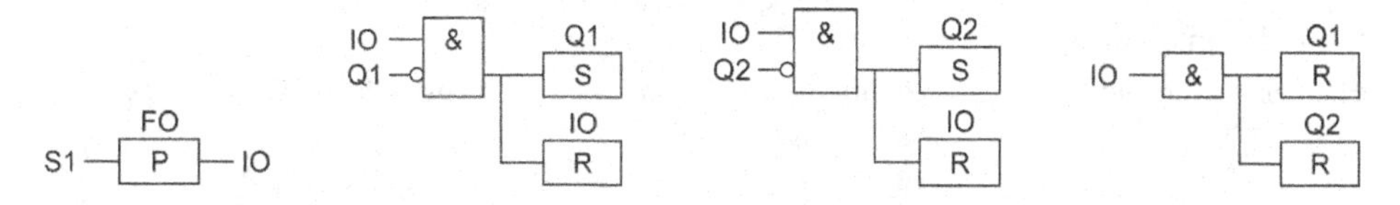

5. Steuerungsprogramm in der Programmiersprache SCL/ST:

```
IF S1 AND NOT(FO) THEN IO:=TRUE; ELSE IO:=FALSE; END_IF;
FO:=S1;
IF IO AND NOT(Q1) THEN Q1:=TRUE; IO:=FALSE; END_IF;
IF IO AND NOT(Q2) THEN Q2:=TRUE; IO:=FALSE; END_IF;
IF IO THEN Q1:=FALSE; Q2:=FALSE; END_IF;
```

6. Bausteintyp und Deklarationstabelle:

Der Flankenoperand FO ist als lokale statische Variablen zu deklarieren. Deshalb ist der Bausteintyp Funktionsbaustein FB erforderlich.

Deklarationstabelle FB 326:

Name	Datentyp	Anfangswert
IN		
S1	BOOL	FALSE
IN_OUT		
Q1	BOOL	FALSE
Q2	BOOL	FALSE

Name	Datentyp	Anfangswert
STAT		
FO	BOOL	FALSE
TEMP		
IO	BOOL	

7. Realisierung:

Aufruf im OB 1/PLC_PRG:

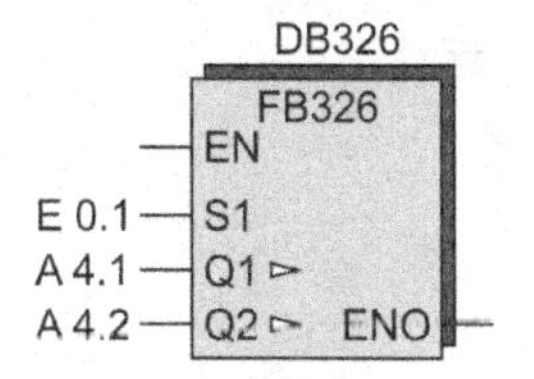

Programmierung und Aufruf des Bausteins siehe http://automatisieren-mit-sps.de
Aufgabe 03_2_06_a (FUP 2.)
Aufgabe 03_2_06_b (FUP 4.)
Aufgabe 03_2_06_c (SCL)

Lernaufgabe 3.7 Aufgabe S. 36

1. Zuordnungstabelle der PLC-Eingänge und PLC-Ausgänge:

PLC-Eingangsvariable	Symbol	Datentyp	Logische Zuordnung		Adresse
Taster	S1	BOOL	Betätigt	S1 = 1	E 0.1
PLC-Ausgangsvariable					
Beleuchtungsgruppe 1	E1	BOOL	Beleuchtung an	E1 = 1	A 4.1
Beleuchtungsgruppe 2	E2	BOOL	Beleuchtung an	E2 = 1	A 4.2
Beleuchtungsgruppe 3	E3	BOOL	Beleuchtung an	E3 = 1	A 4.3

2. Funktionsplan:

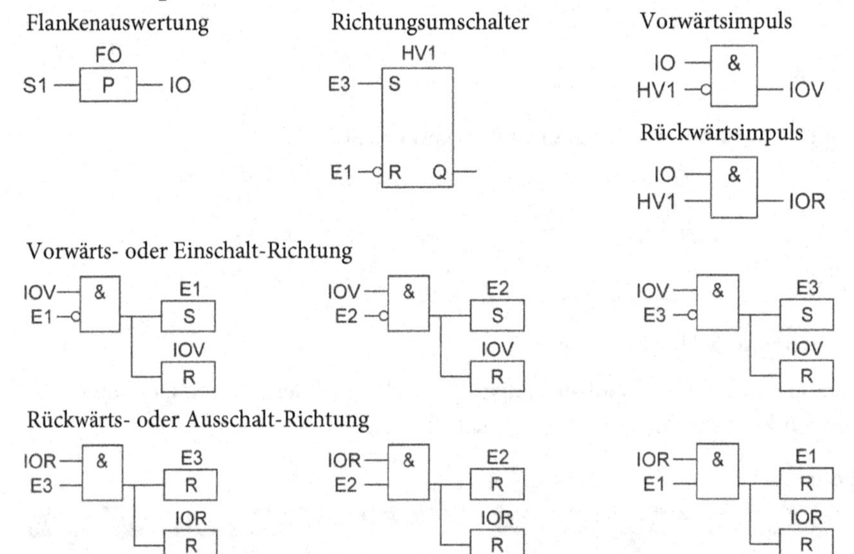

3. Steuerungsprogramm in der Programmiersprache SCL/ST:

```
IF S1 AND NOT(FO) THEN IO:=TRUE; ELSE IO:=FALSE; END_IF;
FO:=S1;
IF E3 THEN HV1:=TRUE; END_IF;
IF NOT(E1) THEN HV1:=FALSE; END_IF;
IOV:= IO AND NOT(HV1); IOR:= IO AND HV1;
IF IOV AND NOT(E1) THEN E1:=TRUE; IOV:=FALSE; END_IF;
IF IOV AND NOT(E2) THEN E2:=TRUE; IOV:=FALSE; END_IF;
IF IOV AND NOT(E3) THEN E3:=TRUE; END_IF;
IF IOR AND E3 THEN E3:=FALSE; IOR:=FALSE; END_IF;
IF IOR AND E2 THEN E2:=FALSE; IOR:=FALSE; END_IF;
IF IOR AND E1 THEN E1:=FALSE;  END_IF;
```

4. Bausteintyp und Deklarationstabelle:

Der Signalzustand des Flankenoperanden FO und der Hilfsvariablen HV1 muss gespeichert werden. Die beiden Variablen sind deshalb als lokale statische Variablen zu deklarieren. Somit ist der Bausteintyp Funktionsbaustein FB zu verwenden.

Deklarationstabelle FB 327:

Name	Datentyp	Anfangswert
IN		
S1	BOOL	FALSE
IN_OUT		
E1	BOOL	FALSE
E2	BOOL	FALSE
E3	BOOL	FALSE

Name	Datentyp	Anfangswert
STAT		
FO	BOOL	FALSE
HV1	BOOL	FALSE
TEMP		
IO	BOOL	
IOV	BOOL	
IOR	BOOL	

5. Realisierung:

Aufruf im OB 1/PLC_PRG:

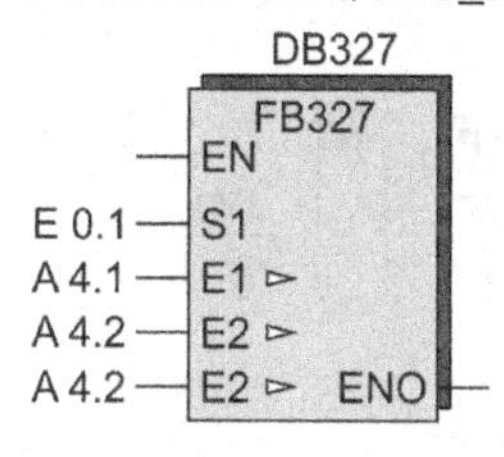

Programmierung und Aufruf des Bausteins siehe http://automatisieren-mit-sps.de
Aufgabe 03_2_07_a (FUP)
Aufgabe 03_2_07_b (SCL)

Lösung Lernaufgabe 3.8

Aufgabe S. 37

1. Zuordnungstabelle der PLC-Eingänge und PLC-Ausgänge:

PLC-Eingangsvariable	Symbol	Datentyp	Logische Zuordnung		Adresse
Taster EIN	S1	BOOL	Betätigt	S1 = 1	E 0.1
Initiator hintere Endl. Zyl. 1A	1B1	BOOL	Betätigt	1B1 = 1	E 0.2
Initiator vordere Endl. Zyl. 1A	1B2	BOOL	Betätigt	1B2 = 1	E 0.3
Initiator hintere Endl. Zyl. 2A	2B1	BOOL	Betätigt	2B1 = 1	E 0.4
Initiator vordere Endl. Zyl. 2A	2B2	BOOL	Betätigt	2B2 = 1	E 0.5
Initiator hintere Endl. Zyl. 3A	3B1	BOOL	Betätigt	3B1 = 1	E 0.6
Initiator vordere Endl. Zyl. 3A	3B2	BOOL	Betätigt	3B2 = 1	E 0.7
PLC-Ausgangsvariable					
Magnetspule Zylinder 1A vor	1M1	BOOL	Zyl. 1A fährt aus	1M1 = 1	A 4.1
Magnetspule Zylinder 1A zurück	1M2	BOOL	Zyl. 1A fährt ein	1M2 = 1	A 4.2
Magnetspule Zylinder 2A vor	2M1	BOOL	Zyl. 2A fährt aus	2M1 = 1	A 4.3
Magnetspule Zylinder 3A vor	3M1	BOOL	Zyl. 3A fährt aus	3M1 = 1	A 4.4

2. Funktionsdiagramm:

Bauglieder			Zeit
Benennung	Kennz.	Zustand	Schritt 1 2 3 4 5 6 7
Taster	S1	EIN	
DW-Zylinder	1A	ausgefahren	
		eingefahren	
DW-Zylinder	2A	ausgefahren	
		eingefahren	
DW-Zylinder	3A	ausgefahren	
		eingefahren	

3. Schaltfolgetabelle:

Schritt	Bedingung	Setzen	Rücksetzen
1	S1 (0→1) & 1B1 & 2B1 & 3B1	1M1	
2	1B2 (0→1) & 2B1 & 3B1	2M1	1M1
3	1B2 & 2B2 (0→1) & 3B1		2M1
4	1B2 & 2B1 (0→1) & 3B1	3M1	
5	1B2 & 2B1 & 3B2 (0→1)		3M1
6	1B2 & 2B1 & 3B1 (0→1)	1M2	
7	1B1 (0→1) & 2B1 & 3B1		1M2

4. Funktionsplan:

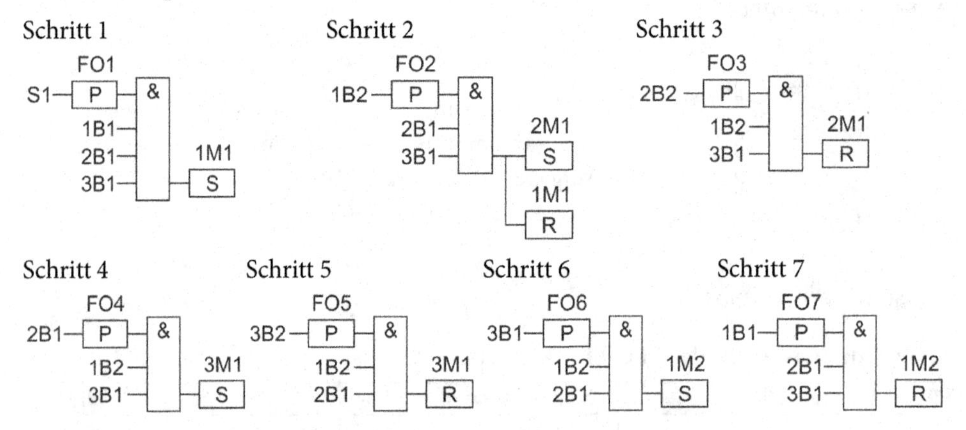

5. Bausteintyp und Deklarationstabelle:

Die Flankenoperanden FO1 bis FO7 sind als lokale statische Variablen zu deklarieren. Deshalb ist der Bausteintyp Funktionsbaustein FB erforderlich.

Deklarationstabelle FB 328:

Name	Datentyp	Anfangswert
IN		
S1	BOOL	FALSE
_1B1	BOOL	FALSE
_1B2	BOOL	FALSE
_2B1	BOOL	FALSE
_2B2	BOOL	FALSE
_3B1	BOOL	FALSE
_3B2	BOOL	FALSE
OUT		
_1M1	BOOL	FALSE
_1M2	BOOL	FALSE

Name	Datentyp	Anfangswert
_2M1	BOOL	FALSE
_3M1	BOOL	FALSE
STAT		
FO1	BOOL	FALSE
FO2	BOOL	FALSE
FO3	BOOL	FALSE
FO4	BOOL	FALSE
FO5	BOOL	FALSE
FO6	BOOL	FALSE
FO7	BOOL	FALSE

6. Realisierung: OB 1/PLC_PRG:

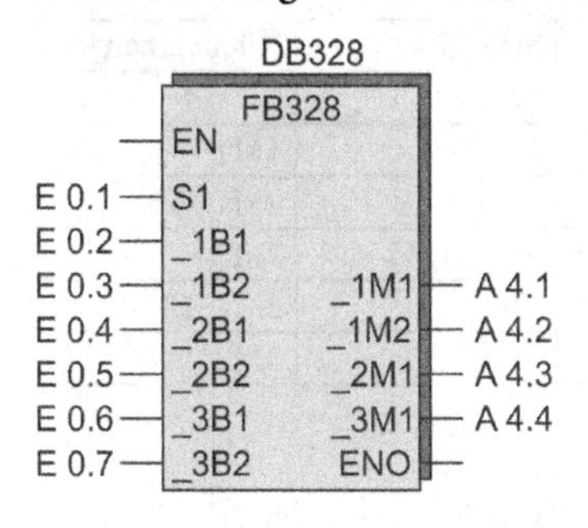

Programmierung und Aufruf des Bausteins siehe
http://automatisieren-mit-sps.de
Aufgabe 03_2_08

Lösung Lernaufgabe 3.9

Aufgabe S. 38

1. Zuordnungstabelle der PLC-Eingänge und PLC-Ausgänge:

PLC-Eingangsvariable	Symbol	Datentyp	Logische Zuordnung		Adresse
Taster EIN	S1	BOOL	Betätigt	S1 = 1	E 0.1
Initiator hintere Endl. Zyl. 1A	1B1	BOOL	Betätigt	1B1 = 1	E 0.2
Initiator vordere Endl. Zyl. 1A	1B2	BOOL	Betätigt	1B2 = 1	E 0.3
Initiator hintere Endl. Zyl. 2A	2B1	BOOL	Betätigt	2B1 = 1	E 0.4
Initiator vordere Endl. Zyl. 2A	2B2	BOOL	Betätigt	2B2 = 1	E 0.5
Initiator hintere Endl. Zyl. 3A	3B1	BOOL	Betätigt	3B1 = 1	E 0.6
Initiator vordere Endl. Zyl. 3A	3B2	BOOL	Betätigt	3B2 = 1	E 0.7
PLC-Ausgangsvariable					
Magnetspule Zylinder 1A vor	1M1	BOOL	Zyl. 1A fährt aus	1M1 = 1	A 4.1
Magnetspule Zylinder 1A zurück	1M2	BOOL	Zyl. 1A fährt ein	1M2 = 1	A 4.2
Magnetspule Zylinder 2A vor	2M1	BOOL	Zyl. 2A fährt aus	2M1 = 1	A 4.3
Magnetspule Zylinder 2A zurück	2M2	BOOL	Zyl. 2A fährt ein	2M2 = 1	A 4.4
Magnetspule Zylinder 3A vor	3M1	BOOL	Zyl. 3A fährt aus	3M1 = 1	A 4.5
Magnetspule Zylinder 3A zurück	3M2	BOOL	Zyl. 3A fährt ein	3M2 = 1	A 4.6

2. Funktionsdiagramm:

Bauglieder			Zeit
Benennung	Kennz.	Zustand	Schritt 1 2 3 4 5 6
Taster	S1	EIN	
DW-Zylinder	1A	ausgefahren	
		eingefahren	
DW-Zylinder	2A	ausgefahren	
		eingefahren	
DW-Zylinder	3A	ausgefahren	
		eingefahren	

3. Pneumatischer Schaltplan:

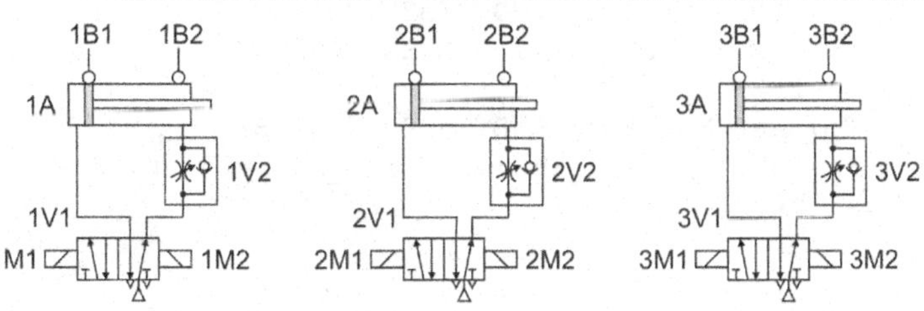

4. Schaltfolgetabelle:

Schritt	Bedingung	Setzen	Rücksetzen
1	S1 (0→1) & 1B1 & 2B1 & 3B1	1M1	
2	1B2 (0→1) & 2B1 & 3B1	2M1	1M1
3	1B2 & 2B2 (0→1) & 3B1	2M2	2M1
4	1B2 & 2B1 (0→1) & 3B1	3M1; 1M2	2M2
5	1B1 (0→1) & 2B1 & 3B2 v 1B1 & 2B1 & 3B2 (0→1)	3M2	3M1; 1M2
6	1B1 & 2B1 & 3B1 (0→1)		3M2

5. Funktionsplan:

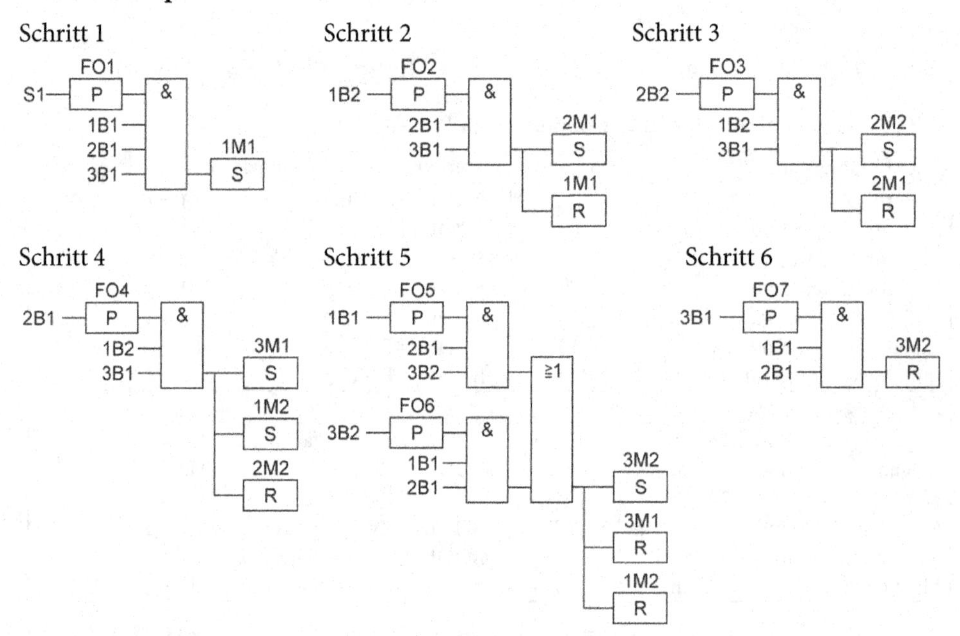

6. Steuerungsprogramm in der Programmiersprache SCL/ST:

```
IF S1 AND NOT(FO1) AND _1B1 AND _2B1 AND _3B1 THEN _1M1:=TRUE;
END_IF;
FO1:= S1;
IF _1B2 AND NOT(FO2) AND _2B1 AND _3B1
  THEN _2M1:=TRUE; _1M1:=FALSE; END_IF;
FO2:= _1B2;
IF _2B2 AND NOT(FO3) AND _1B2 AND _3B1
  THEN _2M2:=TRUE; _2M1:=FALSE; END_IF;
FO3:= _2B2;
IF _2B1 AND NOT(FO4) AND _1B2 AND _3B1
  THEN _3M1:=TRUE; _1M2:=TRUE;  _2M2:=FALSE; END_IF;
FO4:= _2B1;
```

```
IF (_1B1 AND NOT(FO5) AND _2B1 AND _3B2) OR
   (_3B2 AND NOT(FO6) AND _1B1 AND _2B1)
  THEN _3M2:=TRUE; _3M1:=FALSE;_1M2:=FALSE; END_IF;
FO5:= _1B1; FO6:= _3B2;
IF _3B1 AND NOT(FO7) AND _1B1 AND _2B1
  THEN _3M2:=FALSE; END_IF;
FO7:= _3B1;
```

7. Bausteintyp und Deklarationstabelle:

Die Flankenoperanden FO1 bis FO7 sind als lokale statische Variablen zu deklarieren. Deshalb ist der Bausteintyp Funktionsbaustein FB erforderlich.

Deklarationstabelle FB 329:

Name	Datentyp	Anfangswert
IN		
S1	BOOL	FALSE
_1B1	BOOL	FALSE
_1B2	BOOL	FALSE
_2B1	BOOL	FALSE
_2B2	BOOL	FALSE
_3B1	BOOL	FALSE
_3B2	BOOL	FALSE
OUT		
_1M1	BOOL	FALSE
_1M2	BOOL	FALSE

Name	Datentyp	Anfangswert
_2M1	BOOL	FALSE
_2M2	BOOL	FALSE
_3M1	BOOL	FALSE
_3M2	BOOL	FALSE
STAT		
FO1	BOOL	FALSE
FO2	BOOL	FALSE
FO3	BOOL	FALSE
FO4	BOOL	FALSE
FO5	BOOL	FALSE
FO6	BOOL	FALSE
FO7	BOOL	FALSE

8. Realisierung:

Aufruf im OB 1/PLC_PRG:

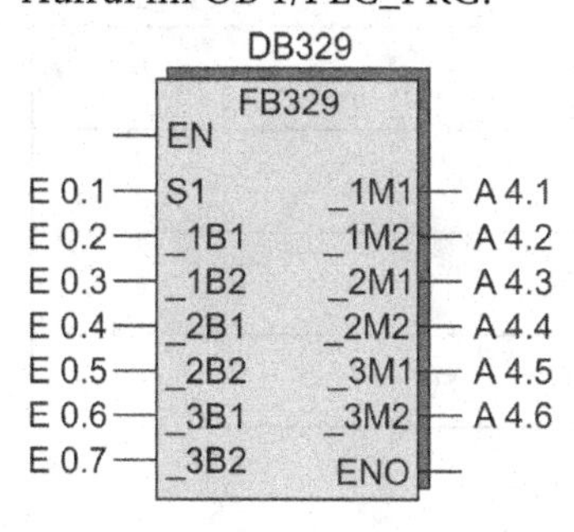

Programmierung und Aufruf des Bausteins siehe
http://automatisieren-mit-sps.de
Aufgabe 03_2_09_a (FUP)
Aufgabe 03_2_09_b (SCL)

14.4 Lösungen der Lernaufgaben Kapitel 4

Lösung Lernaufgabe 4.1 Aufgabe S. 53

1. Zuordnungstabelle der PLC-Ein-/Ausgänge für einen Kompressorantrieb:

PLC-Eingangsvariable	Symbol	Datentyp	Logische Zuordnung		Adresse
Taster AUS	S0	BOOL	Betätigt	S0 = 0	E 0.0
Taster EIN	S1	BOOL	Betätigt	S1 = 1	E 0.1
Überstromschutz	F3	BOOL	Motor überlastet	F3 = 0	E 0.2
Kontakt Schütz Q1	Q1R	BOOL	Schütz angezogen	Q1R = 1	E 0.3
Kontakt Schütz Q2	Q2R	BOOL	Schütz angezogen	Q2R = 1	E 0.4
Kontakt Schütz Q3	Q3R	BOOL	Schütz angezogen	Q3R = 1	E 0.5
PLCAusgangsvariable					
Netzschütz	Q1	BOOL	Angezogen	Q1 = 1	A 4.1
Sternschütz	Q2	BOOL	Angezogen	Q2 = 1	A 4.2
Dreieckschütz	Q3	BOOL	Angezogen	Q3 = 1	A 4.3
Meldeleuchte Betrieb	P1	BOOL	Leuchtet	P1 = 1	A 4.4
Störungsleuchte	P2	BOOL	Leuchtet	P2 = 1	A 4.5

2. Erweiterte RS-Tabelle:

Zu betätigende Speicher- und Zeitglieder	Bedingungen für das Setzen bzw. Starten	Bedingungen für das Rücksetzen
Netzschütz, Meldel. (Q1), (P1)	S1	$\overline{S0} \vee \overline{F3} \vee P2$
Sternschütz (Q2)	Q1R	$\overline{Q1} \vee Q3 \vee Q3R \vee ZEIT1.Q$
Dreieckschütz (Q3)	Q1R & ZEIT1.Q	$\overline{Q1} \vee Q2 \vee Q2R$
ZEIT1 Stern/Dreieck (TON/SE)	Q2R	
ZEIT2 Überw. Q1 (TON/SE)	$(Q1 \,\&\, \overline{Q1R}) \vee (\overline{Q1} \,\&\, Q1R)$	
ZEIT3 Überw. Q2 (TON/SE)	$(Q2 \,\&\, \overline{Q2R}) \vee (\overline{Q2} \,\&\, Q2R)$	
ZEIT4 Überw. Q3 (TON/SE)	$(Q3 \,\&\, \overline{Q3R}) \vee (\overline{Q3} \,\&\, Q3R)$	
Störungsleuchte (P2)	$\overline{F3} \vee ZEIT2.Q \vee ZEIT3.Q \vee ZEIT4.Q$	$\overline{S0}$

3. Funktionsplan:

Netzschütz Q1 und Leuchte P1

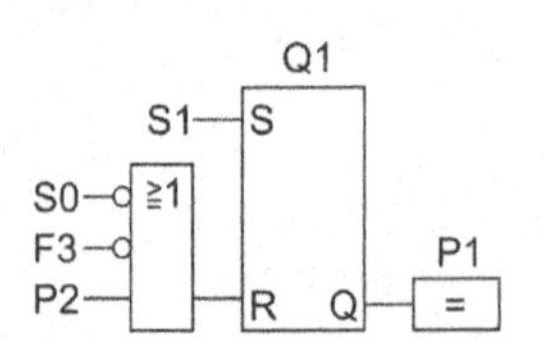

Sternschütz Q2

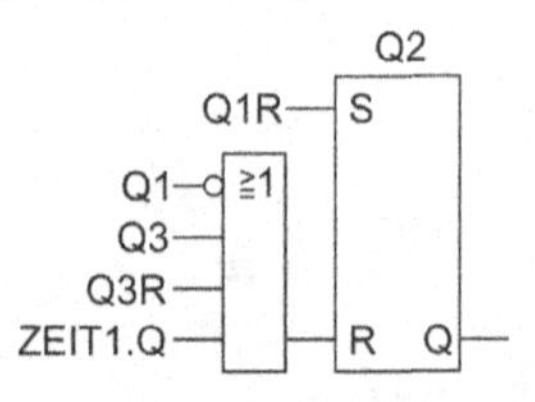

Dreieckschütz Q3

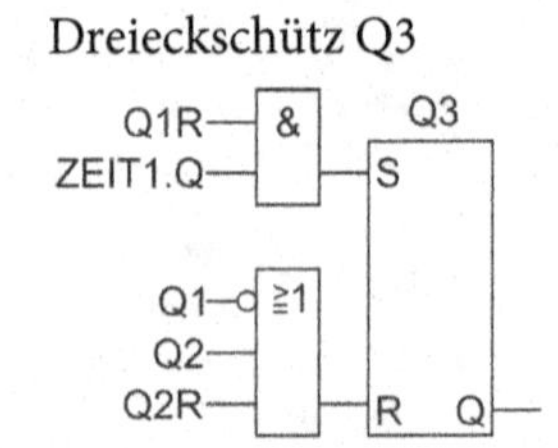

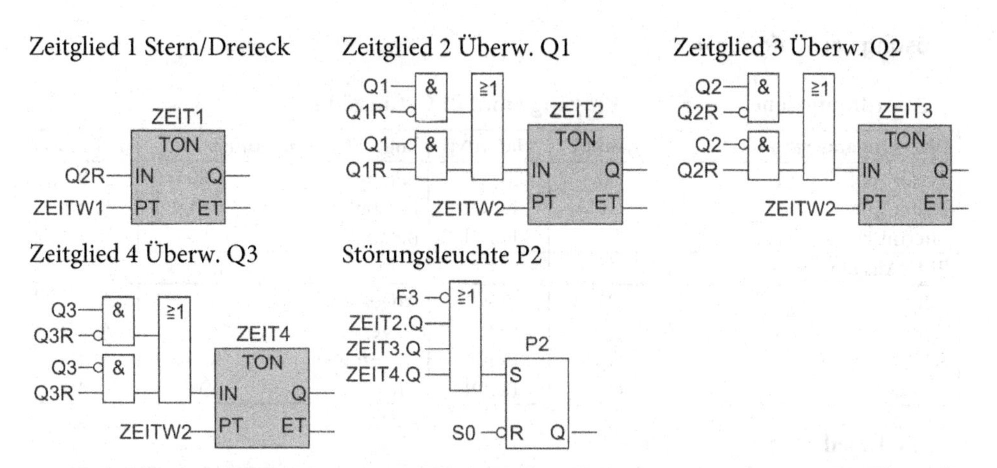

▶ **Hinweis** Da die Überwachungszeit für alle drei Leistungsschütze gleich ist, wird für die drei Zeitfunktionen ZEIT2, ZEIT3 und ZEIT4 der gleiche Zeitwert "ZEITW2" verwendet.

4. Bausteintyp:

1. Lösungsmöglichkeit: Es kann der Bausteintyp Funktion FC 421 verwendet werden, da keine statischen Variablen vorhanden sind. Voraussetzung ist aber, dass die Instanzen der Zeitfunktionen als IN_OUT-Parameter übergeben werden können. (Bei STEP 7 V5.x nicht möglich.)

2. Lösungsmöglichkeit: Es wird ein Funktionsbaustein FB 421 verwendet. Die Instanzen der Zeitglieder werden als Multiinstanzen deklariert.

3. Lösungsmöglichkeit: Wird die SE-Zeitfunktion bei STEP 7 V5.x benutzt, kann der Bausteintyp Funktion FC 421 verwendet werden. Die Timer sind an den IN-Parametern zu übergeben.

5. Realisierung:

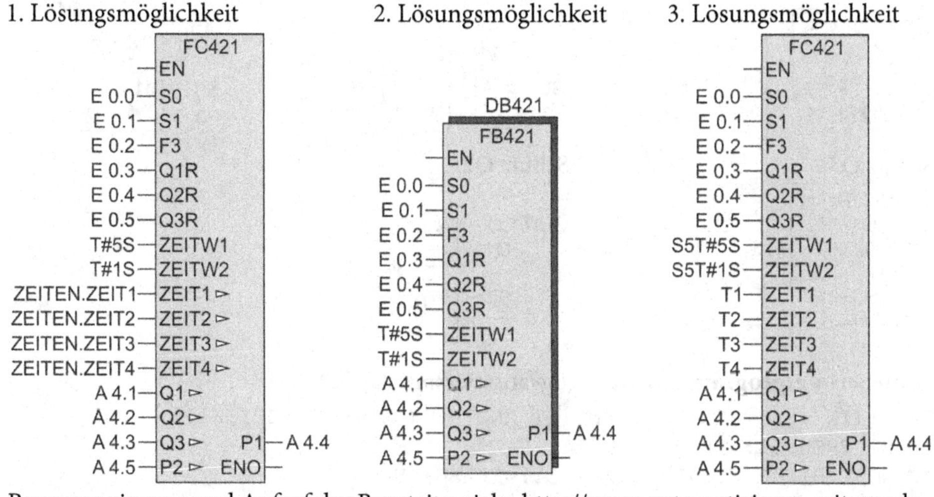

Programmierung und Aufruf der Bausteine siehe http://www.automatisieren-mit-sps.de

Aufgabe 04_2_01_a Aufgabe 04_2_01_b Aufgabe 04_2_01_c

Lösung Lernaufgabe 4.2 Aufgabe S. 56

1. Zuordnungstabelle der PLC-Eingänge und PLC-Ausgänge:

PLC-Eingangsvariable	Symbol	Datentyp	Logische Zuordnung		Adresse
Taster AUS	S0	BOOL	Betätigt	S0 = 0	E 0.0
Taster EIN	S1	BOOL	Betätigt	S1 = 1	E 0.1
Thermische Auslösung	F3	BOOL	Betätigt	F3 = 0	E 0.2
PLC-Ausgangsvariable					
Netzschütz	Q1	BOOL	Angezogen	Q1 = 1	A 4.1
Schütz 2	Q2	BOOL	Angezogen	Q2 = 1	A 4.2
Schütz 3	Q3	BOOL	Angezogen	Q3 = 1	A 4.3
Schütz 4	Q4	BOOL	Angezogen	Q4 = 1	A 4.4

2. RS-Tabelle:

Zu betätigende Speicher- und Zeitglieder	Bedingungen für das Setzen bzw. Starten	Bedingungen für das Rücksetzen
Netzschütz (Q1)	S1	$\overline{S0} \vee \overline{F3}$
Schütz 4 (Q4)	ZEIT1.Q & Q1 & Q2 & Q3	$\overline{S0} \vee \overline{F3}$
Schütz 3 (Q3)	ZEIT1.Q & Q1 & Q2	$\overline{S0} \vee \overline{F3}$
Schütz 2 (Q2)	ZEIT1.Q & Q1	$\overline{S0} \vee \overline{F3}$
Zeitglied ZEIT1 (TON/SE)	ZEIT1.Q & Q1 & Q4	

▶ **Hinweis** Die Speicherglieder müssen in der Reihenfolge Q1, Q4, Q3 und Q2 programmiert werden, damit das Steuerungsprogramm die Funktion richtig ausführt.

3. Funktionsplan:

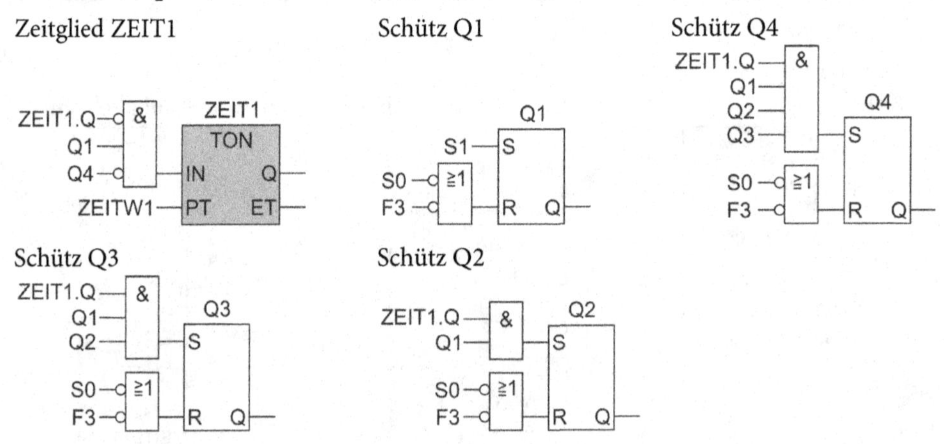

4. Steuerungsprogramm in der Programmiersprache SCL/ST:

```
ZEIT1(IN :=NOT(ZEIT1.Q)AND Q1 AND NOT(Q4), PT:=ZEITW1);
IF S1 THEN Q1:=TRUE; END_IF;
IF NOT(S0) OR NOT(F3) THEN Q1:=FALSE; END_IF;
IF ZEIT1.Q AND Q1 AND Q2 AND Q3 THEN Q4:=TRUE; END_IF;
IF NOT(S0) OR NOT(F3) THEN Q4:=FALSE; END_IF;
```

```
IF ZEIT1.Q AND Q1 AND Q2 THEN Q3:=TRUE; END_IF;
IF NOT(S0) OR NOT(F3) THEN Q3:=FALSE; END_IF;
IF ZEIT1.Q AND Q1 THEN Q2:=TRUE; END_IF;
IF NOT(S0) OR NOT(F3) THEN Q2:=FALSE; END_IF;
```

5. Bausteintyp:

1. Lösungsmöglichkeit: Es kann der Bausteintyp Funktion FC 422 verwendet werden, da keine statischen Variablen vorhanden sind. Voraussetzung ist aber, dass die Instanzen der Zeitfunktionen als IN_OUT-Parameter übergeben werden können. (Bei STEP 7 V5.x nicht möglich.)

2. Lösungsmöglichkeit: Es wird ein Funktionsbaustein FB 422 verwendet. Die Instanzen der Zeitglieder werden als Multiinstanzen deklariert.

3. Lösungsmöglichkeit: Wird die SE-Zeitfunktion bei STEP 7 V5.x benutzt, kann der Bausteintyp Funktion FC 422 verwendet werden. Der Timer ist an den IN-Parameter zu übergeben

6. Realisierung:

1. Lösungsmöglichkeit

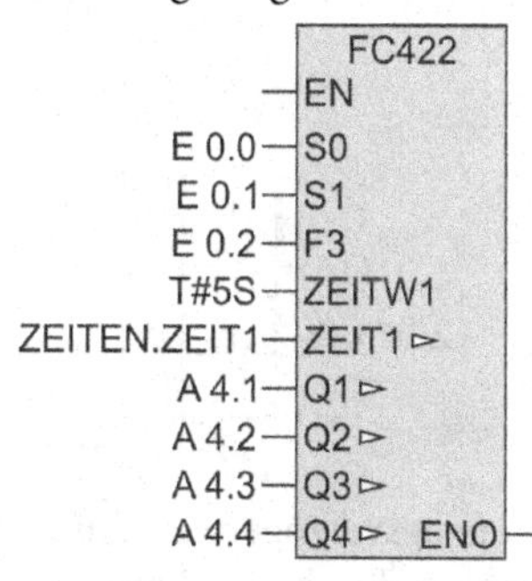

2. Lösungsmöglichkeit

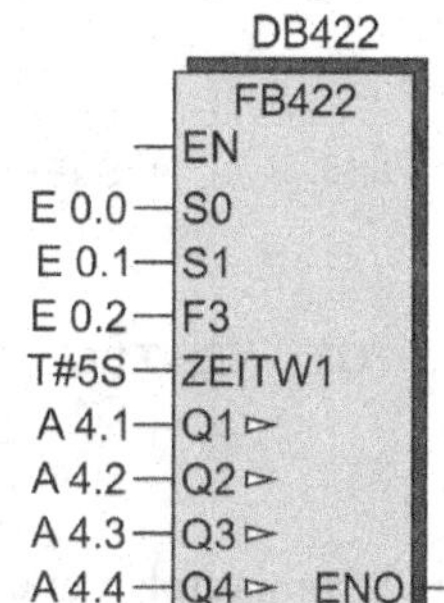

3. Lösungsmöglichkeit

FC422
EN
E 0.0 S0
E 0.1 S1
E 0.2 F3
S5T#5S ZEITW1
T1 ZEIT1
A 4.1 Q1
A 4.2 Q2
A 4.3 Q3
A 4.4 Q4 ENO

Programmierung und Aufruf der Bausteine siehe http://www.automatisieren-mit-sps.de
Aufgabe 04_2_02_a Aufgabe 04_2_02_b (FUP) Aufgabe 04_2_02_d
Aufgabe 04_2_02_c (SCL)

Lösung Lernaufgabe 4.3

Aufgabe S. 57

1. Zuordnungstabelle der PLC-Eingänge und PLC-Ausgänge:

PLC-Eingangsvariable	Symbol	Datentyp	Logische Zuordnung		Adresse
Taster AUS	S0	BOOL	Betätigt	S0 = 0	E 0.0
Taster EIN Rechtlauf	S1	BOOL	Betätigt	S1 = 1	E 0.1
Taster EIN Linkslauf	S2	BOOL	Betätigt	S2 = 1	E 0.2
Überstromschutz	F3	BOOL	Motor überlastet	F3 = 0	E 0.3
PLC-Ausgangsvariable					
Netzschütz RL	Q1	BOOL	Angezogen	Q1 = 1	A 4.1
Netzschütz LL	Q2	BOOL	Angezogen	Q2 = 1	A 4.2
Sternschütz	Q3	BOOL	Angezogen	Q3 = 1	A 4.3
Dreieckschütz	Q4	BOOL	Angezogen	Q4 = 1	A 4.4

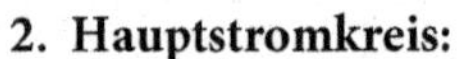

2. Hauptstromkreis:

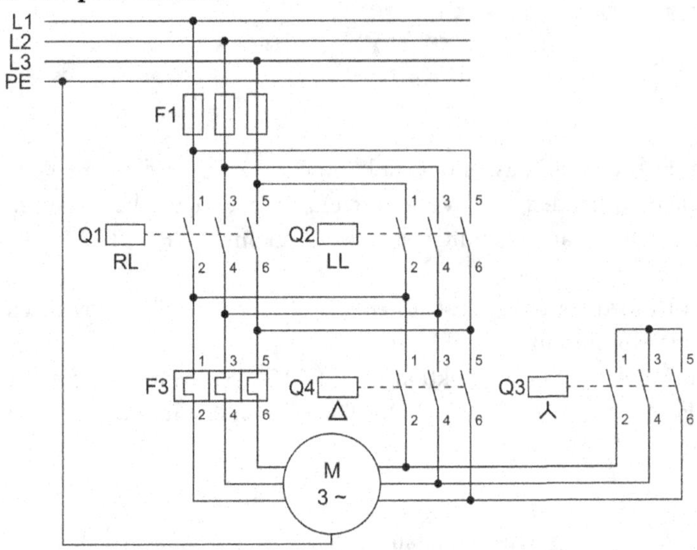

3. Funktionsplan:

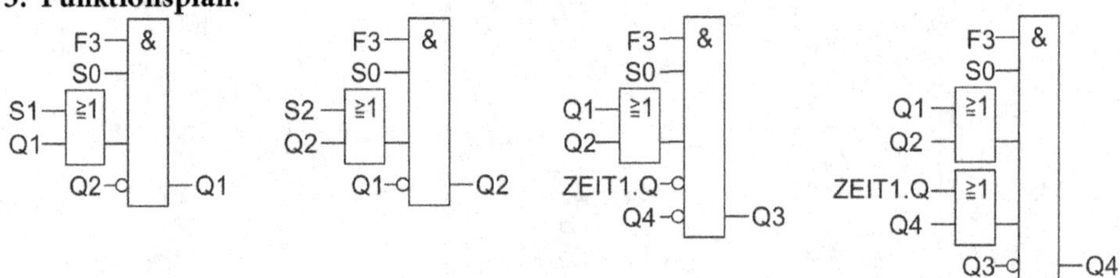

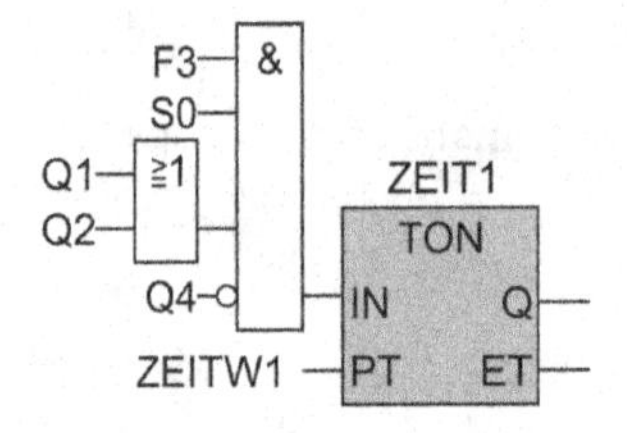

Der Stromlaufplan enthält ein anzugsverzögertes Schütz K1. Dieses muss im Funktionsplan durch ein Zeitglied mit Einschaltverzögerung ersetzt werden. Die Tasterverriegelung von S1 und S2 in der Schützschatung soll verhindern, dass bei gleichzeitiger Betätigung beider Taster ein Kurzschluss im Hauptstromkreis entsteht. Bei einer SPS-Lösung kann die Tasterverriegelung entfallen, da die SPS die Programmteile für Q1 und Q2 nicht gleichzeitig, sondern nacheinander abarbeitet.

4. RS-Tabelle:

Zu betätigende Speicher- und Zeitglieder	**Bedingungen für das Setzen bzw. Starten**	**Bedingungen für das Rücksetzen**
Netzschütz RL (Q1)	S1	$\overline{S0} \vee \overline{F3} \vee Q2$
Netzschütz LL (Q2)	S2	$\overline{S0} \vee \overline{F3} \vee Q1$
Sternschütz (Q3)	Q1 v Q2	$\overline{S0} \vee \overline{F3} \vee ZEITl.Q \vee (\overline{Q1} \& \overline{Q2})$
Zeitglied Dreieck (ZEITl) (TON/SE)	Q1 v Q2	
Dreieckschütz (Q4)	ZEIT1.Q & $\overline{Q3}$	$\overline{ZEIT1.Q} \vee Q3$

▶ **Hinweis** Da bei der Ansteuerung von Q4 die Setzbedingung negiert auch in der Rücksetzbedingung auftritt, wird bei der Umsetzung keine Speicherfunktion verwendet.

5. Funktionsplan:

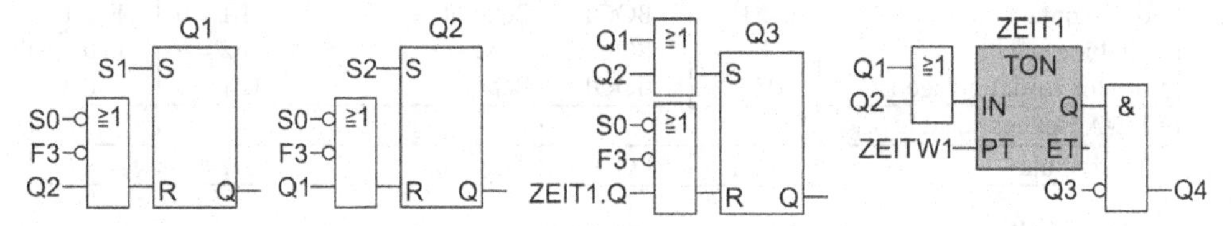

6. Bausteintyp:

1. Lösungsmöglichkeit: Es kann der Bausteintyp Funktion FC 423 verwendet werden, da keine statischen Variablen vorhanden sind. Voraussetzung ist aber, dass die Instanz der Zeitfunktion als IN_OUT-Parameter übergeben werden können. (Bei STEP 7 V5.x nicht möglich.)

2. Lösungsmöglichkeit: Es wird ein Funktionsbaustein FB 423 verwendet. Die Instanzen der Zeitglieder werden als Multiinstanzen deklariert.

3. Lösungsmöglichkeit: Wird die SE-Zeitfunktion bei STEP 7 V5.x benutzt, kann der Bausteintyp Funktion FC 423 verwendet werden. Der Timer ist an den IN-Parametern zu übergeben.

7. Realisierung:

1. Lösungsmöglichkeit

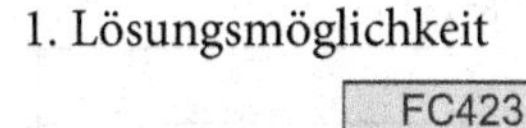

2. Lösungsmöglichkeit

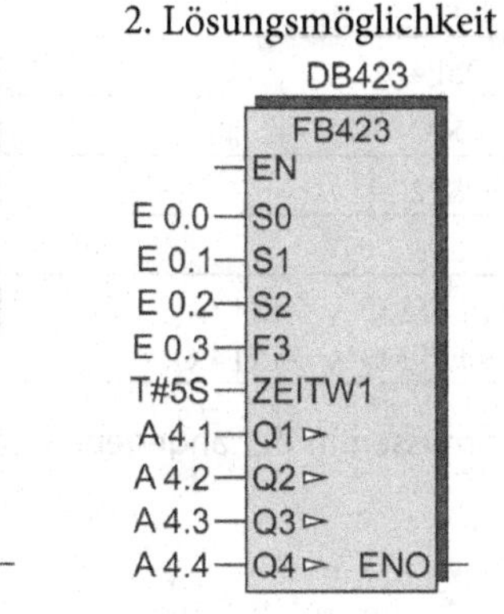

3. Lösungsmöglichkeit

FC423
EN
E 0.0 S0
E 0.1 S1
E 0.2 S2
E 0.3 F3
S5T#5S ZEITW1
T1 ZEIT1
A 4.1 Q1
A 4.2 Q2
A 4.3 Q3
A 4.4 Q4 ENO

Programmierung und Aufruf der Bausteine siehe http://www.automatisieren-mit-sps.de

Aufgabe 04_2_03_a (3.)	Aufgabe 04_2_03_c (3.)	Aufgabe 04_2_03_e (3.)
Aufgabe 04_2_03_b (5.)	Aufgabe 04_2_03_d (5.)	Aufgabe 04_2_03_f (5.)

Lösung Lernaufgabe 4.4 Aufgabe S. 58

1. Zuordnungstabelle der PLC-Eingänge und PLC-Ausgänge:

PLC-Eingangsvariable	Symbol	Datentyp	Logische Zuordnung		Adresse
Bodenkontakt	B1	BOOL	Betätigt	B1 = 0	E 0.1
Strahlungsquelle	B2	BOOL	Dose voll	B2 = 0	E 0.2
Initiator vord. Endlage 1A	1B1	BOOL	Betätigt	1B1 = 1	E 0.3
PLC-Ausgangsvariable					
Magnetspule	1M1	BOOL	Angezogen	1M1 = 1	A 4.1

2. RS-Tabelle:

Zur Lösung der Steuerungsaufgabe müssen folgende lokale Hilfsvariablen eingeführt werden:
DSP1: Fehlerspeicher für die 1. Dose, DSP2: Fehlerspeicher für die 2. Dose,
DSP3: Fehlerspeicher für die 3. Dose, DSP4: Fehlerspeicher für die 4. Dose,
Für die Flankenauswertung „Bodenkontakt betätigt" und „Dose nicht voll" werden der Impulsoperand IO (Füllungsfehler) und der Flankenoperand FO eingeführt.

Zu betätigende Speicher- und Zeitglieder	Bedingungen für das Setzen bzw. Starten	Bedingungen für das Rücksetzen
Fehlerspeicher 4. Dose (DSP4)	IO & DSP1 & DSP2 & DSP3	1B1 & Zeitgl_4
Fehlerspeicher 3. Dose (DSP3)	IO & DSP1 & DSP2	1B1 & Zeitgl_3
Fehlerspeicher 2. Dose (DSP2)	IO & DSP1	1B1 & Zeitgl_2
Fehlerspeicher 1. Dose (DSP1)	IO	1B1 & Zeitgl_1
Zeitglied 4. Dose (ZEIT4)	DSP4	
Zeitglied 3. Dose (ZEIT3)	DSP3	
Zeitglied 2. Dose (ZEIT2)	DSP2	
Zeitglied 1. Dose (ZEIT1)	DSP1	
Magnetspule (1M1)	ZEIT1.Q ∨ ZEIT2.Q ∨ ZEIT3.Q ∨ ZEIT4.Q	1B1

▶ **Hinweis** Die Speicherglieder müssen in der angegebenen Reihenfolge programmiert werden.

3. Funktionsplan:

Impuls bei Füllungsfehler — Fehlerspeicher 4. Dose — Fehlerspeicher 3. Dose

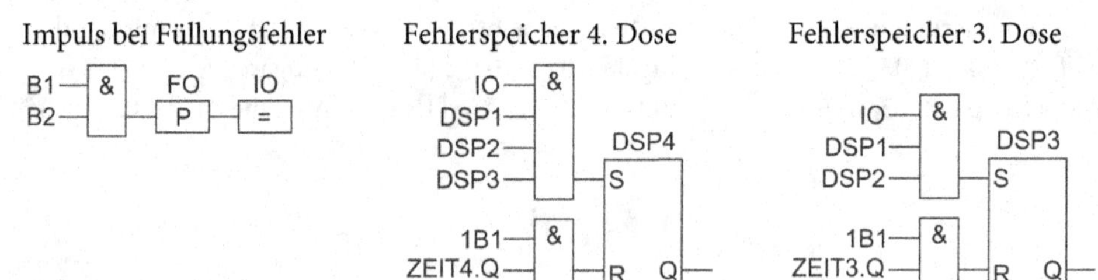

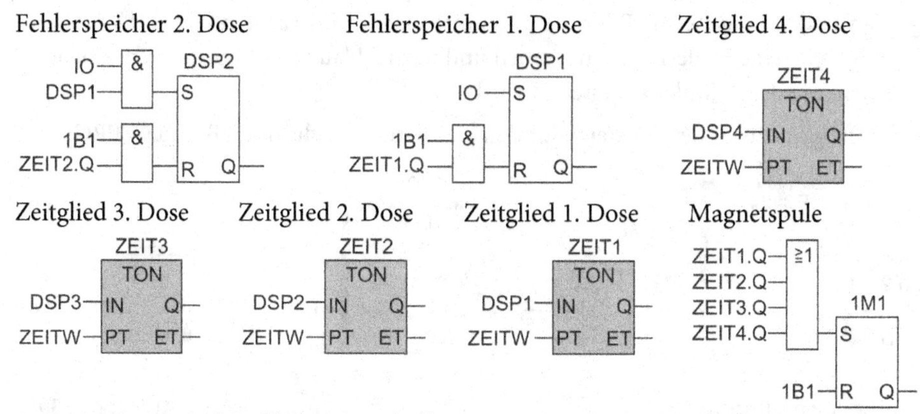

4. Bausteintyp und Deklarationstabelle:

Da der Signalzustand der Dosenspeicher DSP gespeichert werden muss und ein Flankenoperand benötigt wird, sind statische Variablen erforderlich. Deshalb ist ein Funktionsbaustein FB 424 notwendig.

Deklarationstabelle FB 424:

Name	Datentyp	Anfangswert
IN		
B1	BOOL	FALSE
B2	BOOL	FALSE
_1B1	BOOL	FALSE
ZEITW	TIME	T#2S
OUT		
_1M1	BOOL	FALSE
STAT		
DSP1	BOOL	FALSE
DSP2	BOOL	FALSE

Name	Datentyp	Anfangswert
DSP3	BOOL	FALSE
DSP4	BOOL	FALSE
ZEIT1	TON	
ZEIT2	TON	
ZEIT3	TON	
ZEIT4	TON	
FO	BOOL	
TEMP		
IO	BOOL	

5. Realisierung:

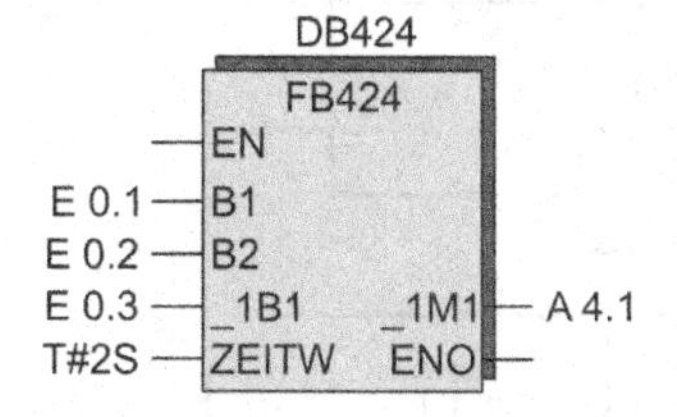

Programmierung und Aufruf des Bausteins siehe
http://www.automatisieren-mit-sps.de
Aufgabe 04_2_04

Hinweis Zur Überprüfung des Steuerungsprogramms im Simulationsmodus (z. B. PLCSIM) ist es empfehlenswert, die Beschaltung des Funktionsbausteins FB 424 wie folgt vorzunehmen:

1. Für Bodenkontakt B1 wird ein Taktgenerator mit 1 Sekunde Puls und 3 Sekunden Pause verwendet. Der Taktgenerator kann mit dem Bibliotheksbaustein FB 101 realisiert werden.
2. Der Endschalter 1B1 wird durch ein Zeitglied angesteuert, das nach einer Sekunde nachdem das Magnetventil 1M1 angesteuert ein "1"-Signal liefert.

Legt man an den Eingang ZEITW des Funktionsbausteins FB 424 den Zeitwert T#16S, so kann mit E 0.2, eine Fehlerfolge eingegeben und nach Ablauf von 16 Sekunden beobachtet werden, wie der Zylinder angesteuert wird.

Programm und Aufruf der Bausteine für den Simulationsmodus im OB 1/PLC_PRG:

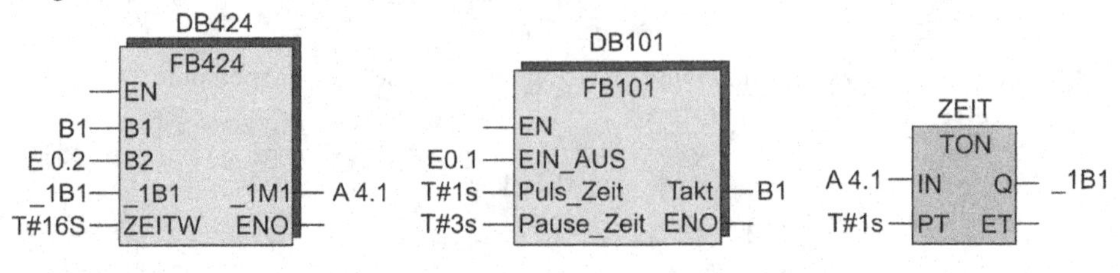

Lösung Lernaufgabe 4.5 Aufgabe S. 59

1. Zuordnungstabelle der PLC-Eingänge und PLC-Ausgänge:

PLC-Eingangsvariable	Symbol	Datentyp	Logische Zuordnung		Adresse
Taster STOPP	S0	BOOL	Betätigt	S0 = 0	E 0.0
Taster START	S1	BOOL	Betätigt	S1 = 1	E 0.1
Endschalter Wagen	B1	BOOL	Wagen da	B1 = 1	E 0.2
Wägungsmelder	B2	BOOL	Gewicht erreicht	B2 = 0	E 0.3
Überstromschutz M1	F3	BOOL	Motor überlastet	F3 = 0	E 0.4
Überstromschutz M2	F4	BOOL	Motor überlastet	F4 = 0	E 0.5
PLC-Ausgangsvariable					
Leistungsschütz Band	Q1	BOOL	Band läuft	Q1 = 1	A 4.1
Leistungsschütz Mühle	Q2	BOOL	Mühle läuft	Q2 = 1	A 4.2

2. Funktionsdiagramm:

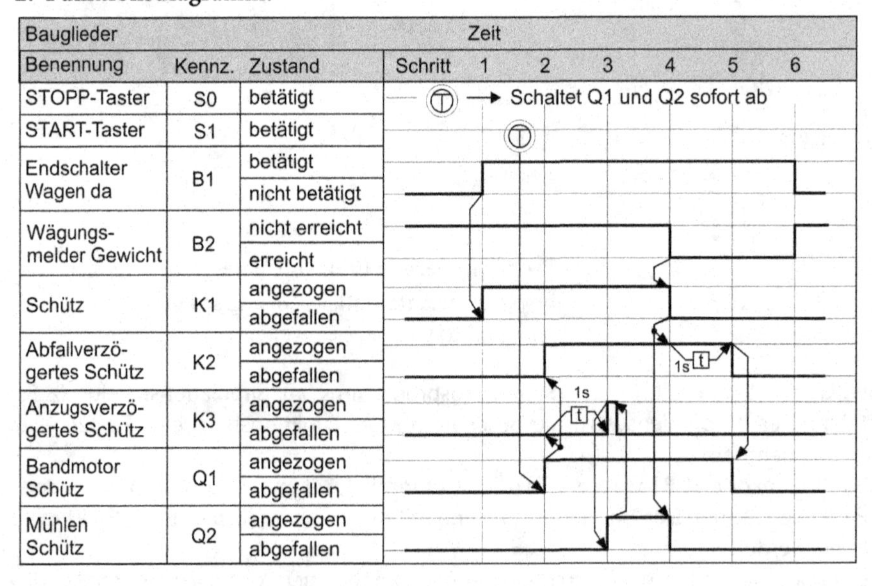

3. Funktionsplan:

Der Stromlaufplan enthält ein anzugsverzögertes Schütz K3 und ein abfallverzögertes Schütz K2. Beide Zeitschütze müssen durch entsprechende Zeitfunktionen ersetzt werden.

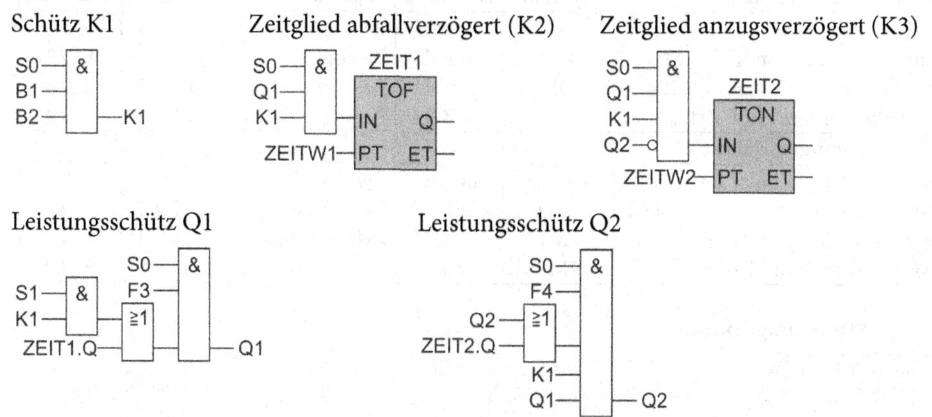

4. Bausteintyp:

1. Lösungsmöglichkeit: Es kann der Bausteintyp Funktion FC 425 verwendet werden, da keine statischen Variablen vorhanden sind. Voraussetzung ist, dass die Instanzen der Zeitfunktionen als IN_OUT-Parameter übergeben werden können. (Bei STEP 7 V5.x nicht möglich.)

2. Lösungsmöglichkeit: Es wird ein Funktionsbaustein FB 425 verwendet. Die Instanzen der Zeitglieder werden als Multiinstanzen deklariert.

3. Lösungsmöglichkeit: Wird die SE-Zeitfunktion bei STEP 7 V5.x benutzt, kann der Bausteintyp Funktion FC 425 verwendet werden. Die Timer sind an den IN-Parametern zu übergeben.

5. Realisierung:

1. Lösungsmöglichkeit 2. Lösungsmöglichkeit 3. Lösungsmöglichkeit

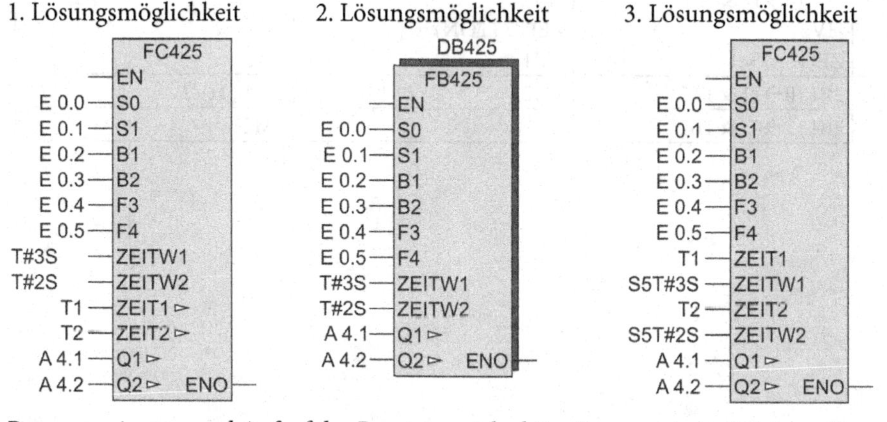

Programmierung und Aufruf der Bausteine siehe http://www.automatisieren-mit-sps.de
Aufgabe 04_2_03_a Aufgabe 04_2_03_b Aufgabe 04_2_03_c

Lösung Lernaufgabe 4.6

Aufgabe S. 60

1. Zuordnungstabelle der PLC-Eingänge und PLC-Ausgänge:

PLC-Eingangsvariable	Symbol	Datentyp	Logische Zuordnung	Adresse
Starttaster	S1	BOOL	Betätigt S1 = 1	E 0.1
Initiator hintere Endl. Zyl. 1A	1B1	BOOL	Betätigt 1B1 = 1	E 0.2
Initiator vordere Endl. Zyl. 1A	1B2	BOOL	Betätigt 1B2 = 1	E 0.3
Initiator vordere Endl. Zyl. 2A	2B1	BOOL	Betätigt 2B1 = 1	E 0.4
PLC-Ausgangsvariable				
Magnetspule Zylinder 1A vor	1M1	BOOL	Zyl. 1A fährt aus 1M1 = 1	A 4.1
Magnetspule Zylinder 1A zurück	1M2	BOOL	Zyl. 1A fährt ein 1M2 = 1	A 4.2
Magnetspule Zylinder 2A vor	2M1	BOOL	Zyl. 2A fährt aus 2M1 = 1	A 4.3
Magnetspule Zylinder 2A zurück	2M2	BOOL	Zyl. 2A fährt ein 2M2 = 1	A 4.4

2. Funktionsdiagramm:

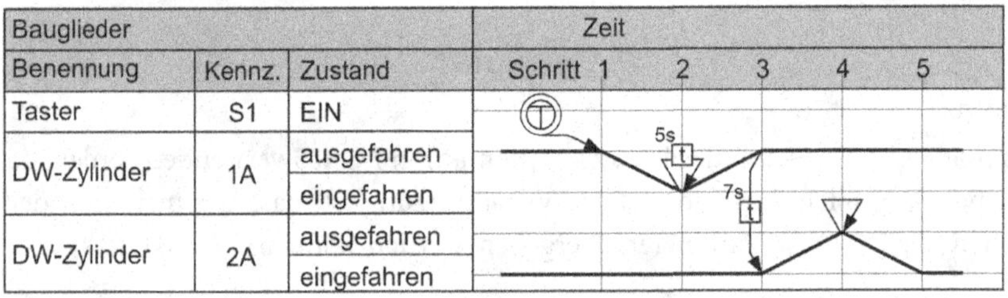

Bauglieder			Zeit
Benennung	Kennz.	Zustand	Schritt 1 2 3 4 5
Taster	S1	EIN	
DW-Zylinder	1A	ausgefahren	5s t
		eingefahren	7s t
DW-Zylinder	2A	ausgefahren	
		eingefahren	

3. Schaltfolgetabelle:

Schritt	Bedingung	Setzen bzw. Starten	Rücksetzen
1	S1 (0→1) & 1B2	1M2	
2	1B1 (0→1) HV1 ZEIT1.Q = 1	HV1 ZEIT1 (TON) 1M1	1M2
3	1B2 (0→1) & HV1 HV2 ZEIT2.Q = 1	HV2 ZEIT2 (TON) 2M1	1M1; HV1
4	2B1 (0→1) & 1B2	2M2	2M1 ; HV2
5	2B1 (1→0) & 1B2		2M2

4. Funktionsplan:

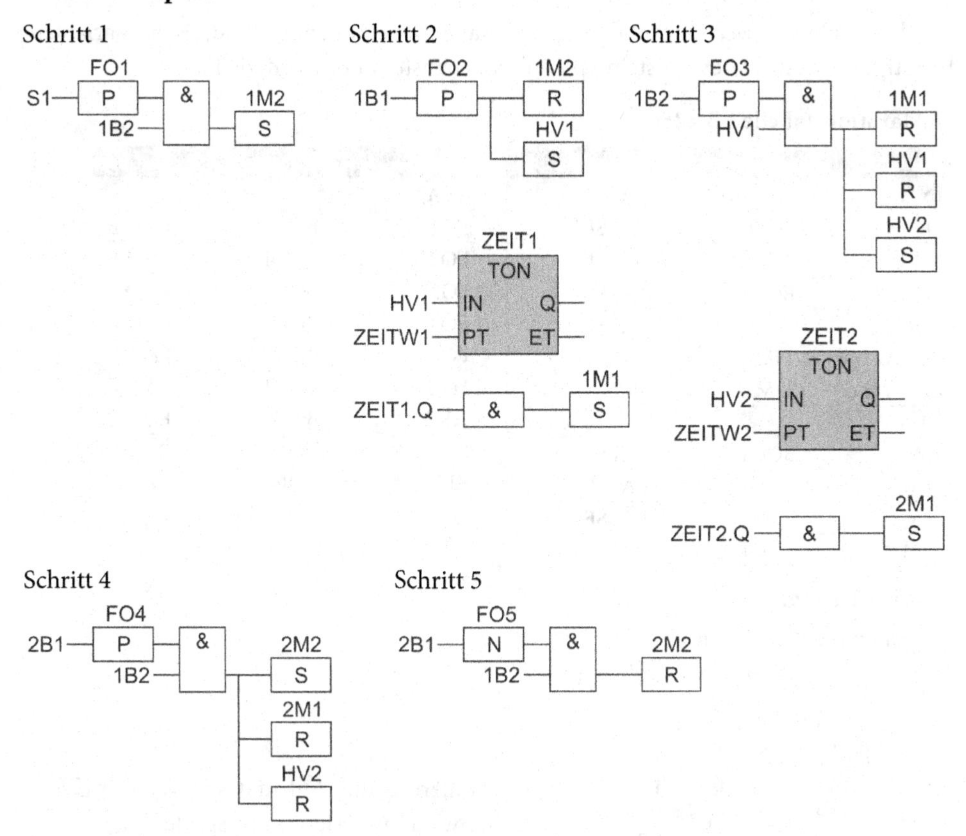

5. Steuerungsprogramm in der Programmiersprache SCL/ST:

```
IF S1 AND NOT(FO1) AND _1B2 THEN _1M2:=TRUE; END_IF;
FO1:=S1;
IF _1B1 AND NOT(FO2) THEN _1M2:=FALSE; HV1:=TRUE;  END_IF;
FO2:=_1B1;
ZEIT1(IN := HV1,PT := ZEITW1);
IF ZEIT1.Q THEN _1M1:=TRUE; END_IF;
IF _1B2 AND NOT(FO3) AND HV1 THEN _1M1:=FALSE; HV1:=FALSE;
HV2:=TRUE; END_IF;
FO3:=_1B1;
ZEIT2(IN := HV2,PT := ZEITW2);
IF ZEIT2.Q THEN _2M1:=TRUE; END_IF;
IF _2B1 AND NOT(FO4) THEN _2M1:=FALSE; _2M2:=TRUE; HV2:=FALSE;
END_IF;
FO4:=_2B1;
IF NOT(_2B1) AND NOT(FO5) THEN _2M2:=FALSE; END_IF;
FO5:=_2B1;
```

6. Bausteintyp und Deklarationstabelle:

Bei der Flankenauswertung werden für die Flankenoperanden lokale statische Variablen benötigt. Deshalb ist der Bausteintyp Funktionsbaustein FB erforderlich.

Deklarationstabelle FB 426:

Name	Datentyp	Anfangswert
IN		
S1	BOOL	FALSE
_1B1	BOOL	FALSE
_1B2	BOOL	FALSE
_2B1	BOOL	FALSE
ZEITW1	TIME	T#5s
ZEITW2	TIME	T#7s
OUT		
_1M1	BOOL	FALSE
_1M2	BOOL	FALSE
_2M1	BOOL	FALSE
_2M2	BOOL	FALSE

Name	Datentyp	Anfangswert
STAT		
FO1	BOOL	FALSE
FO2	BOOL	FALSE
FO3	BOOL	FALSE
FO4	BOOL	FALSE
FO5	BOOL	FALSE
HV1	BOOL	FALSE
HV2	BOOL	FALSE
ZEIT1	TON	
ZEIT2	TON	

7. Realisierung:

Aufruf im OB 1/PLC_PRG:

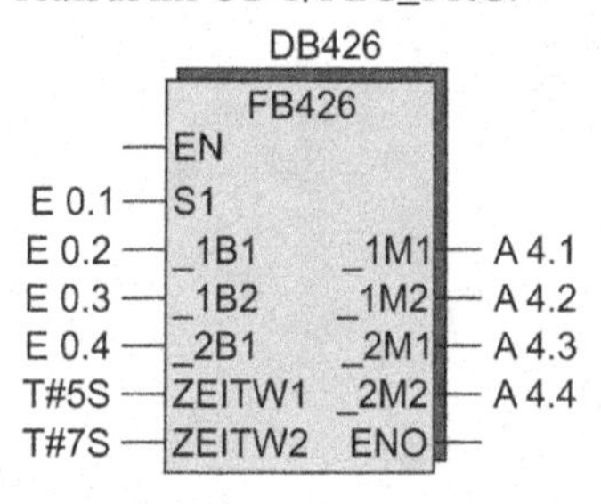

Programmierung und Aufruf des Bausteins siehe
http://www.automatisieren-mit-sps.de
Aufgabe 04_2_06_a (FUP)
Aufgabe 04_2_06_b (SCL/ST)

Lösung Lernaufgabe 4.7

Aufgabe S. 61

1. Zuordnungstabelle der PLC-Eingänge und PLC-Ausgänge:

PLC-Eingangsvariable	Symbol	Datentyp	Logische Zuordnung	Adresse
Schalter EIN/AUS	S1	BOOL	Betätigt, EIN S1 = 1	E 0.1
Wahlschalter Frequenz	S2	BOOL	Betätigt, f = 2 Hz S2 = 1	E 0.2
PLC-Ausgangsvariable				
Warnlampe 1	P1	BOOL	Leuchtet P1 = 1	A 4.1
Warnlampe 2	P2	BOOL	Leuchtet P2 = 1	A 4.2
Warnlampe 3	P3	BOOL	Leuchtet P3 = 1	A 4.3
Warnlampe 4	P4	BOOL	Leuchtet P4 = 1	A 4.4
Warnlampe 5	P5	BOOL	Leuchtet P5 = 1	A 4.5

2. Bildung der zeitlich unterschiedlichen Flanken-Impulse mit jeweils einer TON-Zeitfunktion:

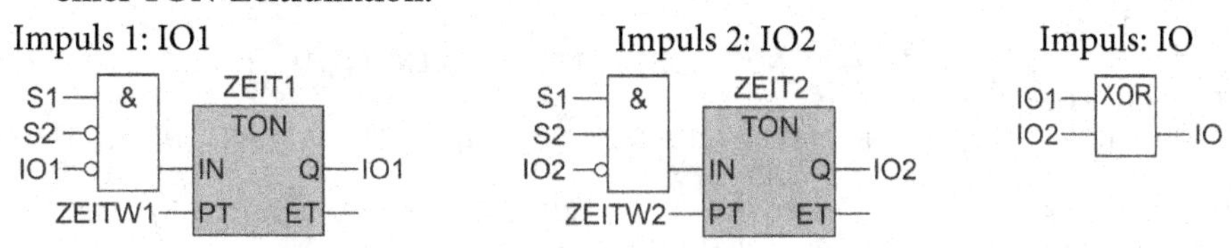

3. Schaltfolgetabelle:

Schritt	Bedingung	Setzen	Rücksetzen
1	IO&$\overline{P1}$&$\overline{P2}$&$\overline{P3}$&$\overline{P4}$&$\overline{P5}$	P1	IO
2	IO&P1&$\overline{P2}$&$\overline{P3}$&$\overline{P4}$&$\overline{P5}$	P2	P1, IO
3	IO&$\overline{P1}$&P2&$\overline{P3}$&$\overline{P4}$&$\overline{P5}$	P3	P2, IO
4	IO&$\overline{P1}$&$\overline{P2}$&P3&$\overline{P4}$&$\overline{P5}$	P4	P3, IO
5	IO&$\overline{P1}$&$\overline{P2}$&$\overline{P3}$&P4&$\overline{P5}$	P5	P4, IO
6	IO&$\overline{P1}$&$\overline{P2}$&$\overline{P3}$&$\overline{P4}$&P5		P5, IO

▶ **Hinweis** Damit bei ausgeschaltetem Verkehrslauflicht auch alle Warnlampen ausgeschaltet sind, werden im letzten Netzwerk des Bausteins alle Lampen P1 bis P5 zurückgesetzt, wenn Schalter S1 = "0"-Signal führt.

4. Funktionsplan für die Schaltfolgetabelle:

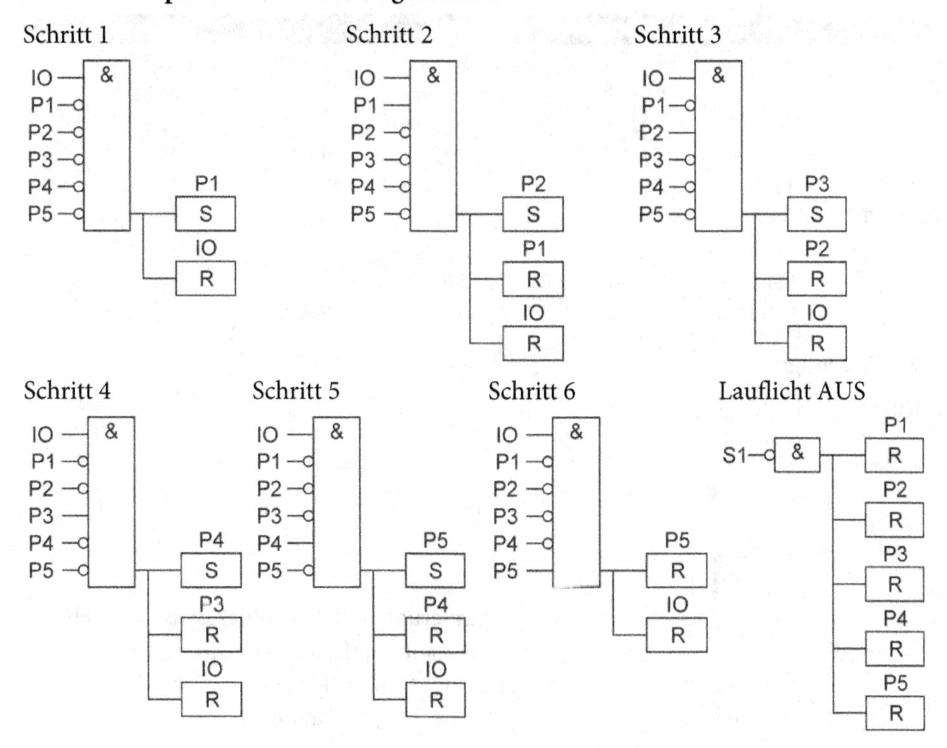

5. Realisierung des Programms in der Programmiersprache SCL/ST:

```
ZEIT1(IN :=  S1 AND NOT (S2) AND NOT(IO1) ,PT :=ZEITW1);
IO1:=ZEIT1.Q;
ZEIT2(IN :=  S1 AND S2 AND NOT(IO2) ,PT :=ZEITW2); IO2:=ZEIT2.Q;
IO:=IO1 OR IO2;
IF IO AND NOT(P1) AND NOT(P2) AND NOT(P3) AND NOT(P4) AND NOT(P5)
THEN P1:=TRUE; IO:=FALSE; END_IF;
IF IO AND P1 AND NOT(P2) AND NOT(P3) AND NOT(P4) AND NOT(P5) THEN
P2:=TRUE; P1:=FALSE; IO:=FALSE; END_IF;
IF IO AND NOT(P1) AND P2 AND NOT(P3) AND NOT(P4) AND NOT(P5) THEN
P3:=TRUE; P2:=FALSE; IO:=FALSE; END_IF;
IF IO AND NOT(P1) AND NOT(P2) AND P3 AND NOT(P4) AND NOT(P5) THEN
P4:=TRUE; P3:=FALSE; IO:=FALSE; END_IF;
IF IO AND NOT(P1) AND NOT(P2) AND NOT(P3) AND P4 AND NOT(P5) THEN
P5:=TRUE; P4:=FALSE; IO:=FALSE; END_IF;
IF IO AND NOT(P1) AND NOT(P2) AND NOT(P3) AND NOT(P4) AND P5 THEN
P5:=FALSE;  END_IF;
IF NOT(S1) THEN P1:=FALSE; P2:=FALSE; P3:=FALSE; P4:=FALSE;
P4:=FALSE;END_IF;
```

6. Bausteintyp und Deklarationstabelle:

Die Impulsoperanden IO1 und IO2 müssen als statische Variable deklariert werden. Deshalb ist der Bausteintyp Funktionsbaustein FB erforderlich. Die Instanzen der Zeitfunktionen können somit als Multiinstanzen deklariert werden.

Deklarationstabelle FB 427:

Name	Datentyp	Anfangswert
IN		
S1	BOOL	FALSE
S2	BOOL	FALSE
ZEITW1	TIME	T#1S
ZEITW2	TIME	T#250Ms
IN_OUT		
P1	BOOL	FALSE
P2	BOOL	FALSE
P3	BOOL	FALSE

Name	Datentyp	Anfangswert
P4	BOOL	FALSE
P5	BOOL	FALSE
STAT		
IO1	BOOL	FALSE
IO1	BOOL	FALSE
ZEIT1	TON	
ZEIT2	TON	
TEMP		
IO	BOOL	

7. Realisierung:

Aufruf im OB 1/PLC_PRG:

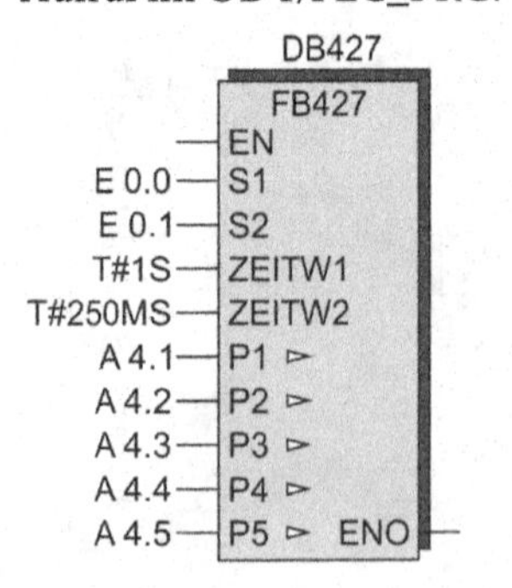

Programmierung und Aufruf des Bausteins siehe http://www.automatisieren-mit-sps.de
Aufgabe 04_2_07_a (FUP)
Aufgabe 04_2_07_b (SCL/ST)

Lösung Lernaufgabe 4.8 Aufgabe S. 61

1. Zuordnungstabelle der PLC-Eingänge und PLC-Ausgänge:

PLC-Eingangsvariable	Symbol	Datentyp	Logische Zuordnung		Adresse
Starttaster	S1	BOOL	Betätigt	S1 = 1	E 0.1
Initiator hintere Endl. Zyl. 1A	1B1	BOOL	Betätigt	1B1 = 1	E 0.2
Initiator vordere Endl. Zyl. 1A	1B2	BOOL	Betätigt	1B2 = 1	E 0.3
Initiator vordere Endl. Zyl. 2A	2B1	BOOL	Betätigt	2B1 = 1	E 0.4
Lichtschranke	B1	BOOL	Betätigt	B1 = 1	E 0.5
PLC-Ausgangsvariable					
Motorschütz Q1	Q1	BOOL	Motor ein	Q1 = 1	A 4.0
Magnetspule Zylinder 1A vor	1M1	BOOL	Zyl. 1A fährt aus	1M1 = 1	A 4.1
Magnetspule Zylinder 1A zur.	1M2	BOOL	Zyl. 1A fährt ein	1M2 = 1	A 4.2
Magnetspule Zylinder 2A vor	2M1	BOOL	Zyl. 2A fährt aus	2M1 = 1	A 4.3
Magnetspule Zylinder 2A zur.	2M2	BOOL	Zyl. 2A fährt ein	2M2 = 1	A 4.4

2. Funktionsdiagramm:

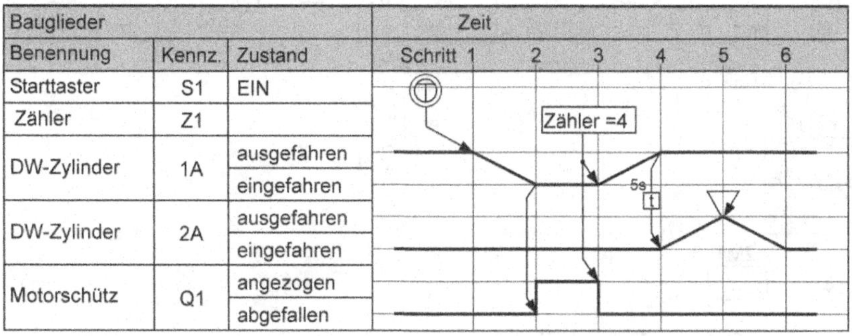

Bauglieder			Zeit
Benennung	Kennz.	Zustand	Schritt 1 2 3 4 5 6
Starttaster	S1	EIN	
Zähler	Z1		Zähler =4
DW-Zylinder	1A	ausgefahren	
		eingefahren	
DW-Zylinder	2A	ausgefahren	5s t
		eingefahren	
Motorschütz	Q1	angezogen	
		abgefallen	

3. Schaltfolgetabelle:

Schritt	Bedingung	Setzen bzw. Starten	Rücksetzen
1	S1 (0 → 1) & 1B2 & $\overline{2B1}$	1M2	
2	1B1 (0 → 1) & $\overline{2B1}$ B1 & 1B1 & $\overline{2B1}$	Q1, ZAE1.PV= 4 ZAE1.CD	1M2
3	ZAE1.Q (0 → 1) & 1B1 & $\overline{2B1}$	1M1	Q1
4	1B2 (0 → 1) & $\overline{2B1}$ HV1 ZEIT1.Q	HV1 ZEIT1(TON) 2M1	1M1
5	2B1 (0 →1) & 1B2	2M2	2M1, HV1
6	2B1 (1 → 0) &1B2		2M2

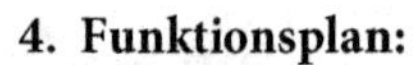

4. Funktionsplan:

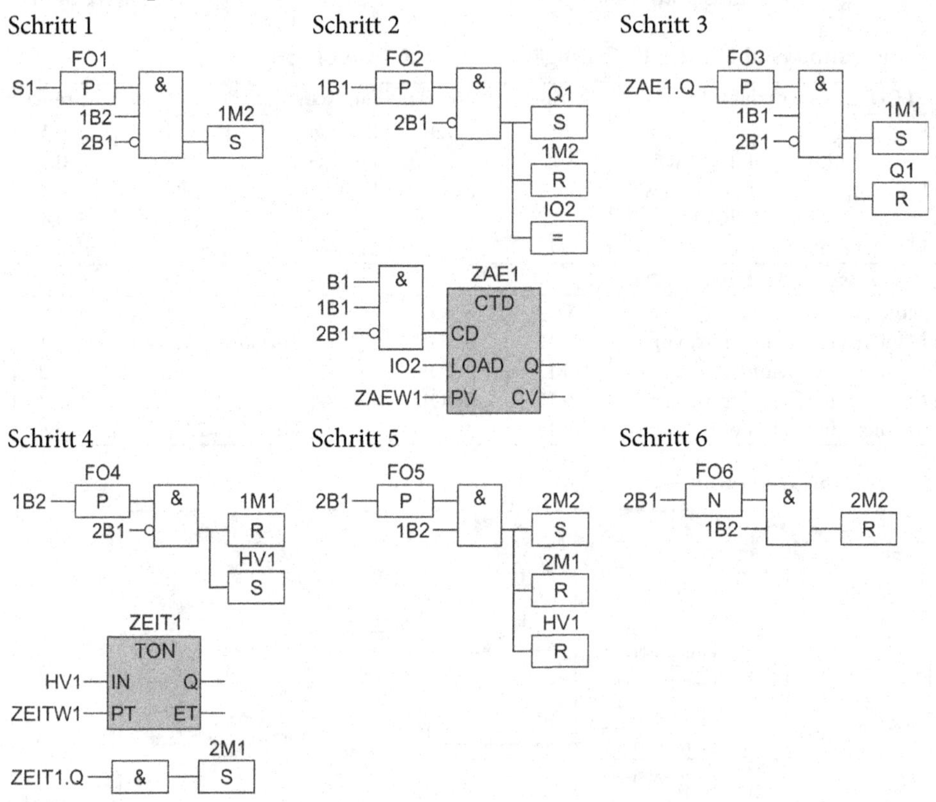

5. Bausteintyp und Deklarationstabelle:

Bei der Flankenauswertung werden für die Flankenoperanden lokale statische Variablen benötigt, so dass der Bausteintyp Funktionsbaustein FB erforderlich ist.

Deklarationstabelle FB 428:

Name	Datentyp	Anfangswert
IN		
S1	BOOL	FALSE
_1B1	BOOL	FALSE
_1B2	BOOL	FALSE
_2B1	BOOL	FALSE
B1	BOOL	FALSE
ZEAW1	INT	4
ZEITW1	S5TIME	S5T#5s
OUT		
Q1	BOOL	FALSE
_1M1	BOOL	FALSE
_1M2	BOOL	FALSE
_2M1	BOOL	FALSE

Name	Datentyp	Anfangswert
_2M2	BOOL	FALSE
STAT		
FO1	BOOL	FALSE
FO2	BOOL	FALSE
FO3	BOOL	FALSE
FO4	BOOL	FALSE
FO5	BOOL	FALSE
FO6	BOOL	FALSE
HV1	BOOL	FALE
ZAE1	CTD	
ZEIT1	TON	
TEMP		
IO2	BOOL	

6. Realisierung:

Aufruf im OB 1/PLC_PRG:

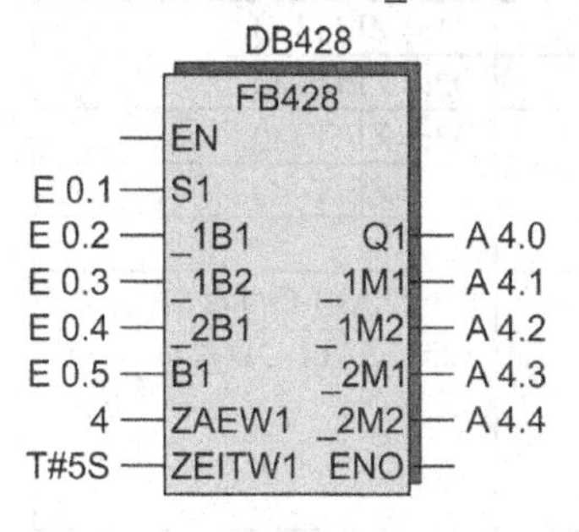

Programmierung und Aufruf des Bausteins siehe
http://www.automatisieren-mit-sps.de
Aufgabe 04_2_08_a (FUP)
Aufgabe 04_2_08_b (SCL/ST)

Lösung Lernaufgabe 4.9

Aufgabe S. 62

1. Zuordnungstabelle der PLC-Eingänge und PLC-Ausgänge:

PLC-Eingangsvariable	Symbol	Datentyp	Logische Zuordnung		Adresse
Anlagenschalter	S1	BOOL	EIN	S1 = 1	E 0.1
Schlüsselschalter	S2	BOOL	EIN	S2 = 1	E 0.2
Initiator 1	B1	BOOL	Aktiviert	B1 = 1	E 0.3
Lichtschranke 1	B3	BOOL	Unterbrochen	B3 = 1	E 0.4
Initiator 2	B2	BOOL	Aktiviert	B2 = 1	E 0.5
Lichtschranke 2	B4	BOOL	Unterbrochen	B4 = 1	E 0.6
PLC-Ausgangsvariable					
Motor 1 RL Einfahrt	Q1	BOOL	Schranke öffnet	Q1 = 1	A 4.1
Motor 1 LL Einfahrt	Q2	BOOL	Schranke schließt	Q2 = 1	A 4.2
Motor 2 RL Ausfahrt	Q3	BOOL	Schranke öffnet	Q3 = 1	A 4.3
Motor 2 LL Ausfahrt	Q4	BOOL	Schranke schließt	Q4 = 1	A 4.4
Ampel Rot	P1	BOOL	Leuchtet	P1 = 1	A 4.5
Ampel Grün	P2	BOOL	Leuchtet	P2 = 1	A 4.6

2. Verbale Beschreibung der Lösungsstrategie:

Da die Schrankenmotoren über die Schütze Q1 ... Q4 jeweils nur eine bestimmte Zeit (z. B. 5 s) angesteuert werden, können dafür Puls-Zeitfunktionen (TON) verwendet werden. Für jeden Schütz ist also eine Puls-Zeitfunktion erforderlich. Die Bedingungen für das Starten der Zeitfunktionen sind in einer Tabelle zusammengestellt.
Mit einem AUF-AB-Zähler werden die ein- und ausfahrenden Fahrzeuge erfasst. Ist die maximale Anzahl von Parkplätzen erreicht, schaltet die Einfahrtampel auf „ROT“. Die Ansteuerung der Ampel erfolgt durch den Zählerausgang. Die Bedingungen für das Vor- bzw. Rückwärtszählen sind in einer Tabelle aufgeführt.

3. Tabelle für das Starten der Zeitfunktionen und der Ansteuerung des Zählers:

Zeit-/Zählfunktion	Bedingungen für das Starten der Zeiten	Ausgangszuweisung:
ZEIT1 (TP/SV) =	$(S2\&P2\&B1\&\overline{Q2})\vee(\overline{S1}\&\overline{Q2})$	Q1:= ZEIT1.Q
ZEIT2 (TP/SV)	$(\overline{B1}\&\overline{B3}\&\overline{Q1}\&S1)\neq(S1(0\rightarrow1)\&\overline{Q1})$	Q2:= ZEIT2.Q
ZEIT3 (TP/SV)	$(B2\&\overline{Q4})\vee(\overline{S1}\&\overline{Q4})$	Q3:= ZEIT3.Q
ZEIT4 (TP/SV)	$(\overline{B2}\&\overline{B4}\&\overline{Q3}\&S1)\neq(S1(0\rightarrow1)\&\overline{Q3})$	Q4:= ZEIT4.Q
	Ansteuerung des Zählers	
ZAE1 (CTUD)	CU: $B4\&\overline{ZAE1.QU}$; CD: $B3\&\overline{ZAE1.QD}$; R: $\overline{S1}$; LOAD: $S1(0\rightarrow1)$; PV: ZAEW1;	P1:= ZAE1.QD & S1; P2:= . $\overline{ZAE1.QD}$ & S1 .

4. Funktionsplan:

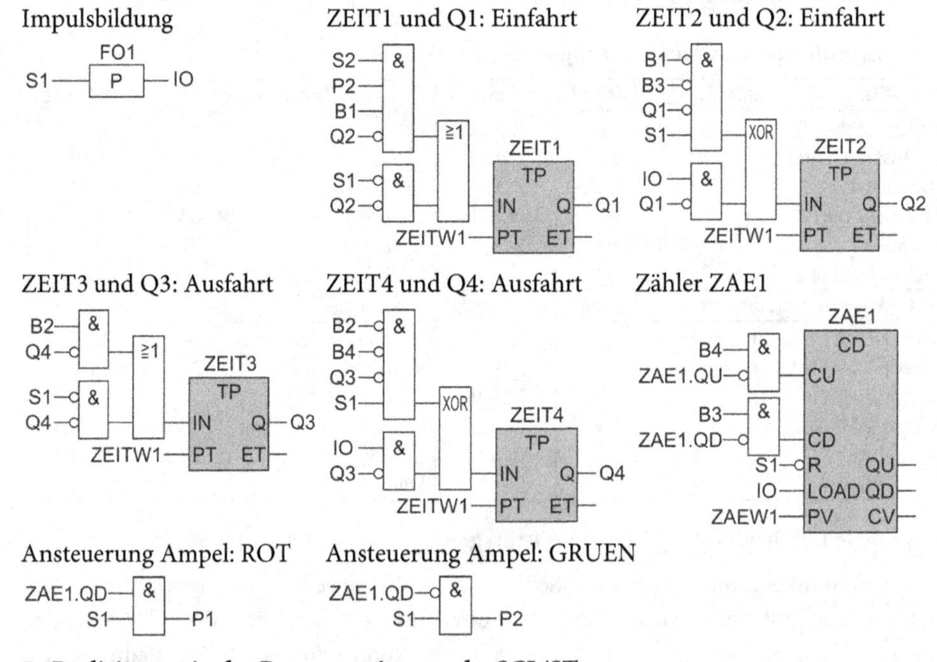

5. Realisierung in der Programmiersprache SCL/ST:

```
IF S1 AND NOT FO1 THEN IO:=TRUE; ELSE IO:=FALSE; END_IF;
FO1:= S1;
ZEIT1(IN := (S2 AND P2 AND B1 AND NOT(Q2))OR
            (NOT(S1) AND NOT(Q2)),PT :=ZEITW1);
Q1:=ZEIT1.Q;
ZEIT2(IN := (NOT(B1) AND NOT(B3) AND NOT(Q1) AND S1)
            XOR (IO AND NOT(Q1)),PT :=ZEITW1);
Q2:=ZEIT2.Q;
ZEIT3(IN := (B2 AND NOT(Q4))OR (NOT(S1) AND NOT(Q4)),PT :=ZEITW1);
Q3:=ZEIT3.Q;
ZEIT4(IN := (NOT(B2) AND NOT(B4) AND NOT(Q3) AND S1)
            XOR (IO AND NOT(Q3)),PT :=ZEITW1);
```

```
Q4:=ZEIT4.Q;
ZAE1(CU := B4 AND NOT(ZAE1.QU) ,CD :=B3 AND NOT(ZAE1.QD),
      R := NOT(S1),
   LOAD := IO,
     PV := ZAEW1);
P1:= ZAE1.QD AND S1;
P2:= NOT(ZAE1.QD) AND S1;
```

6. Bausteintyp und Deklarationstabelle:

Für die Flankenauswertung der S1-Signale beim Ein- und Ausschalten der Anlage werden lokale statische Variablen benötigt, so dass der Bausteintyp FB erforderlich ist. Somit können die Instanzen der Zeiten und des Zählers als Multiinstanzen deklariert werden.

Deklarationstabelle FB 429:

Name	Datentyp	Anfangswert
IN		
S1	BOOL	FALSE
S2	BOOL	FALSE
B1	BOOL	FALSE
B3	BOOL	FALSE
B2	BOOL	FALSE
B4	BOOL	FALSE
ZAEW1	INT	12
ZEITW1	TIME	T#5s
IN_OUT		
Q1	BOOL	FALSE
Q2	BOOL	FALSE
Q3	BOOL	FALSE
Q4	BOOL	FALSE
P1	BOOL	FALSE
P2	BOOL	FALSE

Name	Datentyp	Anfangswert
STAT		
FO1	BOOL	FALSE
ZEIT1	TP	
ZEIT2	TP	
ZEIT3	TP	
ZEIT4	TP	
ZAE1	CTUD	
TEMP		
IO	BOOL	

7. Realisierung: Aufruf des Bausteins im OB 1/PLC_PRG:

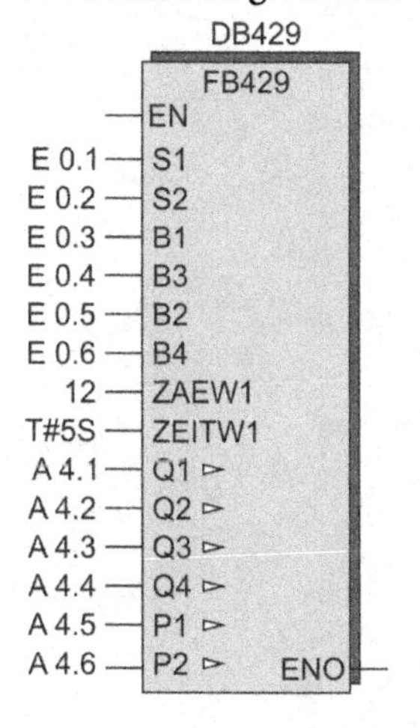

Programmierung und Aufruf des Bausteins siehe
http://www.automatisieren-mit-sps.de
Aufgabe 04_2_09_a (FUP)
Aufgabe 04_2_09_b (SCL/ST)

14.5 Lösungen der Lernaufgaben Kapitel 5

Lösung Lernaufgabe 5.1

Aufgabe S. 79

1. Freigrafischer Funktionsplan:

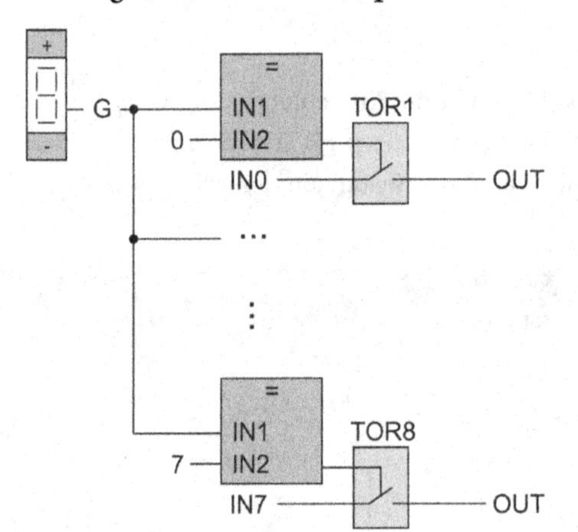

2. Deklarationstabelle FC 521:

Name	Datentyp
IN	
G	INT
IN0	REAL
IN1	REAL
IN2	REAL
IN3	REAL
IN4	REAL
IN5	REAL
IN6	REAL
IN7	REAL

Name	Datentyp
OUT	
OUT	REAL

3. Anweisungsliste AWL für eine Ausgangszuweisung:

STEP 7

```
//Vergl. u. Tor 1
     U(
     L  G
     L  0
     ==I
     )
     SPBNB _001
     L  IN0
     T  OUT
_001:NOP 0
```

CoDeSys

```
//Vergl. u. Tor 1
LD      G
EQ      2
JMPCN   M001
LD      IN0
ST      OUT

M001:
```

4. Steuerungsprogramm in der Programmiersprache SCL/ST:

```
IF G = 0 THEN OUT:= IN0; END_IF;
IF G = 1 THEN OUT:= IN1; END_IF;
IF G = 2 THEN OUT:= IN2; END_IF;
IF G = 3 THEN OUT:= IN3; END_IF;
IF G = 4 THEN OUT:= IN4; END_IF;
IF G = 5 THEN OUT:= IN5; END_IF;
IF G = 6 THEN OUT:= IN6; END_IF;
IF G = 7 THEN OUT:= IN7; END_IF;
```

5. Realisierung: Aufruf im OB 1/PLC_PRG:

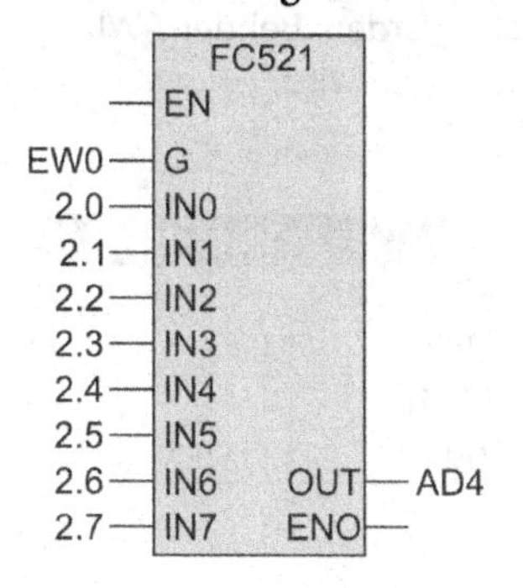

Programmierung und Aufruf des Bausteins siehe http://www.automatisieren-mit-sps.de Aufgabe 05_2_01

Lösung Lernaufgabe 5.2

Aufgabe S. 79

1. Zuordnungstabelle der PLC-Eingänge und PLC-Ausgänge:

PLC-Eingangsvariable	Symbol	Datentyp	Logische Zuordnung		Adresse
Lichtschranke	B1	BOOL	Unterbrochen	B1 = 1	E 0.0
Zifferneinsteller	EB1	BYTE			EB 1
PLC-Ausgangsvariable					
Ventil der Klebedüse	M1	BOOL	Geöffnet	M1 = 1	A 4.0

2. Freigrafischer Funktionsplan:

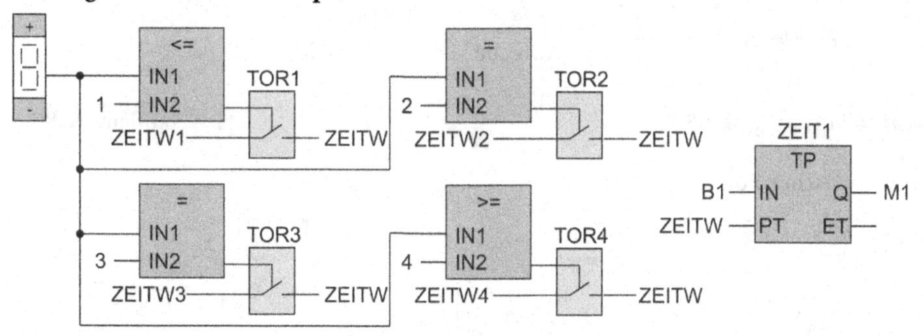

3. Anweisungsliste AWL:

STEP 7

```
L  GROESSE      L    ZEITW1
L  1            T    ZEITW
<=I
SPBNB M001      M001:NOP 0
```

CoDeSys

```
LD      GROESSE   LD     ZEITW1
LE      1         ST     ZEITW
JMPCN   M001
                  M001:
```

4. Steuerungsprogramm in der Programmiersprache SCL/ST:

```
IF BYTE_TO_INT(GROESSE) <=1 THEN ZEITW:=ZEITW1; END_IF;
IF BYTE_TO_INT(GROESSE) =2 THEN ZEITW:=ZEITW2; END_IF;
IF BYTE_TO_INT(GROESSE) =3 THEN ZEITW:=ZEITW3; END_IF;
IF BYTE_TO_INT(GROESSE) >=4 THEN ZEITW:=ZEITW4; END_IF;
ZEIT1(IN := B1,PT := ZEITW);
M1:=ZEIT1.Q;
```

▶ **Hinweis** In der Programmiersprache SCL/ST muss eine Datenformatwandlung von Byte zu Integer für die Eingangsvariable "GROESSE" gemacht werden. Bei der AWL ist dies nicht erforderlich, da dort keine Typ-Überprüfung durchgeführt wird.

5. Deklarationstabelle FB 522:

Name	Datentyp
IN	
GROESSE	BYTE
B1	BOOL
ZEITW1	TIME
ZEITW2	TIME
ZEITW3	TIME
ZEITW4	TIME

Name	Datentyp
OUT	
M1	BOOL

Name	Datentyp
STAT	
ZEIT1	TP
TEMP	
ZEITW	TIME

6. Realisierung:

Aufruf im OB 1/PLC_PRG:

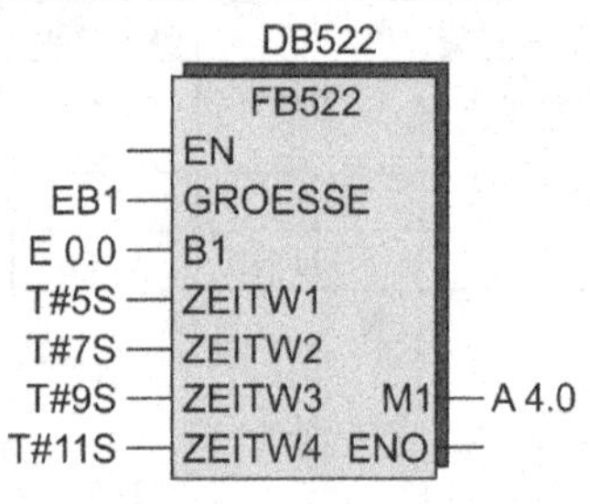

Programmierung und Aufruf des Bausteins siehe http://www.automatisieren-mit-sps.de
Aufgabe 05_2_01a (AWL)
Aufgabe 05_2_01b (SCL)

Lösung Lernaufgabe 5.3

Aufgabe S. 80

1. Freigrafischer Funktionsplan:

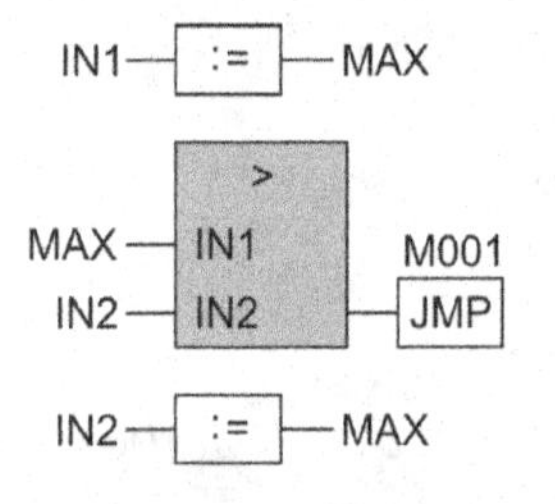

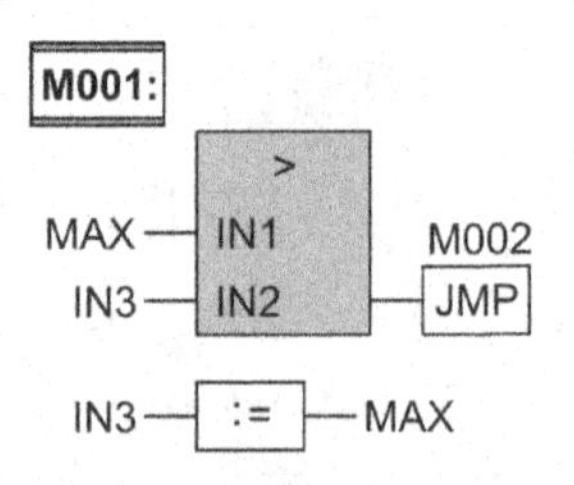

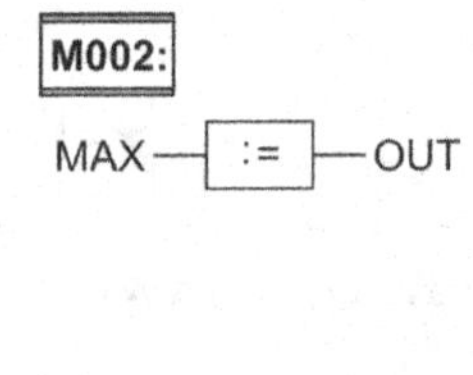

2. Deklarationstabelle FC 523:

Name	Datentyp
IN	
IN1	REAL
IN2	REAL
IN3	REAL

Name	Datentyp
OUT	
OUT	REAL

Name	Datentyp
TEMP	
MAX	REAL

3. Anweisungsliste AWL:

STEP 7

```
L  IN1          M001: L  MAX
T  MAX                L  IN3
L  MAX                >R
L  IN2                SPB M002
>R                    L  IN3
SPB M001              T  MAX
L  IN2          M002: L  MAX
T  MAX                T  OUT
```

CoDeSys

```
LD   IN1        LD   MAX
ST   MAX        GT   IN3
LD   MAX        JMPC M002
GT   IN2        LD   IN3
JMPC M001       ST   MAX
LD   IN2        M002:
ST   MAX        LD   MAX
M001:           ST   OUT
```

4. Realisierung:

Aufruf im OB 1/PLC_PRG:

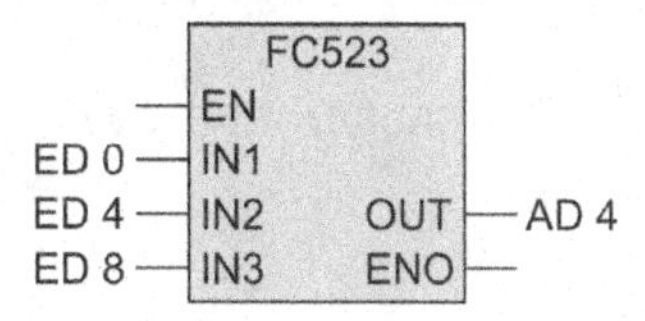

Programmierung und Aufruf des Bausteins siehe http://www.automatisieren-mit-sps.de Aufgabe 05_2_03

Lösung Lernaufgabe 5.4 Aufgabe S. 81

1. Zuordnungstabelle der PLC-Eingänge und PLC-Ausgänge:

PLC-Eingangsvariable	Symbol	Datentyp	Logische Zuordnung	Adresse
Zählimpulse	ZAE_IMP	BOOL	Impulse f = 5Hz	E 0.0
Obergrenze	OGR	INT	Maximal: 32767	EW 2
Untergrenze	UGR	INT	Minimal: –32768	EW 4
PLC-Ausgangsvariable				
Zählerstand	ZAEW	INT	Dualwert	AW 6
Zählrichtung	ZAER	BOOL	Aufwärts ZAER = 0	A 4.0
Zählerstand Obergrenze	ZOGR	BOOL	Obergr. erreicht ZOGR = 1	A 4.1
Zählerstand Untergrenze	ZUGR	BOOL	Untergr. erreicht ZOGR = 1	A 4.2

2. Freigrafischer Funktionsplan:

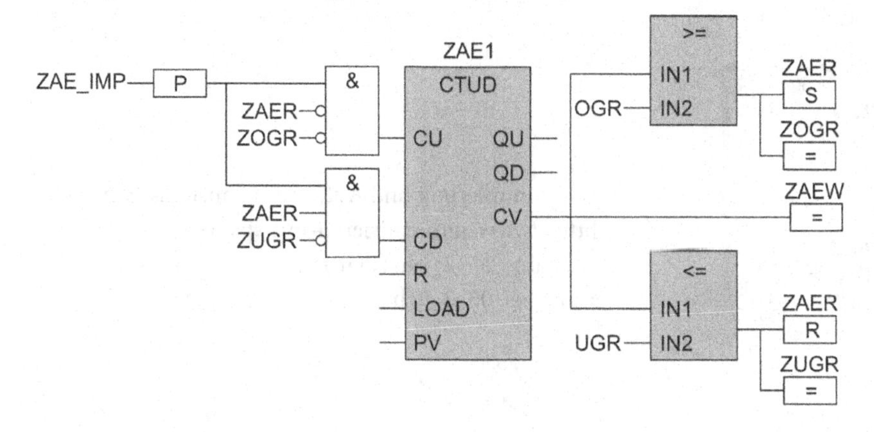

3. Funktionsplan:

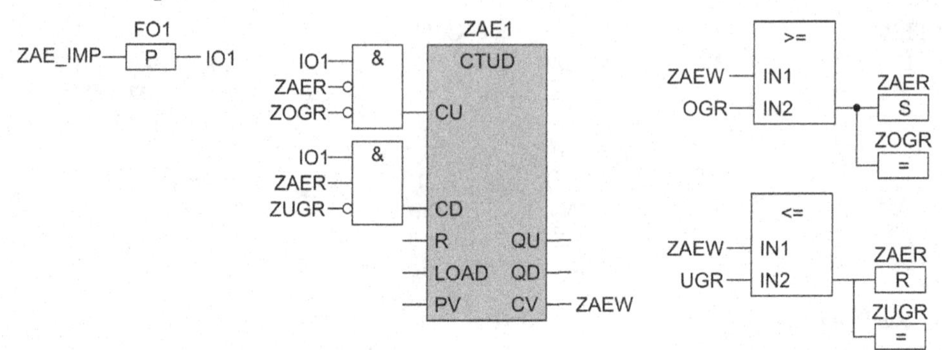

4. SCL/ST-Programm:

```
IF ZAE_IMP AND NOT(FO1) THEN  IO1:=TRUE; ELSE IO1:=FALSE; END_IF;
FO1:=ZAE_IMP;
ZAE1(CU :=IO1 AND NOT(ZAER) AND NOT(ZOGR),
     CD := IO1 AND ZAER AND NOT(ZUGR));
ZAEW:=ZAE1.CV;
IF ZAEW >= OGR THEN
  ZOGR:= TRUE; ZAER:=TRUE; ELSE ZOGR:= FALSE; END_IF;
IF ZAEW <= UGR THEN
  ZUGR:= TRUE; ZAER:=FALSE; ELSE ZUGR:= FALSE; END_IF;
```

5. Deklarationstabelle FB 524:

Name	Datentyp
IN	
ZAE_IMP	BOOL
OGR	INT
UGR	INT

Name	Datentyp
IN_OUT	
ZAEW	INT
ZAER	BOOL
ZOGR	BOOL
ZUGR	BOOL

Name	Datentyp
STAT	
ZAE1	CTUD
FO1	BOOL
TEMP	
IO1	BOOL

6. Realisierung:

Aufruf im OB 1/PLC_PRG:

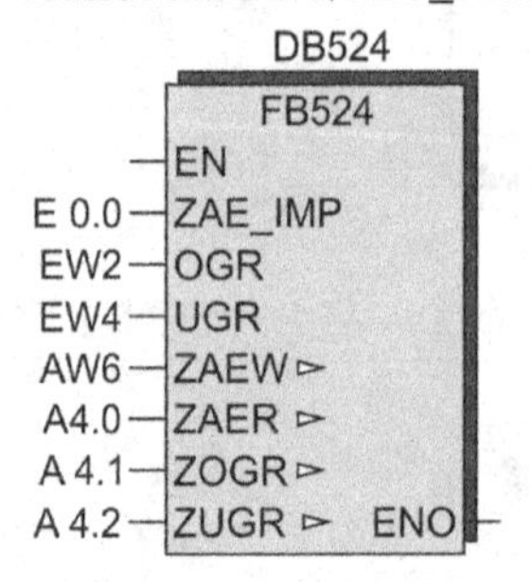

Programmierung und Aufruf des Bausteins siehe
http://www.automatisieren-mit-sps.de
Aufgabe 05_2_04a (FUP)
Aufgabe 05_2_04b (SCL/ST)

Lösung Lernaufgabe 5.5 Aufgabe S. 81

1. Zuordnungstabelle der PLC-Eingänge und PLC-Ausgänge:

PLC-Eingangsvariable	Symbol	Datentyp	Logische Zuordnung		Adresse
Schalter Messung	S1	BOOL	Eingeschaltet	S1 = 1	E 0.1
Drehimpulsgeber	B1	BOOL	Impuls vorhanden	B1 = 1	E 0.2
PLC-Ausgangsvariable					
Anzeige Messung	P1	BOOL	Messung läuft	P1 = 1	A 4.0
Anzeige Geschwindigkeit	AW	WORD	3-stellige BCD-Zahl		AW 6

2. Funktionsplan:

Ansteuerung Impulszähler

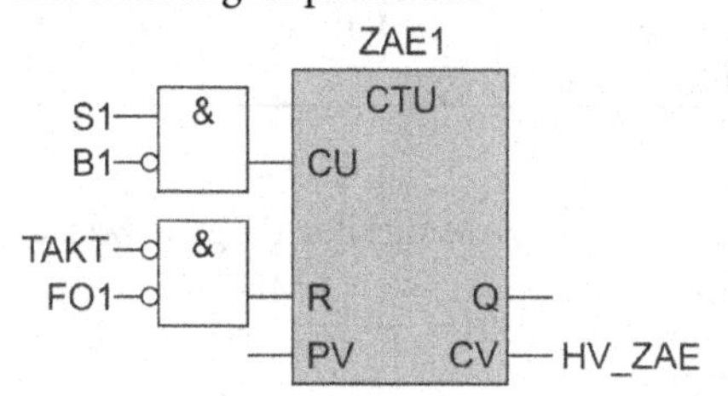

Übergabe an die Anzeige

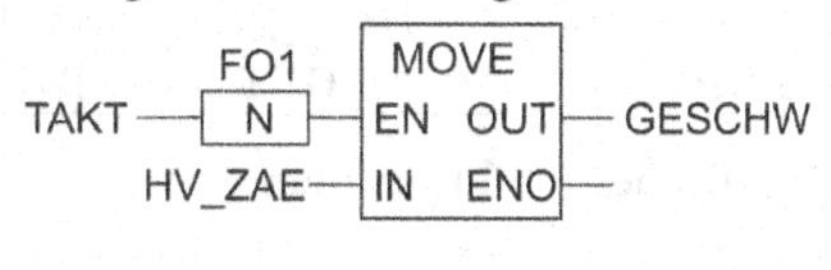

3. Steuerungsprogramm in SCL/ST:

```
ZAE1(CU := S1 AND B1, R := NOT(TAKT) AND NOT(FO1));
HV_ZAE:=ZAE1.CV;
IF NOT(TAKT) AND FO1 THEN GESCHW:=HV_ZAE; END_IF;
FO1:= TAKT;
```

4. Deklarationstabelle FB 525:

Name	Datentyp
IN	
S1	BOOL
B1	BOOL
TAKT	BOOL

Name	Datentyp
OUT	
GESCHW	INT

Name	Datentyp
STAT	
ZAE1	CTU
FO1	BOOL
TEMP	
HV_ZAE	INT

5. Realisierung:

Aufruf im OB 1/PLC_PRG:

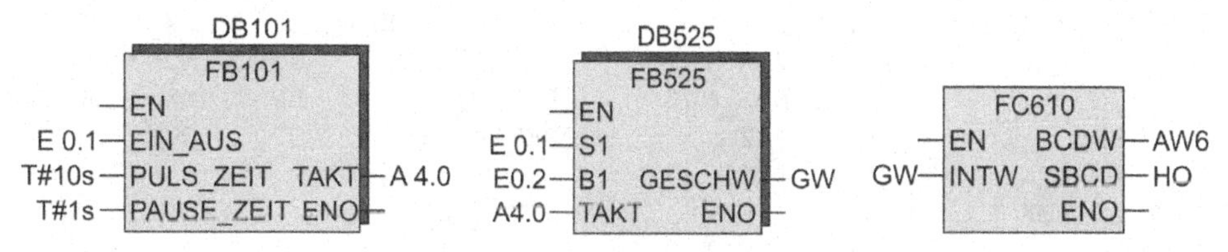

Die Übergabevariable GW ist im OB 1/PLC_PRG zu deklarieren.

Programmierung und Aufruf der Bausteine siehe http://www.automatisieren-mit-sps.de

Aufgabe 05_2_05a (FUP) Aufgabe 05_2_05b (SCL/ST)

Lösung Lernaufgabe 5.6 Aufgabe S. 83

1. Zuordnungstabelle der PLC-Eingänge und PLC-Ausgänge für den Test des Bausteins:

PLC-Eingangsvariable	Symbol	Datentyp	Logische Zuordnung	Adresse
Übernahme	ENTER	BOOL	Steigende Flanke ENTER = 1	E 0.0
Eingangswert	IN	INT	16 Bit Integer-Wert	EW 2
Maximalwert	MX	INT	16 Bit Integer-Wert	EW 4
Minimalwert	MN	INT	16 Bit Integer-Wert	EW 6
Startwert	PV	INT	16 Bit Integer-Wert	EW 8
PLC-Ausgangsvariable				
Überschreitung max	MX_IND	BOOL	Leuchtet MX_IND = 1	A 4.1
Unterschreitung min	MN_IND	BOOL	Leuchtet MN_IND = 1	A 4.2
Ausgangswert	OUT	INT	16 Bit Integer-Wert	AW 6

2. Freigrafischer Funktionsplan:

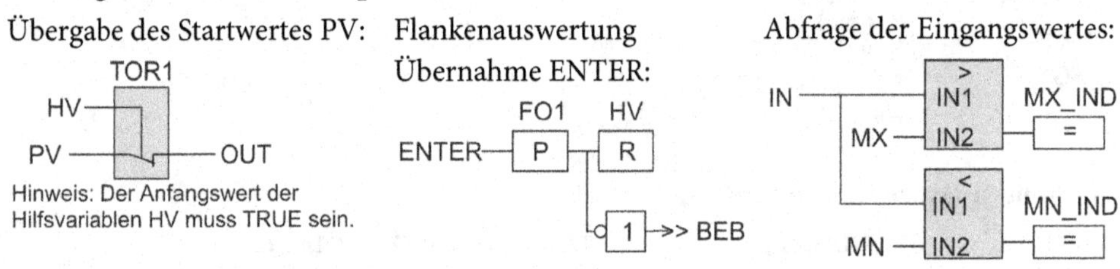

Zuweisung an den Ausgang OUT:

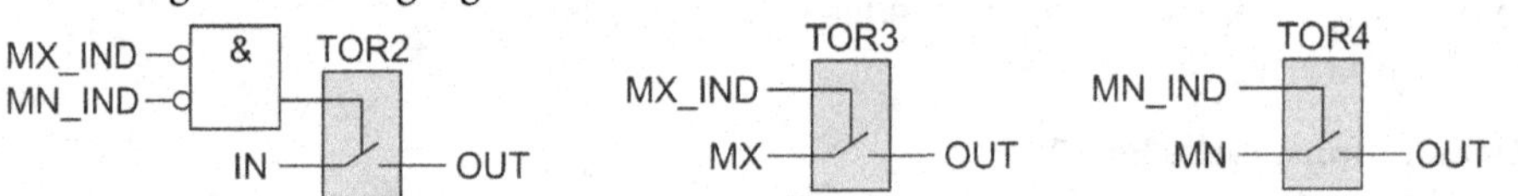

3. Anweisungsliste AWL:

STEP 7

```
      U   HV
      SPBN  _001
      L   #PV
      T   #OUT
_001: NOP 0
      U   #ENTER
      FP  #FO1
      R   #HV
      NOT
      BEB
      L   #IN
      L   #MX
      >I
      =   #MX_IND
      L   #IN
      L   #MN
      <I
      =   #MN_IND
      UN  #MX_IND
      UN  #MN_IND
      SPBNB  _002
      L   #IN
      T   #OUT
_002: NOP  0
      U   #MX_IND
      SPBNB  _003
      L   #MX
      T   #OUT
_003: NOP 0
      UN  #MN_IND
      BEB
      L   #MN
      T   #OUT
```

CoDeSys

```
LD     HV
JMPCN  M001
LD     PV
ST     OUT
M001:
CAL    FO1(
CLK:=  ENTER)
LD     FO1.Q
R      HV
RETCN
LD     IN
GT     MX
ST     MX_IND
LD     IN
LT     MN
ST     MN_IND
LDN    MX_IND
ANDN   MN_IND
JMPCN  M002
LD     IN
ST     OUT
M002:
LD     MX_IND
JMPCN  M003
LD     MX
ST     OUT
```

4. Deklarationstabelle FB 526:

Name	Datentyp	Anfangswert
IN		
ENTER	BOOL	FALSE
IN	INT	0
MX	INT	0
MN	INT	0
PV	INT	0

Name	Datentyp	Anfangswert
OUT		
MX_IND	BOOL	FALSE
MN_IND	BOOL	FALSE
OUT	INT	0
STAT		
FO1	BOOL	FALSE
HV	BOOL	TRUE

5. Realisierung:

Aufruf im OB 1/PLC_PRG:

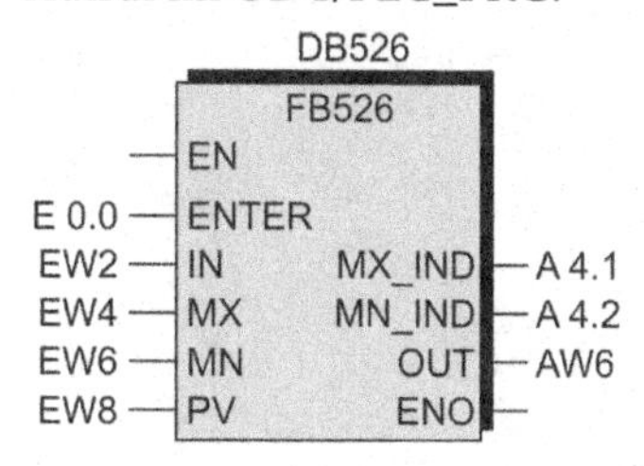

Programmierung und Aufruf des Bausteins siehe http://www.automatisieren-mit-sps.de Aufgabe 05_2_06

Lösung Lernaufgabe 5.7

Aufgabe S. 83

1. Zuordnungstabelle der PLC-Eingänge und PLC-Ausgänge:

PLC-Eingangsvariable	Symbol	Datentyp	Logische Zuordnung		Adresse
Impulsgeber	B1	BOOL	Impuls	B1 = 1	E 0.1
Quittiertaster	QUITT	BOOL	Betätigt	QUITT = 1	E 0.2
PLC-Ausgangsvariable					
Meldeleuchte ROT	P1	BOOL	Leuchtet	P1 = 1	A 4.1
Meldeleuchte GRUEN	P2	BOOL	Leuchtet	P2 = 1	A 4.2
Alarmsirene	P3	BOOL	Aktiv	P3 = 1	A 4.3

2. Freigrafischer Funktionsplan:

Taktgenerator mit 6 s Puls und 1 s Pause realisiert mit zwei TP-Zeitfunktionen:

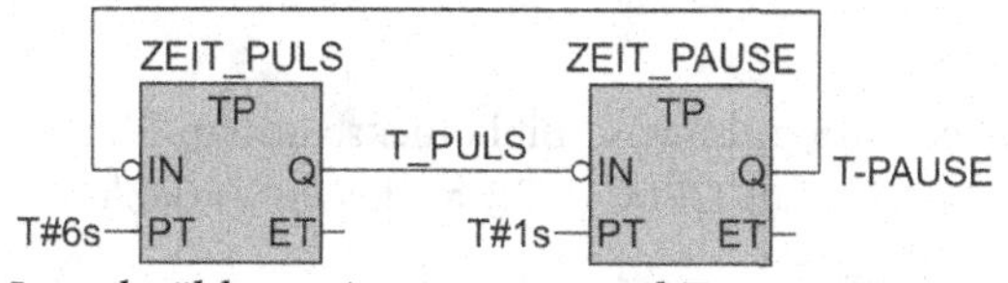

Impulszählung, Auswertung und Zuweisung, wenn kein Sprung vorhanden ist:

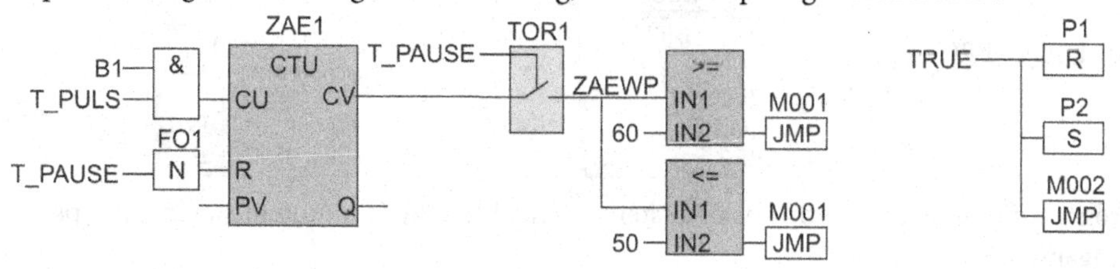

Zuweisung bei Sprung Zählung der ROT-Phasen Quittierung

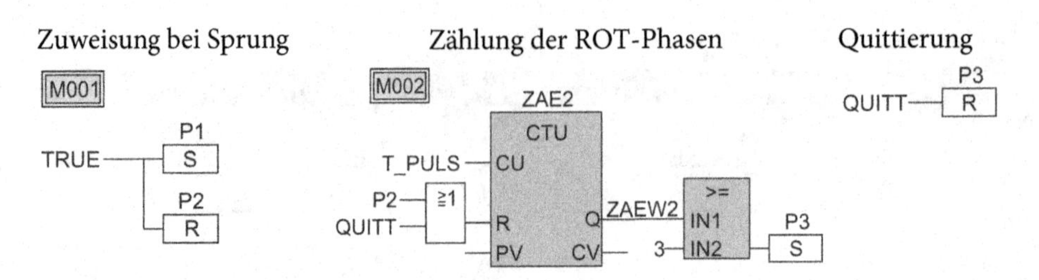

3. SCL/ST Programm:

```
ZEIT_PULS(IN := NOT(T_PAUSE),PT := T#6s );
T_PULS:=ZEIT_PULS.Q;
ZEIT_PAUSE(IN := NOT(T_PULS),PT := T#1s );
T_PAUSE:=ZEIT_PAUSE.Q;
ZAE1(CU := B1 AND T_PULS ,R := NOT(T_PAUSE) AND FO1);
FO1:= T_PAUSE;
IF T_PAUSE THEN
  ZAEW_P:=ZAE1.CV;
END_IF;
IF ZAEW_P >= 60 OR ZAEW_P <= 50 THEN
  P1:= TRUE; P2:=FALSE;
ELSE
  P1:=FALSE; P2:=TRUE;
END_IF;
ZAE2(CU :=T_PULS, R := P2 OR QUITT);
IF ZAE2.CV >= 3 THEN
  P3:=TRUE;
END_IF;
IF QUITT THEN P3:= FALSE; END_IF;
```

4. Deklarationstabelle FB 527:

Name	Datentyp
IN	
B1	BOOL
QUITT	BOOL
OUT	
P1	BOOL
P3	BOOL

Name	Datentyp
IN_OUT	
P2	BOOL
STAT	
ZEIT_PULS	TP
ZEIT_PAUSE	TP
ZAE1	CTU

Name	Datentyp
ZAE2	CTU
ZAEW_P	INT
T_PULS	BOOL
T_PAUSE	BOOL
FO1	BOOL

5. Realisierung:

Zum Programmtest werden die erforderlichen Impulse vom Bibliotheksbaustein FB 100 erzeugt. Die Übergabevariable IMPULSE ist im OB 1/PLC_PGR als lokale Variable zu deklarieren.

Aufruf im OB 1/PLC_PRG:

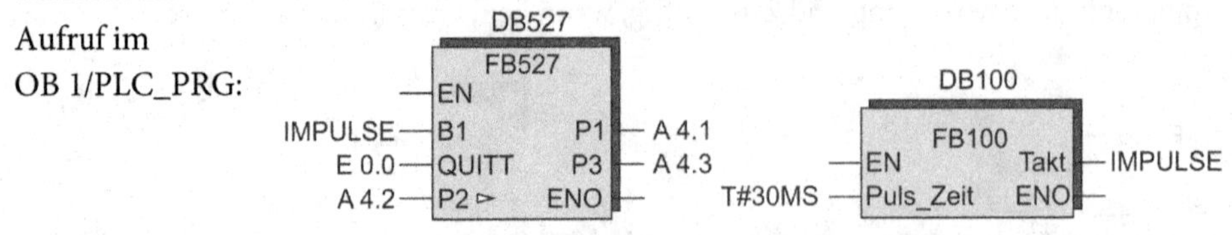

Programmierung und Aufruf des Bausteins siehe http://www.automatisieren-mit-sps.de Aufgabe 05_2_07

14.6 Lösungen der Lernaufgaben Kapitel 6

Lösung Lernaufgabe 6.1

Aufgabe S. 100

1. Zuordnungstabelle der PLC-Eingänge und PLC-Ausgänge:

PLC-Eingangsvariable	Symbol	Datentyp	Logische Zuordnung		Adresse
Schalter EIN/AUS	S1	BOOL	Stellung EIN	S1 = 1	E 0.1
Endlage Zylinder 1A hinten	1B1	BOOL	Betätigt	1B1 = 1	E 0.2
Endlage Zylinder 1A vorne	1B2	BOOL	Betätigt	1B2 = 1	E 0.3
Endlage Zylinder 2A hinten	2B1	BOOL	Betätigt	2B1 = 1	E 0.4
Endlage Zylinder 2A vorne	2B2	BOOL	Betätigt	2B2 = 1	E 0.5
Endlage Zylinder 3A hinten	3B1	BOOL	Betätigt	3B1 = 1	E 0.6
Endlage Zylinder 3A vorne	3B2	BOOL	Betätigt	3B2 = 1	E 0.7
Sensor Deckel im Magazin	B1	BOOL	Betätigt	B1 = 1	E 1.0
Lichtschranke	B2	BOOL	Unterbrochen	B2 = 1	E 1.1
Taster Ablaufk. Grundstellung	RESET	BOOL	Betätigt	RESET = 1	E 0.0
PLC-Ausgangsvariable					
Magnetspule Zylinder 1A	1M1	BOOL	Angezogen	1M1 = 1	A 4.1
Magnetspule Zylinder 2A	2M1	BOOL	Angezogen	2M1 = 1	A 4.2
Magnetspule Zylinder 3A	3M1	BOOL	Angezogen	3M1 = 1	A 4.3
Schütz Bandmotor	Q1	BOOL	Motor ein	Q1 = 1	A 4.4

2. Ablauf-Funktionsplan:

DIN EN 61131-3

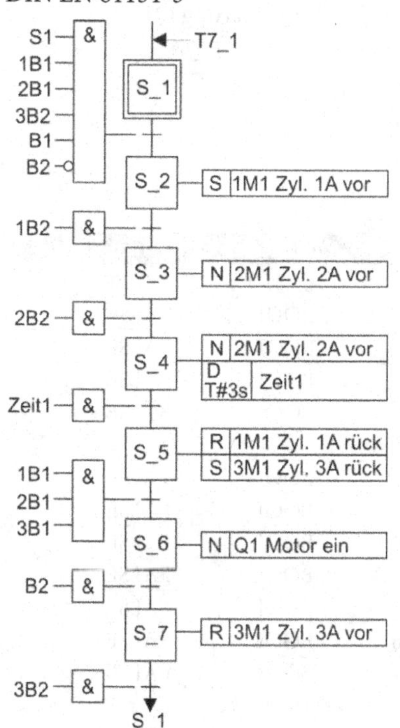

DIN EN 60848 (GRAFCET)

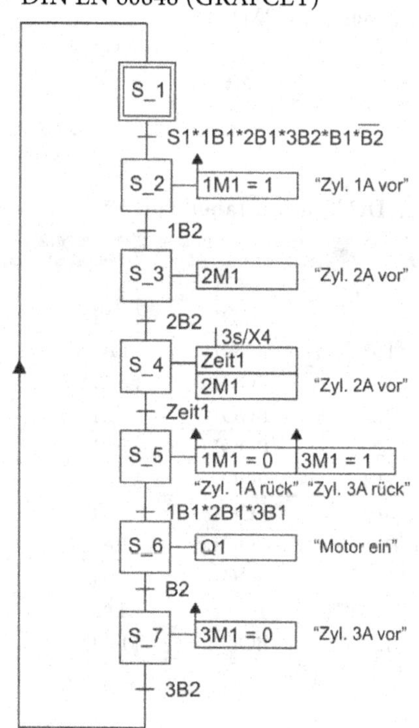

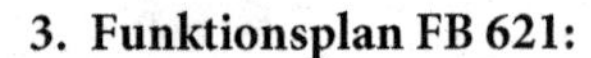

3. Funktionsplan FB 621:

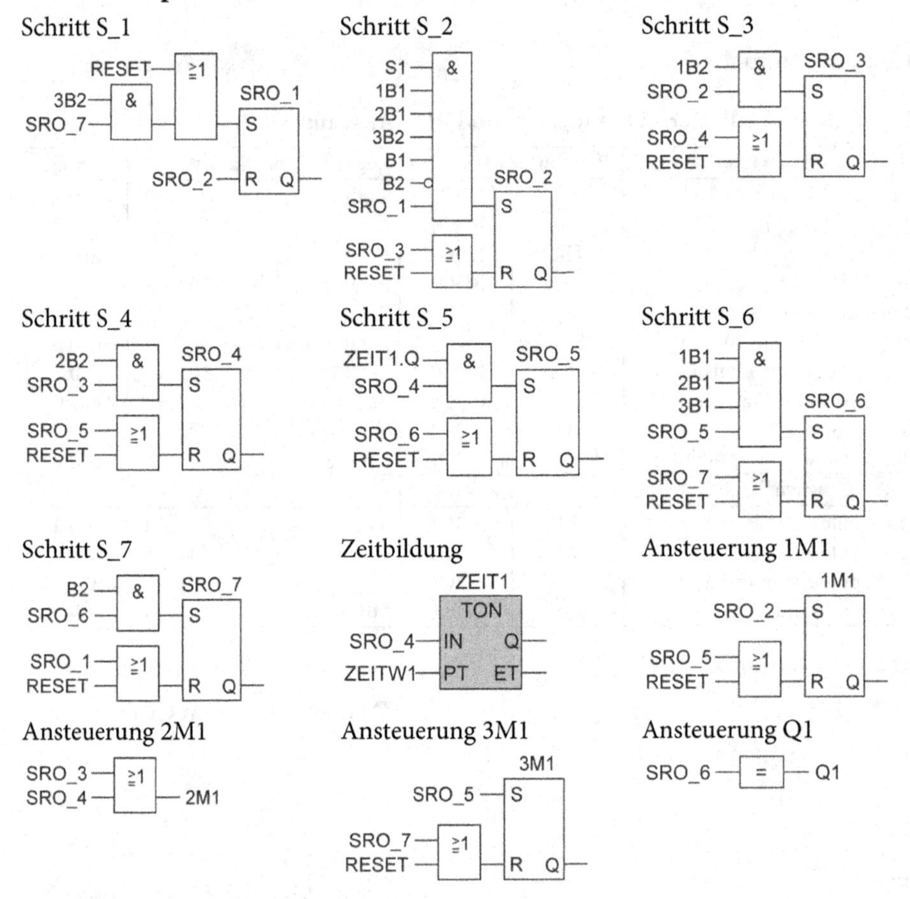

4. Deklarationstabelle FB 621:

Name	Datentyp	Anfangswert
IN		
S1	BOOL	FALSE
_1B1	BOOL	FALSE
_1B2	BOOL	FALSE
_2B1	BOOL	FALSE
_2B2	BOOL	FALSE
_3B1	BOOL	FALSE
_3B2	BOOL	FALSE
B1	BOOL	FALSE
B2	BOOL	FALSE
ZEITW1	TIME	T#3S
RESET	BOOL	FALSE

Name	Datentyp	Anfangswert
OUT		
_1M1	BOOL	FALSE
_2M1	BOOL	FALSE
_3M1	BOOL	FALSE
Q1	BOOL	FALSE
STAT		
SRO_1	BOOL	TRUE
SRO_2	BOOL	FALSE
SRO_3	BOOL	FALSE
SRO_4	BOOL	FALSE
SRO_5	BOOL	FALSE
SRO_6	BOOL	FALSE
SRO_7	BOOL	FALSE
ZEIT1	TON	

5. Realisierung:

Aufruf im OB 1/PLC_PRG:

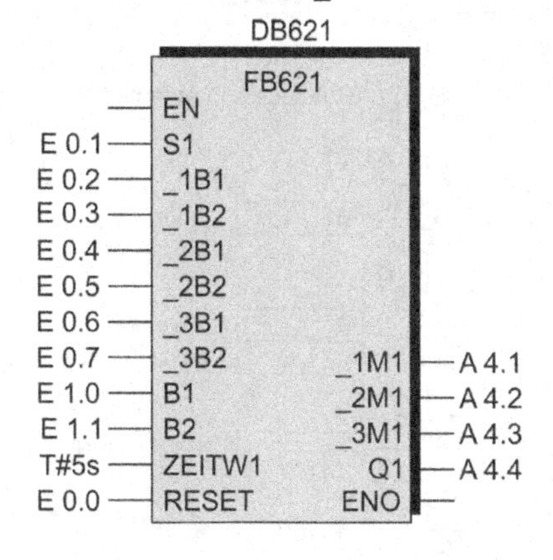

Programmierung und Aufruf des Bausteins siehe http://www.automatisieren-mit-sps.de Aufgabe 06_2_01

Lösung Lernaufgabe 6.2 Aufgabe S. 101

1. Zuordnungstabelle der PLC-Eingänge und PLC-Ausgänge:

PLC-Eingangsvariable	Symbol	Datentyp	Logische Zuordnung		Adresse
Taster Start	S1	BOOL	Betätigt	S1 = 1	E 0.1
Leermeldung	B1	BOOL	Behälter leer	B1 = 1	E 0.2
Niveauschalter 1	B2	BOOL	Niveau 1 erreicht	B2 = 1	E 0.3
Niveauschalter 2	B3	BOOL	Niveau 2 erreicht	B3 = 1	E 0.4
Temperatursensor	B4	BOOL	Temp. erreicht	B4 = 1	E 0.5
Taster Ablaufk. Grundstellung	RESET	BOOL	Betätigt	RESET = 1	E 0.0
PLC-Ausgangsvariable					
Zulaufventil 1	M1	BOOL	Ventil auf	M1 = 1	A 4.1
Zulaufventil 2	M2	BOOL	Ventil auf	M2 = 1	A 4.2
Ablassventil	M3	BOOL	Ventil auf	M3 = 1	A 4.3
Heizung	E	BOOL	Heizung an	E = 1	A 4.4
Rührmotor	M	BOOL	Motor ein	M = 1	A 4.5

2. Ablauf-Funktionsplan:

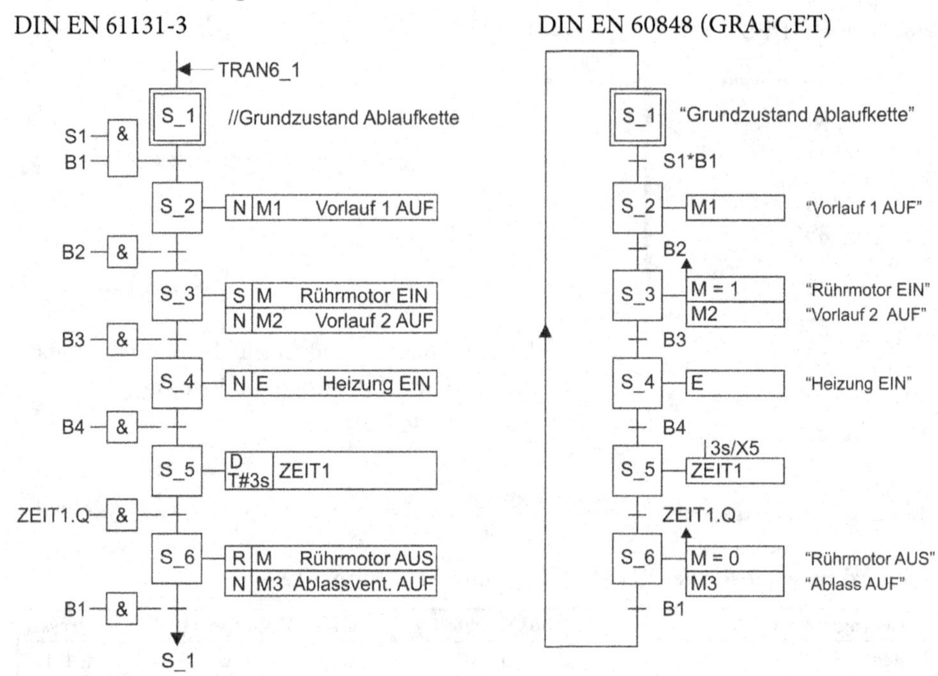

Realisierung mit einem anlagenspezifischen Funktionsbaustein FB 622

3. Funktionsplan:

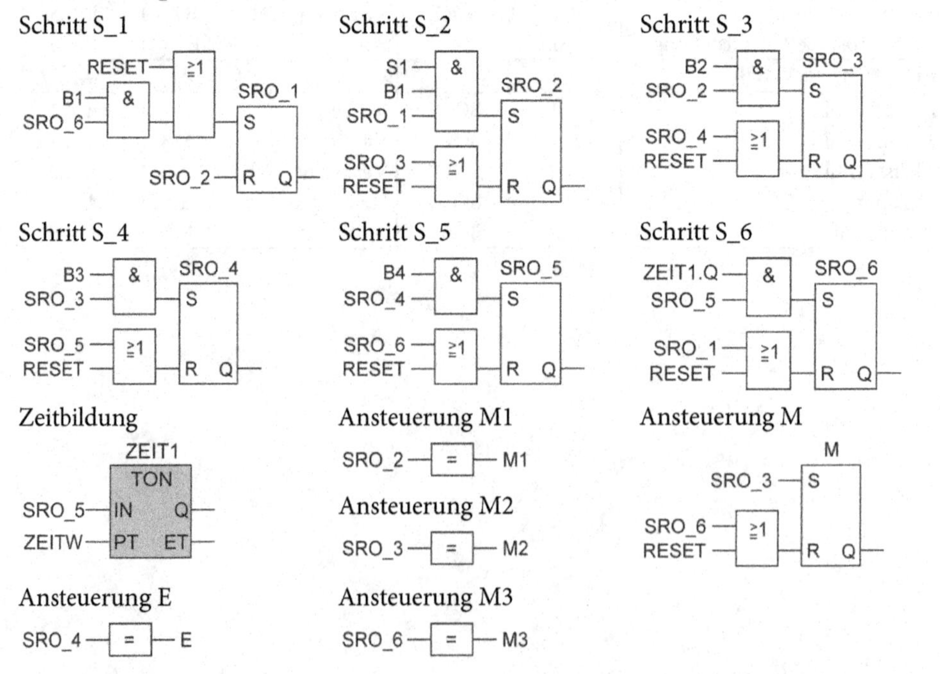

4. Deklarationstabelle FB 622:

Name	Datentyp	Anfangswert
IN		
S1	BOOL	FALSE
B1	BOOL	FALSE
B2	BOOL	FALSE
B3	BOOL	FALSE
B4	BOOL	FALSE
ZEITW	TIME	S5T#0MS
RESET	BOOL	FALSE

Name	Datentyp	Anfangswert
OUT		
M1	BOOL	FALSE
M2	BOOL	FALSE
M3	BOOL	FALSE
E	BOOL	FALSE
M	BOOL	FALSE
STAT		
SRO_1	BOOL	TRUE
SRO_2	BOOL	FALSE
SRO_3	BOOL	FALSE
SRO_4	BOOL	FALSE
SRO_5	BOOL	FALSE
SRO_6	BOOL	FALSE
ZEIT1	TON	

5. Realisierung:

Aufruf im OB 1/PLC_PRG:

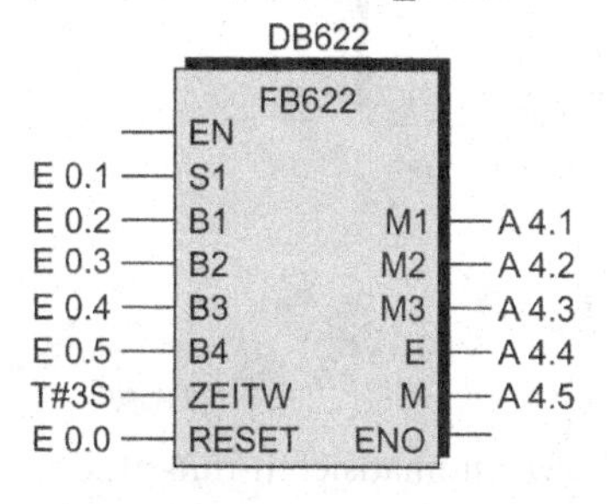

Programmierung und Aufruf des Bausteins siehe http://www.automatisieren-mit-sps.de Aufgabe 06_2_02a

Realisierung mit dem Standard-Funktionsbaustein FB 15 und dem Aktionsbaustein FB 16

6. Funktionsplan des Aktionsbausteins FB 16:

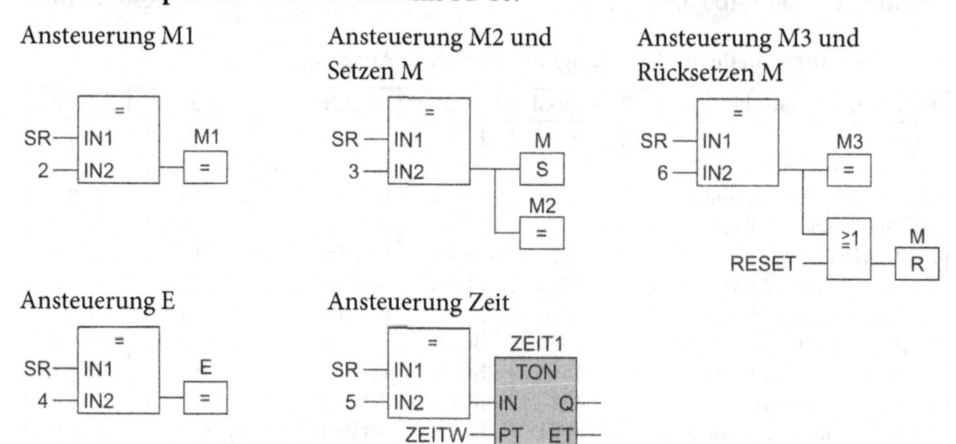

7. Deklarationstabelle Aktionsbaustein FB 16:

Name	Datentyp	Anfangswert
IN		
SR	INT	0
ZEITW	TIME	T#0MS
RESET	BOOL	FALSE

Name	Datentyp	Anfangswert
OUT		
M1	BOOL	FALSE
M2	BOOL	FALSE
M3	BOOL	FALSE
E	BOOL	FALSE
M	BOOL	FALSE
STAT		
ZEIT1	TON	

8. Realisierung:

Aufruf im OB 1/PLC_PRG:

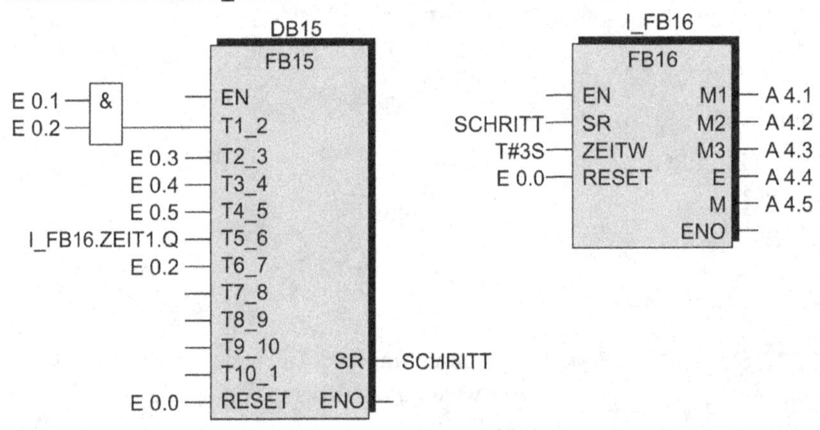

Programmierung und Aufruf der Bausteine siehe http://www.automatisieren-mit-sps.de Aufgabe 06_2_02b

Lösung Lernaufgabe 6.3 Aufgabe S. 102

1. Zuordnungstabelle der PLC-Eingänge und PLC-Ausgänge:

PLC-Eingangsvariable	Symbol	Datentyp	Logische Zuordnung		Adresse
Taster Start	S1	BOOL	Betätigt	S1 = 1	E 0.1
Sensor Rohr vorhanden	B1	BOOL	Rohr vorhanden	B1 = 1	E 0.2
Endlage Zylinder 1A hinten	1B1	BOOL	Betätigt	1B1 = 1	E 0.3
Endlage Zylinder 1A vorne	1B2	BOOL	Betätigt	1B2 = 1	E 0.4
Endlage Zylinder 2A hinten	2B1	BOOL	Betätigt	2B1 = 1	E 0.5
Endlage Zylinder 2A vorne	2B2	BOOL	Betätigt	2B2 = 1	E 0.6
Endlage Zylinder 3A hinten	3B1	BOOL	Betätigt	3B1 = 1	E 0.7
Endlage Zylinder 3A vorne	3B2	BOOL	Betätigt	3B2 = 1	E 1.0
Endlage Zylinder 4A hinten	4B1	BOOL	Betätigt	4B1 = 1	E 1.1
Endlage Zylinder 4A vorne	4B2	BOOL	Betätigt	4B2 = 1	E 1.2
Taster Ablaufk. Grundstellung	RESET	BOOL	Betätigt	RESET = 1	E 0.0

PLC-Ausgangsvariable					
Magnetspule Zyl. 1A vor	1M1	BOOL	Angezogen	1M1 = 1	A 4.1
Magnetspule Zyl. 1A zurück	1M2	BOOL	Angezogen	1M2 = 1	A 4.2
Magnetspule Zyl. 2A zurück	2M1	BOOL	Angezogen	2M1 = 1	A 4.3
Magnetspule Zyl. 2A vor	2M2	BOOL	Angezogen	2M2 = 1	A 4.4
Magnetspule Zyl. 3A vor	3M1	BOOL	Angezogen	3M1 = 1	A 4.5
Magnetspule Zyl. 4A vor	4M1	BOOL	Angezogen	4M1 = 1	A 4.6
Magnetspule Zyl. 4A zurück	4M2	BOOL	Angezogen	4M2 = 1	A 4.7

2. Ablauf-Funktionsplan:

DIN EN 61131-3

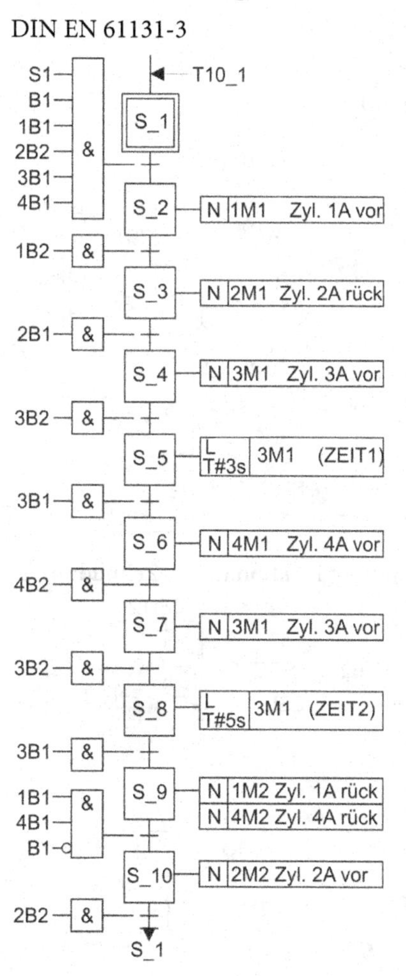

DIN EN 60848 (GRAFCET)

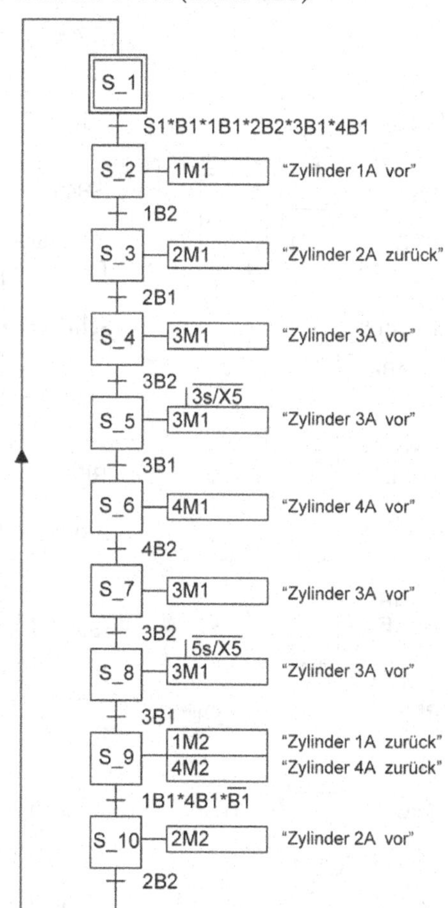

Realisierung mit einem anlagenspezifischen Funktionsbaustein FB 623

3. Funktionsplan FB 623:

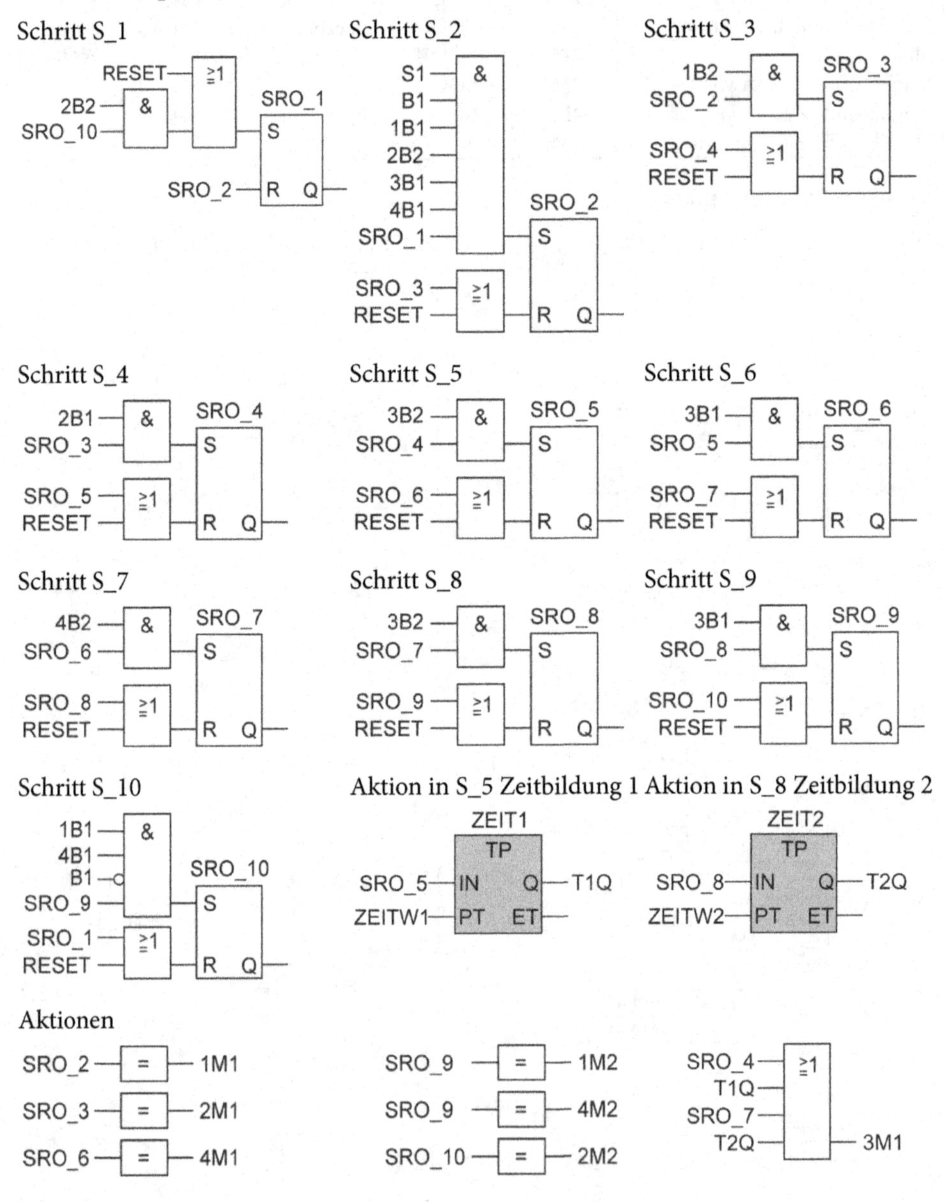

4. Deklarationstabelle FB 623:

Name	Datentyp	Anfangswert
IN		
S1	BOOL	FALSE
B1	BOOL	FALSE
_1B1	BOOL	FALSE
_1B2	BOOL	FALSE
_2B1	BOOL	FALSE
_2B2	BOOL	FALSE
_3B1	BOOL	FALSE
_3B2	BOOL	FALSE
_4B1	BOOL	FALSE
_4B2	BOOL	FALSE
ZEITW1	TIME	T#0MS
ZEITW2	TIME	T#0MS
RESET	BOOL	FALSE
OUT		
_1M1	BOOL	FALSE
_1M2	BOOL	FALSE
_2M1	BOOL	FALSE
_2M2	BOOL	FALSE

Name	Datentyp	Anfangswert
_3M1	BOOL	FALSE
_4M1	BOOL	FALSE
_4M2	BOOL	FALSE
STAT		
SRO_1	BOOL	TRUE
SRO_2	BOOL	FALSE
SRO_3	BOOL	FALSE
SRO_4	BOOL	FALSE
SRO_5	BOOL	FALSE
SRO_6	BOOL	FALSE
SRO_7	BOOL	FALSE
SRO_8	BOOL	FALSE
SRO_9	BOOL	FALSE
SRO_10	BOOL	FALSE
ZEIT1	TP	
ZEIT2	TP	
T1Q	BOOL	FALSE
T2Q	BOOL	FALSE

5. Realisierung:

Aufruf im OB 1/PLC_PRG:

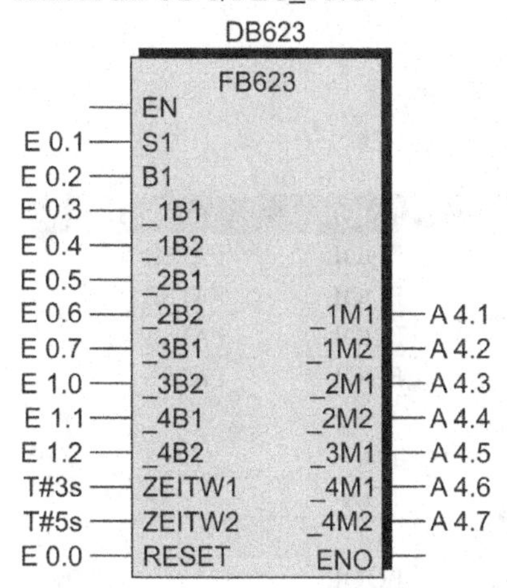

Programmierung und Aufruf des Bausteins siehe
http://www.automatisieren-mit-sps.de
Aufgabe 06_2_03a

Realisierung mit dem Standard-Funktionsbaustein FB 15 und dem Aktionsbaustein FB 16

6. Funktionsplan des Aktionsbausteins FB 16:

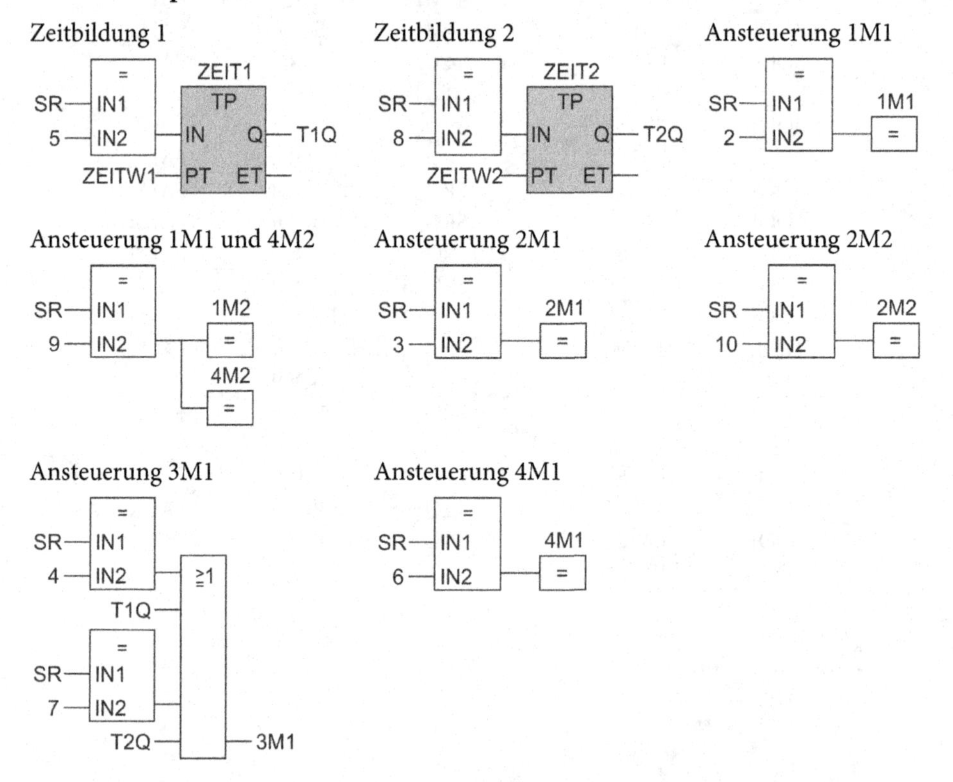

7. Deklarationstabelle Aktionsbaustein FB 16:

Name	Datentyp	Anfangswert
IN		
SR	INT	0
ZEITW1	TIME	S5T#0MS
ZEITW2	TIME	S5T#0MS
RESET	BOOL	FALSE
OUT		
_1M1	BOOL	FALSE
_1M2	BOOL	FALSE
_2M1	BOOL	FALSE
_2M2	BOOL	FALSE

Name	Datentyp	Anfangswert
_3M1	BOOL	FALSE
_3M2	BOOL	FALSE
_4M1	BOOL	FALSE
_4M2	BOOL	FALSE
STAT		
ZEIT1	TON	
ZEIT1	TON	
TEMP		
T1Q	BOOL	
T2Q	BOOL	

8. Realisierung:

Aufruf im OB 1/PLC_PRG:

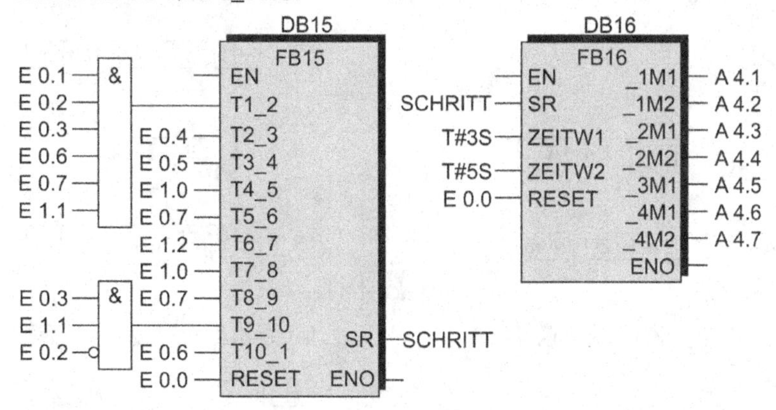

Programmierung und Aufruf der Bausteine siehe http://www.automatisieren-mit-sps.de Aufgabe 06_2_03b

Ergänzung: Kaskadierung des Standardfunktionsbausteins FB 15

Wird beim Aufstellen des Ablauf-Funktionsplanes bei der Zeitbildung statt des L-Befehls (Zeitbegrenzung) der D-Befehl (Zeitverzögerung) verwendet, ergeben sich insgesamt zwölf Ablaufschritte. Zur Realisierung dieses Ablauf-Funktionsplanes muss der Standard-Funktionsbaustein FB 15 um zwei Schritte erweitert werden oder durch zweimaligen Aufruf eine Kaskadierung herbeigeführt werden.

Nachfolgend soll gezeigt werden, wie beim Auftreten von mehr als zehn Ablaufschritten der Ablauf-Funktionsplan durch den zweimaligen Aufruf von FB 15 umgesetzt werden kann.

Die Ausgangsgröße SR, welche die aktuelle Schrittnummer des Funktionsbausteins FB 15 angibt, wird beim ersten Aufruf der Übergabevariablen Schr_K1 und beim zweiten Aufruf der Übergabevariablen Schr_K2 zugewiesen. Die Variable Schr_K1 gibt somit die Ablaufschritte 1 bis 10 an. Die Ablaufschritte 11 bis 19 werden durch die Variable Schr_K2 angegeben. Dabei muss beachtet werden, dass der Ablaufschritt 11 aktiv ist, wenn die Übergangsvariable Schr_K2 den Wert 2 hat. Für die weiteren Schritte gilt Entsprechendes.

▶ **Hinweis** Der Initialschritt (S_1) kann nicht als Ablaufschritt 11 verwendet werden.

Veränderte Ablaufkette: DIN EN 61131-3

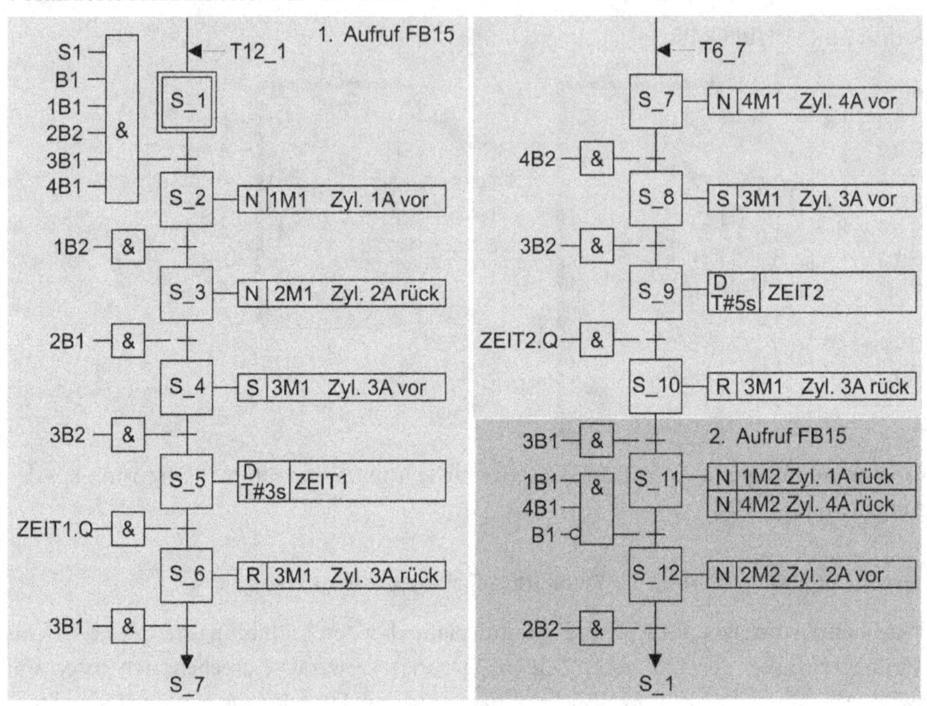

Veränderter Funktionsplan des Aktionsbausteins FB 16:

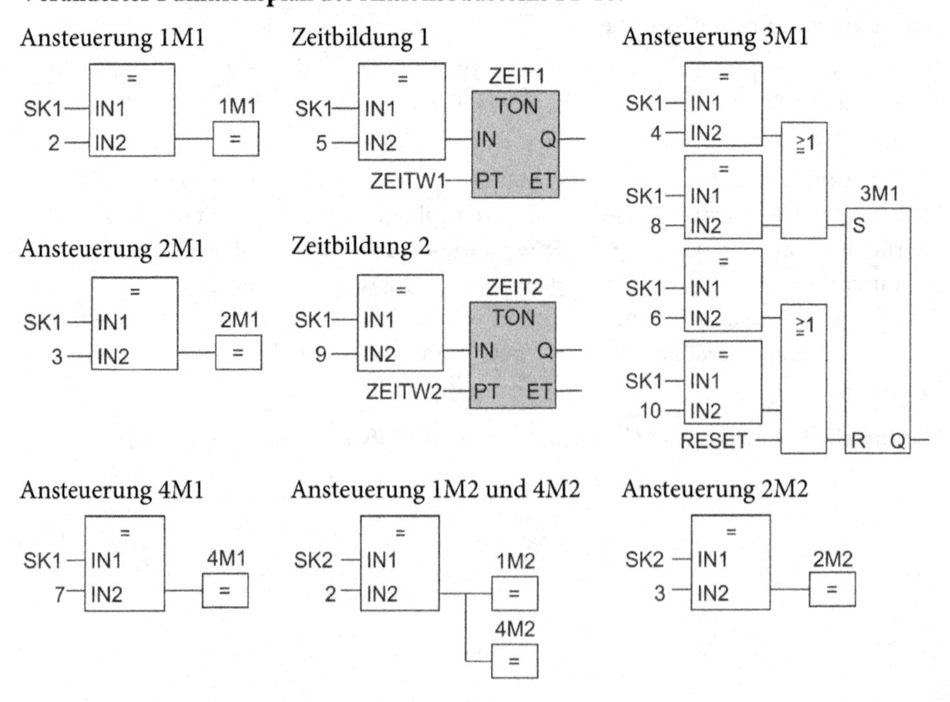

Veränderte Deklarationstabelle Aktionsbaustein FB 16:

Name	Datentyp	Anfangswert
IN		
SK1	INT	0
SK2	INT	0
ZEITW1	TIME	S5T#0MS
ZEITW2	TIME	S5T#0MS
RESET	BOOL	FALSE
OUT		
_1M1	BOOL	FALSE
_1M2	BOOL	FALSE
_2M1	BOOL	FALSE
_2M2	BOOL	FALSE
_3M1	BOOL	FALSE
_4M1	BOOL	FALSE
_4M2	BOOL	FALSE
STAT		
ZEIT1	TON	
ZEIT2	TON	

Veränderter Aufruf im OB 1:

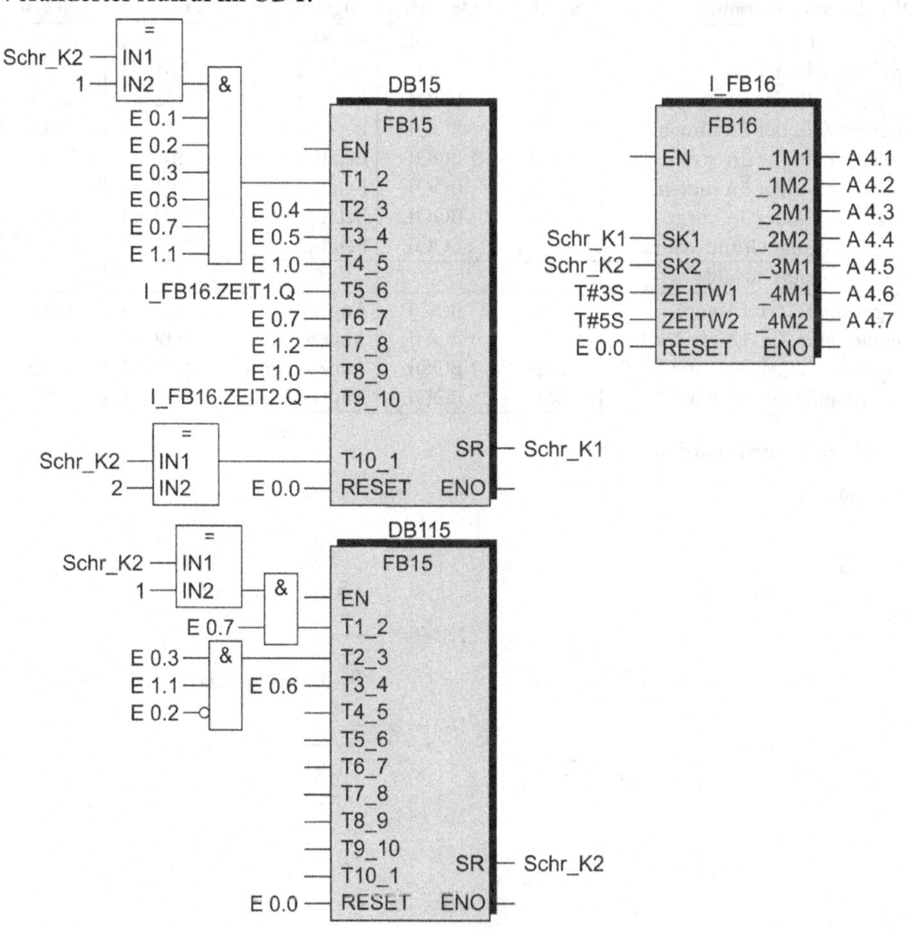

Programmierung und Aufruf der Bausteine siehe http://www.automatisieren-mit-sps.de Aufgabe 06_2_03c

Lösung Lernaufgabe 6.4

Aufgabe S. 104

1. Pneumatikplan:

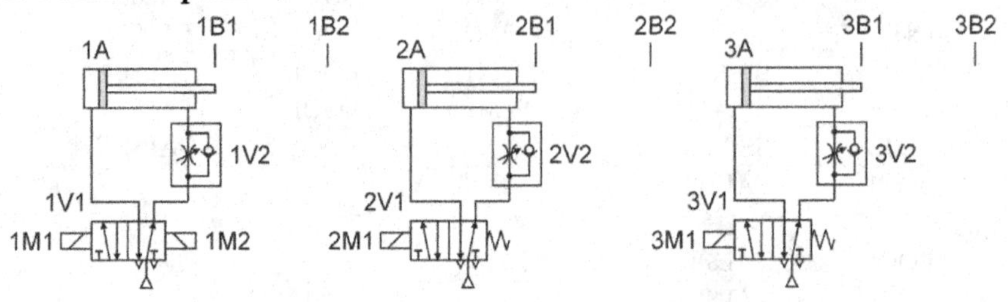

2. Zuordnungstabelle der PLC-Eingänge und PLC-Ausgänge:

PLC-Eingangsvariable	Symbol	Datentyp	Logische Zuordnung		Adresse
Taster Start	S1	BOOL	Betätigt	S1 = 1	E 0.1
Endlage Zylinder 1A hinten	1B1	BOOL	Betätigt	1B1 = 1	E 0.2
Endlage Zylinder 1A vorne	1B2	BOOL	Betätigt	1B2 = 1	E 0.3
Endlage Zylinder 2A hinten	2B1	BOOL	Betätigt	2B1 = 1	E 0.4
Endlage Zylinder 2A vorne	2B2	BOOL	Betätigt	2B2 = 1	E 0.5
Endlage Zylinder 3A hinten	3B1	BOOL	Betätigt	3B1 = 1	E 0.6
Endlage Zylinder 3A vorne	3B2	BOOL	Betätigt	3B2 = 1	E 0.7
Taster Ablaufk. Grundstellung	RESET	BOOL	Betätigt	RESET = 1	E 0.0
PLC-Ausgangsvariable					
Magnetspule Zyl. 1A vor	1M1	BOOL	Angezogen	1M1 = 1	A 4.1
Magnetspule Zyl. 1A zurück	1M2	BOOL	Angezogen	1M2 = 1	A 4.2
Magnetspule Zyl. 2A vor	2M1	BOOL	Angezogen	2M1 = 1	A 4.3
Magnetspule Zyl. 3A vor	3M1	BOOL	Angezogen	3M1 = 1	A 4.4

3. Ablauf-Funktionsplan:

DIN EN 61131-3

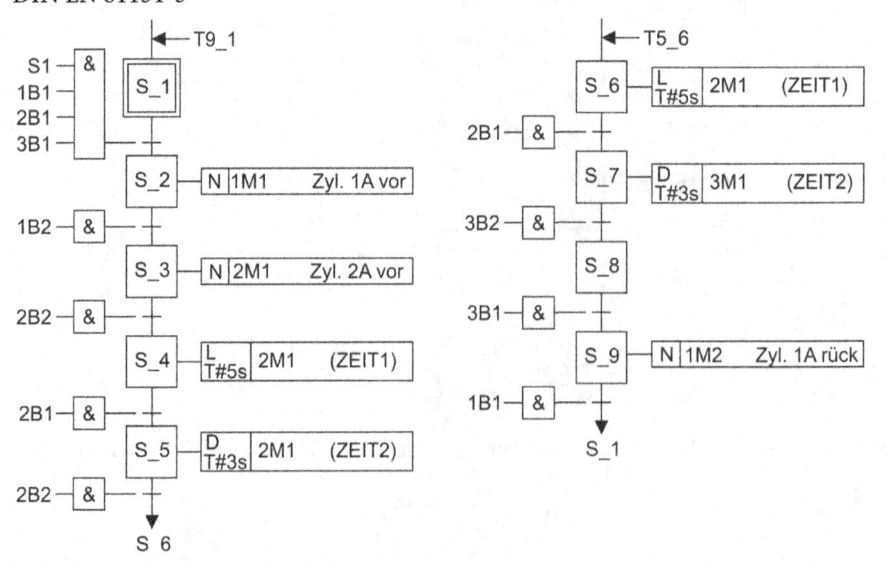

DIN EN 60848 (GRAFCET):

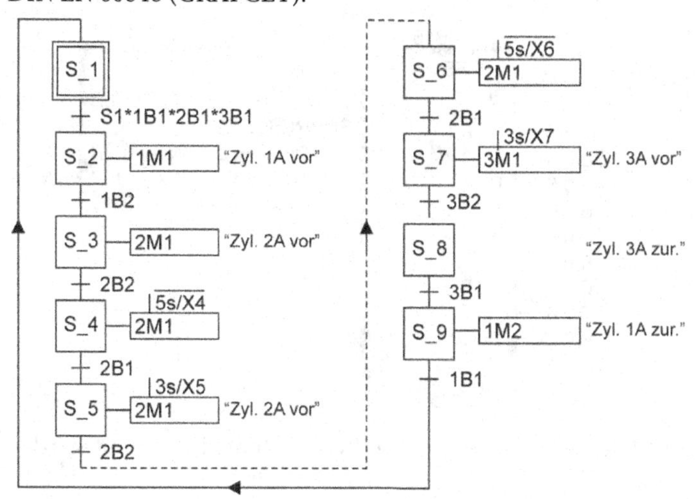

4. Funktionsplan der Aktionsausgabe:

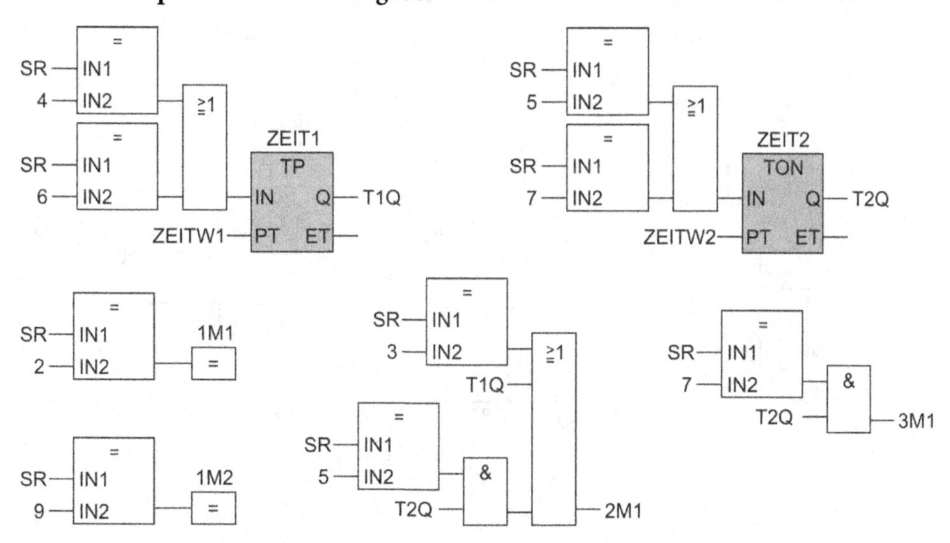

5. Deklarationstabelle Aktionsbaustein FB 16:

Name	Datentyp	Anfangswert
IN		
SR	INT	0
ZEITW1	TIME	T#0MS
ZEITW2	TIME	T#0MS
RESET	BOOL	FALSE
OUT		
_1M1	BOOL	FALSE

Name	Datentyp	Anfangswert
_1M2	BOOL	FALSE
_2M1	BOOL	FALSE
_3M1	BOOL	FALSE
STAT		
ZEIT1	TP	
ZEIT2	TON	
T1Q	BOOL	FALSE
T2Q	BOOL	FALSE

6. Realisierung:

Aufruf im OB 1/PLC_PRG:

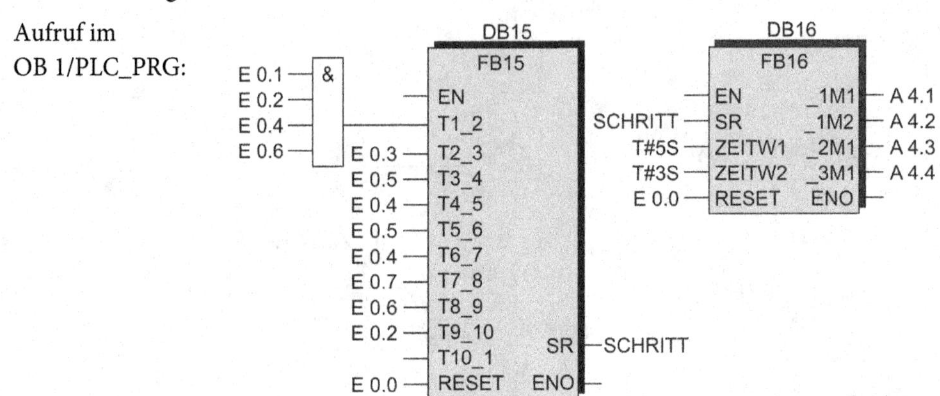

Programmierung und Aufruf der Bausteine siehe http://www.automatisieren-mit-sps.de Aufgabe 06_2_04a

7. Ablauf-Funktionsplan für Lösungsansatz 2:

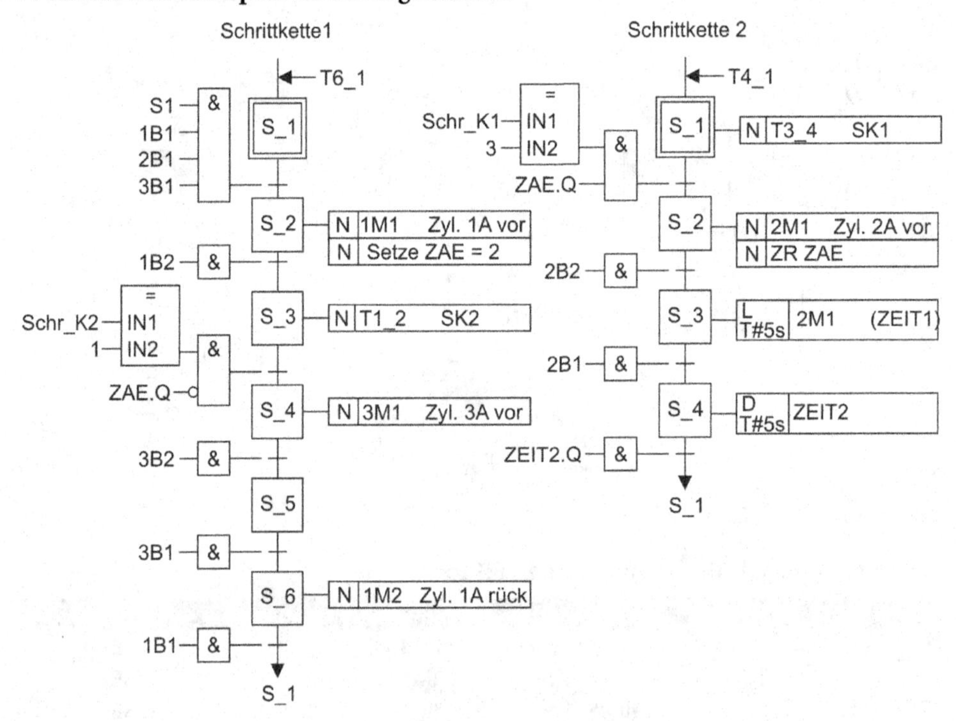

▶ **Hinweis** Die Variable Schr_K1 enthält die aktuelle Schrittnummer der Schrittkette 1 und die Variable Schr_K2 die aktuelle Schrittnummer der Schrittkette 2.

Die Angabe „T1_2 SK2" in der Aktion von Schritt S_3 der Schrittkette 1 bedeutet, dass die Aktion in Schritt S_3 die Transitionsbedingung für die Schrittkette 2 von S_1 nach S_2 darstellt.

8. Transitionstabellen:

Schrittkette 1

Transition	Transitionsbedingung
T1_2	T1_2 = S1 & 1B1 & 2B1 & 3B1
T2_3	T2_3 = 1B2
T3_4	T3_4=(Schr_K2=1)&$\overline{\text{ZAE}}$
T4_5	T4_5 = 3B2
T5_6	T5_6 = 3B1
T6_1	T6_1 = 1B1

Schrittkette 2

Transition	Transitionsbedingung
T1_2	T1_2 = (Schr_K1 = 3) & ZAE
T2_3	T2_3 = 2B2
T3_4	T3_4 = 2B1
T4_1	T4_1 = ZEIT2.Q

9. Funktionsplan der Aktionsausgabe:

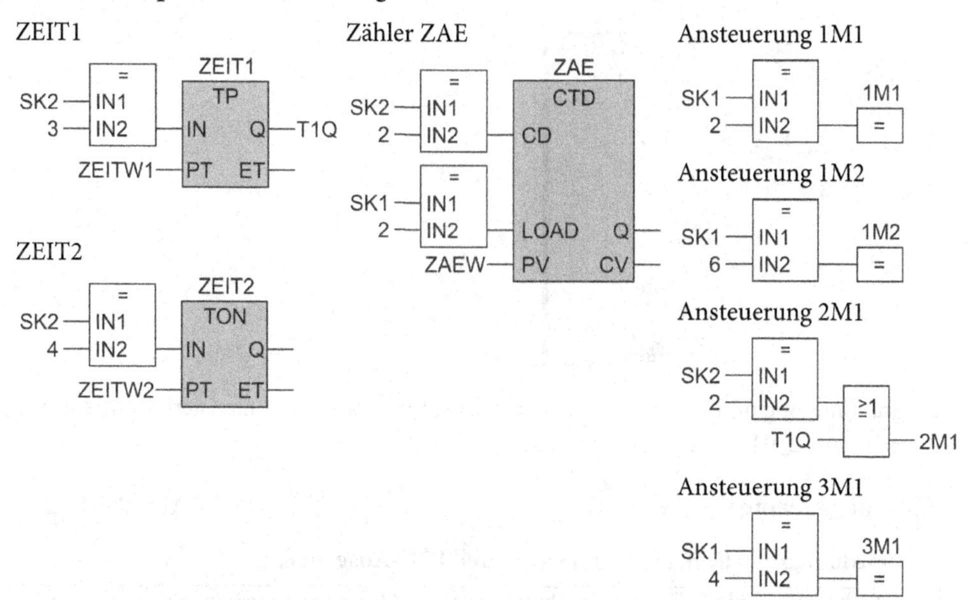

10. Deklarationstabelle Aktionsbaustein FB 16:

Name	Datentyp	Anfangswert
IN		
SK1	INT	0
SK2	INT	0
ZEITW1	TIME	T#0MS
ZEITW2	TIME	T#0MS
ZAEW	INT	0
OUT		
_1M1	BOOL	FALSE

Name	Datentyp	Anfangswert
_1M2	BOOL	FALSE
_2M1	BOOL	FALSE
_3M1	BOOL	FALSE
STAT		
ZEIT1	TP	
ZEIT2	TON	
ZAE	CTD	
T1Q	BOOL	FALSE

11. Realisierung:

Aufruf im OB 1/PLC_PRG:

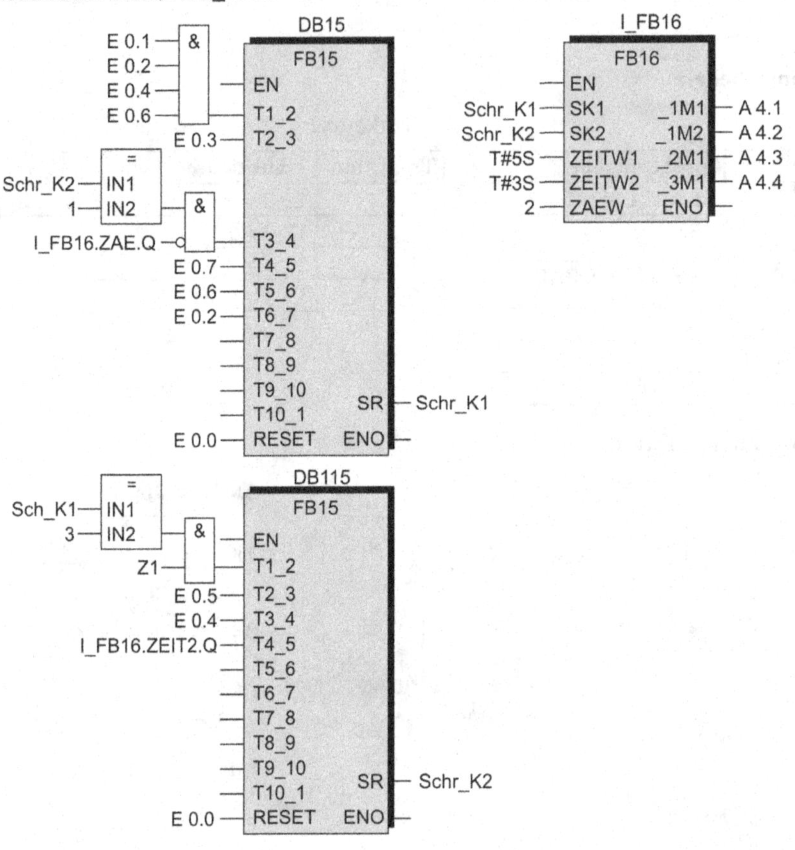

Programmierung und Aufruf der Bausteine siehe http://www.automatisieren-mit-sps.de Aufgabe 06_2_04b

Lösung Lernaufgabe 6.5 Aufgabe S. 105

1. Zuordnungstabelle der PLC-Eingänge und PLC-Ausgänge:

PLC-Eingangsvariable	Symbol	Datentyp	Logische Zuordnung		Adresse
Taster Start	S1	BOOL	Betätigt	S1 = 1	E 0.1
Endlage Zylinder 1A hinten	1B1	BOOL	Betätigt	1B1 = 1	E 0.2
Endlage Zylinder 1A vorne	1B2	BOOL	Betätigt	1B2 = 1	E 0.3
Endlage Zylinder 2A hinten	2B1	BOOL	Betätigt	2B1 = 1	E 0.4
Endlage Zylinder 2A vorne	2B2	BOOL	Betätigt	2B2 = 1	E 0.5
Sensor Korb vorhanden	B1	BOOL	Betätigt	B1 = 1	E 0.6
Sensor Position 1	B2	BOOL	Betätigt	B2 = 1	E 0.7
Sensor Position 2	B3	BOOL	Betätigt	B3 = 1	E 1.0
Sensor Position 3	B4	BOOL	Betätigt	B4 = 1	E 1.1
Taster Ablaufk. Grundstellung	RESET	BOOL	Betätigt	RESET = 1	E 0.0
Zifferneinsteller	EB2	Byte	Ziffern 0 bis 9		EB 2

PLC-Ausgangsvariable				
Magnetspule Zyl. 1A aus	1M1	BOOL	Angezogen 1M1 = 1	A 4.1
Magnetspule Zyl. 1A ein	1M2	BOOL	Angezogen 1M2 = 1	A 4.2
Magnetspule Zyl. 2A aus	2M1	BOOL	Angezogen 2M1 = 1	A 4.3
Magnetspule Zyl. 2A ein	2M2	BOOL	Angezogen 2M2 = 1	A 4.4
Spindelmotor vor	Q1	BOOL	Motor vor Q1 = 1	A 4.5
Spindelmotor zurück	Q2	BOOL	Motor zurück Q2 = 1	A 4.6

2. Ablauf-Funktionsplan: DIN EN 61131-3

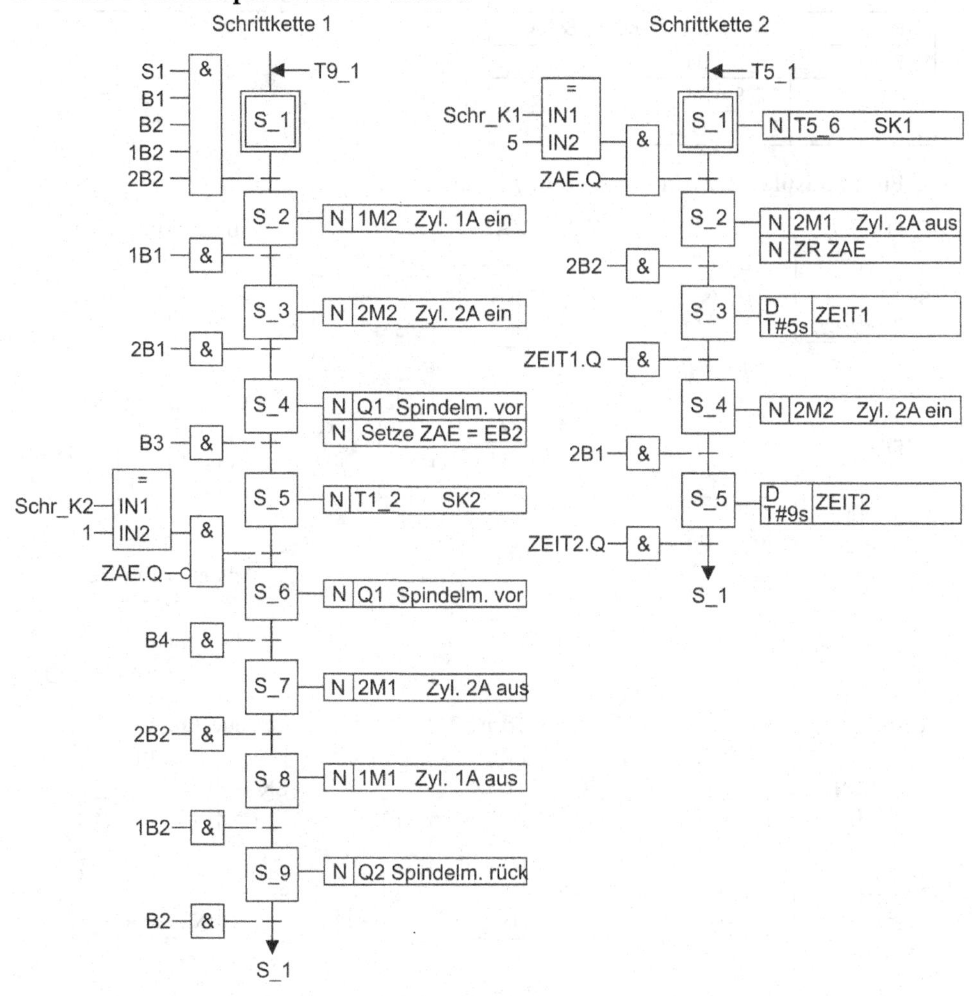

▶ **Hinweis** Die Angabe „T1_2 SK2" in der Aktion von Schritt S_5 der Schrittkette 1 bedeutet, dass Schritt S_5 die Transitionsbedingung für die Schrittkette 2 von S_1 nach S_2 darstellt.

3. Transitionstabellen:

Schrittkette 1

Transition	Transitionsbedingung
T-1	T9_1 = B2
T-2	T1_2 = S1&B1&B2&1B2&2B2
T-3	T2_3 = 1B1
T-4	T3_4 = 2B1
T-5	T4_5 =B3
T-6	T5_6=(Schr_K2=1)&ZAE
T-7	T6_7 = B4
T-8	T7_8 = 2B2
T-9	T8_9 = 1B2

Schrittkette 2

Transition	Transitionsbedingung
T-1	T5_1 = ZEIT2.Q
T-2	T1_2 = (Schr_K1 = 5) & ZAE
T-3	T2_3 = 2B2
T-4	T3_4 = ZEIT1.Q
T-5	T4_5 = 2B1

4. Funktionsplan der Aktionsausgabe FB 16:

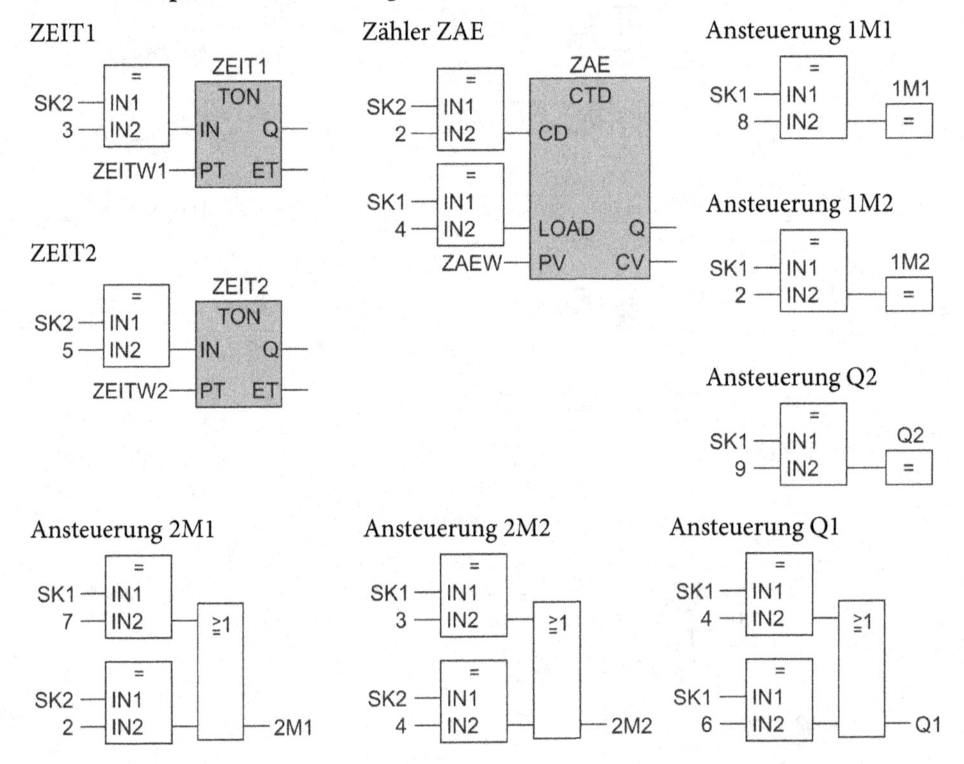

5. Deklarationstabelle Aktionsbaustein FB 16:

Name	Datentyp	Anfangswert
IN		
SK1	INT	0
SK2	INT	0
ZEITW1	TIME	T#0MS
ZEITW2	TIME	T#0MS
ZAEW	INT	0
OUT		
_1M1	BOOL	FALSE
_1M2	BOOL	FALSE

Name	Datentyp	Anfangswert
_2M1	BOOL	FALSE
_2M2	BOOL	FALSE
Q1	BOOL	FALSE
Q2	BOOL	FALSE
STAT		
ZEIT1	TON	
ZEIT2	TON	
ZAE	CTD	

6. Realisierung:

Aufruf im OB 1/PLC_PRG:

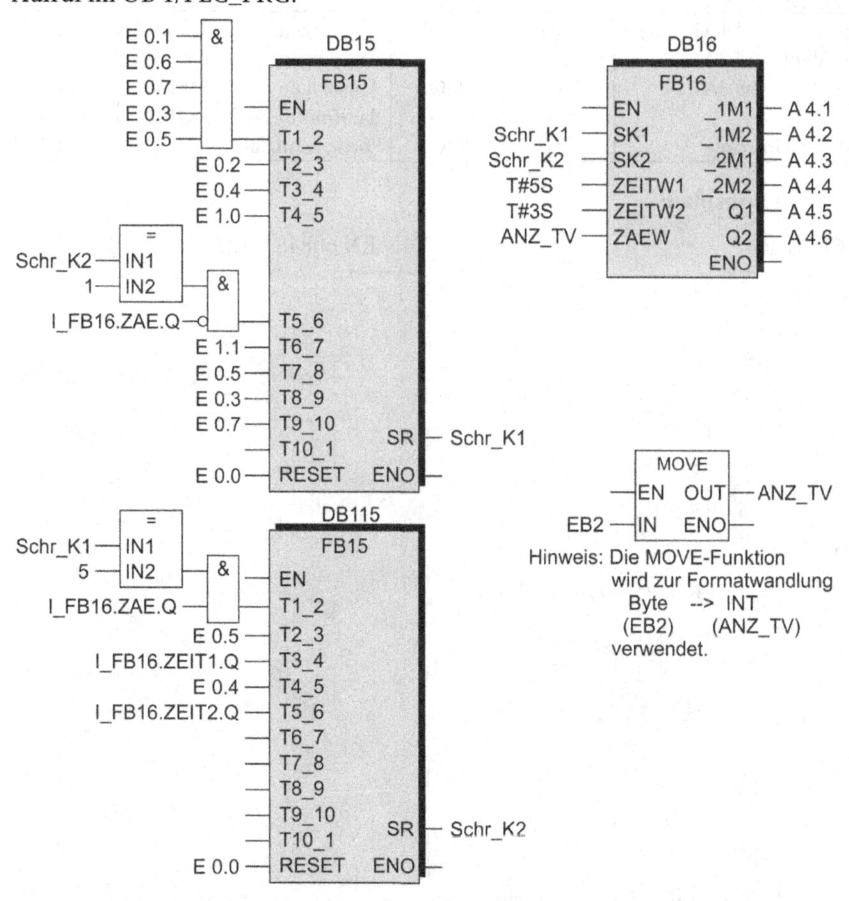

Programmierung und Aufruf der Bausteine siehe http://www.automatisieren-mit-sps.de Aufgabe 06_2_05

14.7 Lösungen der Lernaufgaben Kapitel 7

Lösung Lernaufgabe 7.1

Aufgabe S. 123

1. Zuordnungstabelle der PLC-Eingänge und PLC-Ausgänge der Anlage:

PLC-Eingangsvariable	Symbol	Datentyp	Logische Zuordnung	Adresse
Sensor Behälter in Magazin	B1	BOOL	Behälter vorhand. B1 = 1	E 0.0
Sensor 1A1 hintere Endlage	1B1	BOOL	1A1 eingefahren 1B1 = 1	E 0.1
Sensor 2A1 hintere Endlage	2B1	BOOL	2A1 eingefahren 2B1 = 1	E 0.2
Sensor 3A1 vordere Endlage	3B1	BOOL	3A1 ausgefahren 3B1 = 1	E 0.3
Sensor 3A1 hintere Endlage	3B2	BOOL	3A1 eingefahren 4B2 = 1	E 0.4
Sensor Pulver im Trichter	B2	BOOL	Pulver vorhanden B2 = 1	E 0.5
Lichtschranke Abfüllposition	B3	BOOL	Position erreicht B3 = 1	E 0.6
Lichtschranke Rollenbahn	B4	BOOL	Behälter passiert B4 = 1	E 0.7
PLC-Ausgangsvariable				
Magnetsp. Ventil Zyl 1A1	1M1	BOOL	Angezogen 1M1 = 1	A 4.1
Magnetsp. Ventil Zyl 2A1	2M1	BOOL	Angezogen 2M1 = 1	A 4.2
Magnetsp. Ventil Zyl 3A1	3M1	BOOL	Angezogen 3M1 = 1	A 4.3
Schütz Bandmotor	Q1	BOOL	Bandmotor läuft Q1 = 1	A 4.4
Schütz Förderschnecke	Q2	BOOL	Förderschn. läuft Q2 = 1	A 4.5

2. Ablauf-Funktionsplan:

DIN EN 61131-3

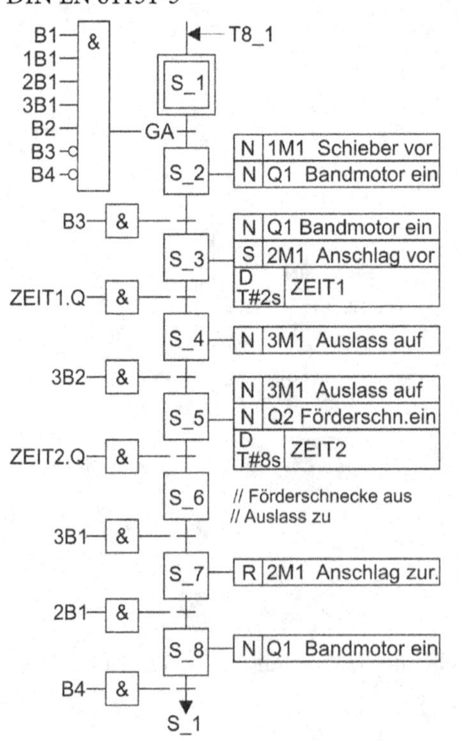

DIN EN 60848 (GRAFCET)

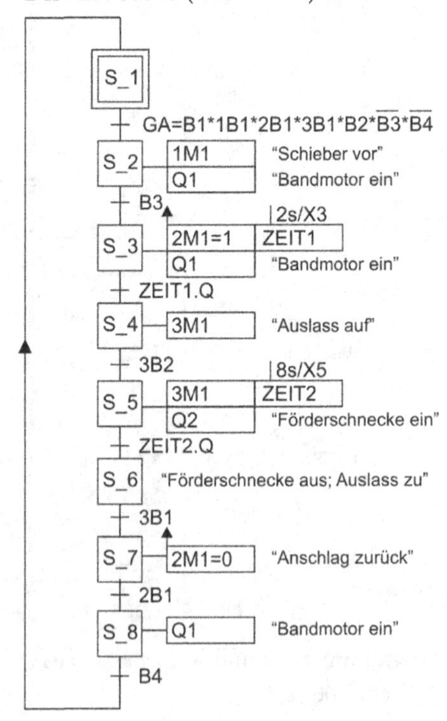

3. Funktionsplan Aktionsausgabe:

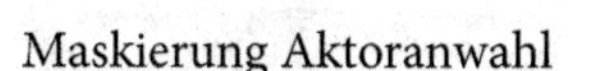
Maskierung Aktoranwahl

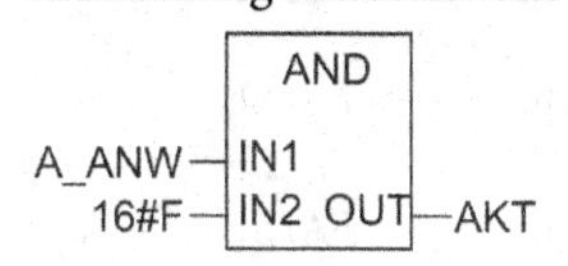

Ventil 1M1 Zylinder 1A1

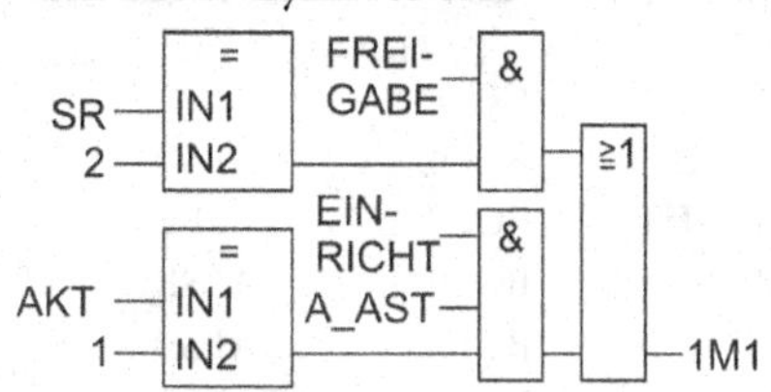

Ventil 2M1 Zylinder 2A1

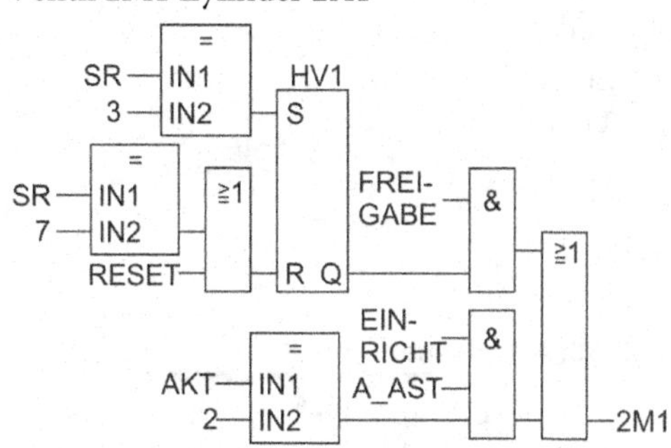

Ventil 3M1 Zylinder 3A1

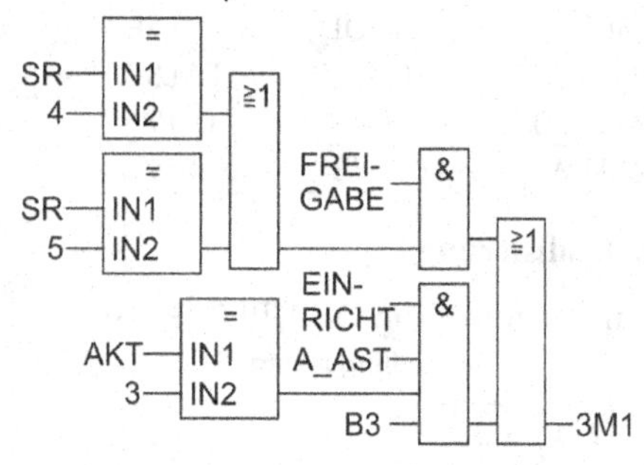

Schütz Q1 (Bandmotor)

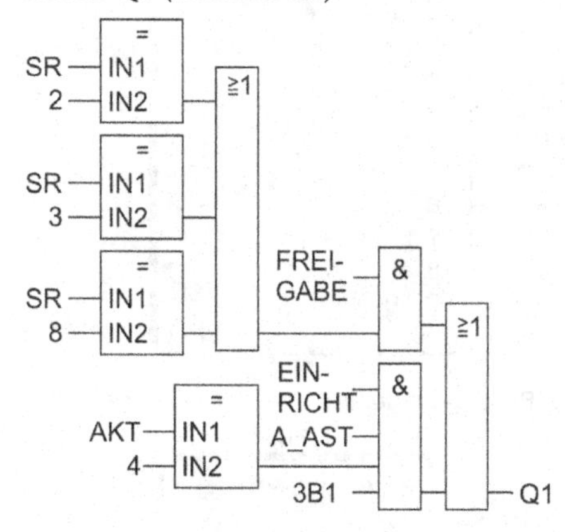

Schütz Q2 (Förderschnecke)

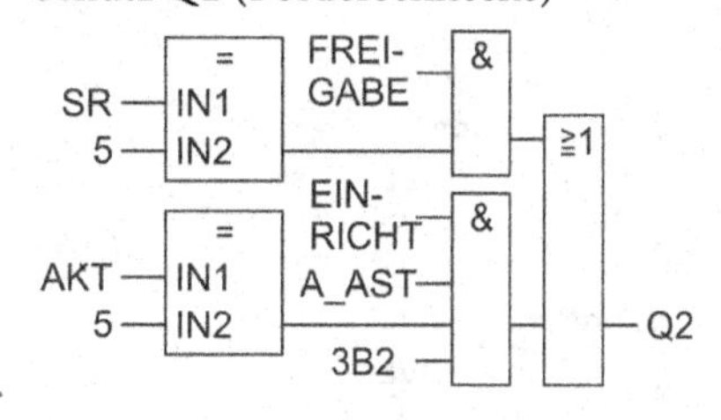

Wartezeit 1

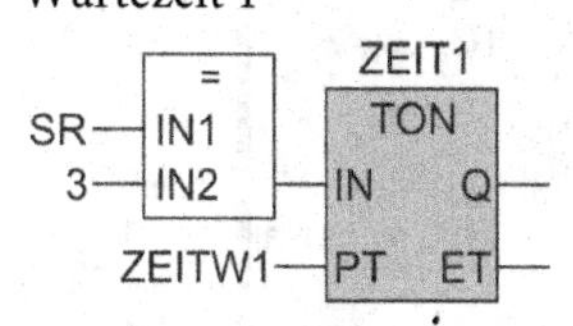

Wartezeit 2

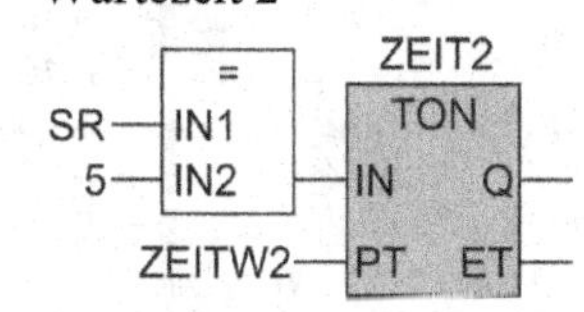

Die Variable HV1 ist als statische Variable zu deklarieren.

4. Deklarationstabelle Aktionsbaustein FB 26:

Name	Datentyp	Anfangswert
IN		
SR	INT	0
FREIGABE	BOOL	FALSE
EINRICHT	BOOL	FALSE
RESET	BOOL	FALSE
A_ANW	BYTE	FALSE
A_AST	BOOL	FALSE
_3B1	BOOL	FALSE
_3B2	BOOL	FALSE
B3	BOOL	FALSE
ZEITW1	TIME	T#0MS
ZEITW2	TIME	T#0MS

Name	Datentyp	Anfangswert
OUT		
_1M1	BOOL	FALSE
_2M1	BOOL	FALSE
_3M1	BOOL	FALSE
Q1	BOOL	FALSE
Q2	BOOL	FALSE
STAT		
HV1	BOOL	FALSE
ZEIT1	TON	
ZEIT2	TON	
TEMP		
AKT	INT	

5. Realisierung:

Bausteinaufrufe im OB 1/PLC_PRG:

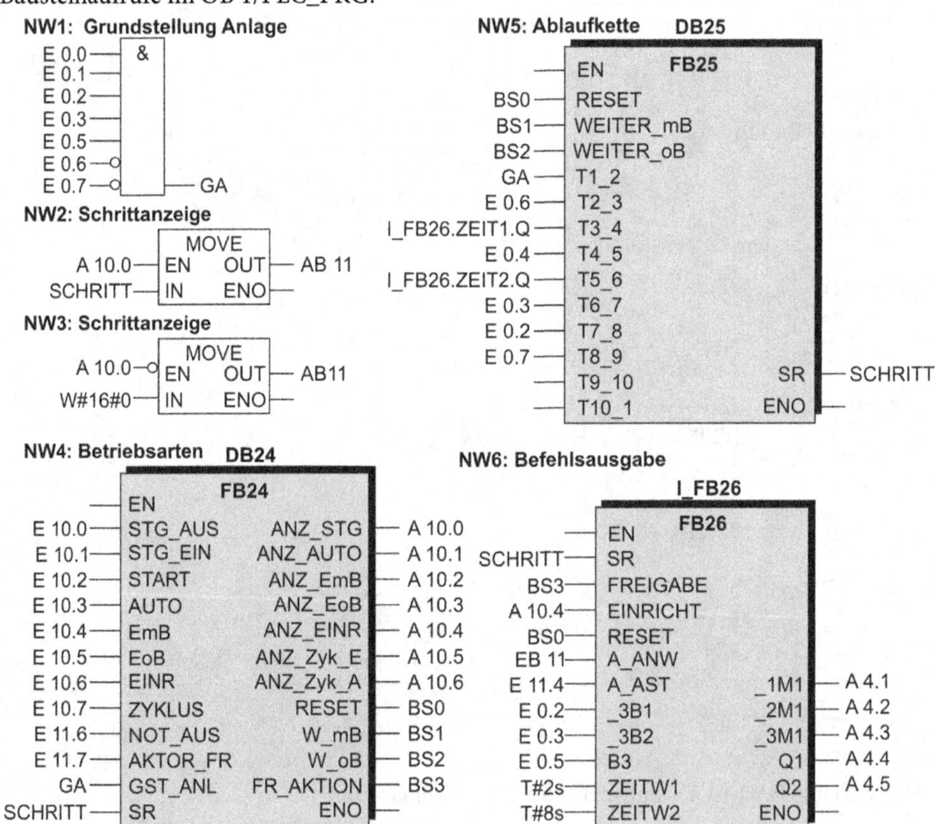

Programmierung und Aufruf der Bausteine siehe http://www.automatisieren-mit-sps.de Aufgabe 07_2_01

Lösung Lernaufgabe 7.2

Aufgabe S. 124

1. Zuordnungstabellen:

Eingänge und Ausgänge des Anzeige- und Bedienfeldes: (Siehe Lösung Beispiel 7.1, jedoch ohne Taster Steuerung AUS E00 und anstatt EIN-Taster E01 → Schalter EIN/AUS.)

PLC-Eingänge und PLC-Ausgänge der Zubringeinrichtung:

PLC-Eingangsvariable	Symbol	Datentyp	Logische Zuordnung		Adresse
Endlage Zylinder 1A hinten	1B1	BOOL	Betätigt	1B1 = 1	E 0.0
Endlage Zylinder 1A vorne	1B2	BOOL	Betätigt	1B2 = 1	E 0.1
Unterdruckschalter	2B1	BOOL	Betätigt	2B1 = 1	E 0.2
Endlage Zylinder 3A Magazin	3B1	BOOL	Betätigt	3B1 = 1	E 0.3
Endlage Zylinder 3A Band	3B2	BOOL	Betätigt	3B2 = 1	E 0.4
Sensor Verpackung vorhanden	B1	BOOL	Betätigt	B1 = 1	E 0.5
PLC-Ausgangsvariable					
Magnetsp. Ventil Zylinder 1A	1M1	BOOL	Angezogen	1M1 = 1	A 4.1
Magnetsp. Ventil Druckaufbau	2M1	BOOL	Angezogen	2M1 = 1	A 4.2
Magnetsp. Ventil Druckabbau	2M2	BOOL	Angezogen	2M2 = 1	A 4.3
Magnetsp. Schwenkarm rechts	3M1	BOOL	Angezogen	3M1 = 1	A 4.4
Magnetsp. Schwenkarm links	3M2	BOOL	Angezogen	3M2 = 1	A 4.5

2. Ablauf-Funktionsplan:

DIN EN 61131-3

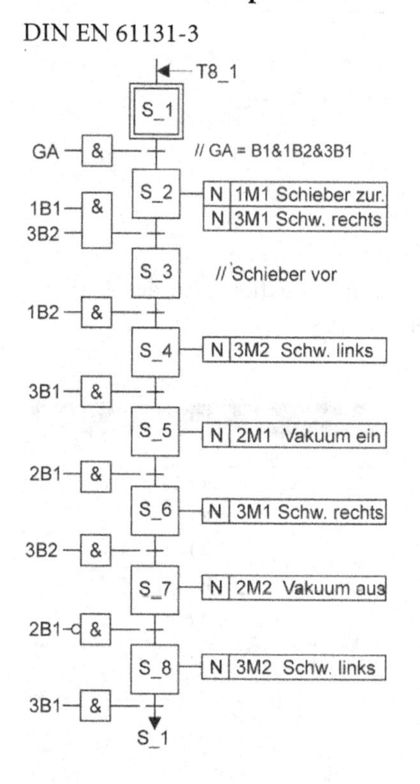

DIN EN 60848 (GRAFCET)

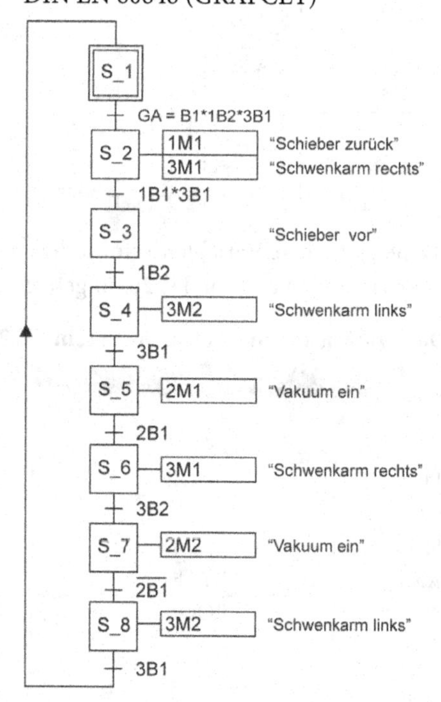

3. Funktionsplan Aktionsausgabe:

1M1 Magnetspule Ventil Zylinder 1A

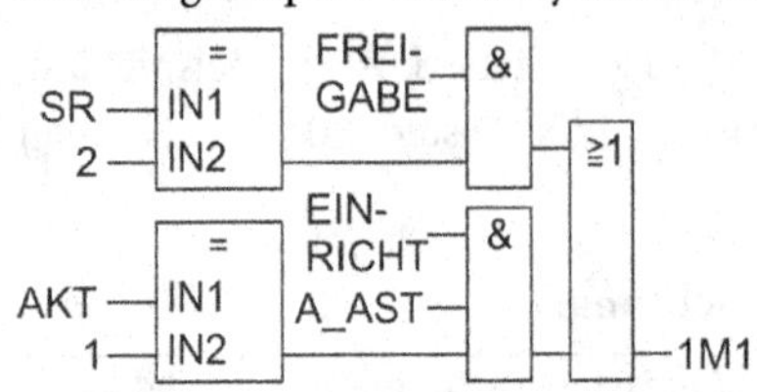

2M1 Magnetspule Ventil Druckaufbau

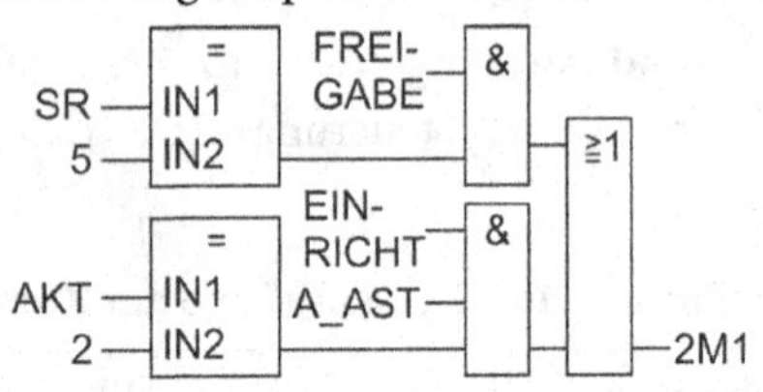

2M2 Magnetspule Ventil Druckabbau

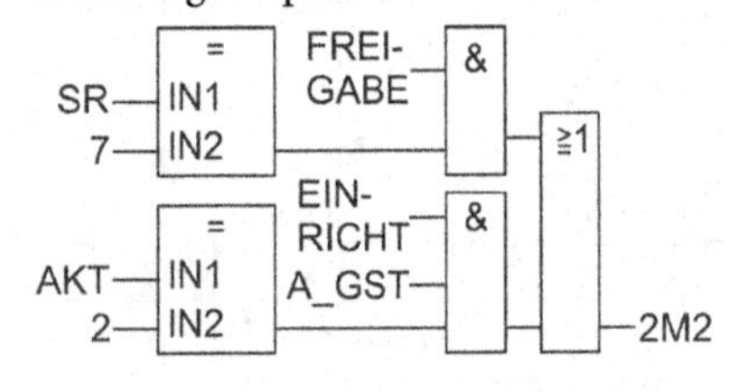

3M1 Magnetspule Schwenkarm rechts

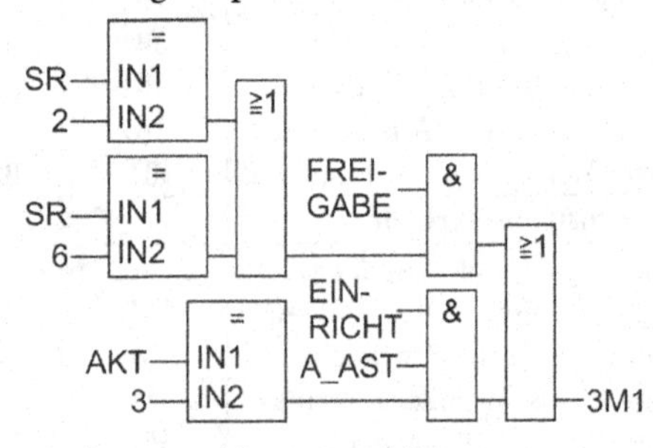

3M2 Magnetspule Schwenkarm links

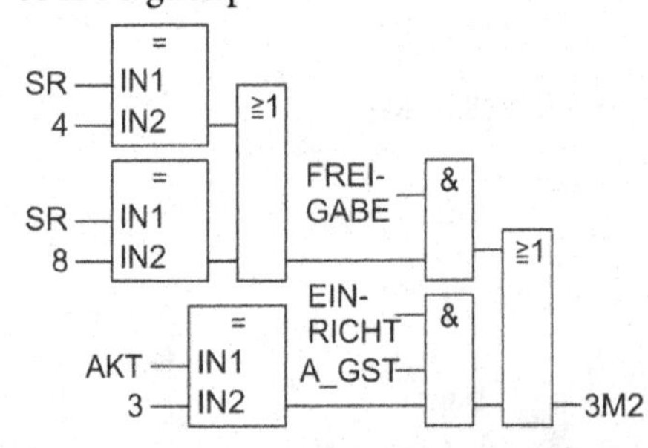

Maskierung Aktoranwahl

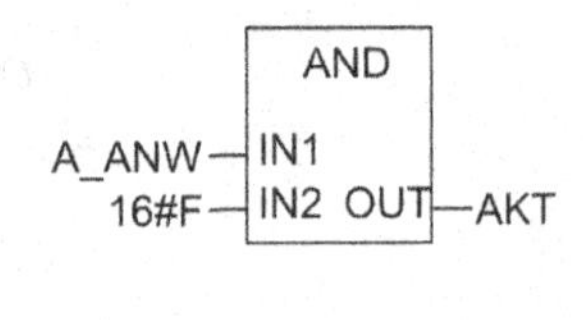

Da keine statischen Variablen erforderlich sind, kann der Funktionsplan des Aktionsbausteins in einer Funktion FC 26 umgesetzt werden.

4. Deklarationstabelle Aktionsbaustein FC 26:

Name	Datentyp
IN	
SR	INT
FREIGABE	BOOL
EINRICHT	BOOL
RESET	BOOL
A_ANW	BYTE
A_AST	BOOL
A_GST	BOOL

Name	Datentyp
OUT	
_1M1	BOOL
_2M1	BOOL
_2M2	BOOL
_3M1	BOOL
_3M2	BOOL
TEMP	
AKT	INT

5. Realisierung:

Bausteinaufrufe im OB 1/PLC_PRG:

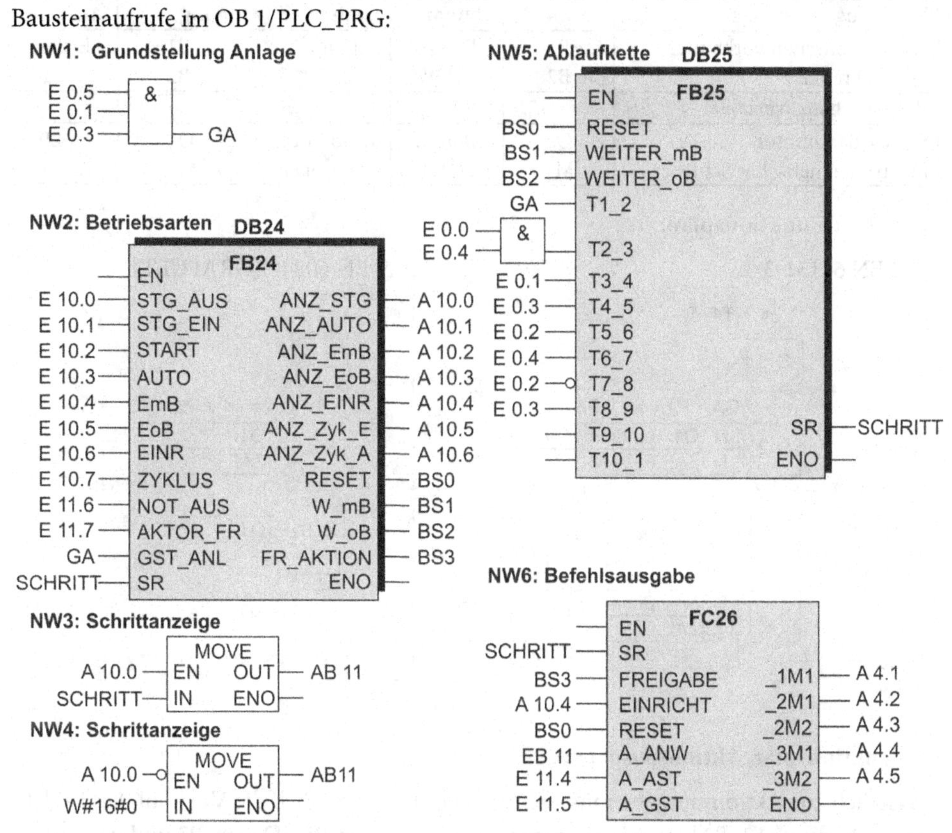

Programmierung und Aufruf der Bausteine siehe http://www.automatisieren-mit-sps.de Aufgabe 07_2_02

Lösung Lernaufgabe 7.3 Aufgabe S. 126

1. Zuordnungstabellen:

PLC-Eingänge und PLC-Ausgänge des Anzeige- und Bedienfeldes:

PLC-Eingangsvariable	Symbol	Datentyp	Logische Zuordnung		Adresse
.... // Standardeinträge	...	BOOL	...	...	...
Taster Vorwahl N1	S1	BOOL	Betätigt	S1 = 1	E 1.1
Taster Vorwahl N2	S2	BOOL	Betätigt	S2 = 1	E 1.2
Taster Vorwahl N3	S3	BOOL	Betätigt	S3 = 1	E 1.3
PLC-Ausgangsvariable					
... // Standardeinträge	...	...	...	...	...
Anzeige Vorwahl N1	P1	BOOL	Anzeige an	P1 = 1	A 5.1
Anzeige Vorwahl N1	P2	BOOL	Anzeige an	P2 = 1	A 5.2
Anzeige Vorwahl N1	P3	BOOL	Anzeige an	P3 = 1	A 5.3

PLC-Eingänge und PLC-Ausgänge der Tablettenabfülleinrichtung:

PLC-Eingangsvariable	Symbol	Datentyp	Logische Zuordnung		Adresse
Sensor Röhrchen vorhanden	B1	BOOL	Betätigt	B1 = 1	E 0.0
Lichtschranke	B2	BOOL	Betätigt	B2 = 1	E 0.1
PLC-Ausgangsvariable					
Schütz Bandmotor	Q1	BOOL	Motor an	Q1 = 1	A 4.0
Elektromagnetischer Schieber	M1	BOOL	Angezogen	M1 = 1	A 4.1

2. Ablauf-Funktionsplan:

DIN EN 61131-3

DIN EN 60848 (GRAFCET)

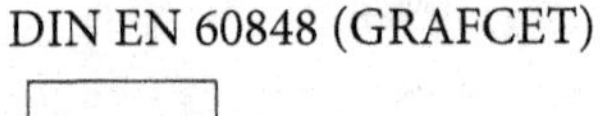

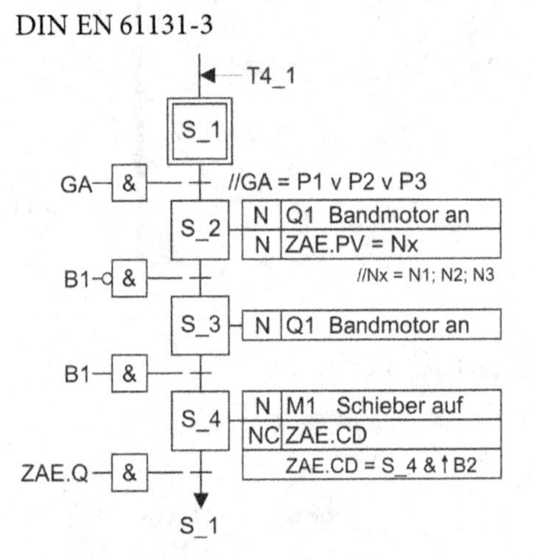

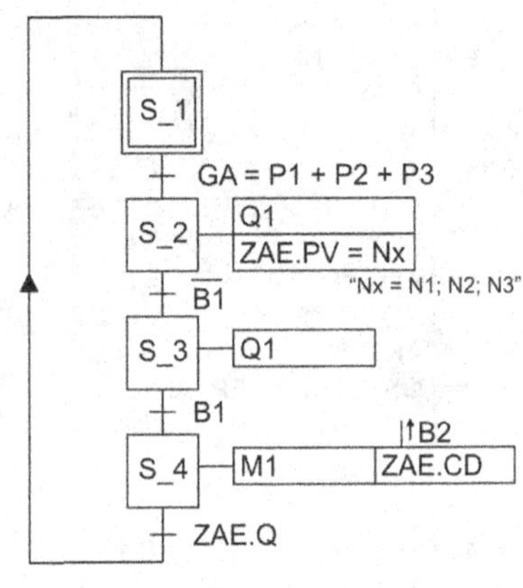

3. Funktionsplan Aktionsausgabe:

Zusätzlich zur Aktionsausgabe müssen in diesem Baustein noch die Vorwahl der Tablettenanzahl durch S1, S2 bzw. S3, die zugehörigen Anzeigen P1, P2 bzw. P3 und das Setzen bzw. Rückwärtszählen des Zählers ZAE programmiert werden.

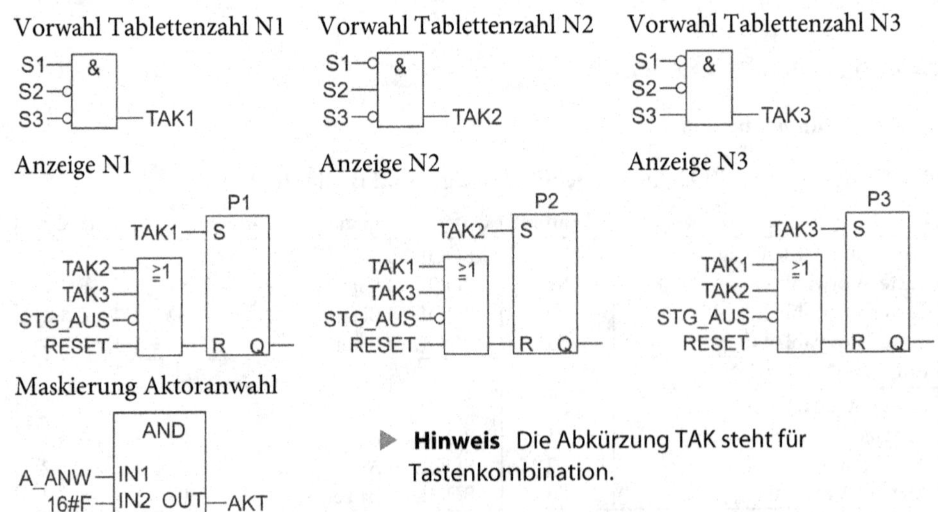

▶ **Hinweis** Die Abkürzung TAK steht für Tastenkombination.

Zählwert "ZAEW" mit N1 laden

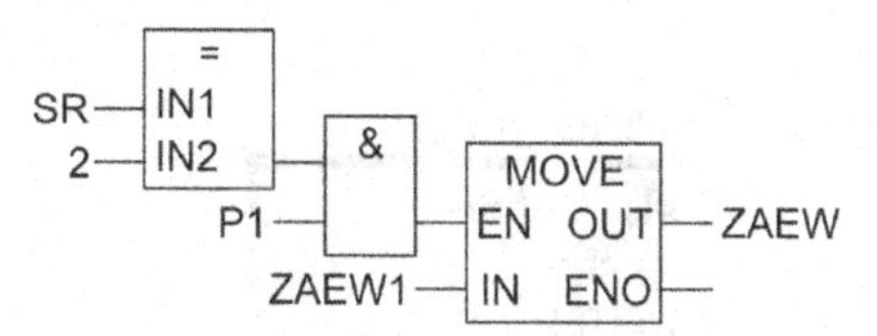

Zählwert "ZAEW" mit N2 laden

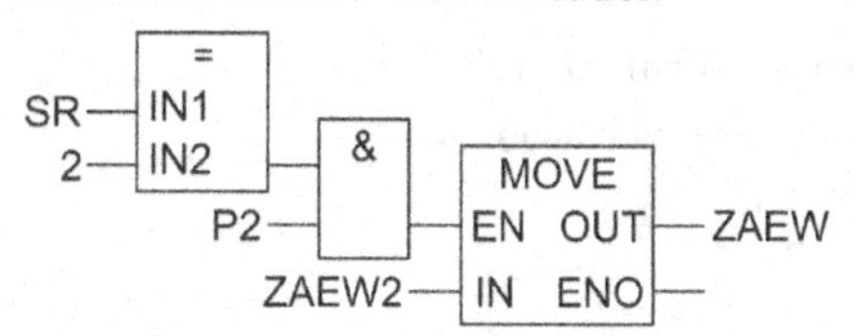

Zählwert "ZAEW" mit N3 laden

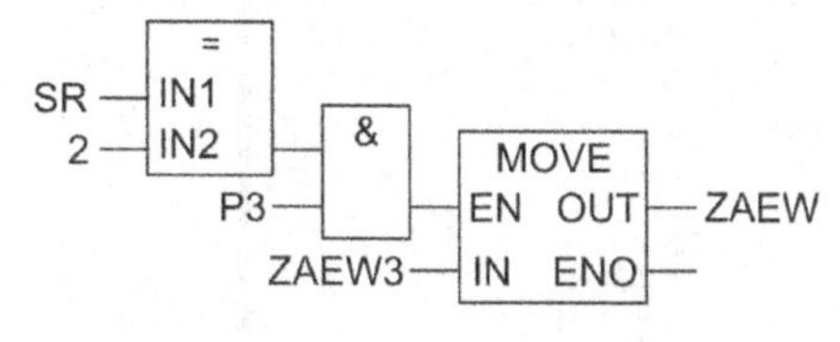

Zähler „Setzten“ und „Rückwärtszählen“

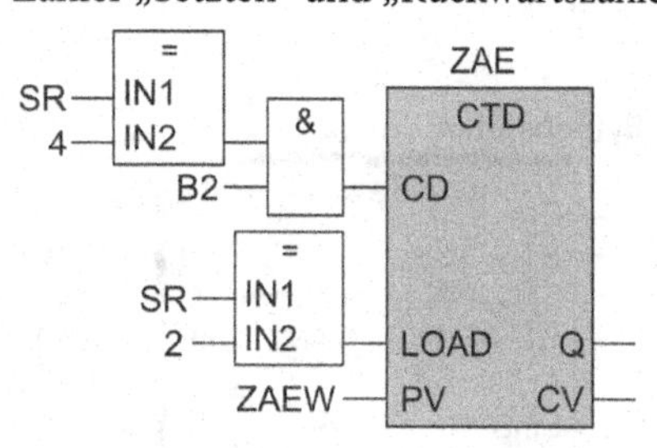

Schütz Q1 für Bandmotor

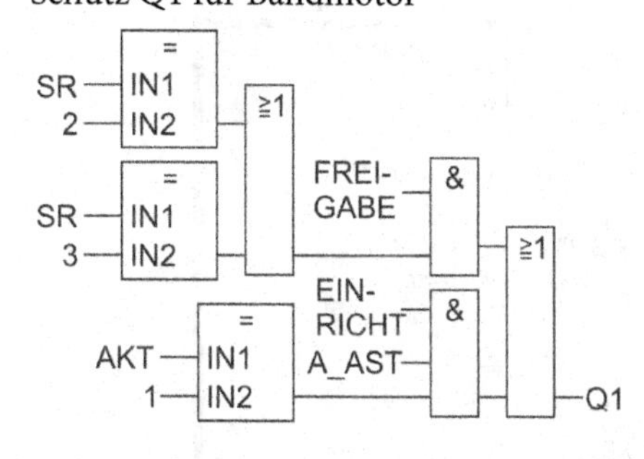

Schieber M1

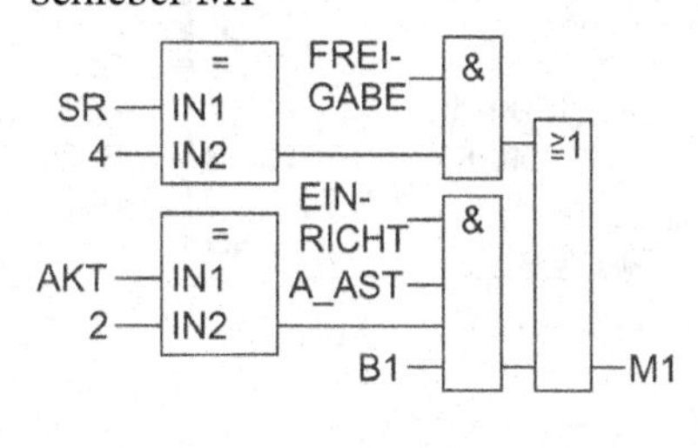

4. Deklarationstabelle Aktionsbaustein FB 26:

Name	Datentyp	Anfangswert
IN		
SR	INT	0
FREIGABE	BOOL	FALSE
EINRICHT	BOOL	FALSE
RESET	BOOL	FALSE
A_ANW	BYTE	FALSE
A_AST	BOOL	FALSE
STG_AUS	BOOL	FALSE
S1	BOOL	FALSE
S2	BOOL	FALSE
S3	BOOL	FALSE
B1	BOOL	FALSE
B2	BOOL	FALSE
ZAEW1	INT	3
ZAEW2	INT	5
ZAEW3	INT	7

Name	Datentyp	Anfangswert
OUT		
Q1	BOOL	FALSE
M1	BOOL	FALSE
IN_OUT		
P1	BOOL	FALSE
P2	BOOL	FALSE
P3	BOOL	FALSE
STAT		
ZAE	CTD	
TEMP		
AKT	INT	
TAK1	BOOL	
TAK2	BOOL	
TAK3	BOOL	
ZAEW	INT	

5. Realisierung:

Bausteinaufrufe im OB 1/PLC_PRG:

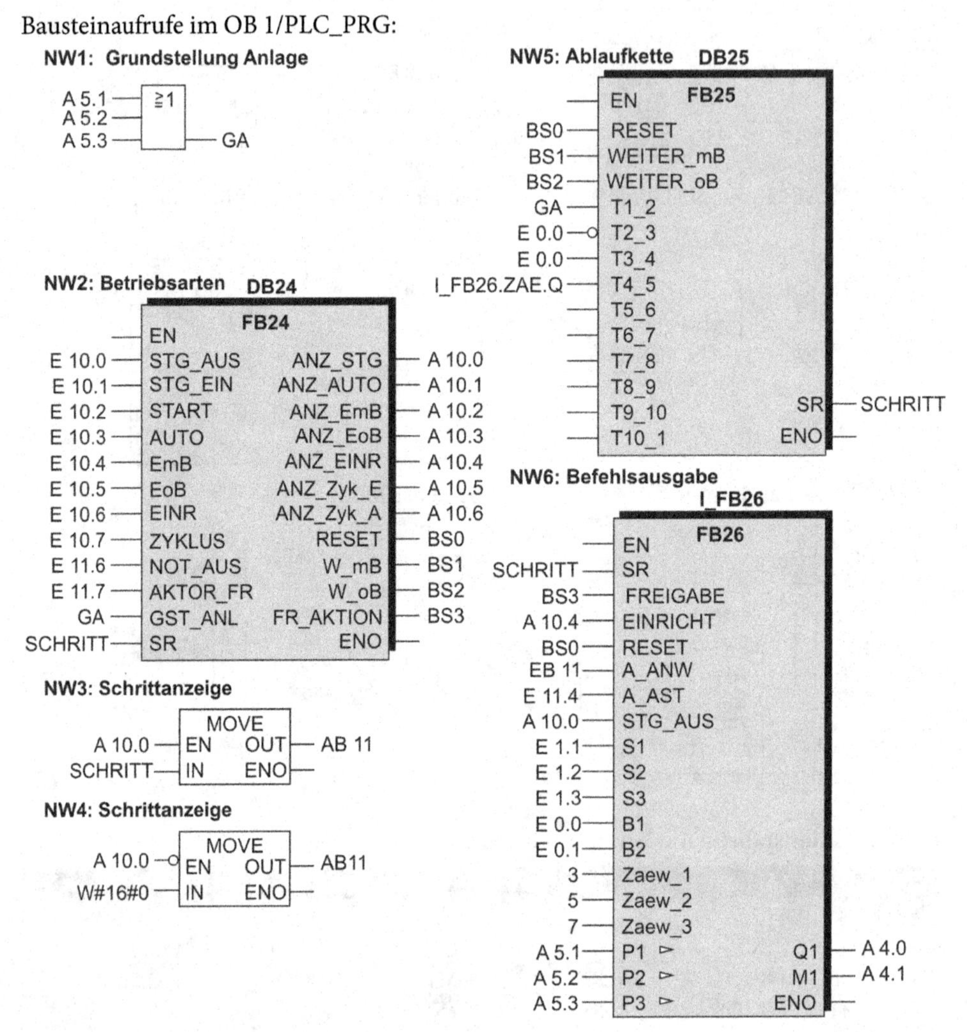

Programmierung und Aufruf der Bausteine siehe http://www.automatisieren-mit-sps.de Aufgabe 07_2_03

Lösung Lernaufgabe 7.4 Aufgabe S. 127

1. Zuordnungstabelle:

PLC-Eingänge und PLC-Ausgänge des Schotterwerks:

PLC-Eingangsvariable	Symbol	Datentyp	Logische Zuordnung		Adresse
Endlage Schieber 1A vorne	1B1	BOOL	Betätigt	1B1 = 1	E 0.1
Drehzahlsensor Förderband	B1	BOOL	Betätigt	B1 = 1	E 0.2
Drehzahlsensor Becherwerk	B2	BOOL	Betätigt	B2 = 1	E 0.3
PLC-Ausgangsvariable					
Elektromagnet Ventil Schieber	1M1	BOOL	Angezogen	1M1 = 1	A 4.0
Schütz Motor M1 (Rüttelsieb)	Q1	BOOL	Motor M1 an	Q1 = 1	A 4.1
Schütz Motor M2 (Bandmotor)	Q2	BOOL	Motor M2 an	Q2 = 1	A 4.2
Schütz Motor M3 (Becherwerk)	Q3	BOOL	Motor M3 an	Q3 = 1	A 4.3

2. Ablauf-Funktionsplan:

DIN EN 61131-3

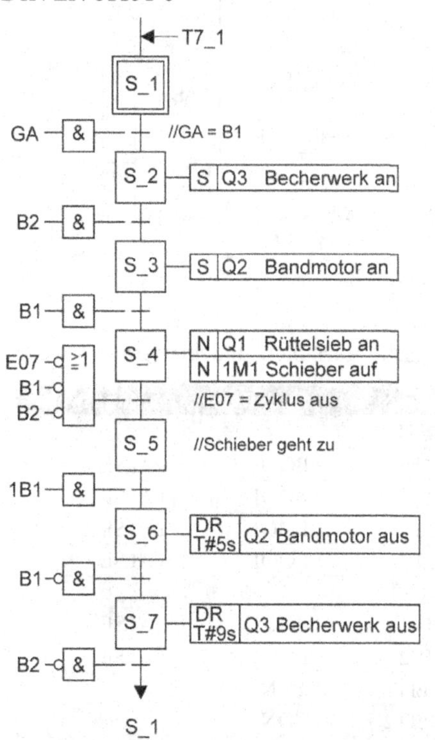

DIN EN 60848 (GRAFCET)

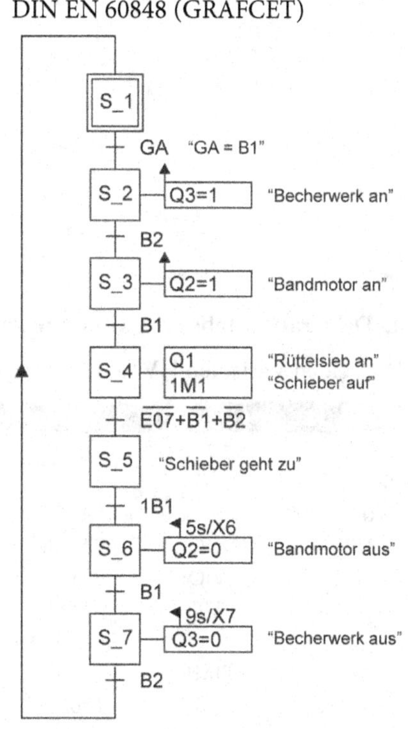

3. Funktionsplan Aktionsausgabe:

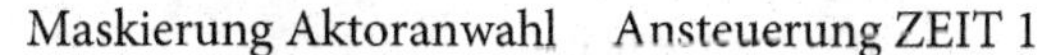
Maskierung Aktoranwahl Ansteuerung ZEIT 1 Ansteuerung ZEIT 2

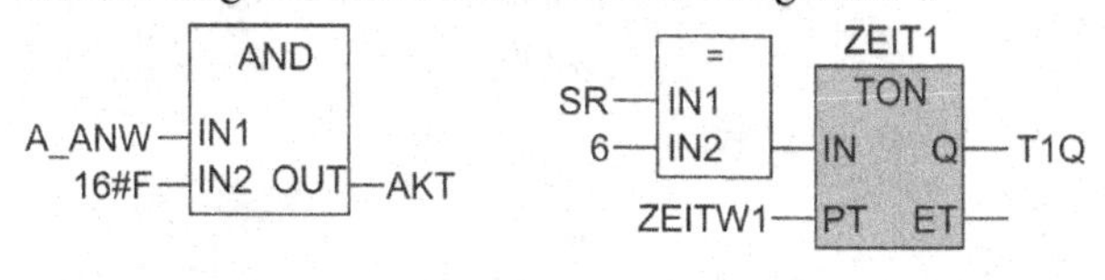

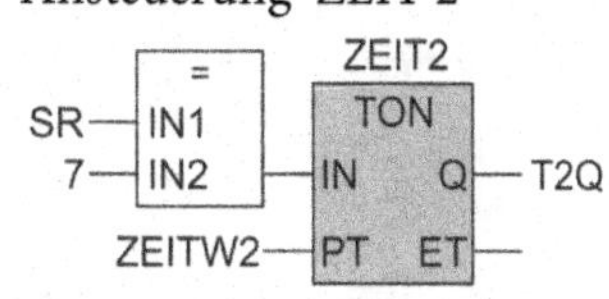

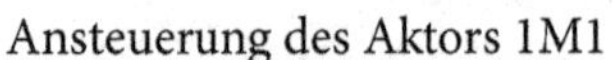

Ansteuerung des Aktors 1M1

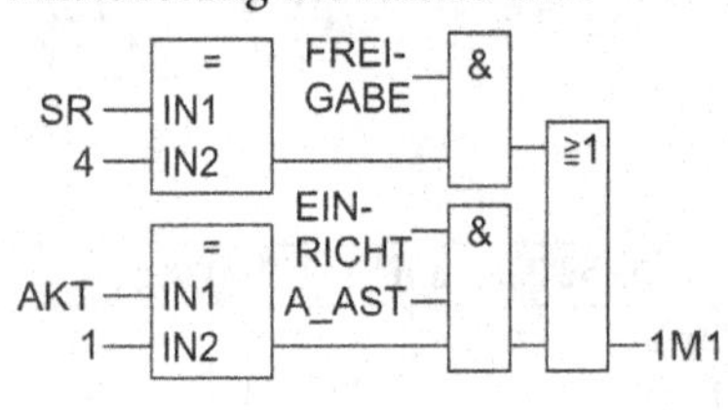

Ansteuerung des Aktors Q2

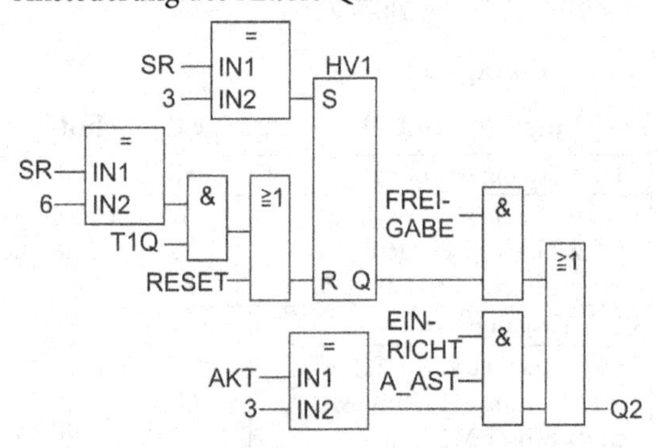

Ansteuerung des Aktors Q1

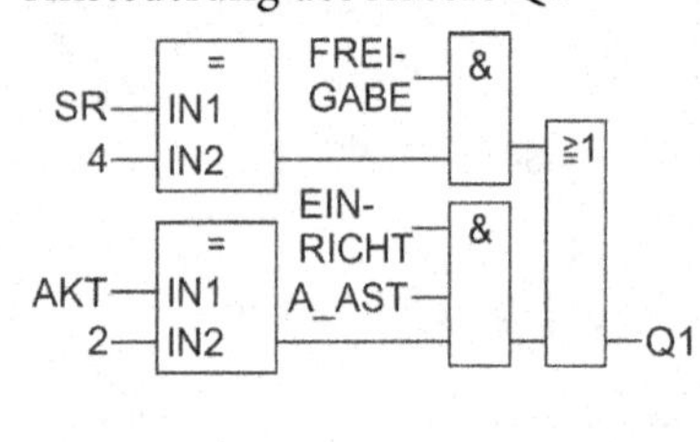

Ansteuerung des Aktors Q3

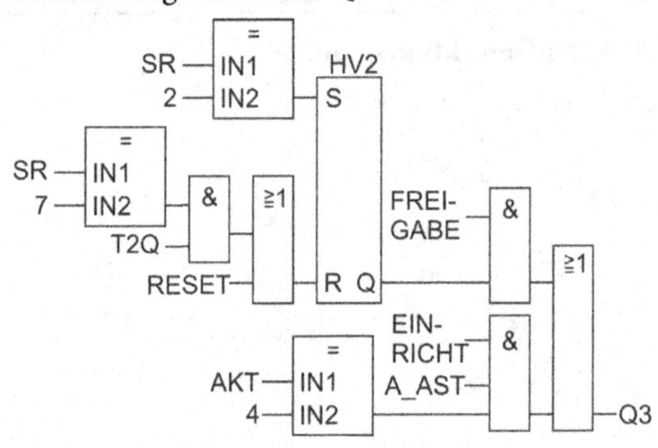

4. Deklarationstabelle Aktionsbaustein FB 26:

Die beiden Variablen HV1 und HV2 sind als statische Variablen zu deklarieren.

Name	Datentyp	Anfangswert
IN		
SR	INT	0
FREIGABE	BOOL	FALSE
EINRICHT	BOOL	FALSE
RESET	BOOL	FALSE
A_ANW	BYTE	FALSE
A_AST	BOOL	FALSE
ZEITW1	TIME	T#0MS
ZEITW2	TIME	T#0MS

Name	Datentyp	Anfangswert
OUT		
_1M1	BOOL	FALSE
Q1	BOOL	FALSE
Q2	BOOL	FALSE
Q3	BOOL	FALSE
STAT		
HV1	BOOL	FALSE
HV2	BOOL	FALSE
ZEIT1	TON	
ZEIT2	TON	
TEMP		
AKT	INT	
T1Q	BOOL	
T2Q	BOOL	

5. Realisierung:

Bausteinaufrufe im OB 1/PLC_PRG:

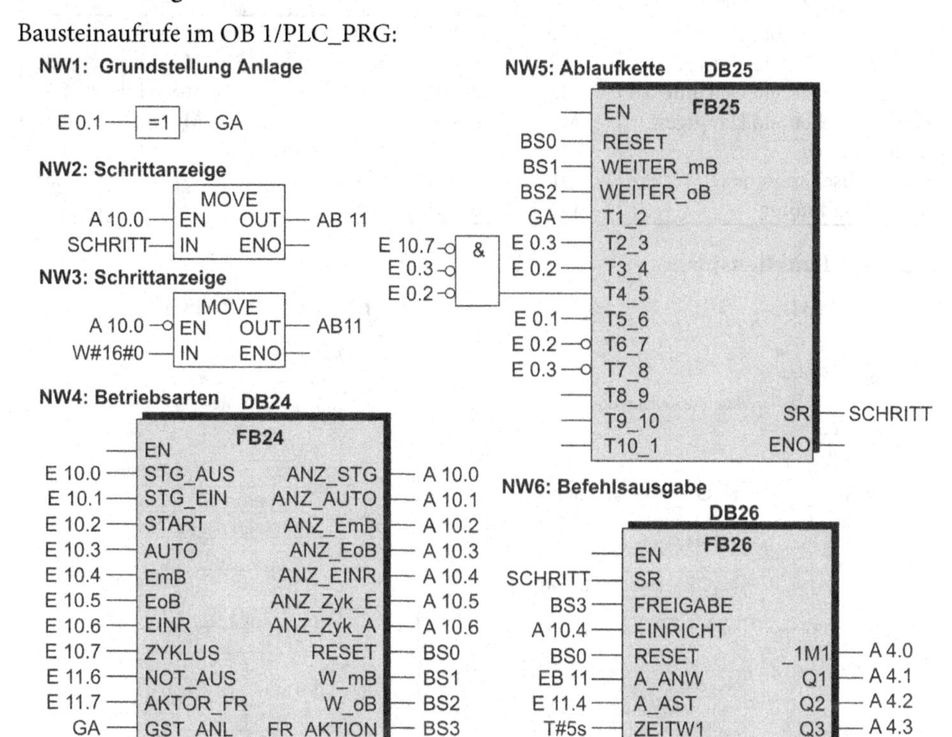

Programmierung und Aufruf der Bausteine siehe http://www.automatisieren-mit-sps.de Aufgabe 07_2_04

Lösung Lernaufgabe 7.5 Aufgabe S. 129

1. Zuordnungstabellen:

PLC-Eingänge und PLC-Ausgänge des Anzeige- und Bedienfeldes:

PLC-Eingangsvariable	Symbol	Datentyp	Logische Zuordnung	Adresse
.... // Standardeinträge	...	BOOL	... ...	...
Zifferneinsteller Vorwahl	ZE	BYTE	Zahl 0 – 9	EB2
PLC-Ausgangsvariable				
... // Standardeinträge	...	...	... ...	...

PLC-Eingänge und PLC-Ausgänge der Los-Verpackungsanlage:

PLC-Eingangsvariable	Symbol	Datentyp	Logische Zuordnung	Adresse
Zählsensor Nieten	B1	BOOL	Betätigt B1 = 1	E 0.1
Zählsensor Trostpreise	B2	BOOL	Betätigt B2 = 1	E 0.2
Zählsensor Gewinne	B3	BOOL	Betätigt B3 = 1	E 0.3
Zählsensor Hauptgewinne	B4	BOOL	Betätigt B4 = 1	E 0.4
Sensor Lostüte vorhanden	B5	BOOL	Betätigt B5 = 1	E 0.5

PLC-Ausgangsvariable					
Zufuhrschieber Silo Nieten	M1	BOOL	Silo offen	M1 = 1	A 4.1
Zufuhrschieber Silo Trostpreise	M2	BOOL	Silo offen	M2 = 1	A 4.2
Zufuhrschieber Silo Gewinne	M3	BOOL	Silo offen	M3 = 1	A 4.3
Zufuhrschieber Silo Hauptgew.	M4	BOOL	Silo offen	M4 = 1	A 4.4
Abfüllschieber	M5	BOOL	Mischer offen	M5 = 1	A 4.5
Schütz Mischermotor	Q1	BOOL	Motor an	Q1 = 1	A 4.6
Schütz Bandmotor	Q2	BOOL	Motor an	Q2 = 1	A 4.7

2. Ablauf-Funktionsplan:

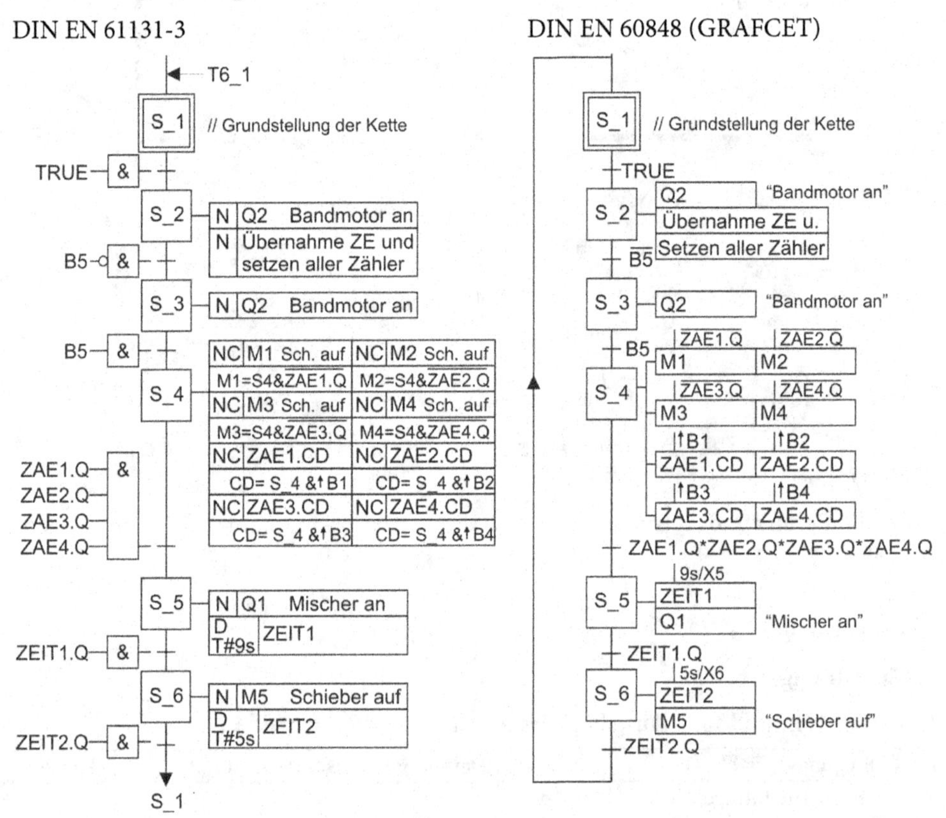

▶ **Hinweis** Da die Sensoren der Anlage keine sinnvolle Grundstellung liefern, wird die Weiterschaltung von Schritt S_1 nach Schritt S_2 unbedingt (TRUE) nach Betätigung der Start-Taste E02 durchgeführt.

3. Funktionsplan Aktionsausgabe FB 26:

Neben der Aktionsausgabe müssen in diesem Baustein noch die Gesamtzahl der Lose und das Setzen bzw. Rückwärtszählen der Zähler ZAE1 bis ZAE4 sowie deren Auswertung programmiert werden.

BCD-Wert "ZE" → INT-Wert "ZAEW"; falls 0 → ZAEW=10

Multiplikation des Zähl-Wertes ZAEW mit der Anzahl von Nieten, Trostpreisen, Gewinnen und Hauptgewinnen

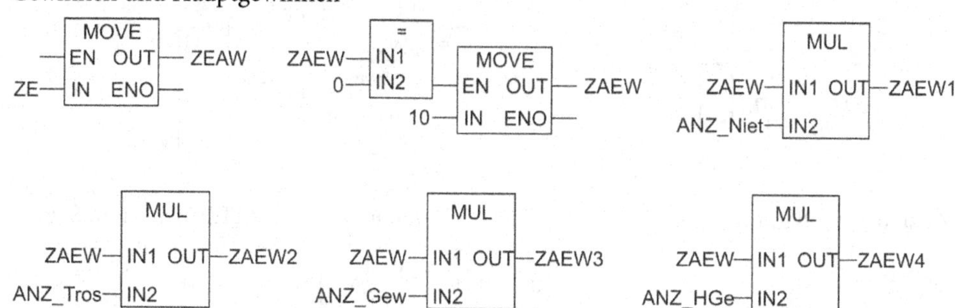

Rückwärtszählen der einzelnen Lose-Zähler in Abhängigkeit von B1, B2, B3 und B4

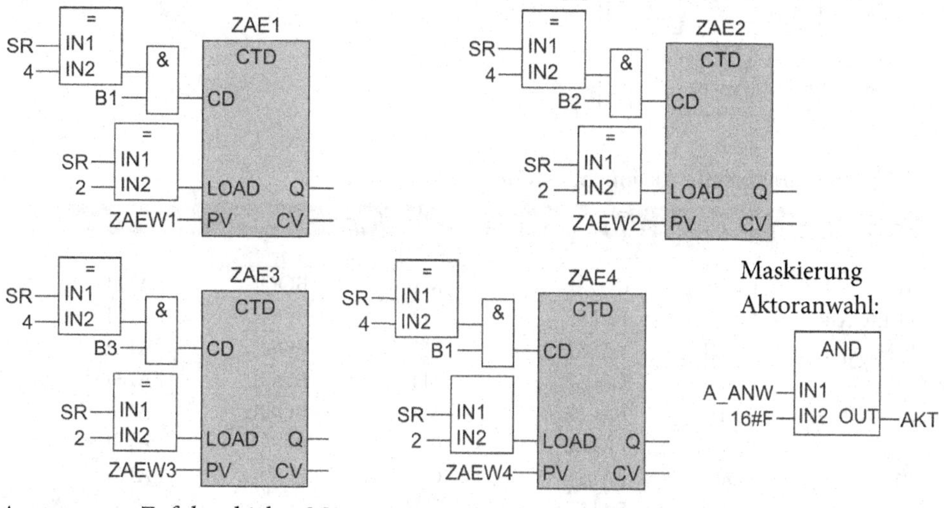

Ansteuerung Zufuhrschieber M1

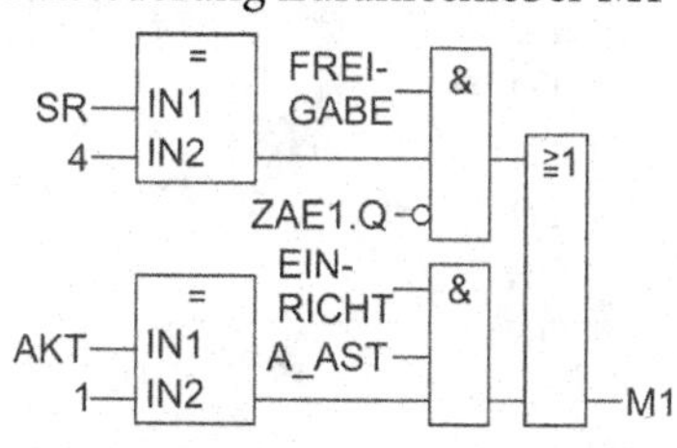

Ansteuerung Zufuhrschieber M2

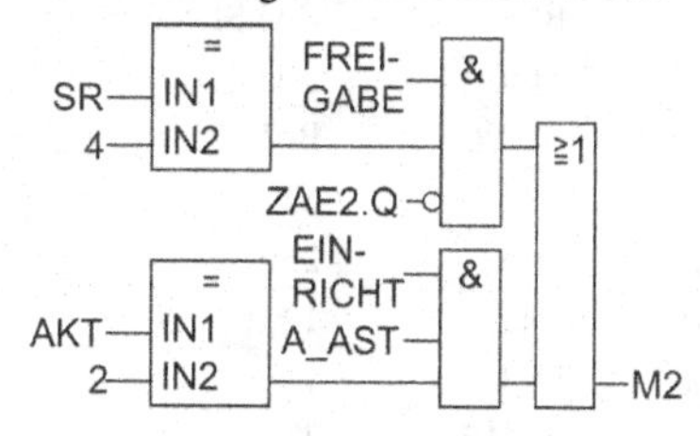

Ansteuerung Zufuhrschieber M3

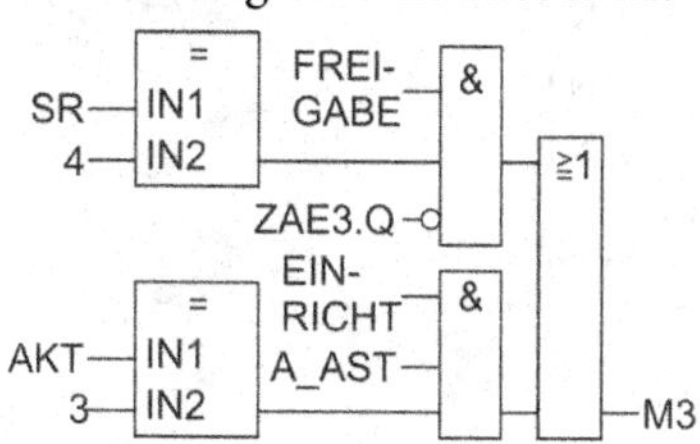

Ansteuerung Zufuhrschieber M4

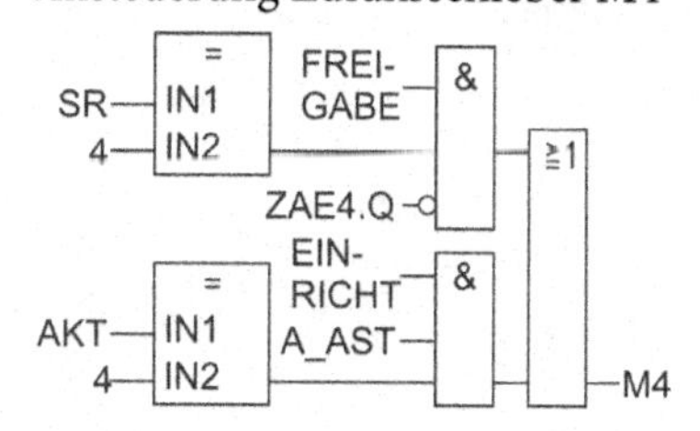

Ansteuerung Abfüllschieber M5

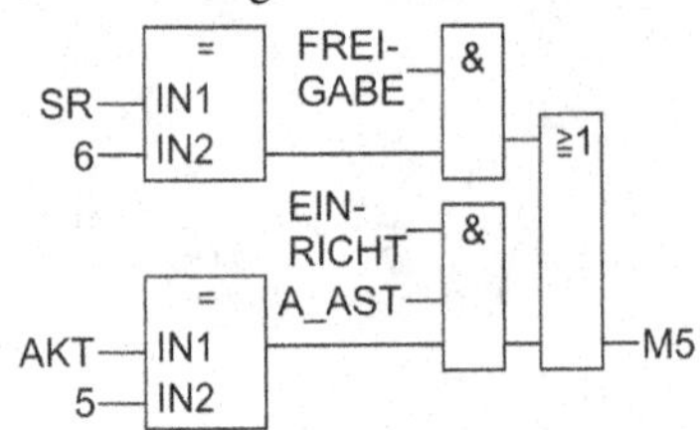

Ansteuerung Mischermotor Q1

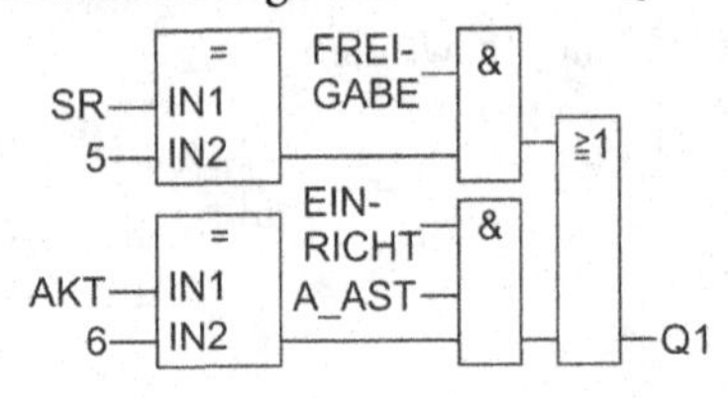

Ansteuerung Bandmotor Q2

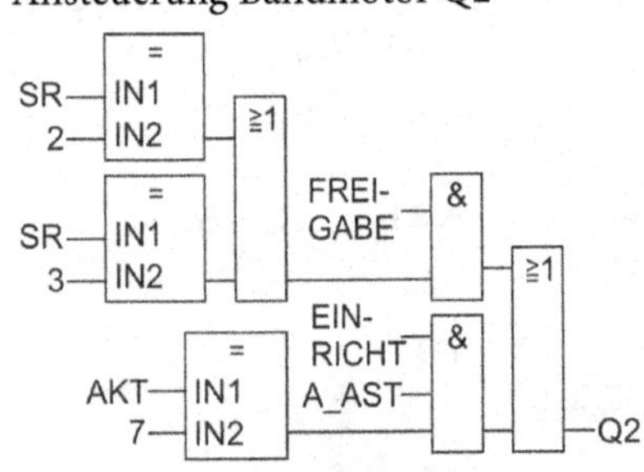

ZEIT1: Warten in S_5 ZEIT2: Warten in S_6

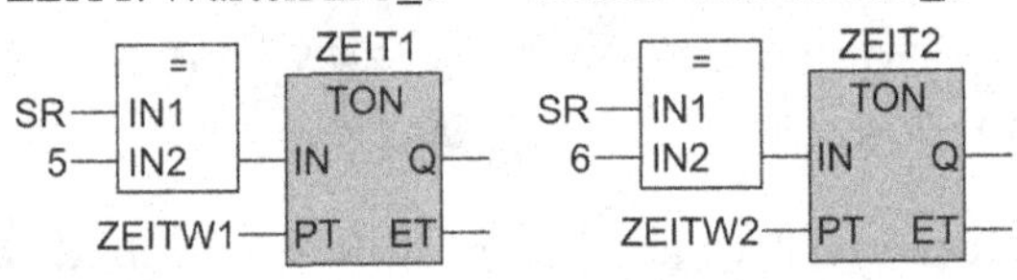

4. Deklarationstabelle Aktionsbaustein FB 26:

Name	Datentyp	Anfangswert
IN		
SR	INT	0
FREIGABE	BOOL	FALSE
EINRICHT	BOOL	FALSE
RESET	BOOL	FALSE
A_ANW	BYTE	FALSE
A_AST	BOOL	FALSE
B1	BOOL	FALSE
B2	BOOL	FALSE
B3	BOOL	FALSE
B4	BOOL	FALSE
ZE	BYTE	B#16#0
ANZ_Niet	INT	62
ANZ_Tros	INT	25
ANZ_Gew	INT	12
ANZ_HGe	INT	1
ZEITW1	TIME	T# 9s
ZEITW2	TIME	T# 5s

Name	Datentyp	Anfangswert
OUT		
M1	BOOL	FALSE
M2	BOOL	FALSE
M3	BOOL	FALSE
M4	BOOL	FALSE
M5	BOOL	FALSE
Q1	BOOL	FALSE
Q2	BOOL	FALSE
STAT		
ZAE1	CTD	
ZAE2	CTD	
ZAE3	CTD	
ZAE4	CTD	
ZEIT1	TON	
ZEIT2	TON	
TEMP		
AKT	INT	
ZAEW	INT	
ZAEW1	INT	
ZAEW2	INT	
ZAEW3	INT	
ZAEW4	INT	

5. Realisierung:

Bausteinaufrufe im OB 1/PLC_PRG:

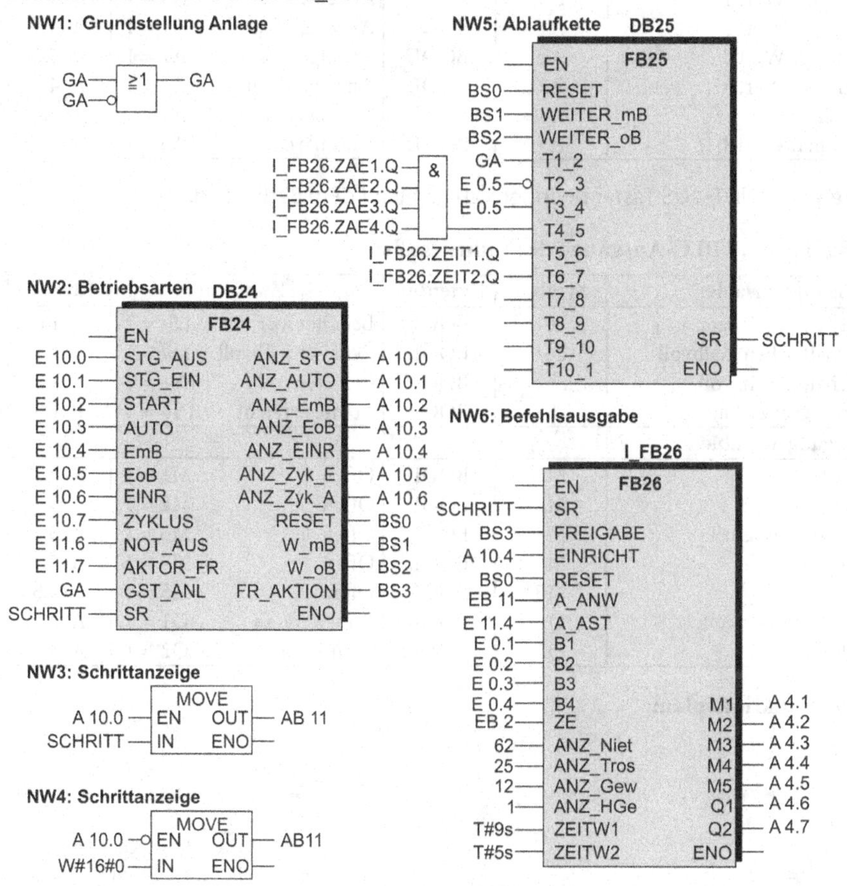

Programmierung und Aufruf der Bausteine siehe http://www.automatisieren-mit-sps.de Aufgabe 07_2_05

Lösung Lernaufgabe 7.6

Aufgabe S. 130

1. Zuordnungstabellen:

PLC-Eingänge und PLC-Ausgänge des Anzeige- und Bedienfeldes:

PLC-Eingangsvariable	Symbol	Datentyp	Logische Zuordnung		Adresse
Taster Steuerung AUS	E0	BOOL	Betätigt	E0 = 0	E 0.0
Taster Steuerung EIN	E1	BOOL	Betätigt	E1 = 1	E 0.1
Schalter Automatik/Hand	E2	BOOL	Automatikbetrieb	E2 = 1	E 0.2
Taster Start/Einzelschritt	E3	BOOL	Betätigt	E3 = 1	E 0.3
Taster Beenden_Autom.	E4	BOOL	Betätigt	E4 = 1	E 0.4
Schalter W_Beding_Hand	E5	BOOL	Weiter_oB	E5 = 1	E 0.5
Taster Aktion_Freigabe_Hand	E6	BOOL	Aktion frei	E6 = 1	E 0.6
NOT_AUS	E7	BOOL	Betätigt	E7 = 0	E 0.7

PLC-Ausgangsvariable					
Schrittanzeige Wert 1	A0	BOOL	Anzeige 2^0 an	A0 = 1	A 4.0
Schrittanzeige Wert 2	A1	BOOL	Anzeige 2^1 an	A1 = 1	A 4.1
Schrittanzeige Wert 4	A2	BOOL	Anzeige 2^2 an	A2 = 1	A 4.2
Schrittanzeige Wert 8	A3	BOOL	Anzeige 2^3 an	A3 = 1	A 4.3
Anz. Steuerung	A4	BOOL	Anzeige ein	A4 = 1	A 4.4
Anz. Automatikbetieb	A5	BOOL	Anzeige ein	A5 = 1	A 4.5

▶ **Hinweis** Der NOT-AUS Taster befindet sich nicht auf dem Bedienfeld.

PLC-Eingänge und PLC-Ausgänge des Rührkessels:

PLC-Eingangsvariable	Symbol	Datentyp	Logische Zuordnung		Adresse
Niveauschalter Beh. leer	LS-	BOOL	Behälter leer	LS- = 1	E 1.0
Niveauschalter Beh. halbvoll	LS/	BOOL	Behälter halbvoll	LS/ = 1	E 1.1
Niveauschalter Beh. voll	LS+	BOOL	Behälter voll	LS+ = 1	E 1.2
Temperaturgrenzschalter	TS+	BOOL	Temp. erreicht	TS+ = 1	E 1.3
PLC-Ausgangsvariable					
Zulaufventil 1	M1	BOOL	Offen	M1 = 1	A 5.1
Zulaufventil 2	M2	BOOL	Offen	M2 = 1	A 5.2
Reinigungsmittelventil	M3	BOOL	Offen	M3 = 1	A 5.3
Heißdampfventil	M4	BOOL	Offen	M4 = 1	A 5.4
Ablassventil	M5	BOOL	Offen	M5 = 1	A 5.5
Schütz Motor Rührwerk	Q1	BOOL	Rührwerk an	Q1 = 1	A 5.6
Schütz Pumpe	Q2	BOOL	Pumpe an	Q2 = 1	A 5.7

2. Ablauf-Funktionsplan:

DIN EN 61131-3

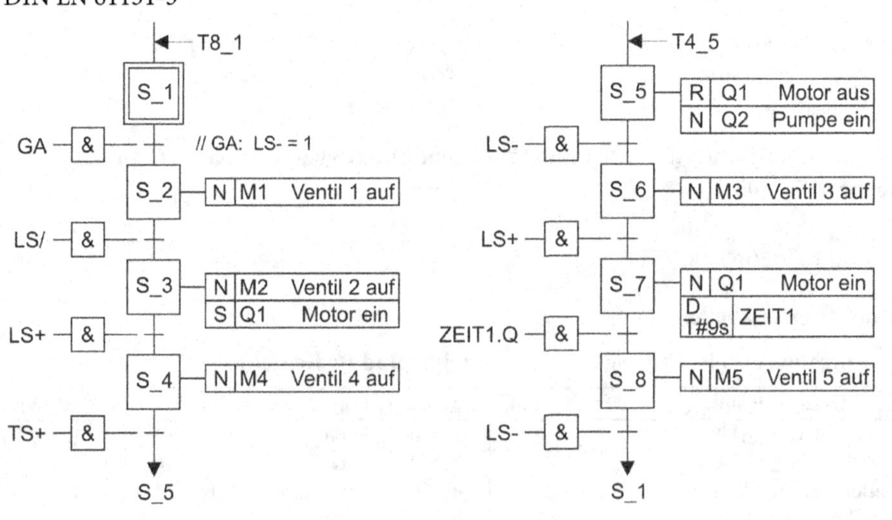

DIN EN 60848 (GRAFCET)

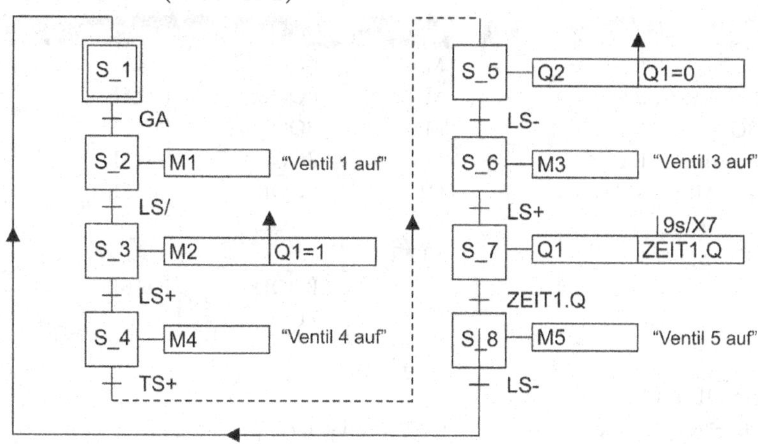

3. Funktionsplan Aktionsausgabe:

Ansteuerung Ventil M1 Ansteuerung Q1 und Ventil M2 Ansteuerung Ventil M3

Ansteuerung Ventil M4 Ansteuerung Ventil M5 Ansteuerung Q2 (Pumpe)

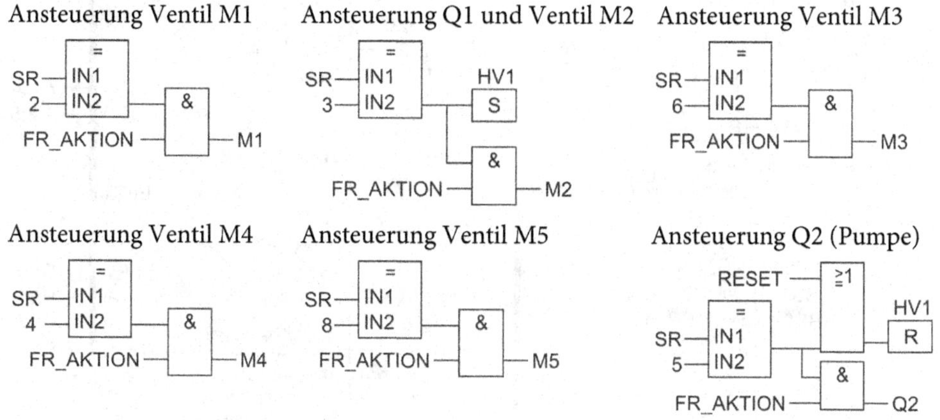

Ansteuerung Zeitfunktion und Q1 (Rührwerk)

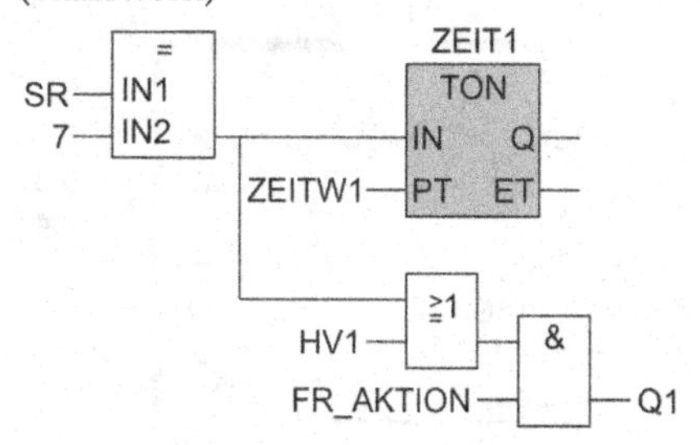

Wie aus dem Funktionsplan zu ersehen ist, muss für die Ansteuerung des Rührmotors M eine Hilfsvariable HV1 eingeführt werden. Da der Signalzustand dieser Variablen gespeichert wird, ist diese als lokale statische Variable zu deklarieren. Als Aktionsbaustein muss somit ein Funktionsbaustein FB verwendet werden.

4. Deklarationstabelle Aktionsbaustein FB 26:

Name	Datentyp	Anfangswert
IN		
SR	INT	0
FREIGABE	BOOL	FALSE
RESET	BOOL	FALSE
ZEITW1	S5TIME	S5T#0MS
OUT		
M1	BOOL	FALSE

Name	Datentyp	Anfangswert
M2	BOOL	FALSE
M3	BOOL	FALSE
M4	BOOL	FALSE
M5	BOOL	FALSE
Q1	BOOL	FALSE
Q2	BOOL	FALSE
STAT		
HV1	BOOL	FALSE
ZEIT1	TON	

5. Realisierung:

Bausteinaufrufe im OB 1/PLC_PRG:

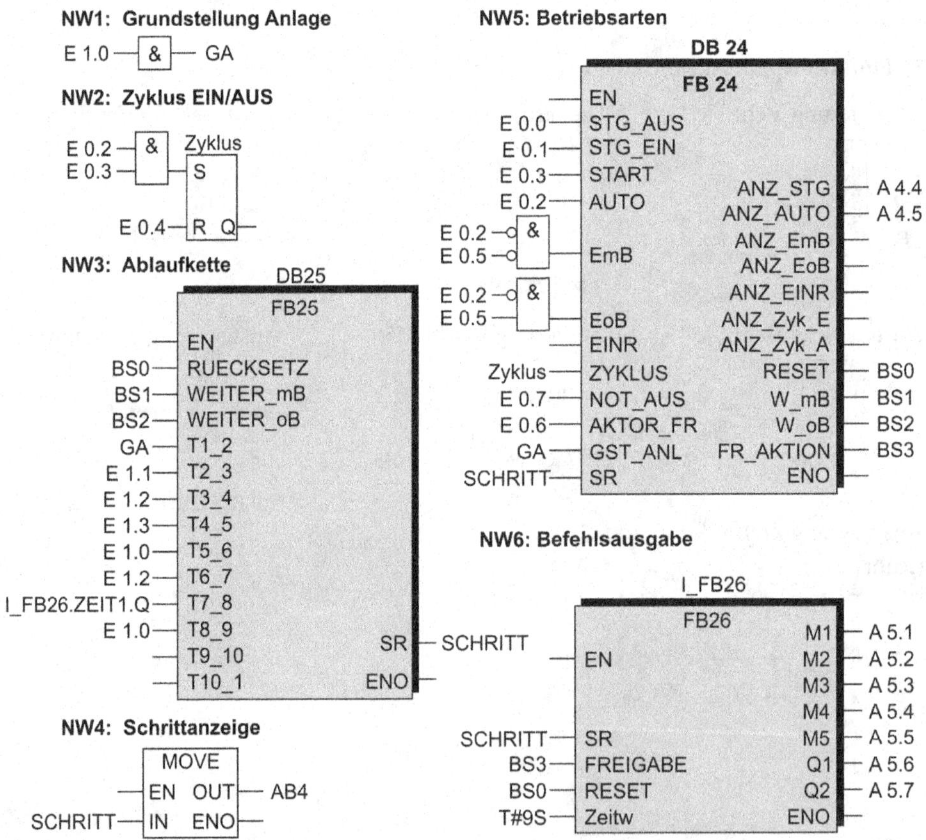

Programmierung und Aufruf der Bausteine siehe http://www.automatisieren-mit-sps.de Aufgabe 07_2_06

14.8 Lösungen der Lernaufgaben Kapitel 8

Hinweise Bei den Lösungsvorschlägen der Aufgaben 8.1, 8.2, 8.3 und 8.4 wird auf die Darstellung des Funktionsplanes für die Ablaufkette, die Darstellung der Deklarationstabelle für den entsprechenden Funktionsbaustein sowie den Aufruf des Bausteins im OB 1 aus Umfangsgründen des Buches verzichtet. Alle drei Elemente können Sie dem jeweiligen STEP 7-Programm entnehmen, welches Sie unter der Internetadresse http://www.automatisieren-mit-sps.de herunterladen können.

Bei der Umsetzung eines Ablauf-Funktionsplanes mit der RS-Speichermethode in einen Funktionsbaustein sollte dieser eine Ausgangsparameter SR erhalten. An diesem Ausgang kann dann der jeweils aktuelle Schritt, in dem sich die Ablaufkette befindet, abgelesen werden.

Dies ist besonders bei der Erstinbetriebnahme des Programms wichtig, um schnell eventuelle Programmierfehler zu finden. Der nebenstehende Funktionsplan zeigt, wie mit Hilfe der MOVE-Funktion bei jedem Schrittoperanden SRO_x dem Ausgangsparameter SR die Schrittnummer zugewiesen wird.

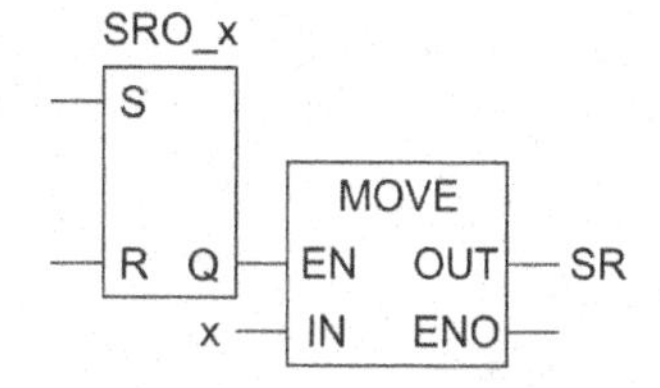

Lösung Lernaufgabe 8.1

Aufgabe S. 146

1. Zuordnungstabelle der PLC-Eingänge und PLC-Ausgänge:

PLC-Eingangsvariable	Symbol	Datentyp	Logische Zuordnung	Adresse
Schlüsselschalter START	S1	BOOL	Eingeschaltet S1 = 1	E 0.1
Endsch. Schieber 1A hinten	1B1	BOOL	Hintere Endlage 1B1 = 1	E 0.2
Endsch. Schieber 1A vorne	1B2	BOOL	Vordere Endlage 1B2 = 1	E 0.3
Endsch. Schieber 2A hinten	2B1	BOOL	Hintere Endlage 2B1 = 1	E 0.4
Endsch. Schieber 2A vorne	2B2	BOOL	Vordere Endlage 2B2 = 1	E 0.5
Endsch. Pusher 3A hinten	3B1	BOOL	Hintere Endlage 3B1 = 1	E 0.6
Endsch. Pusher 3A vorne	3B2	BOOL	Vordere Endlage 3B2 = 1	E 0.7
Endsch. Pusher 4A hinten	4B1	BOOL	Hintere Endlage 4B1 = 1	E 1.0
Endsch. Pusher 5A vorne	4B2	BOOL	Vordere Endlage 4B2 = 1	E 1.1
Lichtschanke 1	B2	BOOL	Unterbrochen B2 = 1	E 1.2
Lichtschanke 2	B3	BOOL	Unterbrochen B3 = 1	E 1.3
Lichtschanke 3	B4	BOOL	Unterbrochen B4 = 1	E 1.4
Lichtschanke 4	B5	BOOL	Unterbrochen B5 = 1	E 1.5
Lichtschanke 5	B6	BOOL	Unterbrochen B6 = 1	E 1.6
Metallsensor	B1	BOOL	Metallisches Teil B1 = 1	E 1.7
Taster Ablaufk. Grundstellung	RESET	BOOL	Betätigt RESET = 1	E 0.0
PLC-Ausgangsvariable				
Ventil Schieber 1A vor	1M1	BOOL	Schieber 1A vor 1M1 = 1	A 4.0
Ventil Schieber 1A zurück	1M2	BOOL	Schieber 1A zur. 1M2 = 1	A 4.1
Ventil Schieber 2A vor	2M1	BOOL	Schieber 2A vor 2M1 = 1	A 4.2
Ventil Schieber 2A zurück	2M2	BOOL	Schieber 2A zur. 2M2 = 1	A 4.3
Ventil Pusher 3A vor	3M1	BOOL	Pusher 3A vor 3M1 = 1	A 4.4
Ventil Pusher 3A zurück	3M2	BOOL	Pusher 3A zur. 3M2 = 1	A 4.5
Ventil Pusher 4A vor	4M1	BOOL	Pusher 4A vor 4M1 = 1	A 4.6
Ventil Pusher 4A zurück	4M2	BOOL	Pusher 5A zur. 4M2 = 1	A 4.7
Schütz Förderbandmotor	Q1	BOOL	Bandmotor an Q1 = 1	A 5.0

2. Ablauf-Funktionsplan: DIN EN 61131-3

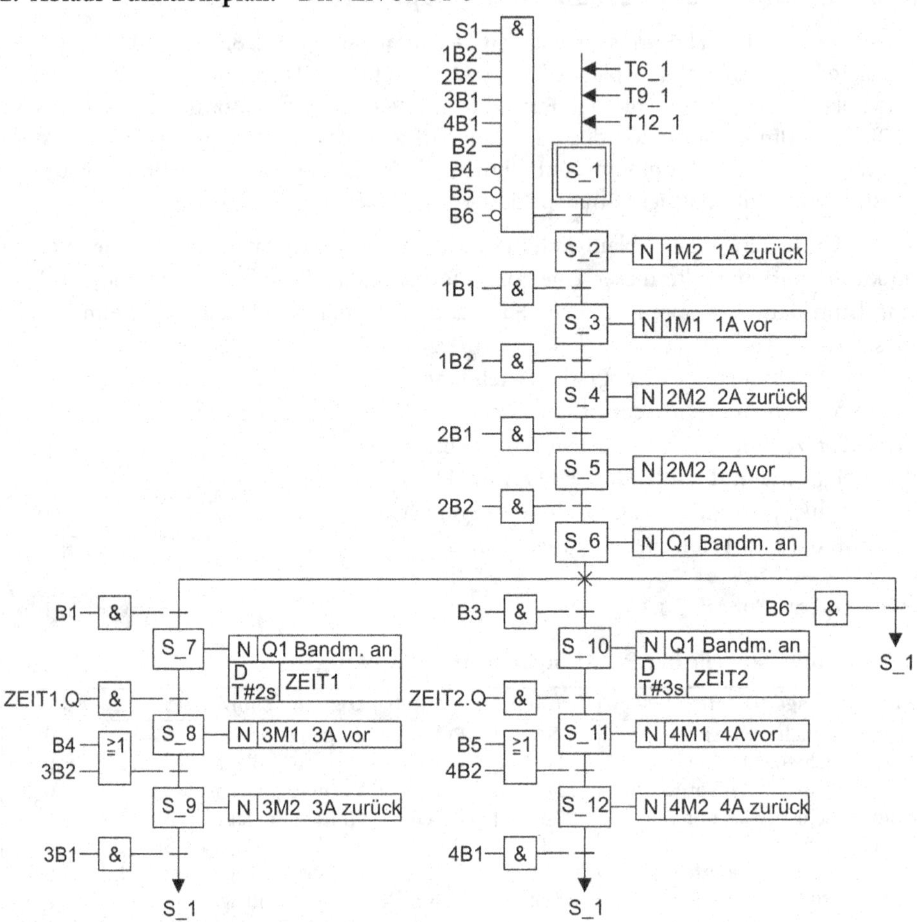

3. Transitionstabelle:

Transition	Transitionsbedingung
T-1	T6_1 = B6 T9_1 = 3B1 T12_1 = 4B1
T-2	T1_2 =(Grundstellung d. Anlage)
T-3	T2_3 = 1B1
T-4	T3_4 = 1B2
T-5	T4_5 = 2B1
T-6	T5_6 = 2B2

Transition	Transitionsbedingung
T-7	T6_7 = B1
T-8	T7_8 = ZEIT1.Q
T-9	T8_9 = B4 $\vee$ 3B2
T-10	T6_10 = B3
T-11	T10_11 = ZEIT2.Q
T-12	T11_12 = B5 v 4B2

4. bis 6. Funktionsplan, Deklarationstabelle, Realisierung:

Programmierung und Aufruf des Bausteins FB 821 siehe http://www.automatisieren-mit-sps.de; Aufgabe 08_2_01

Lösung Lernaufgabe 8.2

Aufgabe S. 123

1. Zuordnungstabelle der PLC-Eingänge und PLC-Ausgänge:

PLC-Eingangsvariable	Symbol	Datentyp	Logische Zuordnung		Adresse
Schalter EIN/AUS	S1	BOOL	Eingeschaltet	S1 = 1	E 0.1
Schalter TAG/NACHT	S2	BOOL	Nacht	S2 = 1	E 0.2
Initiator 1	B1	BOOL	Betätigt	B1 = 1	E 0.3
Initiator 2	B2	BOOL	Betätigt	B2 = 1	E 0.4
Taster Ablaufk. Grundstellung	RESET	BOOL	Betätigt	RESET = 1	E 0.0
PLC-Ausgangsvariable					
Signallampe Rot 1	P1R	BOOL	Leuchtet	P1R = 1	A 4.0
Signallampe Gelb 1	P1Ge	BOOL	Leuchtet	P1Ge = 1	A 4.1
Signallampe Grün 1	P1Gn	BOOL	Leuchtet	P1Gn = 1	A 4.2
Signallampe Rot 2	P2R	BOOL	Leuchtet	P2R = 1	A 5.0
Signallampe Gelb 2	P2Ge	BOOL	Leuchtet	P2Ge = 1	A 5.1
Signallampe Grün 2	P2Gn	BOOL	Leuchtet	P2Gn = 1	A 5.2

2. Ablauf-Funktionsplan: DIN EN 61131-3

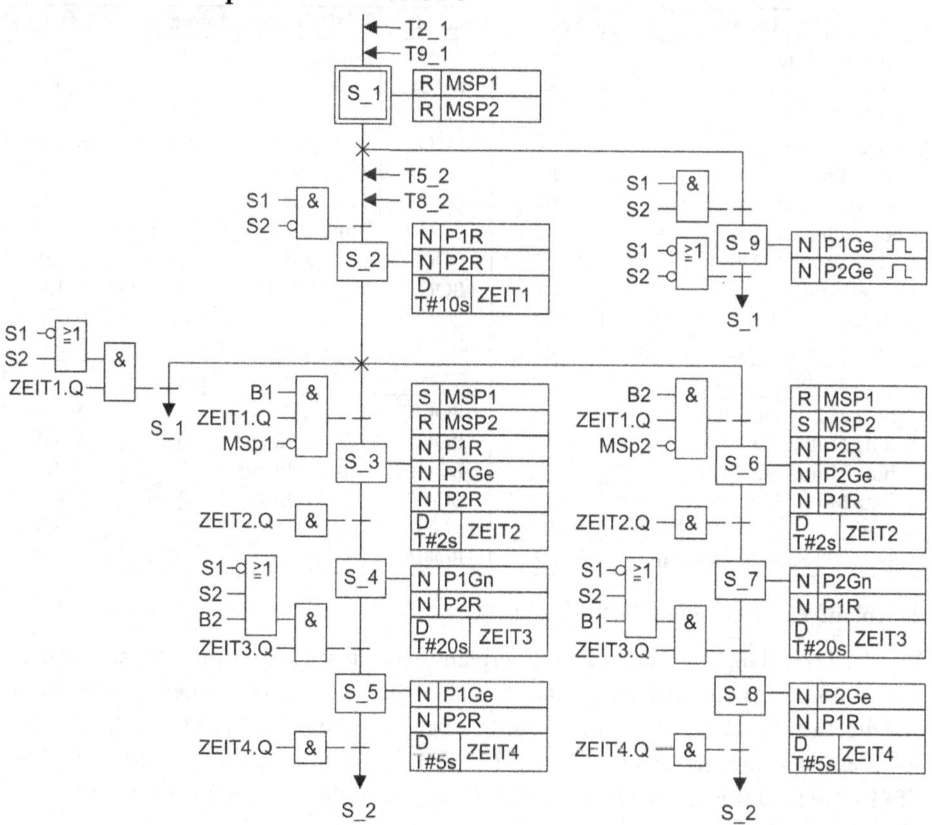

3. Transitionstabelle:

Trans.	Transitionsbedingung
T-1	T2_1=($\overline{S1}$∨S2)&ZEIT1.Q T9_1=($\overline{S1}$∨$\overline{S2}$)
T-2	T1_2=S1&$\overline{S2}$ T5_2 = ZEIT4.Q T8_2 = ZEIT4.Q
T-3	T2_3=B1&ZEIT1.Q_1&$\overline{MSP1}$

Trans.	Transitionsbedingung
T-4	T3_4 = ZEIT2.Q
T-5	T4_5=($\overline{S1}$ ∨S2∨B2) & ZEIT3.Q
T-6	T2_6=B2&ZEIT1.Q&$\overline{MSP2}$
T-7	T6_7 = ZEIT2.Q
T-8	T7_8=($\overline{S1}$ ∨S2∨B1) & ZEIT3.Q
T-9	S1 & S2

4. bis 6. Funktionsplan, Deklarationstabelle, Realisierung:

Programmierung und Aufruf des Bausteins FB 822 siehe http://www.automatisieren-mit-sps.de; Aufgabe 08_2_02

Lösung Lernaufgabe 8.3 Aufgabe S. 148

1. Zuordnungstabelle der PLC-Eingänge und PLC-Ausgänge:

PLC-Eingangsvariable	Symbol	Datentyp	Logische Zuordnung		Adresse
Taster Tür 1 außen	S1	BOOL	Betätigt	S1 = 1	E 0.1
Taster Tür 2 außen	S2	BOOL	Betätigt	S2 = 1	E 0.2
Taster Tür 1 innen	S3	BOOL	Betätigt	S3 = 1	E 0.3
Taster Tür 2 innen	S4	BOOL	Betätigt	S4 = 1	E 0.4
Endschalter Tür 1 zu	B3	BOOL	Tür 1 zu	B3 = 1	E 0.5
Endschalter Tür 1 auf	B4	BOOL	Tür 1 auf	B4 = 1	E 0.6
Endschalter Tür 2 zu	B5	BOOL	Tür 2 zu	B5 = 1	E 0.7
Endschalter Tür 2 auf	B6	BOOL	Tür 2 auf	B6 = 1	E 1.0
Lichtschranke Tür 1	B1	BOOL	Unterbrochen	B1 = 0	E 1.1
Lichtschranke Tür 2	B2	BOOL	Unterbrochen	B2 = 0	E 1.2
Taster Ablaufk. Grundstellung	RESET	BOOL	Betätigt	RESET = 1	E 0.0
PLC-Ausgangsvariable					
Schütz Motor Tür 1 auf	Q1	BOOL	Tür 1 geht auf	Q1 = 1	A 4.1
Schütz Motor Tür 1 zu	Q2	BOOL	Tür 1 geht zu	Q2 = 1	A 4.2
Schütz Motor Tür 2 auf	Q3	BOOL	Tür 2 geht auf	Q3 = 1	A 4.3
Schütz Motor Tür 2 zu	Q4	BOOL	Tür 2 geht zu	Q4 = 1	A 4.4
Anzeige1 Tastendruck erkannt	P1	BOOL	Leuchtet	P1 = 1	A 4.5
Anzeige2 Tastendruck erkannt	P2	BOOL	Leuchtet	P2 = 1	A 4.6

2. Ablauf-Funktionsplan: DIN EN 61131-3

Vor der Ermittlung des Ablauf-Funktionsplans wird überprüft, ob eine kurzzeitige Betätigung von Eingangsvariablen in einer Signalvorverarbeitung gespeichert werden muss. Für die Taster S1 bzw. S2 trifft dies zu. Die Betätigung des Tasters S1 (S2) bewirkt die speichernde Ansteuerung der Anzeige P1 (P2) und das Setzen eines Tastenspeichers TSP1 (TSP2). Das Rücksetzen der beiden Speicherfunktionen ist aus dem Ablauf-Funktionsplan ersichtlich.

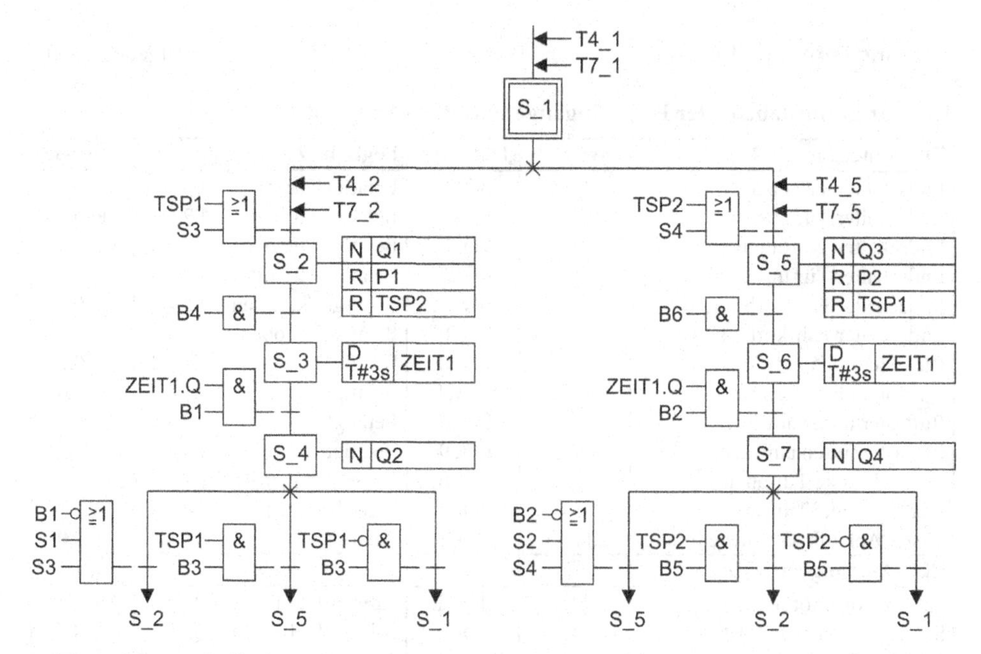

3. Transitionstabelle:

Transition	Transitionsbedingung
T-1	$T4\_1 = \overline{TSP1} \& B3$ $T7\_1 = \overline{TSP2} \& B5$
T-2	T1_2 = TSP1 ∨ S3 $T4\_2 = \overline{LI1} \vee S1 \vee S3$ T7_2 = TSP2 & B5
T-3	T2_3 = B4

Transition	Transitionsbedingung
T-4	T3_4 = ZEIT1.Q & B1
T-5	T1_5 = TSP2 ∨ S4 T4_5 = TSP1 & B3 $T7\_5 = \overline{LI2} \vee S2 \vee S4$
T-6	T5_6 = B6
T-7	T6_7 = ZEIT1.Q & B2

4. bis 6. Funktionsplan, Deklarationstabelle, Realisierung:

Funktionsplan der Signalvorverarbeitung:

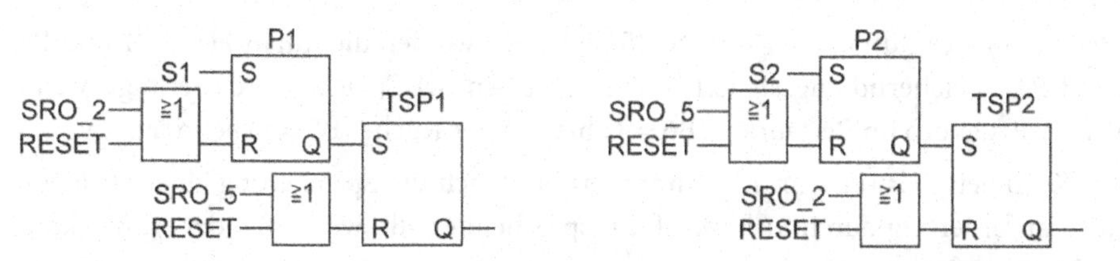

Der restliche Funktionsplan für die Umsetzung des Ablauf-Funktionsplanes, die Deklarationstabelle und den Aufruf des Funktionsbausteins FB 823 siehe http://www.automatisieren-mit-sps.de; Aufgabe 08_2_03.

Lösung Lernaufgabe 8.4 Aufgabe S. 150

1. Zuordnungstabelle der PLC-Eingänge und PLC-Ausgänge:

PLC-Eingangsvariable	Symbol	Datentyp	Logische Zuordnung	Adresse
Endschalter Tür oben zu	B1	BOOL	Betätigt Tür zu B1 = 1	E 0.1
Endschalter Tür oben auf	B2	BOOL	Betätigt Tür auf B2 = 1	E 0.2
Endschalter Tür unten zu	B3	BOOL	Betätigt Tür zu B3 = 1	E 0.3
Endschalter Tür unten auf	B4	BOOL	Betätigt Tür auf B4 = 1	E 0.4
Endschalter Fahrkorb unten	B5	BOOL	Betätigt Fk. unten B5 = 1	E 0.5
Endschalter Fahrkorb oben	B6	BOOL	Betätigt Fk. oben B6 = 1	E 0.6
Ruftaster oben aufwärts	S1	BOOL	Betätigt S1 = 1	E 0.7
Ruftaster oben abwärts	S2	BOOL	Betätigt S2 = 1	E 1.0
Ruftaster unten abwärts	S3	BOOL	Betätigt S3 = 1	E 1.1
Ruftaster unten aufwärts	S4	BOOL	Betätigt S4 = 1	E 1.2
Lichtschranke Tür oben	B7	BOOL	Unterbrochen B7 = 0	E 1.3
Lichtschranke Tür unten	B8	BOOL	Unterbrochen B8 = 0	E 1.4
Taster Ablaufk. Grundstellung	RESET	BOOL	Betätigt RESET = 1	E 0.0
PLC-Ausgangsvariable				
Schütz Korbmotor auf	Q1	BOOL	Fahrkorb auf Q1 = 1	A 4.1
Schütz Korbmotor auf	Q2	BOOL	Fahrkorb ab Q2 = 1	A 4.2
Schütz Türmotor oben auf	Q3	BOOL	Tür oben geht auf Q3 = 1	A 4.3
Schütz Türmotor oben zu	Q4	BOOL	Tür oben geht zu Q4 = 1	A 4.4
Schütz Türmotor unten auf	Q5	BOOL	Tür unt. geht auf Q5 = 1	A 4.5
Schütz Türmotor unten zu	Q6	BOOL	Tür unt. geht zu Q6 = 1	A 4.6
Ruf-Anzeige oben aufwärts	P1	BOOL	Leuchtet P1 = 1	A 4.7
Ruf-Anzeige oben abwärts	P2	BOOL	Leuchtet P2 = 1	A 5.0
Ruf-Anzeige unten aufwärts	P3	BOOL	Leuchtet P3 = 1	A 5.1
Ruf-Anzeige unten abwärts	P4	BOOL	Leuchtet P4 = 1	A 5.2

2. Ablauf-Funktionsplan:

Vor der Ermittlung des Ablauf-Funktionsplans wird überprüft, ob eine kurzzeitige Betätigung von Eingangsvariablen mit einer Signalvorverarbeitung gespeichert werden muss. Für die Ruftaster S1 bis S4 trifft dies zu.

Bei Betätigung der Ruftaster S1 oder S4 (S2 oder S3) werden die Rufanzeigen P1 und P4 (P2 und P3) speichernd angesteuert. Das Rücksetzen der Speicherglieder erfolgt, wenn sich der Aufzugkorb im Restaurant (B6 = 1) bzw. in der Küche (B5 = 1) befindet.

Ist der Korb beispielsweise im Restaurant, erübrigt sich die Speicherung einer etwaigen Aufwärtsanforderung durch S1 bzw. S4. Entsprechendes gilt, wenn sich der Aufzugkorb in der Küche befindet.

Funktionsplan der Signalvorverarbeitung:

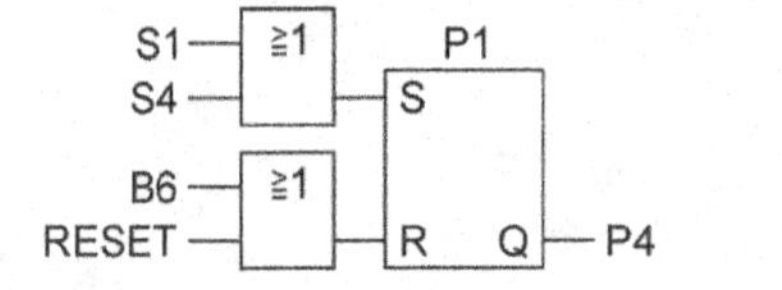

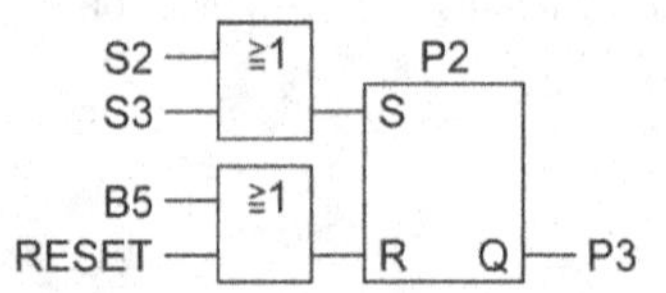

Ablauf-Funktionsplan des Speiseaufzugs: DIN EN 61131-3

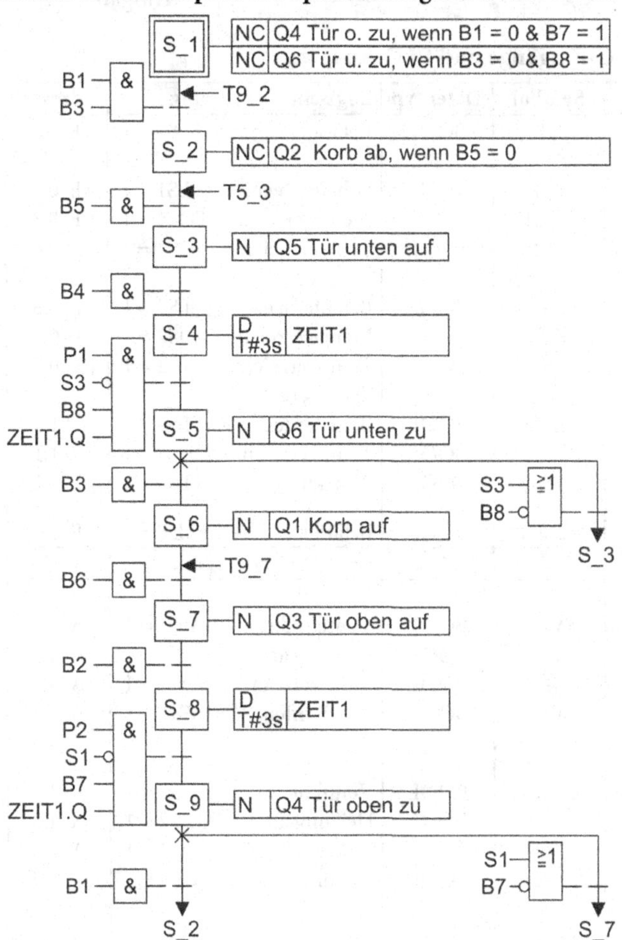

3. Transitionstabelle:

Transition	Transitionsbedingung
T-1	
T-2	T1_2 = B1 & B3 T9_2 = B1
T-3	T2_3 = B5 $T5\_3 = S3 \vee \overline{B8}$
T-4	T3_4 = B4

Transition	Transitionsbedingung
T-5	$T4\_5 = P1 \& \overline{S3} \& B8 \& ZEIT1.Q$
T-6	T5_6 = B3
T-7	T6_7 = B6 $T9\_7 = S1 \vee \overline{B7}$
T-8	T7_8 = B2
T-9	$T8\_9 = P2 \& \overline{S1} \& B7 \& ZEIT1.Q$

4. bis 6. Funktionsplan, Deklarationstabelle, Realisierung:

Programmierung und Aufruf des Funktionsbausteins FB 824 siehe http://www.automatisieren-mit-sps.de; Aufgabe 08_2_04

Lösung Lernaufgabe 8.5 Aufgabe S. 151

1. Zuordnungstabelle der PLC-Eingänge und PLC-Ausgänge:

PLC-Eingangsvariable	Symbol	Datentyp	Logische Zuordnung		Adresse
Start-Taste	S1	BOOL	Betätigt	S1 = 1	E 0.1
Vorlagebehälter 1					
Behälter leer	LS1	BOOL	Behälter leer	LS1 = 1	E 0.2
Dosierzähler	FQS1	BOOL	Menge erreicht	FQS1 = 1	E 0.3
Temperatursensor	TS1	BOOL	Temp. erreicht	TS1 = 1	E 0.4
Vorlagebehälter 2					
Behälter leer	LS2	BOOL	Behälter leer	LS2 = 1	E 0.5
Dosierzähler	FQS2	BOOL	Menge erreicht	FQS2 = 1	E 0.6
Temperatursensor	TS2	BOOL	Temp. erreicht	TS2 = 1	E 0.7
Mischkessel					
Behälter leer	LS3	BOOL	Behälter leer	LS3 = 1	E 1.0
Temperatursensor 1	TS3	BOOL	Temp. erreicht	TS3 = 1	E 1.1
Temperatursensor 2	TS4	BOOL	Abgekühlt	TS4 = 1	E 1.2
Taster Ablaufk. Grundstellung	RESET	BOOL	Betätigt	RESET = 1	E 0.0
PLC-Ausgangsvariable					
Vorlagebehälter 1					
Einlassventil	FVK1	BOOL	Ventil offen	FVK1 = 1	A 4.0
Heizung	E1	BOOL	Heizung an	E1 = 1	A 4.1
Rührwerkmotor	M1	BOOL	Rührwerk an	M1 = 1	A 4.2
Auslassventil	FVK2	BOOL	Ventil offen	FVK2 = 1	A 4.3
Vorlagebehälter 2					
Einlassventil	FVK3	BOOL	Ventil offen	FVK3 = 1	A 4.4
Heizung	E2	BOOL	Heizung an	E2 = 1	A 4.5
Rührwerkmotor	M2	BOOL	Rührwerk an	M2 = 1	A 4.6
Auslassventil	FVK4	BOOL	Ventil offen	FVK4 = 1	A 4.7
Mischkessel					
Heizung	E3	BOOL	Heizung an	E3 = 1	A 5.0
Rührwerkmotor	M3	BOOL	Rührwerk an	M3 = 1	A 5.1
Auslassventil	FVK5	BOOL	Ventil offen	FVK5 = 1	A 5.2
Kühlkreislauf	FVK6	BOOL	Kreislauf offen	FVK6 = 1	A 5.3

2. Ablauf-Funktionsplan: DIN EN 61131-3:

Nachfolgend sind drei Ablauf-Funktionspläne dargestellt. Die Koordinations-Schrittkette SK1, die Schrittkette für den Mischkesselbetrieb SK2 und die Schrittkette für den Vorlagebehälter1 SK3. Die Schrittkette für den Vorlagebehälter2 SK4 entspricht exakt der für den Vorlagebehälter1 und ist nicht dargestellt. Die Koordinations-Schrittkette SK1 übernimmt die Aufgabe, den Gesamtablauf der Anlage durch Aufruf und Weiterschaltung der drei anderen Schrittketten zu steuern.

Koordinations-Schrittkette SK1:

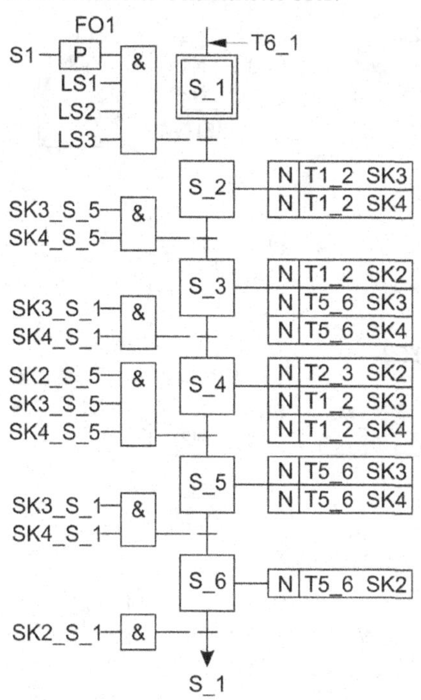

Schrittkette Vorlagebehälter SK3 (SK4):

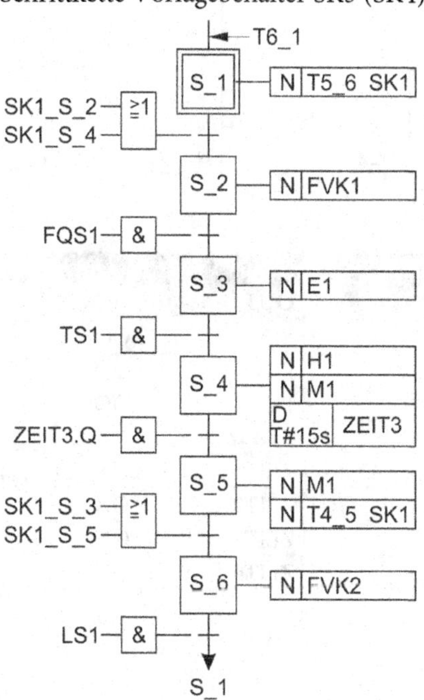

Schrittkette Mischkessel SK2:

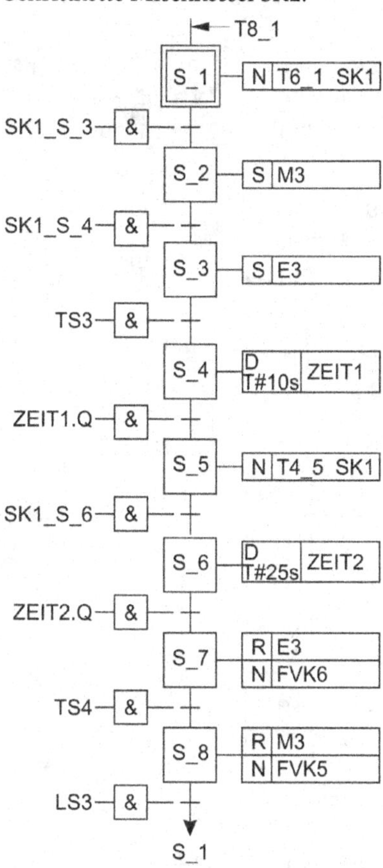

3. Funktionsplan Aktionsausgabe:

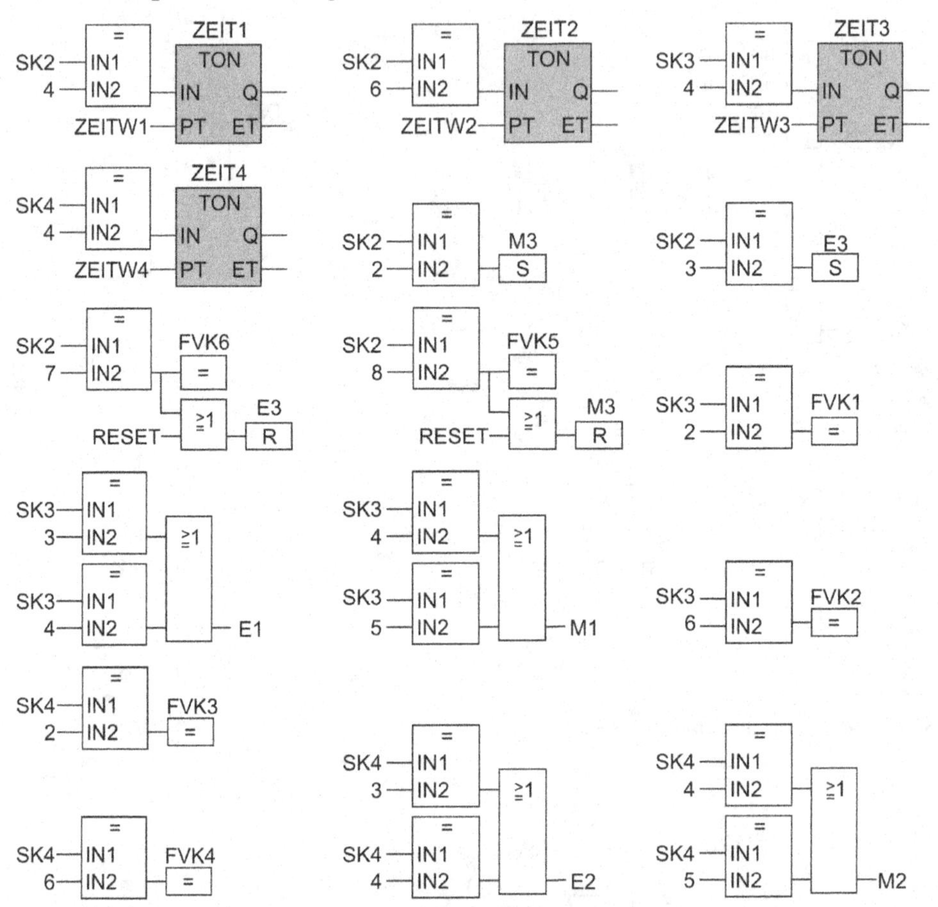

4. Deklarationstabelle Aktionsbaustein FB 16:

Name	Datentyp
IN	
SK1	INT
SK2	INT
SK3	INT
SK4	INT
ZEITW1	TIME
ZEITW2	TIME
ZEITW3	TIME
ZEITW4	TIME
RESET	TIME

Name	Datentyp
OUT	
FVK1	BOOL
E1	BOOL
M1	BOOL
FVK2	BOOL
FVK3	BOOL
E2	BOOL
M2	BOOL
FVK4	BOOL
E3	BOOL

Name	Datentyp
OUT	
M3	BOOL
FVK5	BOOL
FVK6	BOOL
STAT	
ZEIT1	TON
ZEIT2	TON
ZEIT3	TON
ZEIT4	TON

5. Realisierung: Bausteinaufrufe im OB 1/PLC_PRG

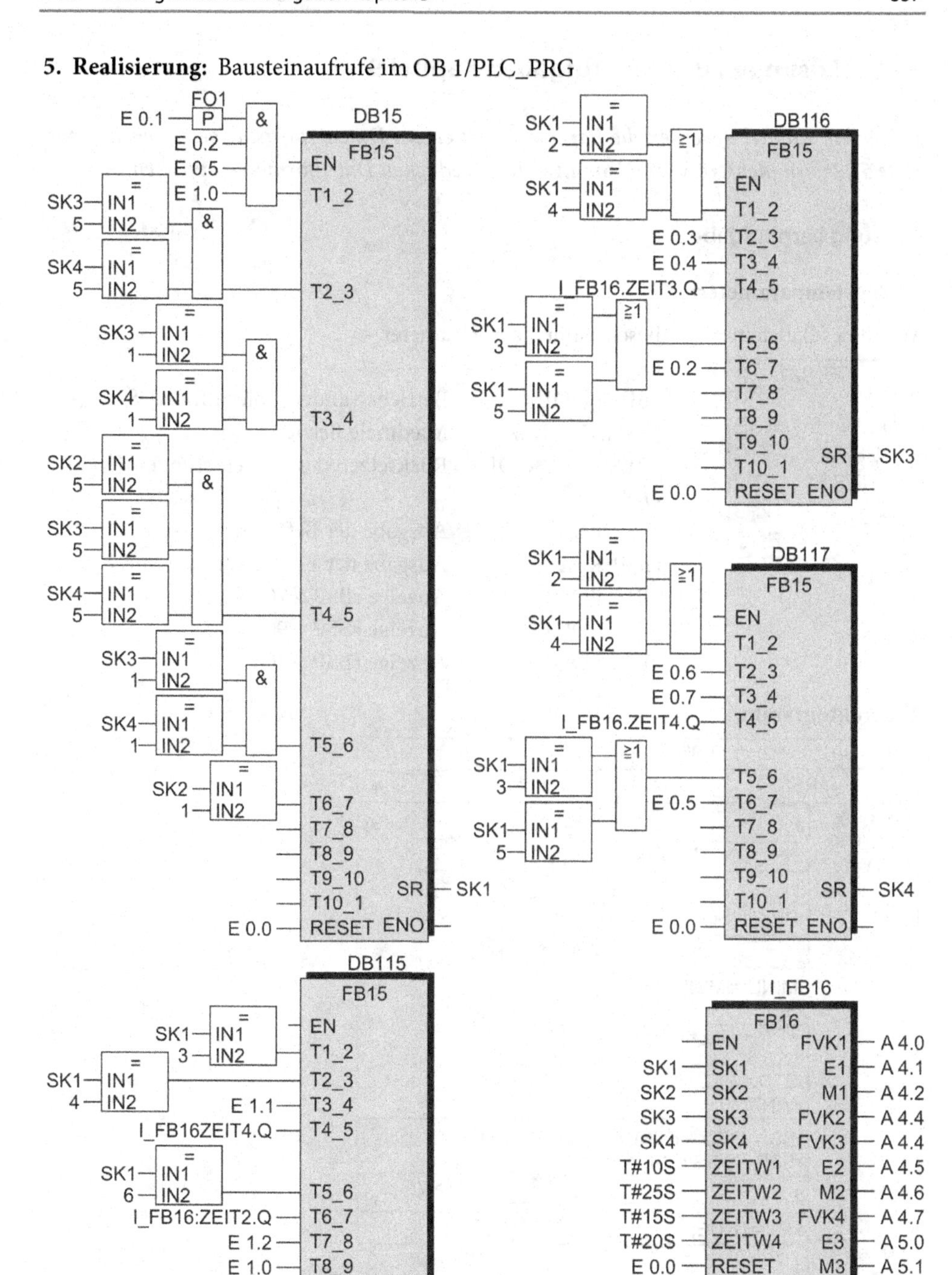

Programmierung und Aufruf des Bausteins siehe http://www.automatisieren-mit-sps.de Aufgabe 08_2_05

14.9 Lösungen der Lernaufgaben Kapitel 9

Ab diesem Kapitel 9 werden die Parameter mit einem Datentypvorsatz geschrieben (siehe Seite 5), sofern mehrere Variablen mit unterschiedlichen Datenformaten auftreten.

Lösung Lernaufgabe 9.1 Aufgabe S. 166

1. Bausteinparameter:

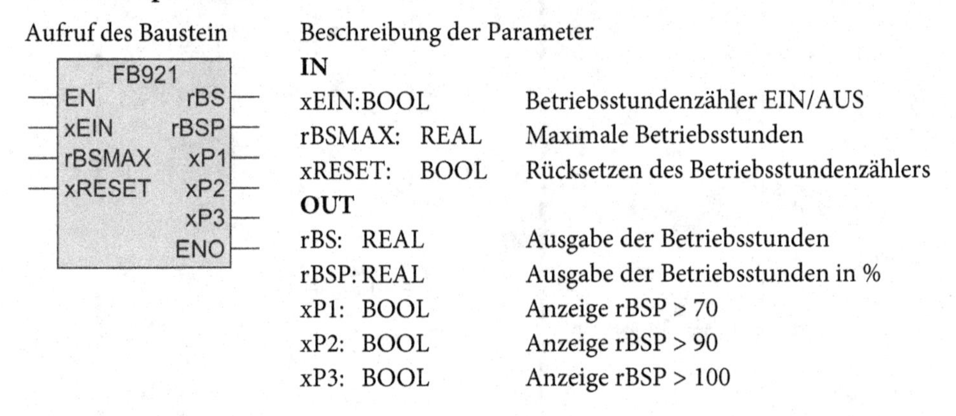

Beschreibung der Parameter

IN

xEIN:BOOL	Betriebsstundenzähler EIN/AUS
rBSMAX: REAL	Maximale Betriebsstunden
xRESET: BOOL	Rücksetzen des Betriebsstundenzählers

OUT

rBS: REAL	Ausgabe der Betriebsstunden
rBSP: REAL	Ausgabe der Betriebsstunden in %
xP1: BOOL	Anzeige rBSP > 70
xP2: BOOL	Anzeige rBSP > 90
xP3: BOOL	Anzeige rBSP > 100

2. Struktogramm:

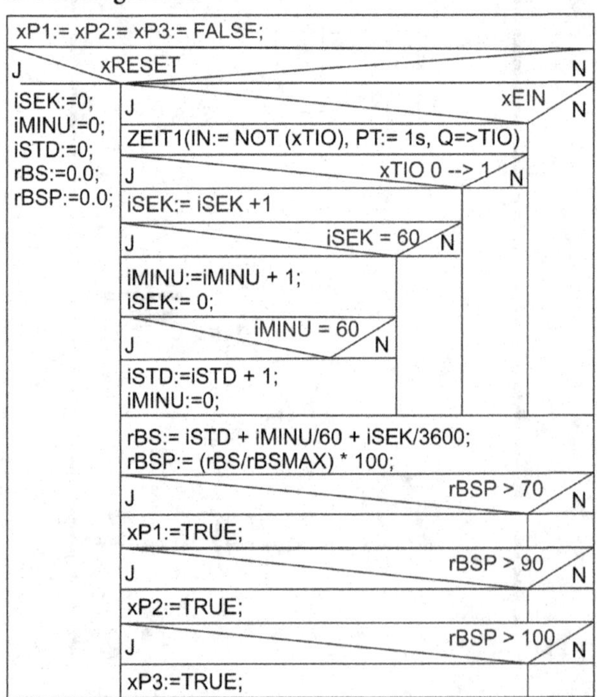

Hinweise

1. Bei der Berechnung der Betriebsstundenzeit rBS ist jeweils noch eine Datenformatwandlung von INT zu REAL durchzuführen.
2. Der Aufruf des Funktionsbausteins TON (ZEIT1) für den Taktgenerator muss bei jedem Programmdurchlauf erfolgen. Dies ist gewährleistet, wenn der Aufruf des Funktionsbausteins gleich zu Beginn des Anweisungsteils programmiert wird. Aus dem Struktogramm ergeben sich die Startbedingungen für die Zeitfunktion.

3. Steuerungsprogramm in SCL/ST:

```
FUNCTION_BLOCK FB921
VAR_INPUT          VAR_OUTPUT         VAR
 EIN: BOOL;         BS: REAL;          SEK: INT;        STD: INT;
 BSMAX: REAL;       BSP: REAL;         MINU: INT;       ZEIT1: TON;
 RESET: BOOL;       P1,P2,P3: BOOL;                     TIO: BOOL;
END_VAR            END_VAR                             END VAR
xP1:=FALSE; xP2:=FALSE; xP3:=FALSE;
ZEIT1(IN:= NOT(xRESET) AND xEIN AND NOT xTIO, PT:=T#1S);
Zeit1.Q:=xTIO;
IF xRESET THEN iSEK:=0; iMINU:=0; iSTD:=0; rBS:=0; rBSP:=0; ELSE
  IF xEIN AND xTIO THEN iSEK:= iSEK + 1;
   IF iSEK = 60 THEN iMINU:= iMINU + 1; iSEK:= 0;
    IF iMINU = 60 THEN iSTD:= iSTD + 1; iMINU:= 0; END_IF;
   END_IF;
  END_IF;
  rBS:= INT_TO_REAL(iSTD) + INT_TO_REAL(iMINU)/60.0 +
        INT_TO_REAL(iSEK)/3600.0;
  rBSP:= (rBS/rBSMAX)*100.0;
  IF rBSP > 70 THEN xP1:=TRUE; END_IF;
  IF rBSP > 90 THEN xP2:=TRUE; END_IF;
  IF rBSP > 100 THEN xP3:=TRUE; END_IF;
END_IF;
```

4. Aufruf im OB 1/PLC_PRG zu Testzwecken:

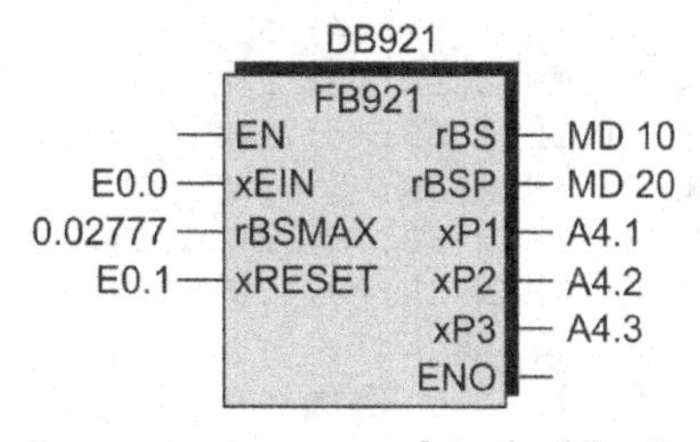

Hinweis Der Wert 0.0277 entspricht etwa einer maximalen Betriebszeit von 100 Sekunden. Damit kann die Funktionsweise der Ausgänge des Bausteins in einer vertretbaren Zeit beobachtet werden.

Programmierung und Aufruf des Bausteins siehe http://www.automatisieren-mit-sps.de Aufgabe 09_2_01

Lösung Lernaufgabe 9.2 Aufgabe S. 166

1. Struktogramm des Ablaufkettenbausteins FB 25:

Der jeweils aktuelle Schritt wird durch den Zählerstand eines Zählers („SR“) abgebildet.

RESET: J	RESET: N – SR								
SR:=1	= 1 AND (WEITER_oB OR (WEITER_mB AND T1_2))	= 2 AND (WEITER_oB OR (WEITER_mB AND T2_3))	= 3	= 4	= 5	= 6	= 7	= 8	= 9 AND (WEITER_oB OR (WEITER_mB AND T9_10))	= 10 AND (WEITER_oB OR (WEITER_mB AND T10_1))
	SR:= 2	SR:= 3							SR:= 10	SR:= 1

▶ **Hinweis** Die grau hinterlegten Strukturblöcke sind aus Platz- und Übersichtsgründen nicht beschrieben. Aus den entsprechend vollständig beschriebenen Strukturblöcken lassen sich jedoch leicht die fehlenden Abfragen und Anweisungen ableiten.

2. Steuerungsprogramm FB 25 in SCL/ST:

```
FUNCTION_BLOCK FB25
VAR_INPUT                                              VAR_OUTPUT
 RESET: BOOL;              T5_6: BOOL:=TRUE;             SR:INT:=1;
 WEITER_mB: BOOL;          T6_7: BOOL:=TRUE;           END_VAR
 WEITER_oB: BOOL;          T7_8: BOOL:=TRUE;
 T1_2: BOOL;               T8_9: BOOL:=TRUE;
 T2_3: BOOL:=TRUE;         T9_10: BOOL:=TRUE;
 T3_4: BOOL:=TRUE;         T10_1: BOOL:=TRUE;
 T4_5: BOOL:=TRUE;        END_VAR

IF RESET THEN SR:= 1; ELSE
  CASE SR OF
    1: IF WEITER_oB OR (WEITER_mB AND T1_2) THEN SR:=2; END_IF;
    2: IF WEITER_oB OR (WEITER_mB AND T2_3) THEN SR:=3; END_IF;
    3: IF WEITER_oB OR (WEITER_mB AND T3_4) THEN SR:=4; END_IF;
    4: IF WEITER_oB OR (WEITER_mB AND T4_5) THEN SR:=5; END_IF;
    5: IF WEITER_oB OR (WEITER_mB AND T5_6) THEN SR:=6; END_IF;
    6: IF WEITER_oB OR (WEITER_mB AND T6_7) THEN SR:=7; END_IF;
    7: IF WEITER_oB OR (WEITER_mB AND T7_8) THEN SR:=8; END_IF;
    8: IF WEITER_oB OR (WEITER_mB AND T8_9) THEN SR:=9; END_IF;
    9: IF WEITER_oB OR (WEITER_mB AND T9_10) THEN SR:=10; END_IF;
    10: IF WEITER_oB OR (WEITER_mB AND T10_1) THEN SR:=1; END_IF;
  END_CASE;
END_IF;
```

3. Aufruf im OB 1/PLC_PRG zu Testzwecken:

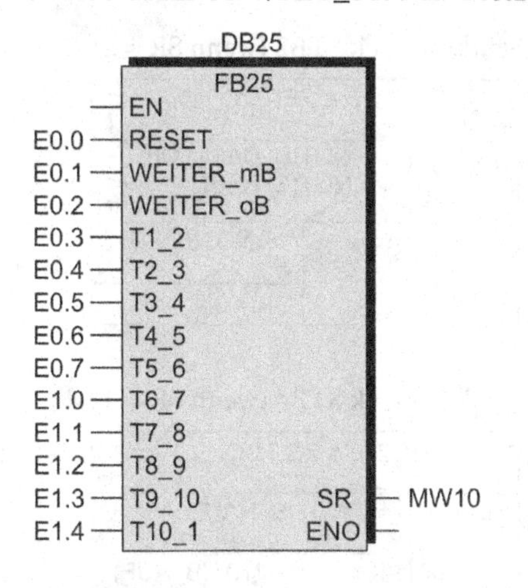

Programmierung und Aufruf des Bausteins siehe http://www.automatisieren-mit-sps.de Aufgabe 09_2_02

Lösung Lernaufgabe 9.3 Aufgabe S. 167

1. Struktogramm für den gegebenen Ablaufplan:

Treten die Endschaltersignale B_ZU = FALSE (TÜR ist zu) und B_AUF = FALSE (Tür ist auf) gleichzeitig auf, wird unabhängig vom aktuellen Schritt in den Schritt 6 (Störung) gesprungen. Dies ist im Struktogramm durch eine gesonderte Abfrage berücksichtigt. Als nützliche Hilfe bei der Inbetriebnahme wird noch ein RESET für die Ablaufkette eingeführt.

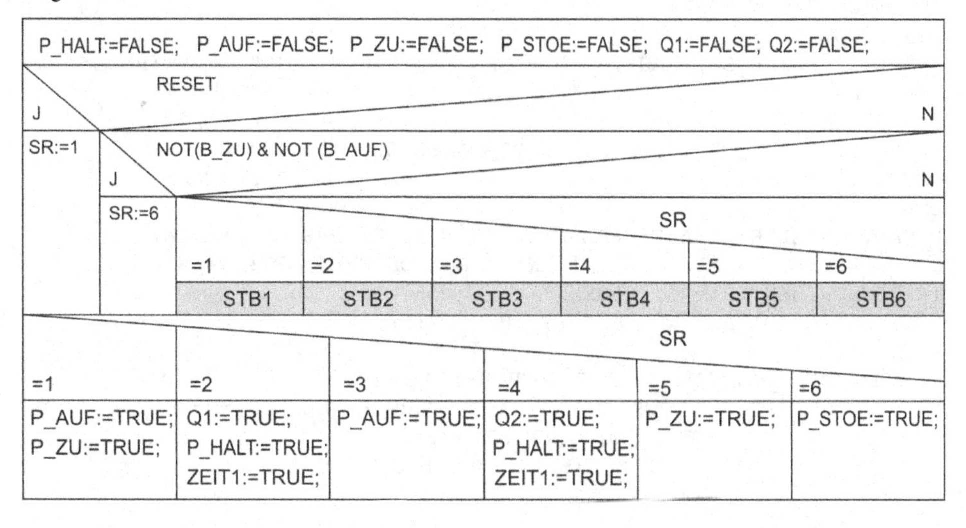

Für die grau hinterlegten Strukturblöcke STB1 bis STB6 gelten folgende Struktogramme:

Strukturblock STB1 (wenn SR = 1)

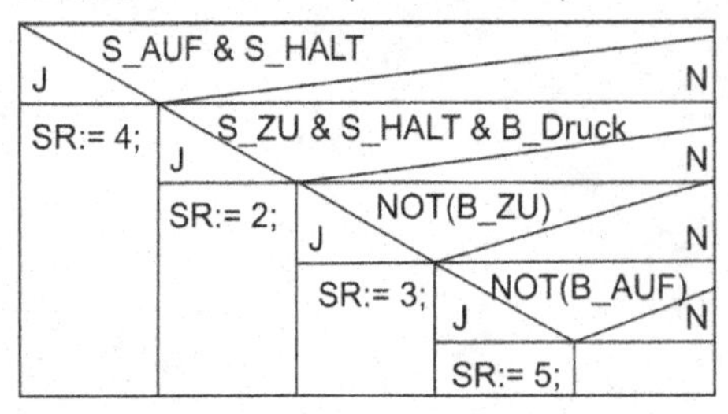

Strukturblock STB2 (wenn SR = 2)

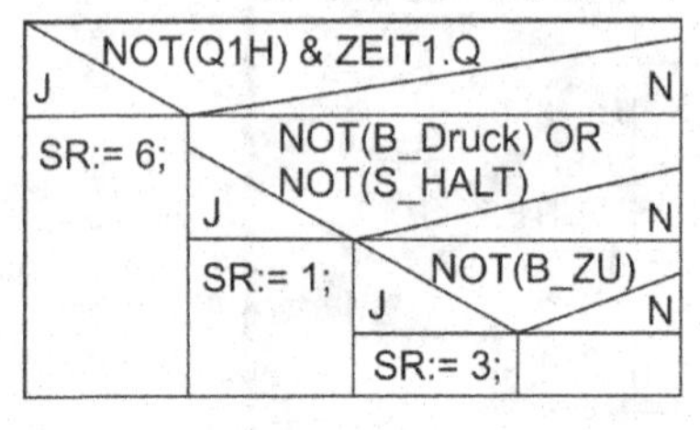

Strukturblock STB3 (wenn SR = 3)

S_AUF & S_HALT
J
N
SR:= 4;

Strukturblock STB4 (wenn SR = 4)

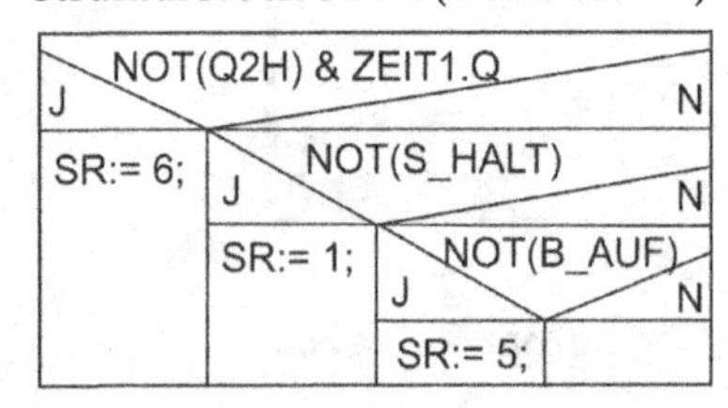

Strukturblock STB5 (wenn SR = 5)

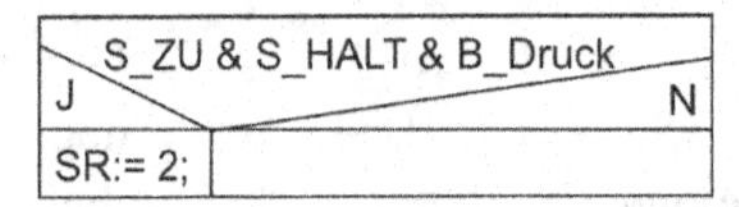

Strukturblock STB6 (wenn SR = 6)

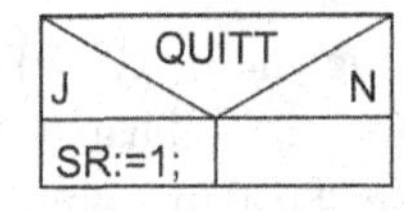

2. Steuerungsprogramm FB 923 in SCL/ST:

```
FUNCTION_BLOCK FB923
VAR_INPUT
S_HALT,S_AUF,S_ZU,B_AUF,B_ZU,B_DRUCK,Q1H,Q2H,QUITT,RESET:BOOL;
END_VAR
VAR_OUTPUT                                          VAR
 P_HALT, P_AUF, P_ZU, P_STOE, Q1, Q2:BOOL;          SR:INT:=1;
 SCHRITT:INT;                                        ZEIT1: TON;
END VAR                                             END VAR
P_HALT:= FALSE; P_AUF:=FALSE; P_ZU:=FALSE; P_STOE:=FALSE;
Q1:=FALSE; Q2:=FALSE; ZEIT1(IN:= SR=2 OR SR=4, PT:=T#1S );
IF RESET THEN SR:= 1; ELSE
  IF NOT(B_ZU) AND NOT(B_AUF) THEN SR:=6; ELSE
  CASE SR OF
    1: IF S_AUF AND S_HALT THEN SR:=4; ELSE
             IF S_ZU AND S_HALT AND B_DRUCK THEN SR:=2; ELSE
              IF NOT(B_ZU) THEN SR:=3; ELSE
                    IF NOT(B_AUF) THEN SR:=5; END_IF;
              END_IF;
       END_IF;
        END_IF;
```

```
    2: IF NOT(Q1H) AND ZEIT1.Q THEN SR:=6; ELSE
      IF NOT(B_DRUCK) OR NOT(S_HALT) THEN SR:=1; ELSE
            IF NOT(B_ZU) THEN SR:=3; END_IF;
        END_IF;
          END_IF;
    3: IF S_AUF AND S_HALT THEN SR:=4; END_IF;
       4: IF NOT(Q2H) AND ZEIT1.Q  THEN SR:=6; ELSE
      IF NOT(S_HALT) THEN SR:=1; ELSE
            IF NOT(B_AUF) THEN SR:=5; END_IF;
      END_IF;
       END_IF;
     5: IF S_ZU AND S_HALT AND B_DRUCK THEN SR:=2; END_IF;
    6: IF QUITT THEN SR:=1; END_IF;
    END_CASE;
  END_IF;
END_IF;
CASE SR OF
    1: P_AUF:=TRUE; P_ZU:=TRUE;
    2: Q1:=TRUE; P_HALT:=TRUE;
    3: P_AUF:=TRUE;
    4: Q2:=TRUE; P_HALT:=TRUE;
    5: P_ZU:=TRUE;
    6: P_STOE:=TRUE;
  END_CASE;
```

3. Aufruf im OB 1/PLC_PRG:

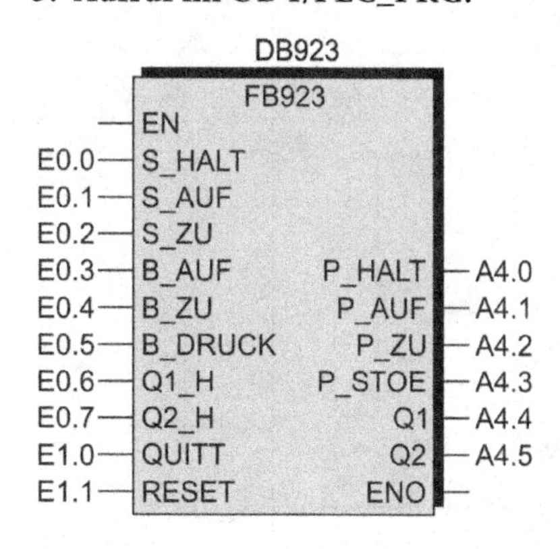

Programmierung und Aufruf des Bausteins siehe http://www.automatisieren-mit-sps.de Aufgabe 09_2_03

Lösung Lernaufgabe 9.4 Aufgabe S. 169

1. Struktogramm mit verbaler Beschreibung für den FIFO-Baustein:

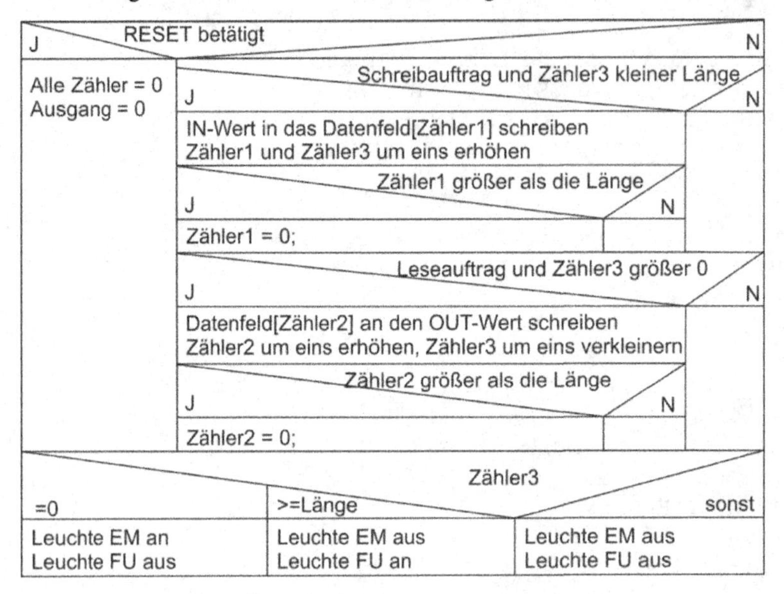

2. Struktogramm mit Anweisungen für den FIFO-Baustein:

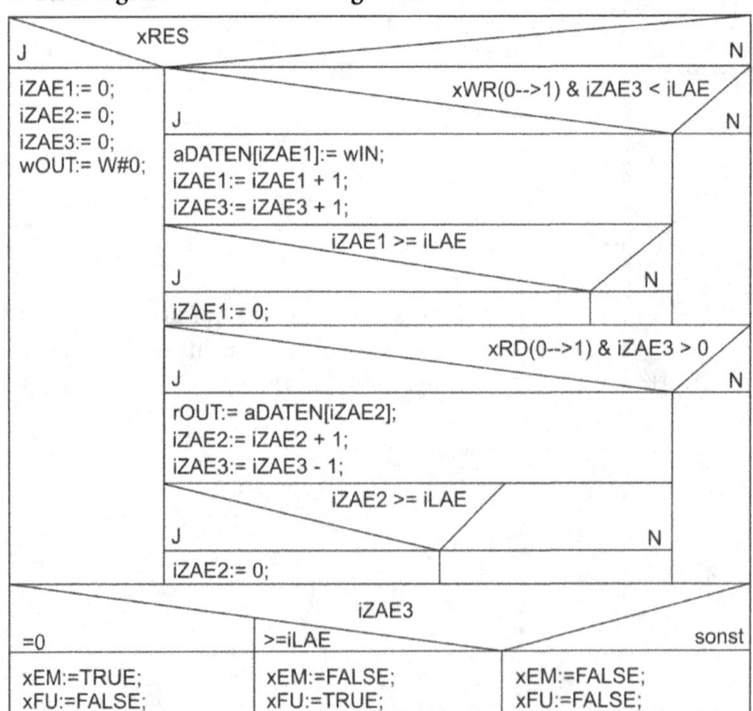

3. Steuerungsprogramm in SCL/ST:

```
FUNCTION_BLOCK FB924
VAR_INPUT
 wIN:WORD;
 iLAE:INT;
 xWR, xRD, xRES:BOOL;
END_VAR

VAR_IN_OUT
 aDATEN:ARRAY[0..99] OF WORD;
END_VAR

VAR
 FO1,FO2:BOOL;
 iZAE1,iZAE2,iZAE3:INT;
END VAR
IF xRES THEN iZAE1:=0; iZAE2:=0; iZAE3:=0; wOUT:=0; ELSE
  IF xWR AND NOT(FO1) AND iZAE3 < iLAE THEN
    aDATEN[iZAE1]:=wIN; iZAE1:=iZAE1 + 1; iZAE3:=iZAe3 + 1;
    IF iZAE1 >= iLAE THEN iZAE1:=0; END_IF;
  END_IF;
  FO1:= xWR;
  IF xRD AND NOT(FO2) AND iZAE3 > 0 THEN
  wOUT:=aDATEN[iZAE2]; iZAE2:=iZAE2 + 1; iZAE3:=iZAe3 - 1;
  IF iZAE2 >= iLAE THEN iZAE2:=0; END_IF;
  END_IF;
  FO2:=xRD;
END_IF;
IF iZAE3 = 0 THEN xEM:=TRUE; xFU:=FALSE;
 ELSIF iZAE3 >= iLAE THEN xEM:=FALSE; xFU:=TRUE;
 ELSE xEM:=FALSE; xFU:=FALSE;
END_IF;
```

▶ **Hinweis** Das Datenfeld aDATEN ist als IN_OUT-Variable deklariert. Dies ermöglicht bei STEP 7, dass das Datenfeld einem Datenbaustein DB zugewiesen werden kann. Bei CoDeSys kann das Datenfeld einer globalen Variablen zugewiesen werden. Ist dies nicht erforderlich, kann die Variable aDATEN auch als "VAR" deklariert werden und erscheint somit nicht als Übergabeparameter.

4. Aufruf im OB 1/PLC_PRG:

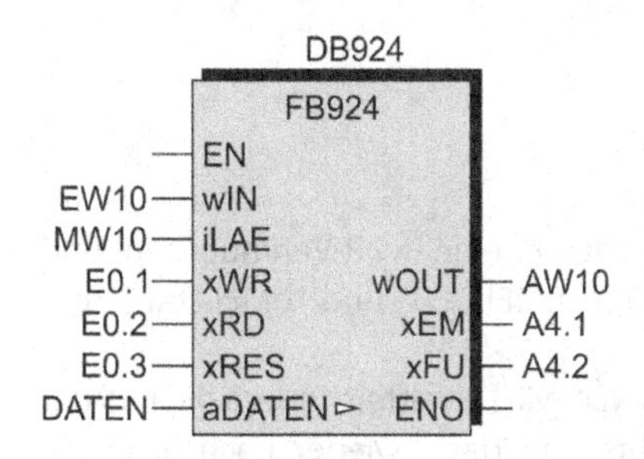

Programmierung und Aufruf des Bausteins siehe http://www.automatisieren-mit-sps.de Aufgabe 09_2_04

Lösung Lernaufgabe 9.5

Aufgabe S. 170

1. Verbale Beschreibung des Algorithmus:

Für jedes Bit des Eingangsmeldbytes ist zu überprüfen, ob eine 0 → 1 Flanke, also eine neu auftretende Meldung vorliegt. Die Meldungen werden in einer Byte-Variablen an den entsprechenden Stellen gespeichert und bis zur Quittierung blinkend an das Ausgangsbyte gelegt. Dazu wir eine Zählschleife programmiert, welche bei jedem Durchlauf eine Bitposition des Eingangsmeldebytes auf neu aufgetretene, noch nicht quittierte oder noch anstehende Meldungen untersucht. Um den Signalwert der einzelnen Bits in den Bytevariablen zu bestimmen wird die Bytevariable um eine Stelle nach rechts und dann wieder um eine Stelle nach links geschoben. Ist das die Bytevariable vor und nach dem Schieben gleich, war der Signalwert der letzen Stelle "0". Nach jedem Schleifendurchlauf werden dann die Bits der Bytevariablen um eine Stelle nach rechts geschoben um die nächste Stelle untersuchen zu können. (Genaue Erklärung siehe Theoriebuch Seite 251.)

2. Struktogramm für den FB 925:

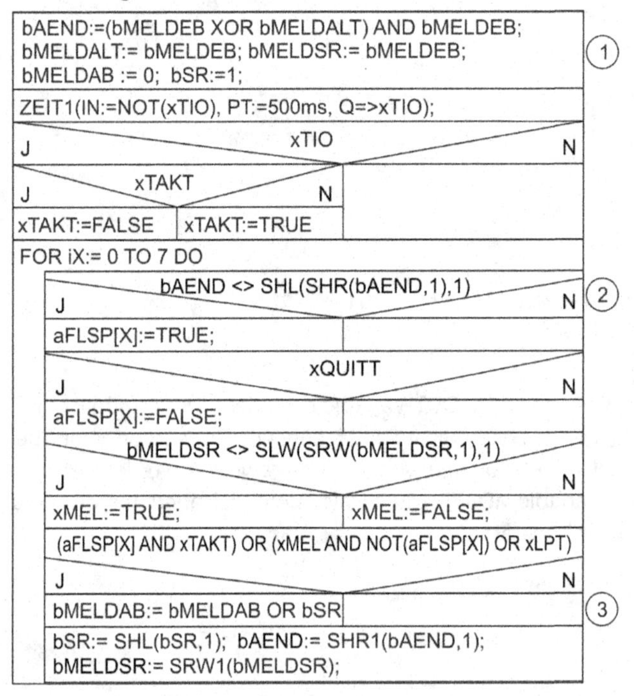

▶ **Hinweise** zu den nummerierten Strukturblöcken:

1. Die 0 → 1-Flanken im Eingangsbyte werden durch eine XOR-Verknüpfung und anschließender UND-Verknüpfung der Variablen "bMELDEB" und "bMELDALT" gebildet.
2. Der Signalzustand von Bit 0 der Variablen "bAEND" wird ermittelt, indem die Bits der Variablen "bAEND" um eine Stelle nach rechts und dann wieder nach links geschoben werden. Nach dem Schieben wird das Ergebnis mit der ursprünglichen Variablen "bAEND" verglichen. Ergibt der Vergleich einen Unterschied, war das Bit 0 der Variablen "bAEND" gleich TRUE.
3. Das Bit X in der Variablen "bMELDAB" wird gesetzt, indem die "bMELDAB" mit der Variablen "bSR" ODER-verknüpft wird.

3. Steuerungsprogramm in der Programmiersprache SCL/ST

```
FUNCTION_BLOCK FB925
VAR_INPUT
 MELDEB : BYTE ;
 QUITT,LPT : BOOL ;
END_VAR

VAR_OUTPUT
MELDAB : BYTE ;
END_VAR

VAR
MELDALT:BYTE;
TIO : BOOL:=FALSE;
TAKT : BOOL ;
FLSP : ARRAY [ 0 .. 7 ] OF Bool ;
TON_TAKT : TON ;
END_VAR
VAR_TEMP
MELDSR , SR , AEND : BYTE;
X : INT ;
MEL:BOOL;
END_VAR

bAEND:=(bMELDEB XOR bMELDALT) AND bMELDEB;
bMELDALT:= bMELDEB; bMELDSR:= bMELDEB; bMELDAB := 0; bSR:=1;
ZEIT1(IN:= NOT xTIO, PT:=500ms);
xTIO:=ZEIT1.Q;

IF xTIO  THEN
 IF xTAKT THEN xTAKT:=FALSE; ELSE xTAKT:= TRUE; END_IF;
END_IF;

FOR iX:= 0 TO 7 DO
 IF bAEND <> SHL(IN:= SHR(IN:=bAEND, N:=1),N:=1) THEN
    aFLSP[iX]:= TRUE; END_IF;
 IF xQUITT THEN aFLSP[iX]:= FALSE; END_IF;
 IF bMELDSR <> SHL(IN:= SHR(IN:=bMELDSR, N:=1),N:=1) THEN
    xMEL:=TRUE; ELSE xMEL:=FALSE; END_IF;
 IF (aFLSP[iX]AND xTAKT) OR (xMEL AND NOT(aFLSP[iX])) OR xLPT THEN
    bMELDAB:= bMELDAB OR bSR; END_IF;
 SR:= SHL(IN:=bSR, N:=1);
 bAEND:= SHR(IN:=bAEND, N:=1);
 bMELDSR:= SHR(IN:=bMELDSR, N:=1);
END_FOR;
```

4. Aufruf im OB 1/PLC_PRG zu Testzwecken:

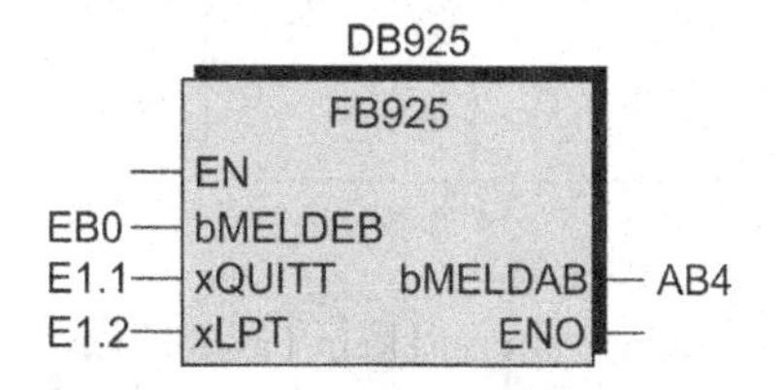

Programmierung und Aufruf des Bausteins siehe http://www.automatisieren-mit-sps.de Aufgabe 09_2_05

▶ **Hinweis** Für die Erweiterung des Bausteins auf ein Melde-Wort oder Melde-Doppelwort ist einfach der Schleifenzähler auf den Wert 15 bzw. 31 zu erhöhen und die Parameter mit dem Datenformat BYTE auf das Datenformat WORD zu ändern.

14.10 Lösungen der Lernaufgaben Kapitel 10

Lösung Lernaufgabe 10.1 Aufgabe S. 184

1. Zuordnungstabelle der PLC-Eingänge und PLC-Ausgänge:

PLC-Eingangsvariable	Symbol	Datentyp	Logische Zuordnung	Adresse
Schlüsselschalter	S1	BOOL	Betätigt: eingeschaltet S1 = 1	E 0.1
Landefeuer-Schalter	S2	BOOL	Landefeuer ein S2 = 1	E 0.2
Richtungsschalter	S3	BOOL	Richtungsänderung S3 = 1	E 0.3
Sichtschalter	S4	BOOL	Schlechte Sicht S4 = 1	E 0.4
PLC-Ausgangsvariable				
Positionsleuchten	AW	WORD	Alle leuchten AW = 16#FFFF	AW4

2. Bausteinparameter:

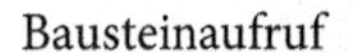
Bausteinaufruf

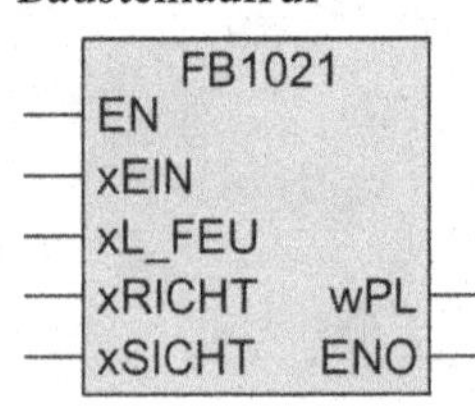

Erklärung der Bausteinparameter

IN

xEIN:	BOOL	Ein-/Ausschalten der Anlage
xL_FEU:	BOOL	Ein-/Ausschalten des Landefeuers
xRICHT:	BOOL	Richtungsumschaltung
xSICHT:	BOOL	Umschalten für schlechte Sicht

OUT

wPL:	WORD	Ansteuerung der 16 Positionsleuchten

3. Struktogramm:

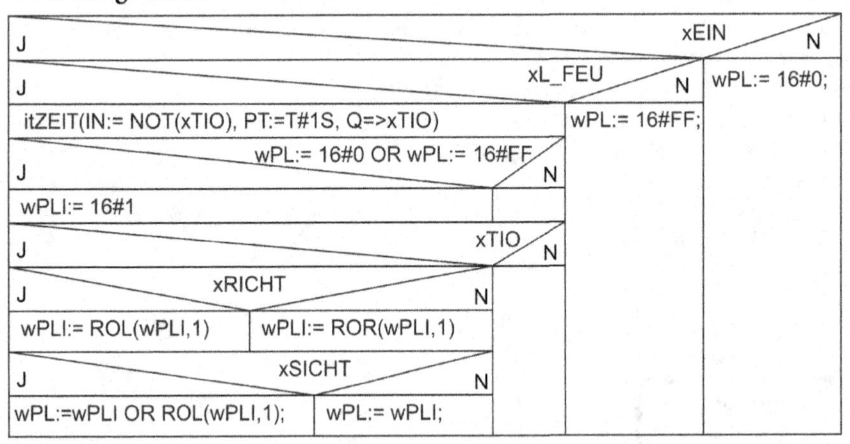

4. Freigrafischer Funktionsplan:

Taktgenerator Anlage aus Anlage ein und kein Landefeuer

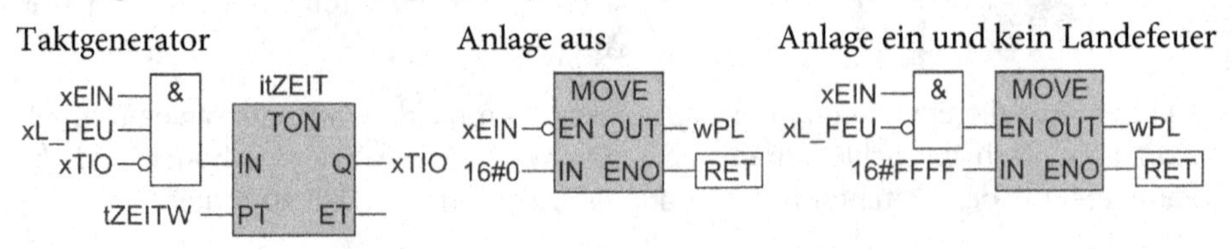

Interne Variable wPLI auf "1" setzen

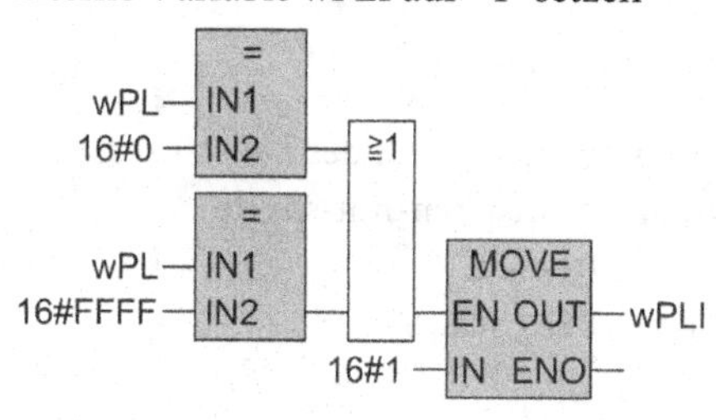

Rotieren rechts der "1" in wPLI

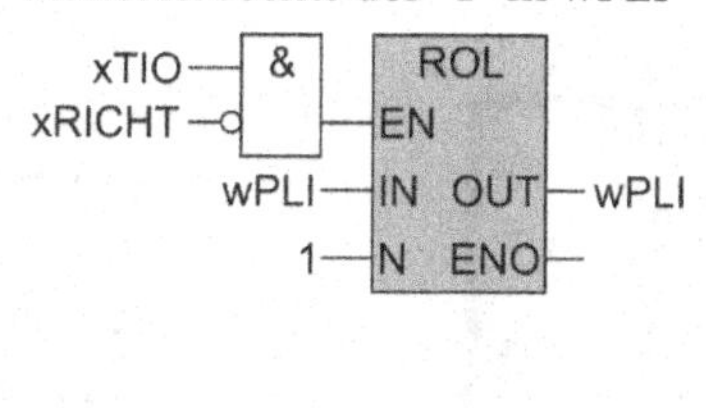

Rotieren links der "1" in wPLI Ausgeben bei guter Sicht Zweite "1" hinzufügen

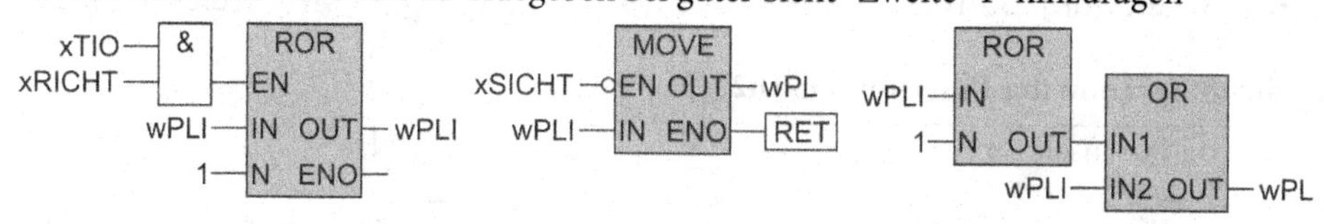

5. Steuerungsprogramm in SCL/ST:

```
itZEIT(IN:=xEIN AND xL_FEU AND NOT xTIO, PT:=tZEITW); xTIO:=
ZEIT.Q;
IF xEIN THEN
  IF xL_FEU THEN
   IF wPLI = 16#0 OR wPLI = 16#FFFF THEN  wPLI := 16#1; END_IF;
   IF xTIO THEN
      IF xRICHT THEN wPLI:= ROL(in:=wPLI,n:=1);
      ELSE wPLI:= ROR(in:=wPLI,n:=1); END_IF;
      IF xSICHT THEN wPL:= wPLI OR ROL(IN:=wPLI,n:=1);
      ELSE wPL:= wPLI; END_IF;
   END_IF;
  ELSE wPL:= 16#FFFF; END_IF;
ELSE wPL:= 16#0; END_IF;
```

6. Deklarationstabelle:

Name	Datentyp	Anfangswert
IN		
xEIN	BOOL	FALSE
xL_FEU	BOOL	FALSE
xRICHT	BOOL	FALSE
xSICHT	BOOL	FALSE
tZEITW	BOOL	TRUE

Name	Datentyp	Anfangswert
OUT		
wPL	BOOL	TRUE
STAT		
itZEIT	TON	
xTIO	BOOL	TRUE
wPLI	WORD	W#16#0

7. Aufruf im OB 1/PLC_PRG:

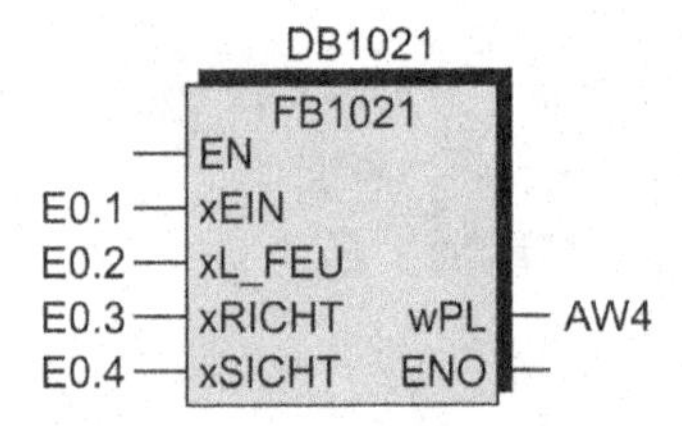

Programmierung und Aufruf des Bausteins siehe
http://www.automatisieren-mit-sps.de
Aufgabe 10_2_01a (FUP)
Aufgabe 10_2_01b (SCL/ST)

Lösung Lernaufgabe 10.2

Aufgabe S. 184

1. Struktogramm der Funktion FC 1022:

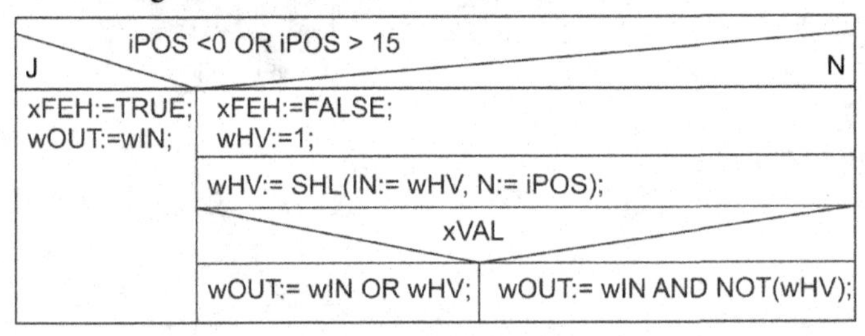

▶ **Hinweis** Zur Bestimmung der zu verändernden Bit-Position wird eine Hilfsvariable wHV mit dem Datenformat WORD eingeführt.

2. Freigrafischer Funktionsplan der Funktion FC 1022:

Abfrage, ob iPOS außerhalb des Bereichs

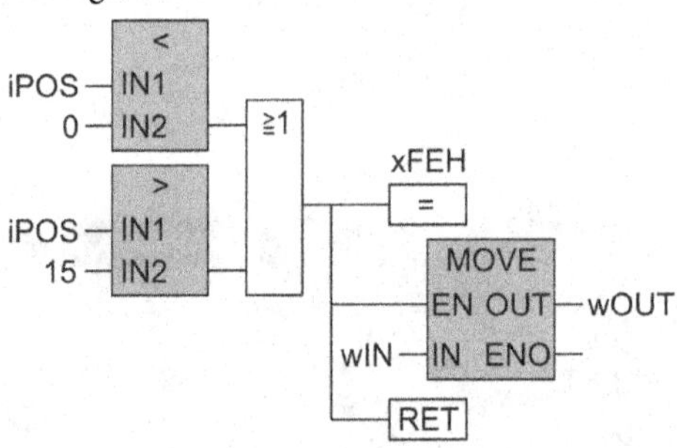

Erstes Bit der Hilfsvariable wHV auf "1" setzen und entsprechend der Vorgabe von iPOS um eine bestimmte Anzahl von Stellen nach links schieben.

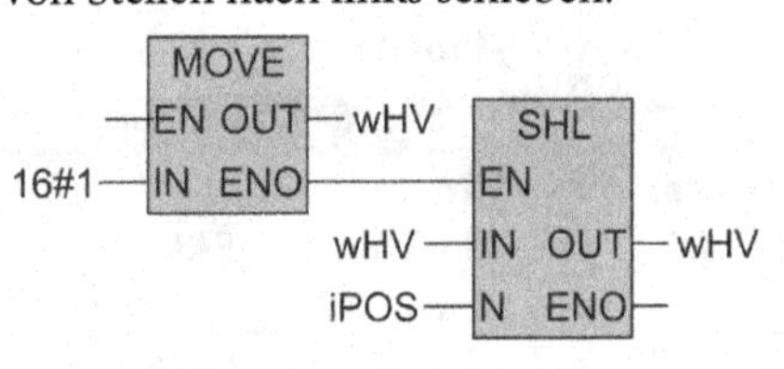

Ändern der Bitstelle in der Eingangsvariablen wIN und Ausgabe an wOUT

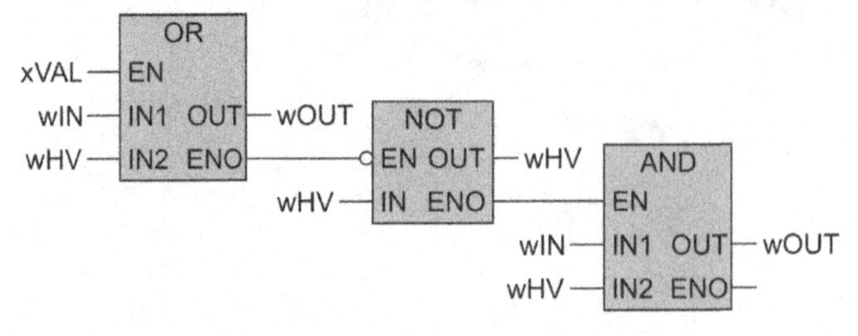

3. Steuerungsprogramm in SCL/ST:

```
IF iPOS < 0 OR iPOS > 15 THEN xFEH:=TRUE; wOUT:=wIN;
 ELSE
 xFEH:=FALSE; wHV:=16#1; wHV:= SHL(IN:=wHV,N:=iPOS);
 IF xVAL THEN wOUT:= wIN OR wHV; ELSE wOUT:= wIN AND NOT(wHV);
END_IF;
END_IF;
```

4. Deklarationstabelle:

Name	Datentyp
IN	
wIN	WORD
xVAL	BOOL
iPOS	INT

Name	Datentyp
OUT	
wOUT	WORD
xFEH	BOOL

Name	Datentyp
TEMP	
wHV	WORD

5. Aufruf im OB 1/PLC_PRG zu Testzwecken:

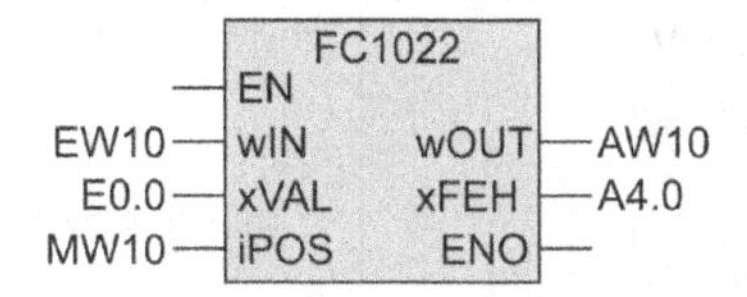

Programmierung und Aufruf des Bausteins siehe
http://www.automatisieren-mit-sps.de
Aufgabe 10_2_02a (FUP)
Aufgabe 10_2_02b (SCL/ST)

Lösung Lernaufgabe 10.3 Aufgabe S. 185

1. Zuordnungstabelle der PLC-Eingänge und PLC-Ausgänge:

PLC-Eingangsvariable	Symbol	Datentyp	Logische Zuordnung	Adresse
Management-Meldesignal	MS	BYTE	8 binäre Melde-Signale	EB 0
Revisions-Taster	RT	BYTE	8 Taster-Signale	EB 1
Schalter	EIN	BOOL	Eingeschaltet EIN = 1	E 2.1
Quittier-Taste	QUITT	BOOL	Betätigt QUITT = 1	E 2.2
PLC-Ausgangsvariable				
Revisionsleuchten	PRL	BYTE	Alle leuchten PRL = 16#FF	AB 4

2. Bausteinparameter:

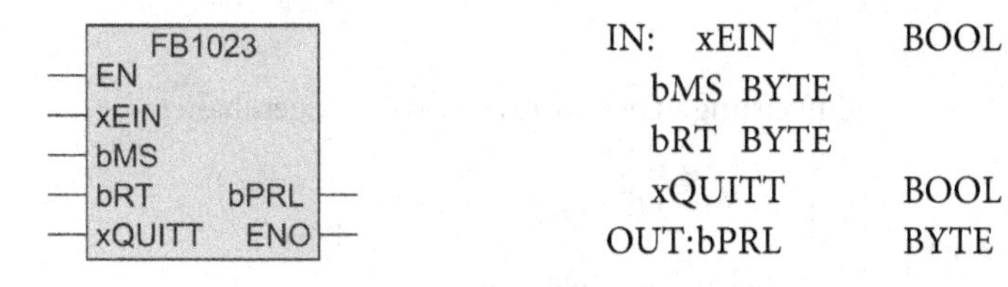

IN: xEIN BOOL
bMS BYTE
bRT BYTE
xQUITT BOOL
OUT:bPRL BYTE

3. Struktogramm:

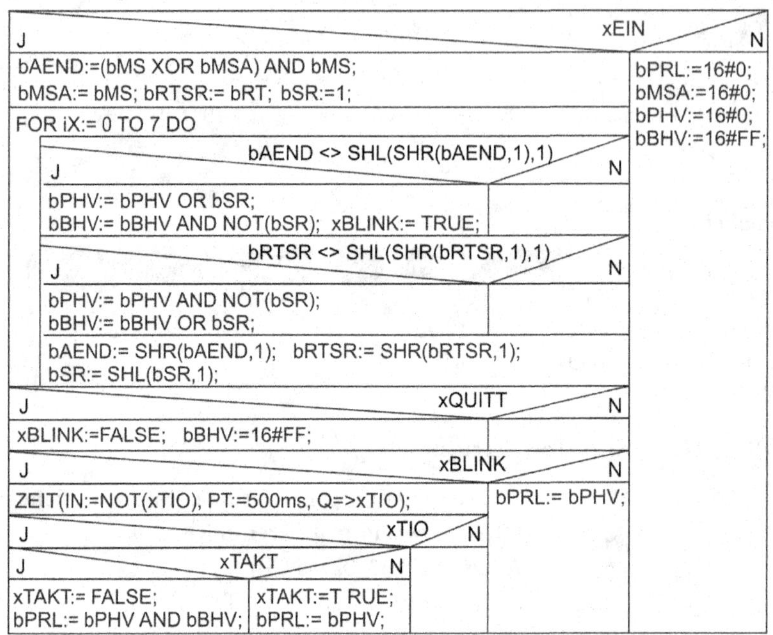

Zusammenstellung der benötigten lokalen Hilfsvariablen:

bAEND	Feststellung von 0 → 1-Flanken in der Variablen bMS für einen Zyklus
bMSA	Speicherung des Bitmusters von bMS für den nächsten Zyklus
bRTSR	Hilfsvariable für die Revisionstaster bRT für das Schieben
bSR	Schieben einer "1" in der Zählschleife um jeweils eine Stelle pro Durchlauf
bPHV	Hilfsvariable zur Ansteuerung der Revisionsleuchten
bBHV	Hilfsvariable für das Blinken der Revisionsleuchten
xTIO	Timer-Impuls zum zyklischen Starten der TON-Zeitfunktion
xTAKT	Taktvariable für das Blinken der Revisionsleuchten xTAKT = "1" → Pulse
xBLINK	Variable, die angibt, ob ein Blinken von Revisionsleuchten erfolgt
iX	Zählvariable

4. Freigrafischer Funktionsplan:

Taktgenerator

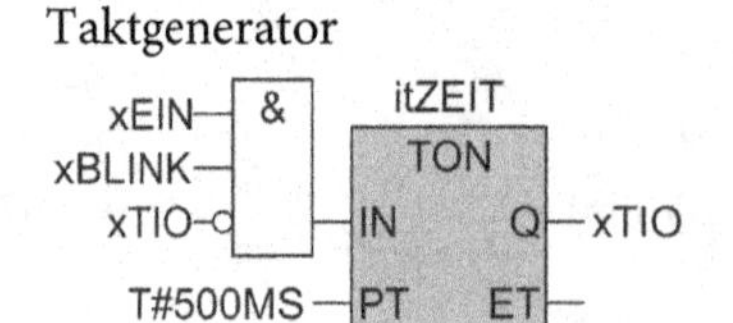

Zuweisungen, wenn Anzeigefeld ausgeschaltet

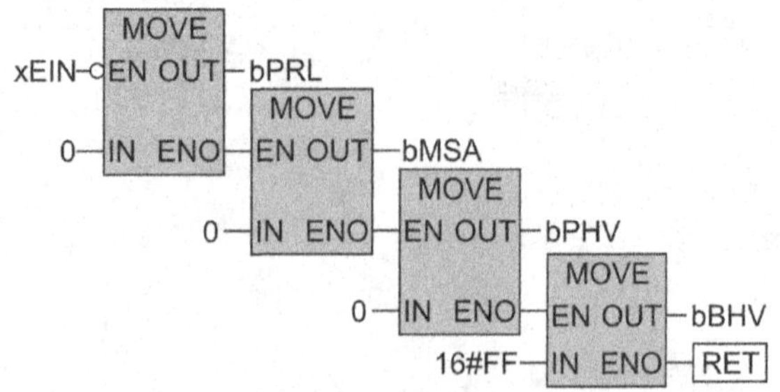

Ermittlung von 0→1 Flanken in der Eingangsvariablen bMS

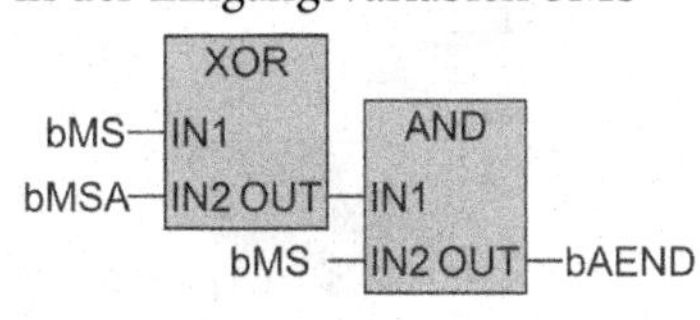

Erforderliche Zuweisungen zu den Hilfsvariablen

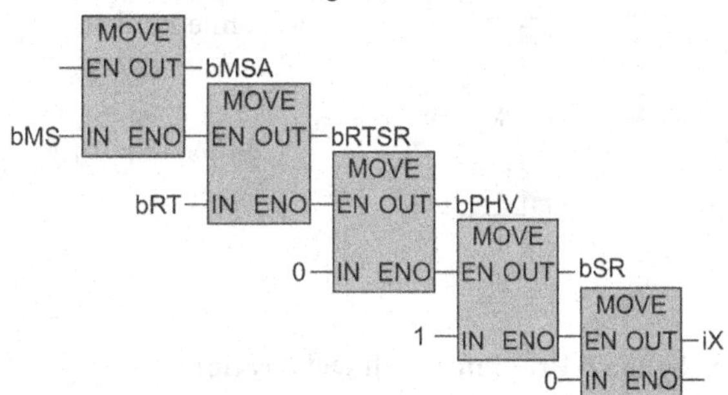

Feststellung, ob eine 0→1 Flanke vorliegt

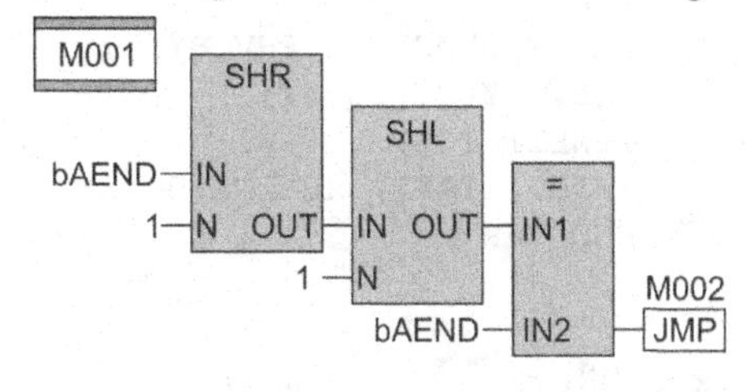

Bit Setzen in bPHV bzw. Rücksetzen in bBHV bei einer 0→1 Flanke

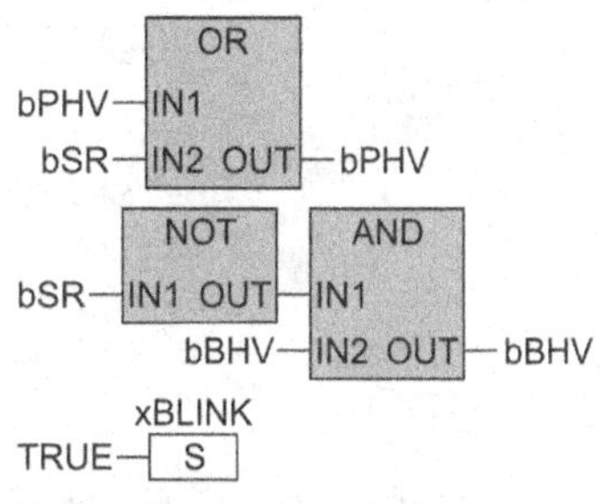

Prüfen, ob Revisionstaster gedrückt

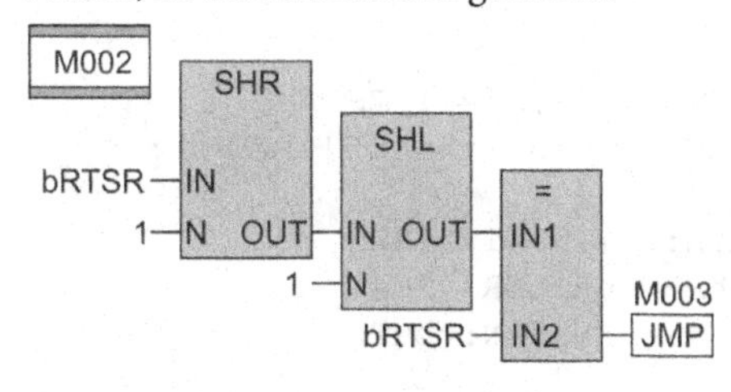

Falls Revisionstaster gedrückt Bit Setzen in bBHV bzw. Rücksetzen in bPHV

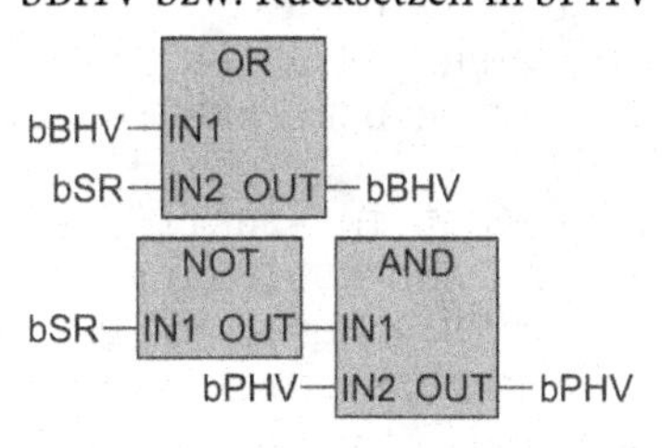

Vorbereitung der Variablen für den nächsten Schleifendurchlauf

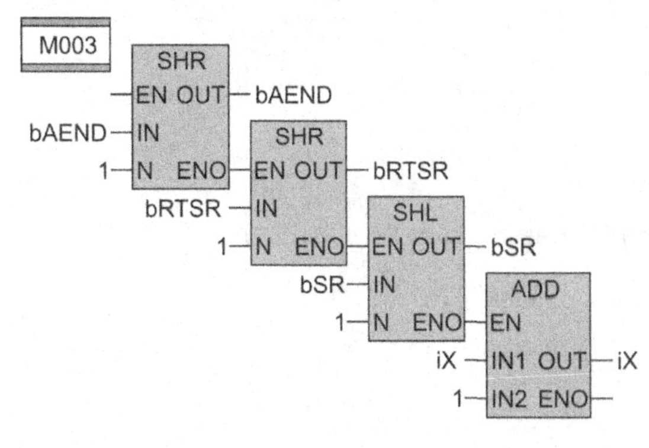

Bedingter Rücksprung zum Schleifenanfang

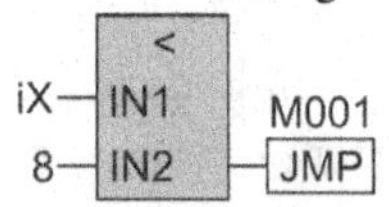

Auswertung der Quittiertaste

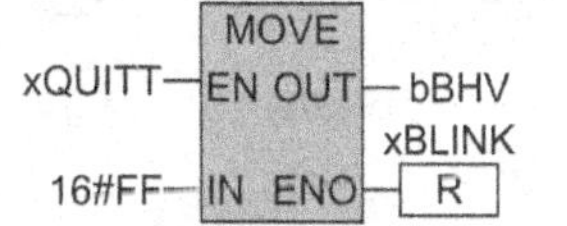

Wenn kein Blinken: bPHV → bPRL

MOVE
xBLINK EN OUT bPRL
bPHV IN ENO RET

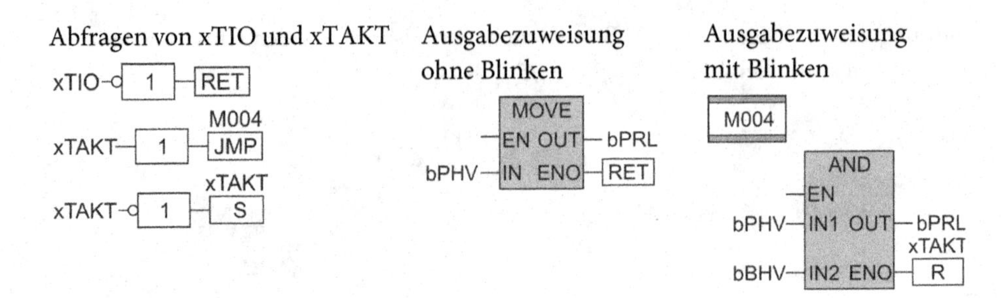

5. SCL/ST-Programm mit Deklaration:

```
Function_Block FB1023
VAR_INPUT              VAR_OUTPUT             VAR
 xEIN:BOOL;            bPRL: BYTE;            bAEND, bMSA , bPHV:BYTE;
 bMS, bRT:BYTE;        END_VAR                bBHV:BYTE:=16#FF;
 xQUITT:BOOL;                                 itZEIT:TON;
END_VAR                VAR_TEMP               xTIO, xTAKT, xBLINK:BOOL;
                       bRTSR, bSR:BYTE;       END_VAR
                       iX:INT;
                       END_VAR
itZEIT(IN := xEIN AND NOT(xTIO) AND xBLINK,PT := t#500ms);
xTIO:=itZEIT.Q;
IF xEIN THEN
 bAEND:= (bMS XOR bMSA) AND bMS;
 bMSA:= bMS; bRTSR:=bRT; bSR:=1;
 FOR iX := 0 TO 7 DO
  IF bAEND <> SHL(IN:= SHR(IN:=bAEND, N:=1),N:=1) THEN
    bPHV:=bPHV OR bSR; bBHV:=bBHV AND NOT(bSR); xBLINK:=TRUE;
END_IF;
  IF bRTSR <> SHL(IN:=SHR(IN:=bRTSR,N:=1),N:=1) THEN
    bPHV:=bPHV AND NOT(bSR); bBHV:=bBHV OR bSR;  END_IF;
  bAEND:= SHR(IN:=bAEND, N:=1); bRTSR:= SHR(IN:=bRTSR, N:=1);
  bSR:= SHL(IN:=bSR, N:=1);
 END_FOR;
 IF xQUITT THEN xBLINK:=FALSE; bBHV:=16#FF; END_IF;
 IF xBLINK THEN
   IF xTIO THEN
     IF xTAKT THEN xTAKT:=FALSE; bPRL:=bPHV AND bBHV;
     ELSE xTAKT:=TRUE; bPRL:=bPHV; END_IF;
   END_IF;
 ELSE   bPRL:=bPHV; END_IF;
ELSE
bPRL:=16#0; bMSA:=0; bPHV:=16#0; bBHV:=16#FF; END_IF;
```

6. Aufruf im OB 1/PLC_PRG zu Testzwecken:

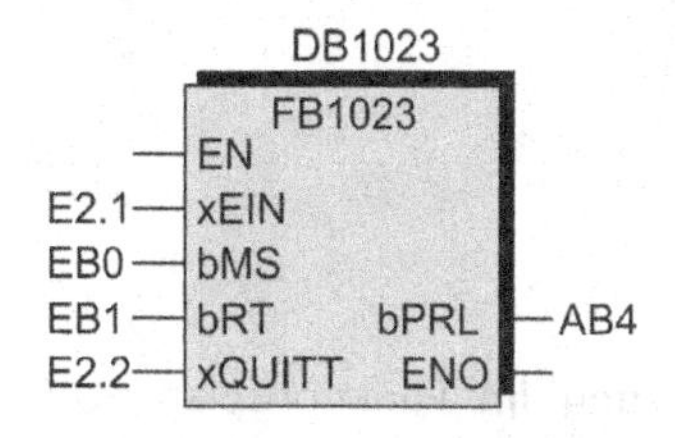

Programmierung und Aufruf des Bausteins siehe http://www.automatisieren-mit-sps.de
Aufgabe 10_2_03a (FUP)
Aufgabe 10_2_03b (SCL/ST)

Lösung Lernaufgabe 10.4

Aufgabe S. 186

1. Struktogramm für die Funktion FC 1024:

```
wOUT:=0;
FOR iX:=0 TO 16 BY 1
    wHV:= SHR(wIN,iX) AND 16#1;
    wHV:= SHL(wHV,15 - iX);
    wOUT:= wOUT OR wHV;
```

2. Freigrafischer Funktionsplan für die Funktion FC 1024:

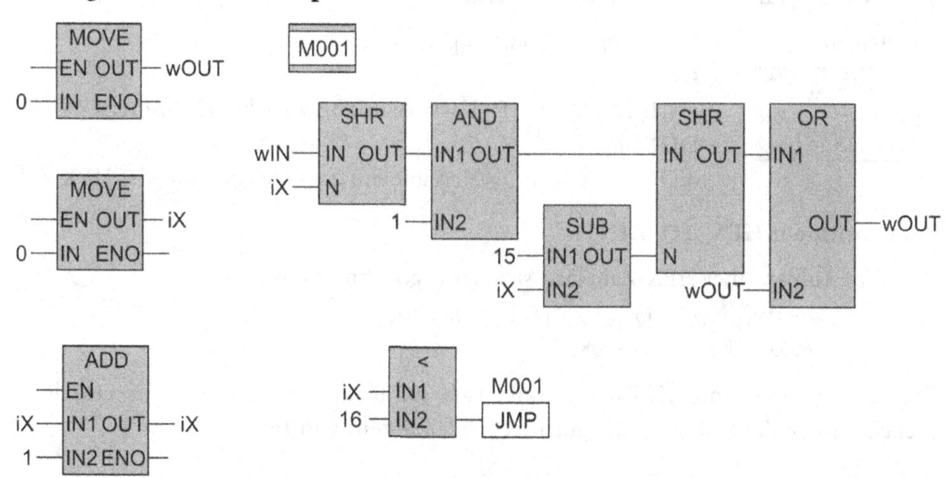

3. Steuerungsprogramm in SCL/ST:

```
 wOUT:=0;
 FOR iX := 0 TO 15 BY 1 DO
 wHV:= SHR(IN:=wIN,N:=iX) AND 16#1;
 wHV:= SHL(IN:=wHV,N:=15-iX);
 wOUT:=wOUT OR wHV;
END_FOR;
```

4. Deklarationstabelle der Funktion FC 1024:

Name	Datentyp
IN	
wIN	WORD
OUT	
wOUT	WORD

Name	Datentyp
TEMP	
wHV	WORD
iX	INT

▶ **Hinweis** Die Hilfsvariable iX ist nur bei der Realisierung im Funktionsplan FUP erforderlich.

5. Aufruf im OB 1/PLC_PRG zu Testzwecken:

Programmierung und Aufruf des Bausteins siehe http://www.automatisieren-mit-sps.de
Aufgabe 10_2_04a (FUP)
Aufgabe 10_2_04b (SCL)
Aufgabe 10_2_04c (AWL)

Lösung Lernaufgabe 10.5

Aufgabe S. 187

1. Bausteinparameter der Funktion FC 1025:

Bausteinaufruf

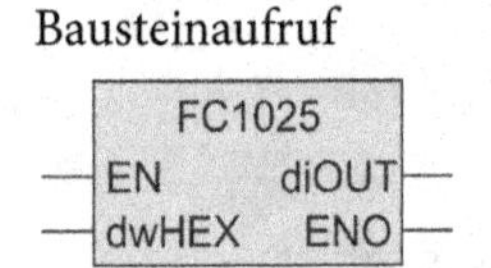

Erklärung der Bausteinparameter

IN

dwHEX: DWORD Variable mit bis zu acht HEX-Ziffern

OUT

diOUT: DINT Variable mit dem Dezimalwert der HEX-Zahl

2. Algorithmus HEX_TO_DINT:

Aus dem Aufbau einer HEX-Zahl lässt sich der Algorithmus ableiten:

$$ZAHL1_{HEX} = 1C3D5 = 1 \cdot 16^4 + 12 \cdot 16^3 + 3 \cdot 16^2 + 13 \cdot 16^1 + 5 \cdot 16^0$$
$$ZAHL1_{DEZ} = 65536 + 49152 + 768 + 208 + 5 = 115669$$

Der Dezimalwert einer HEX-Zahl ergibt sich somit aus der Addition der einzelnen Stellenwerte multipliziert mit der entsprechenden Potenz von 16.

3. Struktogramm für die Funktion FC 1025:

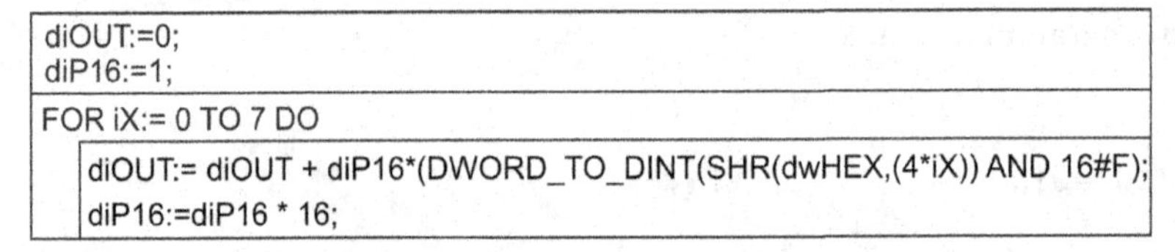

▶ **Hinweis** Mit der Hilfsvariablen diP16 wird in jedem Schleifendurchlauf der Multiplikator 16^{iX} neu berechnet.

4. Steuerungsprogramm in der Programmiersprache SCL/ST:

```
diOUT:=0;  diP16:=1;
FOR iX:= 0 TO 7 BY 1 DO
 diOUT:= diOUT + diP16*DWORD_TO_DINT(SHR(IN:=dwHEX,N:=4*iX) AND
16#F);
 diP16:=diP16*16;
END_FOR;
```

5. Freigrafische Funktionsplandarstellung der Funktion FC 1025:

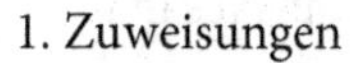

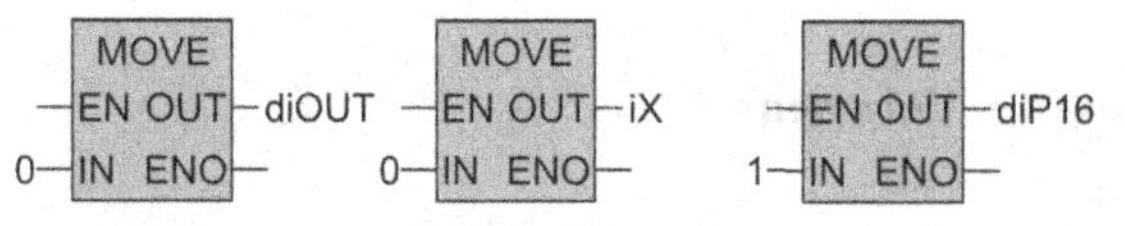

2. Schleife mit Berechnung:

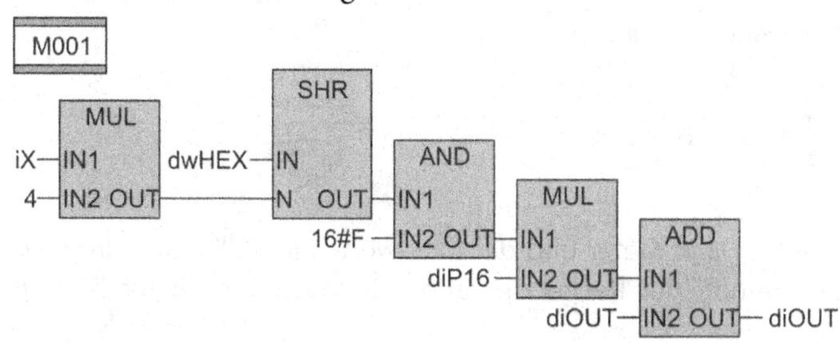

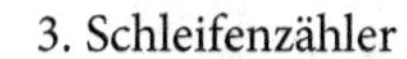

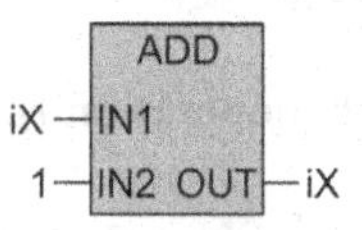

4. Multiplikator

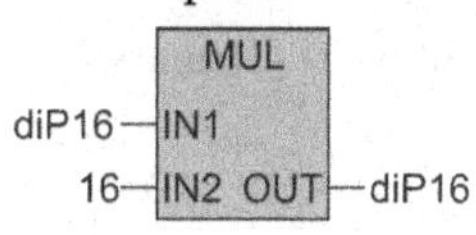

5. Schleifensprung

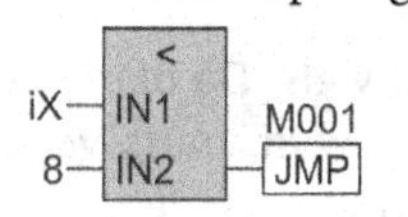

6. Deklarationstabelle der Funktion FC 1025:

Name	Datentyp
IN	
dwHEX	DWORD

Name	Datentyp
OUT	
diOUT	DINT

Name	Datentyp
TEMP	
iX	INT
diP16	DINT

7. Aufruf im OB 1/PLC_PRG zu Testzwecken:

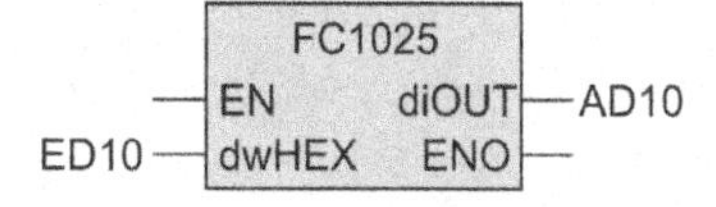

Programmierung und Aufruf des Bausteins siehe http://www.automatisieren-mit-sps.de
Aufgabe 10_2_05a (FUP)
Aufgabe 10_2_05b (SCL)
Aufgabe 10_2_05c (AWL)

14.11 Lösungen der Lernaufgaben Kapitel 11

Lösung Lernaufgabe 11.1 Aufgabe S. 199

1. Bausteinparameter der Funktion FC 1121:

Bausteinaufruf

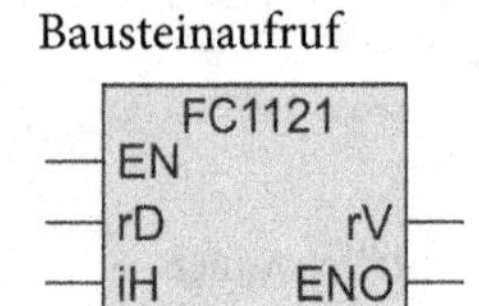

Erklärung der Bausteinparameter

IN	rD:	REAL	Durchmesser des Silos in m
	iH	INT	Messwert des Distanzsensors in mm
OUT	rV:	REAL	Volumen des Behälterinhaltes in m³

2. Rechenoperation zur Bestimmung des Volumens:

Volumen einer Kugelkalotte: $V = \frac{\pi x^2}{3}(3r - x)$

mit $x = D - H$; und $r = \frac{D}{2}$ ergibt sich die Formel:

$$V = \frac{\pi (D-H)^2}{3}\left(\frac{3D}{2} - D + H\right) = \frac{\pi}{6}(D^3 - 3DH^2 + 2H^3)$$

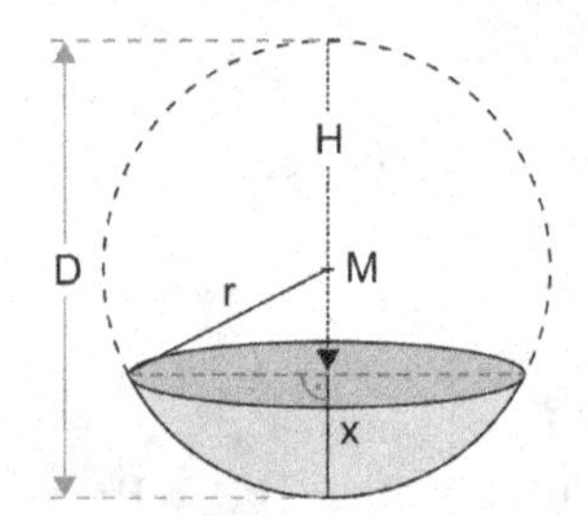

▶ **Hinweis** Da der Durchmesser D in Meter und der Messwert H in Millimeter eingegeben wird, muss vor Anwendung der Rechenoperation der Messwert H durch 1000 dividiert werden.

3.1 Steuerungsprogramm in AWL:

```
STEP 7                                  CoDeSys
L   #iH          L   2.0e+000           LD   iH
ITD              *R                     INT_TO_REAL
DTR              T   #rH3               DIV  1000.0
L   1.0e+003     L   #rH                ST   rH
/R               L       #rH            LD   rD
T   #rH          *R                     EXPT 3
L   #rD          L   #rD                ST   rD3
L   #rD          *R                     LD   rH
*R               L   3.0e+000           EXPT 3
L   #rD          *R                     MUL  2.0
*R               NEGR                   ST   rH3
T   #rD3         L   #rD3               LD   rH
L   #rH          +R                     EXPT 2
L   #rH          L   #rH3               MUL  rD
*R               +R                     MUL  -3.0
L   #rH          L   5.235988e-001      ADD  rD3
*R               *R                          rH3
                 T   #rV                MUL  0.5235988
                                        ST   rV
```

▶ **Hinweis** Bei CoDeSys kann die EXPT-Operation verwendet werden, welche es bei STEP 7 erst ab V 12 in der AWL gibt.

3.2 Steuerungsprogramm in SCL/ST:

```
rH:=(INT_TO_REAL(iH))/1000.0;
rV:=0.523598775*(rD*rD*rD - 3.0*rD*rH*rH +  2.0*rH*rH*rH);
```

4. Deklarationstabelle:

Name	Datentyp
IN	
rD	REAL
iH	INT

Name	Datentyp
OUT	
rV	REAL

Name	Datentyp
TEMP	
rH	REAL
rD3	REAL
rH3	REAL

▶ **Hinweis** Die grau hinterlegten temporären Variablen sind nur bei der Realisierung mit der Anweisungsliste AWL erforderlich.

5. Aufruf im OB 1/PLC_PRG:

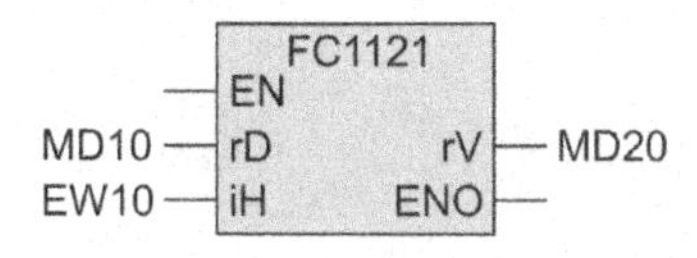

Programmierung und Aufruf des Bausteins siehe http://www.automatisieren-mit-sps.de
Aufgabe 11_2_01a (SCL)
Aufgabe 11_2_01b (AWL)

Lösung Lernaufgabe 11.2

Aufgabe S. 199

1. Zuordnungstabelle der PLC-Eingänge und PLC-Ausgänge:

PLC-Eingangsvariable	Symbol	Datentyp	Logische Zuordnung		Adresse
Starttaster	S1	BOOL	Betätigt	S1 = 1	E 0.1
BCD-Schalter Abfüllmenge	AM	WORD	4-stelliger BCD-Wert		EW10
BCD-Schalter Rezept-Nr.	REZNR	BYTE	2-stelliger BCD-Wert		EB2
PLC-Ausgangsvariable					
Auslassventil Sirup 1	M1	BOOL	Ventil offen	M1 = 1	A 4.1
Auslassventil Sirup 2	M2	BOOL	Ventil offen	M2 = 1	A 4.2
Auslassventil Sirup 3	M3	BOOL	Ventil offen	M3 = 1	A 4.3
Auslassventil Sirup 4	M4	BOOL	Ventil offen	M4 = 1	A 4.4
Auslassventil Wasser	M5	BOOL	Ventil offen	M5 = 1	A 4.5

2. Erforderliche Rechenoperation für die Öffnungszeiten:

Abkürzungen:

ZM1: Öffnungs-Zeit **M**agnetventil 1 (ZM2, ZM3, ZM4, ZM5 entsprechend)

AM: **A**bfüll-**M**enge

PAS1: **P**rozent-**A**nteil **S**irup 1 (PAS1, PAS2, PAS3, PAS4 entsprechend)

Berechnungsformel für Öffnungszeit Auslassventil Sirup 1: $ZM1 = \frac{AM \cdot PAS1}{100}$

Da das Datenformat TIME als DINT in Millisekunden angegeben wird, muss ZM1 noch mit 1000 Multipliziert werden. Mit den erforderlichen Formatwandlungen ergibt sich:

$$ZM1 = DINT\_TO\_TIME(REAL\_TO\_DINT(PAS1 \cdot (INT\_TO\_REAL(AM)) \cdot 10.0)$$

Berechnungsformel für die Öffnungszeiten der Auslassventile 2 .. 4 sind entsprechend. Die Öffnungszeit für das Auslassventil 5 Wasser ergibt sich aus der Formel:

$$ZM5 = AM \cdot 1000 - (ZM1 + ZM2 + ZM3 + ZM4)$$

Die erforderlichen Datenformatwandlungen TIME_TO_INT und INT_TO_TIME sind aus Übersichtsgründen in der Berechnungsformeln für ZM5 nicht berücksichtigt.

3. Anwenderdefinierter Datentyp und Datenfeld der Rezeptwerte:

Datentyp UDT1122:

```
STRUCT
  PS1:REAL; //Prozentwert SIRUP 1
  PS2:REAL; //Prozentwert SIRUP 2
  PS3:REAL; //Prozentwert SIRUP 3
  PS4:REAL; //Prozentwert SIRUP 4
END_STRUCT
```

Datenfeld

```
ARRAY[1..20] OF UDT1122
```

4. Bausteinparameter:

```
      FB1122
  EN          xM1
              xM2
  xS1         xM3
  iREZNR      xM4
  iAM         xM5
  aRZWERTE    ENO
```

IN:	xS1	BOOL
	iREZNR	INT
	iAM	INT
	aRZWERTE	ARRAY [1..20] Datenfeld of UDT 1122
OUT:	xM1, xM2	BOOL
	xM3, xM4	BOOL
	xM5	BOOL

5. Struktogramm des Funktionsbausteins FB 1122:

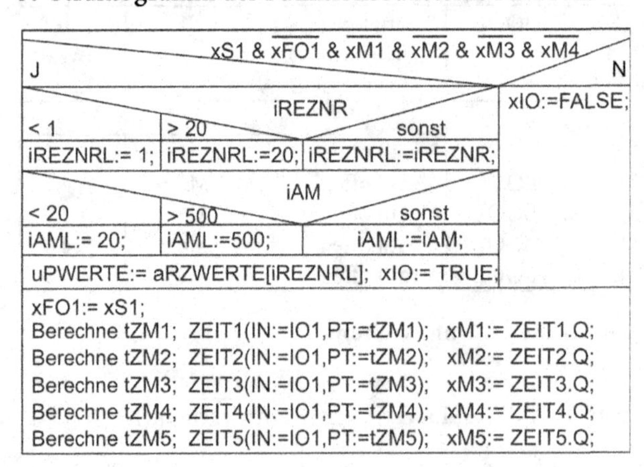

▶ **Hinweise** Folgende lokale Variablen müssen noch eingeführt werden:

xFO, xIO:	Flankenauswertung
tMZ1, tMZ2, tMZ3, tMZ4, tMZ5 :	Zeitwerte
ZEIT1, ZEIT2, ZEIT3, ZEIT4, ZEIT5:	TP-Zeitfunktionen
iREZNRL:	Rezeptnummer
iAML:	Abfüllmenge
uPWERTE:	Prozentwerte des Rezepts.

6. Steuerungsprogramm in SCL/ST für den Funktionsbaustein FB 1122:

```
VAR_INPUT                      VAR_OUTPUT      VAR
xS1:BOOL;                      xM1:BOOL;       ZEIT1,ZEIT2,ZEIT3,ZEIT4,
iREZNR:INT;                    xM2:BOOL;       ZEIT5:TP;
iAM:INT;                       xM3:BOOL;       FO1,IO1:BOOL;
aRZWERTE:                      xM4:BOOL;       iAML,iREZNRL:INT;
ARRAY[1..20]OF UDT1122;        xM5:BOOL;       uPWERTE:UDT1122;
END_VAR                        END_VAR         tZM1,tZM2, tZM3, tZM4,
                                               tZM5:TIME;
                                               END_VAR
```

```
IF xS1 AND NOT FO1 AND NOT xM1 AND NOT xM2 AND NOT xM3
   AND NOT xM4 AND NOT xM5 THEN
   IF iREZNR < 1 THEN iREZNRL:=1; ELSIF iREZNR > 20 THEN iREZNRL:=
20;
   ELSE iREZNRL:=iREZNR; END_IF;
   IF iAM < 10 THEN iAML:=10; ELSIF iAM > 500 THEN iAML:= 500;
   ELSE iAML:=iAM; END_IF;
   uPWERTE:= aRZWERTE[iREZNRL]; IO1:= TRUE;
  ELSE IO1:=FALSE; END_IF;
FO1:= xS1;
tZM1:=DINT_TO_TIME(REAL_TO_DINT(uPWERTE.P_S1*INT_TO_REAL(iAML)*10.0));
ZEIT1(IN := IO1,PT := tZM1);  xM1:=ZEIT1.Q;
tZM2:=DINT_TO_TIME(REAL_TO_DINT(uPWERTE.PS2*INT_TO_REAL(iAML)*10.0));
ZEIT2(IN := IO1,PT := tZM2);  xM2:=ZEIT2.Q;
tZM3:=DINT_TO_TIME(REAL_TO_DINT(uPWERTE.PS3*INT_TO_REAL(iAML)*10.0));
ZEIT3(IN := IO1,PT := tZM3);  xM3:=ZEIT3.Q;
tZM4:=DINT_TO_TIME(REAL_TO_DINT(uPWERTE.PS4*INT_TO_REAL(iAML)*10.0));
ZEIT4(IN := IO1,PT := tZM4);  xM4:=ZEIT4.Q;
tZM5:=DINT_TO_TIME(REAL_TO_DINT(iAML)*1000 -
      TIME_TO_DINT(tZM1) - TIME_TO_DINT(tZM2) -
      TIME_TO_DINT(tZM3) - TIME_TO_DINT(tZM4));
ZEIT5(IN := IO1,PT := tZM5);  xM5:=ZEIT5.Q;
```

7. Aufruf der Bausteine OB 1/PLC_PRG:

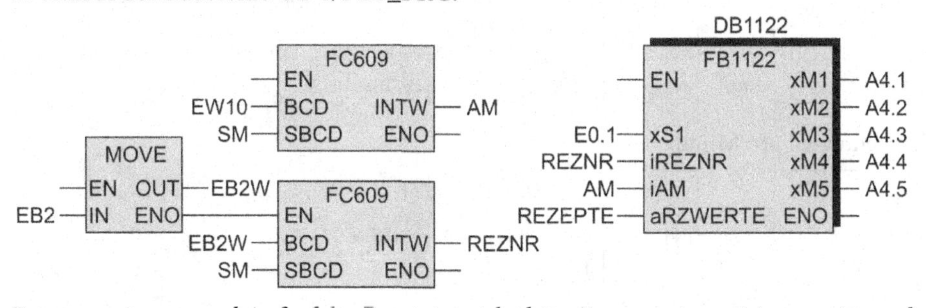

Programmierung und Aufruf des Bausteins siehe http://www.automatisieren-mit-sps.de
Aufgabe 10_2_02

Lösung Lernaufgabe 11.3 — Aufgabe S. 200

1. Erforderliche Rechenoperationen:

Berechnung der Pulszahl PZ:

$$\text{Pulszahl (PZ)} = \frac{\dfrac{360}{\text{Schrittaufl.-Mot. (SAM)}} \cdot \text{Schrittaufl.-Steu. (SAS)}}{\text{Spindelsteigung (SPST)}} \cdot \text{Position} = \frac{360 \cdot \text{SAS}}{\text{SAM} \cdot \text{SPST}} \cdot \text{POS}$$

Berechnung der Umdrehungen pro Minute:

$$\text{Umdreh. pro Min. (UPM)} = \frac{60}{\dfrac{360}{\text{Schrittaufl.-Mot. (SAM)}} \cdot \text{Schrittaufl.-Steu. (SAS)}} \cdot \text{Freq.} = \frac{\text{SAM}}{6 \cdot \text{SAS}} \cdot \text{FR}$$

2. Bausteinparameter:

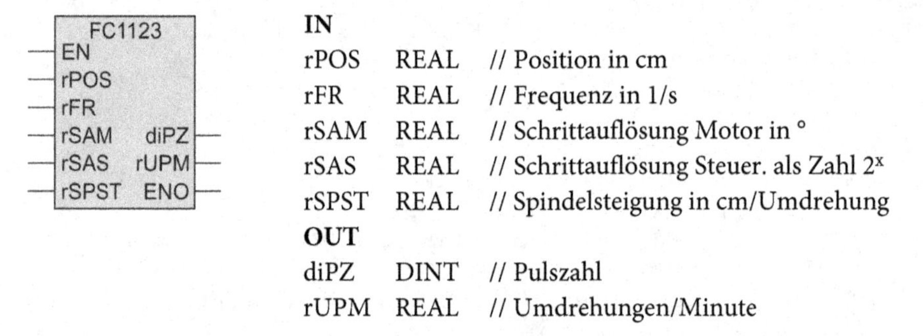

IN

rPOS	REAL	// Position in cm
rFR	REAL	// Frequenz in 1/s
rSAM	REAL	// Schrittauflösung Motor in °
rSAS	REAL	// Schrittauflösung Steuer. als Zahl 2^x
rSPST	REAL	// Spindelsteigung in cm/Umdrehung

OUT

diPZ	DINT	// Pulszahl
rUPM	REAL	// Umdrehungen/Minute

3. Steuerungsprogramm in SCL/ST für die Funktion FC 1123:

```
diPZ:= REAL_TO_DINT(360.0*rSAS*rPOS / (rSAM * rSPST));
rUPM:=rSAM * rFR /(6.0 * rSAS);
```

4. Steuerungsprogramm im freigrafischen Funktionsplan für die Funktion FC 1123:

Pulszahl PZ:

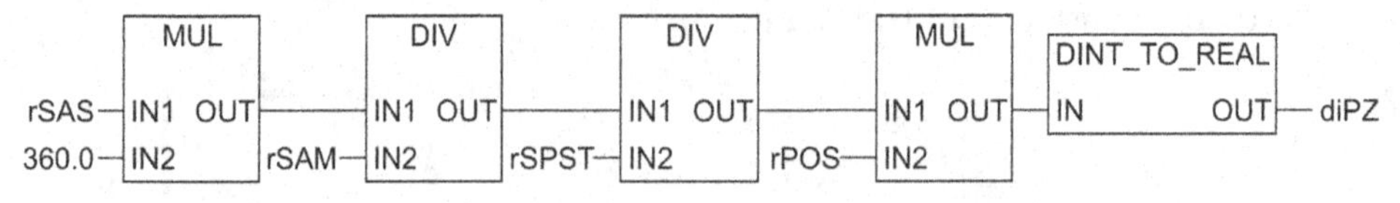

Umdrehungen pro Minute:

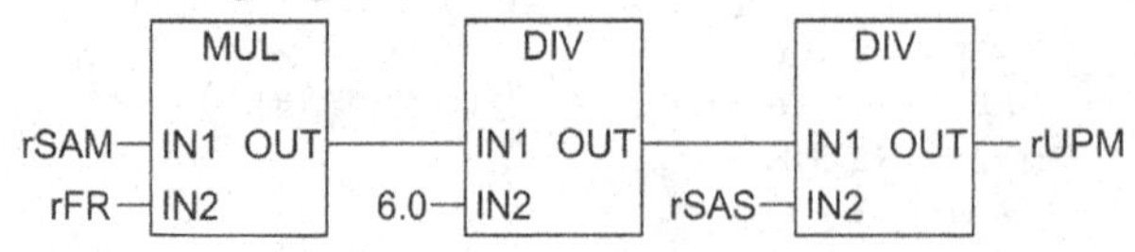

▶ **Hinweis** Bei CoDeSys kann der gezeichnete freigrafische Funktionsplan direkt in die Funktionsbausteinsprache übertragen werden. Bei STEP 7 müssen Hilfsvariablen eingeführt werden.

5. Deklarationstabelle:

Name	Datentyp
IN	
rPOS	REAL
rFR	REAL

Name	Datentyp
rSAM	REAL
rSAS	REAL
rSPST	REAL

Name	Datentyp
OUT	
diPZ	DINT
rUPM	REAL

6. Aufruf im OB 1/PLC_PRG:

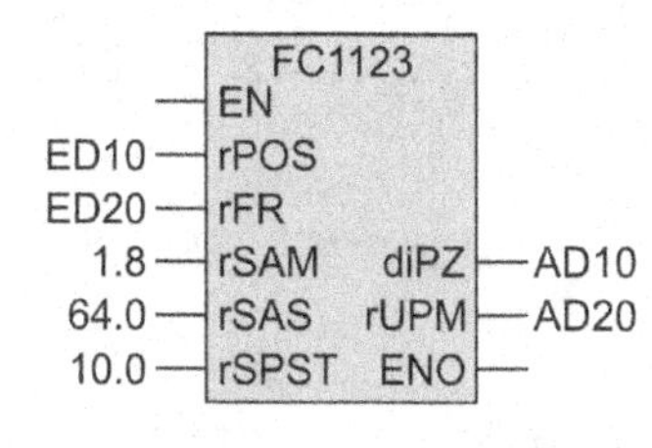

Programmierung und Aufruf des Bausteins siehe
http://www.automatisieren-mit-sps.de
Aufgabe 11_2_03a (SCL)
Aufgabe 11_2_03b (AWL)

Lösung Lernaufgabe 11.4 Aufgabe S. 201

1. Algorithmus für die Berechnung des Energieverbrauchs und der Laufzeit:

Der Energieverbrauch berechnet sich nach der Formel $W = P * t$. Jede Sekunde ist somit die aktuelle Leistung mit 1/3600 zu multiplizieren und das Ergebnis zum bisherigen Verbrauch zu addieren. Damit ergibt sich der Energieverbrauch in kWh. Zur Berechnung der Laufzeit in Stunden wird jede Sekunde 1/3600 zur bisherigen Laufzeit addiert. Die Anzahl der Laufzeitperioden werden mit einem Zähler bestimmt. Mit dem Zählerwert können dann die Mittelwerte des Energieverbrauchs und der Laufzeit über alle Perioden gemäß

$$\text{Mittelwert} = \frac{\text{Gesamtwert}}{\text{Zählerwert}}$$ berechnet werden.

2. Struktogramm für den Funktionsbaustein FB 1124:

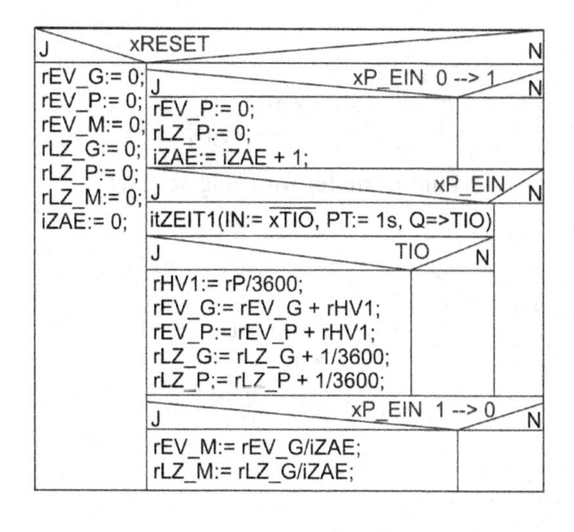

▶ Hinweise

Beim Einschalten des Pumpenmotors (xP_EIN = 0 → 1) werden die Werte der aktuellen Periode zurückgesetzt.
Mit Hilfe eines Taktgenerators wird jede Sekunde die Berechnung des Energieverbrauchs und der Laufzeit ausgeführt.
Bei Ausschalten des Pumpenmotors (xP_EIN = 1 → 0) werden die Mittelwerte des Energieverbrauchs und der Laufzeit über alle Perioden berechnet.

3.1 Realisierung des Steuerungsprogramms in SCL/ST:

```
itZEIT1(IN :=NOT(xTIO) AND xP_EIN ,PT :=T#1000ms); xTIO :=ZEIT1.Q;
IF xRESET THEN rEV_G:=0.0; rEV_P:=0.0; rEV_M:=0.0; iZAE:=0;
               rLZ_G:=0.0; rLZ_P:=0.0;  rLZ_M:=0.0;
ELSE
 IF xP_EIN AND NOT(xFO1) THEN rEV_P:=0.0; rLZ_P:=0.0; iZAE:=iZAE+1;
 END_IF;
 xFO1:= P_EIN;
 IF xTIO THEN rHV1:=rp/3600.0; rEV_P:=rEV_P+rHV1; rEV_G:=rEV_G+rHV1;
         rLZ_P:=rLZ_P + 1.0/3600.0; rLZ_G:=rLZ_G + 1.0/3600.0;
 END_IF;
 IF NOT xP_EIN AND xFO2 THEN rEV_M:=REV_G/iZAE; rLZ_M:=rLZ_G/iZAE;
 END_IF;
 xFO2:=P_EIN;
END_IF;
```

3.2 Realisierung des Steuerungsprogramms im Funktionsplan:

Starten des Taktgenerators mit der TON-Zeitfunktion und dem Impulsoperanden TIO

▶ **Hinweis** Multiinstanz-Aufruf der Zeitfunktion TON zu Beginn des Programms.

Auswertung des Eingangs xRESET: Mit xRESET wird die Bearbeitung des Bausteins beendet.

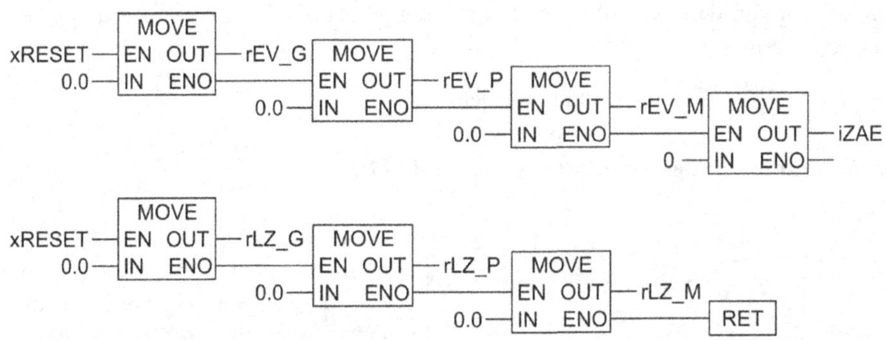

Auswertung xP_EIN (Signalwechsel von 0 → 1). Pumpenmotor wird eingeschaltet

xFO1
xP_EIN
P
MOVE
EN OUT
0.0
IN ENO
rEV_P
rLZ_P
ADD
EN
iZAE
IN1 OUT
1
IN2 ENO
iZAE

Berechnung des Energieverbrauchs und der Laufzeit

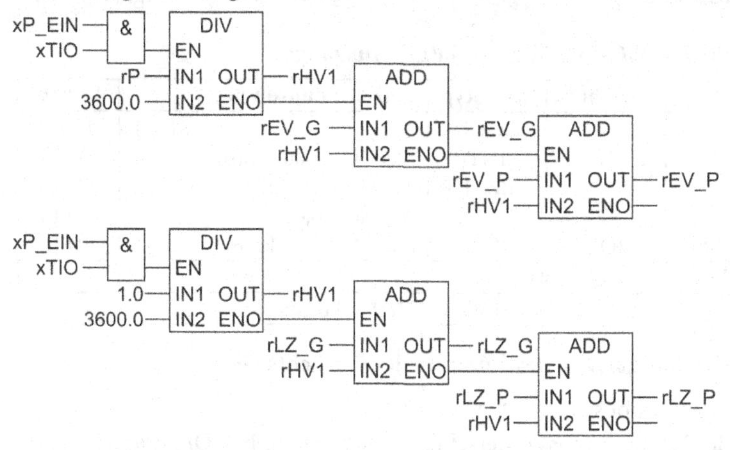

Mittelwerte berechnen bei Signalwechsel von 1 → 0 (Ausschalten) des Eingangs xP_EIN

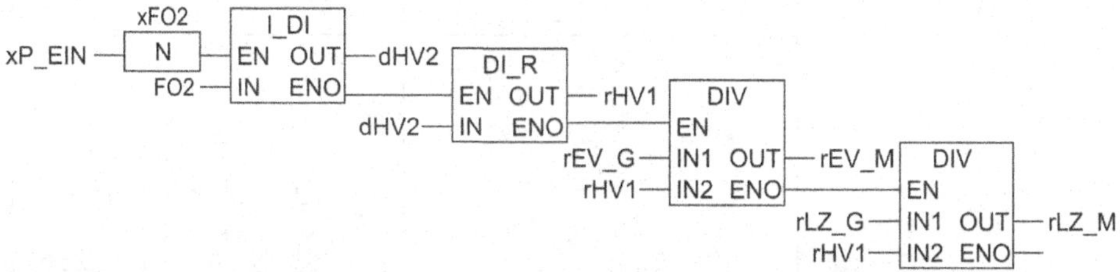

4. Deklarationstabelle FB 1124:

Name	Datentyp	Kommentar
IN		
xP_EIN	BOOL	Motor Ein
rP	REAL	Wirkleistung
xRESET	BOOL	Rücksetzen
OUT		
rEV_G	REAL	Energieverbr. Ges.-
rEV_P	REAL	Energieverbr. Per.-
rEV_M	REAL	Energieverbr. Mit.-
rLZ_G	REAL	Laufzeit Gesamt-
rLZ_P	REAL	Laufzeit Periode-
rLZ_G	REAL	Laufzeit Mittelwert-

Name	Datentyp	Kommentar
STAT		
iZAE	INT	Periodenzähler
xFO1	BOOL	Flankenoperand
xFO2	BOOL	Flankenoperand
itZEIT1	TON	TON-Timer
xTIO	BOOL	Timerimpuls
TEMP		
rHV1	REAL	Hilfsvariable
dHV2	DINT	Hilfsvariable

Die Hilfsvariable dHV2 ist nur bei der Realisierung im FUP erforderlich.

5. Aufruf im OB 1/PLC_PRG zu Testzwecken:

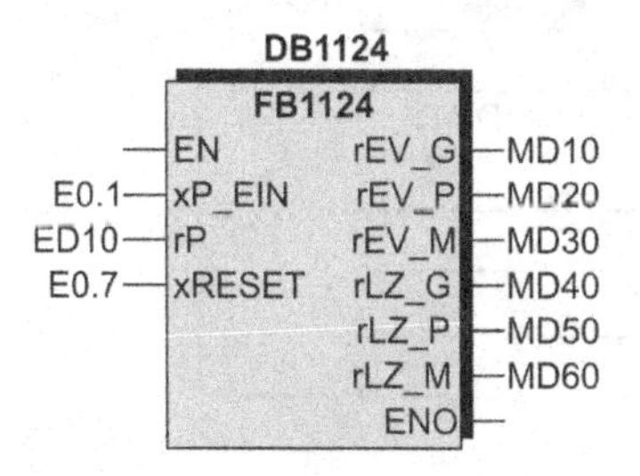

Programmierung und Aufruf des Bausteins siehe http://www.automatisieren-mit-sps.de
Aufgabe 11_2_04a (FUP)
Aufgabe 11_2_04b (SCL)

Lösung Lernaufgabe 11.5 — Aufgabe S. 202

1. Zuordnungstabelle der PLC-Eingänge und PLC-Ausgänge:

PLC-Eingangsvariable	Symbol	Datentyp	Logische Zuordnung	Adresse
Starttaster	S1	BOOL	Betätigt S1 = 1	E 0.1
Ultraschallsensor	H	INT	Wert 0 .. 5 000 (mm)	EW 1
Länge des Tanks	L	REAL	Wert 0 .. 15,0 (m)	ED 10
Durchmesser des Tanks	D	REAL	Wert 0 .. 10,0 (m)	ED 14
Dichte des Rohstoffs	ROH	REAL	Wert 0.0 .. 1.0 (kg/m³)	ED 18
PLC-Ausgangsvariable				
Gewicht des Rohstoffs	G	REAL	Wert in kg	AD 10

2. Mathematische Gleichungen zur Bestimmung des Gewichts G:

$G = ROH \cdot V$ mit $V = L \cdot A$ ergibt sich: $G = ROH \cdot L \cdot A$

Bei der Berechnung der Fläche A muss unterschieden werden, ob H < D/2 oder H > D/2.

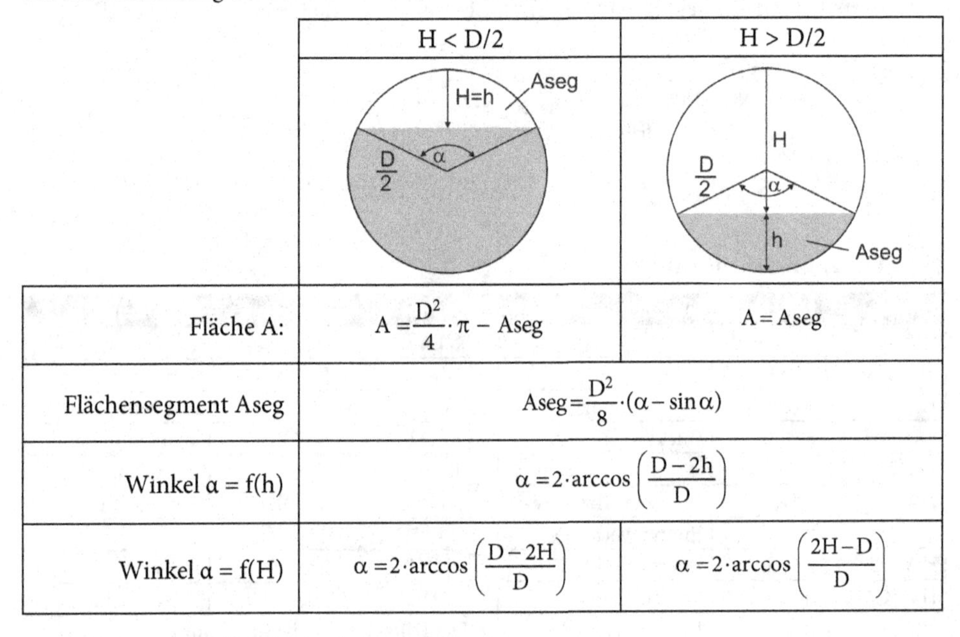

	H < D/2	H > D/2
Fläche A:	$A = \frac{D^2}{4} \cdot \pi - Aseg$	$A = Aseg$
Flächensegment Aseg	$Aseg = \frac{D^2}{8} \cdot (\alpha - \sin\alpha)$	
Winkel α = f(h)	$\alpha = 2 \cdot \arccos\left(\frac{D-2h}{D}\right)$	
Winkel α = f(H)	$\alpha = 2 \cdot \arccos\left(\frac{D-2H}{D}\right)$	$\alpha = 2 \cdot \arccos\left(\frac{2H-D}{D}\right)$

3. Struktogramm für die Funktion FC 1125:

```
xS1 — J:
    rH:= INT_TO_REAL(iH)/1000.0;
    rH < rD/2.0
        J: rALPHA:= 2.0*acos((rD-2.0*rH)/rD);
        N: rALPHA:= 2.0*acos((2.0*rH - rD)/rD);
    rASEGM:= ((rD*rD)/8.0)*(rALPHA - sin(rALPHA);
    rH < rD/2.0
        J: rA:=(rD*rD*3.141592)/4.0 - rASEGM;
        N: rA:= rASEGM;
    rG:= rROH * rL * rA;
xS1 — N:
    rG:=0.0;
```

4. Steuerungsprogramm in der Programmiersprache SCL/ST:

```
VAR_INPUT                    VAR_OUTPUT          VAR_TEMP
 xS1:BOOL;   iH:INT;          rG:REAL;            rH:REAL;
 rL,rD,rROH:REAL;            END_VAR              rALPHA, rASEGM, :REAL;
END_VAR                                          END_VAR
IF xS1 THEN
 rH:=INT_TO_REAL(iH)/1000.0;
 IF rH < rD/2.0 THEN rALPHA:=2*ACOS((rD-2.0*rH)/rD);
  ELSE rALPHA:=2.0*ACOS((2.0*rH-rD)/rD); END_IF;
 rASEGM:= ((rD*rD)/8.0)*(rALPHA - SIN(rALPHA));
 IF rH < rD/2.0 THEN rA:= ((rD*rD*3.141592654)/4.0) - rASEGM;
  ELSE rA:= rASEGM; END_IF;
 rG:=rROH*rL*rA;
ELSE rG:=0.0;  END_IF;
```

5. Aufruf im OB 1/PLC_PRG zu Testzwecken:

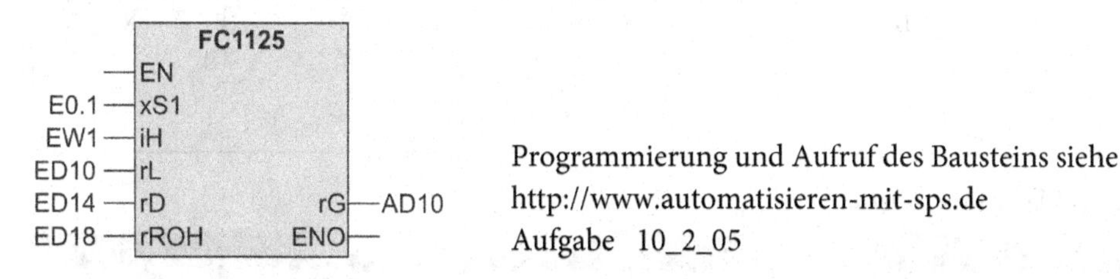

Programmierung und Aufruf des Bausteins siehe http://www.automatisieren-mit-sps.de Aufgabe 10_2_05

Lösung Lernaufgabe 11.6 — Aufgabe S. 203

1. Mathematischer Zusammenhang:

Die Formel $T \cdot \frac{y_n - y_{n-1}}{\Delta t} + y_n = K \cdot x_n$ nach y_n aufgelöst ergibt: $y_n = \frac{1}{T + \Delta t}(\Delta t \cdot K \cdot x_n + T \cdot y_{n-1})$

Im Steuerungsprogramm ist y_{n-1} der Wert von y_n des vorangegangnen Zyklus. Somit muss die Variable y_n als IN-OUT-Variable deklariert werden.

2. Bausteinparameter der Funktion FC 1126:

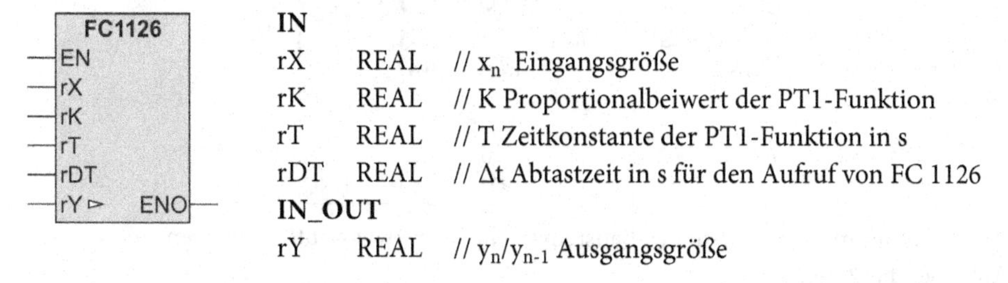

IN

rX	REAL	// x_n Eingangsgröße
rK	REAL	// K Proportionalbeiwert der PT1-Funktion
rT	REAL	// T Zeitkonstante der PT1-Funktion in s
rDT	REAL	// Δt Abtastzeit in s für den Aufruf von FC 1126

IN_OUT

rY	REAL	// y_n/y_{n-1} Ausgangsgröße

3. Struktogramm der Funktion FC 1126:

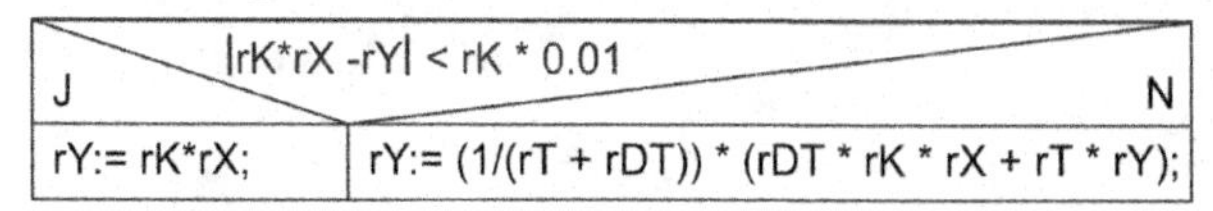

4. Steuerungsprogramm in SCL/ST für die Funktion FC 1126:

```
IF ABS(rK*rX-rY)<rK*0.01 THEN rY:=rK*rX;
ELSE   rY:=(1/(rT + rDT))*((rDT*rK*rX)+(rT*rY)); END_IF;
```

5. Anweisungsliste AWL für die Funktion FC 1126:

STEP 7 AWL			CoDeSys AWL	
L #rK	L #rT	L #rT	LD rK	ST rVAR1
L #rX	L #rDT	L #rY	MUL rX	LD 1.0
*R ;	+R	*R	SUB rY	DIV(rT
L #rY	L 1.00e+0	L #rVAR3	ABS	ADD rDT
-R	TAK	+R	LE 0.01	)
ABS	/R	L #rVAR2	JMPC M001	MUL rVAR1
T #rVAR1	T #rVAR2	*R		ST rY
L #rK	L #rDT	T #rY	LD rDT	RET
L 1.00e-01	L #rK	BEA	MUL rK	M001:
*R	*R	M001: NOP 0	rX	LD rK
L #rVAR1	L #rX	L #rK	ADD(rT	MUL rX
>=R	*R	L #rX	MUL rY	ST rY
SPB M001	T #rVAR3	*R	)	
		T #rY		

6. Deklarationstabelle:

Name	Datentyp
IN	
rX	REAL
rK	REAL
rT	REAL
rDT	REAL

Name	Datentyp
OUT	
rY	REAL

Name	Datentyp
TEMP	
rVAR1	REAL
rVAR2	REAL
rVAR3	REAL

▶ **Hinweis** Die temporären Variablen sind nur bei der Realisierung in der AWL erforderlich.

7. Aufruf der Bausteine im OB 1/PLC_PRG zu Testzwecken:

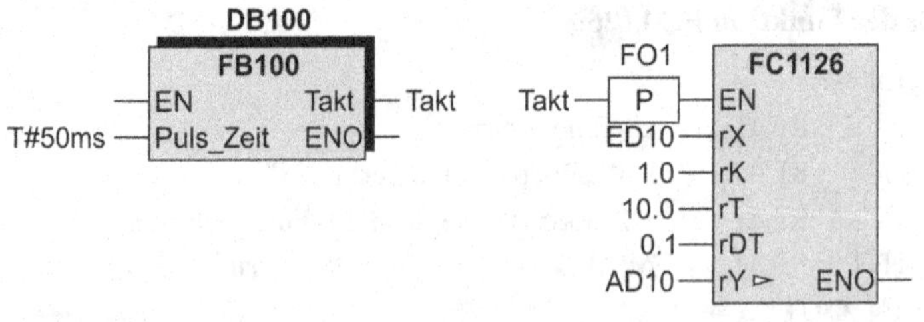

Programmierung und Aufruf des Bausteins siehe http://www.automatisieren-mit-sps.de
Aufgabe 11_2_06a (SCL)
Aufgabe 11_2_06b (AWL)

14.12 Lösungen der Lernaufgaben Kapitel 12

Lösung Lernaufgabe 12.1 Aufgabe S. 214

1. **Maximale Füllhöhe im Behälter:** $FH_{max} = \frac{200\ \text{cm}}{10\ \text{V}}\left(8\ \text{V} - 1{,}5\ \text{V}\right) = 130\ \text{cm}$

2. **Grafischer Zusammenhang zwischen Füllhöhe und Spannungswerte bzw. Zahlenbereich der Analogeingabebaugruppe:**

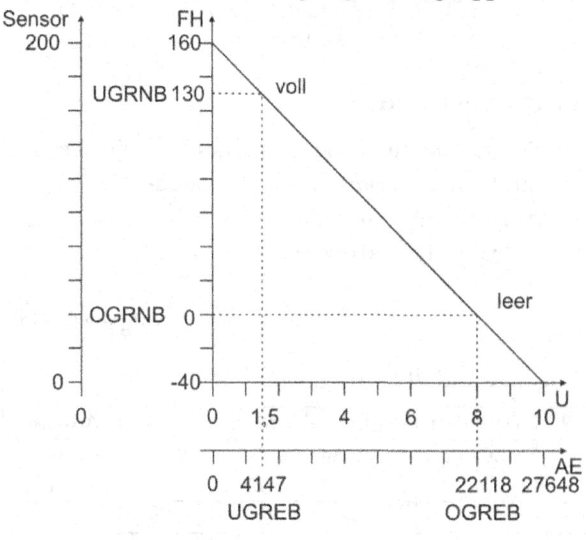

3. **Spezielle Normierungsformel:**

$$FH = \frac{OGRNB - URGNB}{OGREB - UGREB}(AE - URGEB) + UGREB$$

Möglichkeit 1: $FH = \frac{0-130}{22118-4147}(AE - 4147) + 130 = -0{,}007233796 \cdot AE + 160$

Möglichkeit 2: $FH = \frac{-40-160}{27648}(AE - 0) + 160 = -0{,}007233796 \cdot AE + 160$

4.1 Anweisungsliste AWL:

STEP 7	CoDeSys
L iAE	LD iAE
ITD	INT_TO_REAL
DTR	MUL -0.007233796
L -0.007233796	ADD 160.0
*R	ST rFH
L 160.0	
+R	
T rFH	

4.2 Steuerungsprogramm in SCL/ST:

```
rFH:= -0.007233796*INT_TO_REAL(iAE)+160.0;
```

5. Parameterbeschaltung bei Verwendung des Normierungsbausteins FC 48:

1. Möglichkeit:

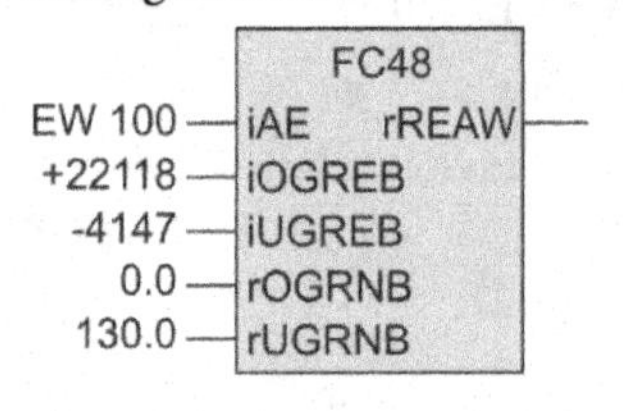

2. Möglichkeit:

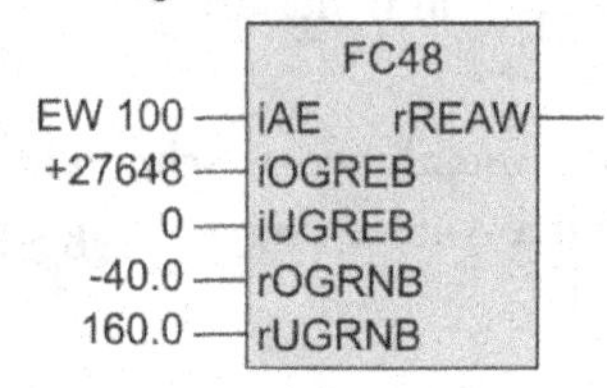

6. Aufruf der Funktion FC 1221 im OB 1/PLC_PRG:

Programmierung und Aufruf des Bausteins siehe http://www.automatisieren-mit-sps.de
Aufgabe 12_2_01a (SCL)
Aufgabe 12_2_01b (AWL)

Lösung Lernaufgabe 12.2 Aufgabe S. 214

1. Zuordnungstabelle der PLC-Eingänge und PLC-Ausgänge:

PLC-Eingangsvariable	Symbol	Datentyp	Logische Zuordnung	Adresse
Schalter	S1	BOOL	Regelung EIN S1 = 1	E 0.0
Analogsignal 4…20 mA	AE	INT	Bereich 0 bis +27648	EW 100
PLC-Ausgangsvariable				
Istwert	ISTW	REAL	Position Tänzerrolle	AD 100

2. Istwert x im Anlagenschema:

20 mA ≙ 80 cm
18 mA ≙ 70 cm
x = 0%
x
L = 60 cm
6 mA ≙ 10 cm
x=100%
4 mA ≙ 0 cm
20 cm
Blindzone
Sensor

3. Normierungskennlinie:

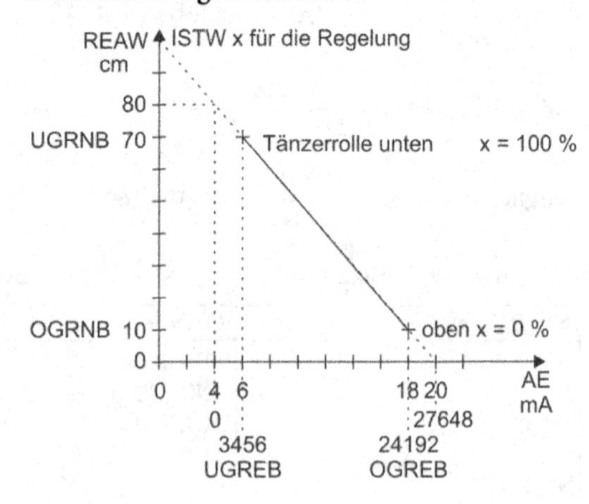

Berechnung von UGREB bzw. OGREB:

$$UGREB = \frac{27648}{16} \cdot (6-4) = 3456 \qquad OGREB = \frac{27648}{16} \cdot (18-4) = 24192$$

4. Aufruf des Standard-Normierungsbausteins FC 48 im OB 1/PLC_PRG:

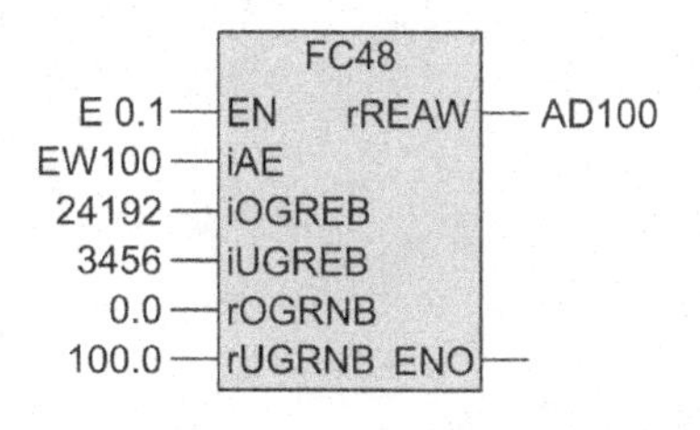

Programmierung und Aufruf des Bausteins siehe http://www.automatisieren-mit-sps.de Aufgabe 12_2_01

Lösung Lernaufgabe 12.3 Aufgabe S. 215

1. Zuordnungstabelle der PLC-Eingänge und PLC-Ausgänge:

PLC-Eingangsvariable	Symbol	Datentyp	Logische Zuordnung		Adresse
Taster Start	S1	BOOL	Betätigt (Start)	S1 = 1	E 0.1
Taster Abwurf	S2	BOOL	Betätigt (Abwurf)	S2 = 1	E 0.2
Vakuumsignal 0…+10 V	VAK	INT	Bereich 0 bis + (variabel)		EW100
PLC-Ausgangsvariable					
Vakuummagnet	1M1	BOOL	Vakuumzunahme	1M1 = 1	A 4.0
Abwurfmagnet	2M1	BOOL	Vakuumabbau	2M1 = 1	A 4.1
Transportmotor	MOT	BOOL	Läuft	MOT = 1	A 4.2
Störungsmeldung	P1	BOOL	Meldet	P1 = 1	A 4.7

2. Bausteinparameter:

Bausteinaufruf

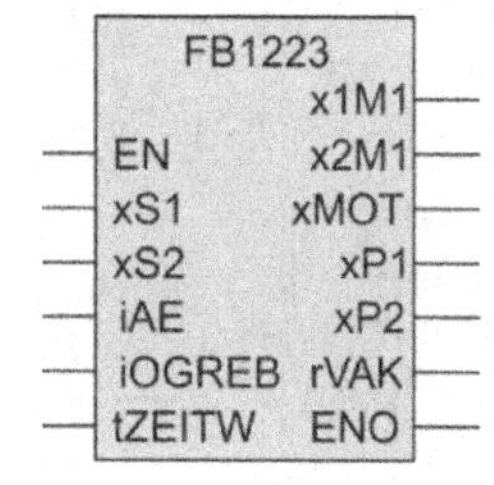

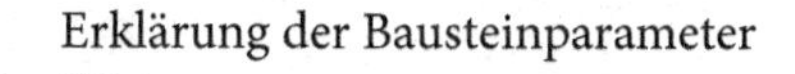
Erklärung der Bausteinparameter

IN

xS1:	BOOL	Taster Start
xS2:	BOOL	Taster Transportvorgang Ende und Abwurf
iAE:	INT	Analogeingang
iOGREB:	INT	Obergrenze Analogeingangsbereich
tZEITW:	TIME	Zeitwert für die Ansteuerung des Abwurfventils

OUT

x1M1:	BOOL	Ansteuerung Vakuumventil
x2M1:	BOOL	Ansteuerung Abwurfventil
xP1:	BOOL	Meldeleuchte Transport ein
xP2:	BOOL	Störungsleuchte
rVAK:	REAL	Vakuumpegel in %

3. Struktogramm für FB 1223:

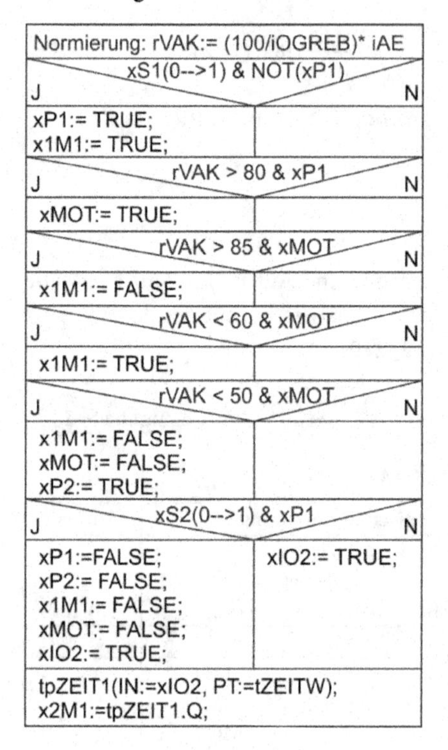

▶ **Hinweis** Im Struktogramm sind erforderliche Datenformat-Konvertierungen nicht eingetragen.

4.1 Funktionsplandarstellung FB 1223:

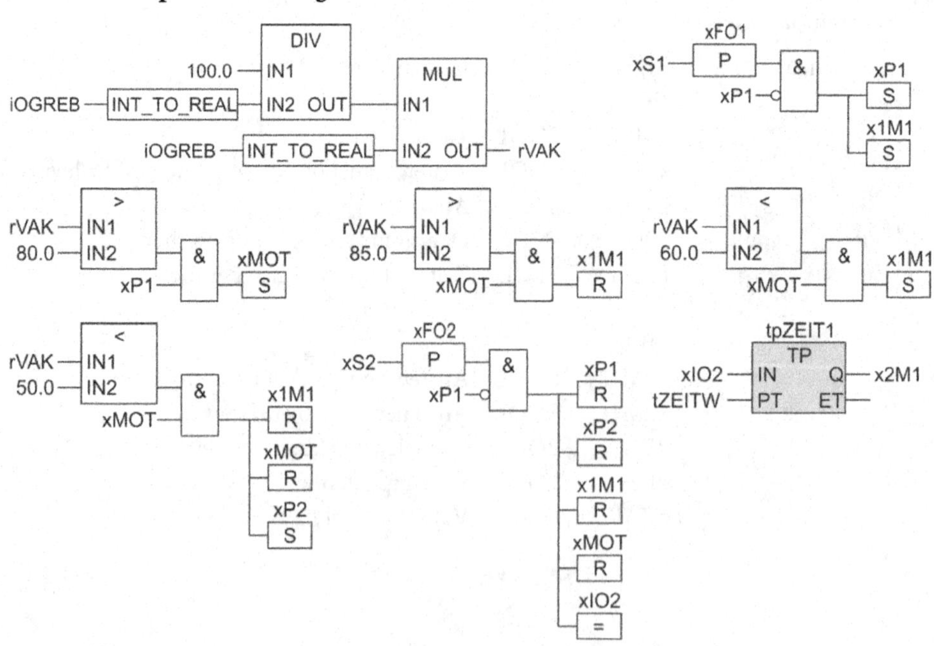

4.2 SCL/ST-Programm:

```
rVAK:= (100.0/iOGREB)*INT_TO_REAL(iAE);
IF xS1 AND NOT(xFO1) AND NOT(xP1) THEN xP1:=TRUE; x1M1:=TRUE;
END_IF;
xFO1:=xS1;
IF rVAK > 80.0 AND xP1 THEN xMOT:=TRUE; END_IF;
IF rVAK > 85.0 AND xMOT THEN x1M1:=FALSE; END_IF;
IF rVAK < 60.0 AND xMOT THEN x1M1:=TRUE; END_IF;
IF rVAK < 50.0 AND xMOT THEN
   x1M1:=FALSE; xMOT:=FALSE; xP2:=TRUE; END_IF;
IF xS2 AND NOT(xFO2) & xP1 THEN xP1:=FALSE; xP2:=FALSE;
   x1M1:=FALSE; xMOT:=FALSE; xIO2:=TRUE; ELSE xIO2:=FALSE; END_IF;
xFO2:=xS2;
tpZEIT1(IN :=xIO2,PT := tZEITWERT); x2M1:=tpZEIT1.Q;
```

5. Deklarationstabelle FB 1223:

Name	Datentyp
IN	
xS1	BOOL
xS2	BOOL
iAE	INT
iOGREB	INT
tZEITW	TIME

Name	Datentyp
OUT	
x1M1	BOOL
x2M1	BOOL
xMOT	BOOL
xP1	BOOL
xP2	BOOL

Name	Datentyp
rVAK	REAL
STAT	
xFO1	BOOL
xFO1	BOOL
xIO2	BOOL
tpZEIT1	TP

6. Aufruf des Funktionsbausteins FB 1223 im OB 1/PLC_PRG zum Test:

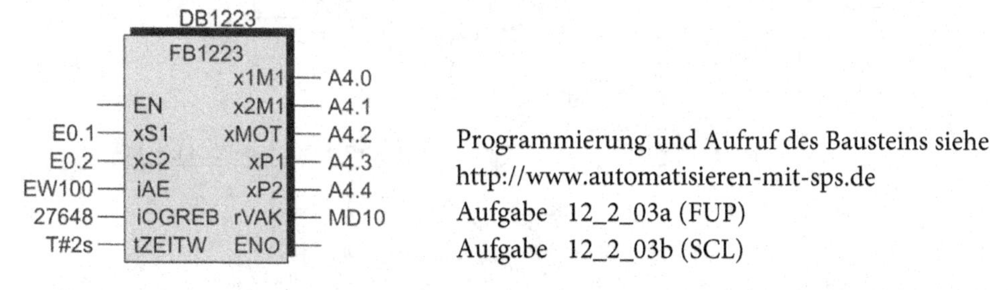

Programmierung und Aufruf des Bausteins siehe http://www.automatisieren-mit-sps.de
Aufgabe 12_2_03a (FUP)
Aufgabe 12_2_03b (SCL)

Lösung Lernaufgabe 12.4 Aufgabe S. 216

1. Zuordnungstabelle der PLC-Eingänge und PLC-Ausgänge:

PLC-Eingangsvariable	Symbol	Datentyp	Logische Zuordnung	Adresse
EIN-AUS-Schalter	S1	BOOL	Betätigt: eingeschaltet S1 = 1	E 0.1
Quittierungstaster	S2	BOOL	Betätigt S2 = 1	E 0.2
Versorgungsdruck	PV	INT	Bereich 0 … 27648	EW 100
Druck-Istwert	P_IST	INT	Bereich 0 … 27648	EW 102
PLC-Ausgangsvariable				
Anzeige Druck > 8 bar	P1	BOOL	Leuchtet P1=1	A 4.1
Anzeige Fehler	P2	BOOL	Leuchtet P2=1	A 4.2
Magnetspule	1M1	BOOL	Druckluft geschaltet 1M1 = 1	A 4.3
Druck-Sollwert	P_SOLL	INT	Bereich 0 … 27648	AW 100

2. Bausteinparameter für den Funktionsbaustein FB 1224:

Bausteinaufruf

FB1224
EN xP1
xEIN xP2
xQUITT x1M1
iPV iP_SOLL
iP_IST ENO

Erklärung der Bausteinparameter

IN

xEIN:	BOOL	EIN-AUS-Schalter S1
xQUITT:	BOOL	Taster Quittierung S2
iPV:	INT	Analogeingang Versorgungsdruck
iP_IST:	INT	Analogeingang Ist-Druck im Schlauch

OUT

xP1:	BOOL	Meldleuchte P > 8 bar
xP2:	BOOL	Meldeleuchte Fehler
x1M1:	BOOL	Ansteuerung Luftzufuhr
iP_SOLL:	INT	Analogausgang Soll-Druck

3. Ablauf-Funktionsplan für den Prüfzyklus:

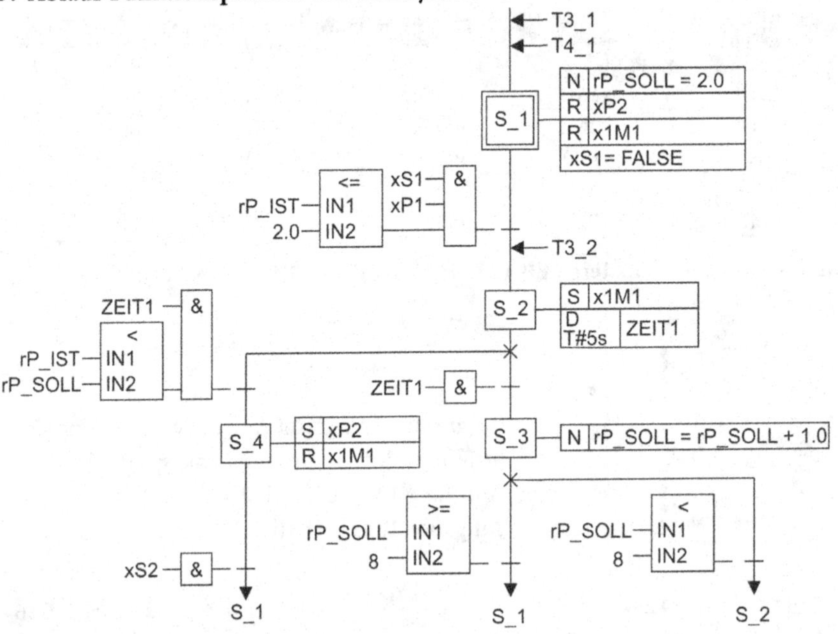

4. Normierungsberechnungen:

$$rPV = \frac{10-0}{27648-0} \cdot (iPV-0)+0 = 0{,}0003616898 \cdot iPV$$

$$rP\_IST = \frac{10-0}{27648-0} \cdot (iP\_IST-0)+0 = 0{,}0003616898 \cdot iP\_IST$$

$$iP\_SOLL = \frac{27648-0}{10.0-0.1} \cdot (rP\_SOLL - 0.1)+0 = 2792.7272 \cdot rP\_Soll - 279.27272$$

▶ **Hinweis** Bei den Berechnungen sind noch die entsprechenden Datenformatswandlungen zu berücksichtigen.

5. Struktogramm für den Funktionsbaustein FB 1224:

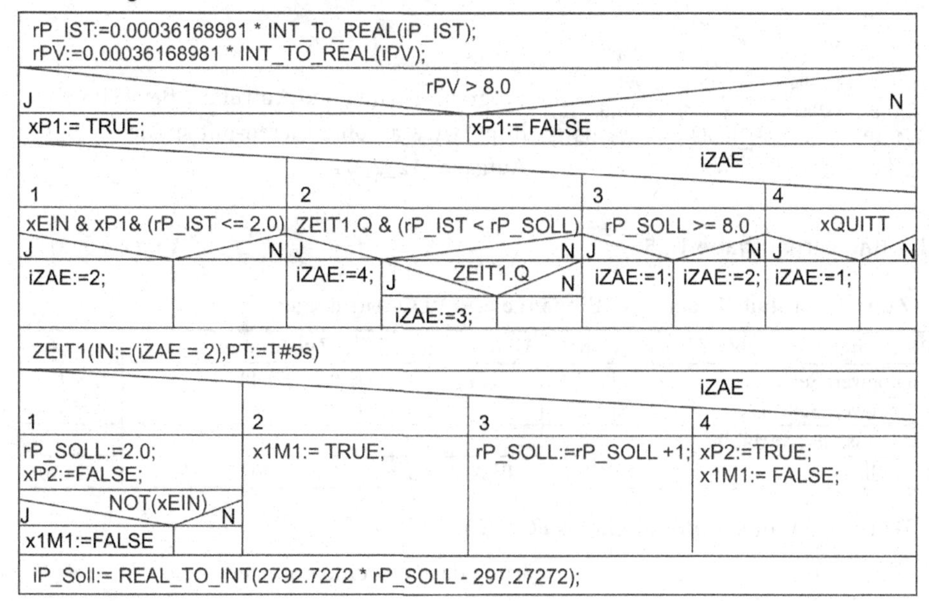

6. Steuerungsprogramm in der Programmiersprache SCL/ST:

```
VAR_INPUT            VAR_OUTPUT           VAR_TEMP             VAR
 xEIN:BOOL;           xP1,xP2; BOOL;       rP_IST:REAL;         iZAE:INT:=1;
 xQUITT:BOOL;         x1M1:BOOL;           rPV:REAL;            ZEIT1:TON;
 iPV,iP_IST:INT;      iP_SOLL:INT;         rP_SOLL:REAL;       END_VAR
END_VAR              END_VAR              END_VAR

rP_IST:=0.00036168981*INT_TO_REAL(iP_IST);
rPV:=0.00036168981*INT_TO_REAL(iPV);

IF rPV > 8.0 THEN xP1:=TRUE; ELSE xP1:=FALSE; END_IF;
CASE iZAE OF
 1: IF xEIN AND xP1 AND (rP_IST <= 2.0) THEN iZAE:=2; END_IF;
 2: IF ZEIT1.Q AND (rP_IST < rP_SOLL) THEN iZAE:=4;
                              ELSIF ZEIT1.Q THEN iZAE:=3; END_IF;
 3: IF rP_SOLL >= 8.0 THEN iZAE:=1; ELSE iZAE:=2; END_IF;
 4: IF xQUITT THEN iZAE:=1; END_IF;
END_CASE;

ZEIT1(IN :=(iZAE = 2),PT :=T#10S);

CASE iZAE OF
 1: rP_SOLL:=2.0; xP2:=FALSE; IF NOT (xEIN) THEN x1M1:=FALSE;
END_IF;
 2: x1M1:=TRUE;
 3: rP_SOLL:=rP_SOLL+1.0;
 4: xP2:=TRUE; x1M1:=FALSE;
END_CASE;

iP_SOLL:= REAL_TO_INT(2792.7272*rP_SOLL - 279.27272);
```

7. Aufruf des Funktionsbausteins FB 1224 im OB 1/PLC_PRG zum Test:

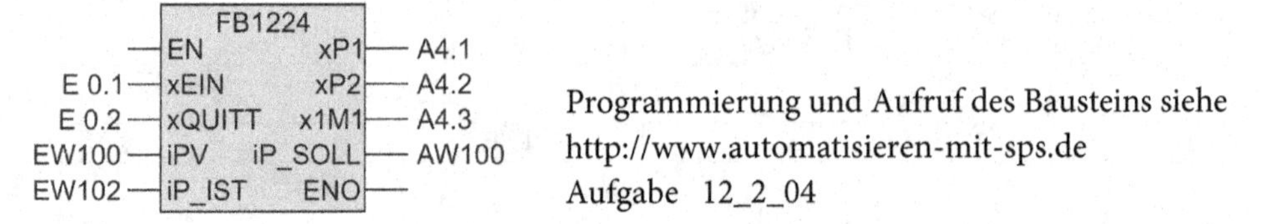

Programmierung und Aufruf des Bausteins siehe http://www.automatisieren-mit-sps.de Aufgabe 12_2_04

Lösung Lernaufgabe 12.5

Aufgabe S. 217

1. Zuordnungstabelle der PLC-Eingänge und PLC-Ausgänge:

PLC-Eingangsvariable	Symbol	Datentyp	Logische Zuordnung	Adresse
Analogwert Sensor 1	SENS1	INT	Bereich 0 … 27648	EW 100
Analogwert Sensor 2	SENS2	INT	Bereich 0 … 27648	EW 102
PLC-Ausgangsvariable				
Blechdicke	DICKE	REAL	Bereich 0,0 … 6,0	MD 10

2. Bausteinparameter der Funktion FC 1225:

Bausteinaufruf

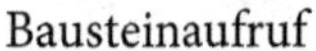

FC1225
EN
iSENS1
iSENS2 rDICKE
iOGREB ENO

Erklärung der Bausteinparameter

IN

iSENS1: INT Analogwert Sensor 1

iSENS2: INT Analogwert Sensor 2

OUT

rDICKE: REAL Blechdicke

3. Berechnungen:

Normierung: $$\text{REAW} = \frac{\text{OGRNB} - \text{URGNB}}{\text{OGREB} - \text{UGREB}}(\text{AE} - \text{URGEB}) + \text{UGREB}$$

$$\text{rSENS1} = \frac{6.0 - 0.0}{\text{iOGREB} - 0} \cdot (\text{iSENS1} - 0) + 0.0 = \frac{6.0}{\text{iOGREB}} \cdot \text{iSENS1}$$

$$\text{rSENS2} = \frac{6.0 - 0.0}{\text{iOGREB} - 0} \cdot (\text{iSENS2} - 0) + 0.0 = \frac{6.0}{\text{iOGREB}} \cdot \text{iSENS2}$$

Berechnung der Dicke: $\text{rDICKE} = \text{ABS}(\text{rSENS1} - \text{rSENS2})$

▶ **Hinweis** Bei den Berechnungen sind jeweils die erforderlichen Datenformatwandlungen noch zu berücksichtigen.

4. Deklarationstabelle FC 1225:

Name	Datentyp
IN	
iSENS1	INT
iSENS2	INT
iOGREB	INT

Name	Datentyp
OUT	
rDICKE	REAL

Name	Datentyp
TEMP	
rSENS1	REAL
rSENS2	REAL

5. Anweisungsliste FC 1225:

STEP 7 AWL	CoDeSys AWL
L 6.0 L #iOGREB ITD DTR /R L #iSENS1 ITD DTR *R T #rSENS1 L 6.0 L #iOGREB ITD DTR /R L #iSENS2 ITD DTR *R T #rSENS2 L #rSENS1 L #rSENS2 -R ABS T #rDICKE	LD 6.0 DIV(iOGREB INT_TO_REAL) MUL(iSENS1 INT_TO_REAL) ST rSENS1 LD 6.0 DIV(iOGREB INT_TO_REAL) MUL(iSENS2 INT_TO_REAL) ST rSENS2 LD rSENS1 SUB rSENS2 ABS ST rDICKE

6. Aufruf der Funktion FC 1225 im OB 1/PLC_PRG zum Test:

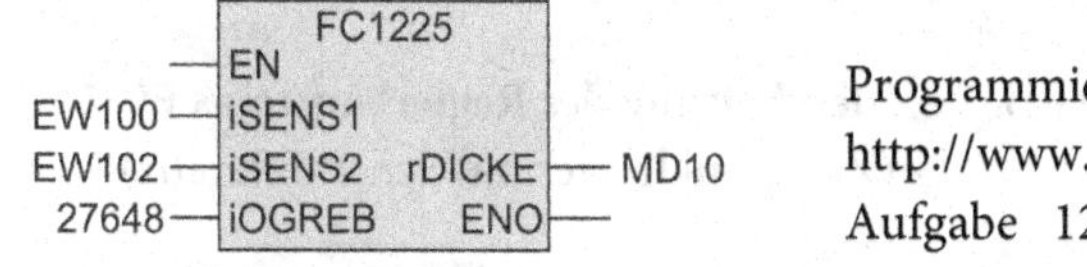

Programmierung und Aufruf des Bausteins siehe http://www.automatisieren-mit-sps.de Aufgabe 12_2_05

7. Messprinzip:

Die Differenzmessung mit zwei Sensoren ist erforderlich, um eine Messwertverfälschung durch die zu große Temperaturdrift der Analogsensoren weitgehend auszuschalten.

8. Genauigkeit:

Grundsätzlich ermittelt man den Gesamtfehler eines Sensors aus der Summe der möglichen Einzelfehler. Die Messwertabweichung berechnet sich dann aus 10 µm Wiederholgenauigkeit, 20 µm Linearitätsabweichung und 100 µm Temperaturdrift (5 % von 2 mm) und ergibt zusammen 130 µm = 0,13 mm also mehr als die für Feinbleche der Dicke 2 mm noch zulässige Toleranz von 0,02 mm.

Berücksichtigt man jedoch die weitgehende Ausschaltung der Temperaturdrift durch Differenzmessung und die Abgleichmöglichkeit bei der Linearitätsabweichung durch Beschränkung auf eine einzige Blechdicke von 2 mm, dann bleibt nur die Messwertabweichung auf Grund der Wiederholgenauigkeit mit 0,01 mm übrig und das ergibt eine insgesamt ausreichende Messgenauigkeit.

14.13 Lösungen der Lernaufgaben Kapitel 13

Lösung Lernaufgabe 13.1 — Aufgabe S. 237

1. Zuordnungstabelle der PLC-Eingänge und PLC-Ausgänge:

PLC-Eingangsvariable	Symbol	Datentyp	Logische Zuordnung		Adresse
Ein-Schalter	S1	BOOL	Regelung EIN	S1 = 1	E 0.1
Wahlschalter	S2	BOOL	Unstetige Regelung	S2 = 1	E 0.2
Sollwertvorgabe	BCDW	WORD	4-stelliger BCD-Wert		EW 10
Istwertsignal Füllhöhe	FH	INT	Bereich 0 bis +27648		EW 100
PLC-Ausgangsvariable					
Anst. Zulaufventil V1	Q1	BOOL	Ventil öffnen	Q1 = 1	A 4.1
Anst. Zulaufventil V2	Q2	INT	Bereich 0 bis +27648		AW 100

2. Stellgröße Q1 als Funktion von FH:

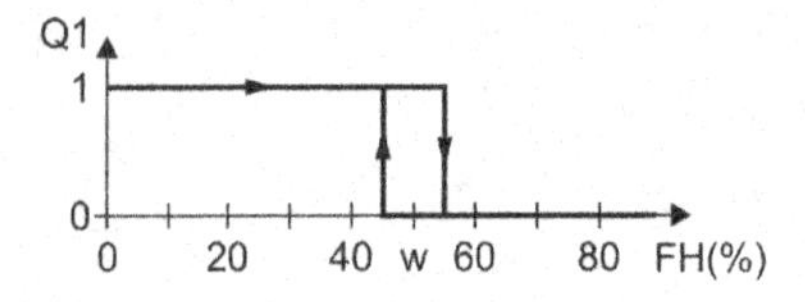

3. Stellgröße Q1 als Funktion von e:

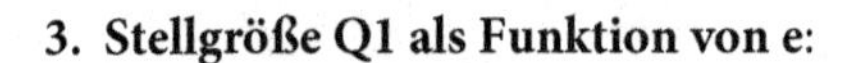

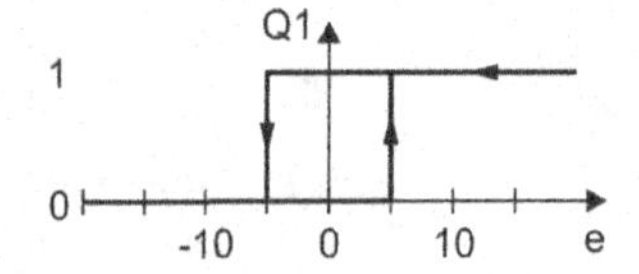

4. Struktogramm für den Zusammenhang von Q1 und e:

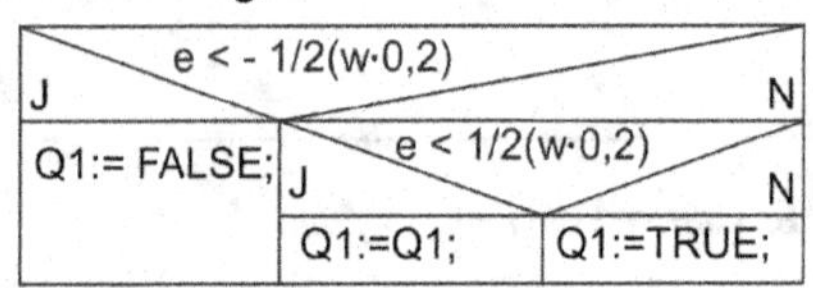

5. Zeitlicher Verlauf der Regelgröße FH und der Stellgröße Q1

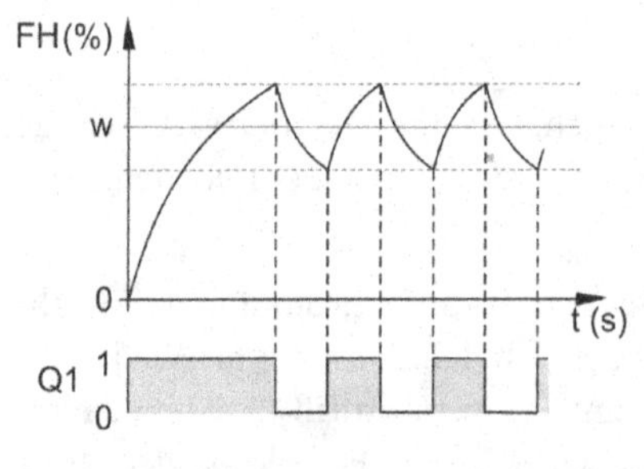

6. Beschaltung des Reglerbausteins FC 74
(Zweipunktregler mit Schaltdifferenz)

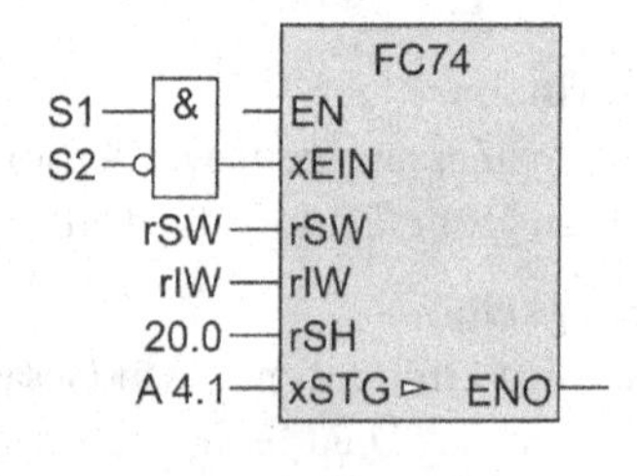

7. Streckenverhalten bei geschlossenem Ablaufventil V3:

Bei geschlossenem Ablaufventil V3 entspricht das Streckenverhalten einem I-Glied.
Der Füllstand steigt stetig ohne Ausgleich, wenn ein Zulaufventil V1 oder V2 geöffnet ist.

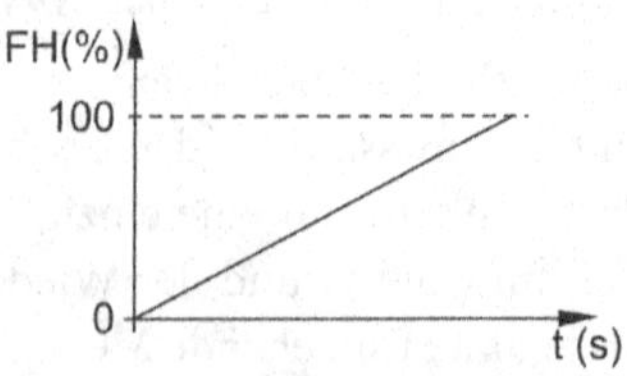

8. Kennwerte der Strecke:

Proportionalbeiwert K_{PS}:

$$K_{PR} = \frac{\Delta x}{\Delta y} = \frac{60\ \%}{50\ \%} \approx 1,2$$

Zeitkonstante T_S

$$T_s \approx \frac{\text{Ausregelzeit}}{5} = \frac{200\,s}{5} = 40\,s$$

9. Regelparameter:

Proportionalbeiwert K_{PR}

$$K_{PR} = \frac{10}{K_{PS}} = \frac{10}{1,2} \approx 8.3$$

Nachstellzeit T_n

$$T_n = T_S = 40\,s$$

10. Beschaltung des Reglerfunktionsbausteins FB 70:

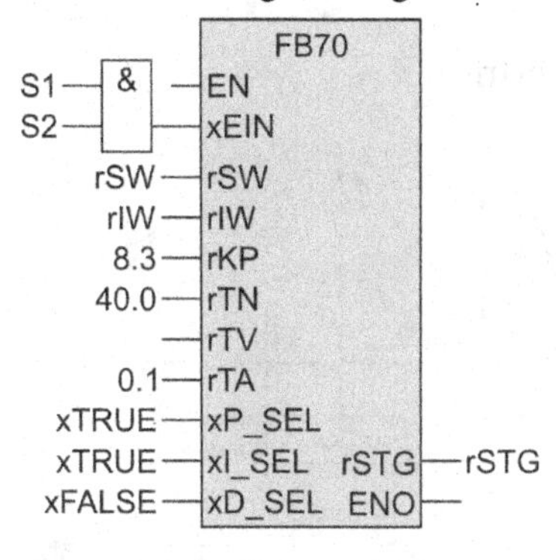

11. Aufruf aller Bausteine im OB 1/PLC_PRG:

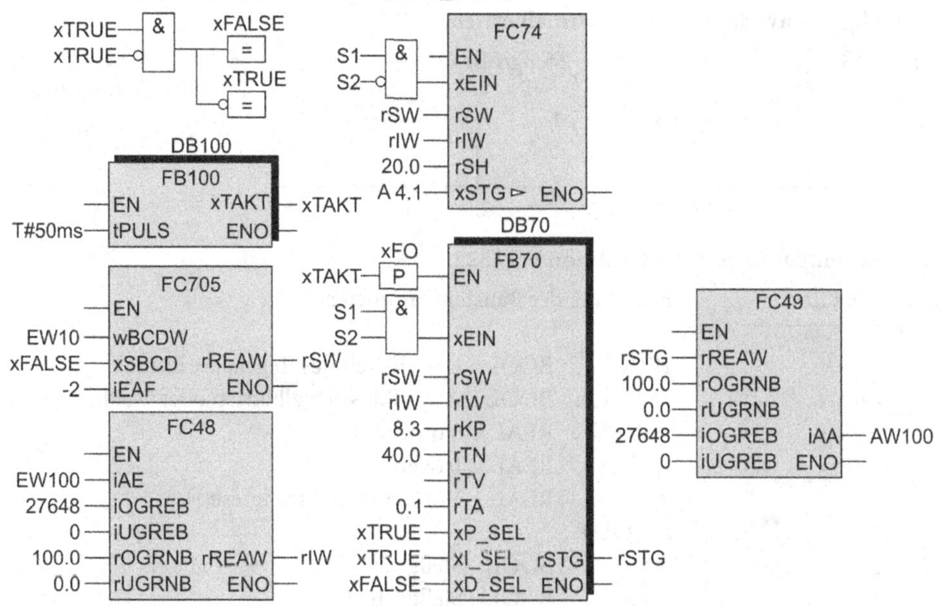

Programmierung und Aufruf der Bausteine siehe http://www.automatisieren-mit-sps.de Aufgabe 13_2_01

Lösung Lernaufgabe 13.2

Aufgabe S. 238

1. Zuordnungstabelle der PLC-Eingänge und PLC-Ausgänge:

PLC-Eingangsvariable	Symbol	Datentyp	Logische Zuordnung	Adresse
Schalter EIN-AUS	S1	BOOL	Betätigt (Start) S1 = 1	E 0.0
Schalter Betriebsart	S2	BOOL	Betätigt (Volllastbetr.) S2 = 1	E 0.1
Istwertsignal Temperatur	B1	INT	Bereich 0 bis + 27648	EW100
PLC-Ausgangsvariable				
Leistungsschütz 1	Q1	BOOL	Angezogen Q1 = 1	A 4.1
Leistungsschütz 2	Q2	BOOL	Angezogen Q2 = 1	A 4.2
Anzeige Betriebsart	PNB	BOOL	Leuchtet PNB = 1	A 4.3

2. Sprungantwort:

Normalbetrieb

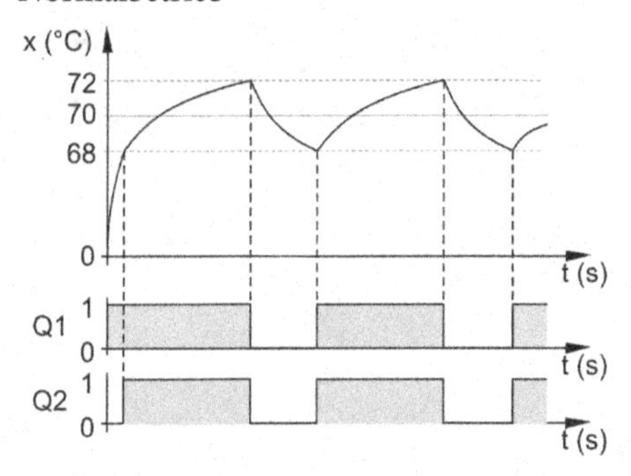

Volllastbetrieb

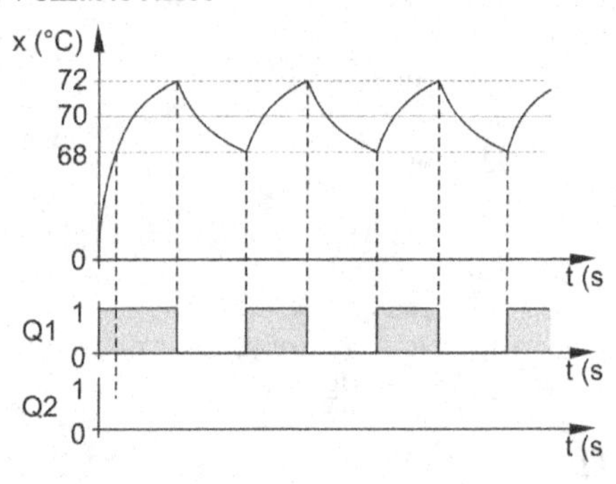

3. Stellgrößenverlauf für den Normalbetrieb:

Stellgröße Q1

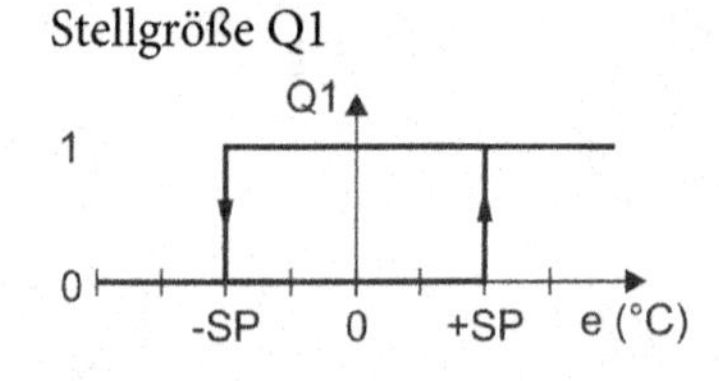

Stellgröße Q2

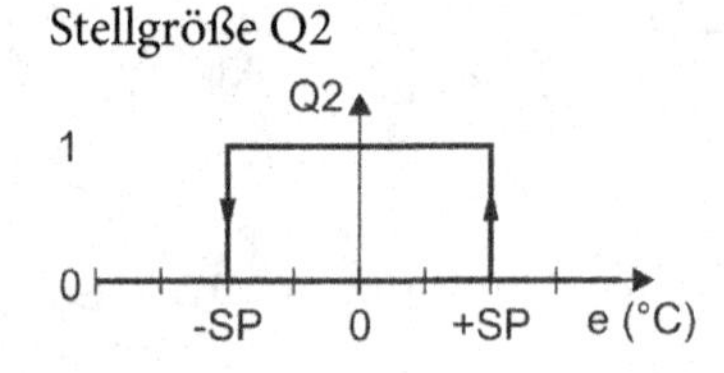

▶ Hinweis:
SP = Schaltpunkt

$$SP = \frac{1}{2}(w \cdot \frac{H}{100})$$

4. Bausteinparameter der Funktion FC 1322:

Bausteinaufruf

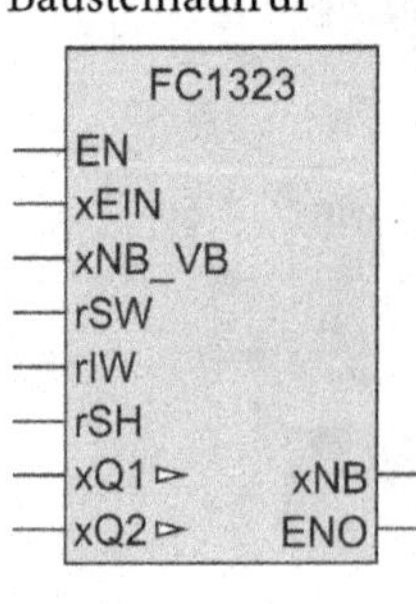

Erklärung der Bausteinparameter

IN

xEIN:	BOOL	Einschalten des Regelalgorithmus
xNB_VB:	BOOL	Auswahl Normalbetrieb oder Volllastbetrieb
rSW:	REAL	Vorgabe Sollwert w
rIW:	REAL	Istwert x
rSH:	REAL	Vorgabe Schalthysterese H
IN_OUT		
xQ1:	BOOL	Stellgröße Q1
xQ2:	BOOL	Stellgröße Q2
OUT		
xNB:	BOOL	Anzeige Normalbetrieb

5. Struktogramm für die Funktion FC 1222:

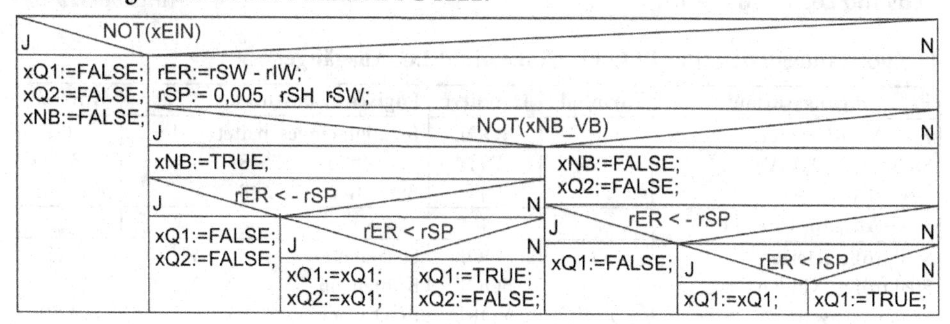

6. SCL/ST-Programm FC 1322:

```
VAR_INPUT             VAR_OUTPUT      VAR_IN_OUT        VAR_TEMP
 xEIN,xNB_VB:BOOL;    xNB:BOOL;        xQ1,xQ2:BOOL;     rER,rSP:REAL;
 rSW,rIW,rSH:REAL;  END_VAR         END_VAR           END_VAR
END_VAR

IF NOT(xEIN) THEN xQ1:=FALSE; xQ2:=FALSE; xNB:=FALSE; ELSE
  rER:=rSW-rIW; rSP:= 0.005*rSH*rSW;
  IF NOT(xNB_VB) THEN xNB:=TRUE;
   IF rER < (-1)*rSP THEN xQ1:=FALSE; xQ2:=FALSE; ELSE
    IF rER < rSP THEN xQ1:=xQ1; xQ2:=xQ1; ELSE xQ1:=TRUE;
       xQ2:=FALSE;
    END_IF;
   END_IF;
  ELSE
  xNB:=FALSE; xQ2:=FALSE;
   IF rER < (-1)*rSP THEN xQ1:=FALSE; ELSE
    IF rER < rSP THEN xQ1:=xQ1; ELSE xQ1:=TRUE; END_IF;
   END_IF;
  END_IF;
END_IF;
```

7. Aufruf der Funktion FB 1322 im OB 1/PLC_PRG zum Test:

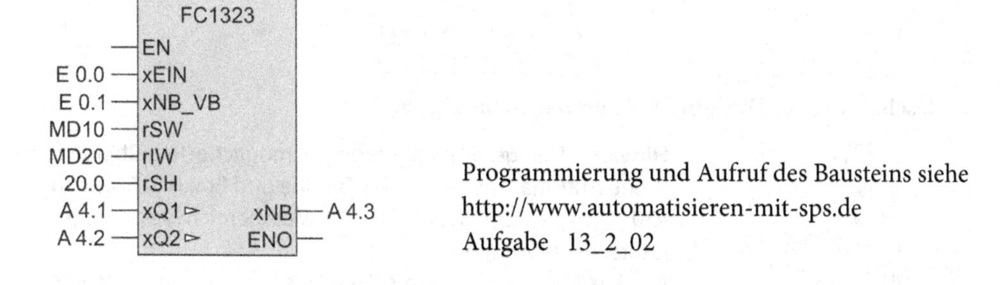

Programmierung und Aufruf des Bausteins siehe
http://www.automatisieren-mit-sps.de
Aufgabe 13_2_02

Lösung Lernaufgabe 13.3

Aufgabe S. 239

1. Zuordnungstabelle der PLC-Eingänge und PLC-Ausgänge:

PLC-Eingangsvariable	Symbol	Datentyp	Logische Zuordnung	Adresse
EIN-AUS-Schalter	S1	BOOL	Betätigt: eingeschaltet S1 = 1	E 0.1
Sollwert w (0..10V)	SW	INT	Bereich 0 … 27648	EW 100
Istwert x (0..10V)	IW	INT	Bereich 0 … 27648	EW 102
PLC-Ausgangsvariable				
Stellgröße „Heizen"	YH	BOOL	Heizen ein YH = 1	A 4.1
Stellgröße „Kühlen"	YK	BOOL	Kühlen ein YK = 1	A 4.2
Anzeige Istwert	AW	WORD	BCD-Code	AW10
Anzeige Vorzeichen	PSIGN	BOOL	Temp. negativ PSIGN = 1	A 4.3

2. Abhängigkeit der Stellgrößen YH und YK von der Raumtemperatur:

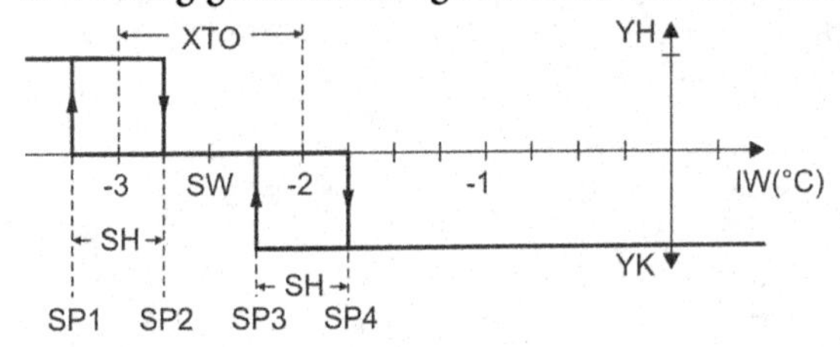

3. Berechnung der Schaltpunkte:

$$SP1 = SW - \frac{1}{2} \cdot XTO - \frac{1}{2}\left(XTO \cdot \frac{SH}{100}\right) \qquad SP2 = SW - \frac{1}{2} \cdot XTO + \frac{1}{2}\left(XTO \cdot \frac{SH}{100}\right)$$

$$SP3 = SW + \frac{1}{2} \cdot XTO - \frac{1}{2}\left(XTO \cdot \frac{SH}{100}\right) \qquad SP4 = SW + \frac{1}{2} \cdot XTO + \frac{1}{2}\left(XTO \cdot \frac{SH}{100}\right)$$

4. Struktogramm:

```
rIW < rSP1
J: xYH:=TRUE;
   xYK:=FALSE;
N: rIW < rSP2
   J: xYH:=xYH;
      xYK:=FALSE;
   N: rIW < rSP3
      J: xYH:=xYH;
         xYK:=FALSE;
      N: rIW < rSP4
         J: xYH:=FALSE;
            xYK:=xYK;
         N: xYH:=FALSE;
            xYK:=xYK;
```

5. Beschaltung des Dreipunkt-Reglerbausteins FC 75:

```
        FC75
      -EN
E0.1  -xEIN
rSW   -rSW
rIW   -rIW
2.0   -rXTO
50.0  -rSH
A4.1  -xQ1
A4.2  -xQ2        ENO-
```

Hinweis Der gesamte theoretisch mögliche Regelbereich (siehe Automatisieren mit SPS Theorie und Praxis S. 678) von –20 °C bis + 30 °C ist durch den Messbereich des Temperatursensors vorgegeben.
An den Parametereingang XTO muss der Prozentwert des gesamten Regelbereichs angegeben werden. Der vorgegebene absolute Wert von 1,0 °C entspricht 2 % des Regelbereichs. Deshalb muss an XTO der Wert 2.0 gelegt werden.

Sowohl der Sollwert SW wie auch der Istwert IW werden durch analoge Spannungen vorgegeben. Die an den Bausteinparametern rSW und rIW gelegten Größen sind jeweils Ausgangsgrößen des Normierungsbausteins FC 48.

6. Aufruf aller Bausteine im OB 1/PLC_PRG:

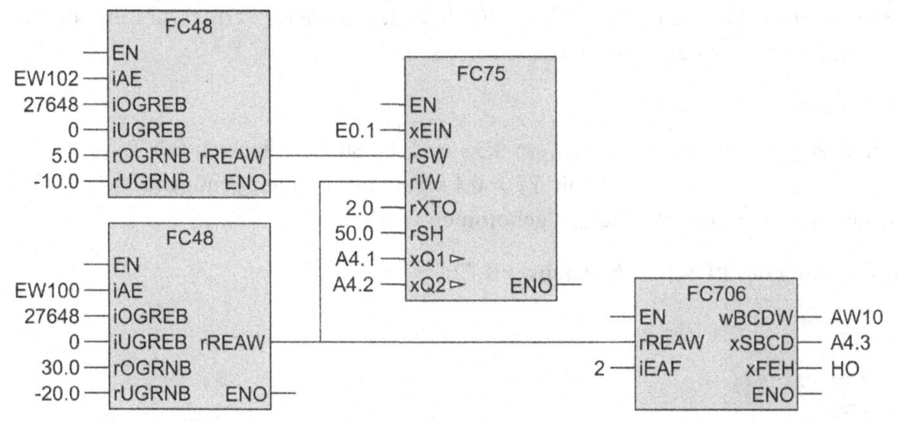

Programmierung und Aufruf der Bausteine siehe http://www.automatisieren-mit-sps.de Aufgabe 13_2_03

Lösung Lernaufgabe 13.4 Aufgabe S. 240

1. Zuordnungstabelle der PLC-Eingänge und PLC-Ausgänge:

PLC-Eingangsvariable	Symbol	Datentyp	Logische Zuordnung	Adresse
EIN-AUS-Schalter	S1	BOOL	Betätigt: eingeschaltet S1 = 1	E 0.1
Sollwert w	SW	WORD	BCD-Wert 0000 .. 9999	EW 10
Istwert x (0..10V)	IW	INT	Bereich 0 ... 27648	EW 100
Stellgerät Endschalter auf	SA	BOOL	Betätigt SA = 1	E 0.2
Stellgerät Endschalter zu	SZ	BOOL	Betätigt SZ = 1	E 0.3
PLC-Ausgangsvariable				
Stellgröße Ventil AUF	YA	BOOL	Ventil geht auf YA = 1	A 4.1
Stellgröße Ventil ZU	YZ	BOOL	Ventil geht zu YZ = 1	A 4.2
Anzeige Istwert	AW	WORD	BCD-Code	AW10

2. Erwarteter zeitlicher Verlauf der Stellgrößen YA und YZ bei einem S-Regler:

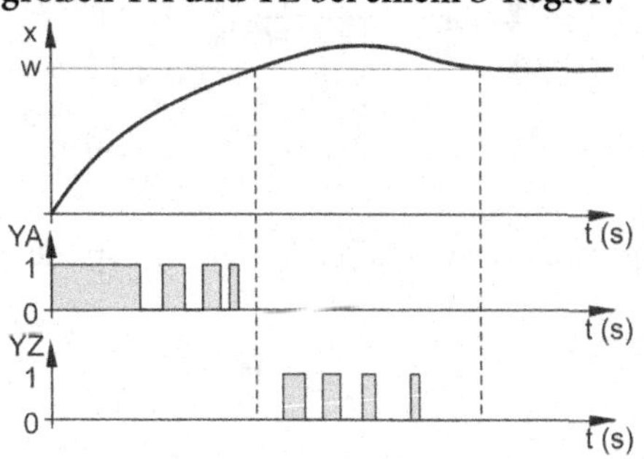

3. Zeitlicher Verlauf der Stellgrößen YA und YZ bei einem Dreipunkt-Regler:

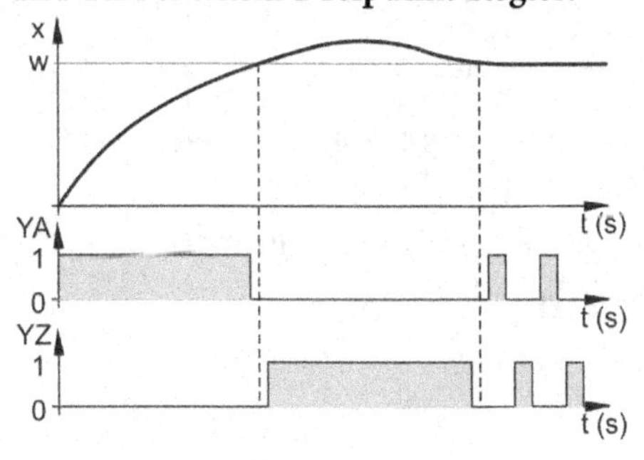

4. Vorteile des PI-Schrittreglers:

Aus dem Vergleich der beiden Diagramme ist zu erkennen, dass der Stellmotor beim Dreipunkt-Schrittregler nur solange angesteuert wird, bis der Istwert x nicht mehr vom Sollwert w abweicht. Der einfache Dreipunkt-Regler hat den Nachteil, dass er außer der Vorgabe einer Schaltdifferenz nicht über die PI-Regelparameter verfügt, um ihn an das dynamische Verhalten der Regelstrecke anzupassen.

5. Auswahl der Abtastzeit:

Die Mindestimpulsdauer ist mit T_{PMIN} = 0,5 s und die Stellgliedlaufzeit mit T_{STGL} = 25 s vorgegeben. Wird die Abtastzeit mit T_A = 0,1 s gewählt, können genügend viele Stichproben während der Stellgliedlaufzeit genommen werden.

6. Beschaltung des PI-Schrittbausteins FB 72:

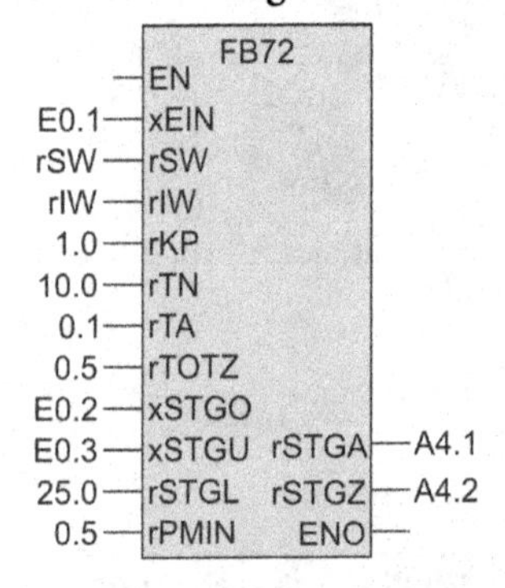

7. Aufruf aller Bausteine im OB 1/PLC_PRG:

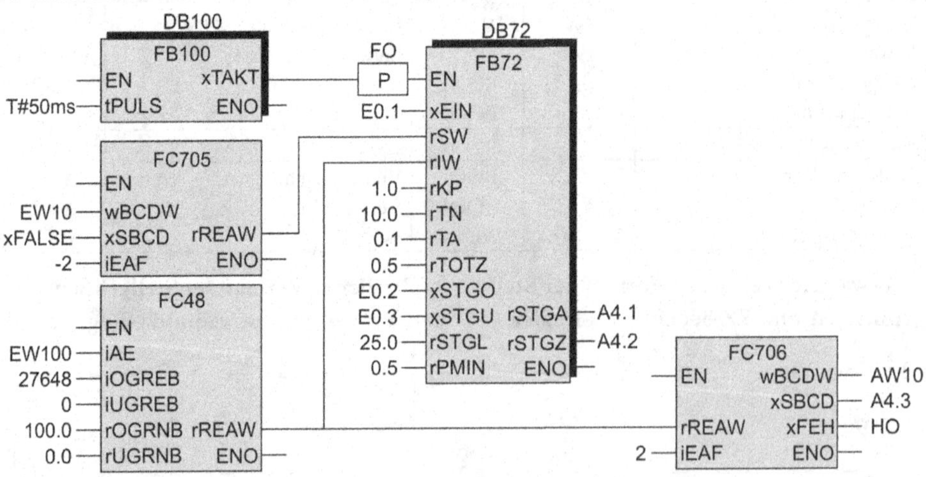

Programmierung und Aufruf der Bausteine siehe http://www.automatisieren-mit-sps.de Aufgabe 13_2_04

Anhang 15

15.1 Zusammenstellung der Standard-Bibliotheks-Bausteine für STEP 7 und CoDeSys

1. Umwandlung, Normierung

FC 609: (BCD4_INT) Umwandlung BCD-Wert in INTEGER-Wert Seite 180

Der vierstellige BCD-Wert am Eingang BCDW von 0 bis + 9999 wird in eine INTEGER-Zahl unter Berücksichtigung des am Eingang SBCD liegenden Vorzeichens ("0" = positiv) gewandelt und an den Ausgang INTW gelegt.

FC 610: (INT_BCD4) Umwandlung INTEGER-Wert in vierstelligen BCD-Wert Seite 181

Eine INTEGER-Zahl am Eingang INTW von – 9999 bis + 9999 wird in einen vierstellige BCD-Wert gewandelt und an den Ausgang BCDW gelegt. Das Vorzeichen der INTEGER-Zahl wird am Ausgang SBCD angegeben ("0" = positiv).

FC 705: (BCD_REALN) Umwandlung BCD-Wert in Gleitpunktzahl mit wählbarem Bereich Seite 180

Der vierstellige BCD-Wert am Eingang BCDW wird unter Berücksichtigung des am Eingang SBCD liegenden Vorzeichens ("0" = positiv) und des Ausgabefaktors EAF in eine Gleitpunktzahl gewandelt. Liegt am Eingang EAF beispielsweise der Wert –2, wird der an BCDW liegende Wert von 0000 bis 9999 mit 10^{-2} multipliziert.

FC 706: (REALN_BCD) Umwandlung einer Gleitpunktzahl in einen vierstelligen BCD-Wert mit wählbarem Bereich Seite 181

Die Gleitpunktzahl am Eingang REAW wird unter Berücksichtigung des Ausgabefaktors EAF in eine vierstellige BCD-Zahl gewandelt. Liegt am Eingang EAF bspw. der Wert 2, wird der an REAW liegende Wert mit 10^2 multipliziert. Der Ausgang SBCD gibt das Vorzeichen an. (Gleitpunktzahl positiv: SBCD = "0"). Der Ausgang FEH (=1) zeigt an, wenn durch ungünstige Wahl des Bereichs der BCD-Wert 0000, die Gleitpunktzahl jedoch verschieden von 0.0 ist.

FC 48: (AE_REALN) Universelle Normierungsfunktion Analogeingabe Seite 209

FC48
INT AE REAW REAL
INT OGREB
INT UGREB
REAL OGRNB
REAL UGRNB

Der Integer-Eingabewert am Eingang AE wird in eine Gleitpunktzahl gewandelt und an den Ausgang REAW gelegt. Der Bereich der Eingabewerte wird durch die Eingangs-Parameter OGREB und UGREB vorgegeben. Der Bereich, in den gewandelt werden soll (Normierungsbereich), wird durch die Eingangs-Parameter OGRNB und UGRNB angegeben.

FC 49: (REALN_AA) Universelle Ausgabefunktion für Analogwerte Seite 210

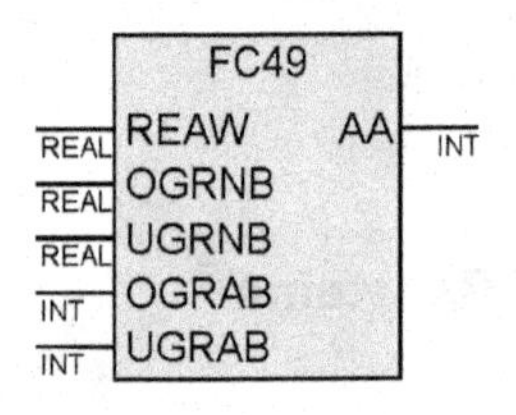

Eine Gleitpunktzahl am Eingang REAW mit einem durch OGRNB und UGRNB bestimmten Bereich wird für eine Analogausgabe in einen von der Analogausgabebaugruppe abhängigen Bereich, der durch OGRAB und UGRAB bestimmt ist, gewandelt und an den Ausgang AA der Funktion gelegt.

2. Taktbausteine

FB 100: (TAKT) Takt-Funktion mit Standardzeitfunktionen Seite 48

Der am Funktionseingang Puls_Zeit liegende Wert im Datenformat TIME bestimmt die halbe Periodendauer der Rechteckimpulse am Funktionsausgang Takt.

FB 101: (TAKT) Takt-Funktion mit einstellbarem Puls-Pause-Verhältnis und den Standardzeitfunktionen Seite 48

Am Funktionsausgang Takt ergeben sich bei 1-Signal am Eingang EIN_AUS Recheckimpulse mit einstellbaren Puls- und Pausezeiten, welche über die Funktionseingänge Puls_Zeit und Pause_Zeit im Datenformat TIME bestimmt werden.

3. Ablaufsteuerungen

FB 15: (KoB_10) Ablaufkette ohne Betriebsartenwahl Seite 93

FB15
BOOL T1_2
BOOL T2_3
BOOL T3_4
BOOL T4_5
BOOL T5_6
BOOL T6_7
BOOL T7_8
BOOL T8_9
BOOL T9_10
BOOL T10_1
BOOL RESET SCHRITT INT

Im Funktionsbaustein FB 15 (KoB_10) ist das Programm einer Schrittkette ohne Betriebsartenwahl mit 10 Schritten realisiert. Werden weniger Schritte benötigt, so müssen die entsprechenden Bausteineingänge für die Weiterschaltbedingungen nicht beschaltet werden. Die Weiterschaltung über die nicht benötigten Schritte erfolgt automatisch.

Die Bedeutung der Baustein-Parameter ist der Beschreibung in Kapitel 6 zu entnehmen.

FB 25: (KET_10) Ablaufkette mit Betriebsartenwahl Seite 116

FB25
BOOL RESET
BOOL WEITER_mB
BOOL WEITER_oB
BOOL T1_2
BOOL T2_3
BOOL T3_4
BOOL T4_5
BOOL T5_6
BOOL T6_7
BOOL T7_8
BOOL T8_9
BOOL T9_10
BOOL T10_1 SCHRITT INT

In dem Funktionsbaustein FB 25 (KET_10) ist wie beim Schrittkettenbaustein FB15 das Programm einer Schrittkette mit 10 Schritten realisiert. Für den Ablauf der Schrittkette in verschiedenen Betriebsarten, sind zusätzlich die Parametereingänge „Weiter_mB" und „Weiter_oB“ vorhanden.
Die Bedeutung der Baustein-Parameter ist der Beschreibung in Kapitel 7 zu entnehmen.

FB 24: (BETR) Betriebsartenteil Seite 114

FB24
BOOL STG_AUS ANZ_STG BOOL
BOOL STG_EIN ANZ_AUTO BOOL
BOOL START ANZ_EmB BOOL
BOOL AUTO ANZ_EoB BOOL
BOOL EmB ANZ_EINR BOOL
BOOL EoB ANZ_ZYK_E BOOL
BOOL EINR ANZ_ZYK_A BOOL
BOOL ZYKLUS RESET BOOL
BOOL NOT_AUS W_mB BOOL
BOOL AKTOR_FR W_oB BOOL
BOOL GST_ANL FR_AKTION BOOL
INT SCHRITT

Im Funktionsbaustein FB 24 (BETR) ist das Programm des Betriebsartenteils für das Bedienfeld mit vier wählbaren Betriebsarten realisiert.
Die Funktionsweise des Betriebsartenteils und die Bedeutung der Baustein-Parameter ist der Beschreibung in Kapitel 7 zu entnehmen.

4. Reglerbausteine

FC 74: (ZWPH) Zweipunktregler mit Schalthysterese Seite 228

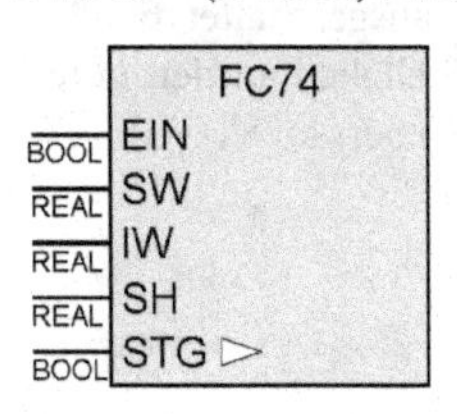

Über den Funktionseingang EIN wird die Zweipunktreglerfunktion mit Schalthysterese eingeschaltet. An den Eingang SW ist der Sollwert und an den Eingang IW ist der Istwert im Bereich 0.0 bis 100.0 anzulegen. Über den Eingang SH wird die Schalthysterese vorgegeben. Die Stellgröße ist an der IN_OUT-Variablen STG abzugreifen. Ist die Reglerfunktion ausgeschaltet, hat der Funktionsausgang "0"-Signal.

FC 75: (DRPH) Dreipunktregler mit Schalthysterese Seite 228

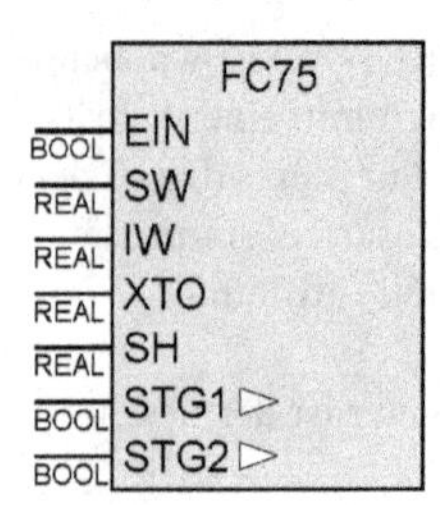

Über den Funktionseingang EIN wird die Dreipunktreglerfunktion mit Schalthysterese eingeschaltet. An den Eingang SW ist der Sollwert und an den Eingang IW ist der Istwert im Bereich 0.0 bis 100.0 anzulegen. Der Funktionseingang XTO bestimmt die Totzone und der Funktionseingang SH die Schalthysterese des Dreipunktreglers. An den IN_OUT-Variablen der Funktion STG1 und STG2 sind die beiden Stellgrößen abzugreifen.

FB 70: (PID) PID-Reglerbaustein Seite 229

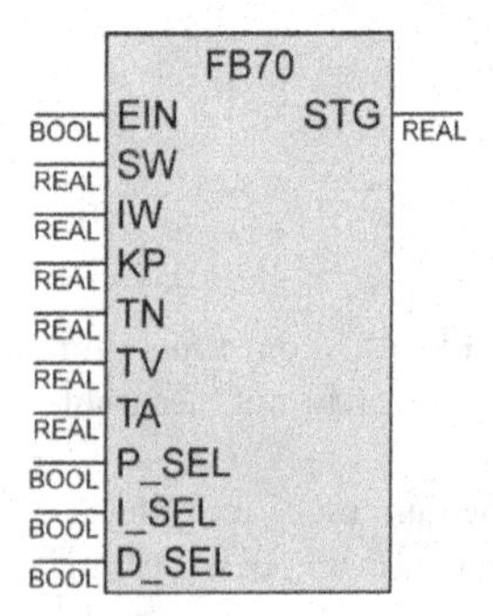

Über den Funktionseingang EIN wird der PID Reglerbaustein eingeschaltet. An den Eingang SW ist der Sollwert und an den Eingang IW ist der Istwert im Bereich von 0.0 bis 100.0 anzulegen. Die Regelparameter Proportionalverstärkung, Nachstellzeit, Vorhaltzeit und Abtastzeit sind an die Parametereingänge KP, TN, TV und TA zu legen. Über die binären Eingänge P_SEL, I_SEL und D_SEL können der P-Anteil, I-Anteil und D-Anteil der PID-Regelfunktion einzeln zu- oder abgeschaltet werden. Das Ergebnis der PID-Regelfunktion liegt am Ausgang STG. Ist die Reglerfunktion ausgeschaltet, hat der Ausgang STG den Wert 0.0 und alle internen Speicher werden zurückgesetzt.

FB 72: (PISR) PI-Schrittreglerbaustein Seite 229

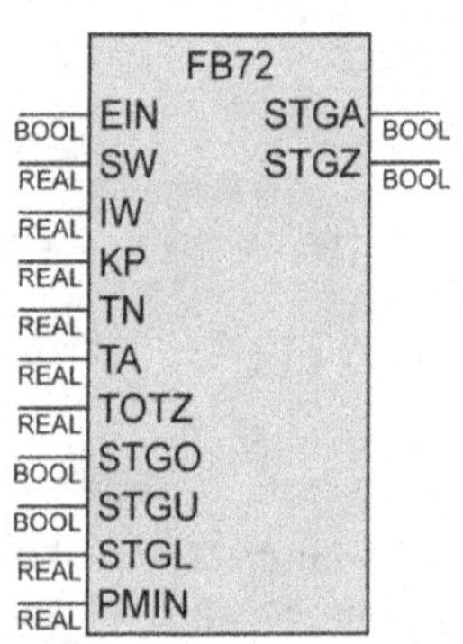

Über den Funktionseingang EIN wird der Schrittreglerbaustein eingeschaltet. An den Eingang SW ist der Sollwert und an den Eingang IW ist der Istwert im Bereich von 0.0 bis 100.0 anzulegen. Die Regelparameter Proportionalverstärkung, Nachstellzeit, und Abtastzeit sind an die Parametereingänge KP, TN und TA zu legen. An die beiden binären Eingänge STGO und STGU sind die Geber für den oberen und unteren Anschlag des Stellgliedes anzulegen. Das Ergebnis der PI-Schrittreglerfunktion liegt in Form von Pulsen an den Ausgängen STGA (Stellglied AUF) bzw. STGZ (Stellglied ZU) vor. Wird die Reglerfunktion ausgeschaltet, hat der Ausgang STGZ solange "1"-Signal, bis das Stellglied an den unteren Endanschlag gefahren ist (Meldung des Gebers an STGU).

15.2 Darstellung der verwendeten Operationen und Funktionen in Funktionsplan FUP bzw. Strukturierten Text SCL/ST

Operation	FUP-Darstellung	SCL/ST-Anweisung
UND	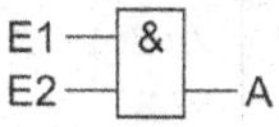 E1, E2 — & — A	A:= E1 AND E2
ODER	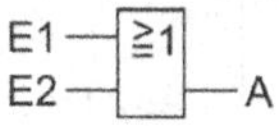 E1, E2 — ≥1 — A	A:= E1 OR E2
Negation	 E1 —o 1 — A	A:= NOT(E1)
Zuweisung	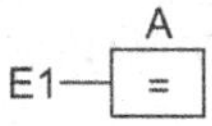 A E1 — =	A:= E1
RS-Speicherfunktion	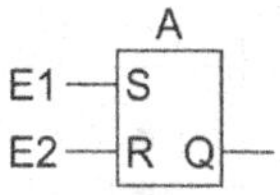 A E1 — S E2 — R Q —	IF E1 THEN A:= TRUE; END_IF; IF E2 THEN A:= FALSE; END_IF;
SR-Speicherfunktion	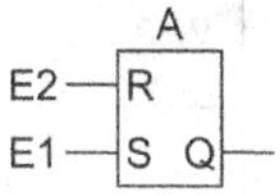 A E2 — R E1 — S Q —	IF E2 THEN A:= FALSE; END_IF; IF E1 THEN A:= TRUE; END_IF;
Positive Flanke-nauswertung	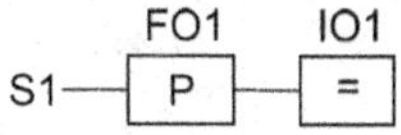 FO1 IO1 S1 — P — =	IF S1 AND NOT FO1 THEN IO1:= TRUE; ELSE IO1:= FALSE; END_IF; FO1:= S1;
Negative Flanken-auswertung	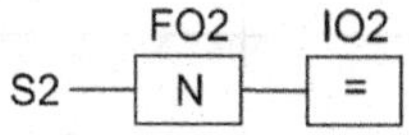 FO2 IO2 S2 — N — =	IF NOT S2 AND FO2 THEN IO2:= TRUE; ELSE IO2:= FALSE; END_IF; FO2:= S2
MOVE	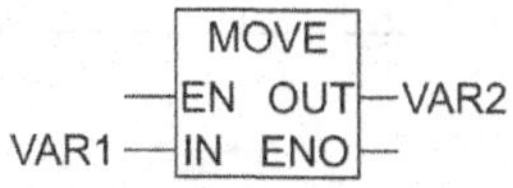 MOVE — EN OUT — VAR2 VAR1 — IN ENO —	VAR1:= VAR2
Vergleicher > , >= , = , <> , <= , <	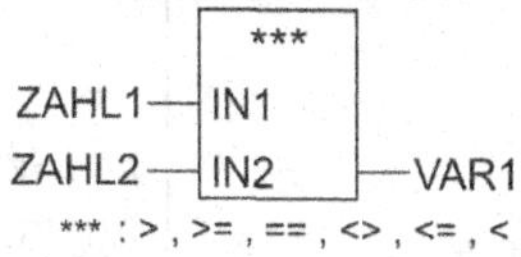 *** ZAHL1 — IN1 ZAHL2 — IN2 — VAR1 *** : > , >= , == , <> , <= , <	IF ZAHL1 > ZAHL2 THEN VAR1:= TRUE; ELSE VAR1:= FALSE; END_IF;
Sprungfunktion	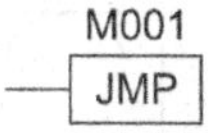 M001 — JMP	GOTO M001(SCL) JMP M001 (ST)
Baustein-Ende	 — RET	RETURN
Wortverknüpfungen UND, ODER, XOR	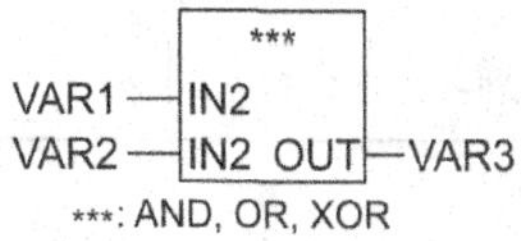 *** VAR1 — IN2 VAR2 — IN2 OUT — VAR3 ***: AND, OR, XOR	VAR3:=VAR1 AND VAR2; VAR3:=VAR1 OR VAR2; VAR3:=VAR1 XOR VAR2;

Operation	FUP-Darstellung	SCL/ST-Anweisung

Schiebefunktionen SHL, SHR, ROL,ROR	*** VAR1 — IN W#16#3 — N OUT — VAR2 ***: SHL, SHR, ROL, ROR	//z.Bsp.: SHL
		//STEP7:
		VAR2:=
		SHL(IN:=VAR1,N:=3);
		//CoDeSys:
		VAR2:= SHL(VAR1,3);

Typkonvertierung, Umwandlungs-funktionen	VAR1 — *_TO_** — VAR2	VAR2:= *_TO ** (VAR1);
Addition, Subtraktion	*** VAR1 — IN VAR2 — N OUT — VAR3 ***: ADD, SUB	VAR3:=VAR1 + VAR2; VAR3:=VAR1 - VAR2;
Multiplikation, Division, Modulo-Division	*** VAR1 — IN VAR2 — N OUT — VAR3 ***: MUL, DIV, MOD	VAR3:=VAR1 * VAR2; VAR3:=VAR1 / VAR2; VAR3:=VAR1 MOD VAR2;
Nummerische Operationen ABS, SQR, SQRT, LN, LOG, EXP, SIN, COS, TAN, ASIN, ACOS, ATAN	*** VAR1 — IN OUT — VAR2 ***: Operandenkennzeichen z.B. ABS, SQR, ...	VAR2:= *** (VAR1); //z. Bsp. VAR2:= ABS(VAR1);
Nummerische Operation EXPT	EXPT VAR1 — IN1 VAR2 — IN2 OUT — VAR3	VAR3:=EXPT (VAR1, VAR2);

IEC-Standard-Funktionsbausteine

IEC-Zeitfunktionen TP, TON, TOF	ZEIT1 *** E1 — IN Q — A1 T#5s — PT ET — AB_ZEIT ***: TP, TON, TOF	ZEIT1(IN:=E1, PT:=T#5s); A1:=ZEIT1.Q; AB_ZEIT:=ZEIT1.ET;
ICE-Zählerbaustein CTUD	ZAE1 CTUD E1 — CU E2 — CD E3 — R QU — A1 E4 — LOAD QD — A2 5000 — PV CV — ZAE1_Stand	ZAE1(CU:= E1, CD:= E2, R:= E3, LD:= E4, PV:= 5000); A1:= ZAE1.QU; A2:= ZAE1.QD; ZAE1_Stand:= ZAE1.CV;

Sachverzeichnis

Printed in the United States
By Bookmasters